计算机操作系统
安装与维护

主　编　丁　俊　陈世保
副主编　朱晓彦　付建民

Jisuanji Caozuoxitong
Anzhuang yu Weihu

西南交通大学出版社
·成　都·

内容提要

本书是配合高职高专项目式和任务驱动式教学模式而推出的一款实践性教材，通篇以实用性和操作性很强的系统安装维护为主要内容。全书内容包括：计算机操作系统概述、硬盘的数据存储结构、文件系统和分区格式化、操作系统的几种常见的启动方法和过程（NTLDR、BCD、UEFI 和 Grub）、操作系统安装实验环境及工具、各类操作系统安装盘的制作与整合、各类操作系统的独立安装和并存安装方法以及常用操作系统的优化与维护等。每章节都通过多个实训任务展开对各知识点的介绍，每个任务都是严格按照编者在虚拟机或真机上的实际操作步骤编写出来的，可操作性很强。

本书既适合计算机专业学生学习，也适合非计算机专业学生学习，同时也可作为经常使用计算机的广大读者的常用工具知识读本。

图书在版编目（CIP）数据

计算机操作系统安装与维护 / 丁俊，陈世保主编.
—成都：西南交通大学出版社，2016.10（2024.1 重印）
ISBN 978-7-5643-5022-2

Ⅰ. ①计… Ⅱ. ①丁… ②陈… Ⅲ. ①操作系统－教材 Ⅳ. ①TP316

中国版本图书馆 CIP 数据核字（2016）第 242220 号

计算机操作系统安装与维护

主编　丁　俊　陈世保

责任编辑	姜锡伟
封面设计	墨创文化
出版发行	西南交通大学出版社 （四川省成都市二环路北一段 111 号 西南交通大学创新大厦 21 楼）
营销部电话	028-87600564　028-87600533
邮政编码	610031
网址	http://www.xnjdcbs.com
印刷	成都中永印务有限责任公司
成品尺寸	185 mm × 260 mm
印张	22.5
字数	560 千
版次	2016 年 10 月第 1 版
印次	2024 年 1 月第 4 次
书号	ISBN 978-7-5643-5022-2
定价	58.00 元

课件咨询电话：028-87600533

前　言

随着职业教育教学改革不断地往纵深方向发展，实践教学越来越被重视，大力培养学生的实践动手技能成为市场和职业教育的迫切需求。由于计算机硬件的飞速发展，计算机组装及系统维护类课程在一般职业院校的课程体系中成为一块鸡肋：不能不开，市场有需求；开了又跟不上发展的步伐，学生学习效果差。目前，计算机组装及系统维护类课程大部分偏重于硬件知识的学习，而硬件理论知识枯燥乏味，硬件组装维护实践的设备陈旧落后，与实际应用环境有很大差距，学生学完之后，还是不会组装和维护自己身边正在使用的计算机；而系统安装维护方面的内容在计算机组装及系统维护类课程中一般只占有较小的篇幅，常常也不作为学习的重点，而这些内容恰恰是实际中最需要的知识。

通过多年的教学和实践经验，本书的编者对计算机组装及系统维护类课程提出了大胆的教学改革思路，彻底改变之前此类课程重硬轻软的现象，根据知识的实用性、难易程度以及实践的可操作性等多个方面，决定编写出版本书。本书大幅缩减晦涩难懂并飞速发展且实用性不强的硬件方面内容，通篇以实用性和操作性很强的系统安装维护为主要内容。这类书籍不但适合计算机专业学生学习，同时也适合经常使用计算机的非计算机专业学生学习，也可作为广大读者的常用工具知识读本。

本书共包括七章，每章节通过若干个任务展开知识介绍。第一章介绍了 PC 操作系统的基本知识，主要包括操作系统的概念、功能、分类、结构、发展以及各类主流操作系统的简介；第二章介绍了本书所用的实验环境和工具软件；第三章介绍了硬盘的存储结构、文件系统、分区格式化以及操作系统的启动方法和过程等知识；第四章介绍了各类常见操作系统安装盘的制作和整合方法；第五章介绍了各类操作系统单独安装的方法和步骤；第六章介绍了多操作系统并存安装的方法和步骤；第七章介绍了几种常用操作系统的优化和维护方法。本书内容通俗易懂，可操作性强，以独立任务为基本单位，严格按照实际操作步骤编排知识点，条理清晰，图文并茂，建议主要以实训的形式展开教学。

本书主要由安徽工业经济职业技术学院计算机科学技术系教学团队和安徽财贸职业技术学院陈世保负责编写，其中丁俊和陈世保担任主编。付建民负责全书的大纲规划、目录制定和统稿等工作，丁俊负责第 2、3、6 章和 4.8、5.7、5.8 节的编写以及全书的大纲规划及统稿和定稿等工作，陈世保负责第 4、5 章其余内容的编写，朱晓彦负责第 1、7 章的编写并参与了全书的大纲规划及统稿和定稿等工作，余猛虎和丁俊负责教学视频录制工作。

限于作者的水平，加之时间仓促，书中的疏漏和不足之处在所难免，敬请广大读者和专家批评指正，本书编者将对此表示万分感谢。同时，在此也对西南交通大学出版社给予的大力支持和指导表示衷心的感谢。作者邮箱：33469755@qq.com，欢迎大家多提宝贵意见。

编　者

2016 年 7 月

教材所用软件列表

（操作系统安装文件及其 PE 系统未列出）

1. 无忧启动盘
2. DiskGenius（无忧启动盘中）
3. Norton Partition Magic 8.0（无忧启动盘中）
4. Bootice 软件（无忧启动盘中）
5. HaneWin DHCP Server 服务端程序（无忧启动盘中的我心如水 2003PE 中）
6. Ghost 11（无忧启动盘中）
7. NT6 安装器（无忧启动盘中）
8. VMware 8
9. VMware 12
10. Ultra ISO 9.0
11. Partition Magic Pro7.0
12. EasyBCD 2.2
13. NERO 8
14. 大白菜 U 盘启动盘制作工具
15. 计算机店 U 盘启动盘制作工具
16. Grubinst_gui
17. Grub4dos
18. Nmaker 4.0
19. EasyBoot
20. MPALL v3.12.0A
21. GetInfo 量产软件
22. ImageX
23. GImageX
24. JUJUMAO WINDOWS VHD 虚拟硬盘文件准备工具

软件工具和视频资料下载地址：

链接：http：//pan. baidu. com/s/1qX9g7Xa 密码：xo2d

相关技术参考网址：

无忧启动论坛：http：//bbs. wuyou. net/

目　录

第1章 计算机操作系统概述

在现代计算机系统中，如果不安装操作系统，很难想象还会有谁使用计算机。操作系统是计算机系统中不可缺少的系统软件，它是配置在计算机硬件上的第一层软件，是对硬件系统功能的第一次扩充。操作系统的功能实现与计算机硬件系统所提供的功能密切相关。操作系统是一个大型的软件系统，它负责计算机的全部软件、硬件资源的管理，控制和协调并发活动，实现信息的存储和保护，并为用户使用计算机系统提供实用方便的用户界面。操作系统使计算机系统实现了高效率和高度自动化。操作系统在计算机系统中充当计算机硬件系统与应用程序之间的界面，所以，操作系统既面向系统资源又面向用户。面向系统资源，要求操作系统必须尽可能提高资源的利用率；面向用户，要求操作系统必须提供方便易用的用户界面：这是操作系统追求的目标和宗旨。

为了进一步了解操作系统的基础知识，本章将介绍操作系统的基本功能、分类、结构、发展以及主流操作系统，以为后续章节关于操作系统安装维护实践所涉及的知识提供理论基础和指导思想。

1.1 操作系统的概念

一个完整的计算机系统可以看成是由硬件和软件按层次结构组成的。而操作系统是配置在计算机硬件平台上的第一层软件，是一组系统软件。那么什么是操作系统呢？

操作系统是计算机系统中的一个系统软件，它是这样一组程序模块的集合：它们能有效地组织和管理计算机系统中的硬件及软件资源，合理地组织计算机工作流程，控制程序的执行，并向用户提供各种服务功能，使用户能够灵活、方便、有效地使用计算机，使整个计算机系统能高效地运行。操作系统是计算机系统中最重要的系统软件。

1.2 操作系统的功能

在计算机系统中，操作系统主要完成以下两大主要功能。

1. 操作系统是资源管理器

计算机系统的资源包括硬件资源和软件资源。站在资源管理的角度，我们可把计算机系统资源分为四大类：处理机、存储器、输入/输出设备和信息。前三类为硬件资源，最后一类为软件资源。操作系统的任务就是使整个计算机系统的资源得到充分有效的利用，并且在相互竞争的程序之间合理有序地控制系统资源的分配，从而实现对计算机系统工作流程的控制。

操作系统是计算机资源的管理者，它通过管理计算机资源来控制计算机系统功能，并为其他系统软件和所有应用软件提供支撑平台。由于操作系统本身也是软件，所以它对计算机系统资源的管理和控制是以不同寻常的方式来运作的。与一般的应用程序不同，它涉及的对象是系统资源，而且可以直接对处理机进行设置和控制，而其他软件则必须通过操作系统提供的系统调用界面才能使用系统资源。

操作系统的资源管理功能主要包括以下几个方面。

1）处理机管理

在操作系统所管理的系统资源中，处理机是最紧俏的资源。操作系统要支持多用户、多任务对处理机的共享，因此对处理机的管理成为操作系统最重要的一个功能。

操作系统处理机管理模块的主要任务是确定对处理机的分配策略，实施对进程或线程的调度和管理。处理机的调度一般以进程为单位，如果系统支持线程则以线程为单位进行调度。操作系统所采用的处理机管理策略决定了操作系统的主要性能。

2）存储管理

操作系统存储管理的功能是实现对内存的组织、分配、回收、保护与虚拟（扩充）。内存的管理方式也有很多种。在不同的管理方式下，系统对内存的组织、分配、回收、保护、虚拟以及地址映射的方式存在着很大的差异。

存储管理涉及系统另一个紧俏资源——内存。它一方面要为系统进程及各个用户进程提供运行所需要的内存空间；另一方面还要保证各用户进程之间互不影响，此外，还要保证用户进程不能破坏系统进程，提供内存保护。

由于系统中内存容量有限，如何使用有限的内存运行比其大得多的作业并且使尽可能多的进程进入内存并发执行，是操作系统需要解决的问题。所以操作系统必须提供虚拟存储来提高内存的利用率和提高进程的并发度。

操作系统对内存管理的实现在很大程度上依赖于硬件机制。操作系统必须针对不同 CPU 的不同硬件机制提供统一的接口，做到在不同的硬件支持环境下得到相同的操作系统界面和系统功能，这就要求操作系统有很好的可移植性。

3）设备管理

计算机系统所配置的外部设备是多种多样的，其工作原理、I/O 传输速度、传输方式都有很大的差异。操作系统采取统一的文件系统界面来管理外部设备，而将设备本身的物理特性交由设备驱动程序去解决，从而提高系统对多种设备的适应性。

为了提高资源利用率，动态分配方式是常用的选择方案。由于独占设备一次只能完成一个进程的 I/O，所以如果采用动态分配方式，可能因分配不当而导致系统产生死锁。为了提高独占设备的利用率，操作系统利用共享设备比如磁盘来模拟独占设备，将独占设备在逻辑上改造为共享设备，这种在逻辑上模拟独占设备的共享设备被称为虚拟设备。操作系统采用虚拟分配方式分配虚拟设备。

为了方便用户使用，也为了提高设备利用率，操作系统采用“设备独立性”的概念，即应用程序仅向用户提供逻辑设备名，而将物理设备的分配交由操作系统控制和管理。这样既可以使用户在使用设备时不必关心设备的使用细节，同时也便于操作系统实施设备的分配管理，避免用户在不知情的情况下盲目地在某个设备上排长队，而其余的同类设备却处于空闲状态，从而提高设备的利用率。

外部设备与 CPU 是并发执行的，但 CPU 与设备的运行速度并不匹配，因此通常需要采用缓冲技术来平衡速度上的差异。不同的操作系统对缓冲技术的管理算法不尽相同，UNIX 所采用的算法是通过对缓冲区的管理以及减少读写磁盘次数的方式来提高 I/O 速度的。

操作系统设备管理还必须利用处理机提供的中断机制来实现外部设备与 CPU 的并行，为此操作系统要提供设备中断服务程序，来控制当 CPU 响应外部设备发来中断请求后所需要执行的任务，即根据设备完成 I/O 的情况决定需要服务的内容：若设备 I/O 没有结束，则继续启动设备 I/O；若设备的 I/O 已经结束，则需要将请求设备 I/O 的进程唤醒，等待分配 CPU 继续执行。

4）文件管理

操作系统的文件管理子系统是最接近用户的部分，它给用户提供了一个方便、快捷、可以共享同时又有保护功能的文件使用环境。操作系统给用户提供了一种方便的“按名存取”的文件使用方式，用户只要给出文件名即可实现对文件的存取，实现过程则交由操作系统完成。为了方便不同用户对各自文件的自主管理，也为了实现对文件的快速查询，操作系统通常采用树状目录结构来实现对文件的管理和控制。

文件的存储介质是磁盘，文件在磁盘上以何种结构进行组织和存放涉及文件的读盘次数和存取速度。不同的操作系统对文件的物理结构有不同的组织方式，本书主要介绍 UNIX 的文件物理结构。对于空闲磁盘块的分配和回收也涉及系统的时空效率，因为磁盘的容量越来越大，空闲块数量非常大，其数据结构所占的空间相应也很大，如何节省对磁盘空闲块进行管理的时间和空间是操作系统需要解决的问题，UNIX 对此给出了很好的解决方案。

文件的共享和保护是当今操作系统都必须提供的功能，不同的操作系统有不同的解决方案，本书主要介绍 UNIX 所提供的共享和保护方式。

2. 操作系统是用户（应用程序）与计算机硬件系统之间的接口

在计算机系统的四个层次中，硬件是最底层。操作系统处于用户与计算机硬件系统之间，用户通过操作系统来使用计算机。对多数计算机而言，在机器语言级的体系结构（包括指令系统、存储组织、I/O 和总线结构）上编程是相当困难的，尤其是输入/输出操作。为了让用户和程序员在使用计算机时不涉及硬件细节，使程序员与硬件细节独立开来，我们需要建立一种高度抽象。这种抽象就是为用户提供一台等价的扩展计算机，这样的计算机称为虚拟计算机，简称虚拟机。操作系统作为虚拟机为用户使用计算机提供了方便，用户可不必了解计算机硬件工作的细节，而且直接通过操作系统来使用计算机，操作系统就成了用户和计算机之间的接口。

用户可通过三种方式使用计算机：① 命令方式，用户可通过键盘输入由操作系统提供的一组命令，来直接操纵计算机系统；② 系统调用方式，用户可在自己的应用程序中，通过调用操作系统提供的一组系统调用，来操纵计算机系统；③ 图形、窗口方式，用户通过屏幕上的窗口和图标，来操纵计算机系统和运行自己的程序。有了这几种方式，用户就可以不涉及硬件的实现细节，方便而有效地取得操作系统为用户所提供的各种服务，合理地组织计算机工作流程。所以说，操作系统是用户与计算机硬件系统之间的接口。

1.3 操作系统的分类

根据操作系统在用户界面的使用环境和功能特征的不同，操作系统一般可分为三种基本类型，即批处理系统、分时系统和实时系统。随着计算机体系结构的发展，又出现了许多种操作系统，它们分别是嵌入式操作系统、个人计算机操作系统、网络操作系统和分布式操作系统等。

1. 批处理操作系统

批处理（Batch Processing）操作系统的工作方式是：用户将作业交给系统操作员，系统操作员将许多用户的作业组成一批作业，之后输入计算机，在系统中形成一个自动转接的连续的作业流，然后启动操作系统，系统自动执行每个作业，最后由操作员将作业结果交给用户。

批处理操作系统的特点是：多道和成批处理。但是用户自己不能干预自己作业的运行，一旦发现错误不能及时改正，从而延长了软件开发时间，所以这种操作系统只适用于成熟的程序。

批处理操作系统的优点是：作业流程自动化、效率高、吞吐率高。其缺点是：无交互手段、调试程序困难。

2. 分时操作系统

分时（Time Sharing）操作系统的工作方式是：一台主机连接了若干个终端，每个终端由一个用户使用。用户向系统提出命令请求，系统接受每个用户的命令，采用时间片轮转方式处理服务请求，并通过交互方式在终端上向用户显示结果。用户根据上一步的处理结果发出下一道命令。

分时操作系统将 CPU 的运行时间划分成若干个片段，称为时间片。操作系统以时间片为单位，轮流为每个终端用户服务。由于时间片非常短，所以每个用户感觉不到其他用户的存在。

分时系统具有多路性、交互性、“独占”性和及时性的特征。多路性是指，同时有多个用户使用一台计算机，宏观上看是多个作业同时使用一个 CPU，微观上是多个作业在不同时刻轮流使用 CPU。交互性是指，用户根据系统响应结果进一步提出新请求（用户直接干预每一步）。“独占”性是指，用户感觉不到计算机为其他人服务，就像整个系统为他所独占。及时性是指，系统对用户提出的请求及时响应。

常见的通用操作系统是分时系统与批处理系统的结合。其原则是：分时优先，批处理在后。“前台”响应需频繁交互的作业，如终端的要求；“后台”处理时间性要求不强的作业。

3. 实时操作系统

实时操作系统（Real Time Operating System，RTOS）是指使计算机能及时响应外部事件的请求，在严格规定的时间内完成对该事件的处理，并控制所有实时设备和实时任务协调一致地工作的操作系统。实时操作系统追求的主要目标是：对外部请求在严格时间范围内做出反应，具有高可靠性和完整性。

4. 嵌入式操作系统

嵌入式操作系统（Embedded Operating System）是运行在嵌入式系统环境中，对整个嵌入式系统以及它所操作、控制的各种部件装置等资源进行统一协调、调度、指挥和控制的系统软件。

5. 分布式操作系统

通过高速互联网络将许多台计算机连接起来形成一个统一的计算机系统，可以获得极高的运算能力及广泛的数据共享。这种系统被称作分布式系统（Distributed System）。

分布式操作系统的特征是：统一性，即它是一个统一的操作系统；共享性，即所有的分布式系统中的资源是共享的；透明性，其含义是用户并不知道分布式系统运行在多台计算机上，在用户眼里，整个分布式系统像是一台计算机，对用户来讲是透明的；自治性，即处于分布式系统的多个主机都可独立工作。

6. 网络操作系统

网络操作系统是基于计算机网络的，是在各种计算机操作系统上按网络体系结构协议标准开发的系统软件，包括网络管理、通信、安全、资源共享和各种网络应用。其目标是实现网络通信及资源共享。常见的网络操作系统有 UNIX、Linux、Windows NT 和 Windows 2000 等。

网络操作系统与分布式操作系统在概念上的主要区别是：网络操作系统可以构架于不同的操作系统之上，也就是说它可以在不同的主机操作系统上，通过网络协议实现网络资源的统一配置，在大范围内构成网络操作系统。在网络操作系统中，用户并不能对网络资源进行透明的访问，而需要显式地指明资源位置与类型。网络操作系统对本地资源和异地资源的访问区别对待。与网络操作系统形成鲜明对比的是分布式操作系统，它比较强调单一性，是由一种操作系统构架的。在这种操作系统中，网络的概念在应用层被淡化了。所有资源（本地的资源和异地的资源）都用同一方式管理与访问，用户不必关心资源在哪里，或者资源是怎样存储的。

7. 个人计算机操作系统

个人计算机（PC）操作系统是一种单用户多任务的操作系统。个人计算机操作系统主要供个人使用，功能强、价格便宜，可以在几乎任何计算机上安装使用。它能满足一般人操作、学习、游戏等方面的需求。个人计算机操作系统的主要特点是：计算机在某一时间内为单个用户服务；采用图形界面进行人机交互，界面友好；使用方便，用户无须专门学习，也能熟练操纵计算机。其中最知名、最常用的个人计算机操作系统有 DOS、Windows XP、Windows 7、Linux 等。这也是本书主要探讨的操作系统。

1.4 操作系统的结构

目前，通用机上常见操作系统的体系结构有如下几种：模块组合结构、层次结构、虚拟机结构和微内核结构：

1. 模块组合结构

模块组合结构是软件工程出现以前的早期操作系统以及目前一些小型操作系统最常用的组织方式。

操作系统刚开始时是以建立一个简单的小系统为目标来实现的，但是为了满足其他需求又陆续加入一些新的功能，其结构渐渐变得复杂而无法掌握。以前我们使用的 MS-DOS 就是这种结构最典型的例子。这种操作系统是一个有多种功能的系统程序，也可以看成一个大的可执行体，即整个操作系统是一些过程的集合。系统中的每一个过程模块根据它们要完成的功能进行划分，然后按照一定的结构方式组合起来，协同完成整个系统的功能。

在模块组合结构中，没有一致的系统调用界面，模块之间通过对外提供的接口传递信息，模块内部实现隐藏的程序单元，使其对其他过程模块来说是透明的。但是，随着功能的增加，模块组合结构变得越来越复杂而难以控制，模块间不加控制地相互调用和转移，以及信息传递方式的随意性，使系统存在一定隐患。

2. 层次结构

为了弥补模块组合结构中模块间调用存在的固有不足，就必须减弱模块间毫无规则的相互调用、相互依赖的关系，尤其要清除模块间的循环调用。从这一点出发，层次结构的设计采用了高层建筑结构的理念，将操作系统或软件系统中的全部构成模块进行分类：将基础的模块放在基层（或称底层、一层）；在此基础上，再将某些模块放在二层，二层的模块在基础模块提供的环境中工作，它只能调用基层的模块为其工作，反之不行。严格的层次结构，第 N+1 层只能在 N 层模块提供的基础上建立，只能在 N 层提供的环境中工作，也只能向 N 层的模块发调用请求。

在采用层次结构的操作系统中，各个模块都有相对固定的位置、相对固定的层次。处在同一层次的各模块，其相对位置的概念可以不非常明确。处于不同层次的各模块，一般而言，不可以互相交换位置，只存在单向调用和单向依赖。UNIX/Linux 系统采用的就是这种体系结构。

层次结构强调的是系统中各组成部分所处的位置，但是想要让系统正常运作，不得不协调两种关系，即依赖关系和调用关系。

依赖关系是指处于上层（或外层）的软件成分依赖下层软件的存在、依赖下层软件的运行而运行。例如，浏览器这部分软件就依赖 GUI 的存在和运行，GUI 又依赖操作系统的存在和运行。在操作系统内部，外围部分依赖内核的存在而存在，依赖内核的运行而运行，内核又依赖 HAL 而运行。处在同层之内的软件成分可以是相对独立的，相互之间一般不存在相互依赖关系。

3. 虚拟机结构

虚拟机的基本思想是系统能提供两个功能：①多道程序处理能力；②提供一个比裸机有更方便扩展界面的计算机。操作系统是覆盖在硬件裸机上的一层软件，它通过系统调用向位于它之上的用户应用程序服务。从应用程序的角度来看，操作系统像是一台“计算书”，只不过它的功能比硬件裸机更强，它的指令系统是系统调用集而已。因此，从概念上讲，操作系统是“虚拟机”。这是“虚拟机”概念的来源。利用 CPU 调度以及虚拟内存技术，操作系统可以给运行于系统中的进程以假象：好像进程拥有自己的 CPU 和存储器，如同系统中只有一个进程，系统所有资源都为它服务。从这个角度讲，操作系统为每一个进程创建了一个使该进程独立运行于其中的“虚拟机”，在这个“虚拟机”中，进程拥有自己的“CPU”和“存储器”，同时进程还得到了硬件所无法提供的文件系统功能。虚拟机操作系统就是根据这一想法而产生的。

虚拟机操作系统不提供传统操作系统中的文件系统的功能。最初的虚拟机仅仅为进程提供一个访问底层的接口，它通过对硬件的复用提供给每一个进程以硬件的一个拷贝，因此能够直接运行在硬件上的程序都可以直接运行在虚拟机之上。后来出现了另外三种体系结构的虚拟机：由机器虚拟指令映射构成的虚拟机。

虚拟机操作系统并没有提供一个供应用程序直接运行的现成环境，它仅仅是对硬件进行（分时）复用从而得到硬件的多个拷贝，应用程序不可以直接运行在硬件之上，因此它也无法运行在虚拟机操作系统之上。通常的情况是：普通的操作运行在虚拟机之上，而应用程序运行在各自的操作系统之上，由于虚拟机操作系统是通过（分时）复用硬件资源同时提供多台虚拟机的，因此同时可以有多个不同的操作系统运行在同一物理硬件机器之上，因此可以有多个不同操作系统的应用程序同时运行在同一台物理硬件机器之上。

虽然虚拟机操作系统有着诱人的特性，但是其最突出的一个问题是实现比较困难。如果要实现的是底层硬件的完全拷贝，也即它要模拟硬件几乎所有的特性，那将是相当困难的一件事情。因此许多商业虚拟机采用映射部分指令结合直接调用宿主操作系统功能的方法，但这样必然会导致虚拟机性能的损失，所以虚拟机操作系统在业界是属于非主流的，但是在学术界有着重要意义，因为它是研究操作系统技术的理想平台。

4. 微内核结构

操作系统研究领域最近十几年突出的成就应该是微内核技术。微内核的研究动机是为解决已有的操作系统内核由于功能的增加而逐渐变大的问题。

微内核体系结构的基本思想是把操作系统中与硬件直接相关的部分抽取出来作为一个公共层，称之为硬件抽象层（HAL）。这个硬件抽象层其实就是一种虚拟机，它向所有基于该层的其他层通过 API 接口提供一系列标准服务。微内核中只保留了处理机调度、存储管理和消息通信等少数几个组成部分，将传统操作系统内核中的一些组成部分放到内核之外来实现。如传统操作系统中的文件管理系统、进程管理、设备管理、虚拟内存等内核功能都放在内核外作为一个独立的子系统来实现。因此，操作系统的大部分代码只要在一种统一的硬件体系结构上进行设计就可以了。

微内核思想虽然是一种非常理想的，理论上具有明显先进性的操作系统设计思想，但是微内核结构操作系统还存在着许多问题，现代微内核操作系统结构和性能还不够理想。在市场和应用领域，微内核的应用在近几年逐渐广泛，很多过程控制机不以通用计算机的面貌出现，只是完成特定的专用功能，常常采用微内核结构。

1.5 操作系统的发展

操作系统并不是与计算机硬件一起诞生的，它是在人们使用计算机的过程中，为了满足两大需求——提高资源利用率、增强计算机系统性能，伴随着计算机技术本身及其应用的日益发展，而逐步地形成和完善起来的。操作系统的整个发展过程主要有以下几个阶段。

1. 手工操作（无操作系统）

1946 年第一台计算机诞生—20 世纪 50 年代中期，还未出现操作系统，计算机工作采用手工操作方式。

手工操作方式有两个特点：① 用户独占全机，不会出现因资源已被其他用户占用而等待的现象，但资源的利用率低；② CPU 等待手工操作，CPU 的利用不充分。

2. 批处理系统

批处理系统：加载在计算机上的一个系统软件，在它的控制下，计算机能够自动地、成批地处理一个或多个用户的作业（这作业包括程序、数据和命令）。

3. 脱机批处理系统

为克服与缓解高速主机与慢速外设的矛盾，提高 CPU 的利用率，人们引入了脱机批处理系统，即输入/输出脱离主机控制。

这种方式的显著特征是：增加一台不与主机直接相连而专门用于与输入/输出设备打交道的卫星机。

4. 多道程序系统

所谓多道程序设计技术，就是指允许多个程序同时进入内存并运行。即同时把多个程序放入内存，并允许它们交替在 CPU 中运行，它们共享系统中的各种硬、软件资源。当一道程序因 I/O 请求而暂停运行时，CPU 便立即转去运行另一道程序。

5. 多道批处理系统

20 世纪 60 年代中期，在前述的批处理系统中，引入多道程序设计技术后形成多道批处理系统（简称批处理系统）。它有两个特点：

（1）多道：系统内可同时容纳多个作业。这些作业放在外存中，组成一个后备队列，系统按一定的调度原则每次从后备作业队列中选取一个或多个作业进入内存运行，运行作业结束、退出运行和后备作业进入运行均由系统自动实现，从而在系统中形成一个自动转接的、连续的作业流。

（2）成批：在系统运行过程中，不允许用户与其作业发生交互作用，即作业一旦进入系统，用户就不能直接干预其作业的运行。

6. 分时系统

由于 CPU 速度不断提高和采用分时技术，一台计算机可同时连接多个用户终端，而每个用户可在自己的终端上联机使用计算机，好像自己独占机器一样。

7. 实时系统

虽然多道批处理系统和分时系统能获得令人较满意的资源利用率和系统响应时间，但不能满足实时控制与实时信息处理两个应用领域的需求。于是就产生了实时系统，即系统能够及时响应随机发生的外部事件，并在严格的时间范围内完成对该事件的处理。实时系统在一个特定的应用中常作为一种控制设备来使用。

8. 通用操作系统

操作系统具有三种基本类型：多道批处理系统、分时系统、实时系统。

通用操作系统是具有多种类型操作特征的操作系统，可以同时兼有多道批处理、分时、实时处理的功能，或其中两种以上的功能。

9. 计算机操作系统

个人计算机上的操作系统是联机交互的单用户操作系统，它提供的联机交互功能与通用分时系统提供的功能很相似。由于是个人专用，因此一些功能会简单得多。然而，个人计算机的应用普及，对于提供更方便友好的用户接口和丰富功能的文件系统的要求会愈来愈迫切。

10. 网络操作系统

计算机网络操作系统是指通过通信设施，将地理上分散的、具有自治功能的多个计算机系统互连起来，实现信息交换、资源共享、互操作和协作处理的系统。网络操作系统是在原来各自计算机操作系统上，按照网络体系结构的各个协议标准增加网络管理模块，其中包括通信、资源共享、系统安全和各种网络应用服务。

11. 分布式操作系统

从表面上看，分布式系统与计算机网络系统没有多大区别。分布式操作系统也是通过通信网络，将地理上分散的具有自治功能的数据处理系统或计算机系统互连起来，实现信息交换和资源共享，协作完成任务。

1.6 主流操作系统简介

目前最常用的操作系统是 Windows、UNIX 和 Linux。其中，UNIX 目前常用的变种有 SUN 公司的 Solaris、IBM 公司的 AIX、惠普公司的 HP UX 等。其他比较常用的操作系统还有 MacOS、NetWare、zOS（OS/390）、OS/400、OS/2 等。在 20 世纪 80 年代和 90 年代初，DOS 是最常用的操作系统之一。

1. MS-DOS 及 Windows 系列

Windows 系列与 MS-DOS 都是微软（Microsoft）公司的产品。1975 年微软公司成立之初，只有一个 BASIC 程序及比尔·盖茨和保罗·艾伦两个人。时至今日，微软公司已成为世界上最大的软件公司，其产品涵盖操作系统、编译程序、数据库管理系统、办公室自动化软件等各个领域。Windows 系列操作系统是微软公司从 1985 年起开发的一系列视窗操作系统产品，包括个人（家用）、商用服务器版 2 条产品线（图 1-1）。个人操作系统包括 Windows Me、Windows 95/98，及更早期的版本 Windows 1.x、2.x、3.x 等，主要在 IBM 个人机系列上运行。商用操作系统是 Windows 2000 和其前身版本 Windows NT，主要在服务器、工作站等上运行，也可以在 IBM 个人系列机上运行。嵌入式操作系统有 Windows CE 和手机用操作系统 Stinger 等。Windows XP 使家用和商用两条产品线合二为一。截至 20 世纪末，全世界运行各种 Windows 版本的计算机有两亿台左右。微软公司从 1983 年开始研制 Windows 操作系统。当时，IBM PC 进入市场已有两年，微软公司开发的磁盘操作系统 DOS 和编程语言 BASIC 随 IBM PC 捆绑销售，取得了很大的成功。Windows 操作系统最初的研制目标是在 DOS 的基础上提供一个多任务的图形用户界面。不过，第一个取得成功的图形用户界面系统并不是 Windows，而是 Windows

的模仿对象——苹果公司于 1984 年推出的 Mac OS（运行于苹果公司的 Macintosh 个人计算机上）。Macintosh 机及其上的操作系统当时已风靡美国多年，是 IBM PC 和 DOS 操作系统在当时市场上的主要竞争对手。当年苹果公司曾对 PC 机和 Windows 操作系统不屑一顾，并大力抨击微软公司抄袭 Mac OS 的外观和灵感。但苹果机和 Mac OS 是封闭式体系（硬件接口不公开、系统源代码不公开等），而 IBM PC 和 MS-DOS 是开放式体系（硬件接口公开、允许并支持第三方厂家做兼容机、公开操作系统源代码等）。这个关键的区别使得 IBM PC 后来居上，销量超过了苹果机，并使得在 IBM PC 上运行的 Windows 操作系统的普及率超过了 Mac OS，成为个人计算机市场占主导地位的操作系统。

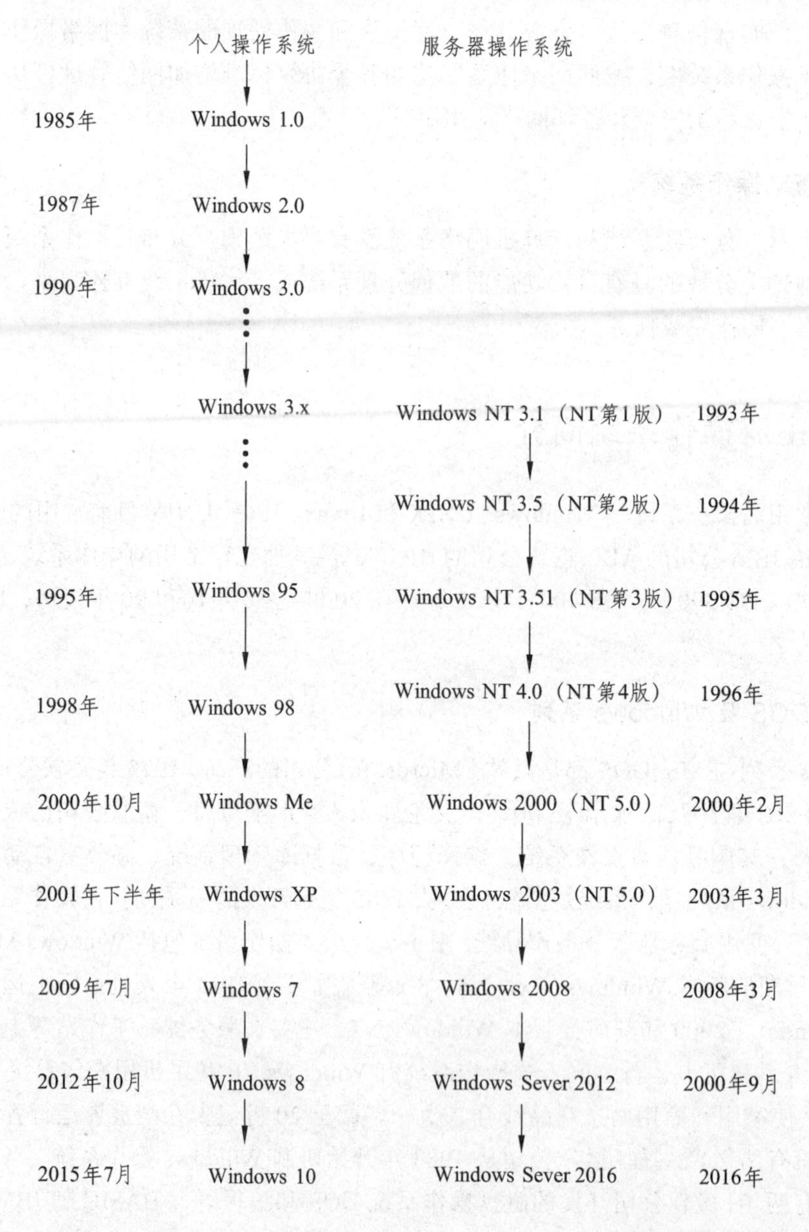

图 1-1

1）MS-DOS

DOS 是微软公司与 IBM 公司开发的、广泛运行于 IBM PC 及其兼容机上的操作系统，全称是 MS-DOS。20 世纪 80 年代初，IBM 公司开始涉足 PC 领域时，曾多方考察选择合适的操作系统。1980 年 11 月，IBM 和微软公司正式签约，之后的 IBM PC 均使用 DOS 作为标准的操作系统。由于 IBM PC 大获成功，微软公司也随之得到了飞速发展，MS-DOS 从此成为个人计算机操作系统的代名词，发展成为个人计算机的标准平台。

IBM PC 机上所配的操作系统称 PC DOS 或 IBM DOS，是 IBM 向微软公司买下 MS-DOS 的版权，另外做了修改和扩充而产生的。MS-DOS 最早的版本是 1981 年 8 月推出的 1.0 版，至 1993 年 6 月推出了 6.0 版，微软公司推出的最后一个 MS-DOS 版本是 DOS 6.22，以后不再推出新的版本。MS-DOS 是一个单用户操作系统，自 4.0 版开始具有多任务处理功能。

20 世纪 80 年代 DOS 最盛行时，全世界大约有 1 亿台个人计算机使用 DOS 系统，用户在 DOS 下开发了大量应用程序。由于这个原因，20 世纪 90 年代新的操作系统都提供对 DOS 的兼容性。

2）Windows 3.x、Windows 95/98 及 Windows Me

从 20 世纪 90 年代起，在个人操作系统领域，微软公司的 Windows 个人操作系统系列占有绝对的垄断地位。

微软公司 Windows 操作系统的个人产品线是由 20 世纪 80 年代的 DOS 平台演变而来的。其中，影响较大和较突出的版本是 Windows 3.0 和 Windows 95。Windows 3.0 的大量全新特性以压倒性的优势确定了 Windows 操作系统在 PC 领域中的垄断地位，而 Windows 95 则一上市就风靡世界。Windows 3.1 及以前的版本均为 16 位系统，不能充分利用硬件的强大功能，还须与 DOS 共同管理系统硬件资源，依赖 DOS 管理文件系统，只能在 DOS 之上运行，所以，不能算完整的操作系统。而 Windows 95（及稍前的 Windows NT）则已摆脱 DOS 的限制（不用从 DOS 下启动 Windows），在提供强大功能（如网络和多媒体功能等）和简化用户操作（如桌面和资源管理器等新特性）这两个方面都取得了突出的成绩。Windows 95 和 Windows 98 在上市的第一个月和前半年分别在零售商店销售出了 60 万套和 200 万套。2000 年 9 月，微软公司推出 Windows 98 的后续版本 Windows Me（视窗千禧版，Microsoft Windows Millennium Edition），较 Windows 98 没有本质上的改进，只是扩展了一些功能，是微软公司推出的最后一种基于 DOS 系统的操作系统，零售价每套 40 美元左右，上市 4 天售出 25 万套。

3）Windows NT 及 Windows 2000

微软公司在 20 世纪 80 年代中后期的主流产品 Windows 和 DOS 都是个人计算机上的单用户操作系统。从 1985 年开始，IBM 公司与微软公司合作开发商用多用户操作系统 OS/2，但这次合作并不十分融洽。1987 年 OS/2 推出后，微软公司开始计划建立自己的商用多用户操作系统。1988 年 10 月，微软公司聘任 Dave Culter 作为 NT 的主设计师，开始组建开发新操作系统的队伍。1993 年 5 月 24 日，经过几百个人 4 年多的工作，微软公司正式推出 Windows NT。在相继推出 Windows NT 1.0、2.0、3.0、4.0 后，微软公司于 2000 年 2 月推出 Windows 2000（原来称为 Windows NT 5.0）。而 Windows 2000 的下一个版本是 Windows XP。

Windows NT 及后来的 Windows 2000 是商用多用户操作系统，其开发目标是作为工作站和服务器上的 32 位操作系统，以充分利用 32 位处理器等硬件的新特性，并使其易于适应将来的硬件变化，能更容易地随着新的市场需求而扩充，同时与已有应用程序保持兼容。

Windows NT 最初采用 OS/2 的界面，后来因 Windows 操作系统的成功推出又改为用 Windows 系列的界面。Windows NT 最初计划基于 Intel i860 CPU，1990 年时转为基于 Intel 80386/486 和 RISC CPU。Windows NT 较好地实现了设计目标（充分利用硬件新特性、可扩充性、可移植性、兼容性等），采用和实现了大量的新技术，其结构具有微内核、客户/服务器、面向对象等先进特性。Windows NT 支持对称多处理、多线程程序、多个可装卸文件系统（FAT、HPFS、CDFS、NTFS 等），还支持多种常用 API 和标准 API（WIN 32、OS/2、DOS、POSIX 等），提供源码级兼容和二进制兼容，内置网络和分布式计算。Windows NT 安全性达到美国政府 C2 级安全标准。

Windows NT 是 1999 年销量第一的服务器操作系统。2000 年 2 月 18 日，微软公司正式推出了 Windows 2000，其性能与可靠性都比 Windows NT 有了很大改善。

4）Windows XP/Windows 2003

Windows XP 中文全称为视窗操作系统体验版。是微软公司发布的一款视窗操作系统。它发行于 2001 年 10 月 25 日，原来的名称是 Whistler。微软最初发行了两个版本，家庭版（Home）和专业版（Professional）。家庭版的消费对象是家庭用户，专业版则在家庭版的基础上添加了新的为面向商业的设计的网络认证、双处理器等特性。且家庭版只支持 1 个处理器，专业版则支持 2 个。字母 XP 表示英文单词的“体验”（experience）。

Windows Server 2003 是微软的服务器操作系统。最初叫作“Windows .NET Server”，后改成“Windows.NET Server 2003”，最终被改成“Windows Server 2003”，于 2003 年 3 月 28 日发布，并在同年 4 月底上市。它相对于 Windows 2000 做了很多改进，如：改进的 Active Directory（活动目录），如可以从 schema 中删除类；改进的 Group Policy（组策略）操作和管理；改进的磁盘管理，如可以从 Shadow Copy（卷影复制）中备份文件。特别是在改进脚本和命令行工具方面，对微软来说是一次革新——把一个完整的命令外壳带进下一版本 Windows。

5）Windows 7/Windows 2008

Windows 7 是由微软公司开发的操作系统，核心版本号为 Windows NT 6.1。Windows 7 可供家庭及商业工作环境、笔记本电脑、平板电脑、多媒体中心等使用。2009 年 7 月 14 日 Windows 7 RTM（Build 7600.16385）正式上线，2009 年 10 月 22 日微软于美国正式发布 Windows 7。Windows 7 同时也发布了服务器版本——Windows Server 2008 R2。2011 年 2 月 23 日凌晨，微软面向大众用户正式发布了 Windows7 升级补丁——Windows 7 SP1（Build 7601.17514.101119-1850）。

Microsoft Windows Server 2008 代表了下一代 Windows Server。使用 Windows Server 2008，IT 专业人员对其服务器和网络基础结构的控制能力更强，从而可重点关注关键业务需求。Windows Server 2008 通过加强操作系统和保护网络环境提高了安全性。通过加快 IT 系统的部署与维护、使服务器和应用程序的合并与虚拟化更加简单、提供直观管理工具，Windows Server 2008 还为 IT 专业人员提供了灵活性。Windows Server 2008 为任何组织的服务器和网络基础结构奠定了最好的基础。Windows Server 2008 具有新的增强的基础结构，先进的安全特性和改良后的 Windows 防火墙支持活动目录用户和组的完全集成。

Windows Server 2008 用于在虚拟化工作负载、支持应用程序和保护网络方面向组织提供最高效的平台。它为开发和可靠地承载 Web 应用程序和服务提供了一个安全、易于管理的平台。从工作组到数据中心，Windows Server 2008 都提供了令人兴奋且很有价值的新功能，对基本操作系统做出了重大改进。

Windows Server 2008 完全基于 64 位技术,在性能和管理等方面,系统的整体优势相当明显。在此之前，企业对信息化的重视越来越强，服务器整合的压力也就越来越大，因此应用虚拟化技术已经成为大势所趋。经过测试，他们认为，Windows Server 2008 完全基于 64 位的虚拟化技术，为未来服务器整合提供了良好的参考技术手段。Windows Server 虚拟化（Hyper-V）能够使组织最大限度实现硬件的利用率，合并工作量，节约管理成本，从而对服务器进行合并，并由此减少服务器所有权的成本。Windows Server 2008 在虚拟化应用的性能方面完全可以和其他主流虚拟化系统相媲美；而在成本和性价比方面，Windows Server 2008 更是具有压倒性的优势。如图 1-1 所示为微软公司个人和服务器版的 Windows 操作系统产品线。

2. 自由软件：Linux

软件按其提供方式和是否营利可以划分为 3 种模式,即商业软件(commercial software)、共享软件（shareware）和自由软件（freeware 或 free software）。商业软件由开发者出售并提供技术服务，用户只有使用权，不得进行非法复制、扩散和修改。共享软件由开发者提供软件试用程序复制品授权，用户在试用该程序复制品一段时间之后，必须向开发者交纳使用费用，开发者则提供相应的升级和技术服务。自由软件则由开发者提供软件全部源代码，任何用户都有权使用、复制、扩散、修改该软件，同时用户也有义务将自己修改过的程序代码公开。

自由软件的自由（free）有两个含义：第一是免费，第二是自由。免费是指自由软件可免费提供给任何用户使用，即便是用于商业目的，并且自由软件的所有源程序代码也是公开的，可免费得到。自由是指它的源代码不仅公开而且可以自由修改，无论修改的目的是使自由软件更加完善，还是在对自由软件进行修改的基础上开发上层软件。总之，可以对它做自己喜欢做的任何事情，除了一两件不能做的事之外（如不能宣称这个系统是你自己开发的）。自由软件的出现给人们带来了很大的好处：首先，免费可给用户节省相当的费用；其次，公开源码可吸引尽可能多的开发者参与软件的查错与改进。在开发协调人的控制下，自由软件新版本的公布、反馈、更新等过程是完全开放的。

1984 年，自由软件的积极倡导者 Richard Stallman 组织开发了一个完全基于自由软件的软件体系——GNU（“GNU is not UNIX”），并拟定了一份通用公用版权协议（General Public License，GPL）。目前人们已很熟悉的一些软件，如 BIND、Perl、Apache、TCP/IP 等，都是自由软件的经典之作。C++编译器，Objective C、FORTRAN 77、C 库、TCP/IP 网络、SLIP/PPP、IP accounting、防火墙、Java 内核支持、BSD 邮件发送、Apache、HTTP Server、Arena 和 Lynx Web 浏览器、Samba（用于在不同操作系统间共享文件和打印机）、Applixware 的办公套装、starOffice 套件等都是著名的自由软件。

1993 年，Linus 把 Linux 奉献给了自由软件，奉献给了 GNU，从而使自由软件增加了一个很好的发展根基。现在自由软件有很多都是基于 Linux 的。

Linux 是一个多用户操作系统，是 Linus Torvalds 主持开发的遵循 POSIX 标准的操作系统，它提供 UNIX 的界面，但内部实现完全不同。它是一个自由软件，是免费的、源代码开放的，这是它与 UNIX 及其变种的不同之处。它虽然 1991 年才诞生，但由于它独特的发展过程所带来的诸多出色的优点，因而除了学生使用外，近几年还被许多企业和机构使用并进而得到了众多商业支持。

Linus Torvalds 在 2001 年年初 Linux World 大会前夕推出 Linux 2.4 内核，Linux 的版本号有内核（Kernel）与发行套件（Distribution）两套版本，内核版本指的是在 Linus 领导下的开发小组开发出的系统内核的版本号，最近版本为 2.6（一般说来以序号的第二位为偶数的版本表明这是一个可以使用的稳定版本，如 2.0.35；而序号的第二位为奇数的版本一般有一些新的东西加入，是不一定很稳定的测试版本，如 2.1.88）。而一些组织机构或厂家将 Linux 系统内核同应用软件和文档包装起来，并提供一些安装界面和系统设定与管理工具，这样就构成了一个发行套件，如最常见的 Slackware、Red Hat、Debian 等。实际上发行套件就是 Linux 的一个大软件包而已。相对于内核版本，发行套件的版本号随发布者的不同而不同，与系统内核的版本号是相对独立的，如 Red Hat 9.0。

1）Linux 的产生与发展

Linux 最初是由芬兰赫尔辛基大学计算机系大学生 Linus Torvalds，在从 1990 年年底到 1991 年的几个月中，为了自己的操作系统课程学习和后来上网使用而陆续编写的，是在他自己买的 Intel 386 PC 机上，利用 Tanenbaum 教授自行设计的微型 UNIX 操作系统 Minix 作为开发平台。据 Linus 所说，刚开始的时候他根本没有想到要编写一个操作系统内核，更没想到这一举动会在计算机界产生如此重大的影响。最开始是一个进程切换器，然后是为自己上网需要而自行编写的终端仿真程序，再后来是为他从网上下载文件而自行编写的硬盘驱动程序和文件系统。这时候他发现自己已经实现了一个几乎完整的操作系统内核，出于对这个内核的信心和美好的奉献与发展愿望，Linus 希望这个内核能够免费扩散使用，但出于谨慎，他并没有在 Minix 新闻组中公布它，而只是于 1991 年年底在赫尔辛基大学的一台 FTP 服务器上发了一则消息，说用户可以下载 Linux 的公开版本（基于 Intel 386 体系结构）和源代码。从此以后，奇迹发生了。

Linux 的兴起可以说是因特网创造的一个奇迹。由于它是在因特网上发布的，网上的任何人在任何地方都可以得到 Linux 的基本文件，并可通过电子邮件发表评论或者提供修正代码。这些 Linux 的热心者中，有将之作为学习和研究对象的大专院校的学生和科研机构的研究人员，也有网络黑客等，他们所提供的所有初期的上载代码和评论，后来证明对 Linux 的发展至关重要。正是由于众多热心者的努力，Linux 在不到 3 年的时间里成为一个功能完善、稳定可靠的操作系统。

1993 年，Linux 的第一个产品——Linux 1.0 版问世的时候，是按完全自由版权进行扩散的。它要求所有的源代码必须公开，而且任何人均不得从 Linux 交易中获利。然而半年以后，Linus 开始意识到这种纯粹的自由软件理想对于 Linux 的扩散和发展来说，实际上是一种障碍而不是一股推动力，因为它限制了 Linux 以磁盘复制或者 CD-ROM 等媒体形式进行扩散的可能，也限制了一些商业公司参与 Linux 进一步开发并提供技术支持的良好愿望。于是 Linus 决定转向 GPL 版权，这一版权除了规定有自由软件的各项许可权之外，还允许用户出售自己的程序复制品。这一版权上的转变后来证明对 Linux 的进一步发展确实极为重要。从此以后，便有多家技术力量雄厚又善于市场运作的商业软件公司加入了原先完全由业余爱好者和网络黑客所参与的这场自由软件运动，开发出了多种 Linux 的发布版本，增加了更易于用户使用的图形界面和众多的软件开发工具，极大地拓展了 Linux 的全球用户基础。Linus 本人也认为："使 Linux 成为 GPL 的一员是我一生中所做过的最漂亮的一件事。"一些软件公司，如 Red Hat、InfoMagic 等也不失时机地推出了自己的以 Linux 为核心的操作系统版本，这大大推动了 Linux 的商品化。在一些大的计算机公司的支持下，Linux 还被移植到 Alpha、Power PC、MIPS 及 SPARC 等微处理机的系统上。

随着 Linux 用户基础的不断扩大、性能的不断提高、功能的不断增加、各种平台版本的不断涌现，以及越来越多商业软件公司的加盟，Linux 已经在不断地向高端发展，开始进入越来越多的公司和企业计算领域。Linux 被许多公司和 Internet 服务提供商用于 Internet 网页服务器或电子邮件服务器，并已开始在很多企业计算领域中大显身手。1998 年下半年，Linux 本身的优越性，使得它成为传媒关注的焦点，进而出现了当时的"Linux 热"：首先是各大数据库厂商（Oracle、Informix、Sybase 等），继而是其他各大软硬件厂商（IBM、Intel、Netscape、Corel、Adeptec、SUN 公司等），纷纷宣布支持甚至投资 Linux（支持是指该厂商自己的软硬件产品支持 Linux，即可以在 Linux 下运行，最典型的是推出 xxx for Linux 版或推出预装 Linux 的机器等）。即使像 SUN 和 HP 这样的公司，尽管它们的操作系统产品与 Linux 会产生利益冲突，也大力支持 Linux，从而达到促进其硬件产品销售的目的。

2）Linux 的特点

Linux 能得到如此大的发展，受到各方面的如此青睐，是由它的特点决定的。

（1）免费、开放源代码。Linux 是免费的，获得 Linux 非常方便，而且源代码的开放，使得使用者能控制源代码，按照需要对部件进行混合搭配，易于建立自定义扩展。因为内核有专人管理，内核版本无变种，所以对用户应用的兼容性有保证。

（2）具有出色的稳定性和速度性能。Linux 可以连续运行数月，数年无须重启。一台 Linux 服务器可以支持 100 到 300 个用户。而且它对 CPU 的速度不大在意，可以把每种处理器的性能发挥到极限。

（3）功能完善。Linux 包含了所有人们期望操作系统拥有的特性，不仅仅是 UNIX 的，而且是任何一个操作系统的功能，包括多任务、多用户、页式虚存、库的动态链接（即共享库）、文件系统缓冲区大小的动态调整等。Linux 完全在保护模式下运行，并全面支持 32 位和 64 位多任务处理。Linux 能支持多种文件系统，目前支持的文件系统有 EXT2、EXT、XI AFS、ISO FS、HP FS、MS-DOS FAT、UMS-DOS、PROC、NFS、SYSV、Minix、SMB、UFS、NCP、VFAT、AFFS 等。

（4）具有网络优势。因为 Linux 的开发者们是通过 Internet 进行开发的，所以对网络的支持功能在开发早期就已加入。而且，Linux 对网络的支持比大部分操作系统都更出色。它能够同 Internet 或其他任何使用 TCP/IP 或 IPX 协议的网络，经由以太网、ATM、调制解调器、HAM/Packet 无线电（X.25 协议）、ISDN 或令牌环网相连接。Linux 也是作为 Internet/WWW 服务器系统的理想选择。在相同的硬件条件下（即使是多处理器），Linux 通常比 Windows NT、Novell 和大多数 UNIX 系统的性能要卓越。Linux 拥有世界上最快的 TCP/IP 驱动程序。Linux 支持所有通用的网络协议，包括 E-mail、Use Net News、Gopher、Telnet、Web、FTP、Talk、

POP、NTP、IRC、NFS、DNS、NIS、SNMP、WAIS 等。在以上协议环境下，Linux 既可以作为一个客户端，也可以作为服务器。在 Linux 中，用户可以使用所有的网络服务，如网络文件系统、远程登录等。

（5）对硬件的需求较低。Linux 刚开始的时候主要是为低端 UNIX 用户而设计的，在只有 4 MB 内存的 Intel 386 处理器上就能运行得很好，同时，Linux 并不仅仅只运行在 Intel x86 处理器上，它也能运行在 Alpha、SPARC、PowerPC、MIPS 等 RISC 处理机上。

（6）应用程序众多（而且大部分是免费软件），硬件支持广泛，程序兼容性好。由于 Linux 支持 POSIX 标准，因此大多数 UNIX 用户程序也可以在 Linux 下运行。另外，为了使 UNIX System V 和 BSD 上的程序能直接在 Linux 上运行，Linux 还增加了部分 System V 和 BSD 的系统接口，使 Linux 成为一个完善的 UNIX 程序开发系统。Linux 也符合 X/Open 标准，具有完全自由的 X-Windows 实现。现有的大部分基于 X 的程序不需要任何修改就能在 Linux 上运行。Linux 的 DOS“仿真器”DOSEMU 可以运行大多数 MS-DOS 应用程序。Windows 程序也能在被称为 WINE 的 Linux 的 Windows“仿真器”的帮助下，在 X-Windows 的内部运行。Linux 的高速缓存能力，使 Windows 程序的运行速度得到很大提高。

3. UNIX 家族：Solaris，AIX，HP UX，SVR4，BSD

UNIX 是一种多用户操作系统，是目前的三大主流操作系统之一。它 1969 年诞生于贝尔（电话）实验室，由于其简洁、易于移植等特点而很快得到注意、发展和普及，成为跨越从微型机到巨型机范围的唯一操作系统。除了贝尔实验室的“正宗”UNIX 版本外，UNIX 还有大量的变种。例如，目前的主要变种有 SUN Solaris、IBM AIX 和 HP UX 等，不同变种间的功能、接口、内部结构基本相同而又各有不同。除变种外，UNIX 还有一些克隆系统，如 Math 和 Linux。克隆与变种的区别在于：变种是在正宗版本的基础上修改而来（包括界面与内部实现）的；而克隆则只是界面相同，内部则完全重新实现。有时也将克隆和变种统称为变种。

1）UNIX 的发展历史

UNIX 的发展历程如图 1-2 所示。

2）UNIX 的产生过程

“UNIX”这个名字是取“Multics”的反义，其诞生背景与特点一如其名。Multics 项目（MULTiplexed Information and Computing Service）由贝尔（电话）实验室（Bell（Telephone）Laboratories，BTL）、通用电气公司（General Electric）和麻省理工学院联合开发，旨在建立一个能够同时支持数千个用户的分时系统，该项目因目标过于庞大而失败，于 1969 年撤销。退出 Multics 项目后，1969 年中期，贝尔实验室的雇员 Thompson 开始在公司的一台闲置的只有 4 KB 内存的 PDP-7 计算机上开发一个“太空漫游”游戏程序。由于 PDP-7 缺少程序开发环境，为了方便这个游戏程序的开发，Thompson 和公司的另一名雇员 Ritchie 一起用 GE-645 汇编语言（以前曾用于 Multics 开发）开发 PDP-7 上的操作环境。最初是一个简单的文件系统，很快又添加了一个进程子系统、一个命令解释器和一些实用工具程序。他们将这个系统命名为 UNIX。此后，随着贝尔实验室的工作环境的需要，他们将 UNIX 移植到 PDP-11 上，并逐渐增加了新的功能。很快，UNIX 开始在贝尔实验室内部流行，许多人都投入到它的开发中来。1971 年，《UNIX 程序员手册》第 1 版出版，这之后直到 1989 年，贝尔实验室又相继发行了 10 个版本的 UNIX 和相应的手册。1973 年 Ritchie 用 C 语言重写了 UNIX（UNIX 第 4

版），这使得 UNIX 的可移植性大大增强，这是 UNIX 迈向成功之路的关键一步。1973 年 10 月，Thompson 和 Ritchie 在 ACM（Association for Computing Machinery，计算机协会）的 SOSP（Symposium Operating Systems Principles，操作系统原理讨论会）上发表了首篇 UNIX 论文，这是 UNIX 首次在贝尔实验室以外亮相。

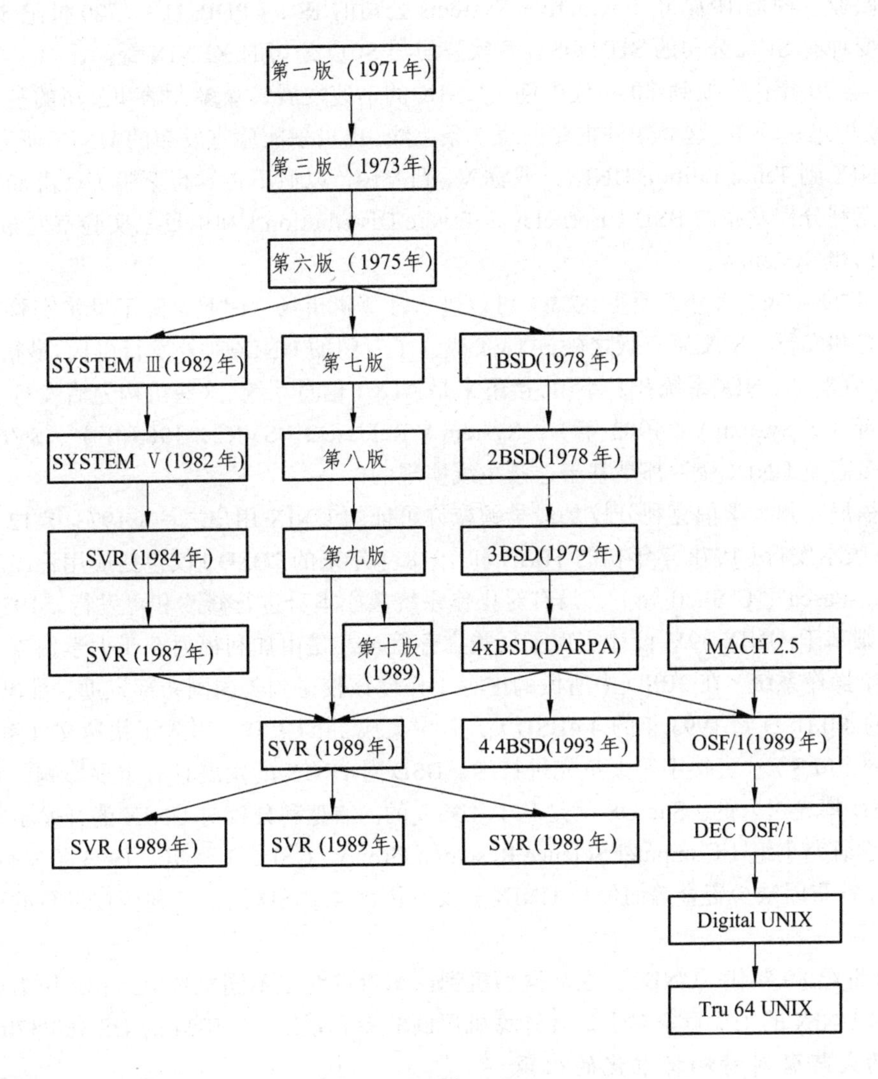

图 1–2

3）免费扩散阶段

在 SOSP 上发表论文后，UNIX 立即引起了众人的注意和兴趣，UNIX 软件和源码迅速以许可证形式免费传播到世界各地。一些大学、研究机构在免费使用的同时，对 UNIX 进行了深入的研究、移植和改进。AT&T 又将这些改进与移植加入其以后的 UNIX 版本中。另外，众多大学对 UNIX 的免费使用，使学生们得以熟悉 UNIX，这些学生们毕业后又把 UNIX 传播到各种商业机构和政府机构，这对 UNIX 早期的传播和普及起到了重要作用。

UNIX 的第一次移植是由 Wollongong 大学于 1976 年将其移植到 Interdata 机上。其他几次较早的移植包括：1978 年，微软公司与 SCO 公司合作将 UNIX 移植到 Intel 8086 上，即 XENIX

系统（最早的 UNIX 商业变种之一）；1978 年，DEC 公司将 UNIX 移植到 VAX 上，即 UNIX/32V（3BSD 的前身）。

4）商用版本的出现和三大主线的形成

UNIX 的不断发展导致许多计算机公司开始发行自己机器上的 UNIX 增值商业版本。UNIX 的第一个商业变种是 1977 年 Interactive Systems 公司的 IS/1（PDP-11）。20 世纪 80 年代著名的商业变种有 SUN 公司的 SUN OS、微软公司与 SCO 公司的 XENIX 等。

20 世纪 70 年代中期到 80 年代中期，UNIX 的迅速发展，众多大学和公司的参与，使得 UNIX 的变种迅速增多。这些变种主要围绕 3 条主线：由贝尔实验室发布的 UNIX 研究版（First Edition UNIX 到 Tenth Edition UNIX，或称 V1 到 V10，以后不再发行新版）、由加利福尼亚州大学伯克利分校发布的 BSD（Berkeley Software Distribution）和由贝尔实验室发布的 UNIX System Ⅲ 和 System V。

1984 年的 AT&T 大分家使得 AT&T 可以进入计算机市场。因此，除了贝尔实验室研究小组继续研究和发行 UNIX 研究版之外，AT&T 成立了专门的 UNIX 对外发行机构。最初是 UNIX 支持小组，后来是 UNIX 系统开发小组，接下来是 AT&T 信息系统。这些机构先后发行了 System Ⅲ（1982 年）、System V（1983 年）、System V Release 2（SVR2，1984 年）、SVR3（1987 年），许多商业 UNIX 变种都是基于这条主线实现的。

加利福尼亚州大学伯克利分校是最早领取许可证的 UNIX 用户之一（1973 年 12 月），最初的 BSD 版本发行（1978 年年初的 1BSD 和 1978 年年末的 2BSD）仅包括应用程序和实用工具（如 Vi、Pascal、C Shell 等），没有对操作系统核心本身进行修改和再发行。1979 年年末的 3BSD 则基于 UNIX/32V 设计实现了页式虚存管理，是由加利福尼亚州大学伯克利分校发行的第一个操作系统。在 3BSD 中所做的虚存工作使该校得到美国国防部资助，推出了 4BSD（1980 年的 4.0 BSD 到 1993 年的 4.4BSD），其中集成了 TCP/IP，引入了快速文件系统（Fast File System，FFS）、套接字等大量先进技术。BSD 对 UNIX 的发展具有重要影响，有许多新技术是 BSD 率先引入的。Sun OS 就是基于 4BSD 的。伯克利分校对 UNIX 的开发工作一直由计算机科学研究小组（Computer Science Research Group，CSRG）承担，1993 年发行 4.4BSD 时，CSRG 宣布因缺少资金等而停止 UNIX 开发，因此 4.4BSD 是伯克利分校发行的最后一个版本。

到 20 世纪 80 年代，UNIX 已在从微型机到巨型机等众多不同机型上运行。作为通用操作系统，当时 UNIX 的主要竞争对手是各计算机厂商的专有系统，如 IBM 的 OS 360/370 系列等。

5）两大阵营对峙和标准化的出现

20 世纪 80 年代后期，UNIX 已经出现了很多变种，变种增多导致了程序的不兼容性和不可移植（同一应用程序在不同 UNIX 变种上不能直接运行）。因此，迫切需要对 UNIX 进行标准化。这就导致了两大阵营的出现。

1987 年，在统一市场的浪潮中，AT&T 宣布与 SUN 公司合作，将 System V 和 SUN OS 统一为一个系统。其余厂商十分关注这项开发，认为他们的市场处于威胁之下，于是联合开发新的开放系统。他们的新机构 Open Software Foundation（开放软件基金会，OSF）于 1988 年成立。作为回应，AT&T 和 SUN 公司联盟亦于 1988 年形成了 UNIX International（UNIX 国际，UI）。这场“UNIX 战争”将系统厂商划分成 UI 和 OSF 两大阵营。UI 推出了 SVR4，而 OSF 则推出了 OSF/1。虽然两者都是 UNIX，但它们在系统构架、命令操作以及管理方式上都有所不同。两者在市场上展开了激烈的竞争。

两种 UNIX 系统并存，却又不能相互兼容，这对用户非常不利，因而直接影响了 UNIX 对用户的吸引力。随着 Microsoft 公司的迅速崛起，并以惊人的速度由传统的 PC 机市场向工作站和网络市场扩张，迫使 UI 和 OSF 两大阵营不得不相互让步、握手言和，从而共同制定了应用程序接口 API（Application Program Interface）标准技术规范，并联合开发共同开放软件环境 COSE（Common Open Software Environment）。

第 2 章　计算机操作系统安装实验环境及工具

2.1　安装环境

通过第 1 章的学习，我们得知操作系统是处于用户和计算机硬件之间的一层，它直接运行在硬件之上的，为用户使用计算机提供一个方便易用的接口。一般情况下，操作系统直接安装在物理机器上，但是在进行操作系统安装实验中，如果将操作系统直接安装在物理机器上，一方面会影响其他软件的使用，另一方面可能会导致硬盘上的数据全部丢失。因此，本书将采用虚拟机作为我们的实验环境，采用虚拟机可以完全解决以上的担忧。

虚拟机是通过软件模拟的具有完整硬件系统功能的、运行在一个完全隔离环境中的完整计算机系统。通过虚拟机软件，你可以在一台物理计算机上模拟出一台或多台虚拟的计算机，这些虚拟机完全就像真正的计算机那样进行工作，例如你可以安装多个不同的操作系统、安装应用程序、访问网络资源等等。对于你而言，它只是运行在你物理计算机上的一个应用程序，但是对于虚拟机而言，它就像是一台真正的计算机，你可以对其硬件进行任意配置，可以安装系统、安装软件等，而且一台虚拟机上也可以运行多个不同的操作系统，每个系统相互独立，这给我们进行系统安装维护实验提供了一个完美的平台。

目前常用的虚拟机软件有：Vmware、VirtualBox 和 Virtual PC。本书不加特别说明的，用的虚拟机软件都是 Vmware 公司的 Vmware Workstation 8.0 和 Vmware Workstation 12（Windows 8 和 Windows 10 系统使用了 Vmware 12）作为课程的实验平台，工具软件大多来自于无忧启动安装盘合辑，有些软件可以直接从网络上下载。

2.2　虚拟机

任务 1　虚拟机软件安装

1. 理论知识点

VMware Workstation 是一款功能强大的桌面虚拟计算机软件，可供用户在单一的桌面上同时运行不同的操作系统和进行开发、测试、部署新的应用程序。VMware Workstation 可在一部实体机器上模拟完整的网络环境，是一部便于携带迁移的虚拟机器，其更好的灵活性与先进的技术胜过了市面上其他的虚拟机软件。对于企业的 IT 开发人员和系统管理员而言，VMware 在虚拟网路、实时快照、拖曳共享文件夹、支持 PXE 等方面的特点使它成为必不可少的工具。

VMware Workstation 允许操作系统（OS）和应用程序（Application）在一台虚拟机内部运行。虚拟机是独立运行主机操作系统的离散环境。在 VMware Workstation 中，你可以在一个窗口中加载一台虚拟机，它可以运行自己的操作系统和应用程序。你可以在运行于桌面上的多台虚拟机之间切换；也可以通过一个网络共享虚拟机（例如一个公司局域网），使多个虚拟机之间以及虚拟机与主机之间进行通信；你还可以挂起和恢复某台虚拟机以及退出虚拟机：这一切都不会影响你的主机操作和任何虚拟机上的操作系统或者应用程序。

2. 任务目标

（1）安装虚拟机软件 Vmware Workstation 8.0。

（2）掌握 Vmware Workstation 8.0 的基本操作。

3. 环境和工具

（1）实验环境：Windows 7。

（2）工具及软件：VMware-workstation-full-8.0.0。

4. 操作流程和步骤

（1）下载 VMware-workstation-full-8.0.0.exe。

（2）双击运行 VMware-workstation-full-8.0.0.exe，启动 Vmware 安装程序，打开如图 2-1 所示窗口。

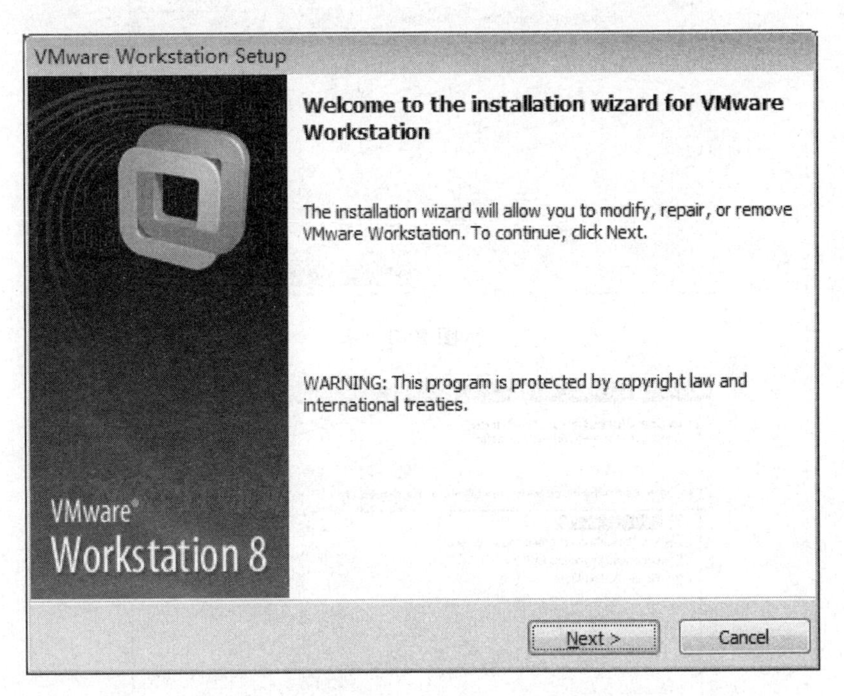

图 2-1

（3）直接点击图 2-1 的“Next”按钮进入如图 2-2 所示窗口，在此窗口可选择安装方式：Typical（典型安装方式）和 Custom（自定义安装方式）。

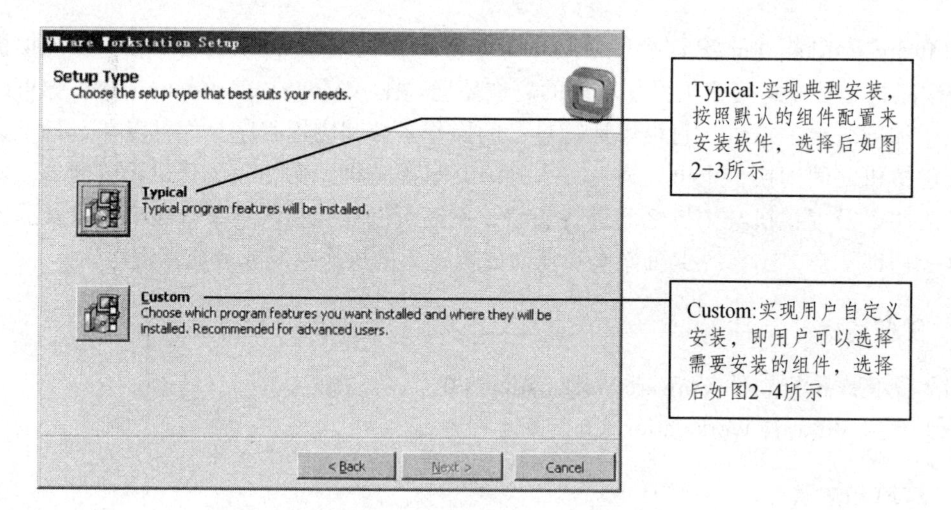

图 2–2

（4）一般情况下，我们点击“Typical”按钮则进入典型安装方式（图 2-3），在此窗口中我们可以更改程序的安装目录，点击“Change”即可更改，如图 2-4 所示：

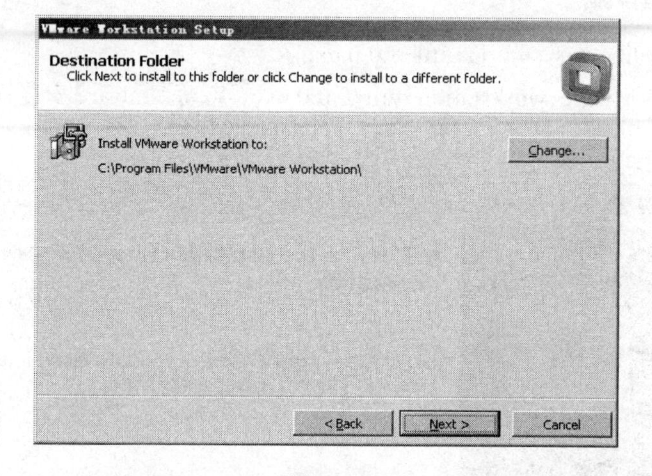

图 2–3

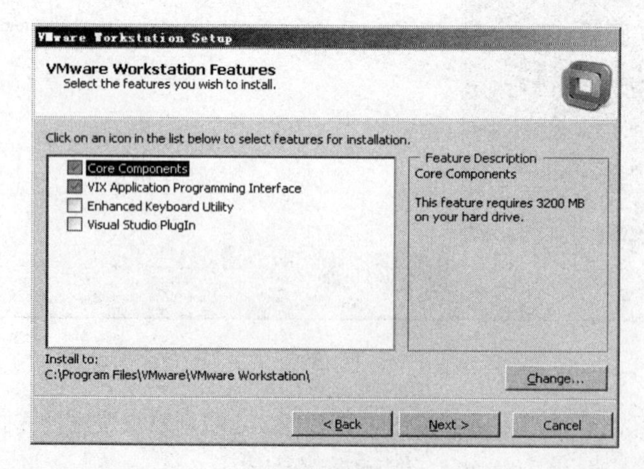

图 2–4

（5）设置好程序安装目录后，继续点击“Next”按钮，进入下一个对话框（图 2-5），可通过设置复选框“Check for product updates on startup”来决定当 Vmware 软件启动时是否检测软件的更新，选中则启动时检测。

VMware Workstation Setup
Software Updates
When would you like to check for updates of your software?
Check for product updates on startup
When VMware Workstation starts, check for new versions of the application and installed software components.
Learn More
< Back
Next >
Cancel

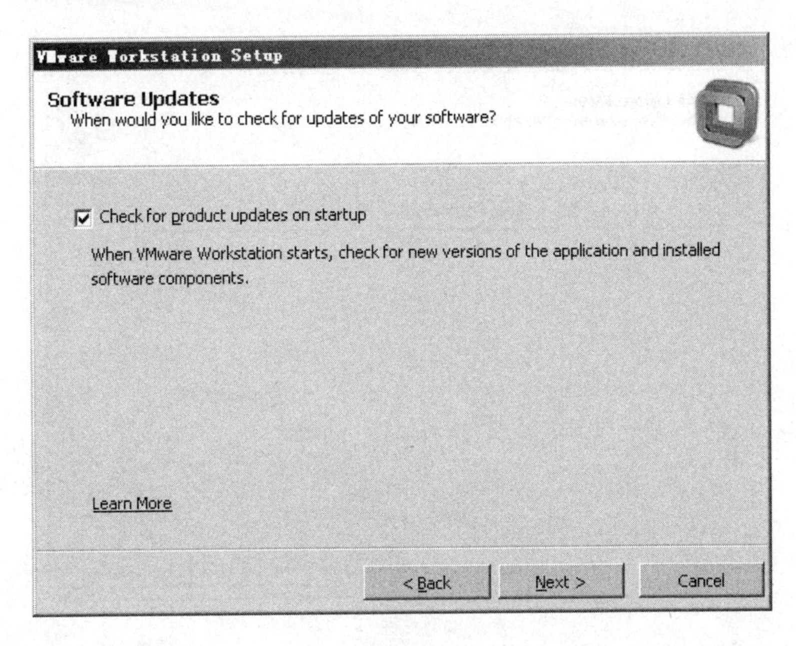

图 2-5

（6）再点击两次“Next”按钮，打开图 2-6 所示对话框，对话框中的两个复选框“Desktop”和“Start Menu Programs folder”分别用来设置是否在桌面和开始菜单中创建 Vmware 软件的快捷方式，一般都选中，方便启动虚拟机。

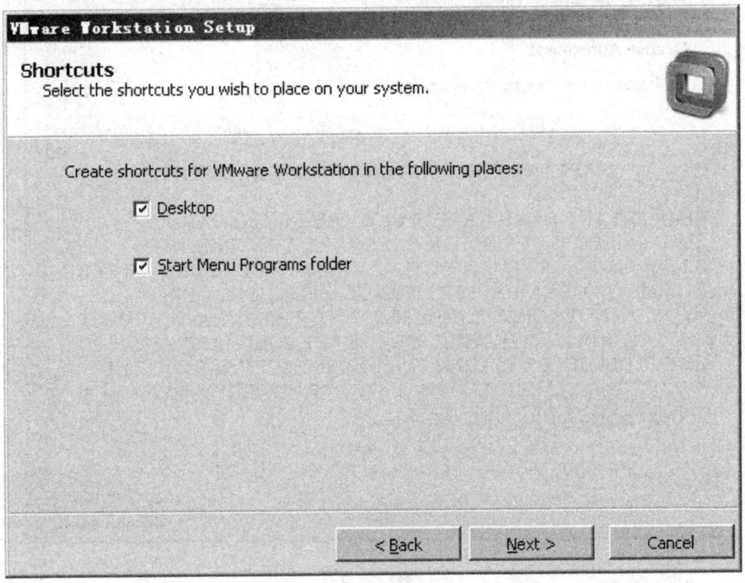

VMware Workstation Setup
Shortcuts
Select the shortcuts you wish to place on your system.
Create shortcuts for VMware Workstation in the following places:
Desktop
Start Menu Programs folder
< Back
Next >
Cancel

图 2-6

（7）设置好后，在接下来的两个对话框分别点击“Next”按钮和“Continue”按钮，安装程序正式开始安装软件。安装过程中，要求输入序列号，如图 2-7 所示，输入序列号后点击“Enter”按钮继续完成安装。

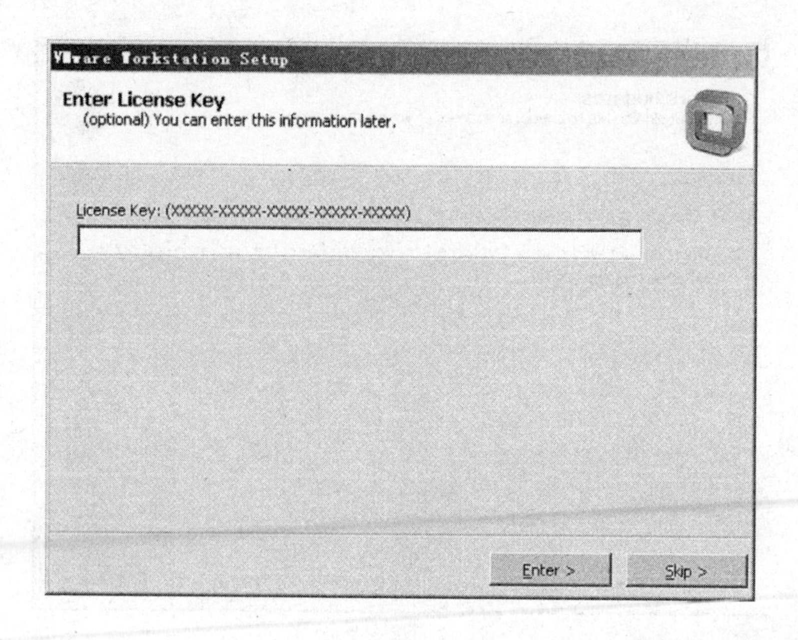

图 2-7

（8）安装完成后，在桌面或者开始菜单中点击“VMware Workstation”图标，打开如图 2-8 所示的对话框，选择“Yes, I accept the terms in the license agreement”接受协议，并点击“OK”按钮，即打开 VMware Workstation 主程序窗口。

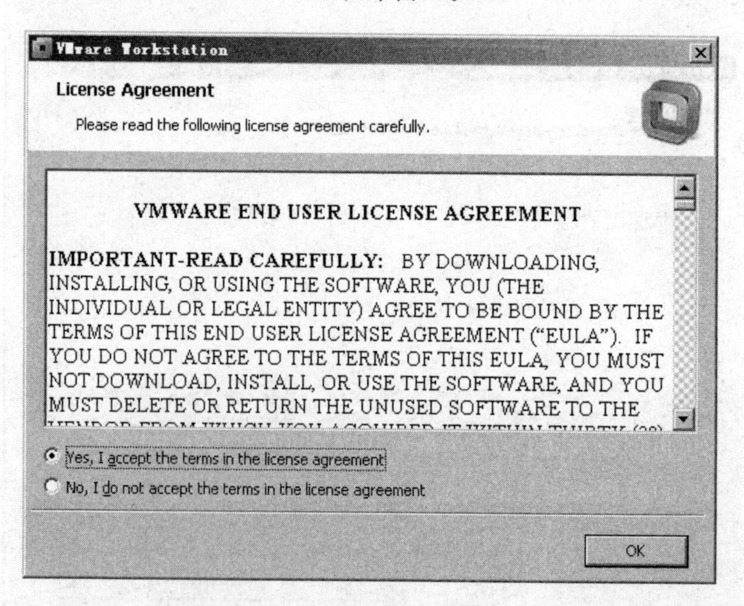

图 2-8

（9）VMware Workstation 主界面如图 2-9 所示，其中主要包括 8 个按钮，功能如下：

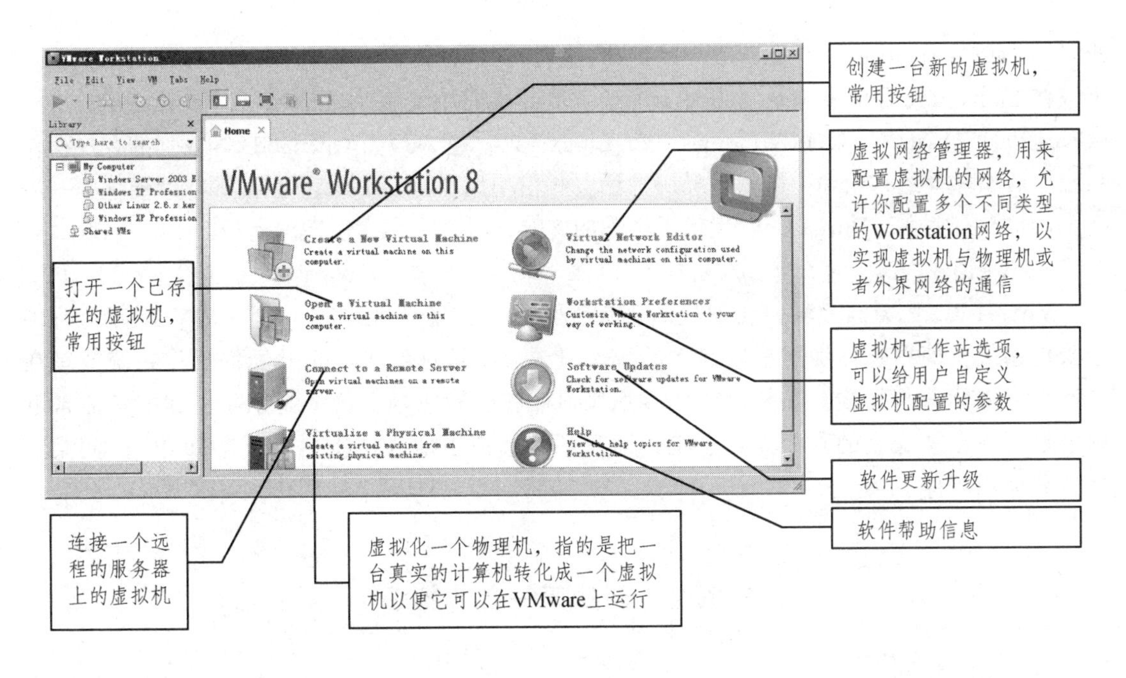

图 2–9

5. 拓展知识

虚拟化是指计算机元件在虚拟的基础上而不是真实的基础上运行。虚拟化技术可以扩大硬件的容量，简化软件的重新配置过程。CPU 的虚拟化技术可以单 CPU 模拟多 CPU 并行，允许一个平台同时运行多个操作系统，并且应用程序都可以在相互独立的空间内运行而互不影响，从而显著提高计算机的工作效率。有了虚拟化技术，用户可以动态启用虚拟服务器（又叫虚拟机），每个服务器实际上可以让操作系统（以及在上面运行的任何应用程序）误以为虚拟机就是实际硬件。运行多个虚拟机还可以充分发挥物理服务器的计算潜能，迅速应对数据中心不断变化的需求。

虚拟机软件可以在计算机平台和终端用户之间建立一种环境，是实现虚拟化的主要工具软件，终端用户可基于这个软件所建立的环境来操作软件。在计算机科学中，虚拟机是指可以像真实机器一样运行程序的计算机的软件实现。目前常见的虚拟机有以下几种：

1）VMware Workstation

本书运用的就是这款虚拟化软件，它是一款功能强大的桌面虚拟计算机软件，可提供用户在单一的桌面上同时运行不同的操作系统和进行开发、测试、部署新的应用程序。它的主要功能有：

（1）不需要分区或重开机就能在同一台 PC 上使用两种以上的操作系统。

（2）完全隔离并且保护不同 OS 的操作环境以及所有安装在 OS 上面的应用软件和资料。

（3）不同的 OS 之间还能互动操作，包括网络、周边、文件分享以及复制粘贴功能。

（4）有复原（Undo）功能。

（5）能够设定并且随时修改操作系统的操作环境，如内存、磁盘空间、周边设备等等。

2）VirtualBox

VirtualBox 最早是德国一家软件公司 InnoTek 所开发的虚拟系统软件，后来被 SUN 收购，改名为 SUN VirtualBox，性能有很大的提高。因为它是开源的，不同于 VM，而且功能强大，可以在 Linux/Mac 和 Windows 主机中运行，并支持在其中安装 Windows（NT 4.0、2000、XP、Server 2003、Vista）、DOS/Windows 3.x、Linux（2.4 和 2.6）、OpenBSD 等系列的客户操作系统。假如你曾经有用虚拟机软件经历的话，相信使用 VirtualBox 不在话下。即便你是一个新手，也没有关系，VirtualBox 提供了详细的文档，可以助你在短期内入门。

3）Virtual PC

Virtual PC 是美国微软公司的一款虚拟化产品，它能够让你在一台 PC 上同时运行多个操作系统。使用它你不用重新启动系统，只要点击鼠标便可以打开新的操作系统或是在操作系统之间进行切换。安装该软件后不用对硬盘进行重新分区或是识别，就能够非常顺利地运行你已经安装的多个操作系统，而且还能够使用拖放功能在几个虚拟 PC 之间共享文件和应用程序。

任务 2　创建第一台虚拟机

1. 理论知识点

有了虚拟机软件我们就有了一个宽广的虚拟试验平台，我们可以在虚拟机软件中创建多个不同硬件配置的虚拟机器，在不同的虚拟机器上安装不同的操作系统，在不同的操作系统上安装不同的应用软件，而且可以让不同的虚拟机之间通过虚拟网络互相连通，也可以让虚拟机与物理主机互相连通，甚至可以让虚拟机直接连通互联网。虚拟试验平台基本上可以虚拟出绝大部分的试验环境，但是虚拟机的硬件配置会受到物理机器的实际配置影响，如虚拟机的内存必须远小于物理内存，并且如果创建多台虚拟机的话，同时运行的虚拟机内存之和必须也要小于物理内存，而且要为物理机留出足够的内存，否则物理机可能会很慢甚至死机。

2. 任务目标

（1）熟悉 Vmware Workstation 8.0 的基本操作。

（2）掌握 Vmware Workstation 创建虚拟机的步骤。

3. 环境和工具

（1）Vmware Workstation 8.0。

（2）Windows 7。

4. 操作流程和步骤

（1）打开 Vmware Workstation 软件，点击主界面上的“Create a New Virtual Machine”按钮。

（2）打开新建虚拟机向导对话框，这里提供了两种创建方法，即 Typical 和 Custom，如图 2-10 所示。

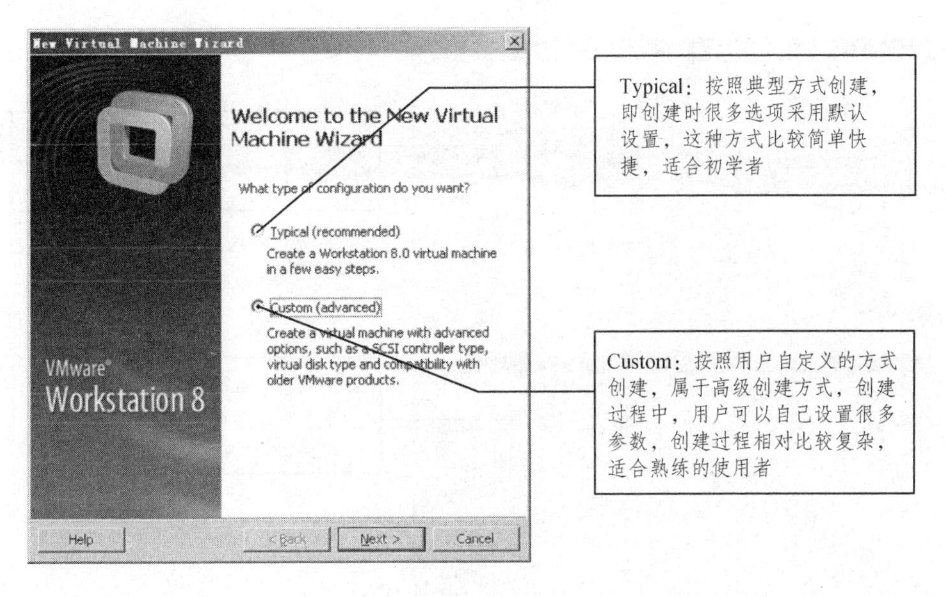

图 2-10

（3）初次创建虚拟机，此处我们选择“Typical”方式创建，选中后单击“Next”按钮，弹出如图 2-11 所示对话框，这个对话框主要用来设置系统安装文件的来源。

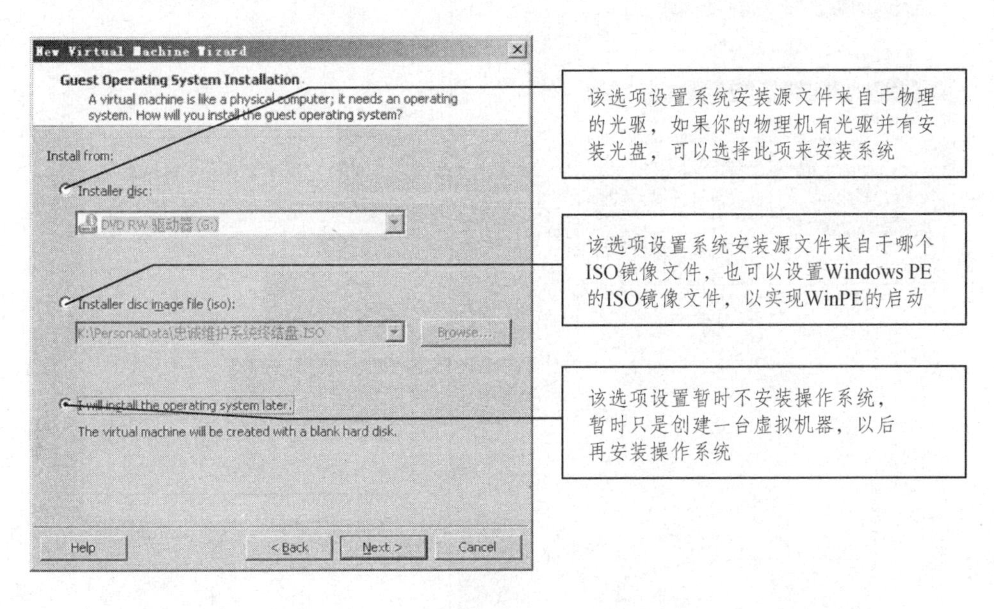

图 2-11

（4）本次我们仅创建一台虚拟机，不安装操作系统，因此我们选择“I will install the operating system later”选项，单击“Next”按钮，打开如图 2-12 所示对话框。这个对话框可以选择新虚拟机将要使用的子操作系统类型和版本，虽然我们本次不安装操作系统，但这一步将会影响到你创建的虚拟机创建好后能安装哪种类型的操作系统。

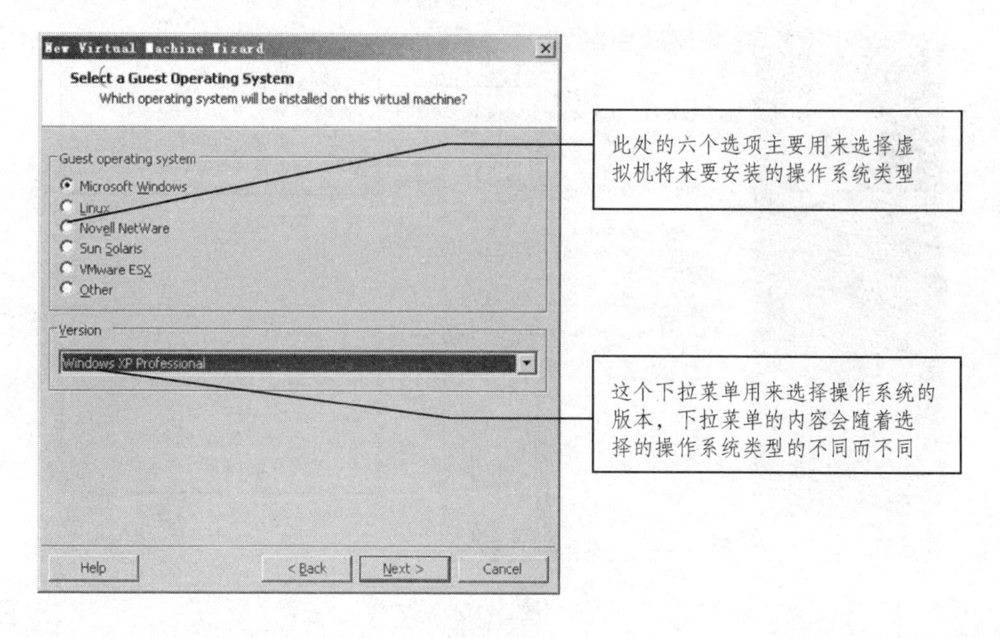

图 2-12

（5）本次我们选择操作系统的类型为“Microsoft Windows“，版本为”Windows XP Professional“，然后单击”Next“按钮，打开如图 2-13 所示对话框，此对话框用来为新虚拟机取个名字并选择虚拟机的存放位置。

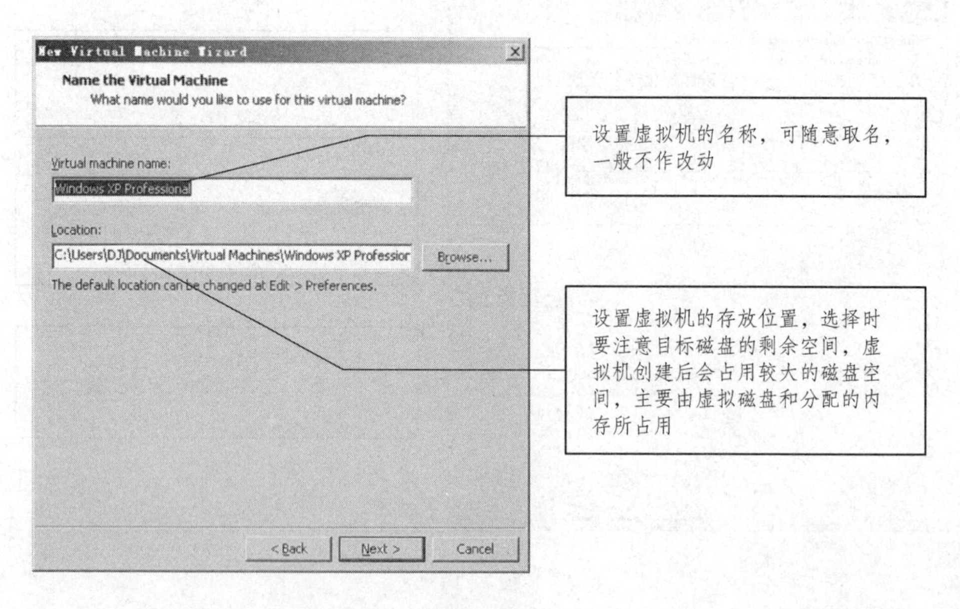

图 2-13

（6）虚拟机的名字和存储路径我们采用默认值，直接点击“Next“按钮，打开如图 2-14 所示对话框。此对话框用来设置虚拟机的虚拟硬盘的空间大小以及虚拟硬盘文件的存储方式，注意，虚拟机的硬盘是以文件的形式存在的。

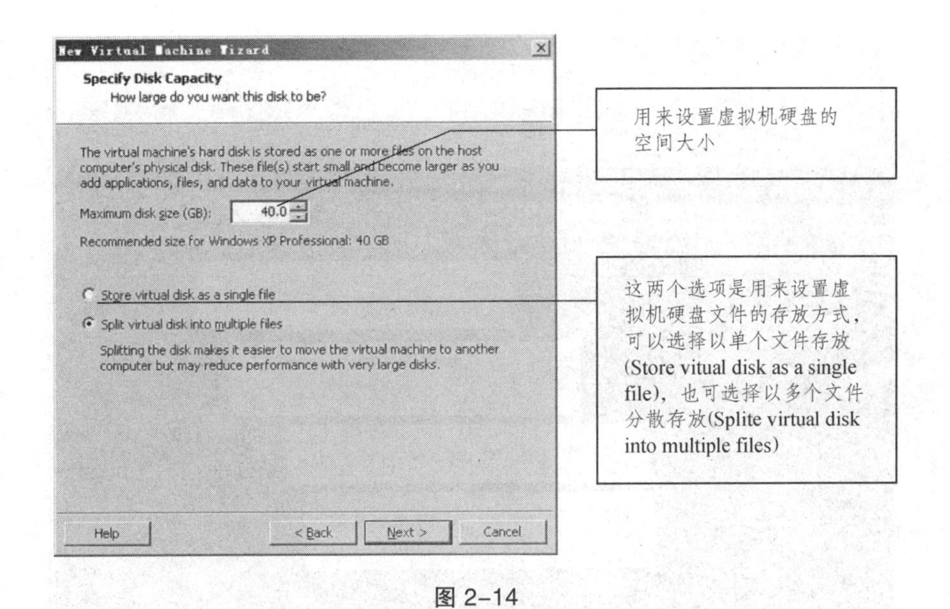

图 2-14

（7）此处我们采用默认值，并单击“Next”和“Finish”按钮，就完成了一台虚拟机的创建了。创建完成后打开如图 2-15 所示窗口。

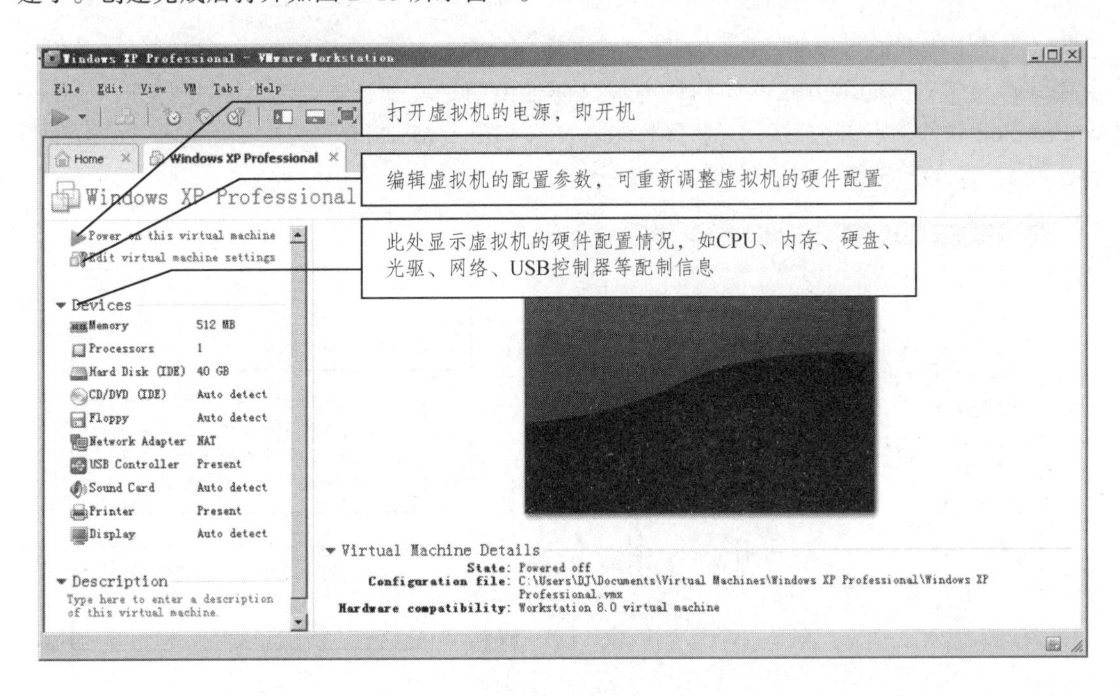

图 2-15

（8）虚拟机创建好后，我们单击“Power on this virtual machine”，打开虚拟机电源，就如同我们按下了物理机器的电源按钮，虚拟机电源打开后，和正常机器启动过程一样。不过由于这台虚拟机没有装操作系统，所以暂时还不能进入虚拟机的系统，就像一台没有装 Windows 系统的一样，启动后如图 2-16 所示。至此我们就拥有了 2 台，一台物理机和一台虚拟机，可以分别安装不同的系统和软件。

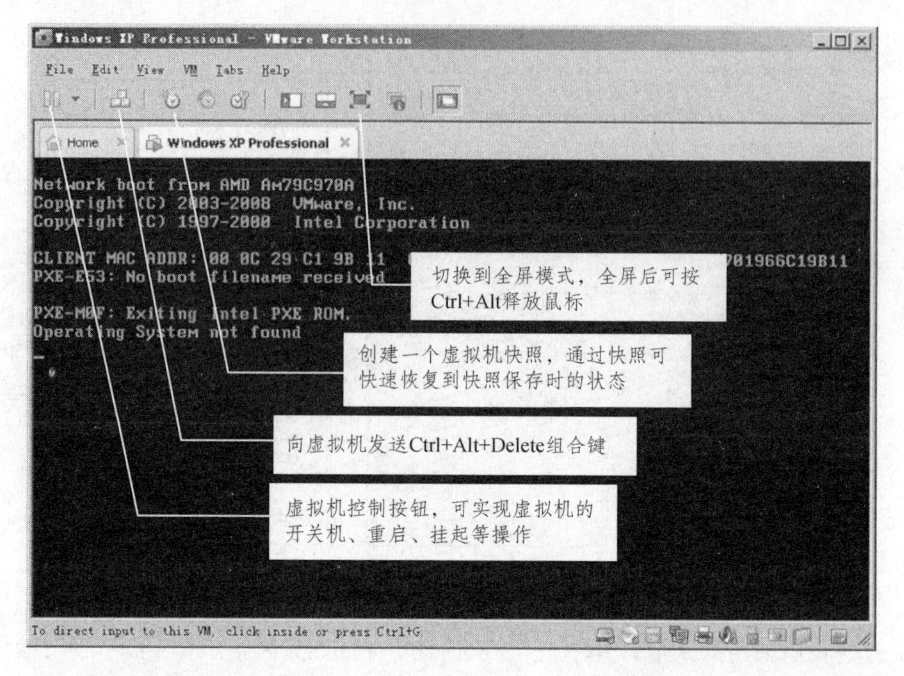

图 2-16

（9）接下来我们再按照“Custom”方式创建一台 Windows 7 系统的虚拟机，创建过程中主要针对与“Typical”方式不同的地方加以详细说明，其他地方略过。首先打开 Vmware Workstation 软件，点击主界面上的“Create a New Virtual Machine”按钮，并选择“Custom”项，点击“Next”按钮，打开如图 2-17 所示对话框：

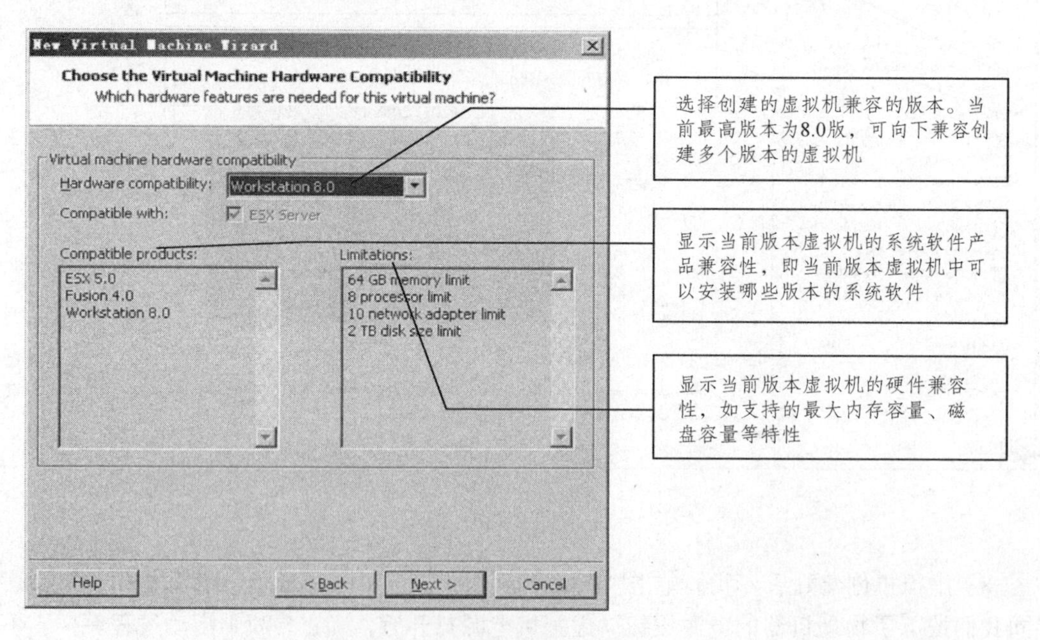

图 2-17

（10）此处我们选择默认值 Workstation8.0，单击“Next”按钮，之后打开的几个对话框和“Typical”方式基本相同，此处不再详述。依次在“Guest Operating System Installation”对话框中选择“I will install the operating system later”；在“Select a Guest Operating System” 对话框的 Version 列表中选择“Windows 7”，“Name the Virtual Machine”对话框不作修改，采用默认的名字，并存放在默认的位置。

（11）设置好名字和位置后，单击“Next”按钮，打开“Processor Configuration”对话框，如图 2-18 所示：

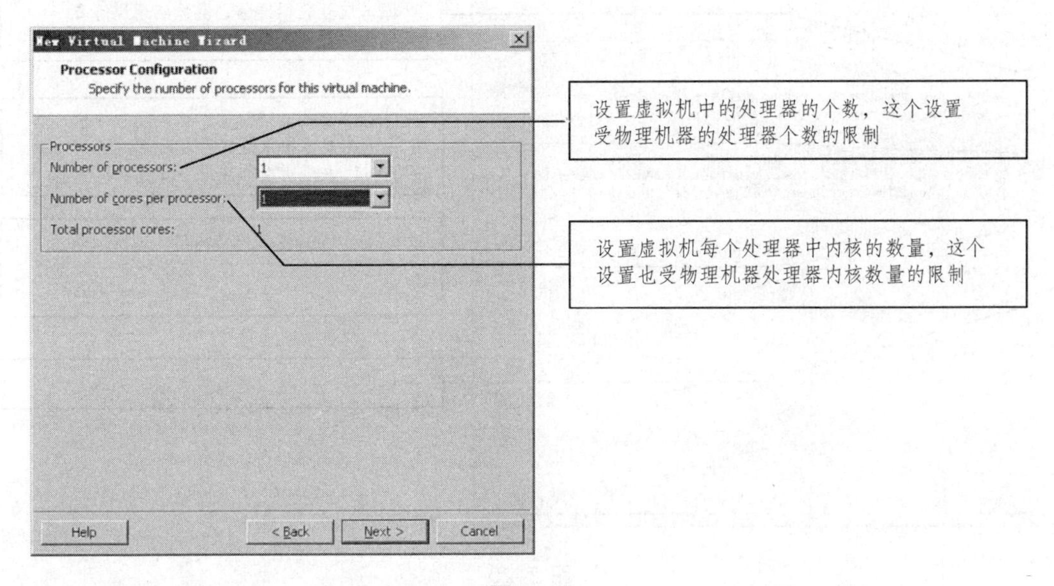

图 2-18

（12）根据物理机器处理器及处理器内核的数量，设置好虚拟机的处理器和内核的数量，一般要小于物理机器处理器和内核数量，此处默认都设置为 1 。单击“Next”按钮，打开“Memory for the Virtual Machine”对话框，如图 2-19 所示：

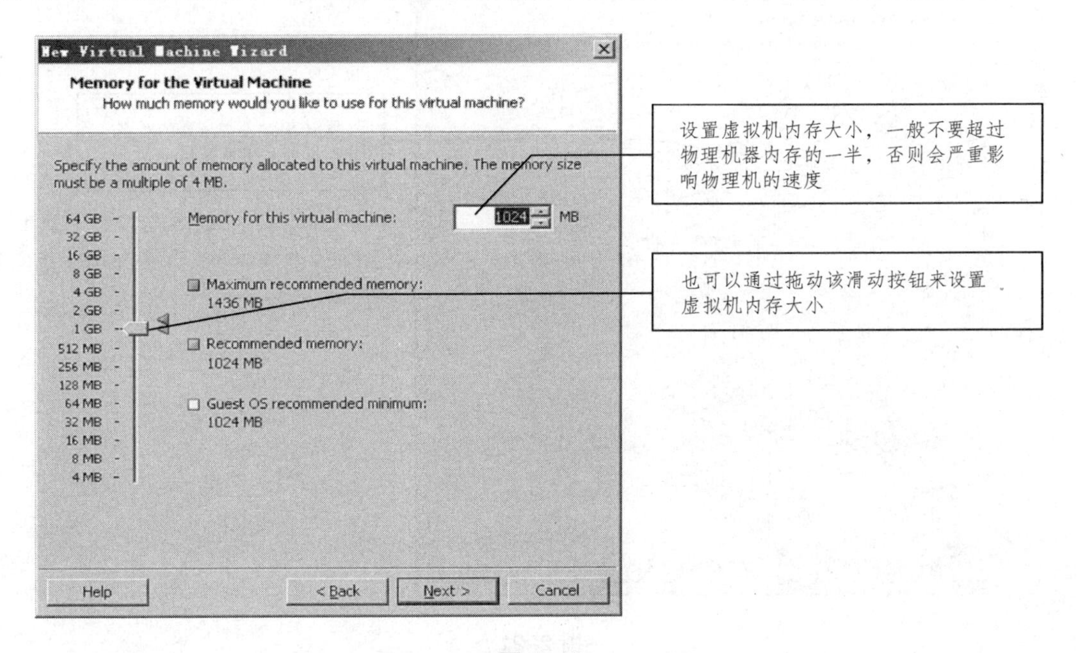

图 2-19

（13）设置好内存后，单击“Next”按钮，打开“Network Type”对话框，该对话框用来设置虚拟机的网络连接类型，如图 2-20 所示：

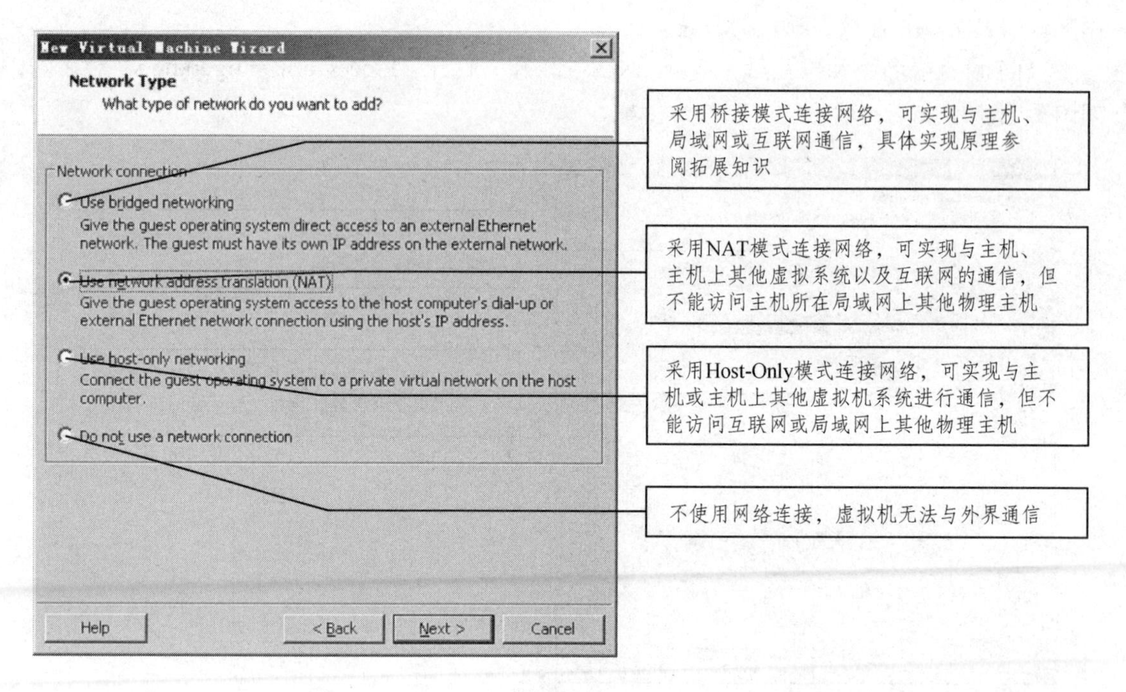

图 2-20

（14）设置好网络连接类型后，单击“Next”按钮，打开“Select I/O Controller Types”对话框，该对话框用来设置 I/O 设备控制器的类型，如图 2-21 所示：

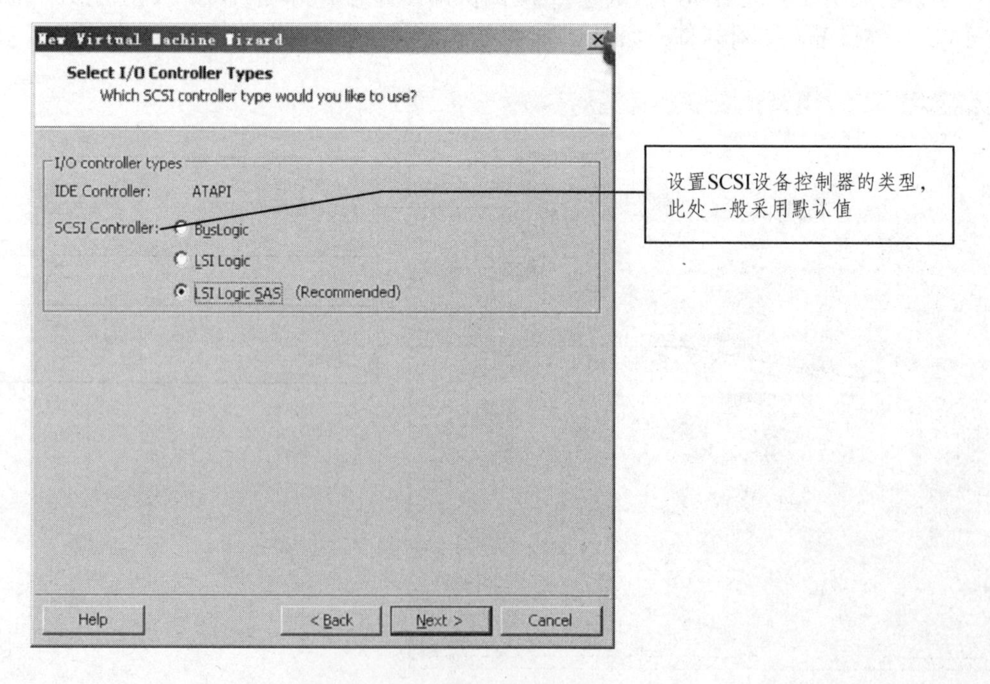

图 2-21

（15）设置好 I/O 设备控制器的类型后，单击“Next”按钮，打开“Select a Disk”对话框，该对话框用来设置虚拟机的硬盘来源，如图 2-22 所示：

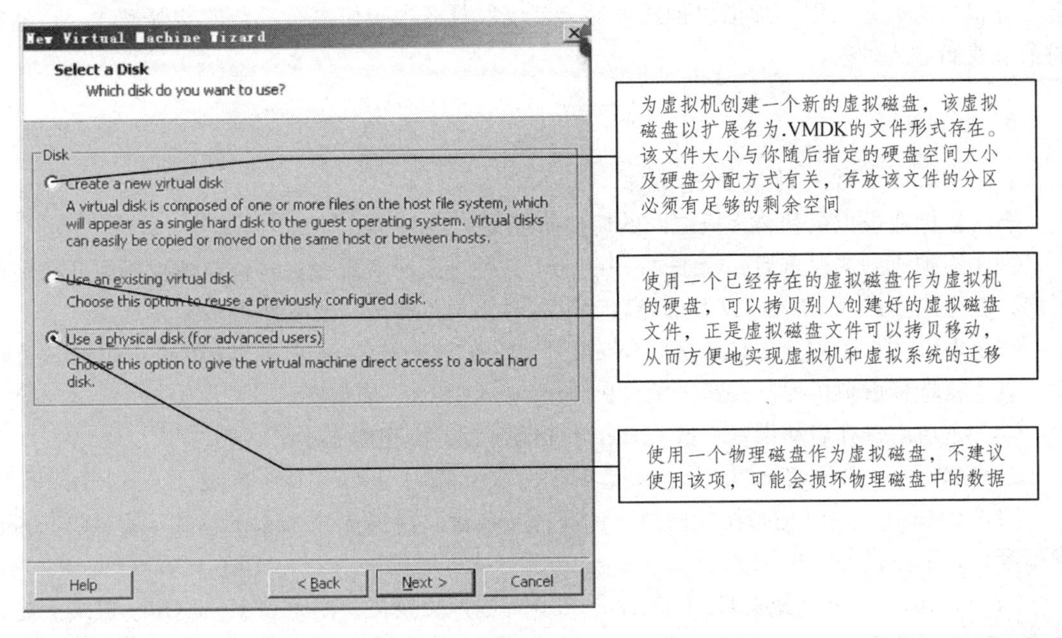

图 2-22

（16）选择“Create a new virtual disk”项后，单击“Next”按钮，打开“Select a Disk Type”对话框，该对话框用来设置虚拟机硬盘的类型，有 IDE 和 SCSI 两种类型，一般选择 IDE 类型，继续单击“Next”按钮，打开“Specify Disk Capacity”对话框，该对话框用来设置虚拟机硬盘的大小、空间分配方式和虚拟硬盘文件的存储形式，如图 2-23 所示：

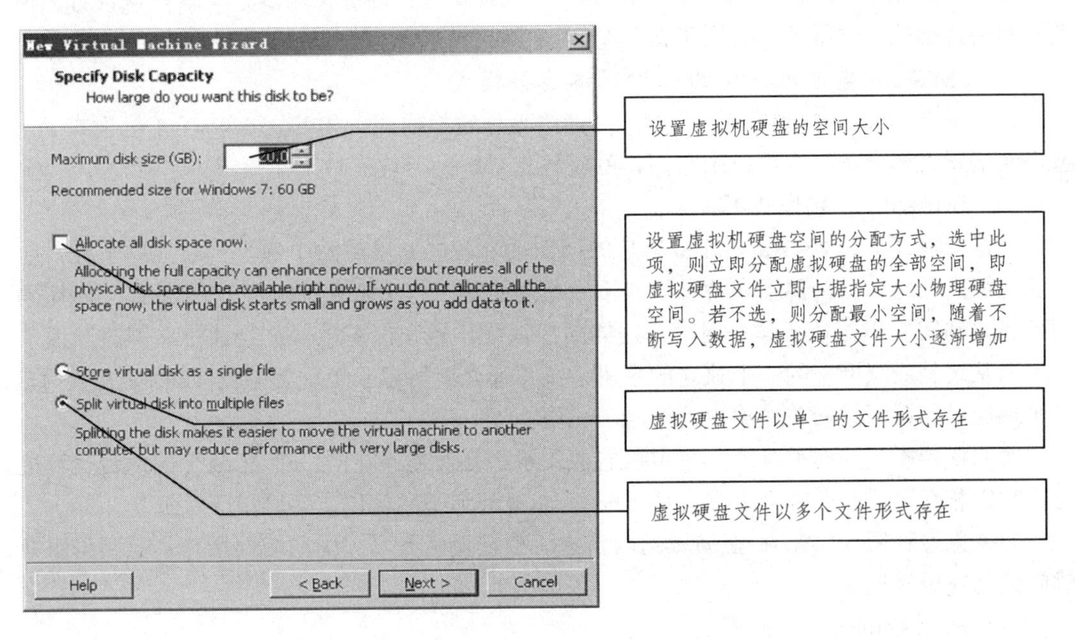

图 2-23

（17）设置好后，单击“Next”按钮，打开设置虚拟硬盘文件名对话框，可以自定义虚拟硬盘文件名，也可以采用默认文件名，然后依次单击“Next”按钮、“Finish”按钮就完成自定义虚拟机的创建工作。虚拟机创建好后，就可以打开虚拟机进行系统安装等操作，在随后的章节我们继续讨论。

5. 拓展知识

1）虚拟机中常见的快捷键操作

（1）鼠标在虚拟机和物理机之间的切换快捷键：Ctrl+Alt。

（2）虚拟机的快速重启：Ctrl+Alt+Insert（这种方式可实现鼠标定位在虚拟机内部而实现重启，在重启后进入 CMOS 或者选择启动设备时比菜单和按钮要方便得多）。

（3）重启进 CMOS：按 Ctrl+Alt+Insert 后，快速按 F2 键，可进入虚拟机的 CMOS 设置程序或者直接选择虚拟机控制按钮下的“Power On to BIOS”菜单项。

（4）重启后选择启动设备：按 Ctrl+Alt+Insert 后，快速按 Esc 键。

2）VMware 中使用的几个虚拟设备

（1）VMnet0：用于虚拟桥接网络下的虚拟交换机，用于在 Bridged 模式下提供 VMnet0 虚拟网络，不提供 DHCP 服务。

（2）VMnet1：用于虚拟 Host-Only 网络下的虚拟交换机，用于在 Host-Only 模式下提供 VMnet1 虚拟网络，它提供 DHCP 服务。

（3）VMnet8：用于虚拟 NAT 网络下的虚拟交换机，用于在 NAT 模式下提供 VMnet8 虚拟网络，它提供 DHCP 服务。

（4）VMware Network Adepter VMnet1：一块自动产生的虚拟网卡，安装虚拟机后，在主机的网络连接窗口可看到，它用于在 Host-Only 虚拟网络模式下与虚拟机进行通信。

（5）VMware Network Adepter VMnet8：一块自动产生的虚拟网卡，安装虚拟机后，在主机的网络连接窗口可看到，它用于在 NAT 虚拟网络模式下与虚拟机进行通信。

3）VMWare 虚拟机提供的三种网络连接模式

它们是 Bridged（桥接模式）、NAT（网络地址转换模式）和 Host-only（主机模式）。要想在网络管理和维护中合理应用它们，就应该先了解一下这三种工作模式。

（1）Bridged（桥接模式）。

在这种模式下，VMWare 虚拟出来的操作系统就像是局域网中的一台独立的主机，它可以访问网内任何一台机器。在桥接模式下，你需要手工为虚拟系统配置 IP 地址、子网掩码，而且还要和宿主机器处于同一网段，这样虚拟系统才能和宿主机器进行通信。同时，由于这个虚拟系统是局域网中的一个独立的主机系统，那么就可以手工配置它的 TCP/IP 配置信息，以实现通过局域网的网关或路由器访问互联网。

使用桥接模式的虚拟系统和宿主机器的关系，就像连接在同一个 Hub 上的两台计算机。想让它们相互通信，就需要为虚拟系统配置 IP 地址和子网掩码，否则就无法通信。

如果你想利用 VMWare 在局域网内新建一个虚拟服务器，为局域网用户提供网络服务，就应该选择桥接模式。

（2）Host-Only（主机模式）。

在某些特殊的网络调试环境中，要求将真实环境和虚拟环境隔离开，这时你就可采用

Host-Only 模式。在 Host-Only 模式中，所有的虚拟系统是可以相互通信的，但虚拟系统和真实的网络是被隔离开的。

提示：在 Host-Only 模式下，虚拟系统和宿主机器系统是可以相互通信的，相当于这两台机器通过双绞线互连。在 Host-Only 模式下，虚拟系统的 TCP/IP 配置信息（如 IP 地址、网关地址、DNS 服务器等），都是由 VMnet1（Host-Only）虚拟网络的 DHCP 服务器来动态分配的。

如果你想利用 VMWare 创建一个与网内其他机器相隔离的虚拟系统，进行某些特殊的网络调试工作，可以选择 Host-Only 模式。

（3）NAT（网络地址转换模式）。

使用 NAT 模式，就是让虚拟系统借助 NAT（网络地址转换）功能，通过宿主机器所在的网络来访问公网。也就是说，使用 NAT 模式可以实现在虚拟系统里访问互联网。NAT 模式下的虚拟系统的 TCP/IP 配置信息是由 VMnet8（NAT）虚拟网络的 DHCP 服务器提供的，无法进行手工修改，因此虚拟系统也就无法和本局域网中的其他真实主机进行通信。采用 NAT 模式最大的优势是虚拟系统接入互联网非常简单，你不需要进行任何其他的配置，只需要宿主机器能访问互联网即可。

如果你想利用 VMWare 安装一个新的虚拟系统，在虚拟系统中不用进行任何手工配置就能直接访问互联网（建议采用 NAT 模式）。

提示：以上所提到的 NAT 模式下的 VMnet8 虚拟网络，Host-Only 模式下的 VMnet1 虚拟网络，以及 Bridged 模式下的 VMnet0 虚拟网络，都是由 VMWare 虚拟机自动配置而生成的，不需要用户自行设置。VMnet8 和 VMnet1 提供 DHCP 服务，VMnet0 虚拟网络则不提供。

2.3 安装工具

任务 3 UltraISO 软件的使用

1. 理论知识点

UltraISO 软件是一款功能强大而又方便实用的光盘映像文件制作/编辑/转换工具，它可以直接编辑 ISO 文件和从 ISO 中提取文件和目录，也可以从 CD-ROM 制作光盘映像文件或者将硬盘上的文件制作成 ISO 文件，也可以将任意文件写入到光盘或者 U 盘，并且还可以处理 ISO 文件的启动信息，从而制作出可引导光盘、可启动 U 盘。使用 UltraISO 可以随心所欲地制作/编辑/转换光盘映像文件，制作出自己所需要的光盘、U 盘等可启动设备，其功能非常强大，是系统维护不可或缺的工具及软件之一。软件的主界面如图 2-24 所示。

2. 任务目标

熟悉 UltraISO 软件的基本操作，如打开光盘、打开 ISO 镜像文件、提取光盘或 ISO 镜像文件中的内容、写入硬盘映像、刻录光盘、制作光盘映像文件、制作普通 ISO 文件等操作。

3. 环境和工具

（1）实验环境：Windows 7、VMware Workstation。

（2）工具及软件：UltraISO_v9.35、Windows XP 安装光盘、Windows 2003 ISO 镜像文件。

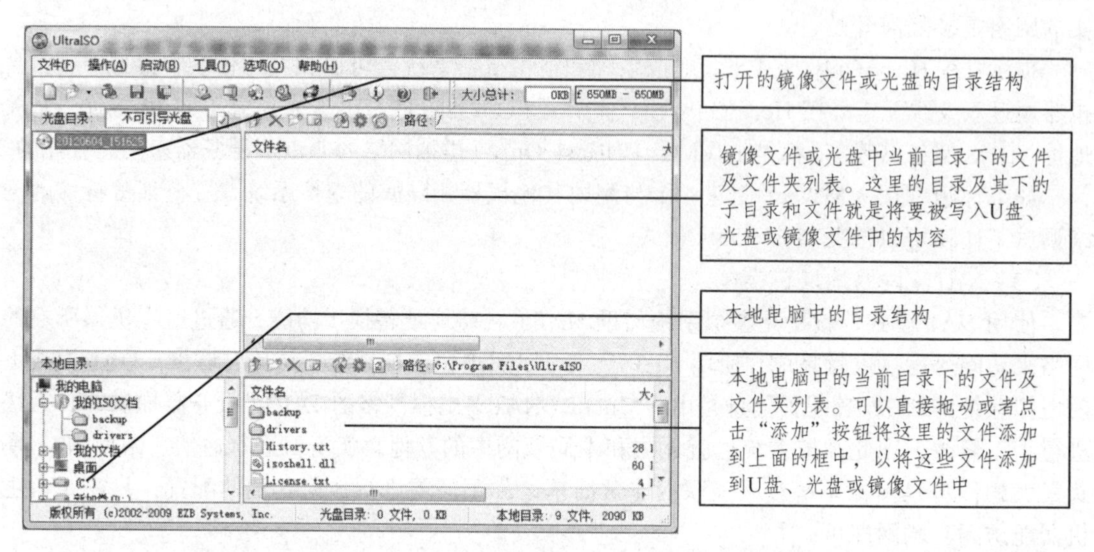

图 2–24

4. 操作流程和步骤

（1）从网站上下载 UltraISO 软件，并安装软件，有的版本需要注册。在 Windows 7 系统环境下，最好以管理员身份运行该软件，否则后期可能不能正常运行。

（2）打开 ISO 镜像文件：直接选择“文件/打开”菜单，可以打开 UltraISO 支持的各类映像文件，最常用的有 ISO、IMG、IMA 等；在打开文件对话框中，选择指定的 Win2003.ISO 镜像文件，打开后，显示如图 2-25：

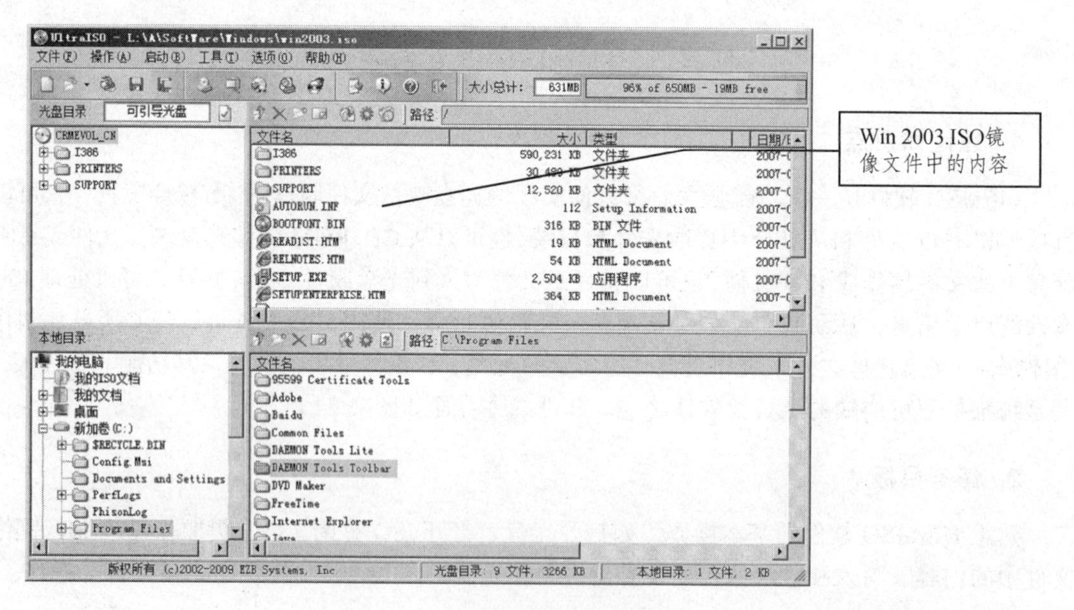

图 2–25

（3）打开光盘：先插入 Windows XP 安装光盘，然后选择“文件/打开光盘”菜单，选择插入光盘的光驱，即打开该光盘，并将其包含的文件显示在 UltraISO 右上角的方框中。

（4）提取光盘或 ISO 镜像文件中的内容：在打开的光盘和 ISO 镜像文件的文件列表中，右键单击需要提取的文件或目录，选择提取或提取到菜单项，可将光盘或者 ISO 镜像中的文件和目录提取到默认或指定的地方，如图 2-26 所示：

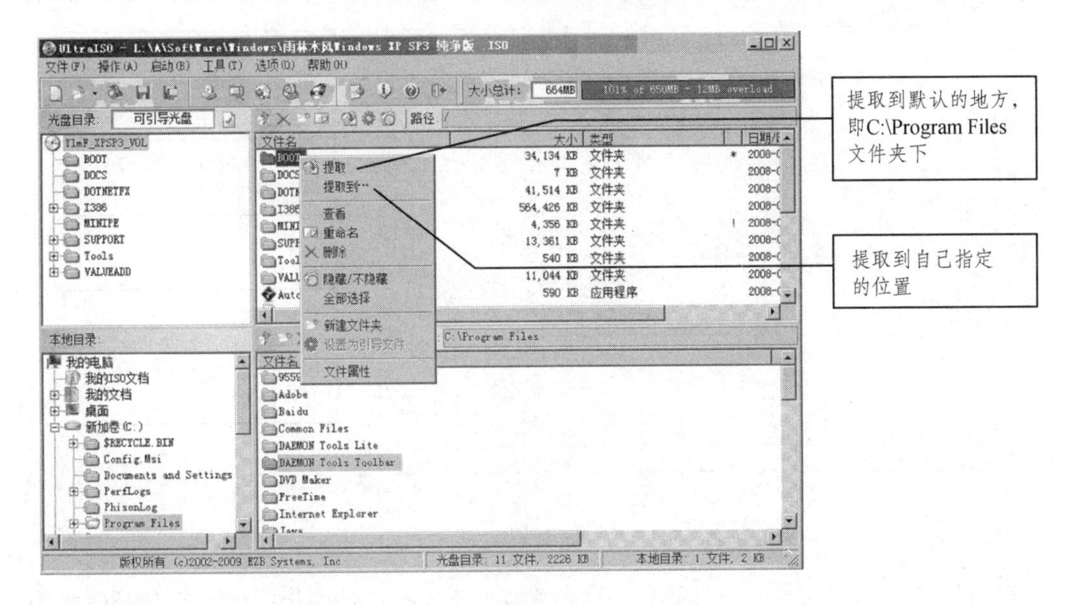

图 2-26

（5）写入硬盘映像：将 UltraISO 中右上角方框中的文件写入可移动磁盘或者 U 盘中，这是我们制作可引导 U 盘或移动磁盘最常用的方法。右上角方框中的文件可以通过打开光盘或者镜像文件添加，也可以通过直接拖拽右下角方框中的文件添加。文件添加好后，选择“启动/写入硬盘映像”菜单，打开如图 2-27 所示对话框。

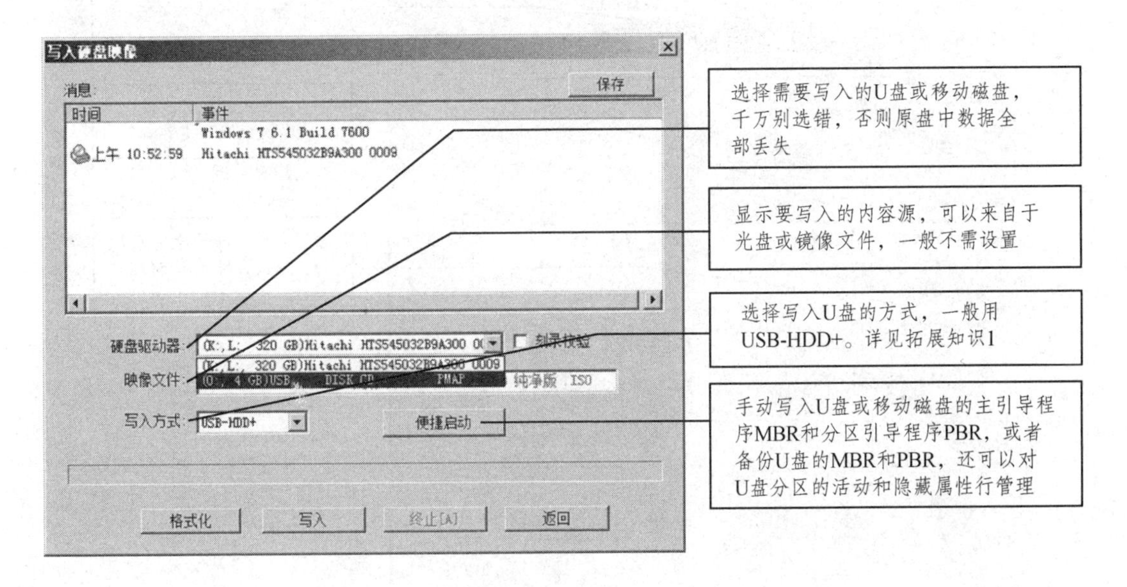

图 2-27

（6）刻录光盘：将 UltraISO 右上角方框中的文件刻录到光盘中，将需要刻录的文件添加好后，选择"工具/刻录光盘映像"菜单，打开如图 2-28 所示对话框：

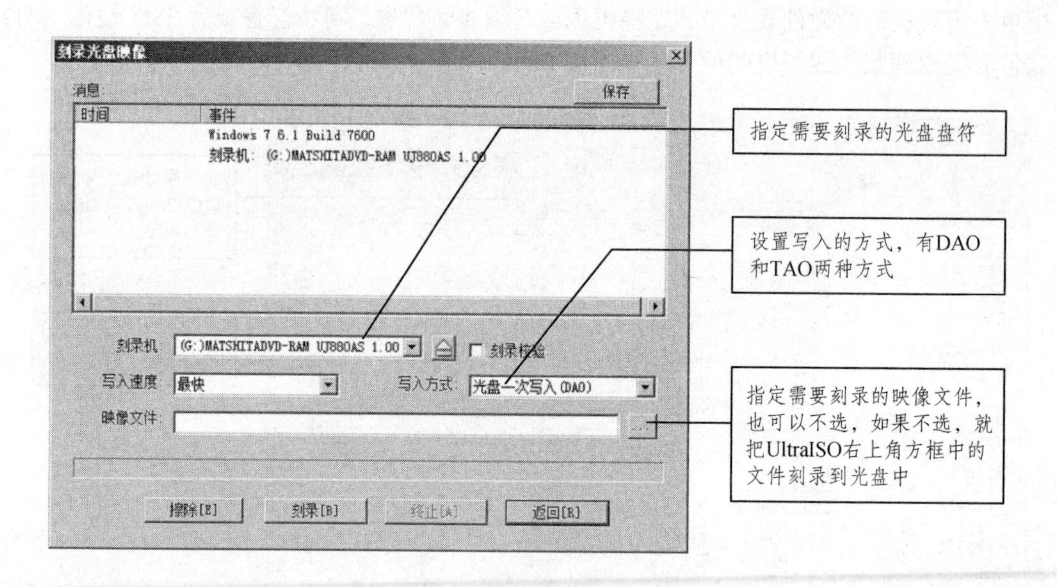

图 2-28

（7）制作光盘映像文件：将计算机中当前光盘中的所有文件制作成扩展名为 ISO 的镜像文件，这种文件不仅方便使用和携带，而且还可以进行编辑。ISO 镜像文件可用虚拟光驱软件打开，或者直接在虚拟机的光驱中挂载使用。插入光盘后，选择"工具/制作光盘镜像文件"菜单，打开如图 2-29 所示对话框：

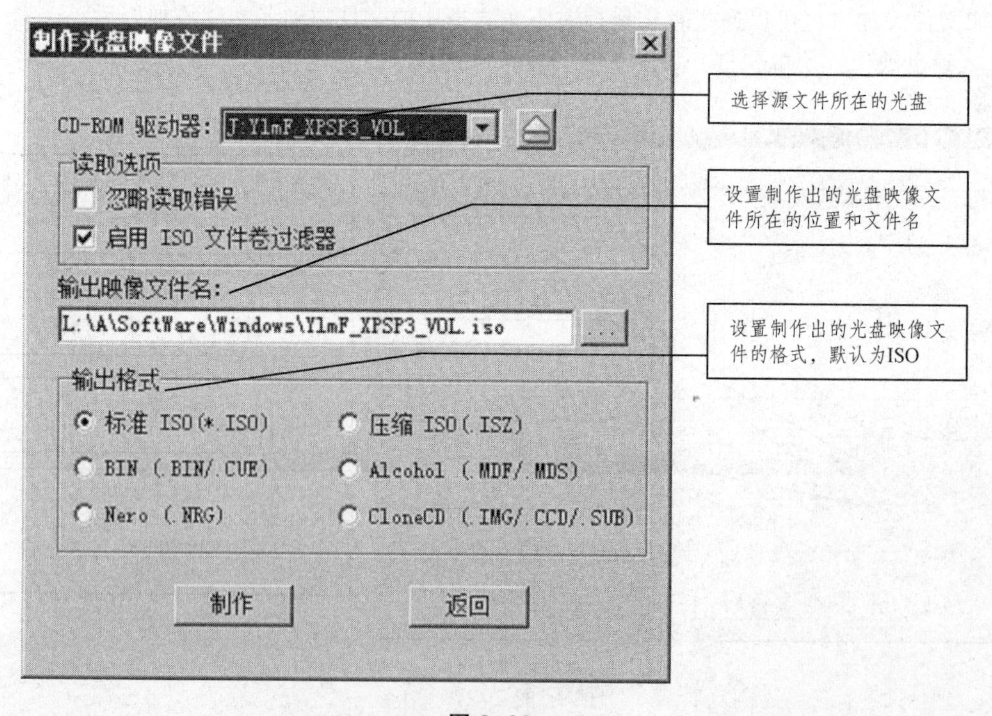

图 2-29

（8）制作普通 ISO 文件：除了可以把整张光盘制作成光盘映像文件外，我们还可以将计算机中的任意文件制作成 ISO 映像文件，方便我们管理文件，而且还避免感染病毒。首先将需要制作的文件添加到 UltraISO 软件右上角方框中，文件可以通过直接打开光盘、打开光盘映像文件或者直接从右下角方框中本地计算机中的文件拖上来进行添加，文件添加完成后，选择“文件/保存”菜单即可，如图 2-30 所示：

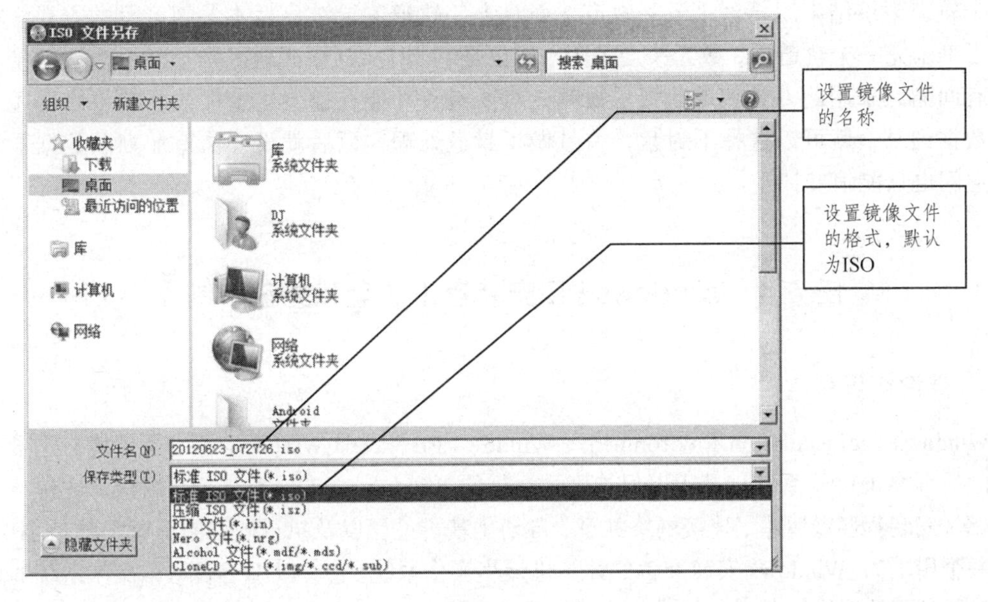

图 2-30

5. 拓展知识

1）U 盘的写入方式

（1）USB-HDD：硬盘仿真模式，DOS 启动后显示 C 盘，HP U 盘格式化工具制作的 U 盘即采用此启动模式。此模式兼容性很高，但对于一些只支持 USB-ZIP 模式的计算机则无法启动。

（2）USB-HDD+：增强的 USB-HDD 模式，DOS 启动后显示 C 盘，兼容性高于 USB-HDD 模式，但对于仅支持 USB-ZIP 的计算机无法启动。

（3）USB-ZIP：USB-ZIP（大软盘模式），启动后 U 盘的盘符是 A；USB-ZIP 大容量软盘仿真模式，此模式在一些比较老的计算机上是唯一可选的模式，但对大部分新计算机来说兼容性不好，特别是 2 GB 以上的大容量 U 盘。FlashBoot 制作的 USB-ZIP 启动 U 盘即采用此模式。

（4）USB-ZIP+：增强的 USB-ZIP 模式，支持 USB-HDD/USB-ZIP 双模式启动（根据计算机的不同，有些 BIOS 在 DOS 启动后可能显示 C 盘，有些 BIOS 在 DOS 启动后可能显示 A 盘），从而达到很高的兼容性。其缺点在于有些支持 USB-HDD 的计算机会将此模式的 U 盘认为是 USB-ZIP 来启动，从而导致 4 GB 以上大容量 U 盘的兼容性有所降低。

（5）USB-CDROM：光盘仿真模式，DOS 启动后可以不占盘符，兼容性一般。其优点在于可以像光盘一样进行 XP/2003 安装。制作时一般需要具体 U 盘型号/批号所对应的量产工具来制作。

2）光盘的刻录方式 DAO 和 TAO

（1）DAO：光盘一次刻录（Disc-At-Once），是指在刻录过程中一次性将全部数据刻入到光盘的方式。在此模式下，刻录结束后会自动做封盘处理，因而即使还有剩余空间也不能再进行追加刻录。这种写入模式主要用于光盘的复制，一次完成整张光盘的刻录，能使复制出来的光盘与源盘毫无二致。DAO 写入方式可以对音乐 CD、混合类型 CD-ROM 等数据轨之间存在间隙的光盘进行复制，且可以确保数据结构与间隙长度都完全相同。在刻录过程中激光头是处于持续工作状态，在刻录多轨道时不会因为转换轨道而关闭激光头。

（2）TAO：轨道一次刻录（Track-At-Once），是指在一个刻录过程中逐个刻录所有轨道，在一个轨道刻录结束后再刻录下一轨道，而且上一轨道刻录结束后不关闭区段的方式。TAO 模式下刻录完一个轨道后，激光头会关闭。这也是它与 DAO 模式的区别。TAO 模式刻录轨道之间有间隔，采用此方式刻录的音乐视频光盘要封盘才能在播放机上播放。如果以后还需要追加数据刻录，就可以选择不封盘，一旦做了封盘处理，以后就没办法追加刻录数据了，剩余的空间也只能浪费掉了。

任务 4　Windows PE 安装盘（U 盘和光盘）制作

1. 理论知识点

Windows PreInstallation Environment（Windows PE），即 Windows 预安装环境，是带有限服务的最小 Win32 子系统，基于以保护模式运行的 Windows XP Professional 内核。它包括运行 Windows 安装程序及脚本、连接网络共享、自动化基本过程以及执行硬件验证所需的最小功能。它是一个用于为 Windows 安装准备的计算机最小操作系统。它可以用于启动无操作系统的计算机、对硬盘驱动器进行分区和格式化、复制磁盘映像以及从网络共享启动 Windows 安装程序。

目前，Windows PE 系统有很多版本，如 Windows XP PE，Windows 2003 PE、Windows 7 PE 等，高版本的 PE 比低版本适应性、兼容性更强。而且大多 PE 都被第三方进行了改装，封装了很多工具及软件、Windows 操作系统安装源文件或者 Windows 系统克隆文件。各版本的 PE 在网上都可以下载到，文件大小一般在几十兆到几百兆之间，相对于同版本的完整操作系统要小得多，可以把它们写入 U 盘、光盘中，以方便引导计算机，并进行相关的系统安装和维护工作。所以 Windows PE 是我们进行系统安装维护必备的一项工具。

2. 任务目标

（1）利用 Windows PE 系统启动虚拟机。

（2）会制作 Windows PE 系统的启动 U 盘。

（3）会制作 Windows PE 系统的启动光盘。

3. 环境和工具

（1）实验环境：Windows 7、VMware Workstation 8。

（2）工具及软件：UltraISO_v9.35、Windows 7 PE、空白的 U 盘和光盘。

4. 操作流程和步骤

1）利用 Windows PE 启动虚拟机

（1）首先创建一个 Windows 7 虚拟机，并打开虚拟机，在打开的虚拟机的主界面中，单击“CD/DVD（IDE）”，打开如图 2-31 所示对虚拟机设置话框：

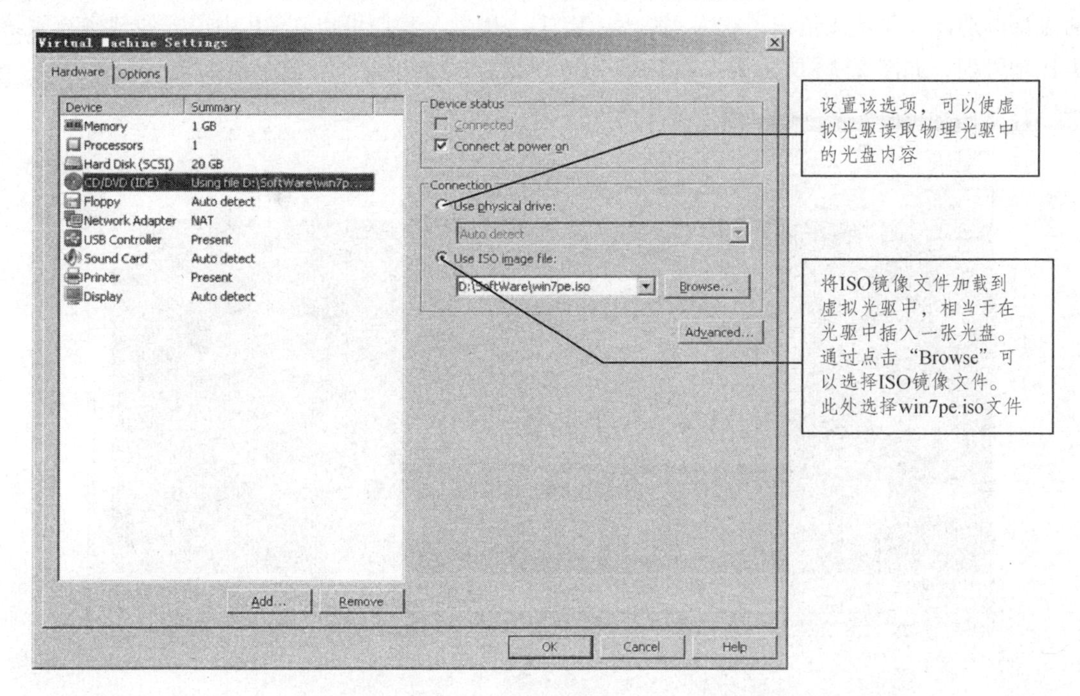

图 2-31

（2）ISO 镜像文件加载到虚拟光驱中后，单击“Power on this virtual machine”按钮，打开虚拟机电源，虚拟机创建好后首次启动会直接从虚拟光驱中引导。但若虚拟机硬盘分过区或者装过系统，则不会直接从虚拟光驱中引导，这时需要通过按 Ctrl+Alt+Ins 组合键重启虚拟机，并在刚启动时立即按一次 Esc 键，打开引导菜单，选择 CD-ROM Drive，即可以从虚拟光驱启动，如图 2-32 所示：

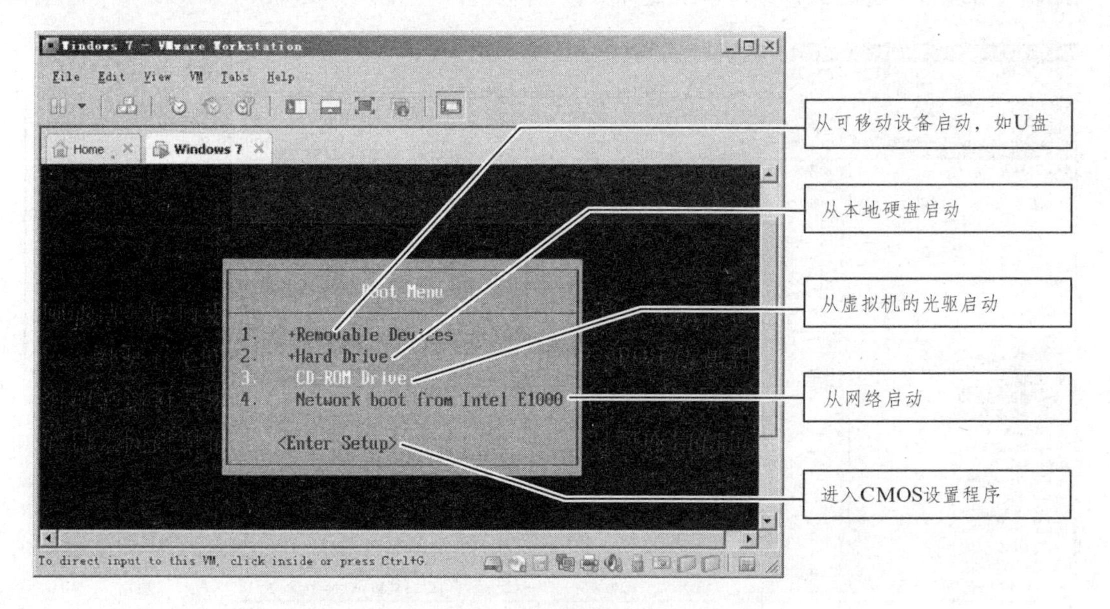

图 2-32

（3）选择从虚拟光驱启动后，就引导了 Windows 7 PE 系统，Windows 7 PE 具有了 Windows 的大部分功能，并且还集成了很多系统维护工具，因此，我们可以在 PE 中很方便地进行系统维护和管理，如图 2-33 所示为 Windows 7 PE 画面：

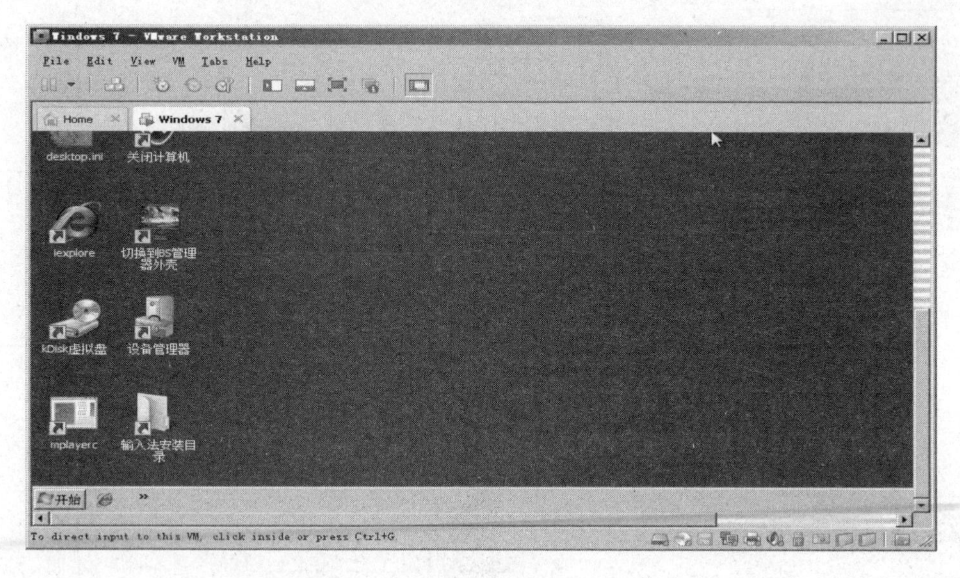

图 2-33

2）制作 Windows PE 的启动 U 盘

（1）制作 Windows PE 的启动 U 盘需要利用 UltraISO 软件。首先以管理员身份打开 UltraISO 软件。

（2）然后选择“文件/打开”菜单，在打开 ISO 文件对话框中选择需要写入 U 盘的 Windows 7 pe.iso 映像文件，UltraISO 会将映像文件中的文件和目录列出在软件右上角方框内，此时还可以编辑（如增加、删除或修改）映像文件中包含的文件，如图 2-34 所示：

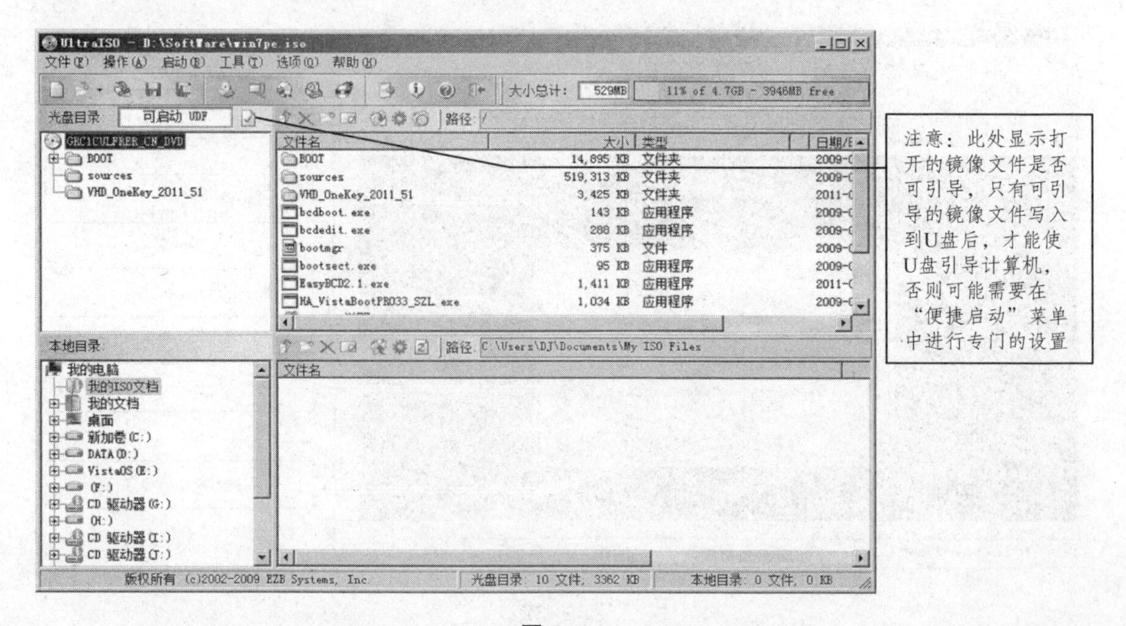

图 2-34

（3）待写入 U 盘文件添加好后，选择“启动/写入硬盘映像”菜单，打开如图 2-35 所示对话框：

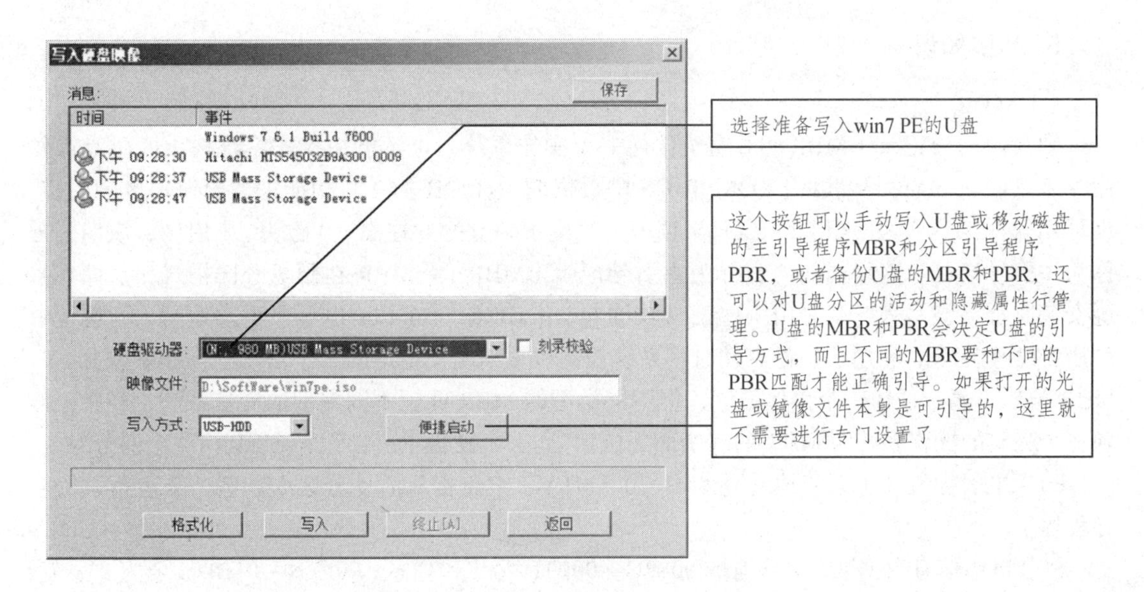

图 2-35

（4）设置好后，单击“写入”按钮，开始写入 U 盘，写完后，此 U 盘即可引导机器进入 Windows 7 PE 系统了，如图 2-36 所示为 U 盘刻录完成的画面：

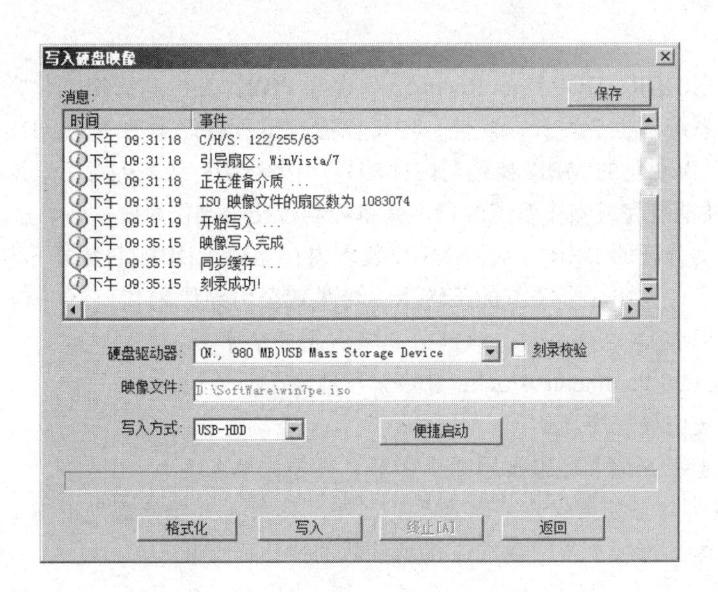

图 2-36

3）制作 Windows PE 的启动光盘

制作 Windows PE 的启动光盘和制作启动 U 盘的步骤基本类似，只是在刻录光盘时选择的是“工具/刻录光盘映像”菜单来进行光盘刻录，其他操作都一样，此处不再赘述。

利用制作好的 PE 启动光盘和 PE 的启动 U 盘可以引导物理计算机进入 Windows PE 系统，

以便对计算机进行系统安装维护操作。不同版本的 PE 系统包含的工具不同，支持的操作系统版本也不同。也可以尝试把其他的 PE 系统写入 U 盘或刻入光盘，以满足不同用户的需求。

5. 拓展知识

1）MBR

硬盘的引导记录（MBR）不属于任何一个操作系统，也不能用操作系统提供的磁盘操作命令来读取它。但我们可以用 ROM-BIOS 中提供的 INT13H 的 2 号功能来读出该扇区的内容，也可用软件工具如 DISKEDIT.EXE 来读取。它位于硬盘的 0 柱面、0 磁头、1 扇区，该扇区被称为主引导扇区，该扇区的内容称为主引导记录（MBR）。MBR 在硬盘分区格式化、操作系统安装时都会被写入，有时用一些工具软件如 UltraISO、Bootice 也可以手动地写入，该记录占用 512 个字节，它用于硬盘启动时将系统控制权交给用户指定的某个活动的操作系统分区。MBR 虽然不属于任何一个操作系统，但不同类型的 MBR 匹配不同类型的操作系统，经常会出现一个完整的操作系统因 MBR 的改变而无法启动。一个硬盘主引导记录 MBR 由 4 个部分组成:

（1）主引导程序（偏移地址 0000H—0088H），它负责从活动分区中装载，并运行系统引导程序。

（2）出错信息数据区，偏移地址 0089H—00E1H 为出错信息，00E2H—01BDH 全为 0 字节。

（3）分区表（DPT，Disk Partition Table）含 4 个分区项，偏移地址 01BEH—01FDH，每个分区表项长 16 个字节，共 64 字节，为分区项 1、分区项 2、分区项 3、分区项 4。

（4）结束标志字，偏移地址 01FE—01FF 的 2 个字节值为结束标志 55AA，如果该标志错误系统就不能启动。

2）DBR

分区引导扇区 DBR（DOS Boot Record），也叫 PBR，是由高级格式化命令写到该扇区的内容，安装操作系统时也会写入，此外，还可以通过工具软件手动写入；DBR 是在主引导记录 MBR 执行后，由硬盘的 MBR 装载到内存的程序段。DBR 装入内存后，即开始执行该引导程序段，其主要功能是完成操作系统的自举并将控制权交给操作系统。每个分区都有引导扇区，但只有被设为活动分区的 DBR 才会被 MBR 装入内存运行。DBR 主要由下列几个部分组成:

（1）跳转指令，占用 3 个字节的跳转指令将跳转至引导代码。

（2）厂商标识和 DOS 版本号，该部分总共占用 8 个字节。

（3）BPB（BIOS Parameter Block，BIOS 参数块）。

（4）操作系统引导程序。

（5）结束标志字，结束标志占用 2 个字节，其值为 AA55。

DBR 中的内容除了结束标志字固定不变之外，其余 4 个部分都是不确定的，其内容将随格式化所用的操作系统版本及硬盘的逻辑盘参数的变化而变化。

任务 5　网络启动 PE

1. 理论知识点

对于一些老机器，可能光驱已经坏了又没外置光驱，不支持 USB 启动，又没软驱盘，已经进不了系统，用不了 DOS 又不想拆硬盘，只要机器能支持网络远程启动，那么我们就可以用网络启动 PE 的方法，让这台老机器通过网络启动 PE，进入 PE 后，那什么问题都方便了。

网络启动 PE 就是将一台正常的机器做成 DHCP 服务器和 TFTP 服务器，用来为网络上的其他机器分配 IP 地址，并提供资源下载功能，然后利用客户机网卡的远程启动功能，启动后从服务器上下载运行 PE 所需的文件，然后进入 PE 的。这个任务的主要工作就是配置这样一台服务器，然后提供 DHCP 服务和 TFTP 服务。

2. 任务目标

通过网络启动远程服务器端的 Windows PE 或其他工具及软件。

3. 环境和工具

（1）实验环境：Windows 7、VMware Workstation 8。

（2）工具及软件：我心如水 Windows 2003 PE（含 HaneWin DHCP Server 服务端程序）。

4. 操作流程和步骤

（1）创建 2 台虚拟机，其中一台利用我心如水 Windows 2003 PE 启动，并进入 2003 PE。

（2）进入 PE 后，先选择“程序/网络工具/启用网络支持”菜单项，如图 2-37 所示。这一步主要加载网络驱动，配置网络，启动 PE 对网络的支持。

图 2-37

（3）启用网络支持后，然后再选择“程序/网络启动服务器/开启网络启动服务器”，如图 2-38 所示。这一步是启动 Windows 2003 PE 中的 HaneWin DHCP Server 服务端程序，使得此虚拟机具有 DHCP 服务功能，能为网络中其他客户端分配 IP 地址。

图 2–38

（4）通过以上两步操作，此虚拟机网络功能配置完成并且具有 DHCP 功能，虚拟机的桌面应该如图 2–39 所示：

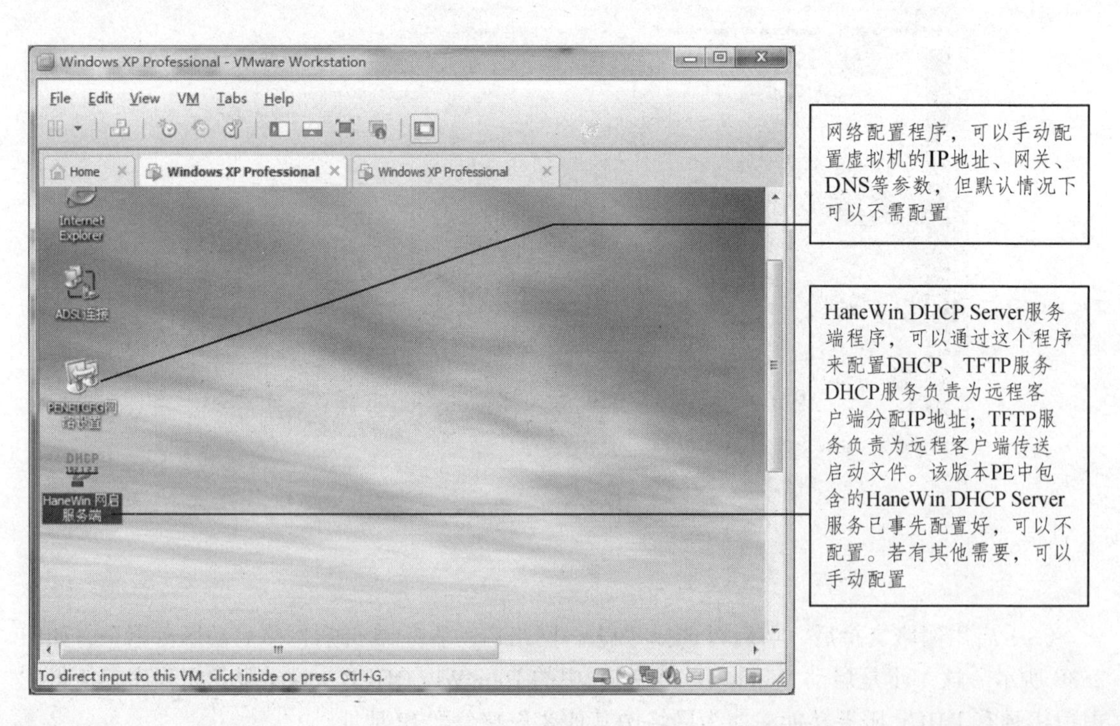

图 2–39

（5）点击桌面“HaneWin 网启服务端”，打开 HaneWin DHCP Server 程序，单击程序的“选项/本地连接”菜单，打开本地连接对话框，如图 2-40 所示：

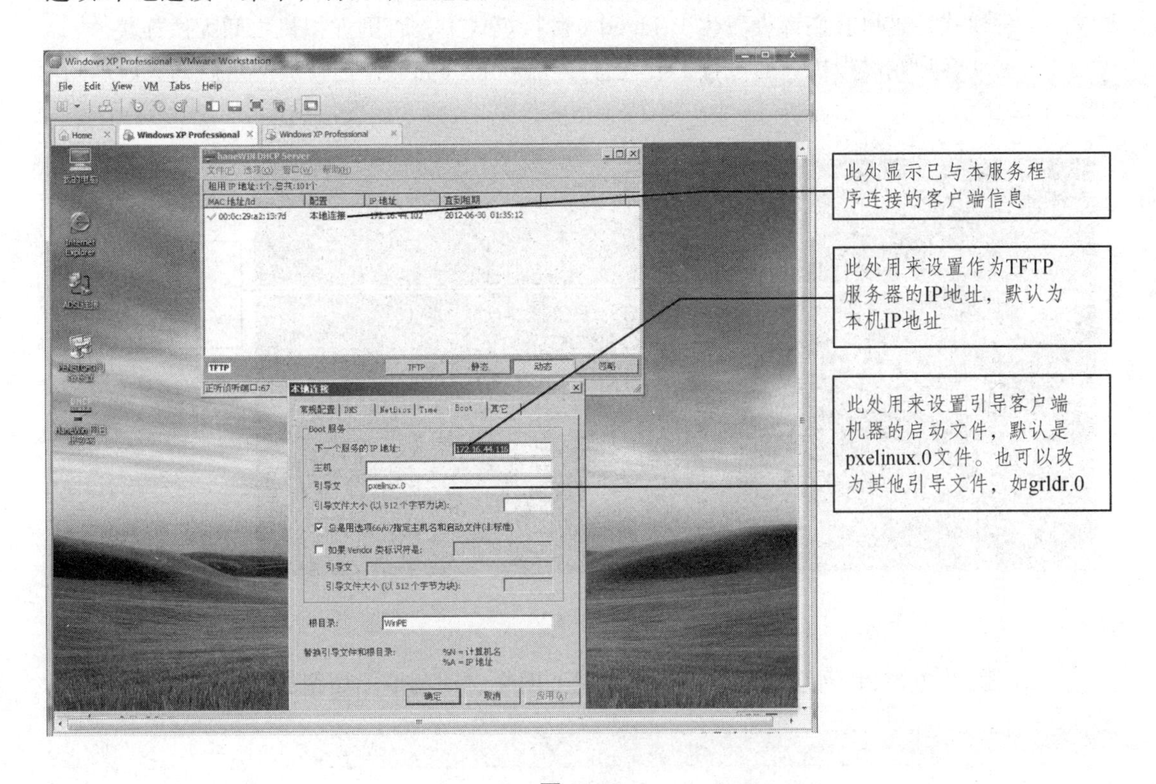

图 2-40

（6）在 HaneWin DHCP Server 程序的“选项/设置”菜单下，还可以对连接、DHCP 服务、TFTP 服务等参数进行配置，一般情况下都可以不设置，采用默认值，如图 2-41 所示：

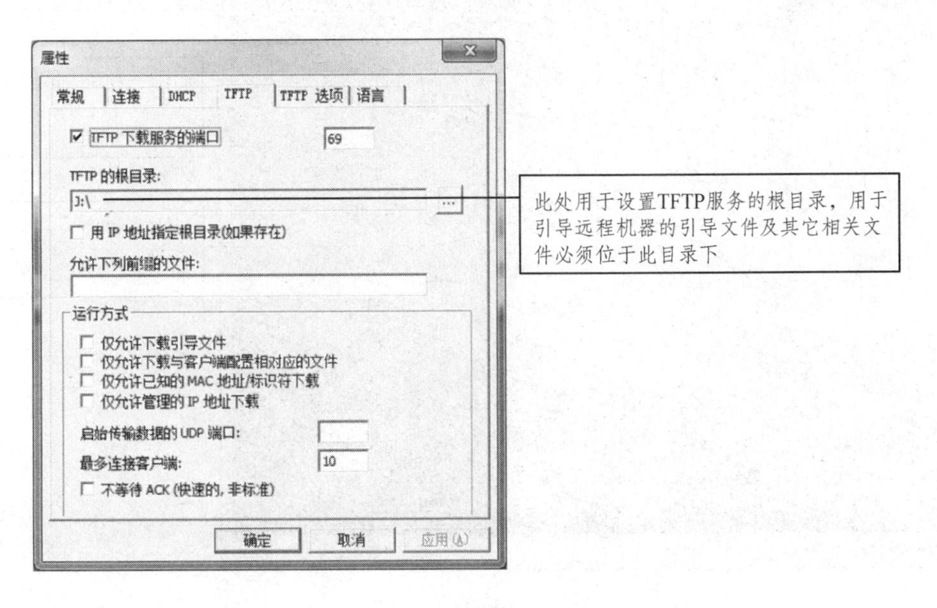

图 2-41

（7）服务端设置好后，就可以启动远程客户端，这里我们用两台虚拟机模拟网络启动。为了保证两台虚拟机网络能正常连接，在创建虚拟机时，两台虚拟机的网络连接模式应该设置成同一种模式，这里我们都设置为 Bridged（桥接模式），否则虚拟机之间无法连接。

（8）启动客户端虚拟机，通过按 Esc 键打开“Boot Menu”，选择从网络启动，启动画面如图 2-42 所示：

图 2-42

（9）本版本 2003PE 网络启动后，首先出现了网络启动菜单。如图 2-43 所示：

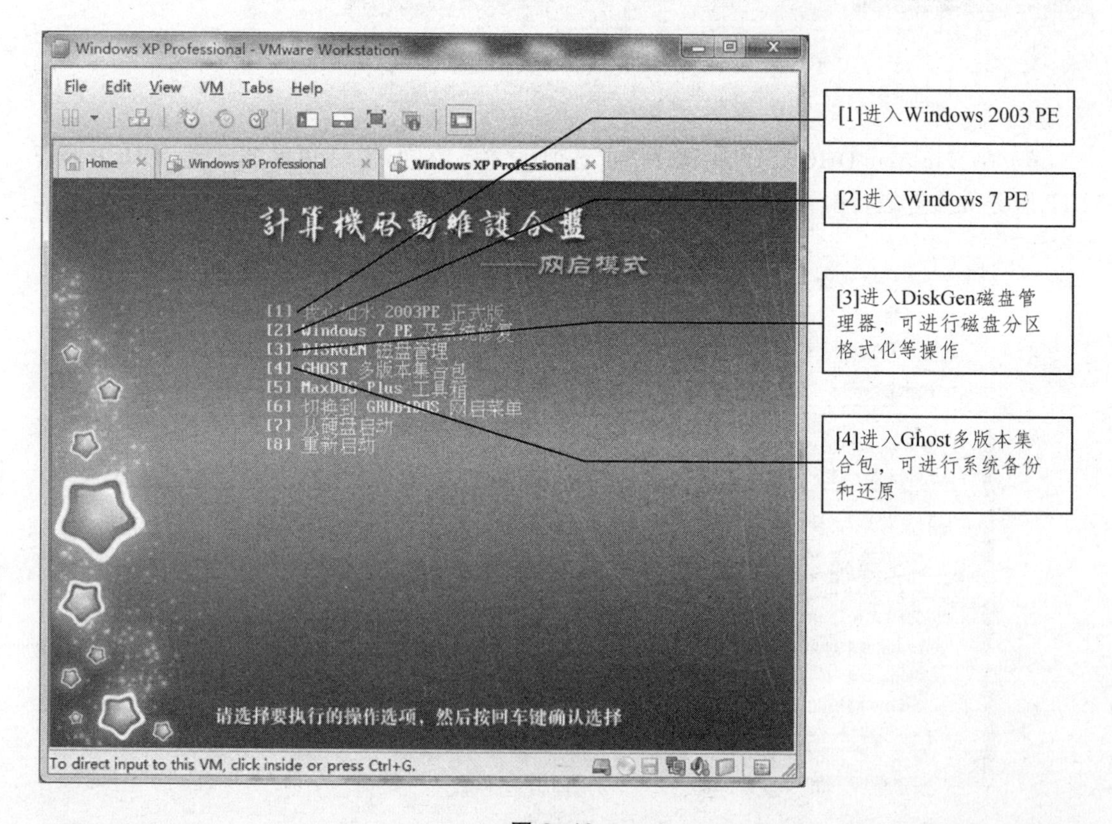

图 2-43

（10）选择某一项后，立即通过网络向服务端请求文件，此处，我们选择“我心如水 2003 PE 正式版”，选择后如图 2-44 所示：

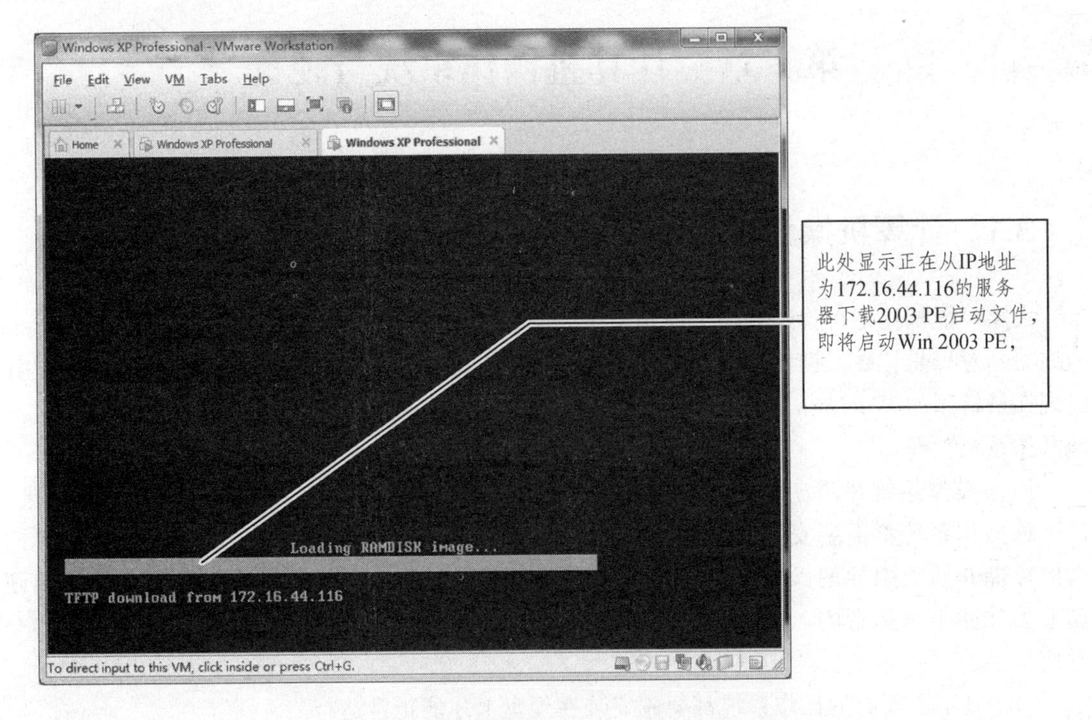

图 2-44

（11）下载完毕后，即开始启动 Windows 2003 PE，进入 2003 PE 后，和本机启动 PE 完全一样，没有任何差别，此时，就可以开始进行系统安装维护、数据备份还原等工作。

5. 拓展知识

网络远程启动大多是利用 PXE 来实现的，PXE（Preboot Execute Environment）是由 Intel 公司开发的最新技术，工作于 Client/Server 的网络模式，支持工作站通过网络从远端服务器下载映像，并由此支持来自网络的操作系统的启动过程。其启动过程中，终端要求服务器分配 IP 地址，再用 TFTP（Trivial File Transfer Protocol）或 MTFTP（Multicast Trivial File Transfer protocol）协议下载一个启动软件包到本机内存中并执行，由这个启动软件包完成终端基本软件设置，从而引导预先安装在服务器中的终端操作系统。PXE 可以引导多种操作系统，如 Windows 95/98/2000/XP/2003/vista/2008，linux 等，本任务中的网络启动 Windows 2003 PE 也是利用 PXE 来实现的。

第 3 章　计算机操作系统与硬盘

3.1　计算机操作系统与硬盘的关系

大家可能都还记得曾经有一个操作系统叫“DOS”，DOS 是英文 Disk Operating System 的缩写，意思是“磁盘操作系统”。DOS 是当初个人计算机上风靡一时的操作系统，也是我们现在最常用的 Windows 操作系统的前身。我想很少有人会去想，这个操作系统为什么叫“磁盘操作系统”呢?

原来操作系统和磁盘之间关系是密不可分的。而磁盘的主要代表就是硬盘，一直以来，每一种操作系统都需要安装到硬盘中才能正常地运行。虽然目前出现了可以直接从光盘或其他存储介质上引导的操作系统，但这并不是主流。目前主流的操作系统还是要安装到硬盘上去才能正常运行的。因此操作系统和硬盘之间有着密切的关系，主要表现在以下几个方面：

（1）基本上所有的操作系统都要先安装在硬盘上才能正常运行。

（2）操作系统的启动和引导需要硬盘上的主引导记录和分区引导记录支持，操作系统的所有系统文件如 NTLDR、Boot.ini 等都存放在硬盘分区中。

（3）操作系统在运行过程中，需要借助于硬盘空间模拟为虚拟内存才能高效运行。

（4）操作系统管理的所有数据和程序都是存放在硬盘中的。

（5）硬盘的分区结构会影响多操作系统的并存安装。

正是因为操作系统和硬盘之间非同寻常的关系，所以，我们在掌握计算机操作系统的安装和维护之前，首先要深入了解一下硬盘。只有充分地了解了硬盘的相关知识，如硬盘中的数据是如何组织和存放的、操作系统的重要数据和文件是如何布局到硬盘中的、操作系统启动过程中是如何从硬盘上读取所需要的数据何文件的等，我们才能够更深入更方便地了解操作系统的安装和维护。本章我们将展开关于这些知识的讨论，不过这些知识相对来说比较抽象，难度较大，因版面有限，无法全部深入讨论。在阅读的同时可能还需要找一些辅助参考资料，并且通过一些实践操作加强理解，方能真正掌握这些知识。

3.2　硬盘的种类和结构

硬盘是现在计算机上最常用的存储器之一。我们都知道，计算机之所以神奇，是因为它具有高速分析处理数据的能力，而这些数据都以文件的形式存储在硬盘里；而且就目前来说，我们每台计算机上运行的操作系统平台，都必须要先按照一定的布局安装到硬盘里才能正常地运行，从而给我们提供一个稳定方便的运行环境。硬盘在计算机里充当着“仓库”的角色。

3.2.1 硬盘的种类

按照不同的分类方法，硬盘可以有不同的分类。这里我们仅从几个常见的方面来进行分类。

1. 按存储介质分

传统硬盘——机械硬盘（Hard Disc Drive，HDD，全名为温彻斯特式硬盘），是计算机主要的存储媒介之一，由一个或者多个铝制或者玻璃制的碟片组成。这些碟片外覆盖有铁磁性材料。绝大多数硬盘都是固定硬盘，被永久性地密封固定在硬盘驱动器中。

固态硬盘（Solid State Disk 或 Solid State Drive）又叫作电子硬盘或者固态电子盘，是由控制单元和固态存储单元（DRAM 或 FLASH 芯片）组成的硬盘。它把磁存储改为集成电路存储，磁存储需要扫描磁头的动作和旋转磁盘的配合，而电路存储即固态存储靠的是电路的扫描和开关作用，从而将信息读出和写入，不存在机械动作，总体来说速度比机械硬盘快得多。

2. 按接口分

IDE（Integrated Drive Electronics）：把控制器与盘体集成在一起的硬盘驱动器，又称 ATA。最早是在 1986 年由康柏、西部数据等几家公司共同开发的，在 90 年代初开始应用于台式机系统。它使用一个 40 芯电缆与主板进行连接，最初的设计只能支持两个硬盘，最大容量也被限制在 504 MB 之内，也不支持热插拔。目前见到的 ATA、Ultra ATA、DMA、Ultra DMA 都属于 IDE 接口硬盘。

SATA（Serial Advanced Technology Attachment）：使用 SATA（Serial ATA）口的硬盘又叫串口硬盘，现已基本取代了传统的 IDE 硬盘，它采用串行连接方式，串行 ATA 总线使用嵌入式时钟信号，具备了更强的纠错能力，与以往相比其最大的区别在于能对传输指令（不仅仅是数据）进行检查。如果发现错误会自动矫正，这在很大程度上提高了数据传输的可靠性。串行接口还具有结构简单、支持热插拔的优点。

SCSI（Small Computer System Interface）：一种与 ATA 完全不同的接口，它不是专门为硬盘设计的，而是一种总线型的系统接口，每个 SCSI 总线上可以连接包括 SCSI 控制卡在内的 8 个 SCSI 设备，早期 PC 机的 BIOS 不支持 SCSI，各个厂商都按照自己对 SCSI 的理解来制造产品，造成了一个厂商生产的 SCSI 设备很难与其他厂商生产的 SCSI 控制卡共同工作的现象，加上 SCSI 的生产成本比较高，因此没有像 ATA 接口那样迅速得到普及。SCSI 接口的优势在于它支持多种设备，传输速率比 ATA 接口高，独立的总线使得 SCSI 设备的 CPU 占用率很低，所以 SCSI 更多地被用于服务器等高端应用场合。

3.2.2 硬盘的结构

由于硬盘的工作原理、存储介质不同，硬盘的物理结构差异很大。这里我们以磁性存储介质的机械硬盘为例，简单阐述一下硬盘的物理结构。硬盘主要由盘片、磁头、盘片转轴及控制电机、磁头控制器、数据转换器、接口、缓存等几个部分组成。

（1）接口：包括电源插口和数据接口两部分。其中：电源插口与主机电源相联，为硬盘工作提供电力保证。数据接口则是硬盘数据和主板控制器之间进行传输交换的纽带，根据连接方式的差异，分为 EIDE 接口和 SCSI 接口等。

（2）控制电路板：大多采用贴片式元件焊接，包括主轴调速电路、磁头驱动与伺服定位电路、读写电路、控制与接口电路等。在电路板上还有一块高效的单片机 ROM 芯片，其固化的软件可以进行硬盘的初始化，执行加电和启动主轴电机、加电初始寻道、定位以及故障检测等。在电路板上还安装有容量不等的高速缓存芯片。

（3）固定盖板：就是硬盘的面板，标注产品的型号、产地、设置数据等，和底板结合成一个密封的整体，保证硬盘盘片和机构的稳定运行。固定盖板和盘体侧面还设有安装孔，以方便安装。

（4）浮动磁头组件：由读写磁头、传动手臂、传动轴三部分组成。磁头是硬盘技术最重要和关键的一环，实际上是集成工艺制成的多个磁头的组合，它采用了非接触式头、盘结构，加电后在高速旋转的磁盘表面飞行，飞高间隙只有 0.1 ~ 0.3 μm，可以获得极高的数据传输率。现在转速 5 400 r/min（rpm）的硬盘飞高都低于 0.3 μm，以利于读取较大的高信噪比信号，提供数据传输存储的可靠性。

（5）磁头驱动机构：由音圈电机和磁头驱动小车组成，新型大容量硬盘还具有高效的防震动机构。高精度的轻型磁头驱动机构能够对磁头进行正确的驱动和定位，并在很短的时间内精确定位系统指令指定的磁道，保证数据读写的可靠性。

（6）盘片和主轴组件：盘片是硬盘存储数据的载体，现在的盘片大都采用金属薄膜磁盘，这种金属薄膜较之软磁盘的不连续颗粒载体具有更高的记录密度，同时还具有高剩磁和高矫顽力的特点。主轴组件包括主轴部件如轴瓦和驱动电机等。随着硬盘容量的扩大和速度的提高，主轴电机的速度也在不断提升，有厂商开始采用精密机械工业的液态轴承电机技术。

（7）前置控制电路：前置放大电路控制磁头感应的信号、主轴电机调速、磁头驱动和伺服定位等。由于磁头读取的信号微弱，将放大电路密封在腔体内可减少外来信号的干扰，提高操作指令的准确性。

3.3 硬盘的数据存储结构和文件系统

1. 硬盘的数据存储结构

对于做系统维护的人来说，了解硬盘数据存储结构的重要性要远大于对硬盘物理结构的了解。前面已经提及，作为用户操作计算机的重要平台，操作系统是需要按照一定的结构布局到硬盘中才能正确运行的，这里提到的结构主要是指数据存储结构。

新买来的硬盘是不能直接使用的，必须对它进行分区并格式化才能储存数据。硬盘分区是操作系统安装过程中经常谈到的话题。对于一些简单的应用，硬盘分区并不成为一种障碍，但对于一些复杂的应用，就不能不深入理解硬盘分区机制的某些细节。硬盘的崩溃经常会遇见，特别是现今病毒肆虐的时代，关于引导分区的恢复与备份的技巧，一定要掌握。在使用计算机时，往往会使用几个操作系统。如何在硬盘中安装多个操作系统？这些都需要大家对硬盘的数据存储结构有深入的理解和掌握。

计算机中大部分的数据都以文件的形式存储在硬盘里。不过，计算机可不像人那么聪明。

在读取相应的文件时，你必须要给出相应的规则。这就是分区概念。分区从实质上说就是对硬盘的一种格式化。当我们在 MBR 模式下的磁盘中创建分区时，就已经设置好了硬盘的各项物理参数，指定了硬盘主引导记录（即 Master Boot Record，MBR）和引导记录备份的存放位置。而对于文件系统以及其他操作系统管理硬盘所需要的信息则是通过以后的高级格式化，即 Format 命令来实现的。硬盘分区后，将会被划分为面（Side）、磁道（Track）和扇区（Sector）。需要注意的是，这些只是个虚拟的概念，并不是真正在硬盘上划轨道。先从面说起，硬盘一般由一片或几片圆形薄膜叠加而成。每个圆形薄膜都有两个“面”，这两个面都是用来存储数据的，按照面的多少，依次称为 0 面、1 面、2 面……由于每个面都专有一个读写磁头，也常用 0 头（head）、1 头……称之。按照硬盘容量和规格的不同，硬盘面数（或头数）也不一定相同，少的只有 2 面，多的可达数十面。各面上磁道号相同的磁道合起来，称为一个柱面（Cylinder）。上面我们提到了磁道的概念。那么究竟何谓磁道呢？由于磁盘是旋转的，则连续写入的数据是排列在一个圆周上的，称这样的圆周为一个磁道。如果读写磁头沿着圆形薄膜的半径方向移动一段距离，则以后写入的数据又排列在另外一个磁道上。根据硬盘规格的不同，磁道数可以从几百到数千不等；一个磁道上可以容纳数千字节的数据，而主机读写时往往并不需要一次读写那么多，于是，磁道又被划分成若干段，每段称为一个扇区。一个扇区一般存放 512 字节的数据。扇区也需要编号，同一磁道中的扇区，分别称为 1 扇区、2 扇区……

计算机对硬盘的读写，出于效率的考虑，是以扇区为基本单位的。即使计算机只需要硬盘上存储的某个字节，也必须一次把这个字节所在的扇区中的 512 字节全部读入内存，再使用所需的那个字节。不过，在上文中我们也提到，硬盘上面、磁道、扇区的划分表面上是看不到任何痕迹的，虽然磁头可以根据某个磁道的应有半径来对准这个磁道，但怎样才能在首尾相连的一圈扇区中找出所需要的某一扇区呢？原来，每个扇区并不仅仅是由 512 个字节组成的，在这些由计算机存取的数据的前、后两端，都另有一些特定的数据，这些数据构成了扇区的界限标志，标志中含有扇区的编号和其他信息。计算机就凭借着这些标志来识别扇区。为了能更深入地了解硬盘，我们还必须对硬盘的数据结构有个简单的了解。根据磁盘的系统引导过程和分区管理模式的不同，目前常用的磁盘主要有 MBR 磁盘和 GPT 磁盘两种，下面分别阐述一下这两种磁盘的特性。

1）MBR 磁盘

MBR 磁盘属于传统的磁盘管理模式。在这种模式下，操作系统只能识别和管理最大 2TB 的磁盘空间，而且只能支持 4 个主分区或者 3 主分区+1 扩展分区，当然，扩展分区可以再继续划分成若干个逻辑分区；MBR 磁盘模式下，操作系统的引导需要依赖于 BIOS、主引导扇区和主引导记录等信息。MBR 磁盘上的数据按照其不同的特点和作用大致可分为 5 部分：MBR 区、DBR 区、FAT 区、DIR 区和 DATA 区。下面我们来分别介绍一下各个区域。

（1）MBR 区：MBR（Main Boot Record，主引导记录区）位于整个硬盘的 0 磁道 0 柱面 1 扇区。不过，在总共 512 字节的主引导扇区中，MBR 只占用了其中的 446 个字节，另外的 64 个字节交给了 DPT（Disk Partition Table，硬盘分区表），最后两个字节“55 AA”是分区的结束标志。这个整体构成了硬盘的主引导扇区。主引导记录中包含了硬盘的一系列参数和一段引导程序。其中的硬盘引导程序的主要作用是检查分区表是否正确并且在系统硬件完成自检以后引导具有激活标志的分区上的操作系统，并将控制权交给启动程序。MBR 是由分区程序（如 Fdisk.exe）所产生的，它不依赖任何操作系统，而且硬盘引导程序也是可以改变的，从而实现多系统共存。下面，以一个实例更直观地了解主引导记录。例如：80 01 01 00 0B FE BF FC 3F 00 00 00 7E 86 BB 00，在这里我们可以看到，最前面的"80"是一个分区的激活标志，表示系统可引导；"01 01 00"表示分区开始的磁头号为 01，开始的扇区号为 01，开始的柱面号为 00；"0B"表示分区的系统类型是 FAT32，其他比较常用的有 04（FAT16）、07（NTFS）；"FE BF FC"表示分区结束的磁头号为 254，分区结束的扇区号为 63，分区结束的柱面号为 764；"3F 00 00 00"表示首扇区的相对扇区号为 63；"7E 86 BB 00"表示总扇区数为 12 289 622。

（2）DBR 区：DBR（Dos Boot Record）是操作系统引导记录区的意思。它通常位于硬盘的 0 磁道 1 柱面 1 扇区，是操作系统可以直接访问的第一个扇区，它包括一个引导程序和一个被称为 BPB（BIOS Parameter Block）的本分区参数记录表。引导程序的主要任务是当 MBR 将系统控制权交给它时，判断本分区根目录前两个文件是不是操作系统的引导文件（以 DOS 为例，即是 Io.sys 和 Msdos.sys）。如果确定存在，就把它读入内存，并把控制权交给该文件。BPB 参数块记录着本分区的起始扇区、结束扇区、文件存储格式、硬盘介质描述符、根目录大小、FAT 个数、分配单元的大小等重要参数。DBR 是由高级格式化程序（即 Format.com 等程序）所产生的。

（3）FAT 区：在 DBR 之后的是我们比较熟悉的 FAT（File Allocation Table，文件分配表）区。在解释文件分配表的概念之前，我们先来谈谈簇（Cluster）的概念。文件占用磁盘空间时，基本单位不是字节而是簇。一般情况下，软盘每簇是 1 个扇区，硬盘每簇的扇区数与硬盘的总容量大小有关，可能是 4、8、16、32、64…同一个文件的数据并不一定完整地存放在磁盘的一个连续的区域内，而往往会分成若干段，像一条链子一样存放。这种存储方式称为文件的链式存储。由于硬盘上保存着段与段之间的连接信息（即 FAT），操作系统在读取文件时，总是能够准确地找到各段的位置并正确读出。 为了实现文件的链式存储，硬盘上必须准确地记录哪些簇已经被文件占用，还必须为每个已经占用的簇指明存储后继内容的下一个簇的簇号。对一个文件的最后一簇，则要指明本簇无后继簇。这些都是由 FAT 表来保存的，表中有很多表项，每项记录一个簇的信息。由于 FAT 对于文件管理的重要性，所以 FAT 有一个备份，即在原 FAT 的后面再建一个同样的 FAT。初形成的 FAT 中所有项都标明为"未占用"，但如果磁盘有局部损坏，那么格式化程序会检测出损坏的簇，在相应的项中标为"坏簇"，以后存文件时就不会再使用这个簇了。FAT 的项数与硬盘上的总簇数相当，每一项占用的字节数也要与总簇数相适应，因为其中需要存放簇号。FAT 的格式有多种，最为常见的是 FAT16 和 FAT32。

（4）DIR 区：DIR（Directory）是根目录区，紧接着第二 FAT 表（即备份的 FAT 表）之后，记录着根目录下每个文件（目录）的起始单元、文件的属性等。定位文件位置时，操作系统根据 DIR 中的起始单元，结合 FAT 表就可以知道文件在硬盘中的具体位置和大小了。

（5）数据（DATA）区：数据区是真正意义上的数据存储的地方，位于 DIR 区之后，占据硬盘上的大部分数据空间。

一块典型的 MBR 硬盘及各区的划分如图 3-1 所示，根据实际硬盘的分区情况不同，可能会有所差异。

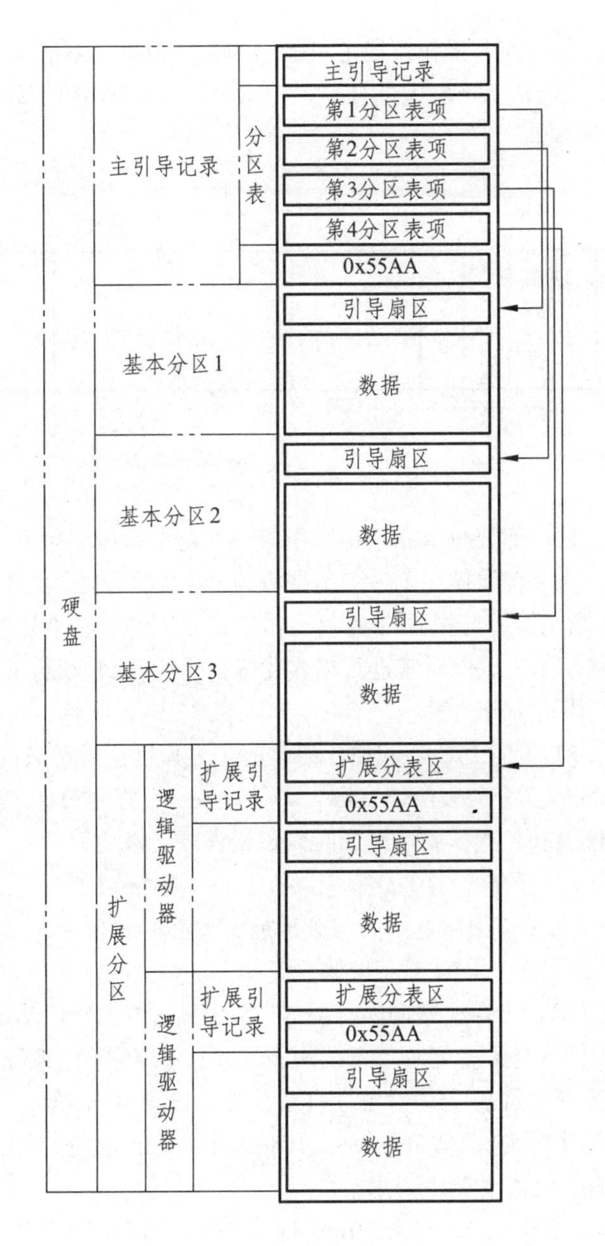

图 3-1

2）GPT 磁盘

GPT 磁盘是一种基于计算机主板芯片组中的“统一的可扩展固件接口”（Unified Extensible Firmware Interface，UEFI）来使用的磁盘分区的架构，这种架构当初是 Intel 为 PC 固件的体系结构、接口和服务提出的建议标准。其主要目的是提供一组在 OS 加载之前（启动前）在所有平台上一致的、正确指定的启动服务，被看作是有近 20 多年历史的 BIOS 启动模式的继任者。与 MBR 磁盘相比，GPT 具有更多的优点，因为它允许每个磁盘有多达 128 个分区，支持高达 18 PB 的卷大小，允许将主磁盘分区表和备份磁盘分区表用于冗余，还支持唯一的磁盘和分区 ID（GUID）。在 GPT 磁盘中，操作系统的引导是通过 GPT 磁盘和主板芯片组的 UEFI 接口相结合来完成的，GPT 磁盘只能用来在硬件支持 UEFI 固件的机器上引导 64 位的 Windows 7

及其之后的操作系统，在之前的操作系统中只能用来存储数据，不能引导系统。

一块 GPT 磁盘一般包括以下两大部分：保护 MBR（即 PMBR）和 EFI 部分，如图 3-2 所示。

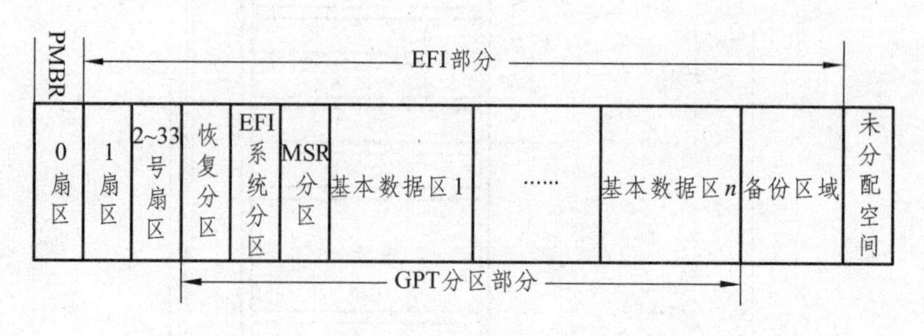

图 3-2

（1）PMBR 部分：这一部分只由 0 号扇区组成，在这个扇区中包含一个 DOS 分区表，分区表内只有一个表项，这个表项描述了一个类型值为 0xEE 的分区，大小为整个磁盘。这种保护性 MBR 保证老式磁盘工具不会把 GPT 磁盘当作没有分区的空磁盘处理而用 MBR 覆盖掉本来存在的 GPT 信息，从而不再试图对其进行格式化等操作，所以该扇区又被称为“保护 MBR”。实际上，EFI 根本不使用这个分区表。

（2）GPT 头信息（EFI 信息区）：起始于磁盘的 1 号扇区，通常只占用这一个扇区。GPT 磁盘创建后，由 GPT 头定义分区表的位置和大小。Windows 限定分区表项为 128 个。GPT 头还包含头和分区表的校验和，这样就可以及时发现错误或者改变。

（3）分区表区域：包含所有的 GPT 分区表项。这个区域由 GPT 头定义，一般占用磁盘 2 ~ 33 号扇区。分区表中的每个表项由起始和结束地址、类型值、名字、属性标志和 GUID 值组成。分区表建立后，128 位的 GUID 对系统来说是唯一的。

（4）恢复分区：该分区用于存放 Windows RE 恢复环境映像的分区，Windows RE 是 Windows 恢复环境的简称，包含系统还原点还原、系统映像恢复、系统刷新、系统重置等功能，当 GPT 分区中的 Windows 系统无法正常启动时也会自动故障转移至 Windows RE 恢复环境。该分区在目前的情况下一般是几百兆，在 Windows 默认状态下不分配盘符，在资源管理器中不可见，可通过专门的磁盘管理工具查看基本信息。

（5）EFI 系统分区：EFI System Partition（即 ESP），该分区采用了 EFI 引导的计算机系统，用来启动操作系统（相当于 MBR 分区下的引导分区）。分区内存放引导管理程序、驱动程序、系统维护工具等。如果计算机采用了 EFI 系统，或当前磁盘用于在 EFI 平台上启动操作系统，则应建立 ESP 分区。该分区在目前的情况下一般是 100 MB，在 Windows 默认状态下不分配盘符，在资源管理器中不可见，可通过专门的磁盘管理工具查看基本信息，但可以使用工具或命令为其分配一个固定的盘符，使其可以直接在 Windows 资源管理器下查看管理。

（6）MSR 分区：微软保留分区，这个分区没有文件格式，在 Windows 系统里一般也不可见的，是 GPT 磁盘上用于保留空间以备用的分区，例如在将磁盘转换为动态磁盘时需要使用这些分区空间。该分区在目前的情况下一般是几十至几百兆，在 Windows 默认状态下不分配盘符，在资源管理器中不可见，可通过专门的磁盘管理工具查看基本信息。

（7）基本数据区：在 GPT 磁盘中，基本数据分区可以多达 128 个分区，具体分区的个数和各分区的大小由物理磁盘大小和用户偏好决定。

（8）备份区域：它占用 GPT 结束扇区和 EFI 结束扇区之间的 33 个扇区。其中最后一个扇区用来备份 1 号扇区的 EFI 信息，其余的 32 个扇区用来备份 2～33 号扇区的分区表。

在以上几个部分中，GPT 分区部分通常是以分区的形式出现的，可以在 Windows 资源管理器中或者常用的磁盘管理工具中查看基本信息；而 GPT 分区之外的几个部分在通常情况下，普通用户是无法查看的，也无法对它们进行操作，只有利用特殊的磁盘管理工具才能对其进行查看或编辑。因其中存放的大多是 GPT 磁盘管理的核心数据结构信息，建议普通用户不要轻易修改这类数据。

2. 硬盘的文件系统

所谓硬盘的文件系统，是指操作系统中借以组织、存储和命名文件的结构。大部分应用程序都是基于特定文件系统进行工作的，在不同的磁盘或分区中，其文件系统可能不同，这就会导致同一个应用程序在有的分区上可以被安装和运行，而在另一种分区上却不行。

常用的文件系统有很多，MS-DOS 和 Windows 3.x 使用 FAT16 文件系统，默认情况下 Windows 98 也使用 FAT16，Windows 98 和 Me 可以同时支持 FAT16、FAT32 两种文件系统，Windows NT 则支持 FAT16、NTFS 两种文件系统，Windows 2000 可以支持 FAT16、FAT32、NTFS 三种文件系统，Linux 则可以支持多种文件系统，如 FAT16、FAT32、NTFS、Minix、ext、ext2、ext3、swap、HPFS、VFAT 等，不过 Linux 一般都使用 ext2/ext3 文件系统。下面就简要介绍这些文件系统的有关情况：

（1）FAT16：FAT 的全称是 File Allocation Table（文件分配表系统），最早于 1982 年开始应用于 MS-DOS 中。FAT 文件系统主要的优点就是它可以允许多种操作系统访问，如 MS-DOS、Windows 3.x、Windows 9x、Windows NT 和 OS/2 等。这一文件系统在使用时遵循 8.3 命名规则（即文件名最多为 8 个字符，扩展名为 3 个字符）。

（2）VFAT：VFAT 是“扩展文件分配表系统”的意思，主要应用于在 Windows 95 中。它对 FAT16 文件系统进行扩展，并提供支持长文件名，文件名可长达 255 个字符，VFAT 仍保留有扩展名，而且支持文件日期和时间属性，为每个文件保留了文件创建日期/时间、文件最近被修改的日期/时间和文件最近被打开的日期/时间这三个日期/时间。

（3）FAT32：FAT32 主要应用于 Windows 98 系统，它可以增强磁盘性能并增加可用磁盘空间。因为与 FAT16 相比，它的一个簇的大小要比 FAT16 小很多，所以可以节省磁盘空间。而且它支持 2G 以上的分区大小。

（4）HPFS：高性能文件系统。OS/2 的高性能文件系统（HPFS）主要克服了 FAT 文件系统不适合于高档操作系统这一缺点，HPFS 支持长文件名，比 FAT 文件系统有更强的纠错能力。Windows NT 也支持 HPFS，使得从 OS/2 到 Windows NT 的过渡更为容易。HPFS 和 NTFS 有包括长文件名在内的许多相同特性，但使用可靠性较差。

（5）NTFS：NTFS 是专用于 Windows NT/2000 操作系统的高级文件系统，它支持文件系统故障恢复，尤其是大存储媒体、长文件名。NTFS 的主要弱点是它只能被 Windows NT/2000 所识别，虽然它可以读取 FAT 文件系统和 HPFS 文件系统的文件，但其文件却不能被 FAT 文件系统和 HPFS 文件系统所存取，因此兼容性方面比较成问题。

（6）ext2：这是 Linux 中使用最多的一种文件系统，因为它是专门为 Linux 设计的，拥有最快的速度和最小的 CPU 占用率。ext2 既可以用于标准的块设备（如硬盘），也被应用在软盘等移动存储设备上。现在已经有新一代的 Linux 文件系统如 SGI 公司的 XFS、ReiserFS、ext3 等出现。

（7）ext3：ext3 是一种日志式文件系统，是对 ext2 系统的扩展，它兼容 ext2。日志式文件系统的优越性在于：由于文件系统都有快取层参与运作，如不使用时必须将文件系统卸下，以便将快取层的资料写回磁盘中。因此每当系统要关机时，必须将其所有的文件系统全部 shut down 后才能进行关机。如果在文件系统尚未 shut down 前就关机如（停电）时，下次重开机后会造成文件系统的资料不一致，故这时必须做文件系统的重整工作，将不一致与错误的地方修复。ext3 支持的最大文件大小为 16GB~64TB，支持的操作系统为 Linux、BSD、Windows（要通过 IFS）。

（8）Swap：交换分区。Swap 空间的作用可简单描述为：当系统的物理内存不够用的时候，就需要将物理内存中的一部分空间释放出来，以供当前运行的程序使用。那些被释放的空间可能来自一些很长时间没有什么操作的程序，这些被释放的空间被临时保存到 Swap 空间中，等到那些程序要运行时，再从 Swap 中恢复保存的数据到内存中。这样，系统总是在物理内存不够时，才进行 Swap 交换。其实，Swap 的调整对 Linux 服务器，特别是 Web 服务器的性能至关重要。通过调整 Swap，有时可以越过系统性能瓶颈，节省系统升级费用。Swap 主要用在 Linux 操作系统中，相当于 Windows 中的虚拟内存。

3.4 硬盘的分区和格式化

任务 6 用 DiskGenius 进行硬盘分区格式化并设置活动分区

1. 理论知识点

上一节简要地介绍了硬盘的存储结构和文件系统，看起来相当复杂难懂，尤其是在没有进行任何实践的前提下去看这些理论知识，更是如看天书一般。这节将通过具体的软件操作，来实现上一节中所讨论的硬盘如何去分区、建分区表、写 MBR/DBR、格式化、设置分区的文件系统等操作。通过实践操作，我们将会更深入地了解硬盘的存储数据结构的相关知识。硬盘的常见操作主要有以下几种。

1）硬盘低级格式化

低级格式化的主要目的是划分磁柱面（磁道），建立扇区数和选择扇区的间隔比，即为每个扇区标注地址和扇区头标志，并以硬盘能识别的方式进行数据编码。若经常对硬盘进行低级格式化，将会减少硬盘的寿命，少数品牌硬盘在商标上明确标出禁止低级格式化，否则将永久损坏硬盘。允许低级格式化的硬盘，一旦进行低级格式化，将永久丢失硬盘上原有的信息，无法挽救。但现在制造的硬盘在出厂时均做过低级格式化，用户一般不必重做。除非所用硬盘坏道较多或染上无法清除的病毒，不得不做一次低级格式化。目前进行硬盘低级格式化的工具主要有 DiskManager 软件，简称 DM。

2）硬盘分区

分区就是将一个物理硬盘划分成几个逻辑硬盘，以便于我们存放和组织存放在硬盘中的数据。创建分区时，在硬盘的重要位置创建了硬盘主引导记录和硬盘分区表。这两项数据对于我们的硬盘来说，是非常重要的。其中：主引导记录是用来在机器启动时引导操作系统的；而硬盘分区表是用来记录硬盘各个分区的参数信息的，系统在管理硬盘时必须依赖于硬盘分区表。一般用户是看不到这两项数据的，但通过一些特殊的软件是可以看到。

大家都应该有这样一个疑问：在配置机器时，只配了一块硬盘，但是打开“我的电脑”，却可以看到 C 、D 、E 、F 等多个磁盘，这是为什么呢？配置计算机时的一块硬盘，那是一块实实在在的物理硬盘；而在我的计算机中看到的 C 、D 、E 、F 等多个磁盘是逻辑磁盘，它们是通过一定的工具在物理磁盘中划分出来的，这个划分过程就是分区。如 3-3 图所示就是一块新物理硬盘的分区划分过程：

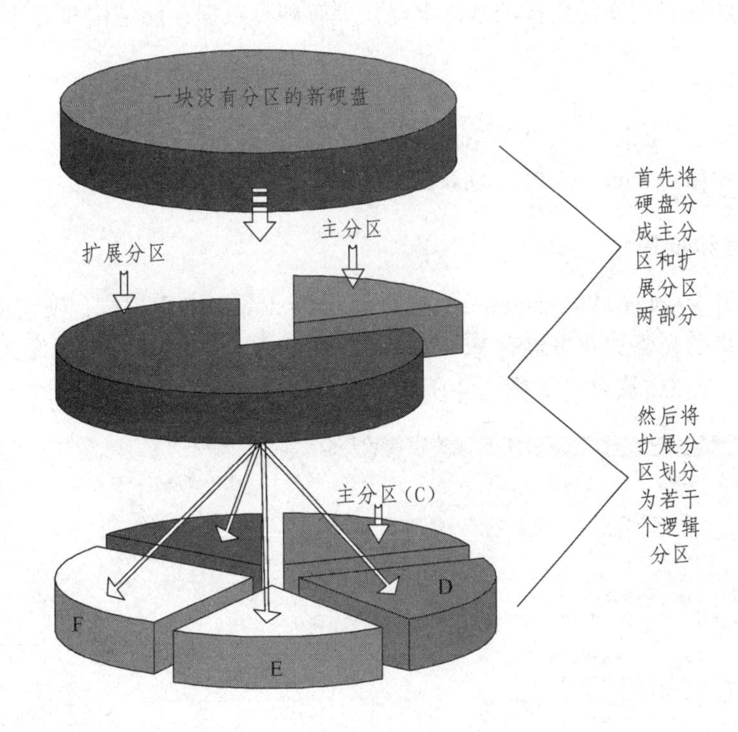

图 3-3

3）硬盘高级格式化

高级格式化仅仅是清除硬盘上的数据、生成引导信息、初始化 FAT 表、标注逻辑坏道等。我们平时所用的 Windows 下的格式化（包括在 DOS 下面使用的格式化）其实就是高级格式化。高级格式化是和操作系统有关的格式化，高级格式化主要是对硬盘的各个分区进行磁道的格式化，在逻辑上划分磁道。对于高级格式化，不同的操作系统有不同的格式化程序、不同的磁道划分方法，从而产生不同的格式化结果。高级格式化的方法很多，有专门的格式化命令或工具，如 DOS 中的 Format 命令，Partition Magic、Disk Genius 等软件都有格式化功能；此外，操作系统中也自带的格式化程序，在 Windows 的磁盘管理中、Windows 的安装程序中都有相应的分区格式化功能。

用一个形象的比喻：硬盘的低格和分区就好比在一张白纸上画一个大方框，而高级格式化好比在方框里打上格子，安装各种软件就好比在格子里写上字。分区和格式化就相当于为存放数据打基础，实际上它们为计算机在硬盘上存储数据起到标记定位的作用。硬盘的各个区域的划分、区域中数据结构的建立、分区格式的确定都在这些阶段来完成，如低级格式化会创建磁盘的磁道、扇区等；分区操作会写硬盘的 MBR、建立分区表；而高级格式化会建立每个分区中 FAT 表、DBR、DATA 区、DIR 区，确定分区的文件系统格式等。磁盘的分区和格式化软件很多，我们最常用的软件有 Fdisk、Partition Magic、Disk Manager 以及 Windows 自带软件等。

2. 任务目标

（1）学会利用 DiskGenius 分区软件对硬盘进行分区和格式化操作。

（2）在分区和格式化实践操作的基础上深化理解硬盘数据存储结构和文件系统。

3. 环境和工具

（1）实验环境：Windows 7、VMware Workstation。

（2）工具及软件：Windows PE、DiskGenius。

4. 操作流程和步骤

（1）首先打开 VMware Workstation，创建一台 Windows XP 虚拟机，硬盘指定 40 GB。

（2）给虚拟机的光驱加载包含有 Windows PE 和 Disk Genius 软件的镜像文件，这里加载的是常用的 WUYOU.iso 文件，如图 3-4 所示：

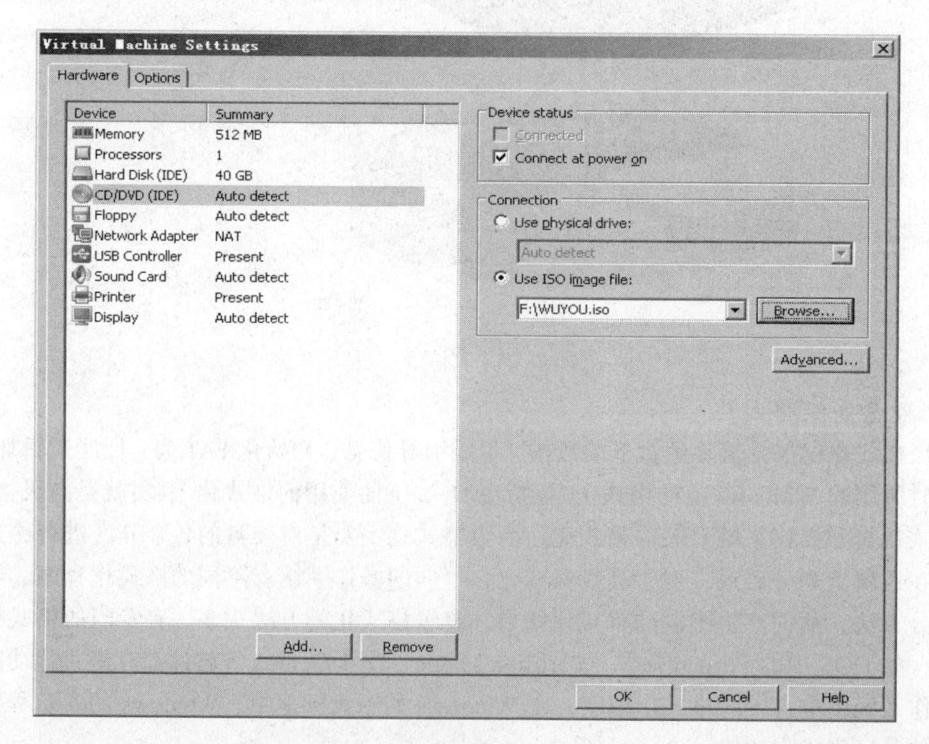

图 3-4

（3）启动虚拟机，进入 Windows PE，然后再进入 DiskGenius 软件，其实这个镜像文件的主启动菜单中就有直接进 DiskGenius 的菜单项，可以不需要先进入 Windows PE。如果没有这个镜像文件，则就按照先进 PE，再进 DiskGenius 的顺序。打开的 DiskGenius 如图 3-5 所示：

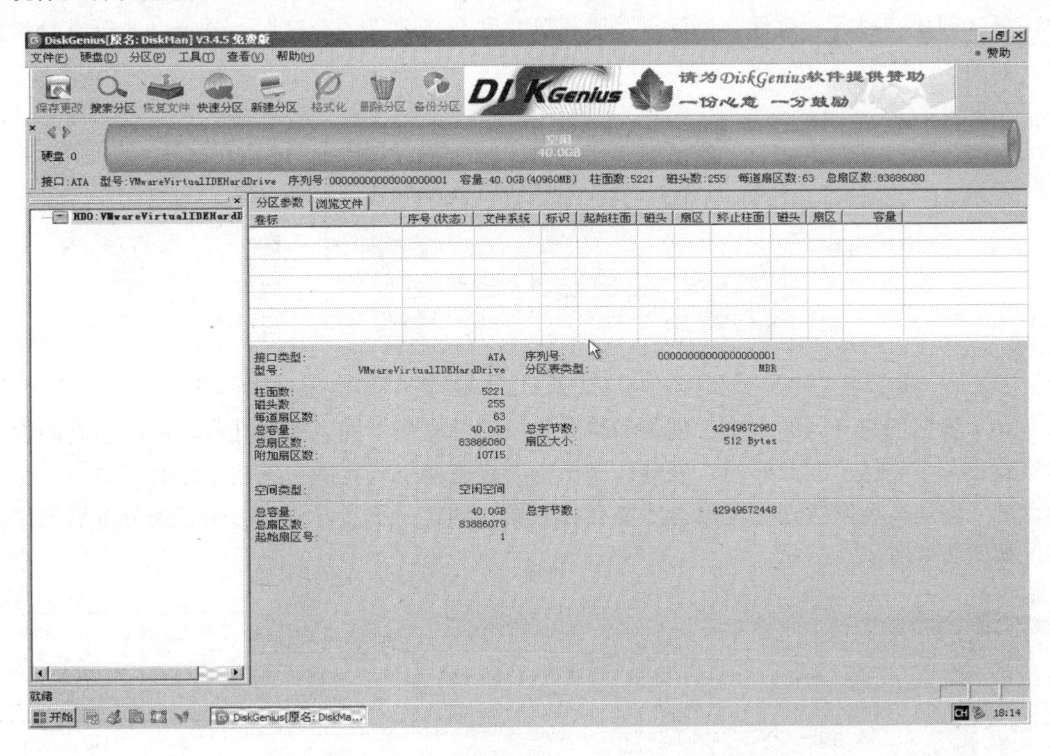

图 3-5

（4）可以看到 DiskGenius 软件中发现一块空闲硬盘，空间为 40 GB，正是之前分配的那块硬盘，首先创建一个主分区，在空闲硬盘上右键单击，弹出快捷菜单，或者单击分区菜单，从弹出菜单中选择“建立新分区”，如图 3-6 所示：

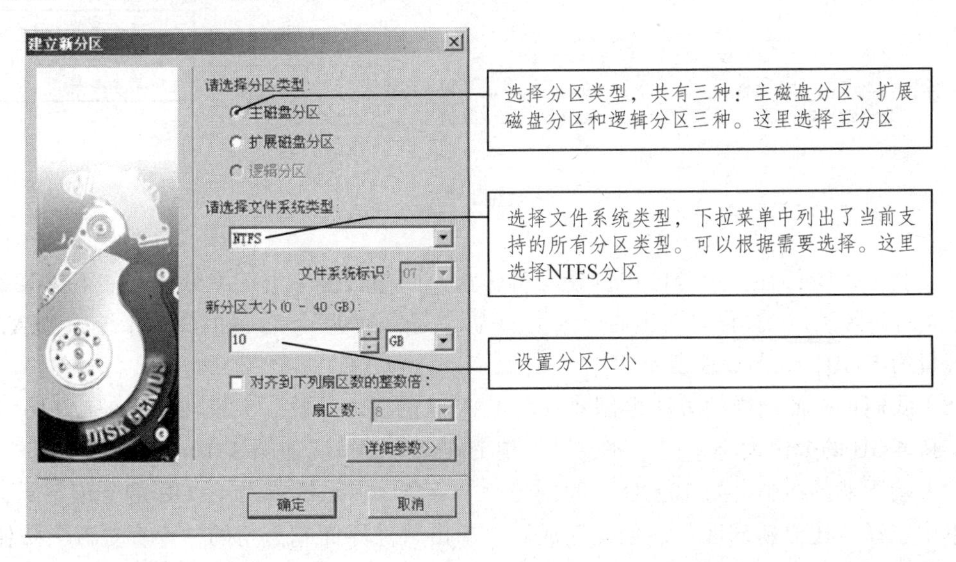

图 3-6

（5）然后再创建一个扩展分区，步骤类似，只是分区类型选择“扩展磁盘分区”，分区大小设置为 20 GB。做了以上操作后，还没真正分区，必须单击软件界面左上角的“保存更改”按钮来执行创建分区操作。分区创建主要就是建立分区表，将各个分区的信息记录在分区表中。分区创建完成后，软件会询问“是否立即格式化新建立的分区”，选择“是”直接格式化，如图 3-7 所示：

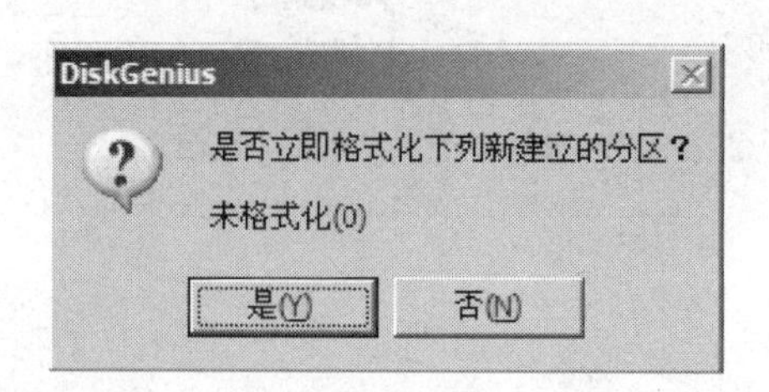

图 3-7

（6）根据创建分区的大小，创建和格式化所需的时间不同，大概几秒钟的时间就能创建并格式化一个分区了，此时的扩展分区是不需要也不能格式化的，它还不是真正对应一个逻辑盘的，它还需要继续划分逻辑盘才能存放数据。创建一个主分区和一个扩展分区后的硬盘情况如图 3-8 所示：

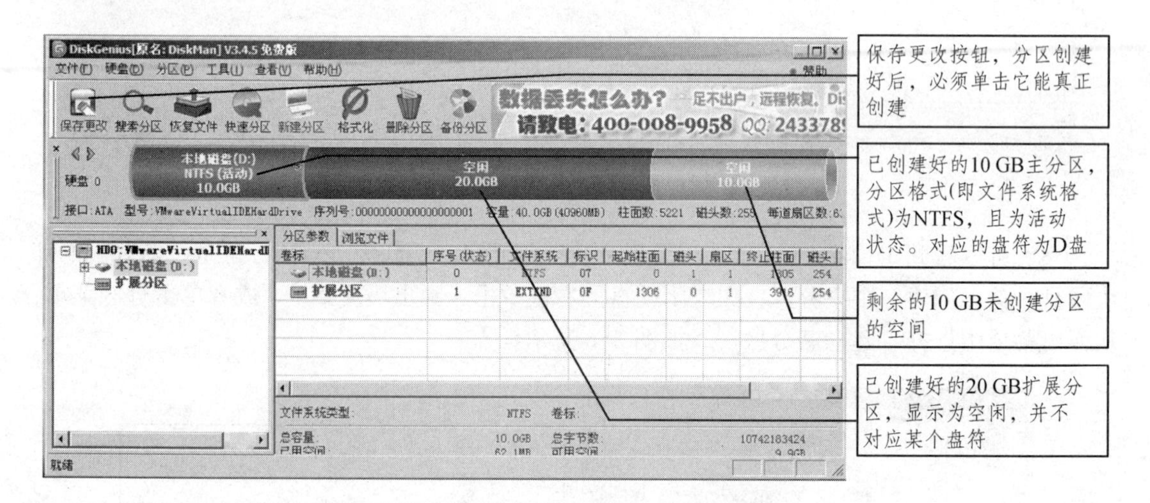

图 3-8

（7）接下来继续在扩展分区中创建逻辑磁盘，同样右键单击扩展分区，在下拉菜单中选择“建立新分区”。本次我们创建的分区类型为 “逻辑磁盘”，分区的文件系统为“FAT32”，分区容量为 5 GB，如图 3-9 所示。

（8）我们再按照同样的方法再创建一个 FAT16 的逻辑分区。大家注意了，FAT16 文件系统只支持 4 GB 的分区大小，创建完成后，整个硬盘分区情况如图 3-10 所示。

（9）接下来再在剩余的 10 GB 空间创建一个主分区。右键单击 10 GB 的空闲空间，在右键菜单中选择“建立新分区”，创建完成后，单击软件界面左上角的“保存更改”按钮来执行创建分区操作，并同时进行格式化。

图 3–9

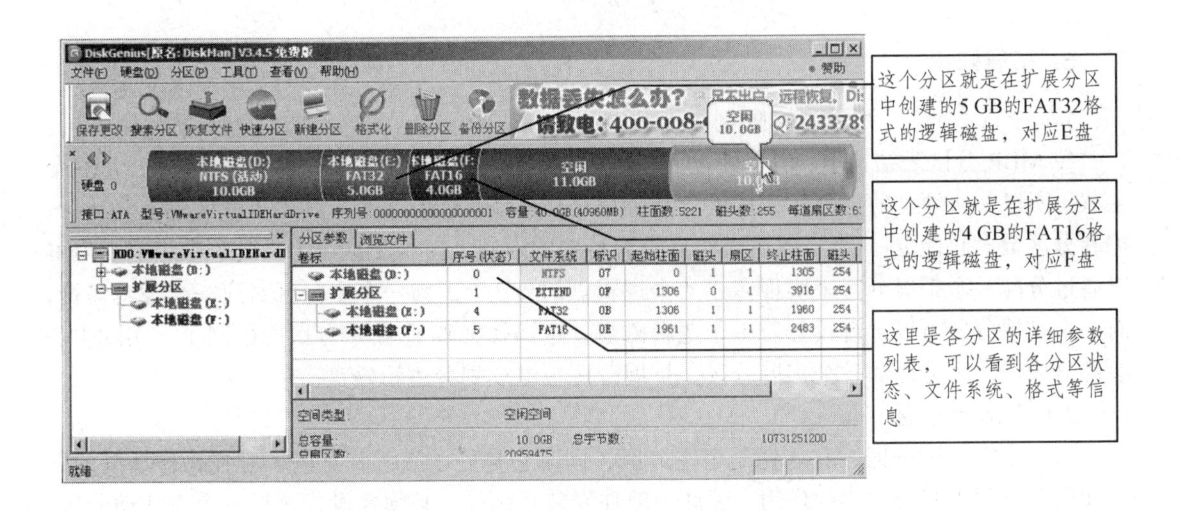

图 3–10

（10）如果希望手动对某个分区进行格式化，则可以右键单击该分区，再从右键菜单中选择“格式化当前分区”来对这个分区进行格式化。不过在分区格式化之前，一定要确认硬盘中的数据已备份或没有数据，否则，分区格式化会造成分区中所有的数据丢失。

（11）接下来再来将刚创建的主分区设置为活动分区。这个操作在安装操作系统之前也是必须要做的。右键单击刚才创建的分区，在右键菜单中选择“激活当前分区”菜单项，然后单击确定即可。操作完成后依然要单击软件界面左上角的“保存更改”按钮来执行操作。所有操作完成后，硬盘的分区情况如图 3-11 所示。

（12）DiskGenius 软件功能非常强大，在“分区”菜单下，还有多种对分区的操作，如删除分区、转换分区、隐藏分区、指派驱动器盘符等操作；在“硬盘”和“工具”菜单下还有对整个分区表进行操作的菜单项，如备份分区表、恢复分区表、重建分区表（分区丢失时可尝试）、重建 MBR 等常用操作，大部分功能操作比较简单，在此不再赘述。

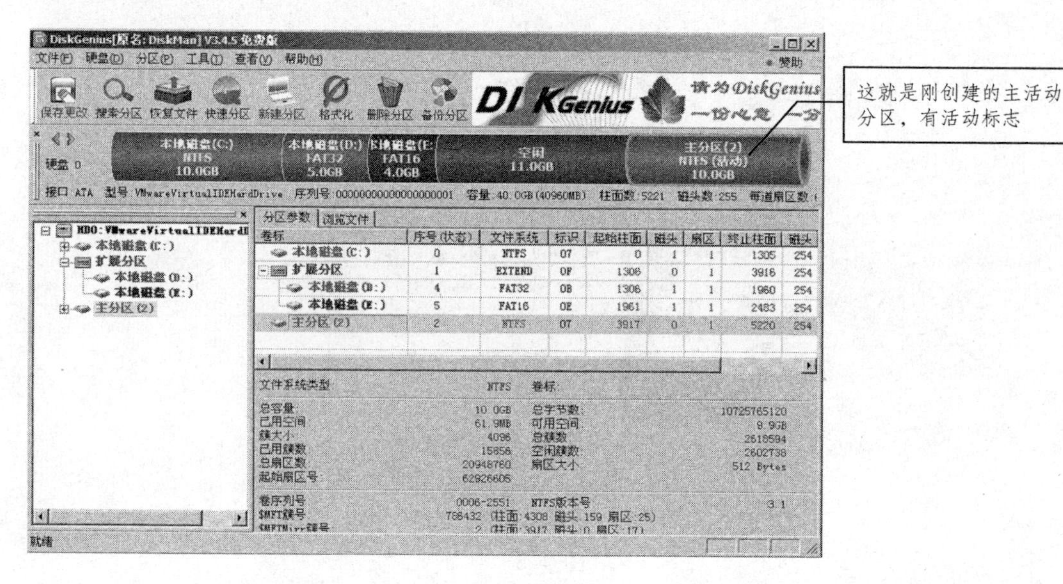

图 3–11

5. 拓展知识

1）分区表四个主分区的限制

在 MBR 分区表结构下，由于硬盘分区表的总容量只有 64 个字节，而每个分区表占 16 个字节，所以一块硬盘的主分区和扩展分区个数之和最多只能有 4 个。其中主分区最多分 4 个，扩展分区最多只能分 1 个，而逻辑磁盘没有特别的限制，主要受盘符字母的个数影响。但可以通过分配一个扩展分区来实现多于 4 个逻辑盘的分法，因为一个主分区对应一个逻辑盘符，而一个扩展分区可以再继续分若干个逻辑磁盘，这样就突破了 4 个分区的限制了。实际中一般都分成一个主分区和一个扩展分区，扩展分区再继续划分逻辑磁盘。

2）主活动分区

这是个特殊的分区，它首先是个主分区，同时它是处于激活状态的。它在操作系统的引导和启动过程中起着重要的作用，因此一般在安装系统前，必须要设置这样一个主活动分区，否则系统安装完成后也不能正常启动。在安装系统时，会将一些重要的引导文件放在该分区，一般是隐藏的，在操作系统启动时会调用这些文件，在后面的 3.5 节我们还将继续深入讨论这个问题的。

3）DiskGenius 简介

DiskGenius 是一款硬盘分区及数据恢复软件。它是在最初的 DOS 版的基础上开发而成的。Windows 版本的 DiskGenius 软件，除了继承并增强了 DOS 版的大部分功能外（少部分没有实现的功能将会陆续加入），还增加了许多新的功能，如已删除文件恢复、分区复制、分区备份、硬盘复制等功能。DiskGenius 软件的主要功能及特点如下：

（1）支持传统的 MBR 分区表格式及较新的 GUID 分区表格式。

（2）支持基本的分区建立、删除、隐藏等操作，可指定详细的分区参数。

（3）支持 IDE、SCSI、SATA 等各种类型的硬盘，支持 U 盘、USB 硬盘、存储卡（闪存卡）。

（4）支持 FAT12、FAT16、FAT32、NTFS 文件系统。

（5）支持 EXT2/EXT3 文件系统的文件读取操作，支持 Linux LVM2 磁盘管理方式。

（6）可以快速格式化 FAT12、FAT16、FAT32、NTFS 分区。格式化时可设定簇大小，支持 NTFS 文件系统的压缩属性。

（7）可浏览包括隐藏分区在内的任意分区内的任意文件，包括通过正常方法不能访问的文件。可通过直接读写磁盘扇区的方式读写文件、强制删除文件。

（8）支持盘符的分配及删除。

（9）支持 FAT12、FAT16、FAT32、NTFS 分区的已删除文件恢复、分区误格式化后的文件恢复，成功率较高。

（10）增强的已丢失分区恢复（重建分区表）功能。恢复过程中，可即时显示搜索到的分区参数及分区内的文件。搜索完成后，可在不保存分区表的情况下恢复分区内的文件。

（11）提供分区表的备份与恢复功能。

（12）可将整个分区备份到一个镜像文件中，可在必要时（如分区损坏）恢复。支持在 Windows 运行状态下备份系统盘。

（13）支持分区复制操作，并提供“全部复制”“按结构复制”“按文件复制”等三种复制方式，以满足不同需求。

（14）支持硬盘复制功能。同样提供与分区复制相同的三种复制方式。

（15）支持 VMWare、VirtualBox、Virtual PC 的虚拟硬盘文件（“.vmdk .vdi .vhd”文件）。打开虚拟硬盘文件后，即可像操作普通硬盘一样操作虚拟硬盘。

（16）可在不启动 VMWare、VirtualBox、Virtual PC 虚拟机的情况下从虚拟硬盘复制文件、恢复虚拟硬盘内的已删除文件（包括格式化后的文件恢复）、向虚拟硬盘复制文件等。

（17）支持“.img”“.ima”磁盘及分区映像文件的制作及读写操作。

（18）支持 USB-FDD、USB-ZIP 模式启动盘的制作及其文件操作功能。

（19）支持磁盘坏道检测与修复功能，最小化减少在修复坏道过程中的数据破坏。

（20）可以打开由 DiskGenius 建立的 PMF 镜像文件。

任务 7　用 Partition Magic 软件进行硬盘分区操作

1. 理论知识点

PM（Partition Magic）是由著名的 PowerQuest 公司推出的一个功能强大的硬盘分区管理工具，该软件可以在不损坏原有数据的基础上，任意调整分区的大小。Partition Magic 又称为硬盘分区魔术师，目前常用的版本有 7.0/8.0/8.5 等多种。下面以在 Windows 环境下运行 Partition Magic Pro7.0 为例进行介绍。Partition Magic Pro 7.0 提供了相当人性化的 Windows 用户界面，无论是安装过程还是应用操作，都给人以简单、明了、直观的感觉。整个安装过程和汉化全部有向导提示。Partition Magic Pro 7.0 的 4 大功能项是创建新分区、删除原有分区、调整分区大小和合并分区，实现这些功能都具有完整的向导。Partition Magic Pro7.0 可以随时建立、合并、修改及移动分区，且不破坏原有分区中的数据。它支持大容量硬盘，并能够在 FAT16、FAT32、NTFS 分区间方便地相互转换，支持 NTFS5.0 格式，也可以在主分区与逻辑分区之间进行转换，还可以实现多 C 盘引导。Partition Magic Pro7.0 提供了具有亲和力的向导功能，一切操作都可以利用向导顺利完成。对于不同的文件系统、未使用的空间等，软件会用不同的颜色加以区分，可称为业界最专业的硬盘分区管理工具。

安装好 Partition Magic Pro7.0 后，会在“开始”菜单的“程序”项下面增加一个“Partition Magic Pro7.0”菜单项。点击该菜单项即可启动 Partition Magic Pro7.0，软件的主界面如图 3-12 所示：

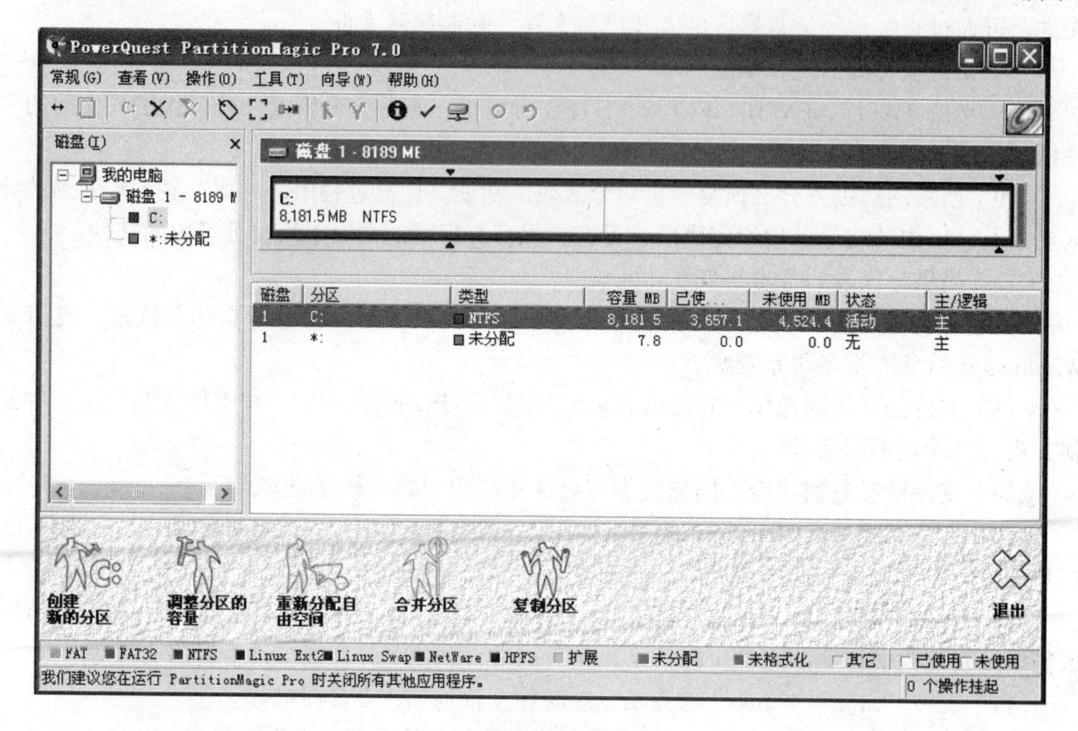

图 3-12

2. 任务目标

通过 Partition Magic Pro7.0 软件对硬盘进行分区的创建、删除、合并、移动、分区格式化等各项常用操作。

3. 环境和工具

（1）实验环境：Windows 7、VMware Workstation 8。

（2）工具及软件：Partition Magic Pro7.0。

4. 操作流程和步骤

1）创建分区或逻辑分区

要创建新分区，硬盘上必须存在未分配的区域。否则，应参考前面介绍的方法，减小现有分区尺寸来制作一块未分配区域。创建主分区和逻辑分区的步骤如下：

（1）在 Partition Magic pro 7.0 主界面中，右击未分配区域，从弹出的快捷菜单中选择“创建（T）”命令，弹出创建主分区或逻辑分区窗口，快捷菜单如图 3-13 所示。

（2）在下拉列表中选择分区格式（FAT，FAT32，NTFS，Linux 等）。

（3）在下拉列表中选择类型（逻辑分区或主分区）。

（4）指定新分区存放的位置。

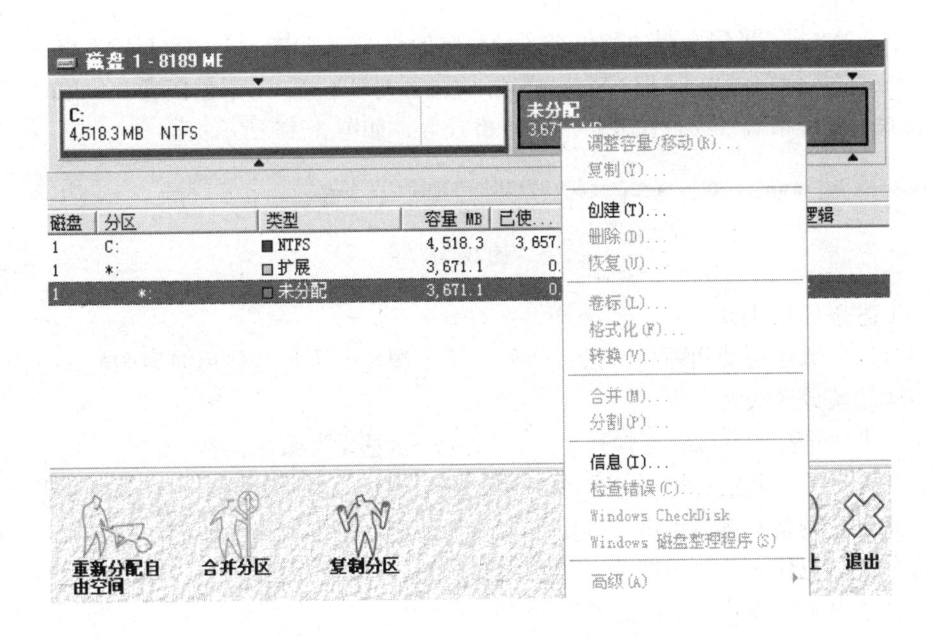

图 3–13

（5）在编辑框中输入标签。

（6）单击完成按扭，结束分区创建。

在一个物理硬盘上，用户可以创建 4 个主分区或 4 个主分区与一个扩展分区。在扩展分区中，用户可创建多个逻辑分区（或称为逻辑盘）。因此，如果用户在前面创建了逻辑分区的话，该逻辑分区将被放入扩展分区中。但是，由于硬盘上同时只能有一个主分区被访问，因此，用户创建的其他分区都被称为隐藏分区。在 Partition Magic 中，选择某个隐藏分区后，选择“操作/高级”菜单中的“设置激活”子菜单，可将隐藏分区设置为活动分区，此时另外的主分区将被设置为隐藏。利用此特性随时决定使用哪个主分区引导系统，也就使得在一个物理硬盘中安装多个操作系统成为可能。分区结束后，Partition Magic Pro 7.0 用图形和列表两种方式列出当前硬盘的分区情况，如图 3-14 所示就是本例中磁盘的分区情况：

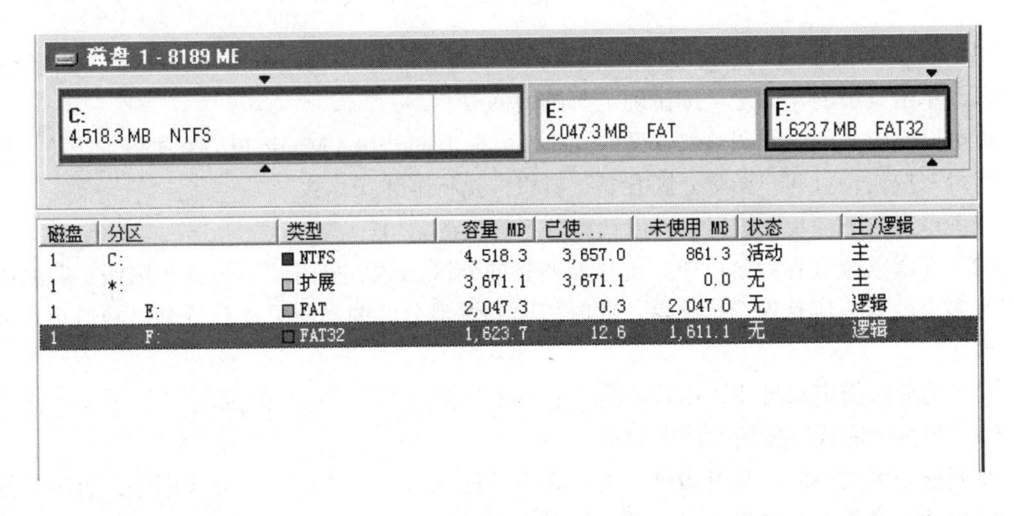

图 3–14

注意：PQMagic 采用不同的颜色来区分分区的格式。其中，绿色代表 FAT 格式、蓝色代表 HPFS 格式，墨绿色代表 FAT32 格式，粉红色代表 NTFS 格式，紫色代表 Linux EXT2 格式，红色代表 NetMare 格式，浅色代表扩展分区格式等，如图 3-15 所示：

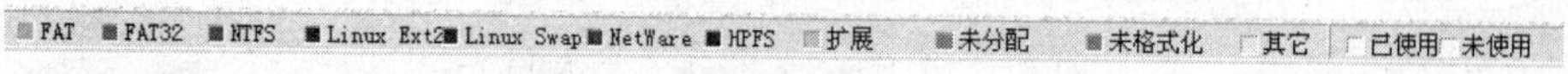

FAT　FAT32　NTFS　Linux Ext2　Linux Swap　NetWare　HPFS　扩展　未分配　未格式化　其它　已使用　未使用

图 3-15

2）调整分区的大小

调整分区的大小可使用两种方法：一种是手工调整，一种是使用向导调整。下面首先利用手工方法调整分区的大小。

（1）右击所选择的分区，选择弹出的“调整容量/移动”菜单。

（2）从弹出的“调整容量/移动”窗口中，在“新建容量”处输入分区具体数据，也可以通过滑动条进行调整，然后单击“确定”按钮。在弹出的窗口指示条中，黑色代表分区中已使用的部分，绿色代表未使用部分，灰色代表新调整出来的部分。在“自由间之后”处显示从原分区调整出来的空间大小，如图 3-16 所示：

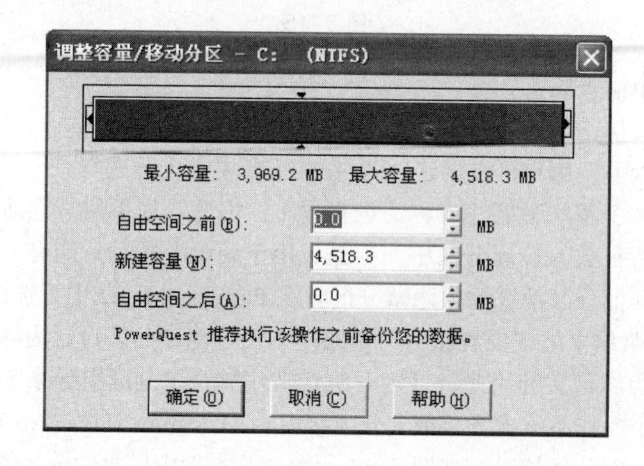

图 3-16

（3）在返回 Partition Magic Pro7.0 主界面中，单击“应用更改”按钮，打开“应用更改”对话框，单击其中的“确定”按钮确定所做的修改。

也可以使用分区向导调整各分区的大小，可单击 Partition Magic Pro7.0 主界面下方“调整分区容量”按钮，打开“调整分区容量”窗口，执行下述操作：

（1）单击“下一步”按钮，弹出调整分区容量的窗口。

（2）在调整分区容量窗口中，选择要调整的分区，然后单击“下一步”按钮。若系统中安装有多个硬盘，应首先选择硬盘，此时指明要调整分区的当前尺寸及可调整的最小尺寸与最大尺寸。

（3）为分区指定新尺寸，然后单击“下一步”按钮。

（4）单击“完成”按钮，结束调整。

在调整分区大小时，只有当硬盘上存在未分配区域时，才能扩大分区尺寸，否则只能缩小分区尺寸。在扩大分区尺寸时，硬盘中必须有空余空间紧接着这个分区（原分区情况可在分区显示图中查看）。如果分区中间隔着其他分区，则不能将空余空间添加到分区中。分区调整后，可以通过 Partition Magic 工作窗口下方的“应用更改”或“撤销更改”按钮，确认或撤消对分区所做的调整。

3）合并分区

合并分区也是常用到的操作，想合并分区，首先要备份相应分区上的数据。如要把 D 盘、E 盘并为 E 盘，则要备份 D 盘中的数据，合并完成后不会影响 E 盘中的数据。要合并的分区必须是同种类型，并且是相连的。具体步骤执行下述操作：

（1）右键单击要合并分区中的任一分区，选择“合并”菜单，弹出“合并邻近的分区”对话框，如图 3-17 所示：

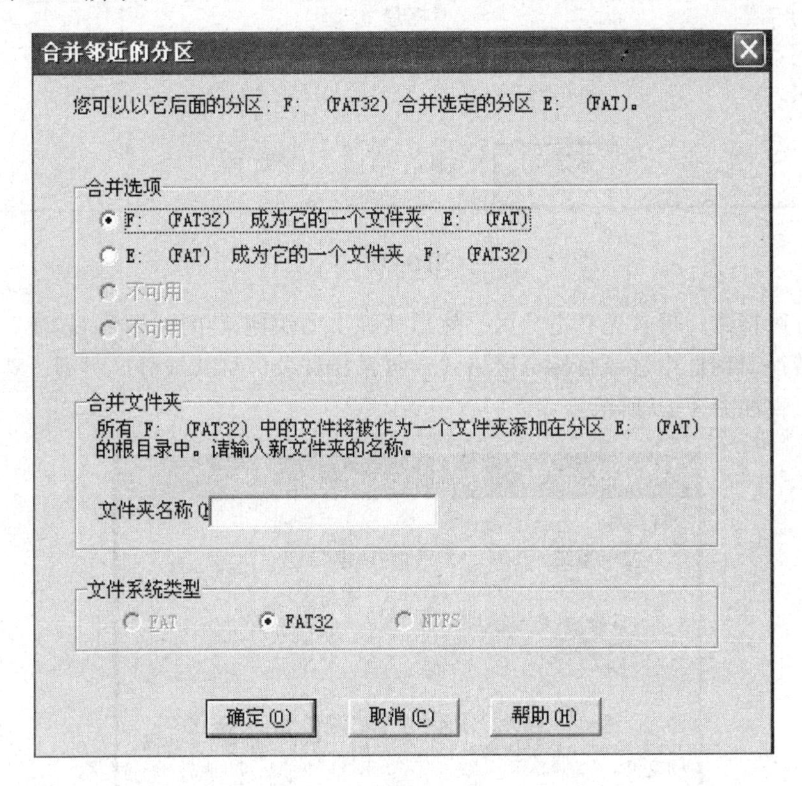

图 3-17

（2）在“合并邻近的分区”对话框中设置合并的一些参数，如本例中，将 E 盘和 F 盘合并，可以让 E 盘合并为 F 盘的一个文件夹，也可以让 F 盘合并为 E 盘的一个文件夹。此外可以指定文件夹的名称，指定合并后的文件系统类型等。

4）复制分区与分区格式转换

Partition Advanced 提供了复制分区和分区格式转换的功能，不过，要使用此功能，应首先在硬盘中创建一块未分区域，然后执行下面的操作。

（1）用鼠标右键单击需备份的分区，然后在弹出的快捷菜单中选择“复制”命令。弹出“复制分区”对话框，如图 3-18 所示。

（2）设置好复制分区的相关参数，如将指定分区复制到未分配空间的什么位置。

（3）单击“确定”按钮即可完成分区的复制。

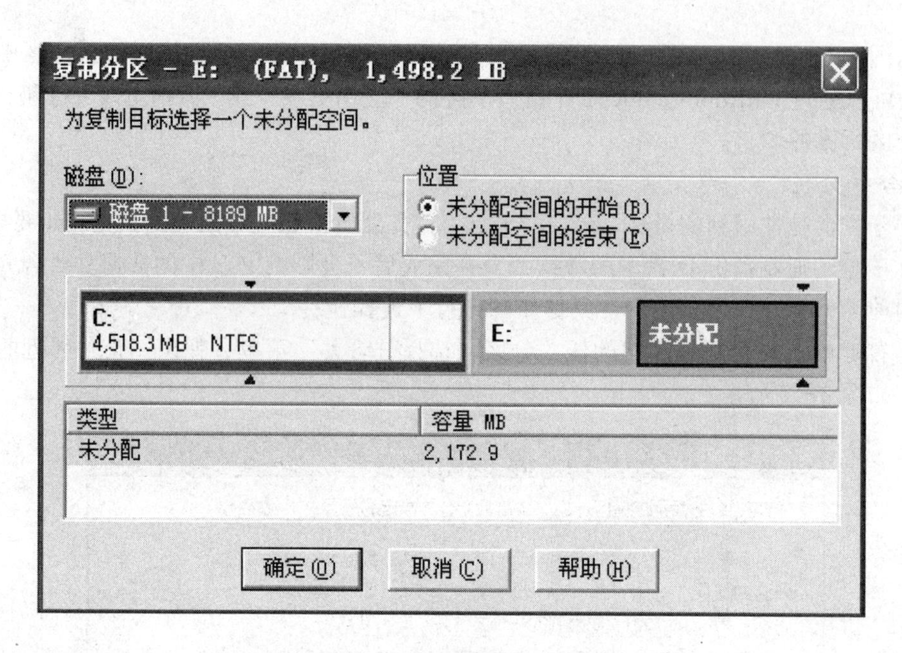

图 3-18

要转换分区格式，可首先右击分区，然后从弹出的快捷菜单中选择“转换”菜单，接下来在打开的转换对话框中选择目标分区格式，再选择好分区格式或分区类型，然后单击“确定”按钮即可，如图 3-19 所示：

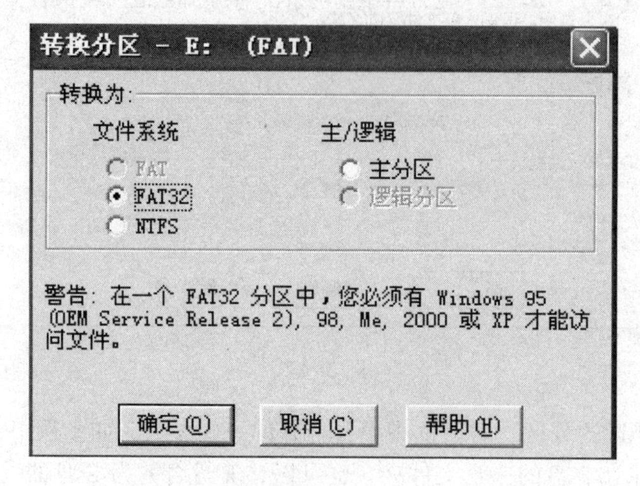

图 3-19

5）重新分配空余空间隔

重新分配空余空间的功能，可以将同一个硬盘上的空余空间按照一定的比例重新分配到各分区中，这些空余空间包括分区中未利用的空间和硬盘上未分区的空间。重新分配空余空间的操作如下：

（1）单击 Partition Magic 主界面下方的“重新分配自由空间”按钮，弹出“重新分配自由空间”对话框，如图 3-20 所示。

（2）单击“下一步”按钮。

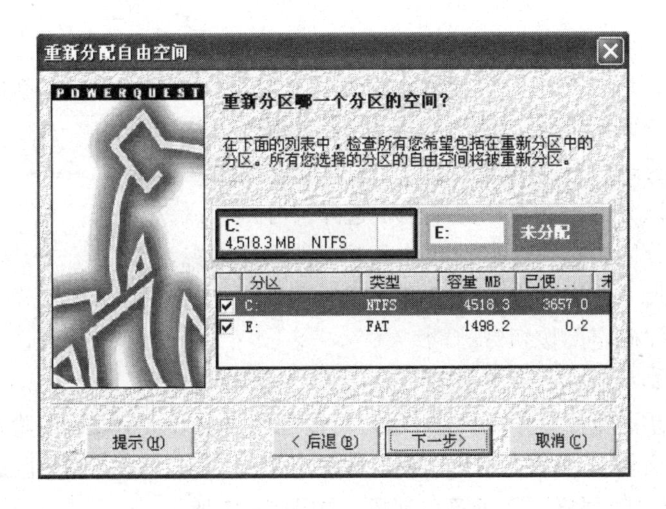

图 3-20

（3）选择将空余空间分配到其中的分区，然后单击“下一步”按钮，空余空间已按一定比例分配到了分区中。

（4）单击“完成”按钮完成操作。

6）删除分区

利用 Partition Magic，用户可将分区删除，只需选定相应分区后，选择“操作”→“删除”菜单命令即可，如图 3-21 所示：

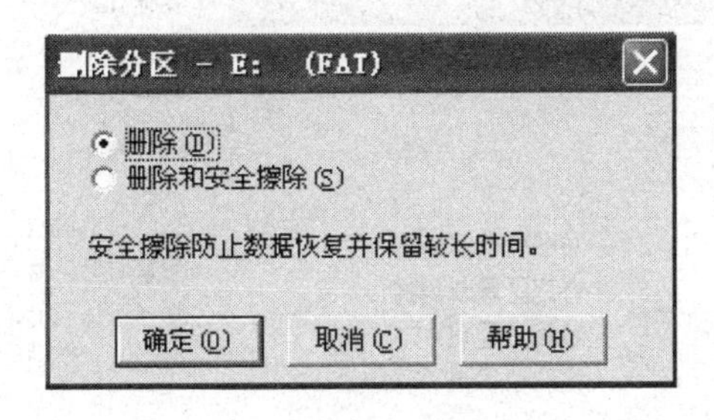

图 3-21

7）格式化分区

若要格式化分区，可在选定相应分区后，选择“操作”→“格式化”菜单命令，打开“格式化分区”对话框，从中设置分区类型，指定卷标名称，单击“确定”按钮即可，如图 3-22 所示：

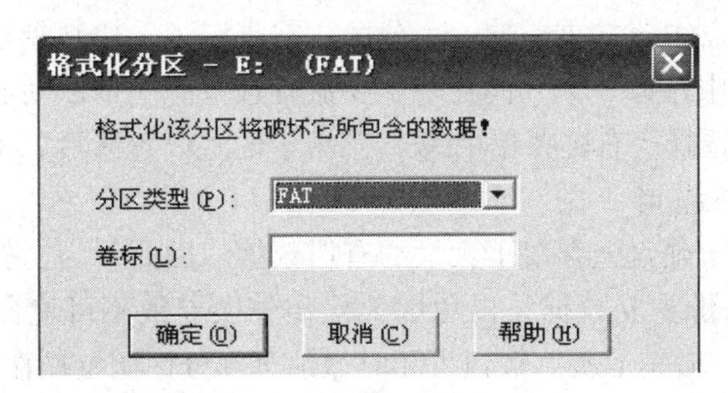

图 3-22

8）分割分区

利用分割功能，用户可将一个分区分割为两个相邻分区：父分区和新的子分区，这两个分区共同占用原始分区的空间。对分区进行分割的操作方法如下：

（1）首先选择要进行分割的分区。

（2）然后右击该分区，并在快捷菜单中选择“分割”命令。

（3）再从原始分区中选择要移到新分区的文件或文件夹。

（4）切换到“尺寸”选项卡，设置新分区的大小。

（5）然后单击“确定”按钮。

9）隐藏分区

为防止他人随意浏览硬盘中的内容，用户可以利用 Partition Magic 的隐藏分区功能对分区进行隐藏，但这样会使盘符发生变化。要隐藏某分区，只需在选定该分区后，选择“右键菜单/高级”菜单中的“隐藏分区”子菜单即可，如图 3-23 所示：

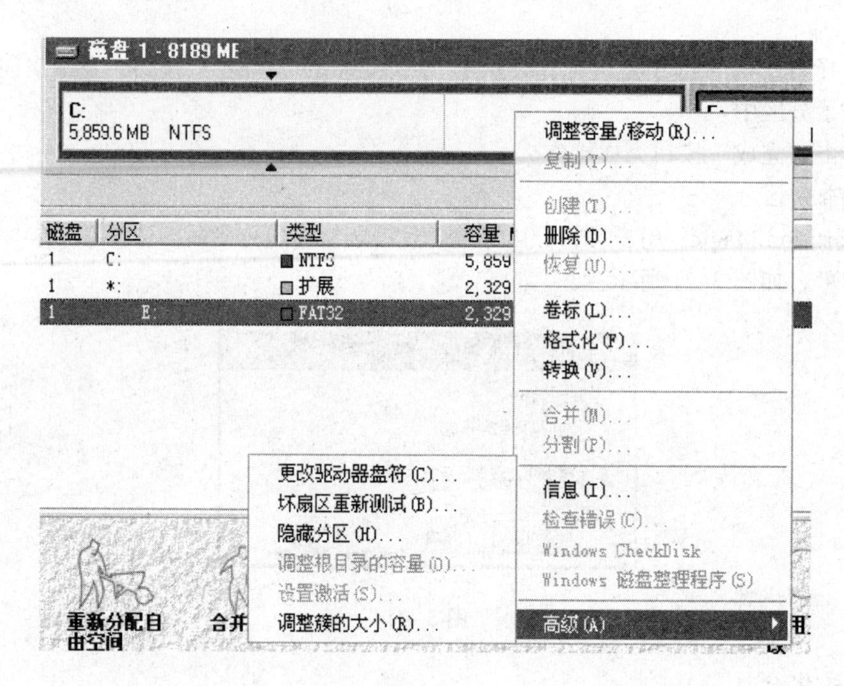

图 3-23

10）设置活动分区

活动分区是一块硬盘中非常重要的一个分区，它决定了一块硬盘是否能引导操作系统。活动分区必须从主分区中选择一个，而且一块硬盘有且只有一个活动的主分区。活动分区是用来引导操作系统的，选择“右键菜单/高级”菜单中的“设置激活”子菜单即可。

11）操作的确认与撤消

再次提醒读者，由于硬盘上存放了大量的有用数据，因此，为了保险起见，在执行任何分区调整之前最好先备份重要数据，以免因为操作失误导致不可挽回的损失。在 Partition Magic 主界面下方单击“撤销上次”按钮可随时撤消全部分区调整操作，而单击“应用更改”按钮表示应用当前分区调整。要退出 Partition Magic，可单击“退出”按钮。

分区调整结束后，必须重新启动系统才能使新设置生效。此外，如果分区调整比较复杂的话，系统在重新启动时将花费比较长的时间，此时请耐心等待。

5. 拓展知识：PQMagic 主菜单和常用工具栏

PQMagic 主菜单 6 个菜单项，每个菜单下面又有子菜单，下面对各主菜单项作简单的介绍：

1）常规（G）菜单

（1）应用改变（A）：当对硬盘分区进行一系列的调整后，点击它将使改变生效。

（2）撤消上次更改（U）：在对硬盘分区操作后，如果不满意，点击它使所做的调整无效，回到本操作之前的状态。

（3）参数选择（P）：查看当前硬盘的信息。

常规菜单如图 3-24 所示：

图 3-24

2）查看菜单（V）

查看菜单中列出了工具栏、树状查看、向导按钮、图例、比例化磁盘映射等选项，并列出了每个硬盘上建立的所有分区，而且显示处于当前操作状态的分区。查看菜单如图 3-25 所示：

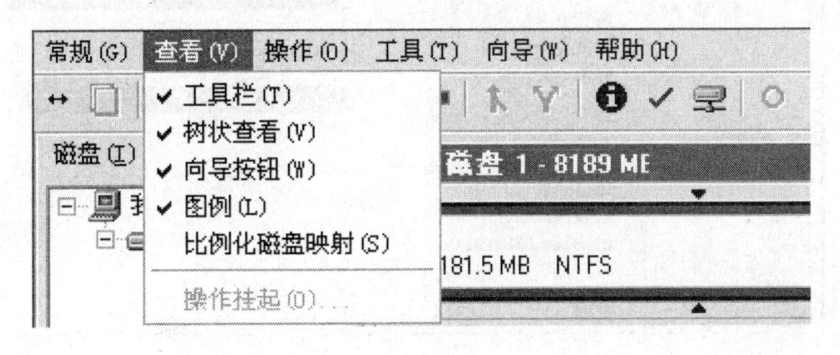

图 3-25

3）操作（O）菜单

（1）调整容量/移动（R）：选项一个分区后，点击它可以调整分区的大小，即可以用鼠标左右托运滑块来改变分区的大小，也可以输入数字改变分区的大小。

（2）创建（T）：从自由空间中创建主分区或逻辑分区盘，可以选择分区的文件分配表的类型、设置卷标、建立逻辑盘还是主分区盘。

（3）删除（D）：删除不想要的分区，包括主分区的逻辑分区。在弹出的对话框中输入卷标名：如果某一盘符未设卷标，则输入 No Name 即可；若有卷标，则应输入相应的卷标，如 Windows 98，对话框中都会给出当前正确的卷标名（Current Volume Lable），将其填入就行了。在执行删除操作前，一定要三思而后行，并且将数据备份。

（4）卷标（L）：对某一盘设置卷标，相当于 DOS 下的 Lablel 命令。

（5）格式化（Format）；对某一分区进行磁盘格式化，只有填写该盘的卷标才能进行格式化操作，否则报告错误。

（6）复制（Y）：拷贝分区，从支持一个分区拷贝到自由空间，包括对分区系统作备份。

（7）检查错误（C）：检查分区，并可以对发现的错误进行修复。

（8）信息（I）：显示选定分区的信息，包括硬盘空间的使用情况、簇大小和空间浪费情况、分区表信息和 FAT 信息。

（9）Windows CheckDisk：可以方便调用 Windows 9x 的磁盘扫描程序对 C 盘进行扫描，该选项只对 C 盘有效（或 Windows 所在的分区），其他分区上此命令则变成灰色不可用。

（10）转换（V）：对磁盘分区的文件分区表模式进行转换。提供了四种模式供选择：FAT to FAT32、 FAT to HAPS 和 FAT32 to FAT。只有磁盘分区上使用了相应的文件分区表或在 FAT 格式下安装了相应的操作系统，才会出现相关的选项，否则命令将变成灰色不可用。

（11）高级（A）：包括了坏扇区重新测试（测试磁盘分区上石油的扇区并做标记）、隐藏分区（将某一分区设置成非隐藏/隐藏）、调整根目录的容量（重新调整根目录数）、设置激活（把某一非活动区激活）、调整簇的大小（重新调整磁盘分区上簇的大小）等 5 个命令。操作菜单如图 3-26 所示：

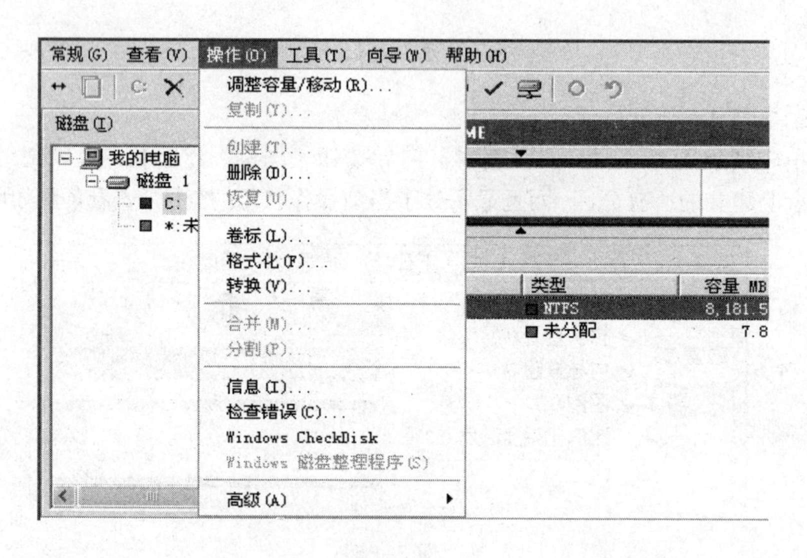

图 3-26

4）工具（T）菜单

它包括 DriveMapper、BootMagic 配置、创建急救盘、启动创建程序以及脚本 5 个子菜单。当增加或删除分区时，驱动盘符的改变会导致应用程序在注册表中指向连接错误，DriveMapper 会立即更新应用程序的驱动盘符参数，以确保程序的正常运行。工具菜单如图 3-27 所示：

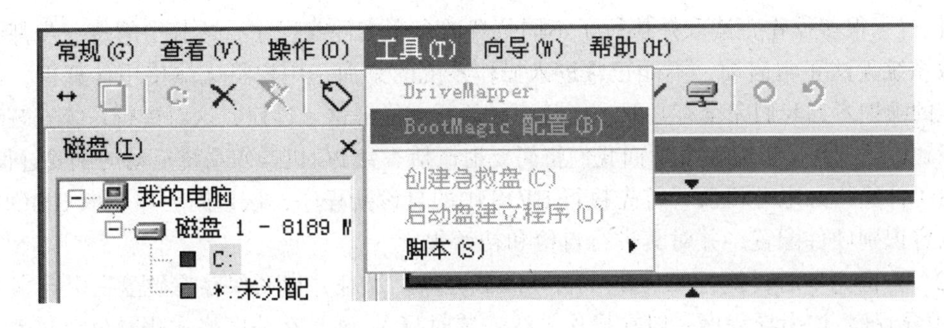

图 3-27

5）向导（W）菜单

它包括创建新的分区、调整分区的容量、重新分配自由空间、合并分区、复制分区五个菜单。向导菜单如图 3-28 所示：

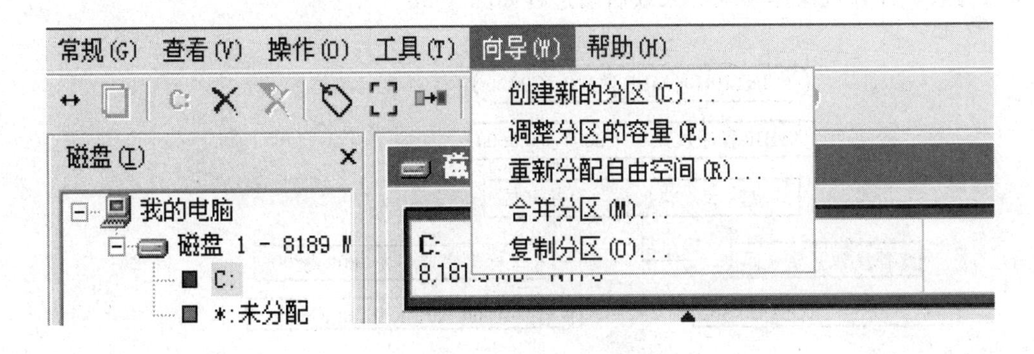

图 3-28

6）帮助（H）菜单

帮助菜单提供帮助说明信息。

7）常用工具按钮

为了方便用户的使用，Partition Magic Pro7.0 软件的设计人员用直观的图形工具按钮来启动几个最为常用的功能，如新建分区、合并分区、调整容量等功能。Partition Magic Pro7.0 将 5 个常用工具按钮摆放在软件主界面的下方，方便用户操作，各工具按钮如图 3-29 所示：

图 3-29

3.5 操作系统的启动原理和启动过程

一台 PC 机从打开电源，到进入 Windows 系统的桌面，对于一般用户而言，可能就几十秒的时间，也很少有用户去关注这个过程。虽然时间不长，但整个过程其实是相当复杂的，

PC机执行了很多操作，读取并执行了不同位置的多个文件或程序，这其中的每一步都有可能会导致系统无法正常启动，不能正常进入操作系统的桌面，用户将无法使用计算机。作为一个系统的维护者，我们完全有必要，而且也必须要去了解这一过程，这对进行系统安装维护，判断问题根源都将十分有利。下面我们将简要地概括一台PC机操作系统启动的主要过程：

（1）计算机加电开机后，首先执行BIOS中的自诊断程序，该诊断程序读取CMOS RAM中的内容识别硬件配置，并对其进行自检和初始化。

（2）自检完毕后，执行BIOS中自举装载程序，加载并启动保存在硬盘主引导扇区中的MBR引导程序。该引导程序一般在操作系统安装时写入，硬盘在分区格式化时也会写入MBR。

（3）MBR引导程序扫描所有分区表（DPT），并找出活动分区。

（4）MBR引导程序加载并启动保存在活动分区0扇区中的DBR（也叫PBR）引导程序。

（5）加载活动分区DBR中的引导程序并启动安装在其上的操作系统引导文件，由操作系统引导文件引导具体的操作系统。显然DBR引导程序与操作系统密切相关，一般在操作系统安装时写入。计算机操作系统的大致启动过程如图3-30所示：

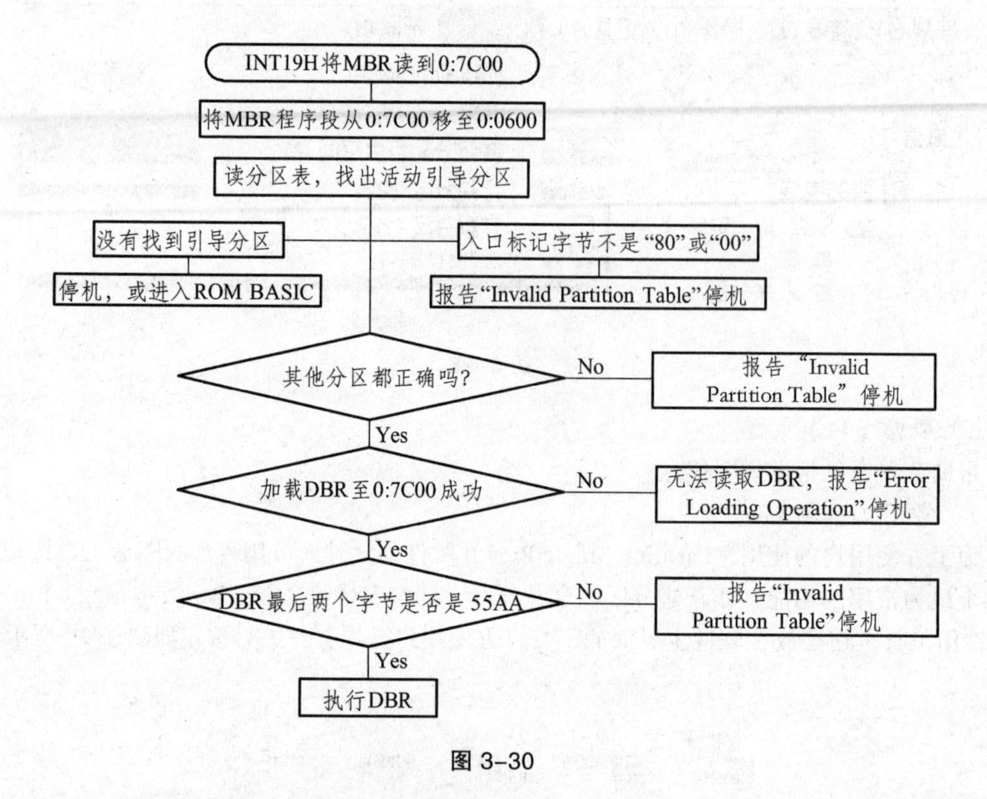

图3-30

总结为：BIOS→MBR→DBT→DBR→寻找根目录下的启动文件 NTLDR（XP/2000/2003）/bootmgr（Windows 7/Vista）/grldr（Grub）。不同的引导方式，具体的过程可能会略有差别。下面我们就几种常用的引导方式分别展开讨论，让大家进一步了解各种引导方式的具体过程。

1）Windows 9x以前的引导方式

（1）系统加电自检；

（2）寻找启动设备，加载主引导记录MBR到内存之中。

（3）MBR程序在分区表中寻找主活动分区，并加载活动分区引导记录到内存。

（4）活动分区引导程序再从主分区加载并初始化操作系统引导文件 IO.SYS，IO.SYS 实际上是一个可执行文件并且只能位于引导分区。

（5）然后加载 FAT（文件分配表）和 MSDOS.SYS。

（6）处理 CONFIG.SYS 和 AUTOEXEC.BAT。如果 CONFIG.SYS 文件不存在，IO.SYS 从 MSDOS.SYS 的"WinBootDir="获得 Ifshlp.sys、Himem.sys 和 Setver.exe 这三个文件的位置，然后自动加载这三个必需的驱动程序。如果 MSDOS.SYS 中有 BootGUI=0 这个选项，IO.SYS 将控制权交给命令行解释器 COMMAND.COM（或者给 CONFIG.SYS 中由命令"SHELL="指定的命令行解释器），然后 COMMAND.COM 将控制权叫给计算机用户，也就是等待用户输入 DOS 命令，至此 DOS 的启动过程完成。

2）Windows XP 引导方式（NTLDR 引导）

（1）系统加电自检。

（2）寻找启动设备，加载主引导记录 MBR 到内存之中。

（3）MBR 程序在分区表中寻找主活动分区，并加载活动分区引导记录到内存。

（4）活动分区引导程序再从主分区加载并初始化 NTLDR。

（5）NTLDR 读取文件 BOOT.INI，显示引导加载菜单。

（6）如选择了 Windows XP，NTLDR 则运行 NTDETECT.COM，否则运行 BOOTSEST. DOS，让该文件去启动其他操作系统。

（7）NTDETECT.COM 检测计算机硬件，并将结果保存在注册表之中。

（8）加载 NTOSKRNL.EXE 内核、驱动程序文件系统等一系列文件。

3）Windows 7 及之后的引导方式（BCD 引导）

（1）系统加电自检。

（2）寻找启动设备，加载主引导记录 MBR 到内存之中。

（3）MBR 程序在分区表中寻找主活动分区，并加载活动分区引导记录到内存。

（4）活动分区引导程序再从主分区加载并初始化 BOOTMGR。

（5）BOOTMGR 读取文件 BCD，显示引导加载菜单。

（6）选择启动 Windows7 后，BOOTMGR 就会去启动盘寻找 Windows\system32\winload.exe。

（7）然后通过 Winload.exe 加载 Windows 7 内核，从而启动整个 Windows 7 系统。

4）UEFI 引导过程

UEFI 系统的启动遵循 UEFI 平台初始化（Platform Initialization）标准。UEFI 系统从加电到关机可分为 7 个阶段：

（1）SEC（Security Phase）阶段。

是平台初始化的第一个阶段，计算机系统加电或重启后进入这个阶段。该阶段完成接收并处理系统启动和重启信号、初始化临时存储区域、取得对系统控制权的第一部分和传递系统参数给下一阶段（即 PEI）四项任务。

（2）PEI（Pre-EFI Initialization）阶段。

此阶段资源仍然十分有限，内存到了 PEI 后期才被初始化，其主要功能是为 DXE 准备执行环境，将需要传递到 DXE 的信息组成 HOB（Handoff Block）列表，最终将控制权转交到 DXE 手中

（3）DXE（Driver Execution Environment）阶段。

此阶段执行了大部分系统初始化工作，进入此阶段时，内存已经可以被完全使用，因而此阶段可以进行大量的复杂工作。

（4）BDS（Boot Device Selection）阶段。

此阶段的主要功能是执行启动策略。其主要功能包括：初始化控制台设备、加载必要的设备驱动、根据系统设置加载和执行启动项。

（5）TSL（Transient System Load）阶段。

此阶段是操作系统加载器（OS Loader）执行的第一阶段。在这一阶段，OS Loader 作为一个 UEFI 应用程序运行，系统资源仍然由 UEFI 内核控制。当启动服务的 ExitBootServices（）服务被调用后，系统进入 Run Time 阶段。

（6）RT 阶段。

系统进入 RT（Run Time）阶段后，系统的控制权从 UEFI 内核转交到 OS Loader 手中，UEFI 占用的各种资源被回收到 OS Loader，仅有 UEFI 运行时服务保留给 OS Loader 和 OS 使用。随着 OS Loader 的执行，OS 最终取得对系统的控制权。

（7）AL 阶段。

在 RT 阶段，如果系统（硬件或软件）遇到灾难性错误，系统固件需要提供错误处理和灾难恢复机制，这种机制运行在 AL（After Life）阶段。UEFI 和 UEFI PI 标准都没有定义此阶段的行为和规范。

5）Grub 引导过程

（1）系统加电自检。

（2）寻找启动设备，加载主引导记录 MBR 到内存之中。

（3）MBR 程序按照分区表中的分区顺序，依次在每个分区根目录下寻找 grldr 引导文件，若找不到，继续寻找下一分区。

（4）当在某个分区中找到 grldr 文件后，再在该分区下寻找 menu.lst 文件，找到后显示启动菜单，若找不到，则进入 Grub 命令提示符。

（5）Grub 本身不是一个操作系统，它只是一个启动管理器，在打开启动菜单后，就可以指定选择启动菜单中所列的某个操作系统了。若选择 XP，则会到 XP 所在的分区下加载 NTLDR 文件；若选择 Windows 7，则会到 Windows 7 所在的分区加载 BOOTMGR 文件，接下来就和 XP、Windows 7 的启动过程一样了。

3.5.1 NTLDR 启动

任务 8 BOOTICE 软件及 Windows XP 引导程序设置及引导菜单编辑

1. 理论知识点

BOOTICE 是一个启动相关维护的小工具，主要用于安装、修复、备份和恢复磁盘和一些可启动镜像文件的 MBR（Master Boot Record）或分区上的 PBR（Partition Boot Record），以及查看编辑 Windows Vista/7 的 BCD，此外还具有磁盘分区管理，对可移动磁盘进行重新分区和格式化的功能。此软件虽然很小，但功能很强，在进行系统启动设置修复等方面经常能用到。BOOTICE 软件主界面如图 3-31 所示：

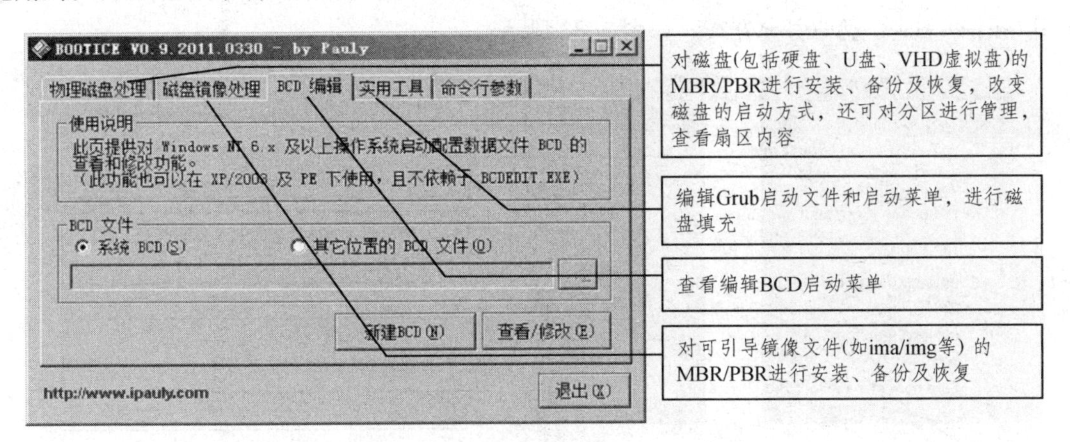

图 3-31

2. 任务目标

本任务利用一个空 U 盘，手动设置以 NTLDR 的方式引导 U 盘中事先拷贝进去的 XP 引导文件，并成功打开 XP 引导菜单，以模拟 XP 的引导过程。

3. 环境和工具

（1）实验环境：Windows 7。

（2）工具及软件：BOOTICE、空白 U 盘一个。

4. 操作流程和步骤

（1）插入 U 盘，备份好数据，然后将 U 盘格式化。

（2）打开 BOOTICE 软件，打开物理磁盘处理选项卡，在目标磁盘下拉菜单中可以看到本地的物理硬盘以及接在计算机上的 U 盘，选择刚才插入的 U 盘，单击“分区管理”按钮，将 U 盘的该分区设为活动，进入后单击“激活”按钮即可激活 U 盘的当前分区，如图 3-32 所示：

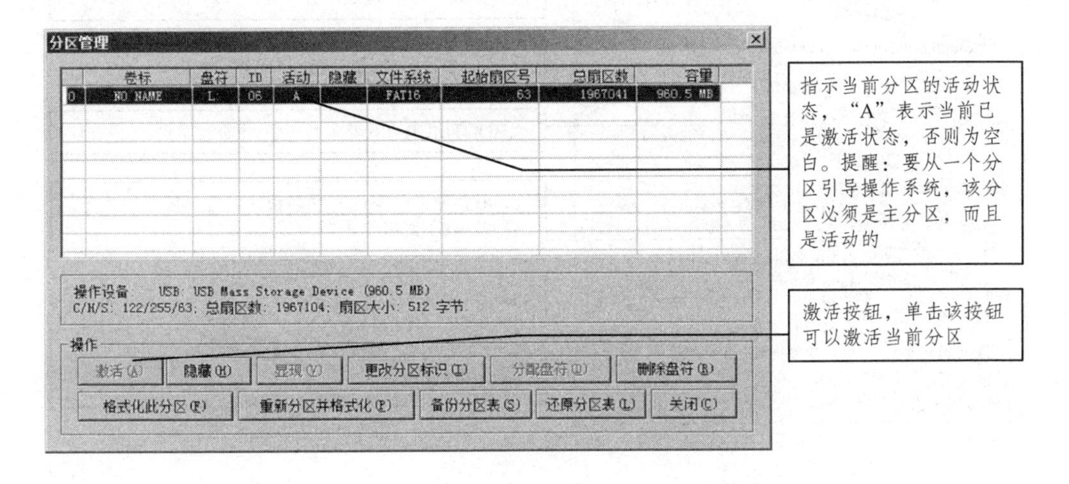

图 3-32

（3）点击“主引导记录”按钮，打开主引导记录对话框，该对话框主要用来设置 U 盘的主引导记录，即 U 盘的引导方式，如图 3-33 所示：

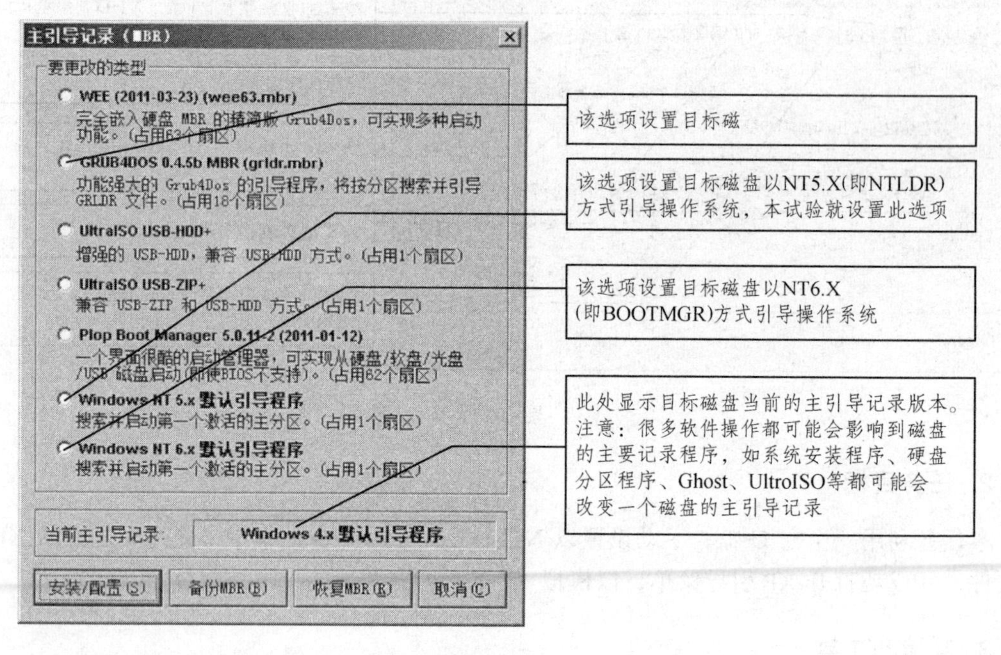

图 3-33

（4）选择“Windows NT5.x 默认引导程序”项，然后单击“安装/配置”按钮，显示已成功更新主引导记录即可。然后再单击“分区引导记录”按钮，打开分区引导记录对话框，如图 3-34 所示：

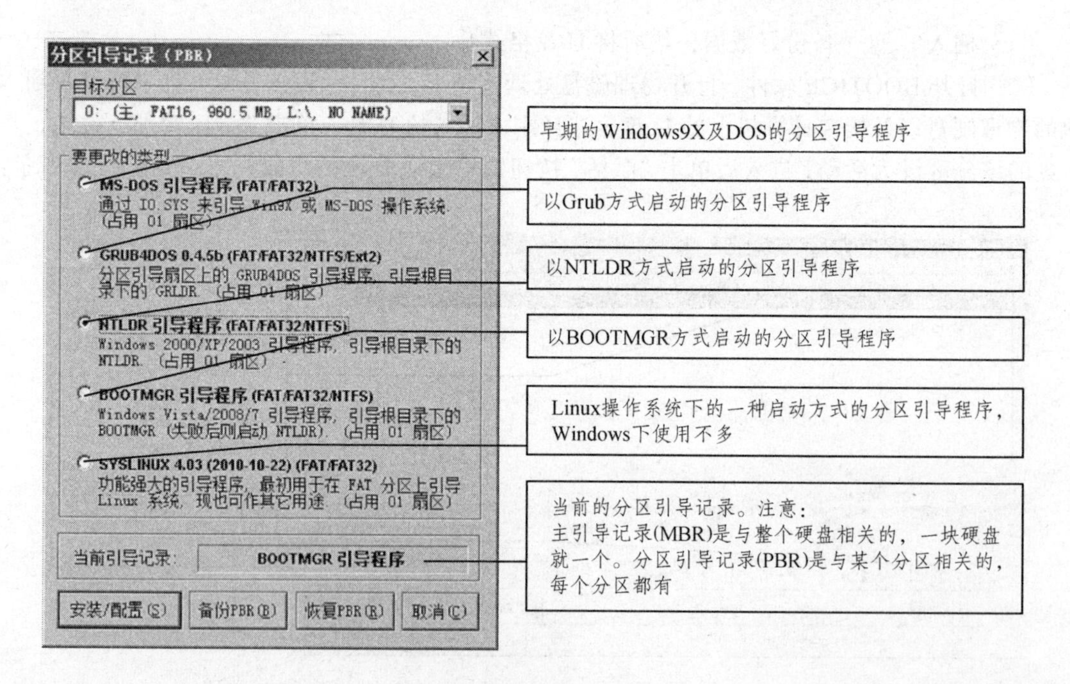

图 3-34

（5）选择“NTLDR 引导程序”项，然后单击“安装/配置”按钮，显示已成功更新该分区的 PBR 即可。设置完后，打开 U 盘，发现 U 盘没有任何内容，可以推理出刚才写入的 MBR 和 PBR 都不是以文件的形式存在的，而是直接写在 U 盘的物理扇区中的。

（6）接下来，将 XP 启动所用到的一些重要启动文件拷贝到 U 盘根目录下，可以直接打开一个 Windows XP 所安装的分区，从其根目录下可以找到我们所需的文件。本次试验主要拷贝的文件有：NTLDR 和 Boot.ini。NTLDR 是主要的引导文件，Boot.ini 是引导菜单，该菜单文件是个文本文件，可以按照一定的规则自行修改，添加或删除启动菜单项，此处的 c：\grldr="Grub4Dos Menu"就是手动添加的。Boot.ini 里面有如下内容：

[boot loader]

timeout=30

default=multi（0）disk（0）rdisk（0）partition（1）\WINDOWS

[operating systems]

multi（0）disk（0）rdisk（0）partition（1）\WINDOWS="Microsoft Windows XP Professional" /noexecute=optin /fastdetect

c：\grldr="Grub4Dos Menu"（这个菜单项是后来添加的，“=”前面的是启动文件，后面是启动菜单名称，这个菜单项就是用 Grub 方式引导的，在后面再详细讨论）

（7）拷贝完后，重启计算机，选择从 U 盘启动，启动后的画面如图 3-35 所示：

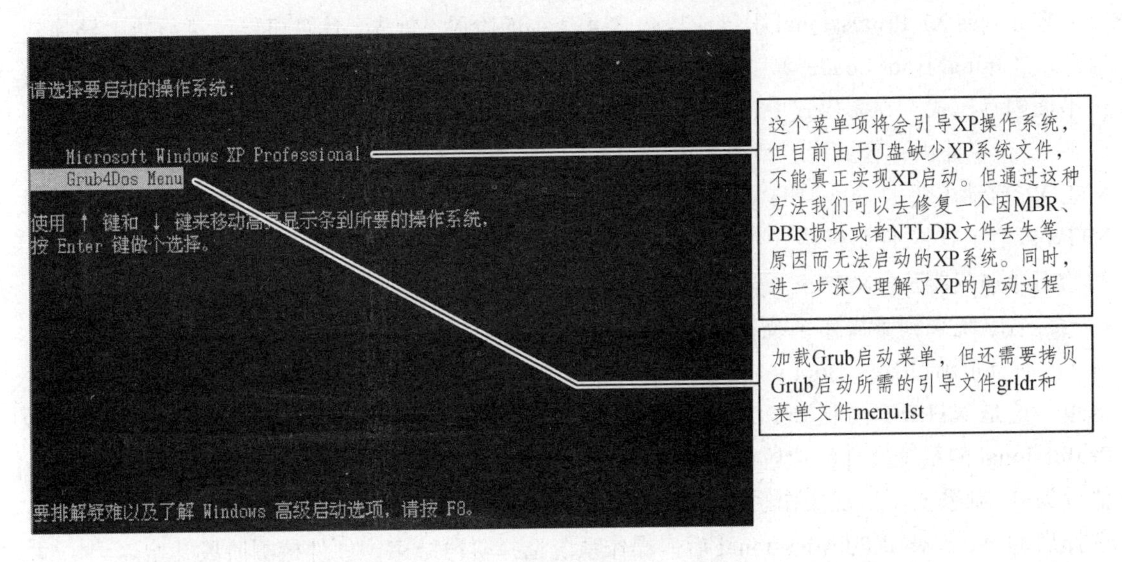

图 3-35

（8）结合之前所讲的 Windows XP 启动过程理论知识，进一步理解 XP 的启动过程：BIOS→MBR（Windows NT5.X 主引导程序）→DBT（查看硬盘分区表，找活动分区）→PBR（NTLDR 引导程序）→NTLDR 文件→Boot.INI 菜单文件→打开上面的启动菜单。

5. 拓展知识

1）NTLDR 文件

NTLDR 文件是 Windows NT/Windows 2000/Win XP/2003 的关键引导文件，所以我们称

Windows NT/Windows 2000/Windows XP/2003 为 NTLDR 启动。NTLDR 文件的是一个隐藏的、只读的系统文件，位置在系统盘的根目录，用来装载操作系统。我们以 Windows XP 为例，从按下计算机开关启动计算机，到登入桌面完成启动，一共经过了以下几个阶段：

预引导（Pre-Boot）阶段；

引导阶段；

加载内核阶段；

初始化内核阶段；

登录。

每个启动阶段的详细介绍如下。

（1）预引导阶段。

在按下计算机电源使计算机启动，并且在 Windows XP 专业版操作系统启动之前这段时间，我们称之为预引导（Pre-Boot）阶段。在这个阶段里，计算机首先运行 Power On Self Test（POST），POST 检测系统的总内存以及其他硬件设备的现状。如果计算机系统的 BIOS（基础输入/输出系统）是即插即用的，那么计算机硬件设备将经过检验以及完成配置。计算机的基础输入/输出系统（BIOS）定位计算机的引导设备，然后 MBR（Master Boot Record）被加载并运行。在预引导阶段，计算机要加载 Windows XP 的 NTLDR 文件。

（2）引导阶段。

Windows XP Professional 引导阶段包含 4 个小的阶段。首先，计算机要经过初始引导加载器阶段（Initial Boot Loader），在这个阶段里，NTLDR 将计算机微处理器从实模式转换为 32 位平面内存模式。在实模式中，系统为 MS-DOS 保留 640KB 内存，其余内存视为扩展内存，而在 32 位平面内存模式中，系统（Windows XP Professional）视所有内存为可用内存。接着，NTLDR 启动内建的 mini-file system drivers，通过这个步骤，使 NTLDR 可以识别每一个用 NTFS 或者 FAT 文件系统格式化的分区，以便发现以及加载 Windows XP Professional。到这里，初始引导加载器阶段就结束了。

接着系统来到了操作系统选择阶段，如果计算机安装了不止一个操作系统（也就是多系统），而且正确设置了 Boot.ini 使系统提供操作系统选择，计算机显示器会显示一个操作系统选单，这是 NTLDR 读取 Boot.ini 的结果。NTLDR 就是从 Boot.ini 菜单里查找 Windows XP Professional 的系统文件的位置的。如果在 Boot.ini 中只有一个操作系统选项，或者把 timeout 值设为 0，则系统不出现操作系统选择菜单，直接引导到那个唯一的系统或者默认的系统。在选择启动 Windows XP Professional 后，操作系统选择阶段结束，硬件检测阶段开始。

在硬件检测阶段中，ntdetect.com 将收集计算机硬件信息列表并将列表返回到 NTLDR，这样做的目的是便于以后将这些硬件信息加入到注册表 HKEY_LOCAL_MACHINE 下的 hardware 中。硬件检测完成后，进入配置选择阶段。如果计算机含有多个硬件配置文件列表，可以通过按上下按钮来选择。如果只有一个硬件配置文件，计算机不显示此屏幕而直接使用默认的配置文件加载 Windows XP 专业版。引导阶段结束。在引导阶段，系统要用到的文件一共有：NTLDR，Boot.ini，ntdetect.com，ntokrnl.exe，Ntbootdd.sys，bootsect.dos（可选的）。

（3）加载内核阶段。

在加载内核阶段，NTLDR 加载称为 Windows XP 内核的 ntokrnl.exe。系统加载了 Windows

XP 内核但是没有将它初始化。接着 NTLDR 加载硬件抽象层（HAL，hal.dll），然后，系统继续加载 HKEY_LOCAL_MACHINE\system 键，NTLDR 读取 select 键来决定哪一个 Control Set 将被加载。控制集中包含设备的驱动程序以及需要加载的服务。NTLDR 加载 HKEY_LOCAL_MACHINE\system\service\...下 start 键值为 0 的最底层设备驱动。当作为 Control Set 的镜像的 Current Control Set 被加载时，NTLDR 传递控制给内核，初始化内核阶段就开始了。

（4）初始化内核阶段。

在初始化内核阶段开始的时候，彩色的 Windows XP 的 logo 以及进度条显示在屏幕中央，在这个阶段，系统完成了启动的 4 项任务：

① 内核使用在硬件检测时收集到的数据来创建 HKEY_LOCAL_MACHINE\HARDWARE 键。

② 内核通过引用 HKEY_LOCAL_MACHINE\system\Current 的默认值复制 Control Set 来创建 Clone Control Set。Clone Control Set 配置是计算机数据的备份，不包括启动中的改变，也不会被修改。

③ 系统完成初始化以及加载设备驱动程序，内核初始化那些在加载内核阶段被加载的底层驱动程序，然后内核扫描 HKEY_LOCAL_MACHINE\system\CurrentControlSet\service\...下 start 键值为 1 的设备驱动程序。这些设备驱动程序在加载的时候便完成初始化，如果有错误发生，内核使用 ErrorControl 键值来决定如何处理。值为 3 时，错误标志为危机/关键，系统初次遇到错误会以 LastKnownGood Control Set 重新启动，如果使用 LastKnownGood Control Set 启动仍然产生错误，系统报告启动失败，错误信息将被显示，系统停止启动；值为 2 时错误情况为严重，系统启动失败并且以 LastKnownGood Control Set 重新启动，如果系统启动已经在使用 LastKnownGood 值，它会忽略错误并且继续启动；当值是 1 的时候错误为普通，系统会产生一个错误信息，但是仍然会忽略这个错误并且继续启动；当值是 0 的时候忽略，系统不会显示任何错误信息而继续运行。

④ Session Manager 启动了 Windows XP 高级子系统以及服务，Session Manager 启动控制所有输入、输出设备以及访问显示器屏幕的 Win32 子系统以及 Winlogon 进程，初始化内核完毕。

（5）登录。

Winlogon.exe 启动 Local Security Authority，同时 Windows XP Professional 欢迎屏幕或者登录对话框显示。这时候，系统还可能在后台继续初始化刚才没有完成的驱动程序。提示输入有效的用户名或密码。Service Controller 最后执行以及扫描 HKEY_LOCAL_MACHINE\SYSTEM\CurrentControlSet\Servives 来检查是否还有服务需要加载，Service Controller 查找 start 键值为 2 或更高的服务，服务按照 start 的值以及 DependOnGroup 和 DepandOnService 的值来加载。只有用户成功登录到计算机后，Windows XP 的启动才被认为是完成，在成功登录后，系统拷贝 Clone Control Set 到 LastKnownGood Control Set，完成这一步骤后，系统才意味着已经成功引导了。

2）Boot.ini 文件

Windows NT 类的操作系统，也就是 Windows NT/2000/XP 中，有一个重要的文件，也就是“Boot.ini”文件，这个文件会很轻松地按照我们的需求设置好多重启动系统。“Boot.ini”文件会在已经安装了 Windows NT/2000/XP 的操作系统的所在分区，一般默认为 c:\下面存在。但是它默认具有隐藏和系统属性，所以你要设置你的文件夹选项，以便把“Boot.ini”文件显示出来。我们可以用任何一种文本编辑器来打开它。一般情况下，它的内容如下：

[boot loader]

timeout=30

default=multi（0）disk（0）rdisk（0）partition（1）\windows

[operating systems]

multi（0）disk（0）rdisk（0）partition（1）\windows=microsoft windows xp professional /fastdetect

在 Windows 2000 或者是 XP 系统中，我们可以很容易地设置“Boot.ini”文件。那就是在“我的计算机”上面点击右键，选择“属性”打开“系统属性”对话框，再点击“高级”选项卡，在“启动和故障修复”里面点击“设置”按钮，就可以打开“启动和故障修复”对话框了，在这里面我们就可以对它进行详细设置。如果你拥有 Windows XP 操作系统，那么你可以用“系统配置实用程序”来更方便地编辑“Boot.ini”文件。具体做法是：打开“开始”菜单，点击“运行”命令，再在弹出的文本框中输入“msconfig”点击“确定”后就会弹出“系统配置实用程序”，再点击“Boot.ini”选项卡，就可以看到 Boot.ini 文件的内容。在这里，我们可以很方便地设置文件。

现在来说明一下这个文件内容的含义。

（1）系统加载部分（[boot loader]）。

这一部分很简单，只有两个设定。那就是“timcout=”和“default=”。“timeout=”就是设定开机时系统引导菜单显示的时间，超过设定值则自动加载下面“default=”指定的*作系统。默认值是 30，单位为秒。我们可以在这里面设定等待时间的长短。如果将其设为“0”那么就是不显示系统引导菜单。“default=”则是设定默认引导的操作系统。而等号后面的操作系统必须是已经在“[operating systems]”中存在的。如果想默认为加载另外的操作系统，我们可以参看“[operating systems]”中的操作系统列表，然后把想要加载的操作系统按照格式写到“default=”后面就可以了。

（2）操作系统部分（[operating systems]）。

在这里面，列出了机器上所安装的全部操作系统。比如机器上只有一个操作系统，那么就只有一条信息，那就是“multi（0）disk（0）rdisk（0）partition（1）\windows=microsoft windows xp professional/fastdetect”。在这里需要注意的是，在英文引号内的文字就是引导操作系统菜单时显示出来的让我们选择操作系统的提示文字，在这里面我们可以随意更改。而“multi（0）disk（0）rdisk（0）partition（1）\windows”这一句就需要些解释了。因为它涉及 arc（高级 risc 计算机）命名，它是 x86 或 risc 计算机中用于标识设备的动态方法。arc 命名的第一部分用于标识硬件适配卡/磁盘控制器，它有两个选项：scsi 和 multi。multi 表示一个非 SCSI 硬盘或一个由 SCSI BIOS 访问的 SCSI 硬盘，而 SCSI 则表示一个 SCSI BIOS 禁止的 SCSI 硬盘。（x）是硬件适配卡序号。disk（x）表示 SCSI 总线号。如果硬件适配卡为 multi，其正确表示方法就为 disk（0），rdisk（x）则表示硬盘的序号，如果硬件适配卡为 scsi 则忽略此值；partition（x）表示硬盘的分区序号。了解这些，我们就可以解释前面那条信息的含义了，即“multi（0）disk（0）rdisk（0）partition（1）\windows”为，在 0 号非 scsi 设备上的第 0 号磁盘上的第一个分区里面的“windows”目录下可以找到能够启动的操作系统。

3.5.2 BCD 启动

任务 9 Windows 7 引导程序设置及引导菜单编辑

1. 理论知识点

微软自 Windows Vista 之后，改变了原有的引导方式，不再通过 NTLDR 来引导操作系统了，而是通过 Bootmgr 来读取 BCD 文件中的启动菜单，然后用户可以在启动菜单中选择指定的菜单项来启动指定的操作系统。

2. 任务目标

本任务利用一个空 U 盘，手动设置以 BCD 方式引导 U 盘中事先拷贝进去的 Windows 7 的引导文件，并成功打开 Windows 7 的引导菜单，以模拟 Windows 7 的引导过程。

3. 环境和工具

（1）实验环境：Windows 7。

（2）工具及软件：BOOTICE、空白 U 盘一个。

4. 操作流程和步骤（本任务的很多操作和前面一个任务类似，相同的部分不再赘述）

（1）插入 U 盘，备份好数据，然后将 U 盘格式化。

（2）打开 BOOTICE 软件，打开物理磁盘处理选项卡，在目标磁盘下拉菜单中可以看到本地的物理硬盘以及接在计算机上的 U 盘，选择刚才插入的 U 盘，单击“分区管理”按钮，将 U 盘的该分区设为活动，进入后单击“激活”按钮即可激活 U 盘的当前分区。

（3）设置 U 盘的主引导记录为“Windows NT 6.x 默认引导程序”，如图 3-36 所示：

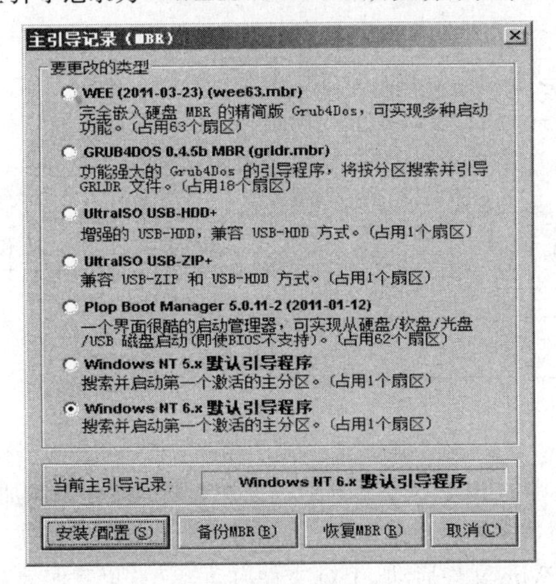

图 3-36

（4）设置 U 盘的分区引导记录为“BOOTMGR 引导程序”，如图 3-37 所示：

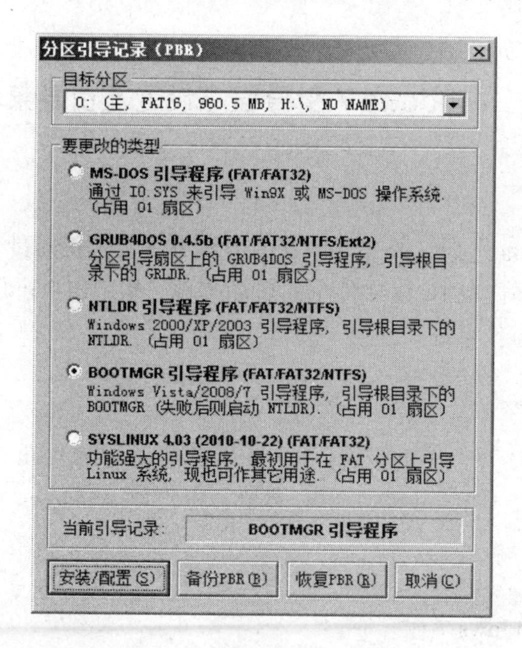

图 3-37

（5）拷贝 Windows 7 启动所必需的一些引导文件和菜单文件，可以从安装有 Windows 7 的系统分区根目录下将 BOOTMGR 文件和 Boot 目录拷贝到 U 盘根目录下，BOOTMGR 就是 Windows 7 的引导文件，而 Boot 目录下的 BCD 文件就是 Windows 7 的启动菜单文件。BCD 是一个特殊的文件，可以用 Bootice 或 EasyBCD 等软件打开并编辑。

（6）此处，我们用 Bootice 软件打开 BCD 文件，并编辑菜单中的菜单项，如图 3-38 所示：

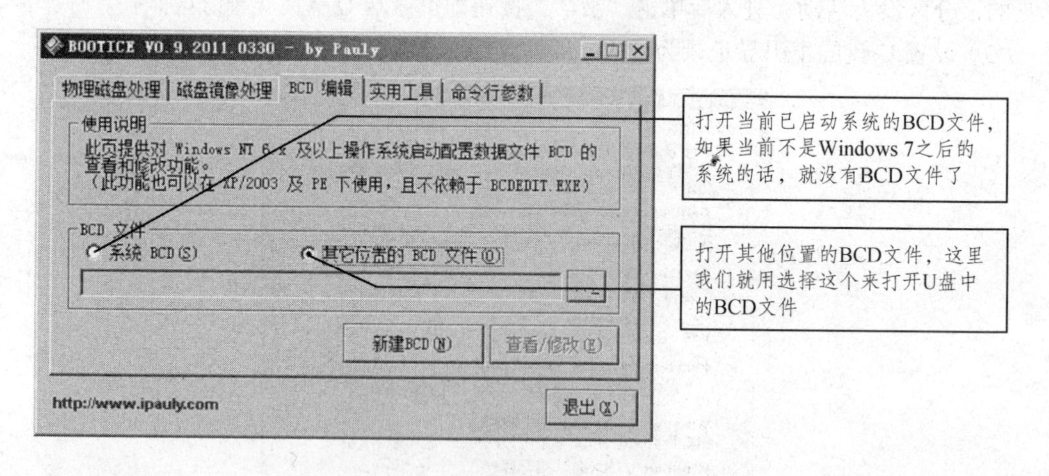

图 3-38

（7）我们打开 U 盘中的 BCD 文件，并通过添加和删除按钮来添加或删除启动菜单项，在 BCD 菜单中我们可以添加多种启动菜单项，如引导 Windows XP 系列、Windows 7 系列、VHD 文件启动、Grub 启动、Wim 文件启动、ISO 文件启动等，这里我们为 BCD 中添加了三个菜单项，如图 3-39 所示：

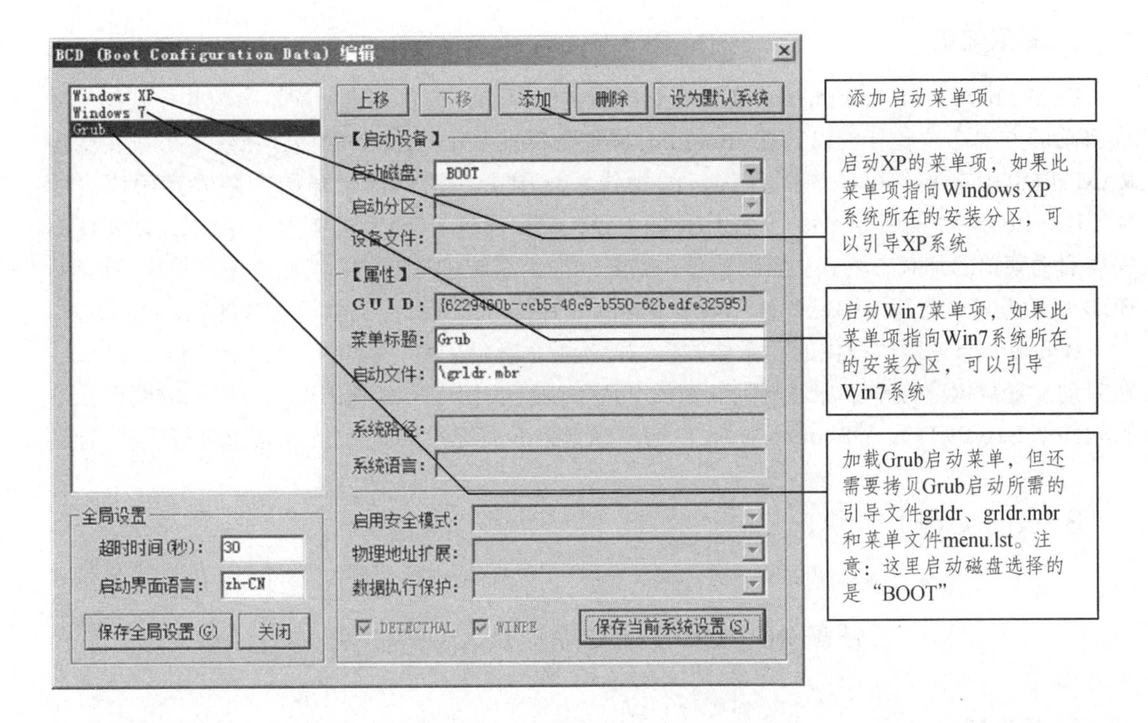

图 3-39

（8）BCD 菜单编辑完成后保存，用 U 盘启动计算机，就可以打开如图 3-40 所示的启动菜单。不过由于没有指向正确的位置，目前还不能正常启动各操作系统，如果每个菜单项都能够指向正确的位置并且所需的文件都具备的话，就可以引导硬盘上已安装好的某个系统或者某个 Grub 菜单或者某个可启动的 ISO、VHD、WIM 文件。在后面的课程中我们会经常用 BCD 启动去引导这些文件，它的功能非常强大，使用非常方便。

Windows Boot Manager

Choose an operating system to start:
(Use the arrow keys to highlight your choice, then press ENTER.)

Windows XP
Windows 7
Grub

Seconds until the highlighted choice will be started automatically: 4

ENTER=Choose ESC=Exit

图 3-40

（9）结合之前所讲的 Windows 7 启动过程理论知识，进一步理解 Windows 7 的启动过程：BIOS→MBR（Windows NT 6.x 主引导程序）→DBT（查看硬盘分区表，找活动分区）→PBR（BOOTMGR 引导程序）→BOOTMGR 文件→BCD 菜单文件–>打开上面的启动菜单。

5. 拓展知识

BCD（boot configuration data）即启动配置数据存储，包含了启动配置参数并控制操作系统启动的方式。这些参数以前在 Boot.ini 文件中（在基于 BIOS 的操作系统中）或在稳定 RAM 项中（在基于可扩展固件接口的操作系统中）。从 Vista 开始，微软弃用原先的 NTLDR+Boot.INI 的引导体系，改用 BCD 引导，系统通过 BOOTMGR 程序导入 BCD 文件而完成启动菜单的加载，然后从启动菜单中选择相应的系统进行启动，从而实现多系统的启动。BCD 启动方式可支持 VHD、ISO、WIM 等格式文件的直接启动，功能相比 NTLDR 大大加强。

Bcdedit.exe 是微软提供的用于修改启动配置数据存储的命令行工具。可以使用 Bcdedit.exe 在启动配置数据存储中添加、删除、编辑和附加项。我们也可以利用第三方提供的图形化编辑软件如 EasyBCD 或者 Bootice 对 BCD 启动配置数据进行各种编辑，大家可以自行下载试用。

3.5.3 UEFI 启动

任务 10 UEFI 启动原理及其菜单配置

1. 理论知识点

UEFI，全称为“统一的可扩展固件接口”（Unified Extensible Firmware Interface），是一种详细描述类型接口的标准。这种接口用于操作系统自动从预启动的操作环境，加载到一种操作系统上。可扩展固件接口（Extensible Firmware Interface，EFI）是 Intel 为 PC 固件的体系结构、接口和服务提出的建议标准。其主要目的是提供一组在 OS 加载之前（启动前）在所有平台上一致的、正确指定的启动服务，被看作是有近 20 多年历史的 BIOS 的继任者。

UEFI 使用模块化设计，它在逻辑上可分为硬件控制和 OS 软件管理两部分：操作系统—可扩展固件接口—固件—硬件。根据 UEFI 概念图的结构，可把 UEFI 概念划为两部分：UEFI 的实体（UEFI Image）和平台初始化框架。

1）UEFI 的实体—— UEFI Image

根据 UEFI 规范定义，UEFI Image 包含三种：UEFI Applications，OS Loaders 和 UEFI Drivers。

（1）UEFI Applications 是硬件初始化完，操作系统启动之前的核心应用，比如启动管理、BIOS 设置、UEFI Shell、诊断程式、调度和供应程式、调试应用等。

（2）OS Loaders 是特殊的 UEFI Application，主要功能是启动操作系统并退出和关闭 UEFI 应用。

（3）UEFI Drivers 是提供设备间接口协议，每个设备独立运行提供设备版本号和相应的参数以及设备间关联，不再需要基于操作系统的支持。

2）平台初始化框架

（1）UEFI 框架主要包含两部分：一是 PEI（EFI 预初始化），另一部分是驱动执行环境（DXE）。

（2）PEI 主要是用来检测启动模式、加载主存储器初始化模块、检测和加载驱动执行环境核心。

（3）DXE 是设备初始化的主要环节，它提供了设备驱动和协议接口环境界面。

目前物理 UEFI 主要由这几个具体的部分构成：UEFI 初始化模块、UEFI 驱动执行环境、UEFI 驱动程序、兼容性支持模块、UEFI 高层应用和 GUID 磁盘分区。

UEFI 初始化模块和驱动执行环境通常被集成在一个只读存储器中，就好比如今的 BIOS 固化程序一样。UEFI 初始化程序在系统开机的时候最先得到执行，它负责最初的 CPU、北桥、南桥及存储器的初始化工作，当这部分设备就绪后，紧接着它就载入 UEFI 驱动执行环境（Driver Execution Environment，DXE）。当 DXE 被载入时，系统就可以加载硬件设备的 UEFI 驱动程序了。DXE 使用了枚举的方式加载各种总线及设备驱动，UEFI 驱动程序可以放置于系统的任何位置，只要保证它可以按顺序被正确枚举。借助这一点，我们可以把众多设备的驱动放置在磁盘的 UEFI 专用分区中，当系统正确加载这个磁盘后，这些驱动就可以被读取并应用了。在这个特性的作用下，即使新设备再多，UEFI 也可以轻松地一一支持，由此克服了传统 BIOS 捉襟见肘的情形。UEFI 能支持网络设备并轻松联网，原因就在于此。

UEFI 引导有着自己的特点，同时也有自己的规矩。UEFI 引导的特点是，UEFI 下可执行的程序不仅可以放在 CMOS 里，也可以放在硬盘上。UEFI 程序的运行，是基于一种通用的驱动程序模型，使得 UEFI 程序几乎可以无限制地使用硬件资源，包括 CPU 资源、内存、硬盘、网络等等，彻底摆脱了传统 BIOS 运行在 16 bit 实模式的束缚。因此 UEFI 程序的执行效率相对于传统 BIOS 也得到了大幅的提高。

UEFI 引导的规矩简单说是这样，在 GPT 磁盘里，必须有一个 EFI System Partition（ESP），UEFI 会在这个磁盘分区里找启动 OS 的引导程序。这个分区必须是 FAT 格式的，所以一般都用 FAT32 来格式化。这个启动 OS 的引导程序，扩展名为 EFI，必须存放在这个路径中："\EFI\Boot"；文件命名也有规矩，叫：BOOT{架构名}.EFI，对于 64 位 PC 来说，架构名是"x64"。其他的，比如 intel 的安腾架构的计算机，则架构名为"IA64"。所以，对于普通计算机来说，UEFI 引导文件是"\EFI\Boot\Bootx64.efi"。

那如何让自己的计算机"以 UEFI 方式启动"呢？必须满足下面两个条件：

- 在 BIOS 中打开 UEFI 模式。
- 安装介质支持 UEFI 启动。

Windows 7 以后的系统光盘都直接支持 UEFI 启动，把它们用 Ultra ISO 写入到 U 盘或者移动硬盘时，也会直接支持 UEFI 启动。而对于 Windows 7 及其以前的系统，用 U 盘或移动硬盘安装时，可以从 Windows 8 的安装文件中提取 Bootmgfw.efi 文件，重命名为 BOOTX64.EFI，拷贝到 Windows 7 安装文件的\EFI\Boot\下，若没有 BOOT 文件夹则新建一个。Bootmgfw.efi 也可以从已经安装好的 Windows 8 系统获得。

符合这两个条件时，启动菜单会出现以"UEFI"标识的 U 盘或移动硬盘启动项，选这一项，才会"以 UEFI 方式启动计算机"。计算机不同，此项稍有差异。

2. 任务目标

（1）在 VMware 虚拟机中实现 UEFI 启动。

（2）利用 U 盘实现物理机器的 UEFI 启动。

（3）EFI Shell 手动选择启动文件实现 UEFI 启动。

3. 环境和工具

（1）实验环境：一台支持 UEFI 启动的物理机器、VMware 12 虚拟机。

（2）工具及软件：空白 U 盘一个、支持 UEFI 启动的系统光盘或其镜像文件。

4. 操作流程和步骤

根据任务目标的要求，本任务要实现三种方式的 UEFI 启动，即虚拟机上的 UEFI 启动、物理机上的 UEFI 启动和 EFI Shell 环境下的 UEFI 启动。其中 EFI Shell 环境在虚拟机和物理机上都可以进入。下面我们来分别介绍三种 UEFI 启动方式。

1）虚拟机上的 UEFI 启动

（1）正常情况下，我们在虚拟机上创建 Windows 7 之后的 64 位虚拟机，都支持 BIOS 和 UEFI 两种启动方式。在创建的过程中有个选项可以决定你的虚拟机是以何种方式来启动，如图 3-41 所示：

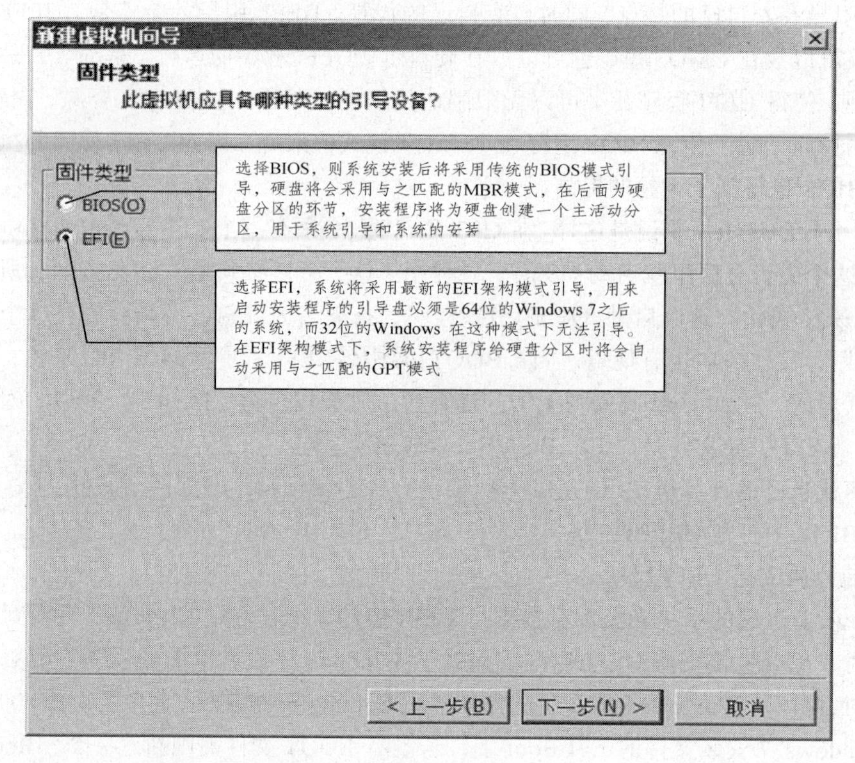

图 3-41

（2）当选择了“EFI”启动模式后，选择“虚拟机/电源/打开电源时进入固件”菜单项，即可以看到虚拟机的 Boot Manager 中有 EFI 启动菜单，如图 3-42 所示。

（3）这里有多个支持 EFI 的启动菜单项，大家可以根据实际情况，选择一种介质来启动操作系统或者启动操作系统的安装程序。其中“Hard Drive”是从硬盘启动，“CDROM Drive”从光盘启动，“USB Device”是从 U 盘启动，“Network”是从网络启动。

（4）如果你使用的是较早版本的 VMware，并且创建的是 Windows 7 之前的或者是 32 位系统的虚拟机，则选择“虚拟机/电源/打开电源时进入固件”时，无法看到 UEFI 的 Boot

Manager，此时显示的依然是传统的 BIOS 的界面。如果想把这样的虚拟机改为 UEFI 启动，也非常方便，只需在虚拟机关闭的状态下，点击“编辑虚拟机设置”设置打开虚拟机设置对话框，然后再进行简单的修改即可，如图 3-43 所示：

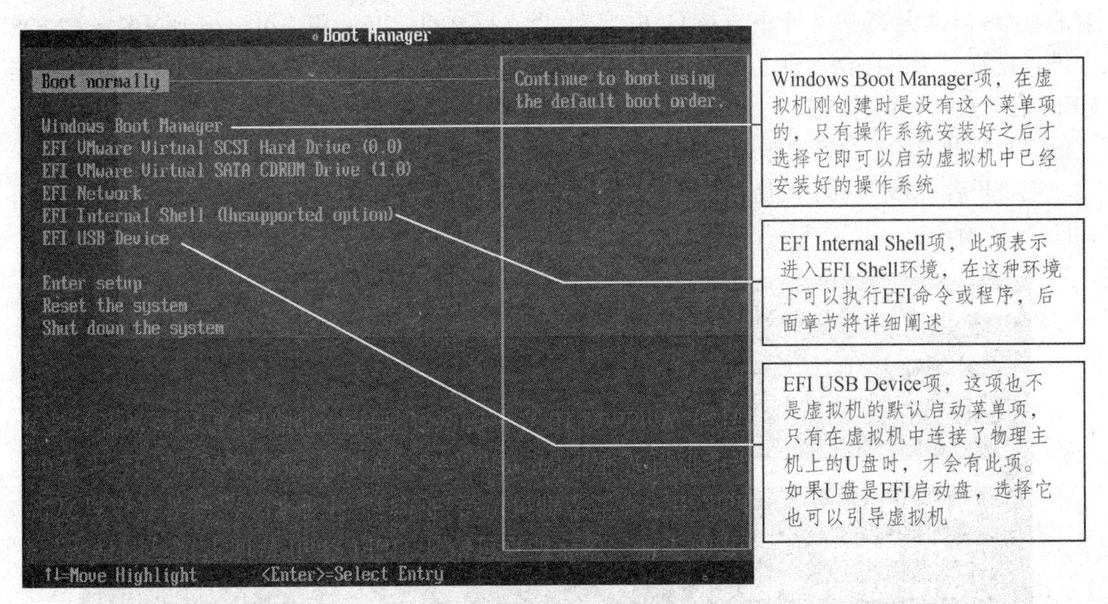

图 3-42

图 3-43

2）物理机上的 UEFI 启动

要在物理机器上利用 UEFI 启动操作系统，同样需要满足两个条件：主板芯片组支持和安装介质支持。不过现在的笔记本、台式机基本上都支持 UEFI 固件。但大部分机器为了兼容以前的 BIOS 启动方式，基本上既支持 UEFI 启动，也支持 BIOS 启动，用户可以根据需要在 CMOS 中进行设置。所以在物理机上利用 UEFI 启动操作系统首先要进行 CMOS 设置，然后再制作 UEFI 启动盘。具体操作如下：

（1）打开 BIOS 设置中的 UEFI 支持。

把“开启 CSM”项中的启动设备控制设为“UEFI only”或者“UEFI 与 legacy OPROM”，如图 3-44 所示：

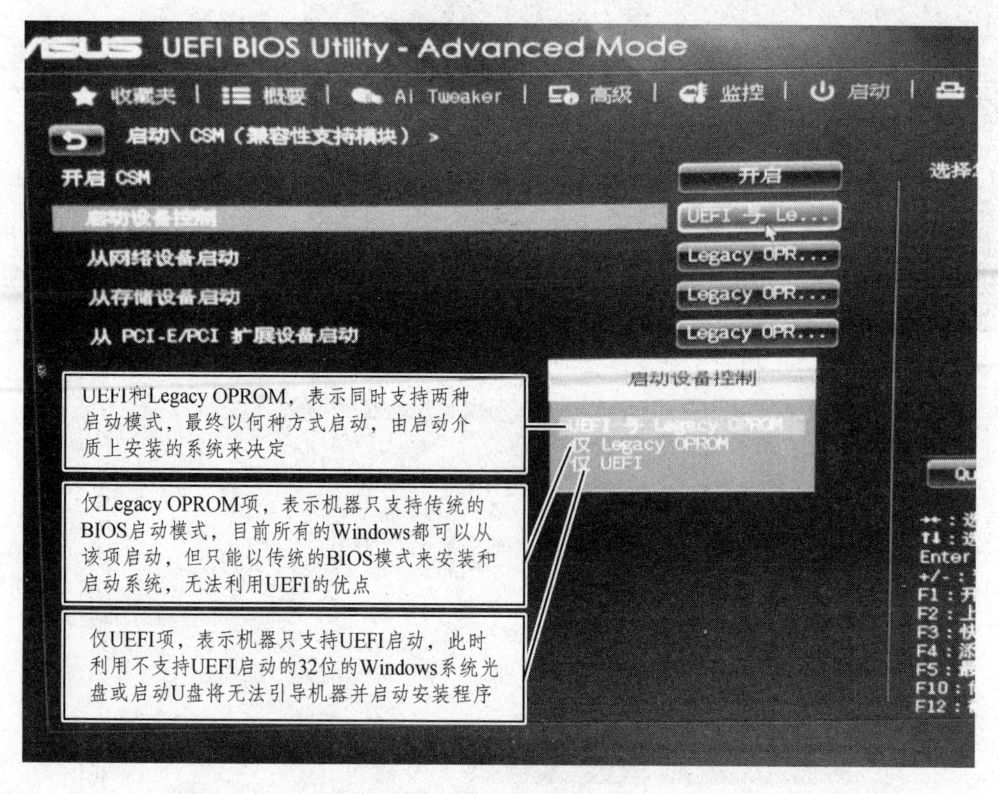

图 3-44

（2）准备一个支持 UEFI 的启动介质。

这个启动介质可以是现在 Windows 7 x64 位以后的系统光盘，也可以利用 Ultra ISO 工具将 Windows 7 x64 及其之后的系统安装文件刻录到 U 盘中，这样的 U 盘或光盘都可以作为 UEFI 的启动介质。U 盘的制作过程和其他版本的系统启动 U 盘一样，不再赘述。

（3）启动机器。

将启动介质插入到机器上，然后启动计算机。开机时按下 ESC 或 F2 等键，然后进入 CMOS 设置，在启动菜单上就可以看到之前准备 UEFI 启动介质，然后选择 UEFI 启动启动即可。如图 3-45 所示就是一种常见的启动菜单界面。

（4）选择“UEFI：KINGSTONDT 101 G2”就会以 UEFI 启动 U 盘中的系统安装程序，当然这里的 U 盘必须事先用 Ultra ISO 工具将支持 UEFI 启动的操作系统写入进去，才能实现 U 盘的 UEFI 启动。

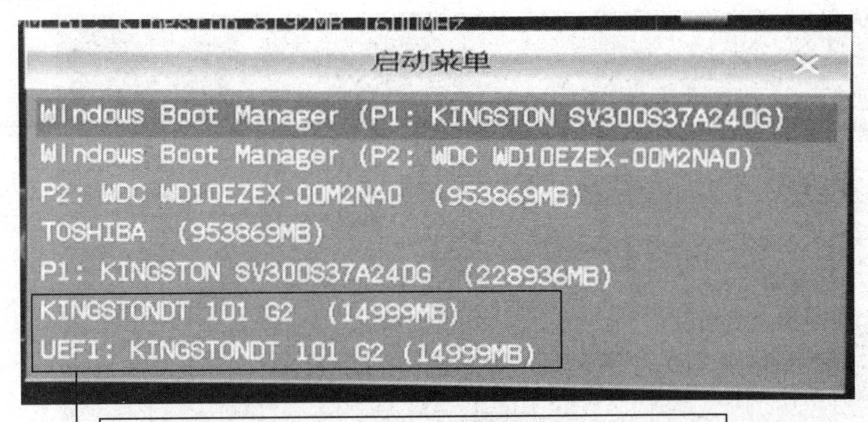

图 3-45

（5）特别提醒。

需要提醒大家注意的是在不同的机器上，打开启动菜单的按键，启动菜单的界面各不相同，大家需要找到自己计算机上对应的功能键和菜单项。

3）EFI Shell 环境下的 UEFI 启动

EFI Shell 指新型 EFI（Extensible Firmware Interface，可扩展固件接口）界面下，实现用户和系统交互的命令行界面。在这里你可以执行一些 Efi 应用程序，加载 Efi 设备驱动程序，以及引导操作系统。下面以虚拟机为例，简单介绍一下启动 EFI Shell 环境并执行相关命令的操作步骤如下：

（1）选择“虚拟机/电源/打开电源时进入固件”菜单项，打开虚拟机，即可看到虚拟机的 Boot Manager 中的启动菜单，如图 3-46 所示：

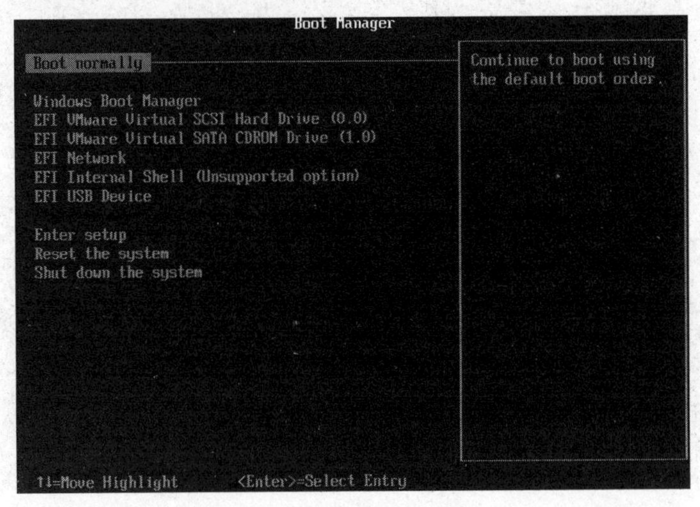

图 3-46

（2）然后选择“ EFI Internal Shell”项，就会进入 UEFI Shell 界面如图 3-47 所示：

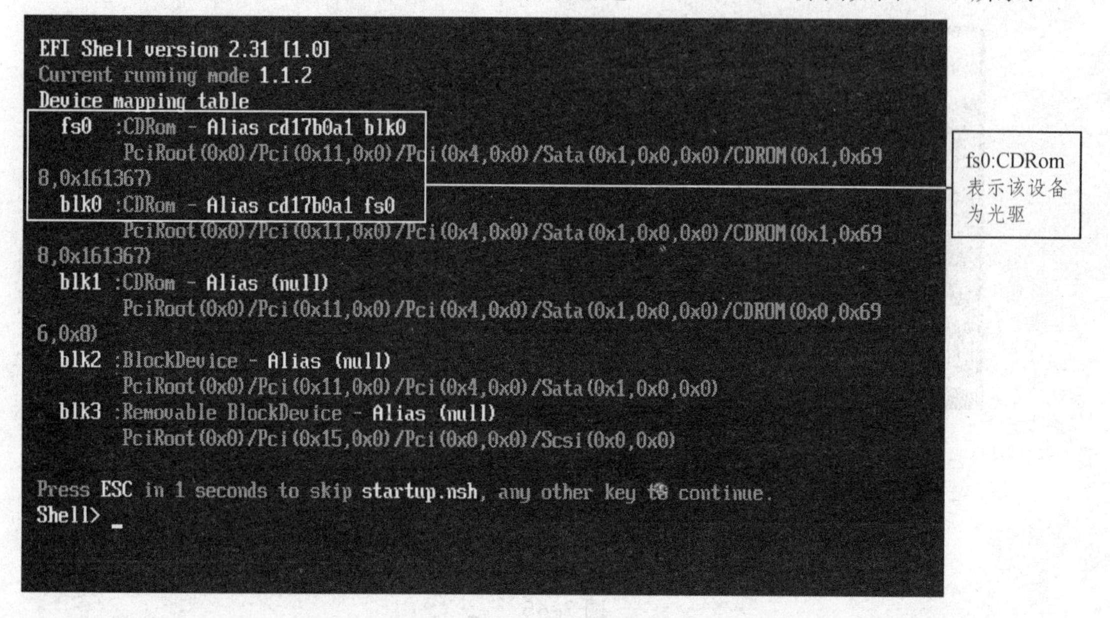

图 3–47

（3）进入 UEFI Shell 界面后，就可以在 shell> 提示符后输入命令，即可启动各种 EFI 程序。如果看到了一些扩展名为.efi 的文件，这些都是可以在 UEFI Shell 界面下执行的程序，如 Bootmgfw.efi、bootx64.efi 和 Shell.efi 等。大家都可以尝试执行一下它们，然后看看执行效果。如图 3-48 所示，fs0 是挂载在虚拟机光驱上的 Windows 10 的系统安装光盘，运行 fs0:/efi/boot/bootx64.efi 后，就可以启动 Windows 10 系统的安装程序，如果 fs0 是已经安装好系统的硬盘，则可以直接引导该系统。

```
Shell> fs0:

fs0:\> ls
Directory of: fs0:\

  07/09/15  03:25p <DIR>            512
          0 File(s)          0 bytes
          1 Dir(s)


fs0:\> cd efi

fs0:\EFI> cd boot

fs0:\EFI\BOOT> ls
Directory of: fs0:\EFI\BOOT

  07/09/15  03:25p <DIR>            512  .
  07/09/15  03:25p <DIR>            512  ..
  07/09/15  10:05p              845,664  BOOTX64.EFI
          1 File(s)     845,664 bytes
          2 Dir(s)


fs0:\EFI\BOOT> bootx64.efi_
```

图 3–48

（4）UEFI Shell 命令提示符下除了可以运行扩展名为.efi 的程序外，还有一组可以执行的命令，用来加载驱动、运行程序和启动系统，可以借助于 help 命令查询可用的全部命令集。如果大家熟练使用的话，可以在这里实现操作系统启动、系统安装程序的启动等多种功能。

（5）注意：刚进入 UEFI Shell 界面下的“FS0：”“FS1：”“FS2：”代表的是各种光盘、U 盘和硬盘等启动介质。在切换介质时，后面的冒号“：”不能少。

5. 拓展知识

UEFI 启动模式 与 Legacy 启动模式对比：

（1）Legacy 启动模式。Legacy 启动模式就是这么多年来 PC 一直在使用的启动方式（从 MBR 中加载启动程序），而 UEFI BIOS 作为一种新的 BIOS 自然也应该兼容这种老的启动方式；而 UEFI 启动模式则是 UEFI BIOS 下新的启动技术。如果你的 PC 在 UEFI 启动模式下预装了 Windows 8，你会发现有两个很小的隐藏分区。一个叫 ESP（EFI 系统分区），另一个叫 MSR（Microsoft 保留分区，通常为 128MB）。MSR 是 Windows 要求的。ESP 对 UEFI 启动模式很重要，UEFI 的引导程序是以后缀名为.efi 的文件存放在 ESP 分区中的，ESP 分区采用 FAT32 文件系统。此外，可能还存在一个小分区叫 Windows RE Tools，这个是 Windows 8 的恢复分区，体积也很小。所以千万不要把这三个分区删了。

（2）对操作系统位数支持不同。

UEFI 启动模式只支持 64 位的系统，而 Legacy 启动模式对 64 位和 32 位系统都支持。

（3）对硬盘容量和分区支持的不同。

UEFI 支持 GPT 分区表和 MBR 分区。GPT 分区表可以支持 2 TB 以上的磁盘容量，对分区多少几乎也没有限制，可以说想分多少就分多少。而 MBR 分区表最大只支持 2 TB 的磁盘容量，最多只能分四个主分区或者三个主分区和一个扩展分区，扩展分区可以分很多逻辑分区。GPT 和 MBR 都支持 NTFS 和 FAT 格式。UEFI 只能引导 FAT32 格式的分区，GPT 分区表和 MBR 分区表都可以引导；Legacy 也就是传统的 BOIS，只能支持 MBR 分区，不支持 GPT 分区。而且 Legacy 的引导是从 MBR 分区表中的活动分区引导的，若 MBR 分区表无活动分区则不能引导。

（4）启动过程的不同。

Legacy 模式启动机器时，先进行 BIOS 初始化，然后进行自检，自检结束后才去引导操作系统，而 UEFI 模式，开机后首先进行 UEFI 初始化操作，初始化完成后立即引导操作系统。相比之下，速度更快，如图 3-49 所示：

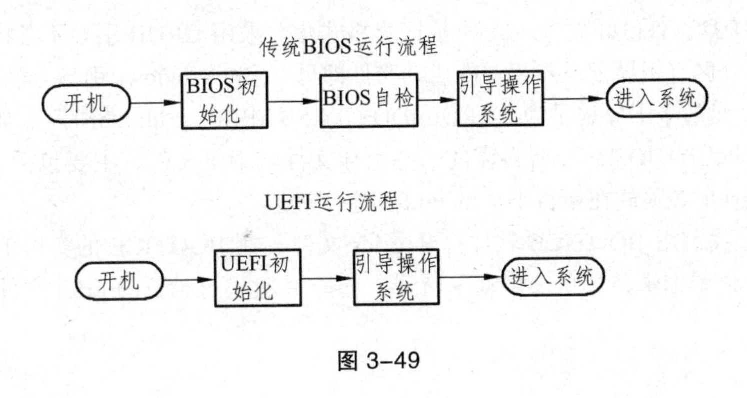

图 3-49

总结：UEFI 是新式的 BIOS，Legacy 是传统 BIOS。你在 UEFI 模式下安装的系统，只能用 UEFI 模式引导；同理，如果你是在 Legacy 模式下安装的系统，也只能在 Legacy 模式下进系统。UEFI 只支持 64 位系统且磁盘分区必须为 GPT 模式。传统 BIOS 使用 INT13 中断读取磁盘，每次只能读 64 KB，非常低效；而 UEFI 每次可以读 1 MB，载入更快。此外，Windows 8 及之后的操作系统，更是进一步优化了 UEFI 支持，号称可以实现瞬时开机。

3.5.4 GRUB 启动

任务 11 GRUB 引导程序设置及引导菜单编辑

1. 理论知识点

GRUB 是 GRand Unified Bootloader 的缩写，它是一个多重操作系统启动管理器，它可以在多个操作系统共存时选择引导哪个系统。它可引导的操作系统包括 Linux，FreeBSD，Solaris，NetBSD，BeOSi，OS/2，Windows 95/98，Windows NT，Windows 2000。它可以载入操作系统的内核和初始化操作系统（如 Linux，FreeBSD），或者把引导权交给操作系统（如 Windows 98）来完成引导，还可以引导一些 PE、可启动的镜像文件等。GRUB 支持多种分区格式的文件系统，支持多种可执行文件格式，支持自动解压，可以引导不支持多重引导的操作系统等，系统引导不再受是否有活动分区影响，可以引导任何分区中的启动文件，不像 Windows 必须要有一个活动分区才能引导系统。

2. 任务目标

本任务利用一个空 U 盘，手动设置以 GRUB 方式引导 U 盘中事先拷贝进去的 GRUB 的引导文件，并成功打开 GRUB 的引导菜单，以模拟 GRUB 的引导过程。

3. 环境和工具

（1）实验环境：Windows 7。

（2）工具及软件：BOOTICE、空白 U 盘一个。

4. 操作流程和步骤（本任务的很多操作和前面一个任务类似，相同的部分不再赘述）

（1）插入 U 盘，备份好数据，然后将 U 盘格式化。采用 GRUB 引导不必将引导分区设为活动分区，只要分区有引导记录及相关的启动文件即可，这和 Windows 引导分区有很大的区别。

（2）设置 U 盘的主引导记录为“GRUB4DOS 0.4.5B MBR（grldr.mbr）”，如图 3-50 所示。

（3）拷贝 GRUB4DOS 启动所必需的一些引导文件和菜单文件，主要包括 grldr、menu.lst 等文件，其中 grldr 必须放在根目下，menu.lst 则不限定。

（4）此处，我们用 BOOTICE 软件打开 grldr 文件，在 BOOTICE 的实用工具选项卡下，有 GRUB4DOS 菜单编辑器，单击启动编辑器，选择 U 盘根目录下的 grldr 文件，打开文件内容如图 3-51 所示。

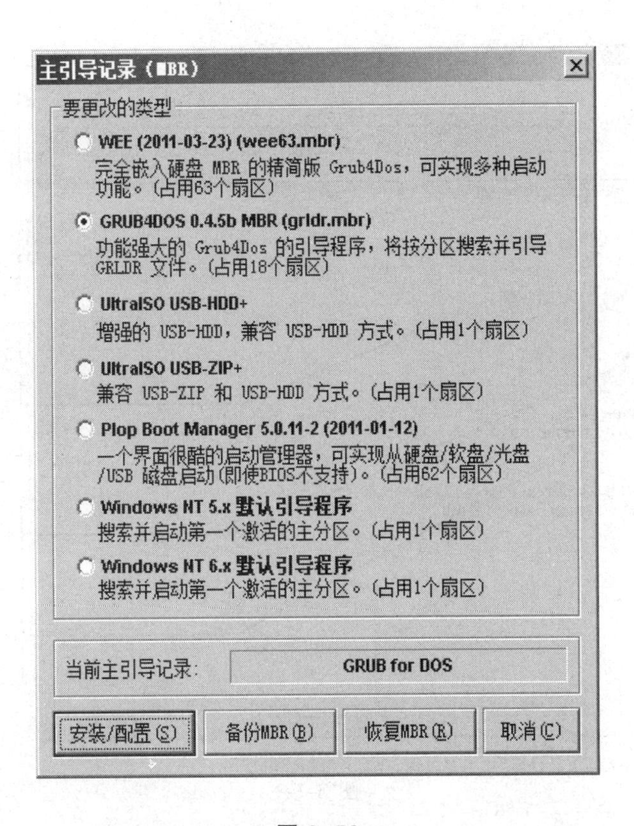

图 3–50

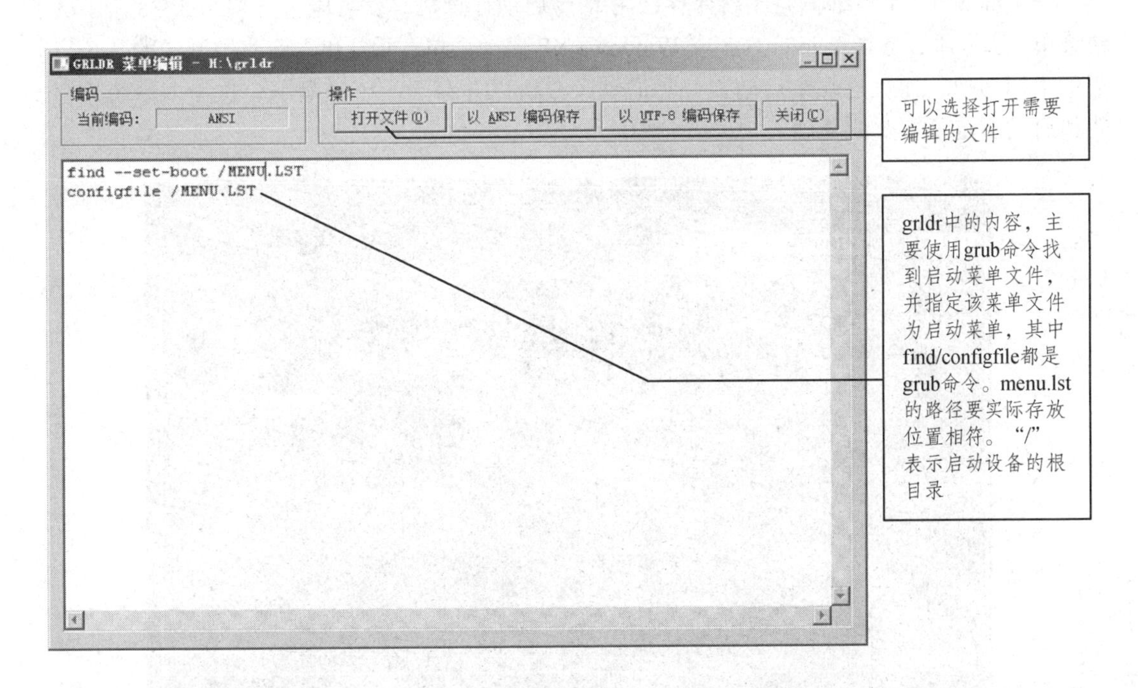

图 3–51

（5）我们再用同样的方法打开 U 盘中的 menu.lst 文件，来给 menu.lst 添加更多的启动菜单项，如图 3–52 所示：

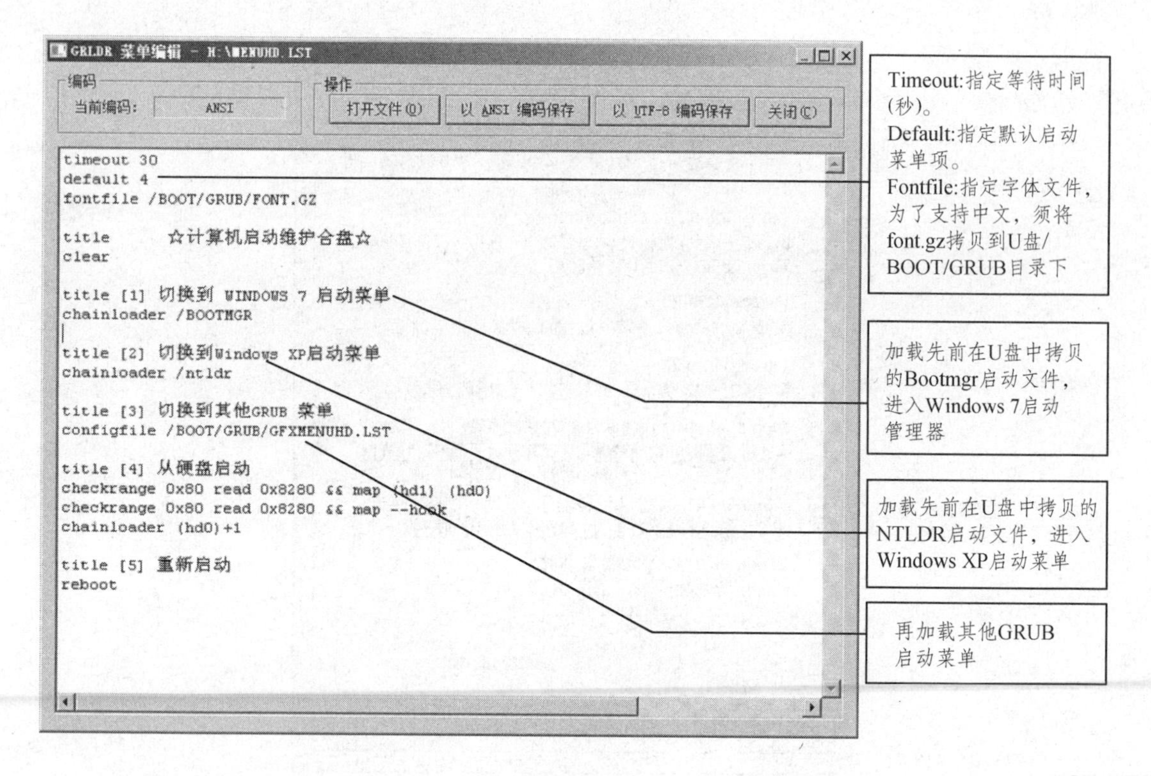

图 3-52

（6）menu.lst 菜单编辑完成后保存，用 U 盘启动计算机，就可以打开如图 3-53 所示的启动菜单，这里通过选择 Windows 7 或 Windows XP 启动菜单，可以和先前我们制作的几个启动菜单来回切换，而且这几个启动文件和启动菜单可以并存于一个磁盘下，这为多系统并存安装和启动奠定了重要的基础。

```
GRUB4DOS 0.4.5b 2011-05-24, Mem: 604K/509M/0M, End: 3545CB          1

        ☆计算机启动维护合盘☆
 [1] 切换到 WINDOWS 7 启动菜单
 [2] 切换到Windows XP启动菜单
 [3] 切换到其他GRUB 菜单
 [4] 从硬盘启动
 [5] 重新启动

用 ↑ 和 ↓ 两键将一个菜单项置为高亮。按回车或 b 键启动；按 e 键可在
启动前逐条编辑菜单中的命令序列；按 c 键进入命令行。
```

图 3-53

（7）结合之前所讲的 GRUB 启动过程理论知识，进一步理解 GRUB 的启动过程：BIOS→MBR（GRUB4DOS 0.4.5B MBR）→DBT（查看硬盘分区表，依次寻找每个分区根目录下的 GRLDR 文件）→加载寻找到的第一个 GRLDR 文件→MENU.LST 菜单文件→打开上面的启动菜单。

5. 拓展知识

在 GRUB 引导中，没有主分区和活动分区的概念，GRUB 引导也不依赖分区引导程序，引导文件 grldr 放在任何一个分区都可以被引导。在引导过程中，引导程序会挨个搜索每个分区的根目录，寻找引导文件 grldr，直到找到第一个 grldr 后直接加载该引导文件以实现引导。所以，它在多系统引导中是有其独特优势的，兼容性好，不像 Windows 的引导必须要有个活动的主分区才可实现引导。

第 4 章　计算机操作系统安装盘的制作与整合

4.1　WindowsXP/2003 安装盘制作

任务 12　Windows XP 安装光盘制作

1. 理论知识点

安装操作系统的方法之一就是利用系统安装光盘进行安装。系统安装光盘有很多优势，比如容易保存、使用方便等等，大部分的使用者都是通过购买来获得安装光盘的。本部分将详细介绍系统安装光盘的制作，通过 NERO 软件制作操作系统光盘。系统安装光盘分为两种：一种是安装版系统安装光盘，另外一种是 GHOST 版系统安装光盘。这两种光盘从安装操作系统上来说略有差别，但在制作上基本一致，本部分对两种光盘制作过程都进行详细讲解。系统安装光盘从操作系统的种类上来分则有多种分类，比如 Windows XP 安装光盘、Windows 7 安装光盘、Windows 2003 安装光盘以及其他非微软的操作系统等，但是制作方法方面基本一样。本部分主要以 Windows XP 安装光盘制作为例进行讲解。

2. 任务目标

（1）熟悉 NERO 8 的使用。

（2）掌握使用 NERO 8 制作 Windows XP 安装光盘。

3. 环境和工具

（1）使用的软件：NERO 8。

（2）系统环境：Windows XP。

（3）使用的工具：空白刻录光盘、刻录机。

4. 操作流程和步骤

1）安装版系统安装光盘制作

（1）WindowsXP 安装文件的准备。方法一：首先准备好 Winodws XP 安装文件，然后可以通过 2.3 节介绍的 UltraISO 软件将 Windows XP 安装文件制作成 ISO 文件；方法二：直接从网上下载已经制作好的 ISO 文件。

（2）将空白刻录光盘放入光驱。

（3）使用 NERO 8 制作安装光盘。

① 启动 NERO 8 软件，主界面如图 4-1 所示：

图 4-1

② 选择右下角“添加/删除”按钮，打开“添加/删除应用程序”对话框，如图 4-2 所示：

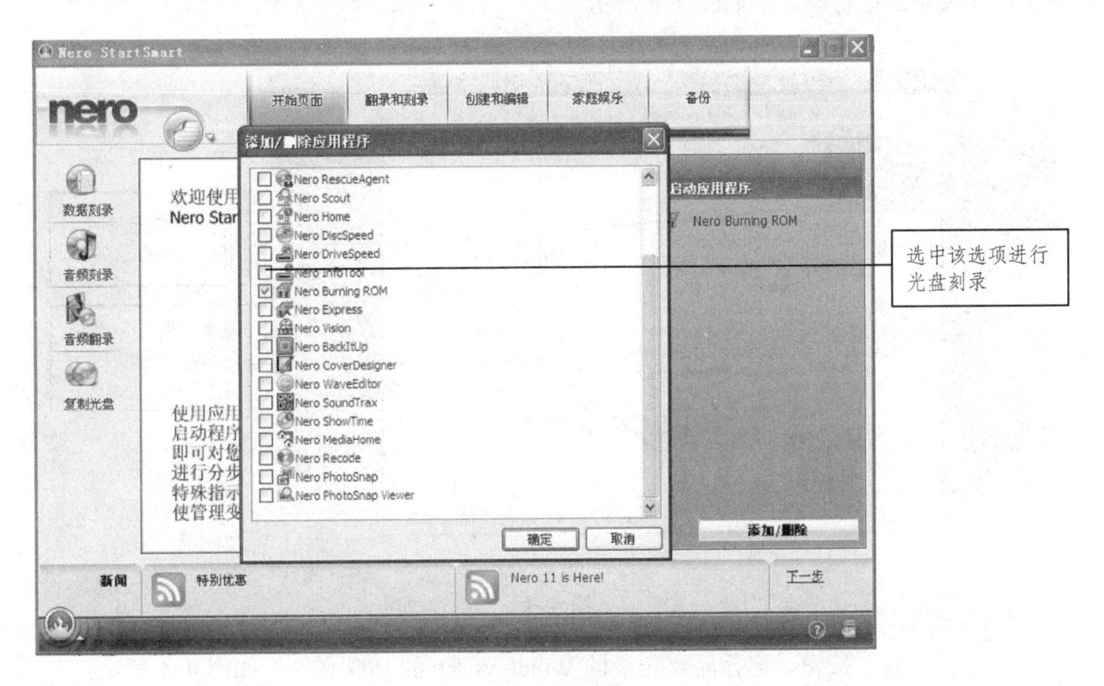

图 4-2

③ 选中“Nero Burning ROM”选项，然后单击“确定”，如图 4-3 所示：

图 4-3

④ 单击“Nero Burning ROM”进入 Nero Burning ROM 应用程序，在弹出的对话框中可以对刻录的相关参数进行设定，如图 4-4 所示：

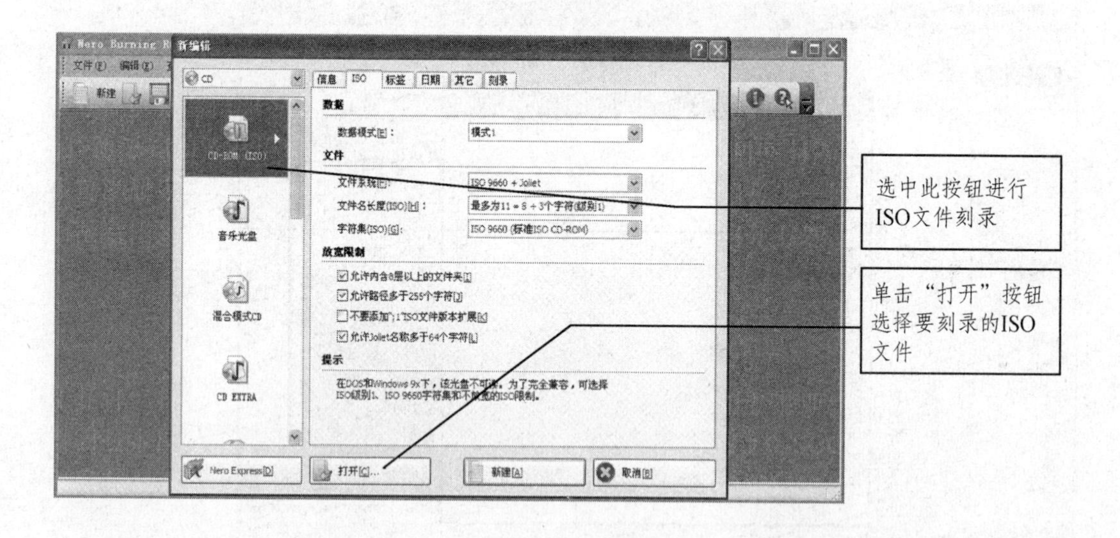

图 4-4

⑤ 选择“打开”按钮，选择需要刻录的 Windows XP 的 ISO 文件，如图 4-5 所示：

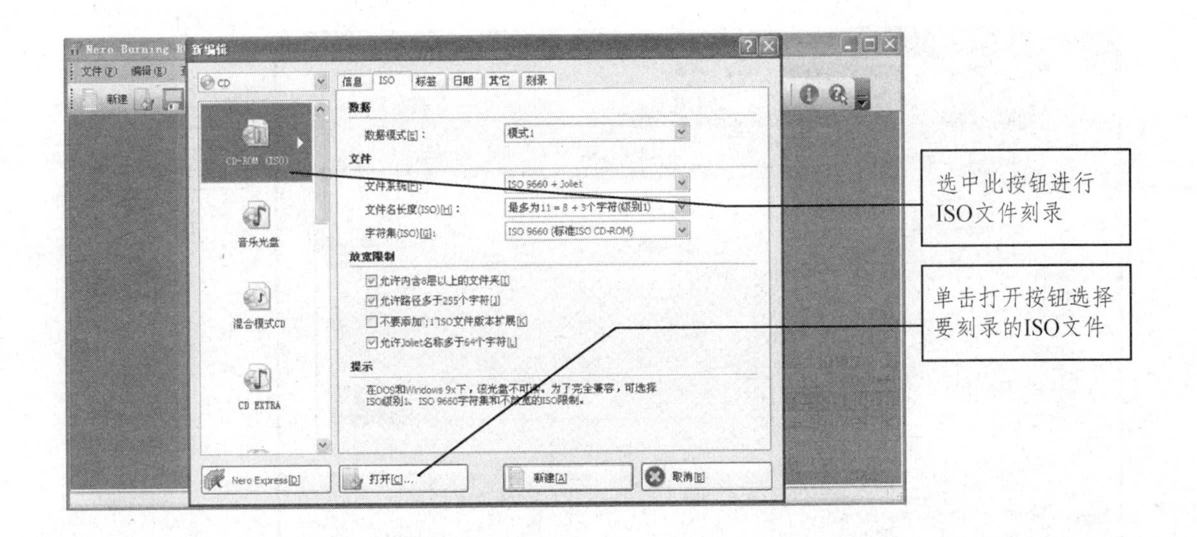

图 4–5

⑥ 单击“刻录”按钮进行刻录，如图 4-6 所示：

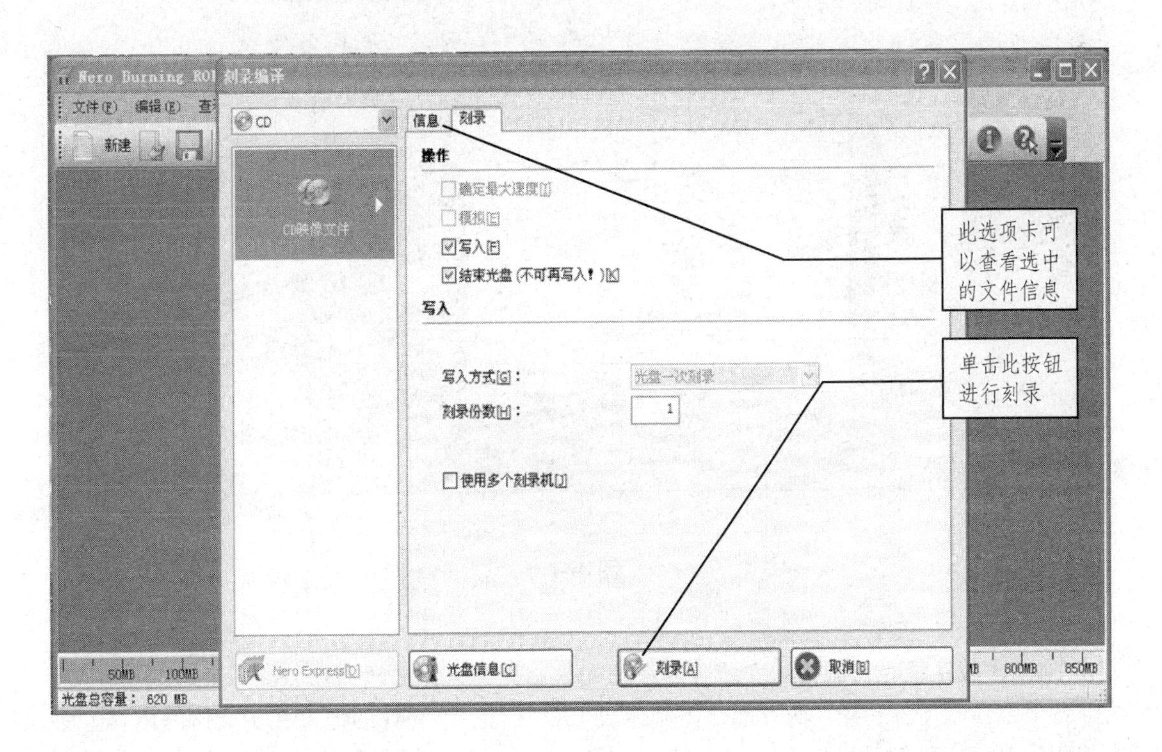

图 4–6

⑦ 刻录完成，单击弹出对话框中的“确定“按钮，同时光驱自动弹出，制作完成，如图 4-7 所示：

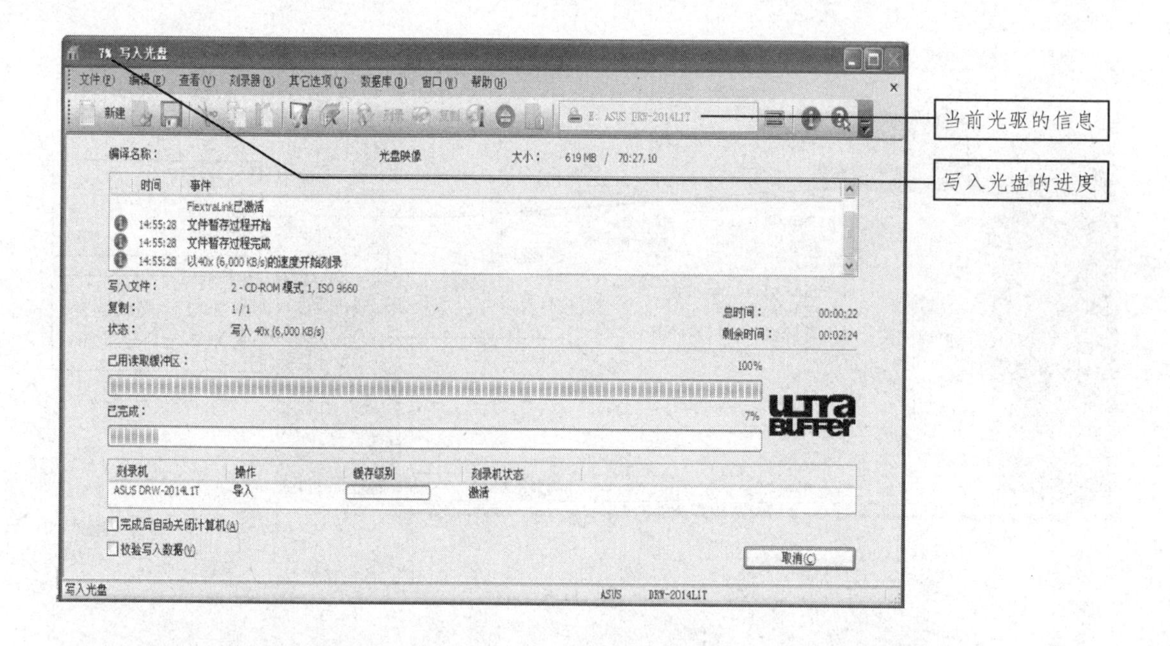

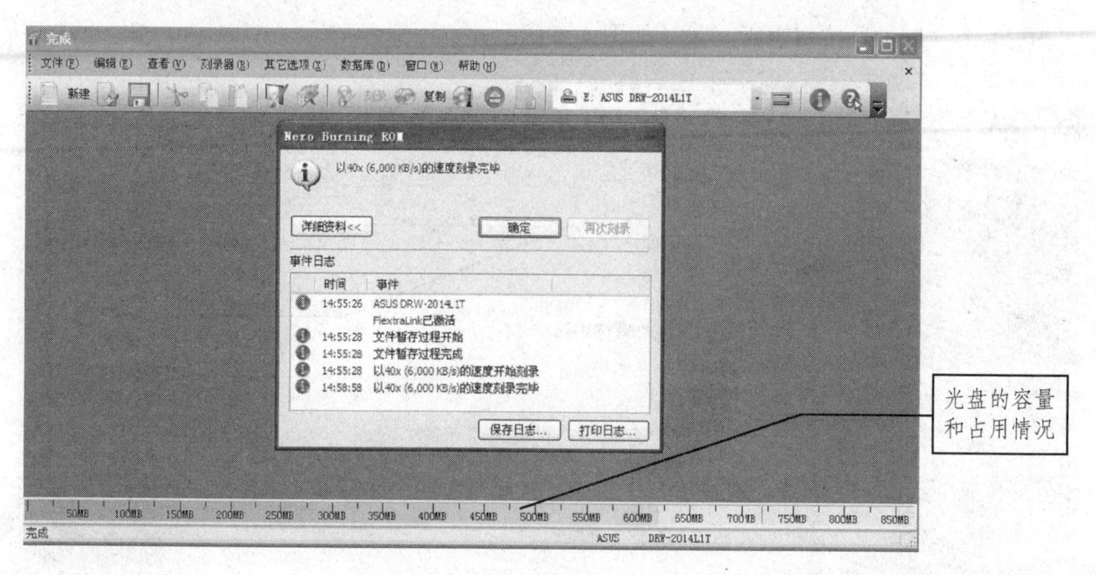

图 4-7

2）GHOST 版系统光盘制作

GHOST版系统光盘制作与安装版的系统光盘制作不一样的地方在 Windows XP安装文件的准备上，其他步骤一样。两者都是需制作成 ISO 文件，不一样的地方在于文件的内容上面。安装版的 ISO 文件解压后里面有一个 I386 文件夹，这个文件夹是系统安装文件存放的文件夹，如图 4-8 所示。而 GHOST 版 ISO 文件中没有该文件夹，但是在 system 文件中有一个很大的扩展名为 GHO 的文件，这个文件是 GHOST 版 ISO 文件中的主文件，可以理解为系统的安装文件被压缩为一个扩展名为 GHO 的文件，如图 4-9 所示。具体制作步骤，与上面一样，不再赘述。

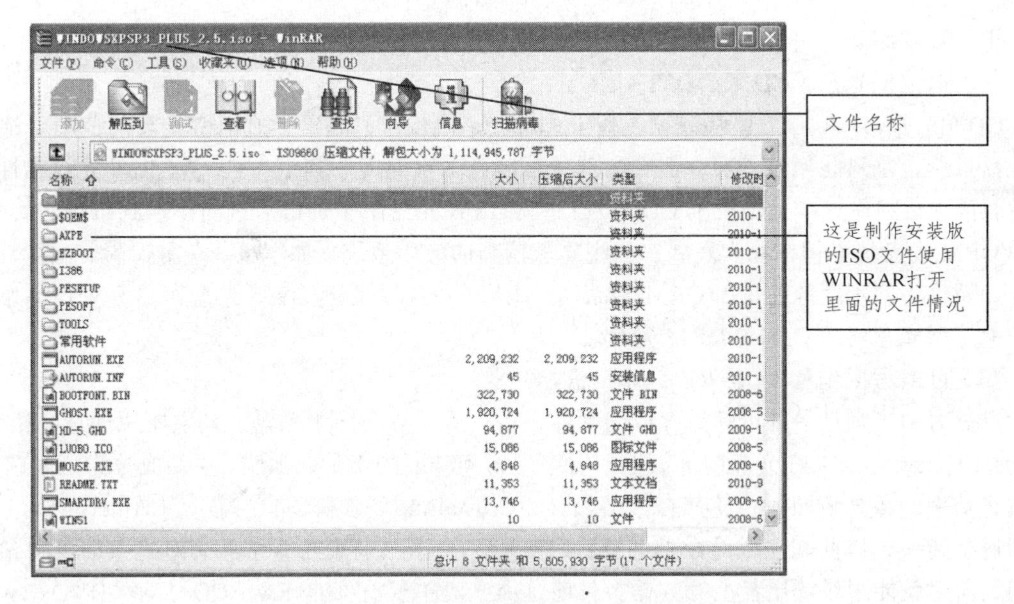

图 4–8

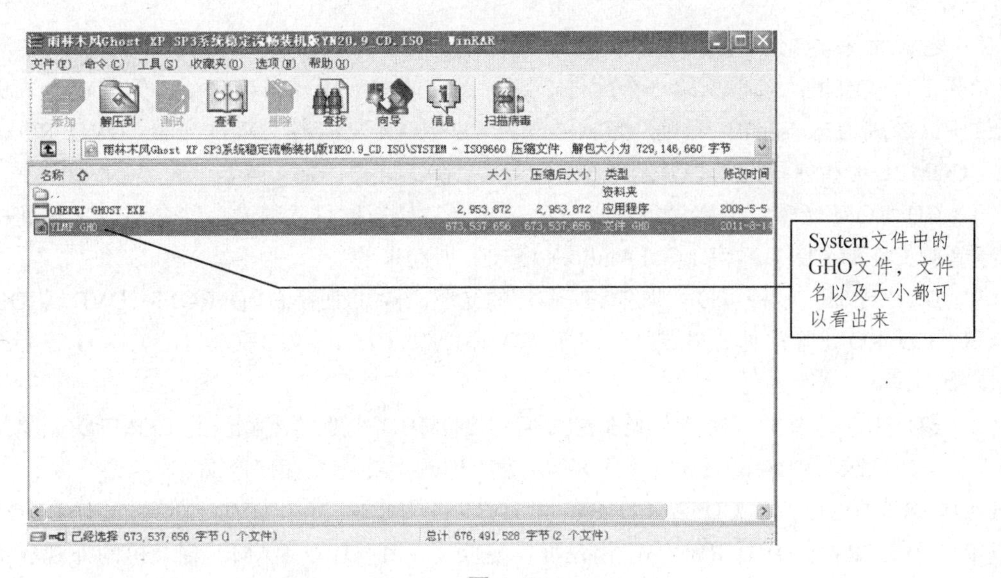

图 4–9

5. 拓展知识

1）光盘的分类

（1）只读型光盘（CD-ROM、DVD-ROM）。

CD-ROM 是众多只读光盘中的一种，早在 20 世纪 70 年代就以容量大、成本低、易于分发等优点广泛用于存储音像制品和电子出版业，作为各类多媒体系统采用的载体。CD-ROM 曾经辉煌过，但随着 DVD-ROM 的出现和走向国际化，CD-ROM 已逐步被 DVD-ROM 所淘汰。目前在国际上 DVD-ROM 已广泛应用于卫星广播电视录像、影视制品和电子书刊出版业、保存个人计算机的大容量文件或数据备份。CD-ROM、DVD-ROM 是一种只供用户从盘上读取数据的只读型光盘，它的内容必须通过对应的光盘刻录仪一次性写入，不能擦写或重写。

但如果是音像制品，一般它的内容就由厂商用压膜大量复制而成。

（2）追记型光盘（CD-R、DVD-R）。

CD-R、DVD-R、CCWWORM（WriteOnceReadMany）都属于追记型光盘的范畴，追记型光盘虽然也是只能刻录一次，但它的刻录可以分多次完成。其中 CCWWORM 光盘在性能上比较高，在制作成本上也大于 CD、DVD。WORM 光盘由于价格因素而得不到市场的青睐，但 WORM 光盘技术仍在稳步发展，一些要求较高的应用系统，如军事、金融保险、法律、航空等领域仍不同程度地使用 WORM 产品。而 IBM 公司在增强型 3995 光盘库 C 系列产品中采用的追记型光盘就是 CCWWORM 光盘。

（3）可擦写型光盘（CR-RV、DVD-RW）。

可擦写型光盘是一种可随机存取的存储设备，这一点类同于磁盘。其主要原理是“相变”（PhaseChange）技术，在光盘内部镀上一层厚度为 40 nm 的半金属薄膜（主要成分为硒或碲），用适当功率的激光束照射，使其在“结晶”（Crystalline）态和“非结晶”（Amorphous）态之间进行转换，以此来完成对数据的擦除和重写。由于结晶态与非结晶态对光束的反射角度不同，所以就能很快读出盘上的数据。目前这类光盘主要有 CD-Rw、CD+RW、DVD-RW、DVD+RW 等。

2）光驱的分类

光驱是台式机里比较常见的一个配件。随着多媒体的应用越来越广泛，光驱在台式机诸多配件中已经成为标准配置。目前，光驱可分为 CD-ROM 驱动器、DVD 光驱（DVD-ROM）、康宝（COMBO）和刻录机等。

（1）CD-ROM 光驱：又称为致密盘只读存储器，是一种只读的光存储介质。它是利用原本用于音频 CD 的 CD-DA（Digital Audio）格式发展起来的。

（2）DVD 光驱：一种可以读取 DVD 碟片的光驱，除了兼容 DVD-ROM，DVD-VIDEO，DVD-R，CD-ROM 等常见的格式外，对于 CD-R/RW，CD-I，VIDEO-CD，CD-G 等都能很好地支持。

（3）COMBO 光驱：“康宝”光驱是人们对 COMBO 光驱的俗称。而 COMBO 光驱是一种集合了 CD 刻录、CD-ROM 和 DVD-ROM 为一体的多功能光存储产品。

（4）刻录光驱：包括了 CD-R、CD-RW 和 DVD 刻录机等，其中 DVD 刻录机又分 DVD+R、DVD-R、DVD+RW、DVD-RW（W 代表可反复擦写）和 DVD-RAM。刻录机的外观和普通光驱差不多，只是其前置面板上通常都清楚地标识着写入、复写和读取三种速度。

3）刻录软件介绍

刻录软件的种类比较多，有 UltraISO、PowerISO、NERO 等等，同一个软件也有很多版本，刻录软件及版本的选择根据个人的情况而定，使用方法上大同小异。

任务 13　Windows2003 安装 U 盘制作

1. 理论知识点

安装操作系统除了上述介绍的通过系统安装光盘的方式之外，还有一种方式就是通过 U 盘安装操作系统。目前，几乎所有的计算机都支持 U 盘启动，通过 U 盘安装操作系统成为当下的主流方式。它较之于通过光盘的方式安装操作系统有以下几个优势：首先，最大的优势在于速度，通过 U 盘安装操作系统，相对于光盘安装，速度能有相当大的提升；其次，U 盘可以重复读写，光盘可以重复读，但是光盘的重复读容易导致光盘损坏或不能读取数据，而 U 盘在这一方面具有非常大的优势，重复读写带来的损坏几乎可以忽略不计；最后，U 盘的容量优势，U 盘的容量比光盘大得多，U 盘可以容纳下多个、多种不同版本的操作系统安装文件。本节将详细介绍 U 盘启动盘的制作。

2. 任务目标

（1）熟悉大白菜 U 盘制作工具的使用。
（2）掌握使用大白菜制作 Windows 2003 安装 U 盘。

3. 环境和工具

（1）使用的软件：大白菜 U 盘制作工具。
（2）系统环境：Windows XP。
（3）使用的工具：U 盘。

4. 操作流程和步骤

（1）Windows 2003 安装文件的准备。从网上下载好扩展名为 GHO 的 Windows 2003 安装文件，可以参看上一节 GHOST 版系统光盘制作中的内容。

（2）下载并安装大白菜 U 盘制作工具。

（3）插入 U 盘，并运行大白菜 U 盘制作软件，软件界面如图 4-10 所示：

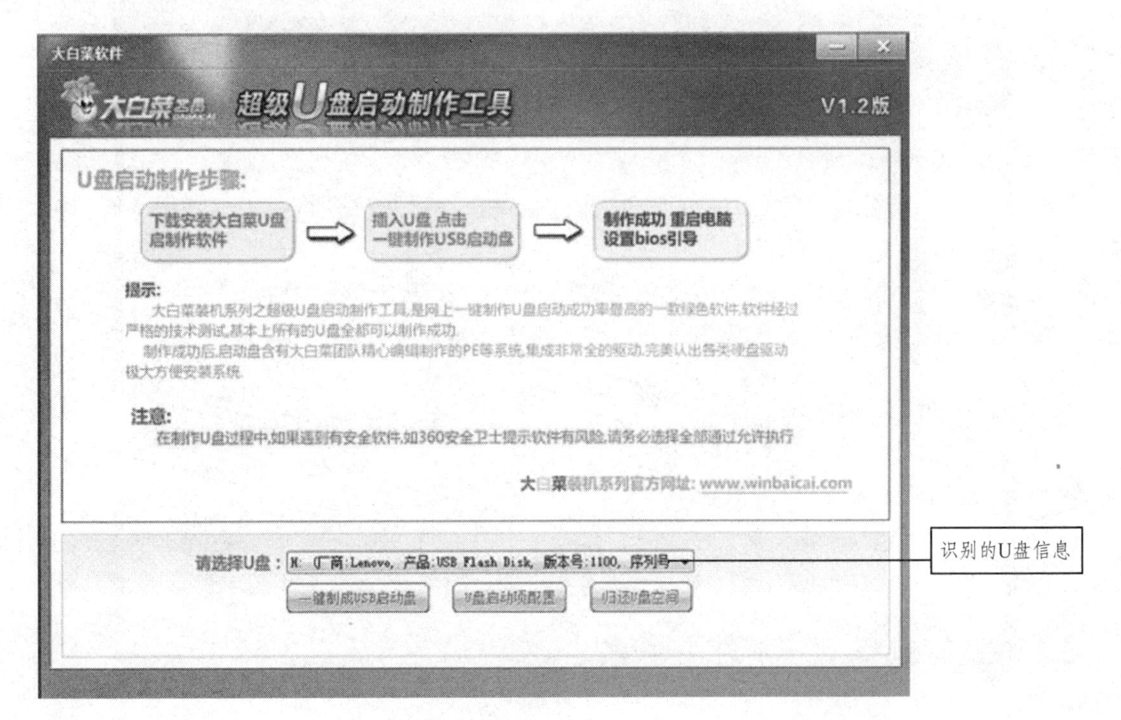

图 4-10

（4）点击下面的“一键制成 USB 启动盘”按钮，开始制作，如图 4-11 所示：

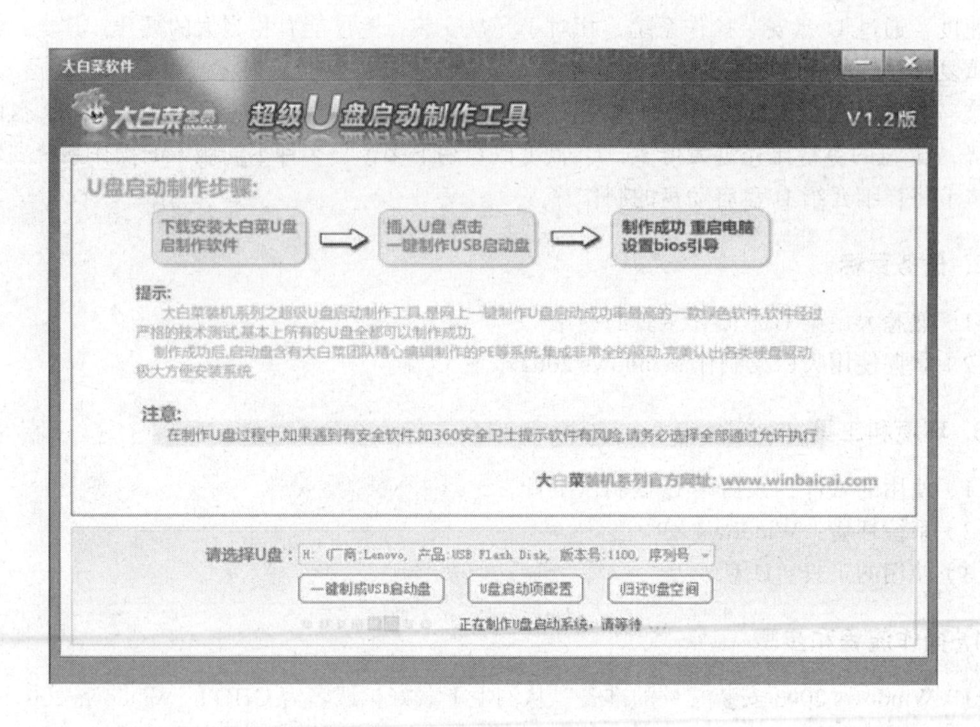

图 4-11

（5）等待直至制作成功，如图 4-12 所示：

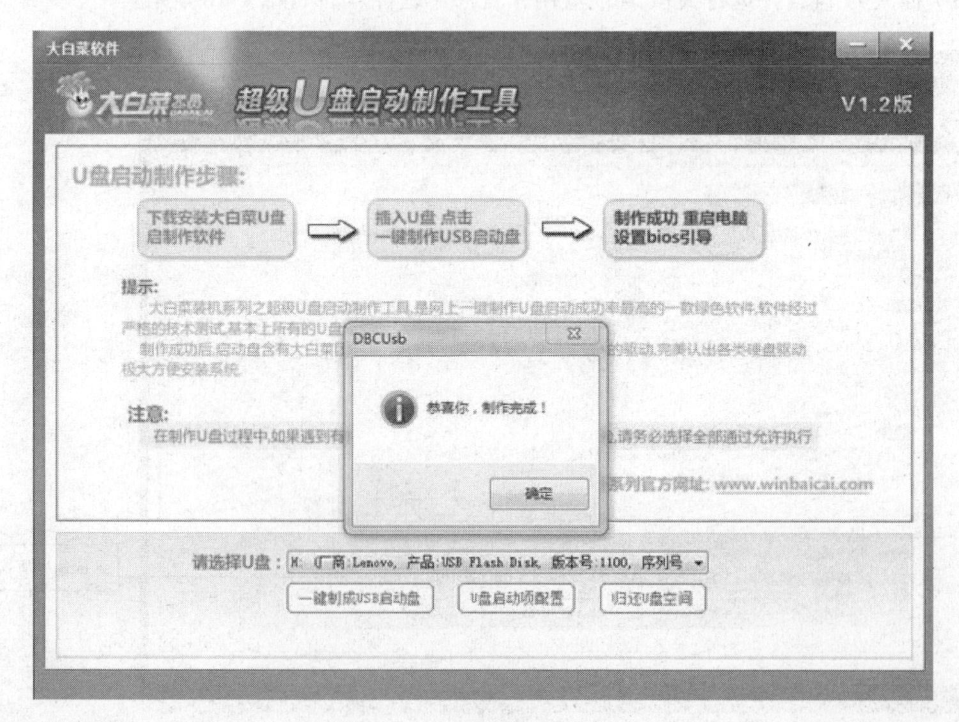

图 4-12

（6）重新启动，设置 BIOS 引导顺序为 U 盘，查看启动效果，如图 4-13 所示：

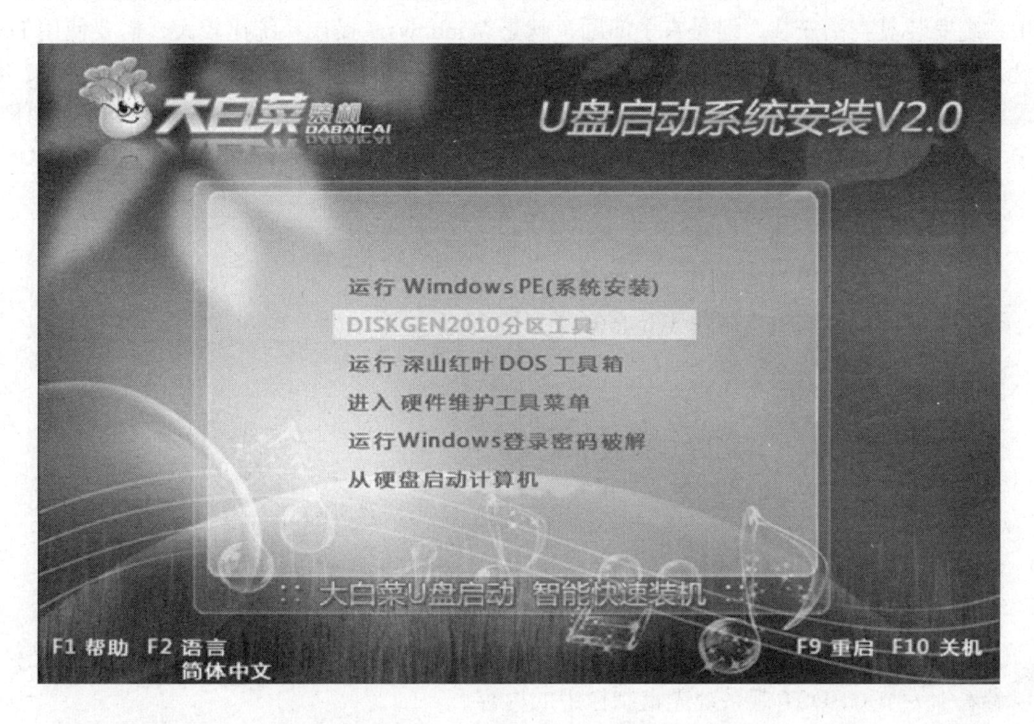

图 4-13

（7）将第一步中准备好的扩展名为 GHO 的 Windows 2003 安装文件复制进 U 盘即可。至此 Windows 2003 的 U 盘启动盘制作完成。

5. 拓展知识

（1）启动 U 盘制作工具比较多，有 USBboot、老毛桃、杏雨梨云、计算机店等。这些工具的功能基本一样，使用方法也差不多，熟悉了大白菜软件之后，其他软件也很容易上手。

（2）本节介绍的是 Windows 2003 的安装 U 盘的制作，Windows XP、Windows 7 等操作系统的安装 U 盘的制作方式一样，只需将 Windows 2003 的安装文件更换为 Windows XP、Windows 7 等其他操作系统的安装文件即可。

（3）现在基本所有的计算机都支持 U 盘启动，有两种方法设置 U 盘启动：① 设置 BIOS 参数；② 进入 Boot menu 选项选择。

4.2 Windows 7/Windows 2008 安装盘制作

任务 14 Windows 7 的安装 U 盘制作

1. 理论知识点

Windows 7 操作系统较之于 Windows XP 操作系统增加了很多功能。如今，Windows 7 操作系统正在被普及，慢慢将成为主流操作系统。安装操作系统，最方便最简单的方法，就是使用系统安装盘直接安装，但是有个问题，就是 Windows 7 操作系统比较大，需要使用 DVD 光盘，但是目前的情况是几乎所有的用户都没有 DVD 刻录机，无法将下载的 Windows 7 ISO 刻录成光盘。在上一节中已经介绍了 Windows 2003 的安装 U 盘的制作方法，这个方法同样适用于 Windows 7 安装 U 盘的制作。本部分将使用另外一款软件来制作 Windows 7 的安装 U 盘。

2. 任务目标

（1）熟悉计算机店 U 盘制作工具的使用。

（2）掌握使用计算机店制作 Windows 7 安装 U 盘。

3. 环境和工具

（1）使用的软件：计算机店 U 盘制作工具。

（2）系统环境：Windows XP。

（3）使用的工具：U 盘。

4. 操作流程和步骤

（1）Windows 7 安装文件的准备。从网上下载好扩展名为 GHO 的 Windows7 安装文件，可以参看上一节 GHOST 版系统光盘制作中的内容。

（2）下载并安装计算机店 U 盘制作工具。

（3）插入 U 盘，并运行计算机店 U 盘制作软件，软件界面如图 4-14 所示：

图 4-14

（4）点击下面的“一键制成 USB 启动盘”按钮，开始制作，如图 4-15 所示：

图 4-15

（5）等待直至制作成功，如图 4-16 所示。

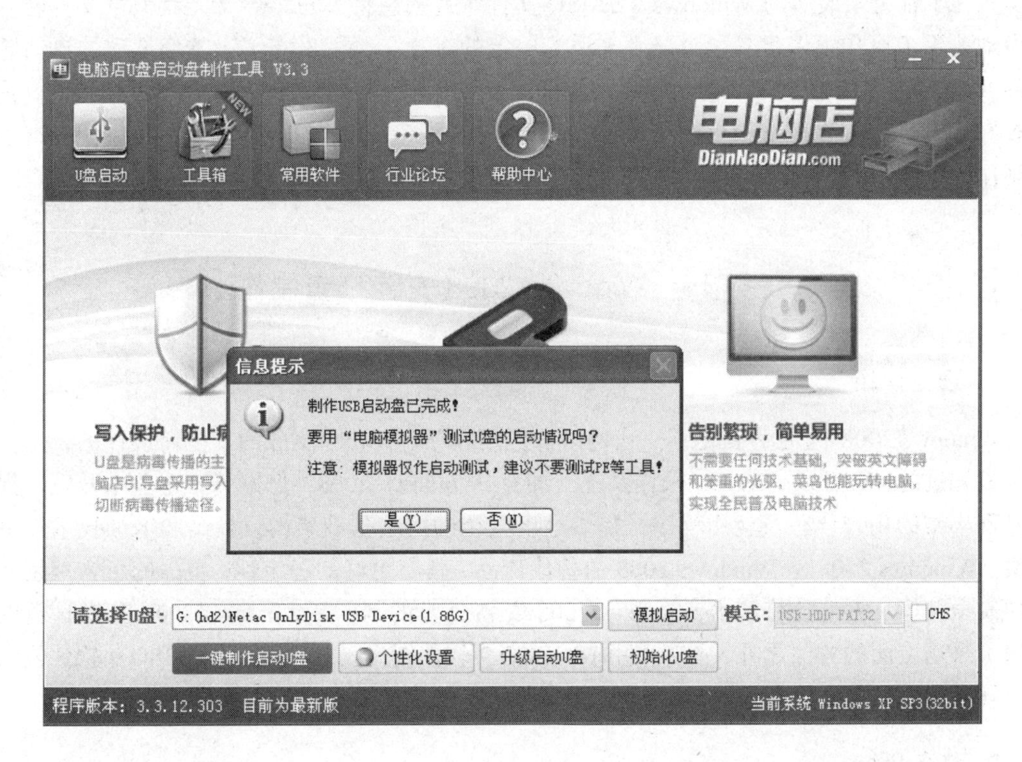

图 4-16

（6）在对话框中点击“是”使用“模拟器”测试 U 盘的启动情况，如图 4-17 所示：

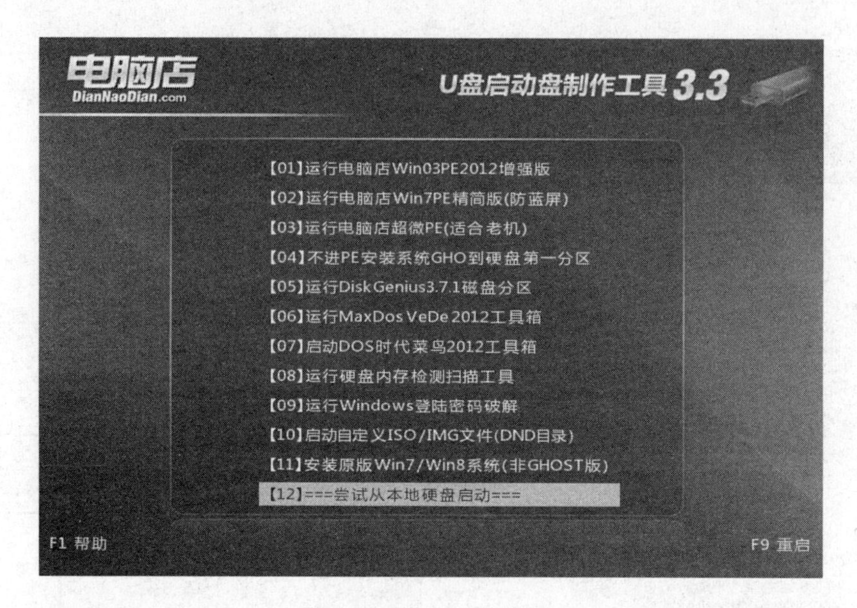

图 4-17

5. 拓展知识

以上制作的是 GHOST 版的 U 盘安装盘，事实上目前 GHOST 版的 Windows 7 安装文件比较少，几乎都是安装版的 Windows 7 的 ISO 文件。过去想将 Windows 7 光盘 ISO 文件转为 U 盘启动要手工操作很多步骤，对新手来说有一定的难度。微软发布了一款傻瓜型的自动转换工具 Windows 7 USB/DVD Download Tool 则大大方便了这种操作过程。你只需运行它，选择下载好的 Windows 7 的 ISO 文件，并选择制作 USB 闪盘或制作 DVD 光盘，程序便会自动为你制作好可启动的 Windows 7 安装 U 盘或刻录成 DVD 光盘了，软件比较简单，不再赘述。

任务 15　Windows2008 安装 U 盘制作

1. 理论介绍

Windows 2008 是专为强化下一代网络、应用程序和 Web 服务的功能而设计的，是有史以来最先进的 Windows Server 操作系统。拥有 Windows 2008，您即可在企业中开发、提供和管理丰富的用户体验及应用程序，提供高度安全的网络基础架构，提高和增加技术效率与价值。Windows 2008 是 Windows 2003 的替代产品，具有更好的稳定性、更强的可管理型和更高的安全性等。本部分将演示 Windows 2008 安装 U 盘的制作。Windows 2008 安装 U 盘的制作除了采用上面的方法之外，本节采用 UltraISO 9 软件制作安装 U 盘。UltraISO 9 软件最大的不同就是可以将 ISO 文件直接刻录到 U 盘中。

2. 任务目标

（1）熟悉 UltraISO 9 的使用。

（2）掌握使用 UltraISO 9 制作 Windows 2008 安装 U 盘。

3. 环境和工具

（1）使用的软件：UltraISO 9。

（2）系统环境：Windows XP。

（3）使用的工具：U 盘。

4. 操作流程和步骤

（1）Windows 2008 安装文件的准备。从网上下载 Ghost 版 Windows 2008 的 ISO 镜像文件。

（2）将 U 盘插入计算机 USB 接口后，直接运行 UltraISO 软件，如图 4-18 所示：

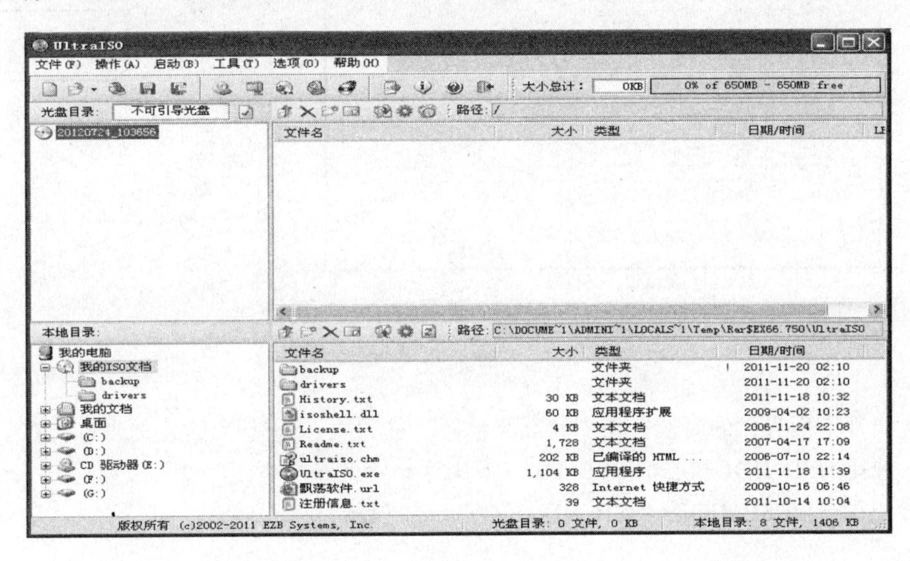

图 4-18

（3）选择“文件”→“打开”，读入下载的 Windows 2008 镜像文件，如图 4-19 所示：

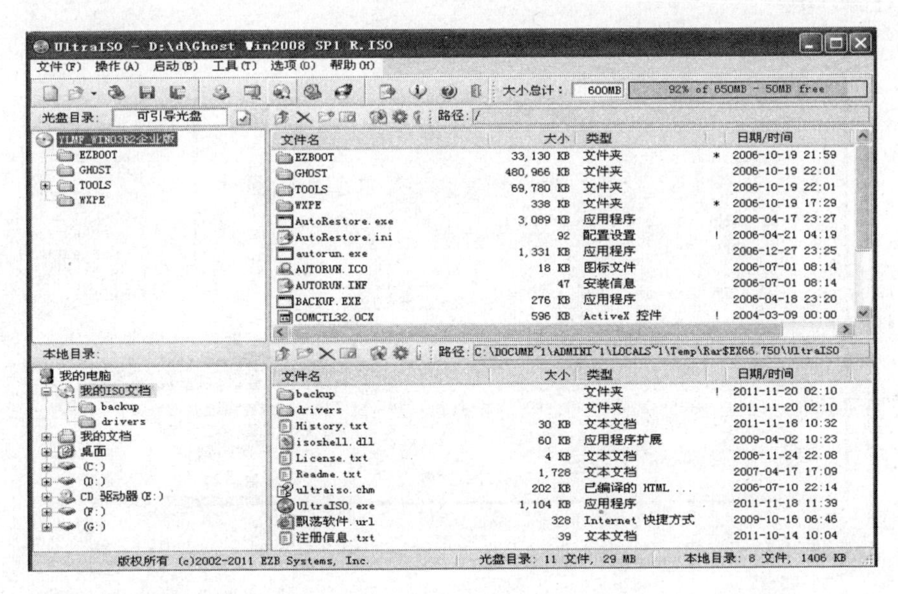

图 4-19

（4）选择“启动”→“写入硬盘映像”，弹出写入磁盘映像对话框，如图 4-20 所示：

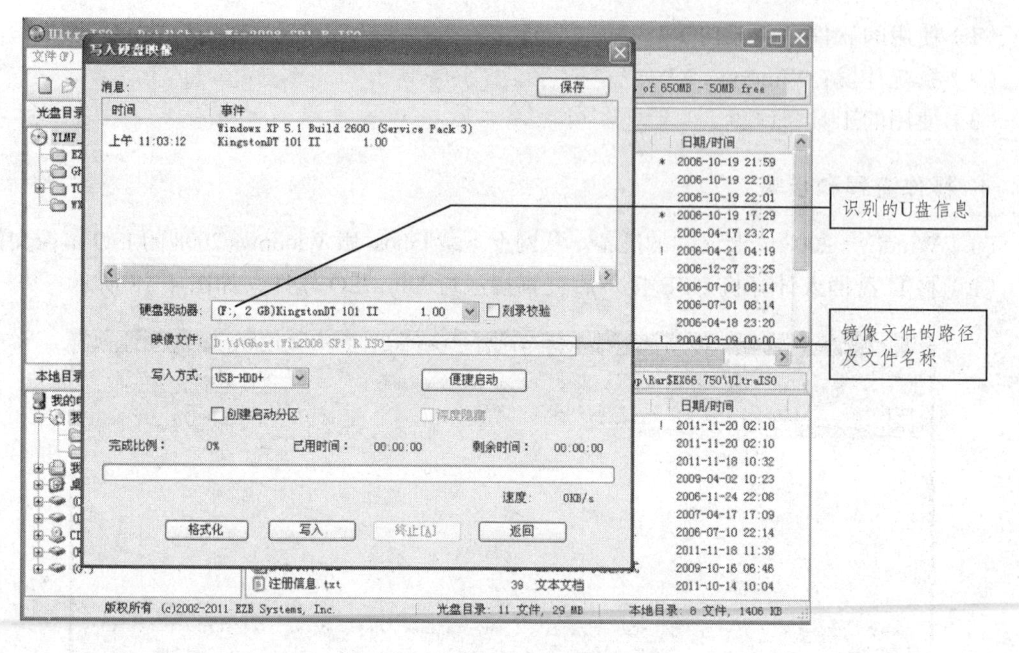

图 4-20

（5）出现上面界面的时候，在“硬盘驱动器”选项里，要选择 U 盘的盘符，在“写入方式”里，选择 USB-HDD+模式/ USB-HDD 模式等，并点击“便捷启动”按钮——写入新的硬盘主引导记录——USB-HDD+/USB-HD，如图 4-21 所示：

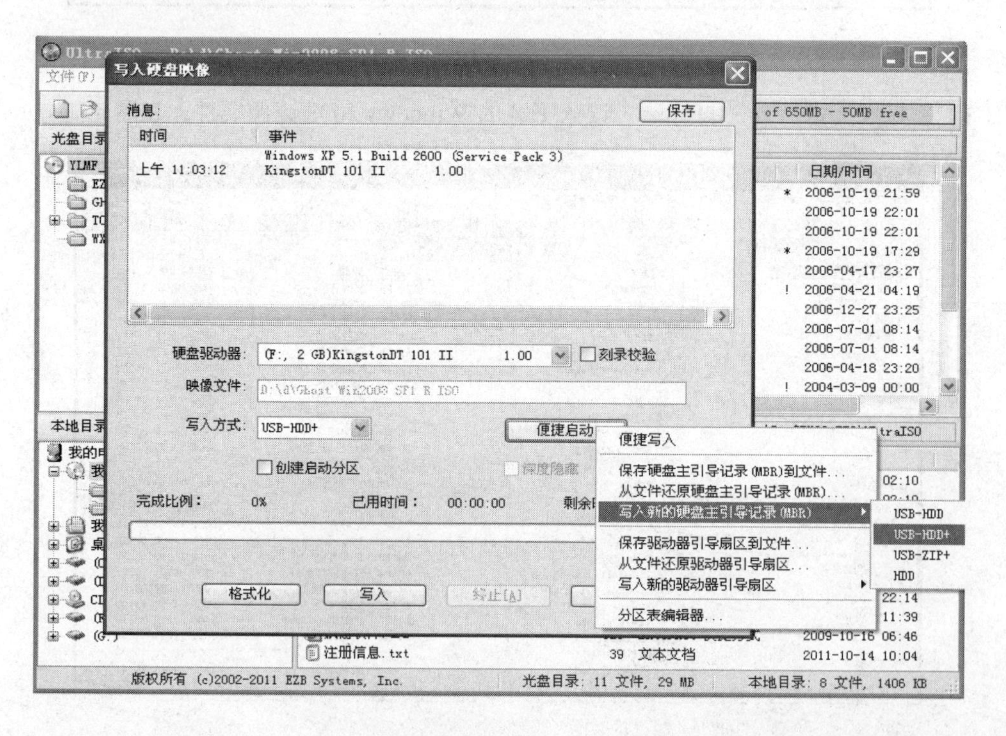

图 4-21

（6）点击“写入”，开始 ISO 文件写入到 U 盘，等待直到刻录成功，如图 4-22 所示：

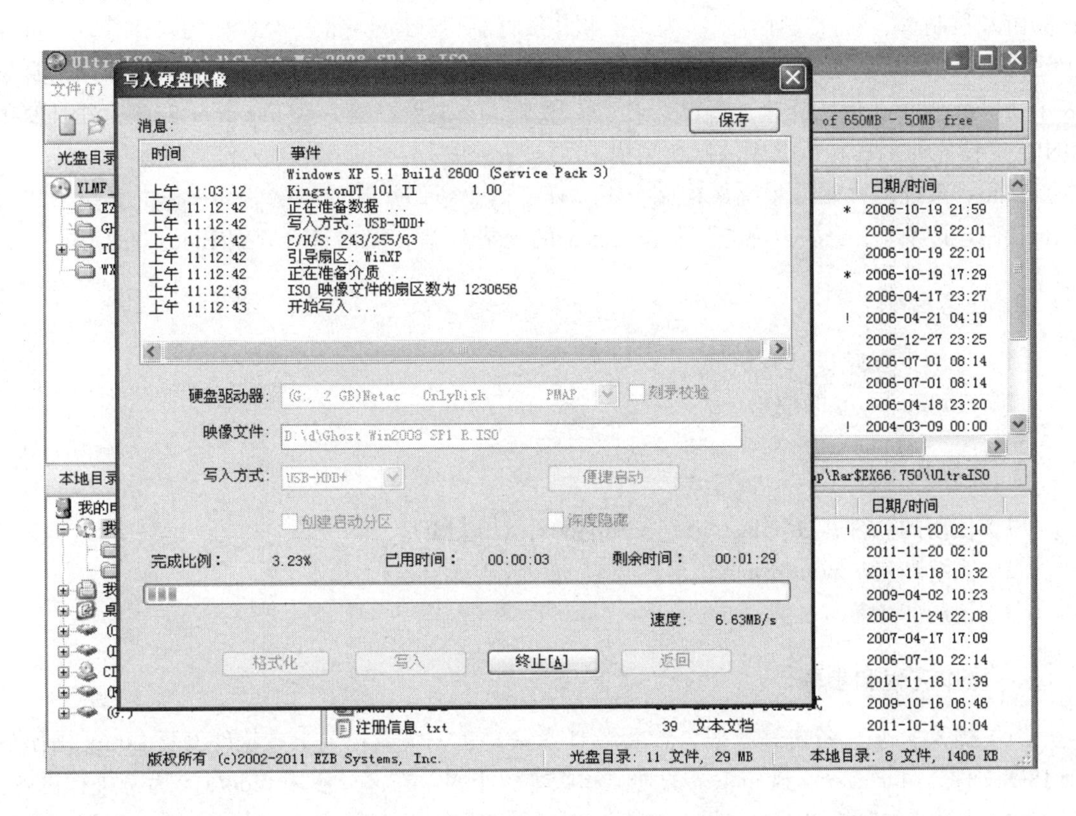

图 4-22

（7）参照 Windows2003 安装 U 盘制作部分，设置 BIOS 参数或者启动菜单重启计算机检测制作情况。

5. 拓展知识

UltraISO 制作出来的 U 盘启动，只是将 U 盘用引导工具格式化，在 U 盘的零磁道里写入主板可识别的引导标识，让主板可以从磁道引导，进入 U 盘里所含有的操作系统。使用 UltraISO 方法可以制作很多种操作系统的安装 U 盘，大家可以模仿着试一试。不过提醒一下，制作启动 U 盘前，一定要备份好 U 盘中的数据哦！

4.3 Linux 和 Android X86 系统安装盘制作

任务 16 Linux 安装 U 盘制作

1. 理论知识点

Linux 是一种自由和开放源码的类 Unix 操作系统。目前存在着许多不同的 Linux，但它们都使用了 Linux 内核。Linux 可安装在各种计算机硬件设备中，从手机、平板电脑、路由器和视频游戏控制台，到台式计算机、大型机和超级计算机。Linux 是一个领先的操作系统，世界上运算最快的 10 台超级计算机运行的都是 Linux 操作系统。严格来讲，Linux 这个词本身只表示 Linux 内核，但实际上人们已经习惯了用 Linux 来形容整个基于 Linux 内核，并且使用 GNU 工程各种工具和数据库的操作系统。

Linux 系统与微软的系统架构完全不一样，由于我们经常使用微软的操作的系统，故对 Linux 系统了解得很少。本部分将制作 Linux 的安装 U 盘，后面还会介绍 Linux 的安装。

2. 任务目标

（1）进一步掌握 GRUB 引导。

（2）Grubinst_gui 的使用。

3. 环境和工具

（1）使用的软件：Grubinst_gui、Grub4dos，UltraISO。

（2）系统环境：Windows XP。

（3）使用的工具：U 盘。

4. 操作流程和步骤

（1）插入 U 盘，备份好数据，然后将 U 盘格式化，下载相关工具软件以及 Linux 操作系统 ISO 文件，由于 Linux 操作系统的种类和版本也很多，本部分使用 fedora14 为例进行讲解。

（2）制作 U 盘的 GRUB 引导，这部分也可以使用前面介绍的 BOOTICE 软件制作，两个软件功能基本一样。

① 运行 Grubinst_gui 软件，如图 4-23 所示：

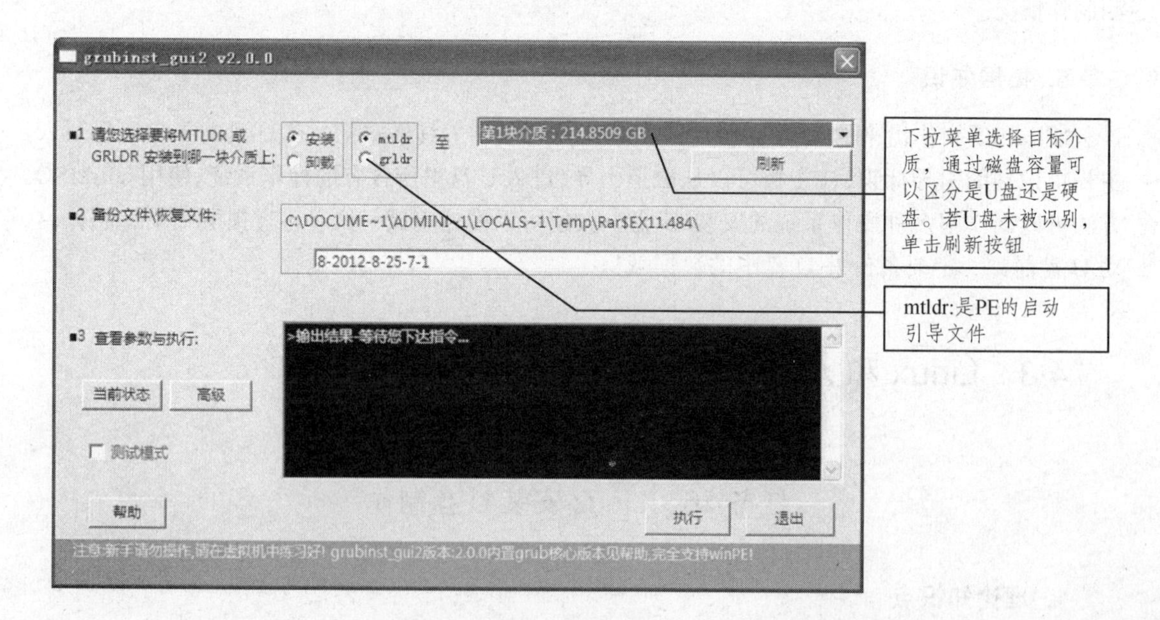

图 4-23

② 选择 grldr 和 U 盘介质，如图 4-24 所示：

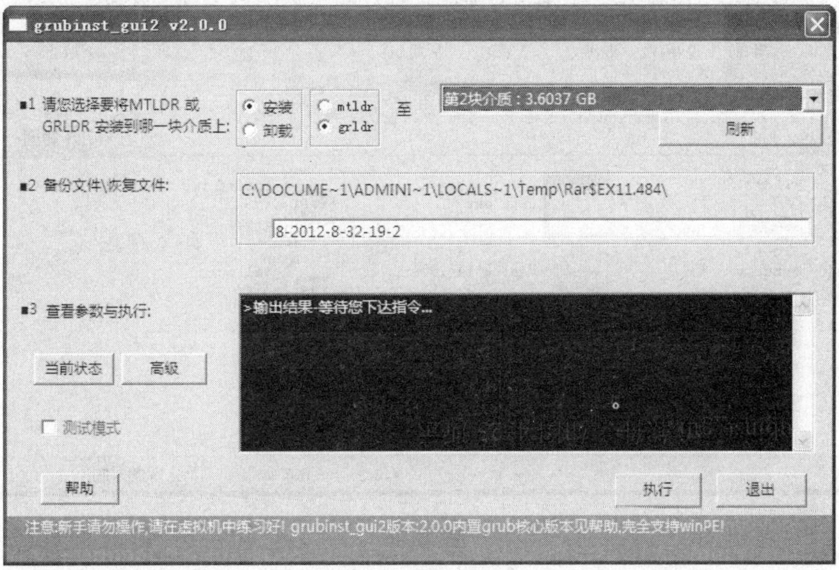

grubinst_gui2 v2.0.0
■1 请您选择要将MTLDR 或 GRLDR 安装到哪一块介质上:
安装
卸载
mtldr
grldr
至
第2块介质：3.6037 GB
刷新
■2 备份文件\恢复文件:
C:\DOCUME~1\ADMINI~1\LOCALS~1\Temp\Rar$EX11.484\
8-2012-8-32-19-2
■3 查看参数与执行:
>输出结果-等待您下达指令...
当前状态
高级
测试模式
帮助
执行
退出
注意:新手请勿操作,请在虚拟机中练习好! grubinst_gui2版本:2.0.0内置grub核心版本见帮助,完全支持winPE!

图 4-24

③ 单击“执行”按钮进行安装，弹出如图 4-25 所示界面，提示制作成功，关闭窗口。

C:\WINDOWS\system32\cmd.exe
The MBR has been successfully installed
Press any key to continue ...

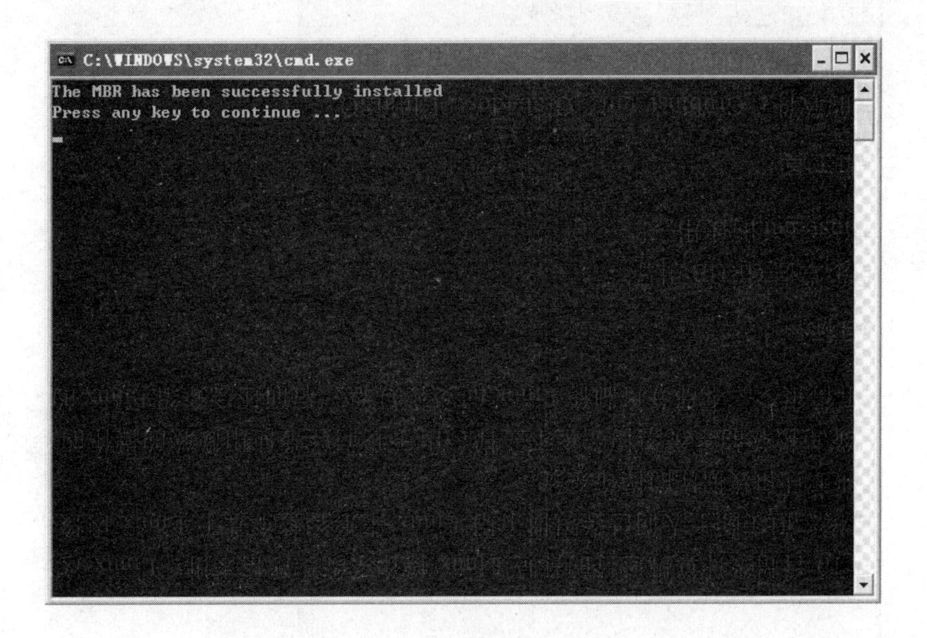

图 4-25

（3）解压 Grub4dos，将 grldr 和 menu.lst 文件拷贝到 U 盘根目录下。

（4）使用 UltraISO 提取镜像中 isolinux 目录下的 initrd.img 文件和 vmlinux 文件拷贝到 U 盘根目录下。

（5）再将 fedora14 镜像文件拷贝至 U 盘根目录。

完成以上操作后 U 盘中文件如图 4-26 所示：

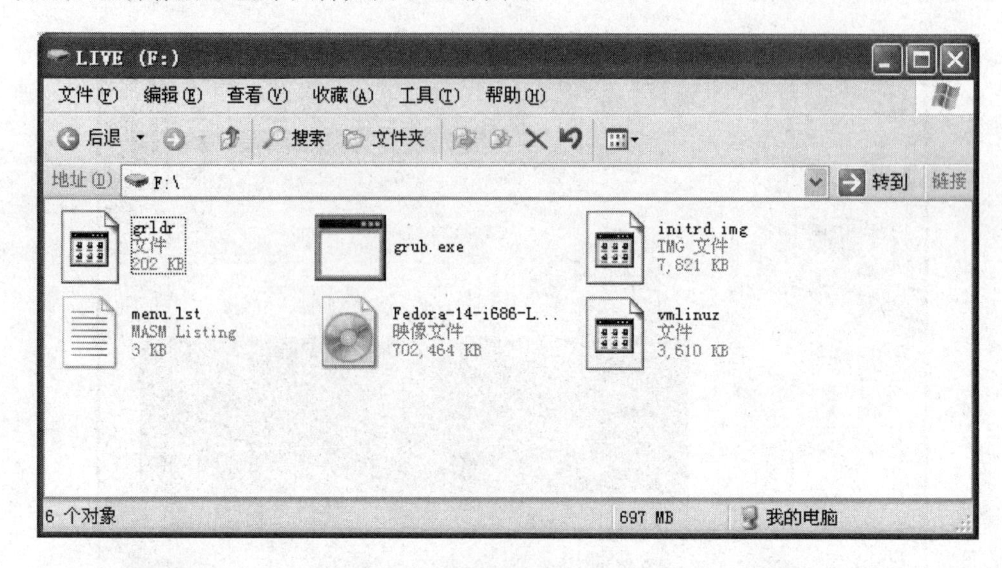

图 4-26

（6）使用记事本打开 menu.lst，然后进行修改，如图 4-27 所示：

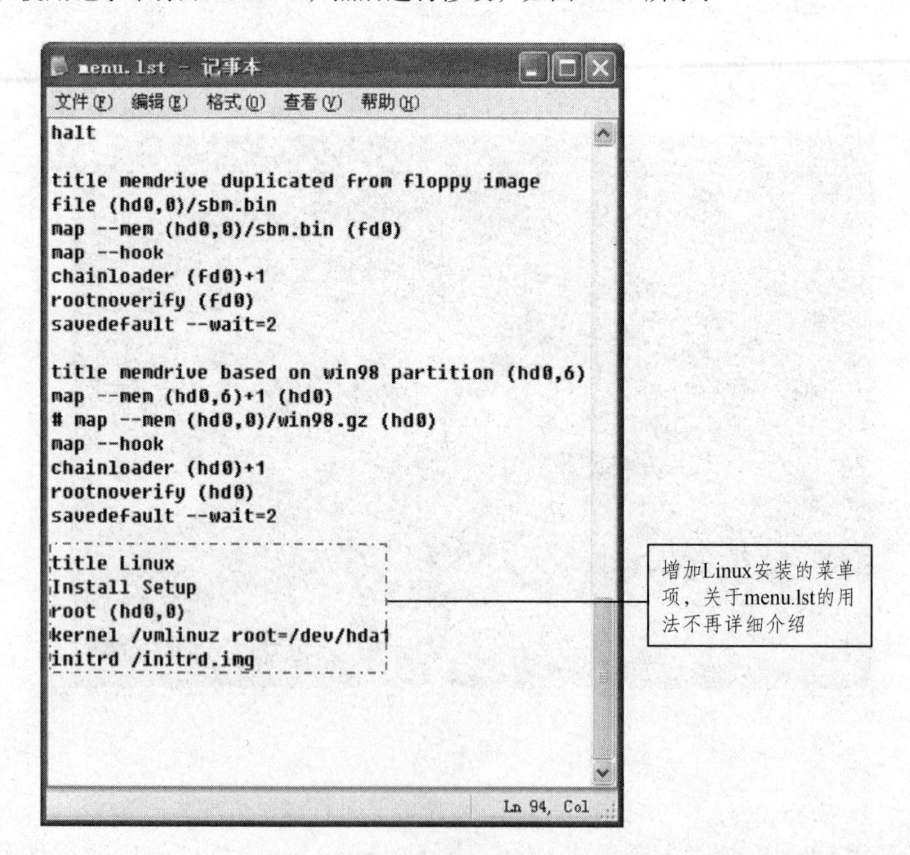

图 4-27

（7）重启计算机，选择从 U 盘启动，启动后的画面如图 4-28 所示：

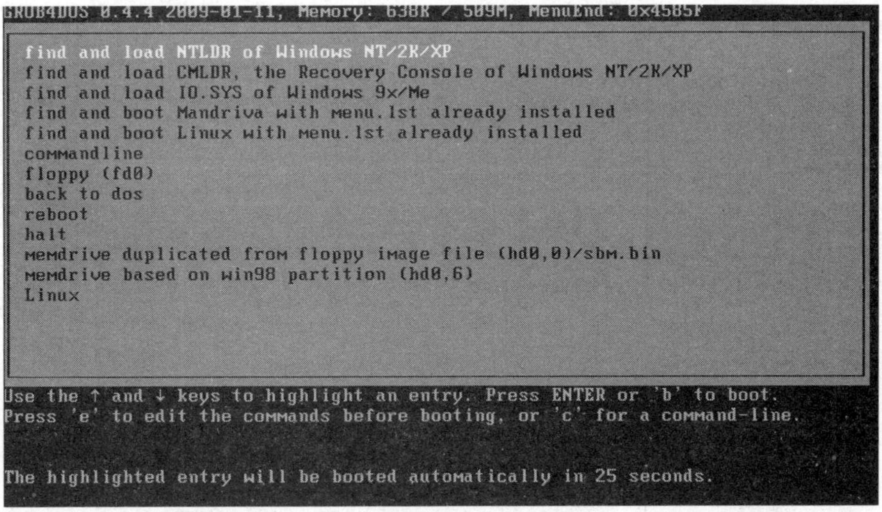

```
GRUB4DOS 0.4.4 2009-01-11, Memory: 638K / 509M, MenuEnd: 0x4585F

 find and load NTLDR of Windows NT/2K/XP
 find and load CMLDR, the Recovery Console of Windows NT/2K/XP
 find and load IO.SYS of Windows 9x/Me
 find and boot Mandriva with menu.lst already installed
 find and boot Linux with menu.lst already installed
 commandline
 floppy (fd0)
 back to dos
 reboot
 halt
 memdrive duplicated from floppy image file (hd0,0)/sbm.bin
 memdrive based on win98 partition (hd0,6)
 Linux

Use the ↑ and ↓ keys to highlight an entry. Press ENTER or 'b' to boot.
Press 'e' to edit the commands before booting, or 'c' for a command-line.

The highlighted entry will be booted automatically in 25 seconds.
```

图 4-28

5. 拓展知识

Linux 安装 U 盘的制作方法很多，比如 LiveUSB Creator 软件等专门的制作软件，但这些软件只能制作 Linux 系列的操作系统安装 U 盘。本部分使用的方法是比较通用的一种方法，其他的操作系统安装 U 盘也可使用该方法制作，具体使用什么方法取决于制作的难度和用户的习惯。

任务 17　Android x86 安装 U 盘制作

1. 理论知识点

Android x86 是一个致力于让 Android 运行在 x86 架构机器上的民间组织搞的项目，目前在世界上有很多人加入了它，虽然目前 x86 的 Android 还不是很完善，但是对于想在 PC 上尝试 android 系统的人还是很有用的。再加上 Intel 也强势加入 Android 手机的阵营，相信 Android x86 未来会越来越完美。本任务是制作 Android x86 的安装 U 盘，前面已经介绍了多种操作系统的安装 U 盘制作，通用安装 U 盘的制作方法基本上也就这么多，除了专门工具外，比如 Windows 7 USB DVD Download Tool 和 LiveUSB Creator 等专门的工具。

2. 任务目标

UltraISO 软件的使用。

3. 环境和工具

（1）使用的软件：UltraISO、Android_x86_4.0_RC2 源文件。

（2）系统环境：Windows XP。

（3）使用的工具：U 盘。

4. 操作流程和步骤

（1）下载 Android x86 的 ISO 镜像文件，插入 U 盘。

（2）运行 UltraISO 软件，如图 4-29 所示：

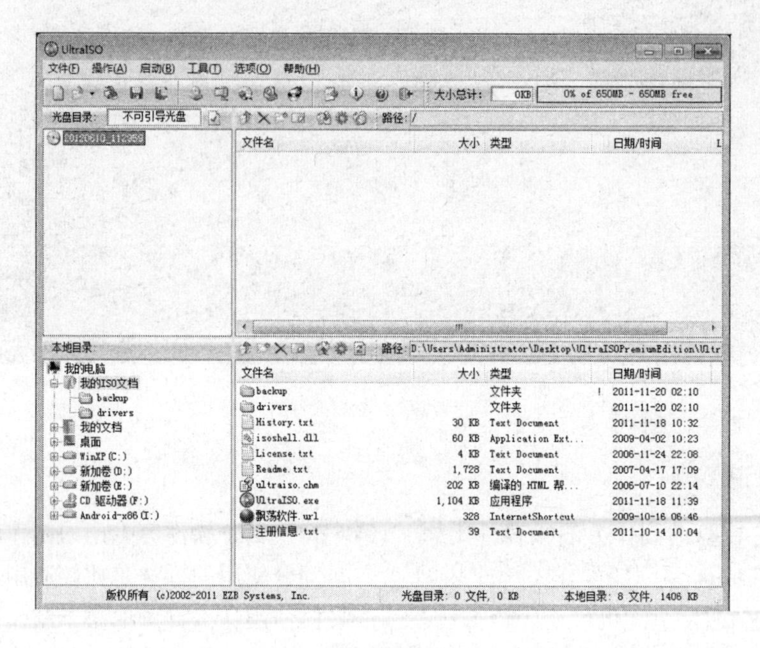

图 4-29

（3）选择“文件”→“打开”，读入下载的 Android_x86_4.0_RC2.ISO 镜像文件，如图 4-30 所示：

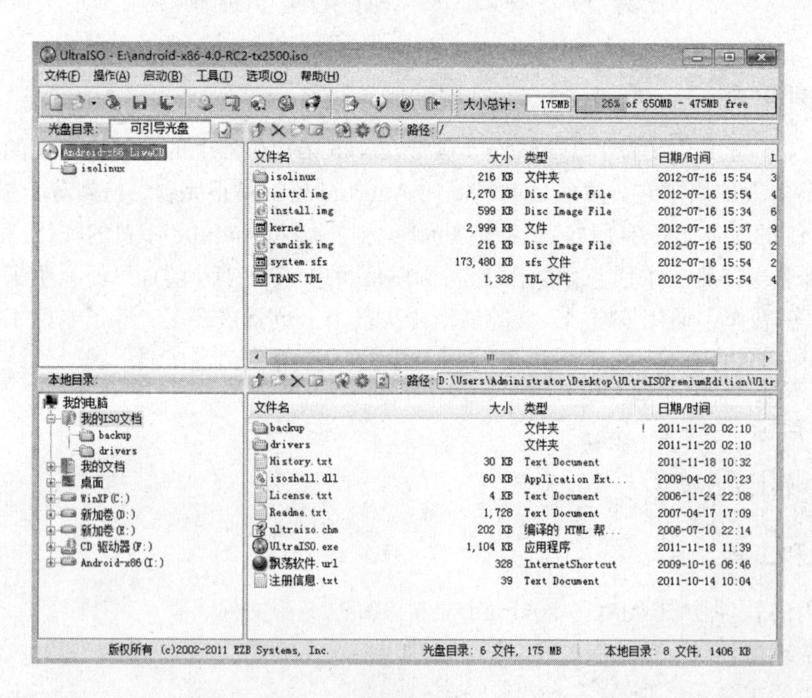

图 4-30

（4）选择“启动”→“写入硬盘映像”，弹出写入磁盘映像对话框，如图 4-31 所示：

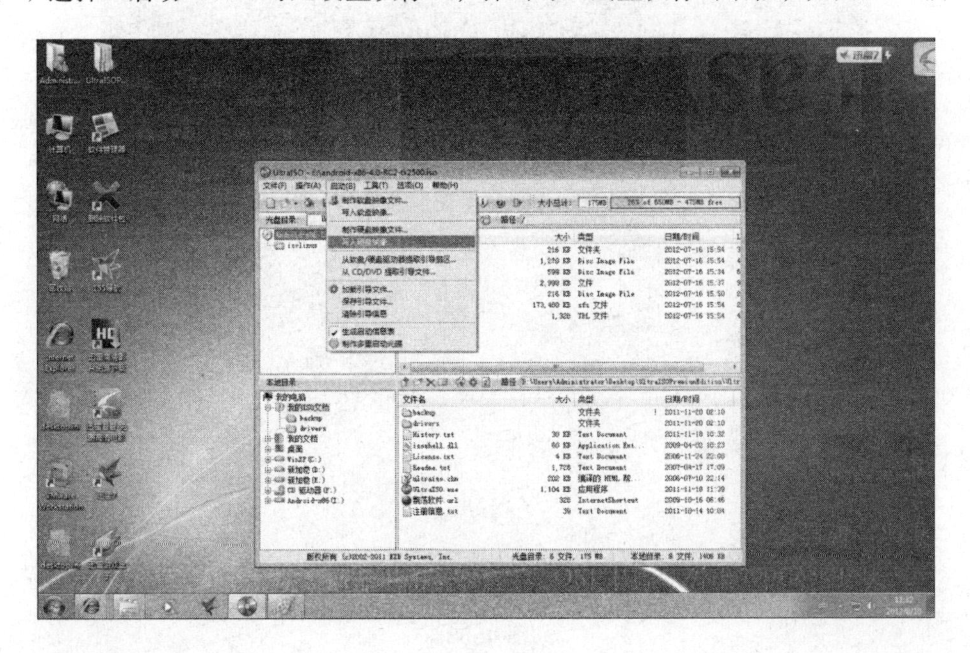

图 4-31

（5）在“硬盘驱动器”选项里，要选择 U 盘的盘符，在“写入方式”里，选择 USB-HDD+ 模式/ USB-HDD 模式等，并点击“便捷启动”按钮——写入新的硬盘主引导记录——USB-HDD+/USB-HD，如图 4-32 所示：

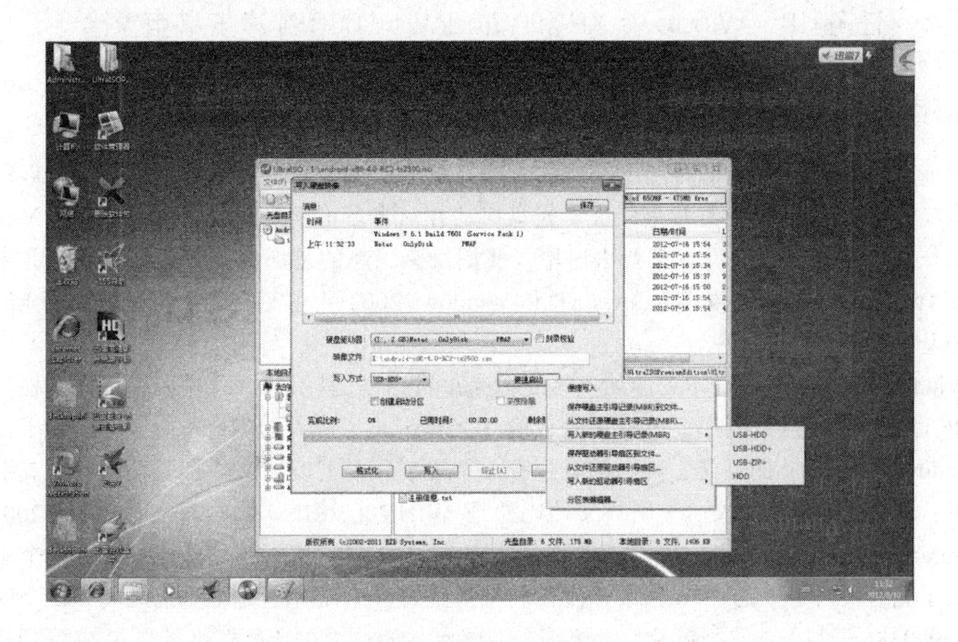

图 4-32

（6）制作完成后，设置 BIOS 参数或者启动菜单重启计算机检测启动情况，如图 4-33 所示：

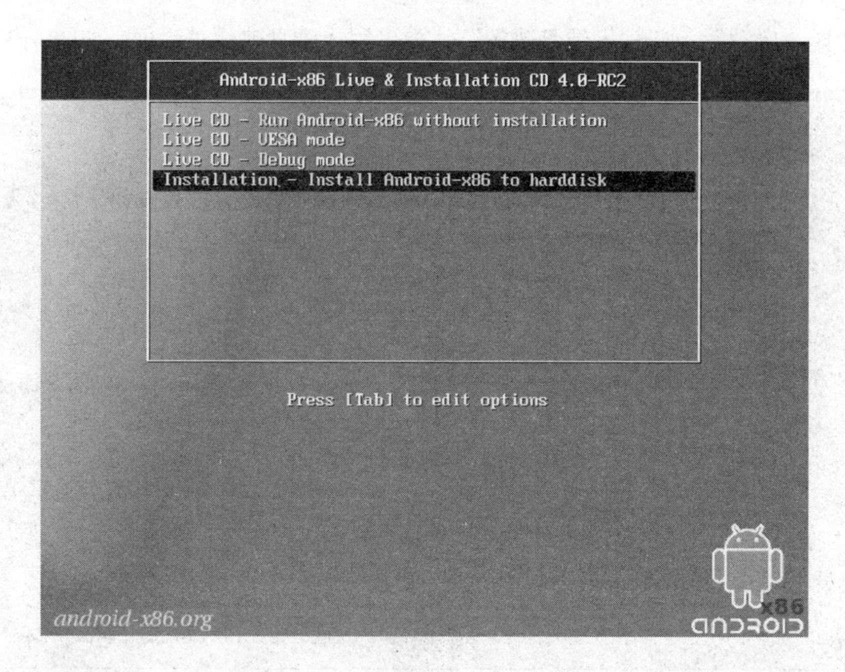

图 4-33

4.4 Windows XP 和 Windows 2003 安装盘的整合

任务 18 Windows XP 和 Windows 2003 纯净安装盘整合

1. 理论介绍

目前市面上流行 *N* 合 1 的光盘。这些 *N* 合 1 的光盘中，有些是不能用光盘进行启动的，我们只能在 DOS 下安装；有些是能够从光盘启动并从光盘正常安装的。不能启动的 *N* 合 1 光盘的制作非常简单，我们没有必要去讨论，我们最感兴趣的是那些能够用光盘启动并正常安装的 *N* 合 1 光盘。本任务以 Windows XP 和 Windows 2003 纯净安装盘整合为例着重介绍这类光盘的基本原理及制作方法。

Windows 2003/XP 各版本的原始安装光盘是单重启动，其引导文件中固化了光盘根目录下的 I386 目录（这一点给制作多重启动的 *N* 合 1 光盘带来了最大的障碍）。该目录中不仅存放了 Windows 2003/XP 的系统文件，而且还存放了安装所需的安装文件和驱动程序。其引导过程如下：先加载光盘引导文件（引导文件比如是 WIN 2003.BIN），加载过程：WIN 2003.BIN→setupldr.bin→ntdetect.com→加载驱动程序→读 txtsetup.sif→开始光盘安装。上述多个步骤中都涉及了光盘根目录下的 i386 目录，而我们将制作的 *N* 合 1 光盘是多重启动的，每个版本都包含一个 I386 子目录，它与单重启动光盘的目录结构不同（在光盘根目录与 I386 目录之间多了 1 层版本目录），因此不能简单地照搬单重启动的引导过程。关于这样的难题很多人进行了研究，而且也非常巧妙地解决了，那就是使用 Windows 2003/XP 的安装软盘组：用软盘启动计算机，依次加载所需驱动程序及必要的系统文件，从而避开安装时到光盘根目录下的 I386

目录加载安装文件和驱动程序，然后安装程序再从 Windows 2003/XP 安装光盘中安装复制其余的文件，继续安装。我们所要模拟的就是这一过程。改造后的 N 合 1 光盘引导过程如下：光盘引导→选择版本模块→模拟软盘启动→setupldr.bin→ntdetect.com→再加载驱动程序→读 txtsetup.sif→开始光盘安装。并将上述多个步骤中都涉及的光盘根目录下的 I386 目录放在双层目录下，光盘根目录中则存放安装软盘组。

2. 任务目标

（1）掌握光盘的引导原理。

（2）熟悉 Nmaker、EasyBoot 的使用。

（3）掌握使用 Nmaker、EasyBoot 制作 WindowsXP/2003 的 2 合 1 光盘。

3. 环境和工具

（1）使用的软件：Nmaker、EasyBoot。

（2）系统环境：Windows XP。

（3）使用的工具：DVD 光盘、DVD 刻录机。

4. 操作流程和步骤

（1）下载所需要的软件和 WindowsXP/2003ISO 镜像文件。

（2）建立目录：建立整合根目录和安装根目录。分别是 C：\ISO2IN1 和 C：\ ISO2IN1\SYSTEM。然后在安装根目录下建立安装源文件夹（名称必须是 4 字节）：WIXP、WI03。WIXP 文件夹将要放 Windows XP 的安装文件，WI03 则放 Windows2003 的安装文件，如图 4-34 所示：

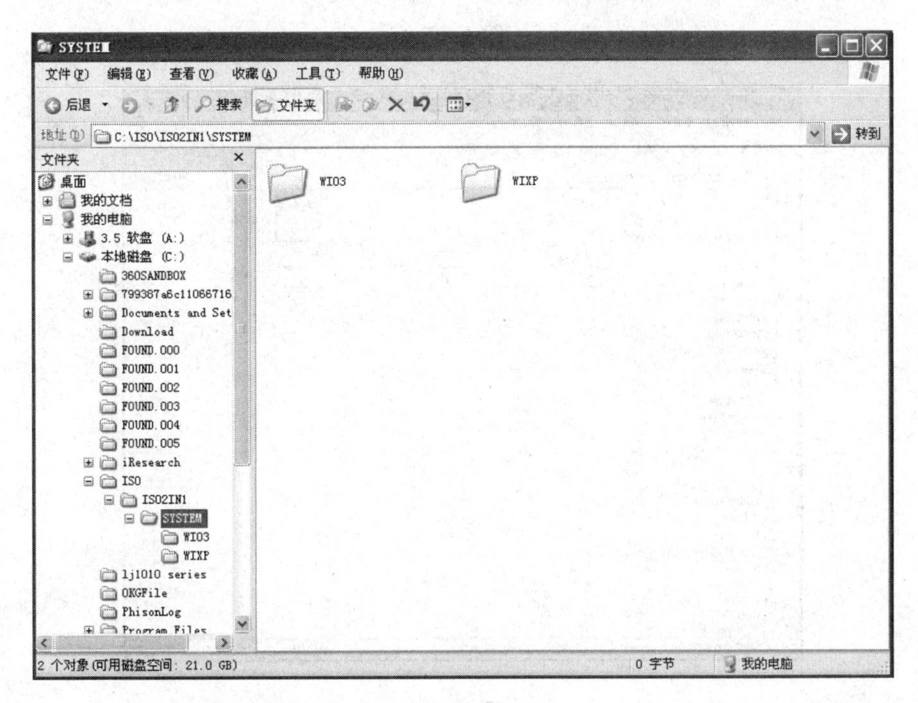

图 4-34

（3）准备集成安装版系统：解压准备好的系统 ISO 镜像，分别从不同的系统镜像里面提取系统出来放在刚才建立的安装源目录下。

Windows XP 提取 I386 目录和 WIN51、WIN51IP、WIN51IP.SP3 这 3 个文件放在安装源目录 WIXP 下，若 ISO 文件中有OME目录的，也要一起提取出来；2003 系统提取 I386 目录和 PRINTERS 目录和 WIN51、WIN51IA、WIN51IA.SP1 放在安装源目录 2003 下。有的光盘中可能没有 WIN51IA.SP1 或 WIN51IP.SP3 等文件，但是有 WIN51IA.SP2 和 WIN51IP.SP2 文件，具体是什么文件要依据下载的系统的版本，若是 SP3 版，则扩展名则为 SP3。如图 4-35 和 4-36 所示：

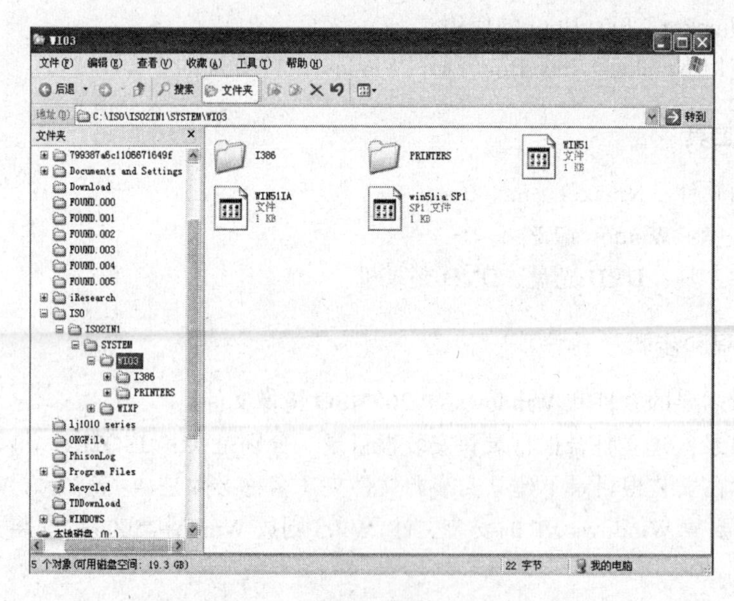

图 4-35

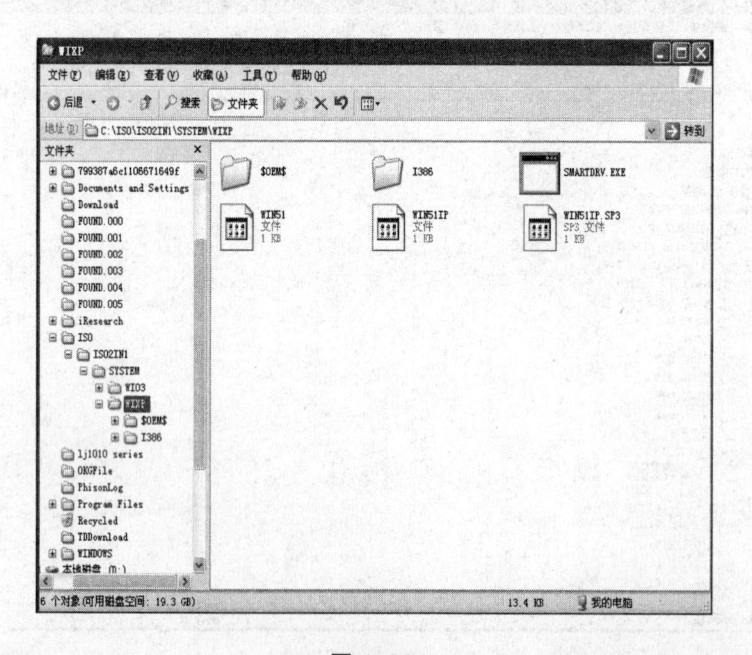

图 4-36

（4）集成 Windows XP 和 Windows 2003 系统。

① 使用 Windows N in 1 Maker 4.0 来集成。运行软件，先选择整合根目录 C：\ISO2IN1，再选择安装根目录 C：\ISO2IN1\SYSTEM，这时程序会自动识别系统版本，如图 4-37 所示：

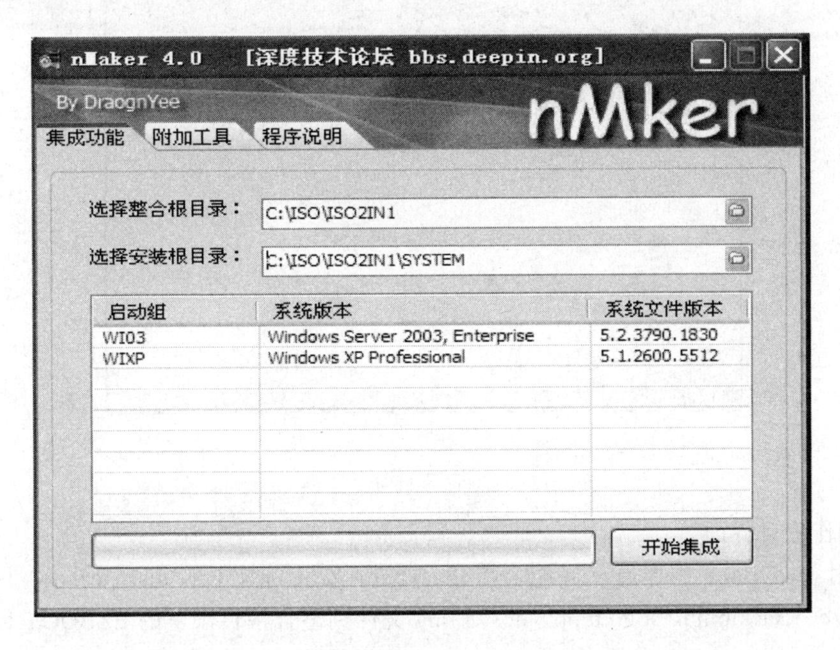

图 4-37

② 然后按“开始集成”按钮，很快集成完毕。这时 C：\ISO2IN1 目录中会自动生成 EZBOOT 目录和其他的软件启动组目录 WI03 和 WIXP，如图 4-38 和图 4-39 所示：

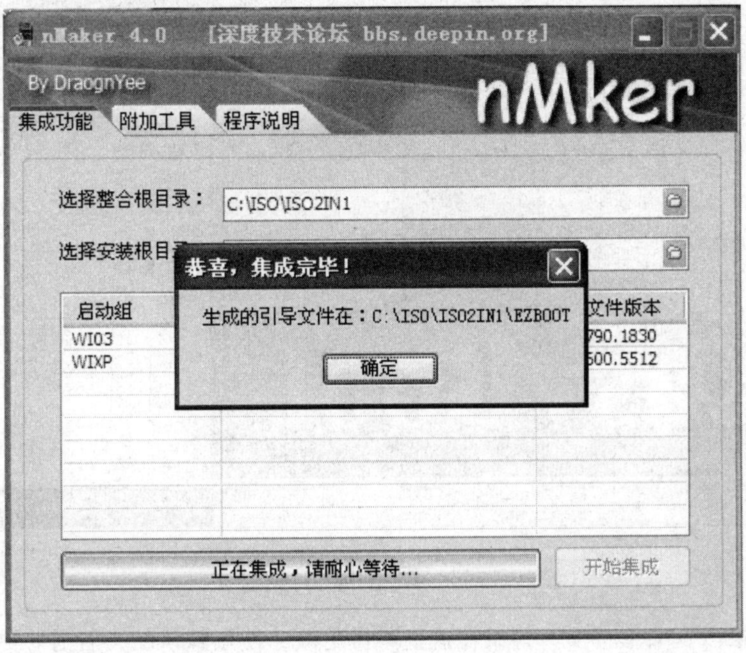

图 4-38

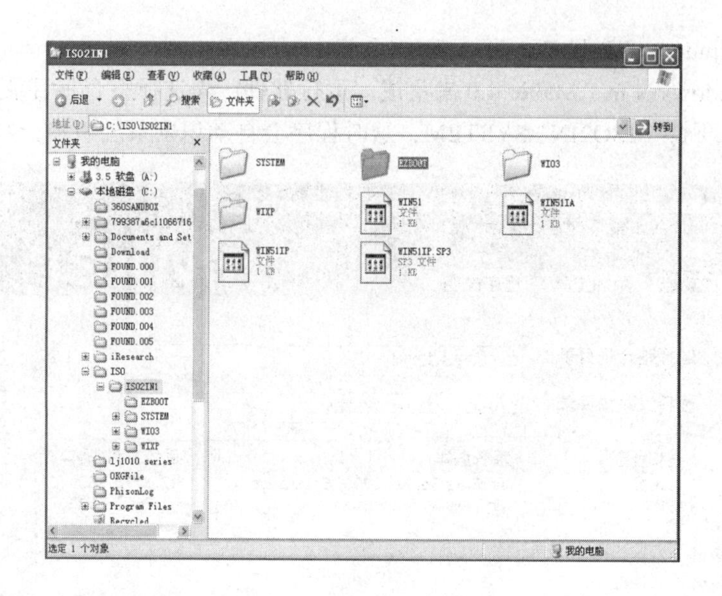

图 4-39

（5）制作启动界面。

① 使用 EasyBoot 制作启动界面，在 Easyboot 安装目录下的\disk1\ezboot 目录中复制 bootmenu.ezb、Back.bmp、logo.bmp、dos98.img 文件到整合根目录下的 EZBOOT 目录中（C:\ISO2IN1\EZBOOT），可以将 Back.bmp、logo.bmp 替换成自己喜欢的背景图片或 LOGO（256 色，800×600）。dos98.img 是 dos 工具，加入 DOS98.IMG 的目的是使光盘加入 DOS 工具。再使用 EasyBoot 软件打开 bootmenu.ezb 文件对启动界面进行编辑，如图 4-40 所示：

图 4-40

② 更改背景以及菜单选项。背景在这里不做更改，使用默认的，若需要更改则使用一张图片覆盖原图即可，如图 4-41 所示：

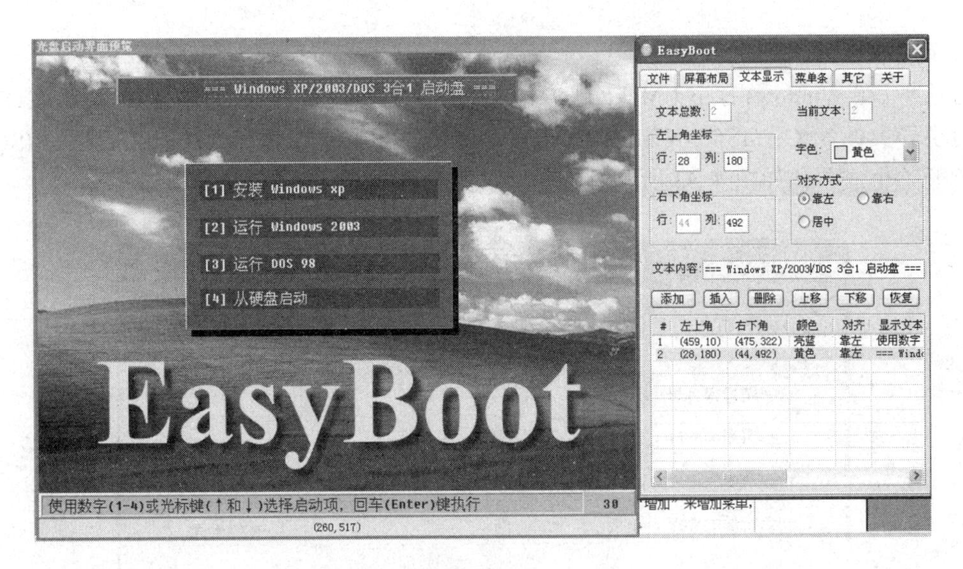

图 4-41

四个菜单项分别对应的命令是：

run WIXP.BIN（WINDOWS XP 的启动文件）

run WI03.BIN（WINDOWS 2003 的启动文件）

run dos98.img（dos98 镜像文件）

swap；boot 80（从硬盘启动）

③ 编辑好后按“保存”。这时 C：\ISO2IN1\EZBOOT 目录下会自动生成 loader.bin 文件，如图 4-42 所示：

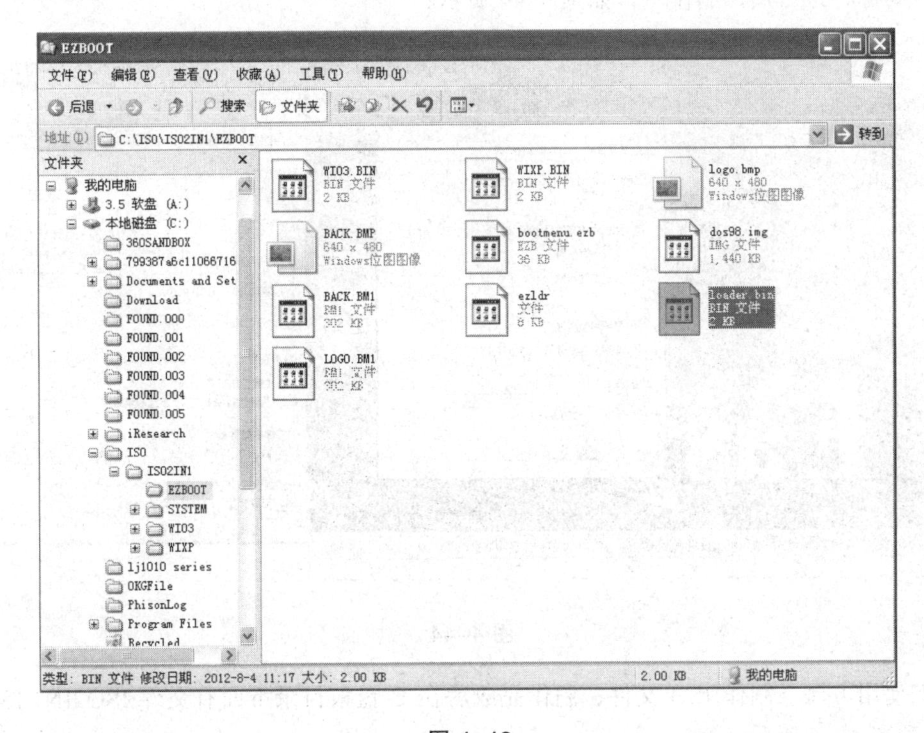

图 4-42

（6）生成镜像。

方法一：在 Windows N in 1 Maker 4.0 中选择镜像工具页面，选择镜像目录为 C：\ISO2IN1，选择可引导文件为 C：\ISO2IN1\EZBOOT\loader.bin，生成镜像保存为 C：\ISO2IN1.ISO。最后按“开始生成”，如图 4-43 所示：

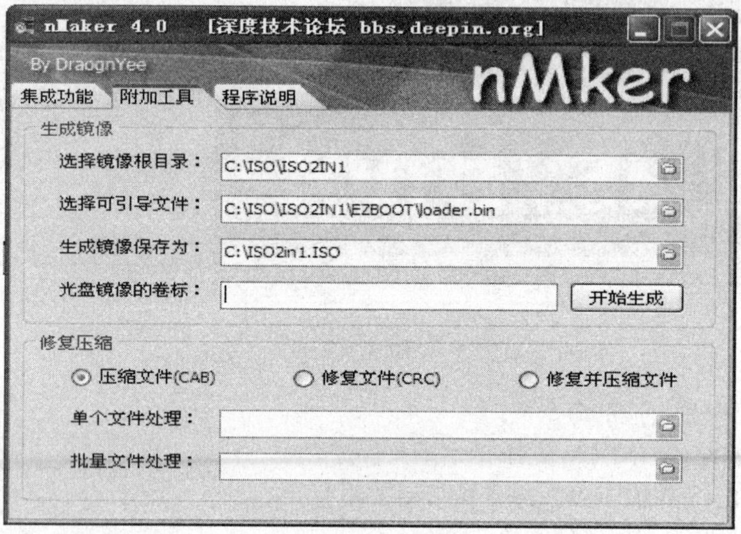

图 4-43

方法二：在 EasyBoot 中按“制作 ISO”，勾选“优化光盘文件”“DOS（8.3）”“Joliet”，修改 CD 卷标，最后按“制作”，如图 4-44 所示：

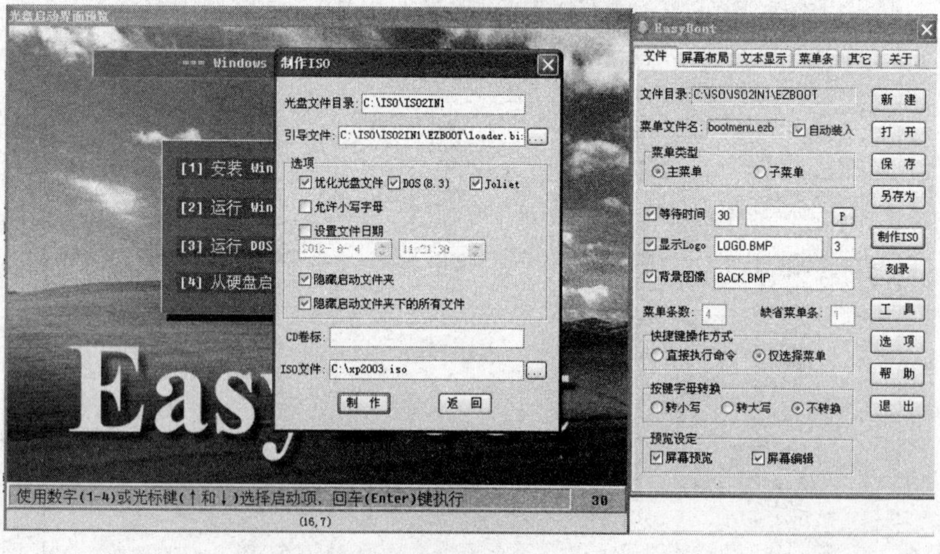

图 4-44

我们使用方法二制作 ISO 文件，制作完成后在 C 盘根目录下面有文件 ISO2IN1.ISO，如图 4-45 和图 4-46 所示：

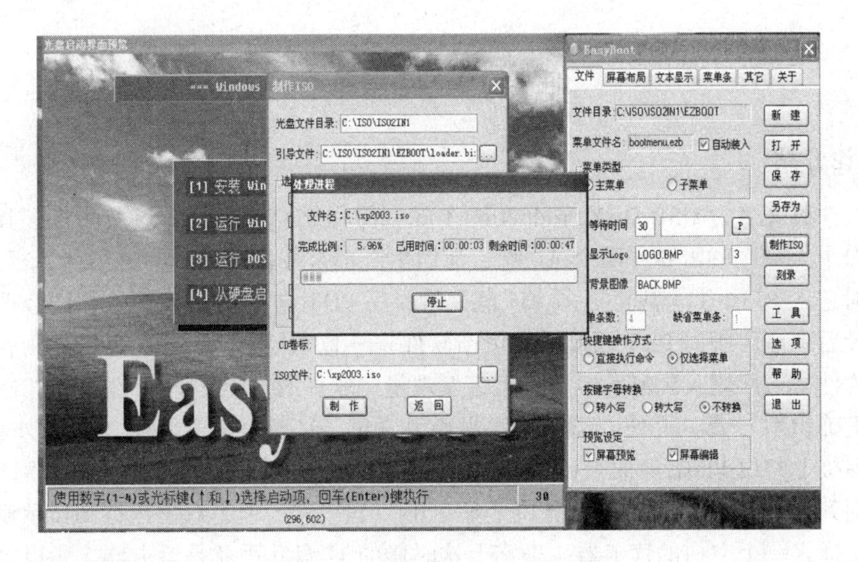

图 4–45

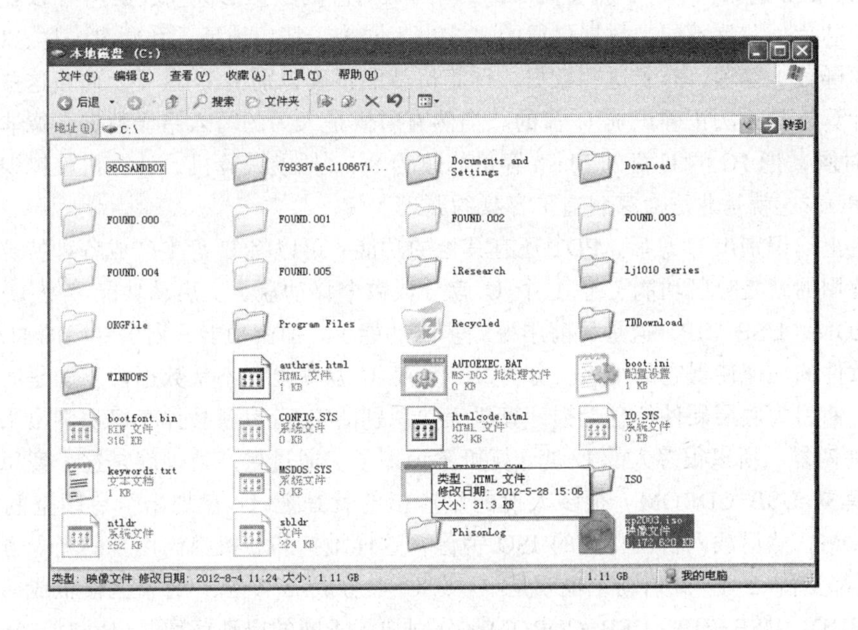

图 4–46

（7）刻录。由于文件比较大，所以需使用 DVD 光盘和 DVD 刻录机，再使用前面介绍的 NERO、UltraISO 软件进行刻录，详细过程参看前面章节。

5. 拓展知识

通过前面的理论介绍可知：制作多重启动光盘的难点是软盘启动组文件的提取以及修改多个文件。Nmaker4.0 工具制作多重启动光盘的步骤比较简单，比较容易掌握，它自动提取软盘启动组文件和自动修改引导文件等多个文件。除了 Nmaker4.0 可以制作多重启动光盘之外，Easyboot 等软件也都可以制作多重启动光盘，只是制作的过程比较复杂，但是难点依然是启动组文件提取、目录结构组织和启动文件等多个文件的修改，这个过程需要用到多个工具。

任务 19　U 盘量产

1. 理论介绍

量产软件英文名为 USB Disk Production Tool，简称 PDT，意思是 U 盘生产工具。U 盘生产厂家不像个人一次就需要一两个 U 盘，他们生产都是按批计算的，是用计算机连上 USB HUB，同时连上 8~16 个（甚至更多）U 盘，然后用 PDT 向众多 U 盘写入相同数据，完成 U 盘生产的最后工序。所以 PDT 因此得名量产软件——工厂大批量生产 U 盘的专用软件。

量产软件从工厂流入玩家手中后，大家发现量产软件的功能是向 U 盘写入相应数据，使计算机能正确识别 U 盘，并使 U 盘具有某些特殊功能。U 盘是由主控板+Flash+外壳组成的，当主控板焊接上空白 Flash 后插入计算机，因为没有相应的数据，计算机只能识别到主控板，而无法识别到 Flash，所以这时候计算机上显示出 U 盘盘符，但是双击盘符却显示没有插入 U 盘，就像是插入一个空白的读卡器。事实上这时候的 U 盘几乎就是读卡器。所以要让计算机识别出空白 Flash 这张“卡”，就要向 Flash 内写入对应的数据。这些数据包括 U 盘的容量大小、采用的芯片（芯片不同，数据保留的方式也不同）、坏块地址（和硬盘一样，Flash 也有坏块，必须屏蔽）等等，有了这些数据，计算机就能正确识别出 U 盘了。而当这些数据损坏的时候，计算机是无法正确识别 U 盘的。当然有时候是人为的写入错误数据，像非法商家量产 U 盘的时候，把 1G 的 U 盘的 Flash 容量修改为 8G，插上计算机，计算机就错误地认为这个 U 盘是 8G，这就是非法商家制造扩容盘的原理。

计算机正确识别出 U 盘后，PDT 还有其他的功能，可以将 U 盘生产成各种特殊用途的 U 盘，比较常用的就是分区功能（把 1 个 U 盘分成数个移动盘）、启动功能（使 U 盘能模拟 USB CD-ROM、USB-ZIP，这是目前用得最多的功能）、加密功能（划出专门的加密分区）。

量产软件的功能使得它的用途一分为二：一是 U 盘恢复，不是数据恢复，是底层硬件信息的恢复，使因为底层硬件信息受损计算机无法识别的 U 盘重新被计算机识别出来，很像是 MP3 的固件恢复。所以很多人的 U 盘计算机不识别了，通过量产处理就是这个意思。第二个用途就是模拟 USB-CDROM。很多人说的量产指的就是把 U 盘划出个专用空间，模拟成 USB-CDROM，然后载入自已喜欢的 ISO 镜像，这样维护和装机都比用真的光盘方便。现在很多 U 盘都支持 3 驱 3 启动，也就是 1 个 U 盘分成 3 个区，每个区模拟成一个驱动器——USB-HDD、USB-ZIP、USB-CDROM，分别加载不同的启动镜像，启动时选择相应的驱动器就能载入对应的启动镜像，相当于带了 3 张不同的启动盘，很方便。

2. 任务目标

（1）熟悉量产工具、芯片识别工具的使用。

（2）掌握使用量产工具制作 USB-CDROM。

3. 环境和工具

（1）使用的软件：MPALL v3.12.0A，GetInfo。

（2）系统环境：Windows XP。

（3）使用的工具：金士顿 DT101 G2 4GU 盘。

4. 操作流程和步骤

（1）下载 MPALL v3.12.0A 量产软件并将 U 盘插入计算机。量产软件不具有通用性，量产软件要根据 U 盘主控芯片确定，不同的芯片甚至是不同的版本，量产软件都不一样。

（2）查看 U 盘信息并备份。MPALL v3.12.0A 量产工具包中包含 GetInfo.exe 软件。

① 运行 GetInfo.exe 软件，如图 4-47 所示：

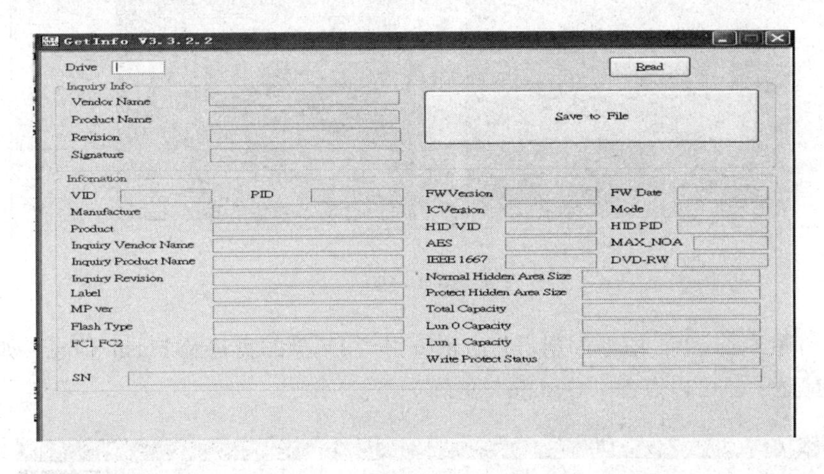

图 4-47

② 在 Drive 文本框中输入 U 盘的盘符，点击 “read” 按钮自动读出 U 盘的信息，如图 4-48 所示：

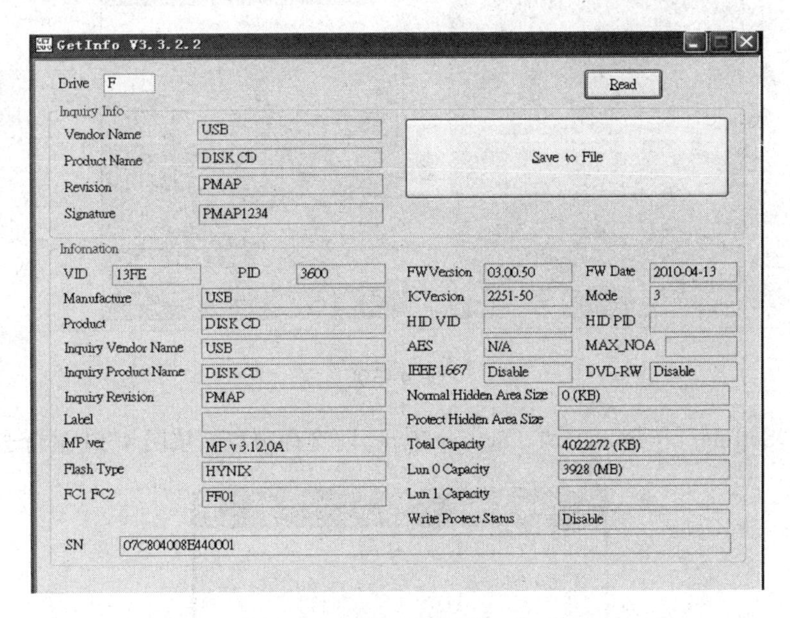

图 4-48

③ 备份好 U 盘信息，防止量产失败后无法恢复。

（3）使用 MPALL_F1_070C_v312_0A.exe 程序对 U 盘进行量产。

① 打开量产程序，进入主界面（图 4-49），主程序为 MPALL_F1_070C_v312_0A.exe。

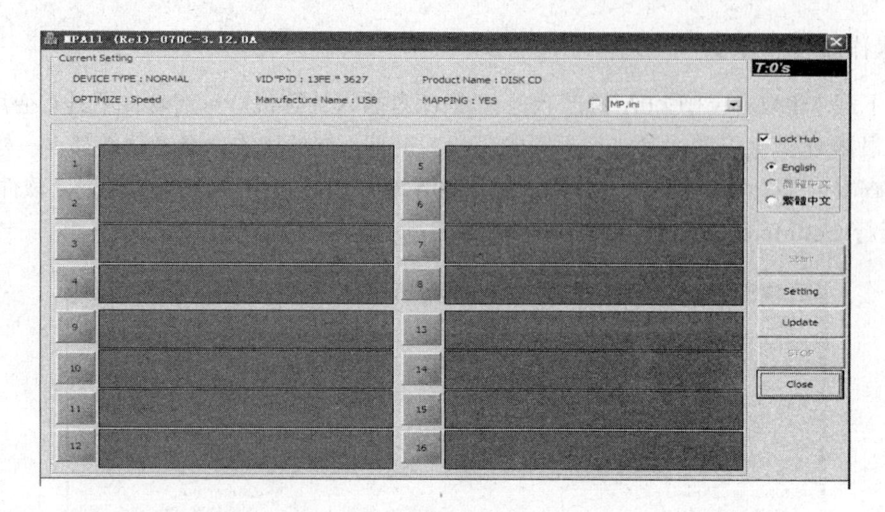

图 4-49

② 插入待量产 U 盘，稍等片刻，会出现待量产 U 盘的盘符及 Flash 信息，如图 4-50 所示。如果没有显示，可以点击“Update”更新一下。

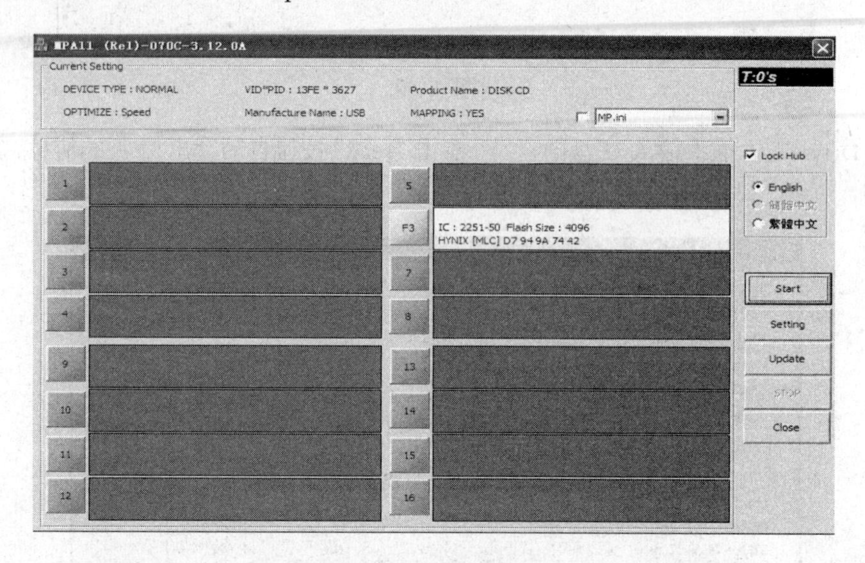

图 4-50

③ 点击“Setting”按键，出现“Setting Type ”选择窗口，按图 4-51 进行选择。

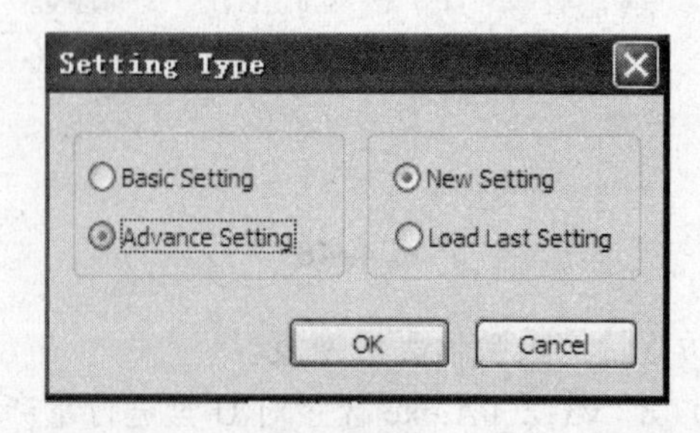

图 4-51

④ 点击“OK”按键，出现“MPParamEdit ”主设定界面（图 4-52），做具体参数的设定。

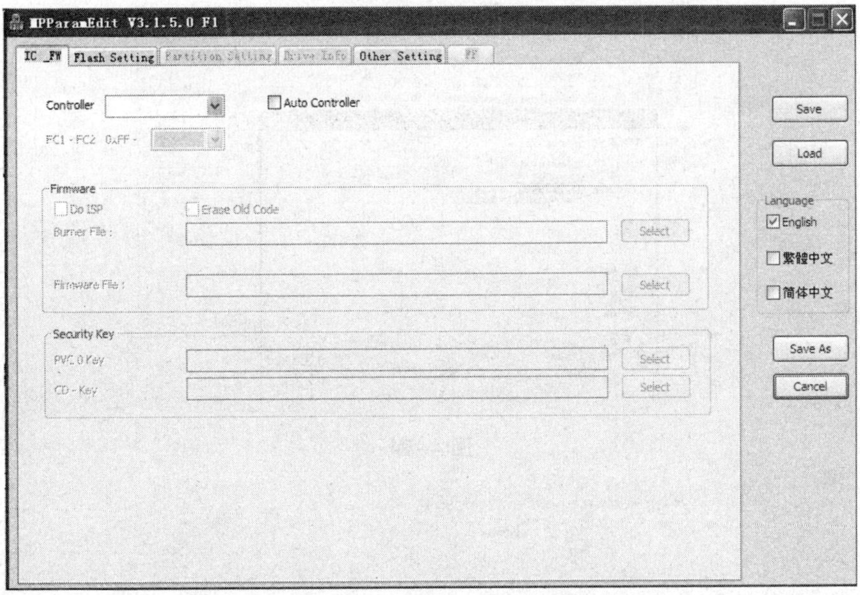

图 4-52

IC_FW 设定，根据前面提取的 U 盘信息进行填写。

主控选择：PS2251-50

FC1-FC2：0XFF-01

如图 4-53 所示。

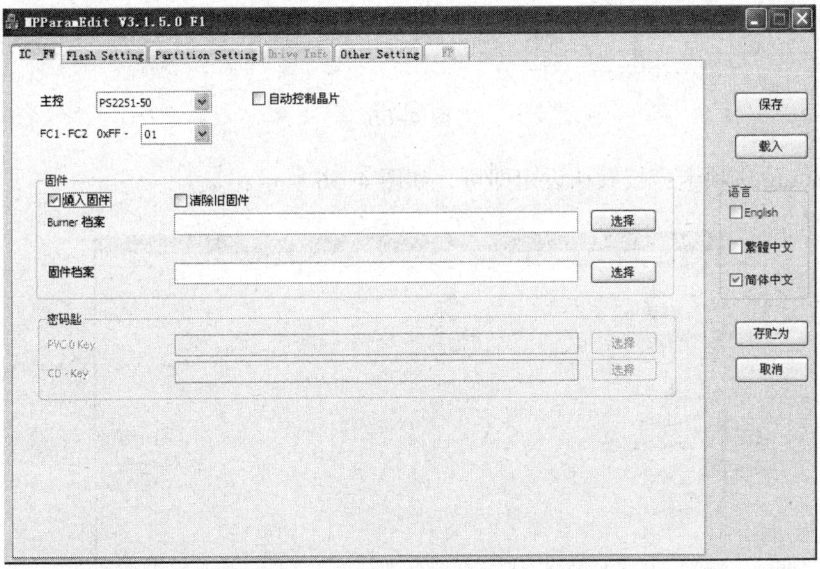

图 4-53

勾选“烧入固件”对固件进行选择，如图 4-54 和图 4-55 所示：

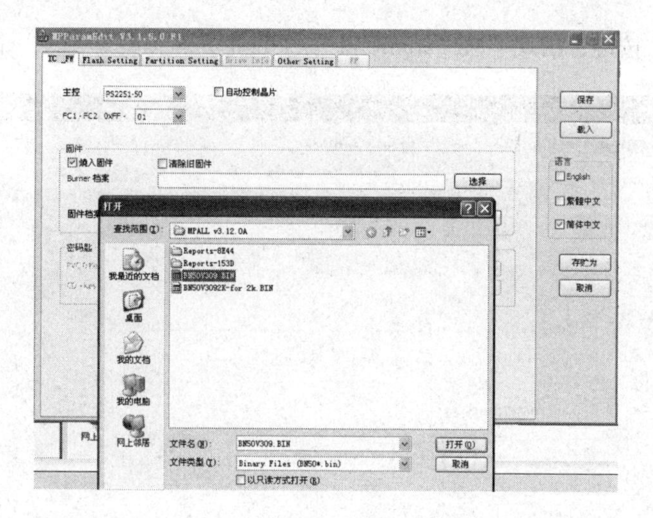

图 4–54

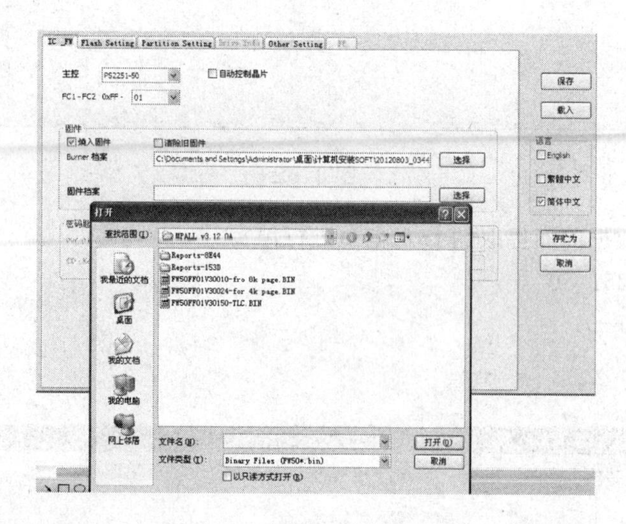

图 4–55

Flash setting 选项卡：按默认设定即可，如图 4–56 所示：

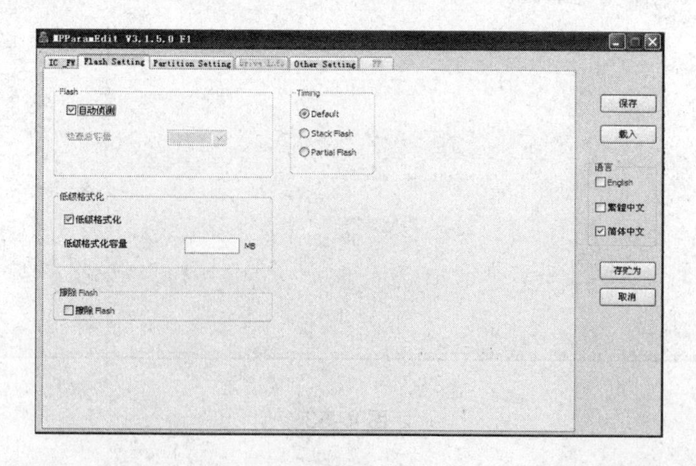

图 4–56

Partition setting 选项卡：选择“模式”单选按钮，在后面的下拉列表框中进行选择，按照图 4-57 和图 4-58 进行设置。

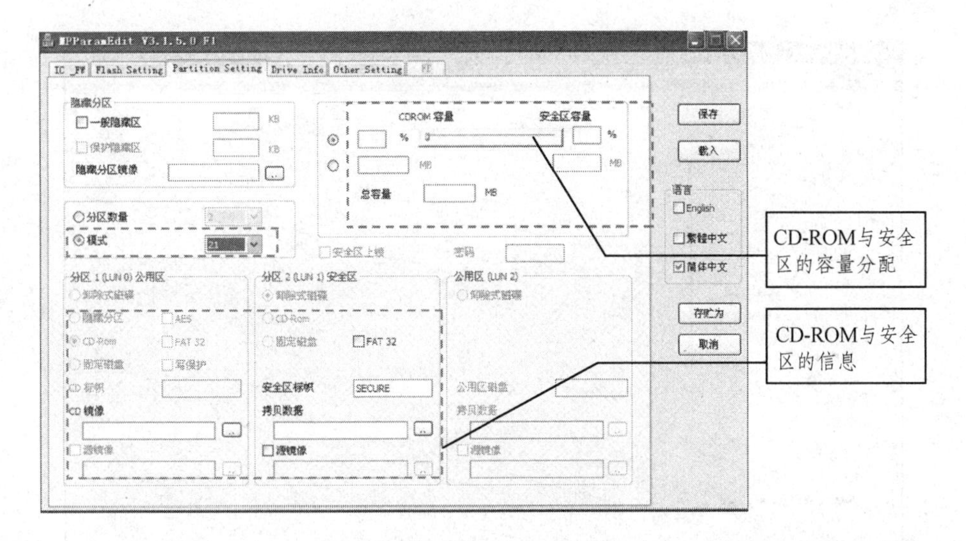

图 4-57

图 4-58

分区设置：目前 UP19 有如下 5 种模式。

Mode 3：1 Removable Drive（Normal）普通盘，单一个分区。

Mode7：1 Public Removable+1 Secure Removable 加密盘，分两个分区，系统中显示两个盘符，1 个为公共区，另 1 个为加密区。

Mode8：1 Public/Secure Removable 加密盘，分为两个分区，在系统中同一时间只显示一个盘符，公共区与加密区是通过 UP19 专用的加密 AP 来切换。

Mode21：1 CDROM+1 Removable 虚拟光驱模式（自动播放功能）。

Mode30：1CDROM 虚拟光驱模式（自动播放功能）。

“driver info”选项卡设置，如果勾选“自动侦测”，将会按原厂的默认设定；否则不选，客户自行设定此设备信息。一般情况下使用自动侦测，如图 4-59 所示：

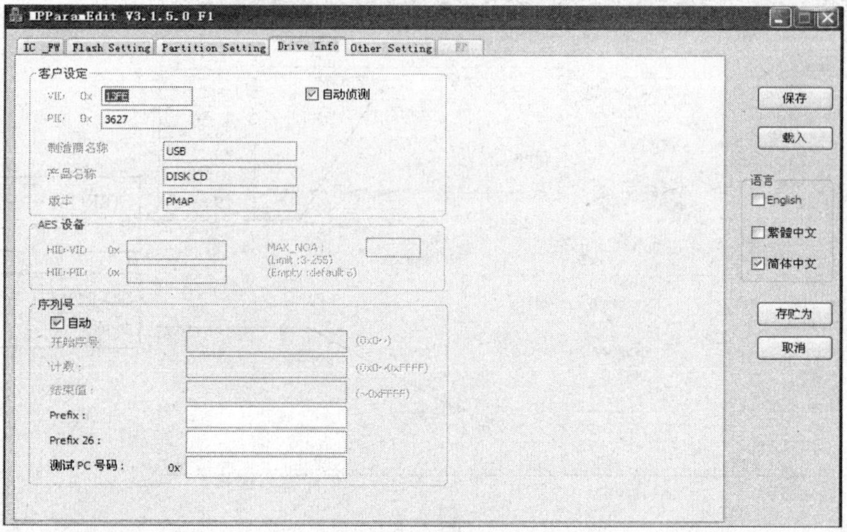

图 4-59

⑤ 到此，基本设定已全部完成，点“保存”按键，程序会自动保存设定到 MP.INI 设定档案中，并返回量产程序主界面。或选择“存储为”，另存为客户自已命名的文件，此文件要放在 MPTOOL 的同一文件夹里面，如图 4-60 所示：

图 4-60

⑥ 关闭参数设置界面，返回量产程序主界面，选择设定档案文件，如图 4-61 所示：

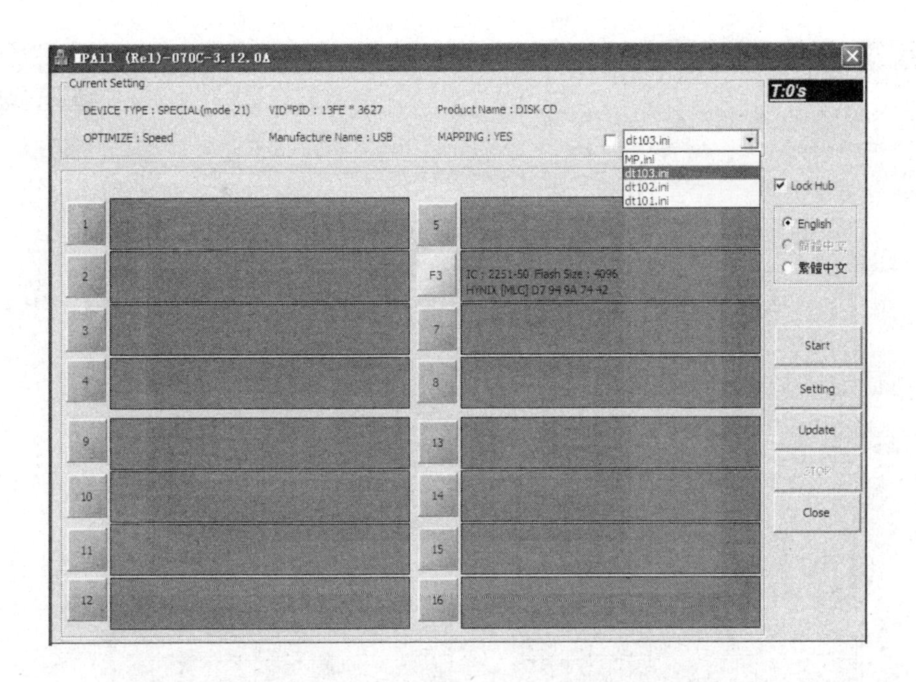

图 4-61

⑦ 点击“开始”按键，进入量产状态。U 盘盘符对应栏目为蓝色，并显示量产状态，如图 4-62 所示：

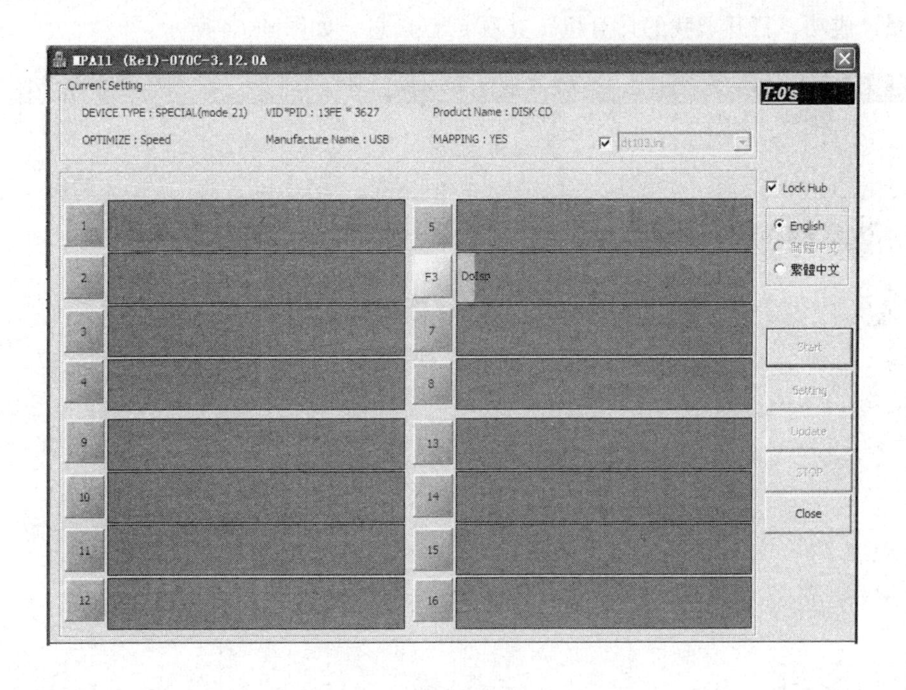

图 4-62

⑧ 等待直到量产结束。当量产完成并 PASS 时，显示绿色，并提示 U 盘 SN 号及其他信息，如图 4-63 所示；当量产失败时，会显示红色，并提示失败的相关错误代码信息。

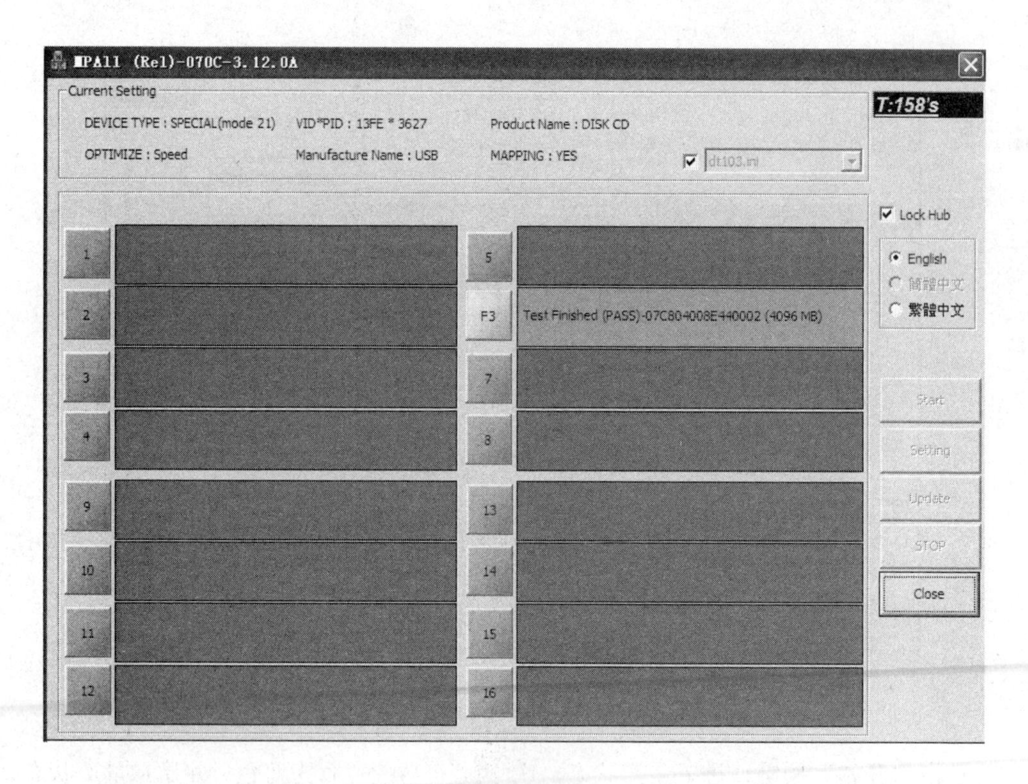

图 4–63

⑨ 量产成功，打开“我的计算机”查看 U 盘信息，如图 4-64 所示：

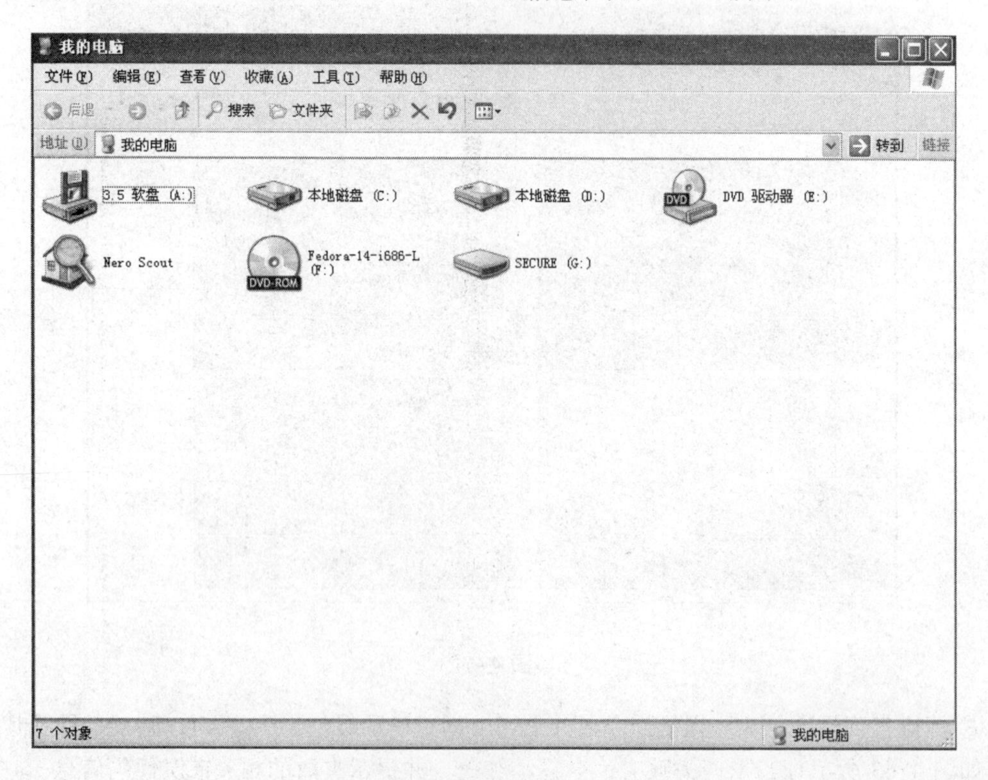

图 4–64

5. 拓展知识

上例中将U盘量产为USB-CDROM，并向其中灌入了Fedora14的ISO文件，U盘就具有和光盘一样的功能了，但是如果想更换ISO文件，则不能简单地通过复制粘贴达到更换ISO文件的目的，因为此时的U盘被量产为只读光盘。那么如何更改其中的ISO文件呢？过程比较复杂，但是方法比较简单，再次使用量产工具将分区模式改为3进行量产，成功后再对U盘进行量产，分区模式改为21，重复上面的步骤即可。

4.5 Windows 7 和 Windows 2008 安装盘的整合

任务20 Windows7x86/Windows7x64/Windows2008 安装盘整合

1. 理论介绍

Windows 7操作系统有x86和x64之分，x86是指80x86指令集的，不过现在一般是指兼容80386虚拟内存管理的，也就是32位系统。x64是指x86-64指令集的。64位系统。64位的CPU能跑x86和x64的系统，32位的CPU只能跑x86的系统。64位系统兼容32位系统的软件。Windows 7操作系统也有很多版本：Windows 7 Starter（简易版）、Windows 7 Home Basic（家庭基础版）、Windows 7 Home Premium（家庭高级版）、Windows 7 Professional（专业版）、Windows 7 Enterprise（企业版）、Windows 7 Ultimate（旗舰版）。Windows Server 2008也有多种版本，以支持各种规模之企业对服务器不断变化的需求。Windows Server 2008有6种不同版本，另外还有3个不支持 Windows Server Hyper-V 技术的版本，因此总共有9种版本，分别是：Windows Server 2008 Standard、Windows Server 2008 Enterprise、Windows Server 2008 Datacenter、Windows Web Server 2008、Windows Server 2008 for Itanium-Based Systems、Windows HPC Server 2008 、Windows Server 2008 Standard without Hyper-V、Windows Server 2008 Enterprise without Hyper-V、Windows Server 2008 Datacenter without Hyper-V。

2. 任务目标

（1）熟悉ImageX、UltraISO的使用。

（2）掌握使用ImageX制作Windows7/2008安装盘。

3. 环境和工具

（1）使用的软件：ImageX_x86。

（2）系统环境：Windows XP。

4. 操作流程和步骤

（1）下载ImageX_x86以及Windows 7 x86、Windows 7 x64、Windows 2008的ISO文件。

（2）安装Imagex，解压Imagex_x86至C盘的根目录下。

（3）在某分区下面建立两个文件夹win 7和win 2008，然后解压Windows 7 x86、Windows

7 x64、Windows 2008 的 ISO 文件提取文件中的 install.wim 和 boot.wim 分别放在 win 7 和 win 2008 文件夹下。为了区分 Windows 7 x86 和 X64，将 install.wim 和 boot.wim 名字分别改为 install_x86.wim、boot_x86.wim 和 install_x64.wim、boot_x64.wim，如图 4-65 和图 4-66 所示：

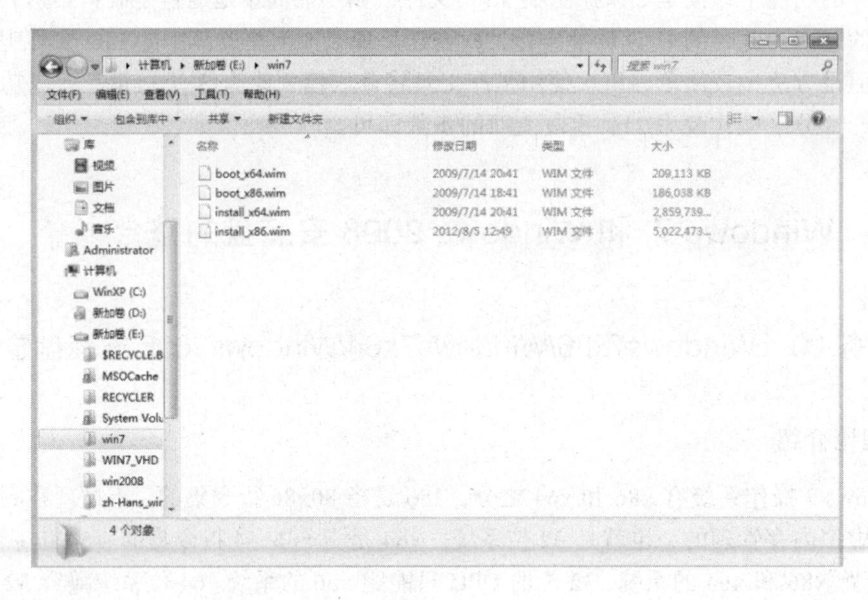

图 4-65

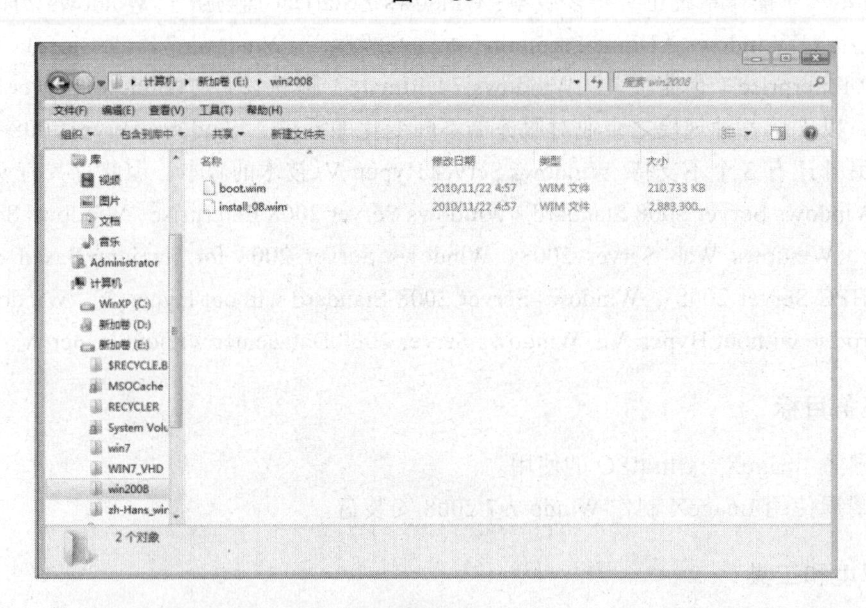

图 4-66

（4）整合文件，把 install_x64.wim 整合到 install_x86.wim 中，打开 CMD 窗口，依次输入以下命令：

Imagex1 /export e：\win 7\install_x64.wim 1 e：\win 7\install_x86.wim " win 7 homebasic x64"

Imagex1 /export e：\win 7\install_x64.wim 2 e：\win 7\install_x86.wim " win 7 homepremium x64"

Imagex1 /export e：\win 7\install_x64.wim 3 e：\win 7\install_x86.wim " win 7 professional x64"

Imagex1 /export e：\win 7\install_x64.wim 4 e：\win 7\install_x86.wim " win 7 ultimate x64"

具体对应信息可以使用 imagex /info i：\sources\install.wim 查看，如图 4-67 所示：

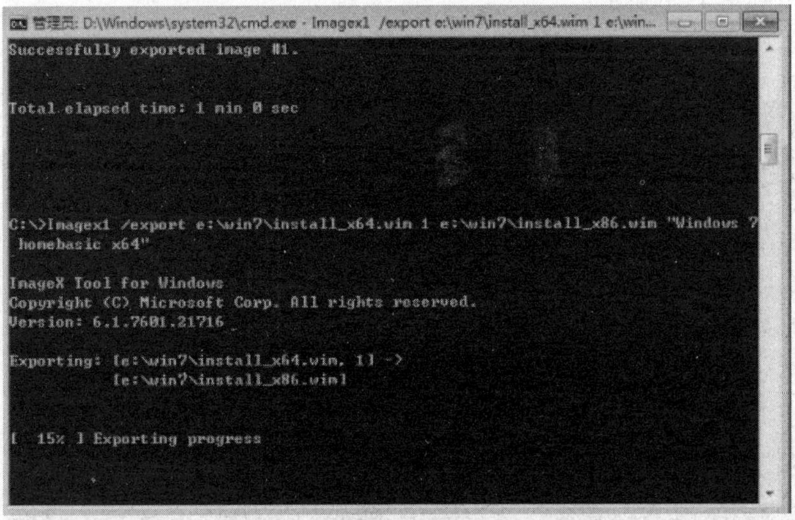

图 4-67

（5）整合文件，把 install_08.wim 整合到 install_x86.wim 中，这里为了方便，不再把所有的版本全部整合到 install_x86.wim 中，只整合一个版本，其他版本的整合命令一样，命令如下：

Imagex1 /export e：\win 2008 \install_08.wim 1 e：\ win 7\install_x86.wim

如图 4-68 所示：

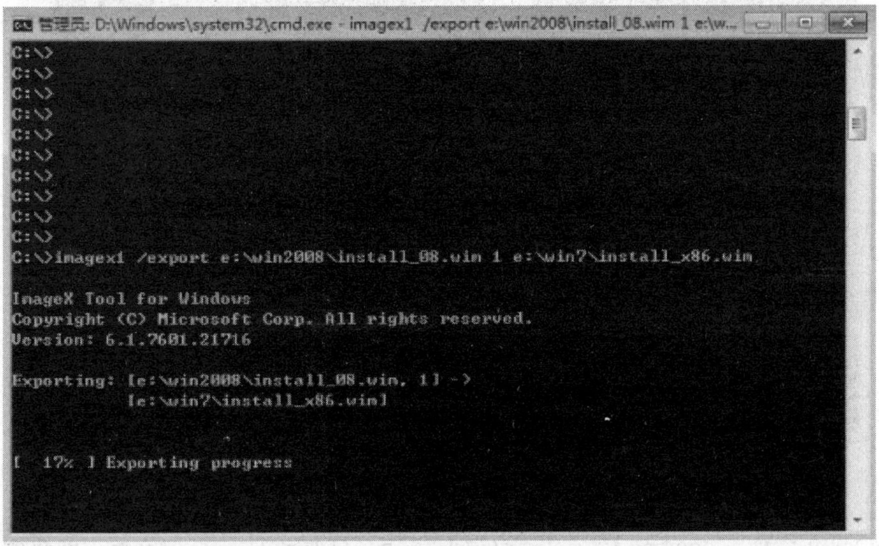

图 4-68

（6）整合 boot.wim 文件，主要就是那些 License 文件，以免安装时找不到文件出错，在 e：

\ win 2008 下建立文件夹 boot_08，同样在 e：\win 7 下建立文件夹 boot_x86。然后在 CMD 中使用命令将 boot_X86.wif 和 boot_08.wif 镜像映射到对应的文件夹，命令如下：

Imagex1 /mount e：\ win 2008\boot_08.wim 2 e：\ win 2008\boot_08；

Imagex1 /mountrw e：\ win 7\boot_x86.wim 2 e：\ win 7\boot_x86

如图 4-69 和图 4-70 所示：

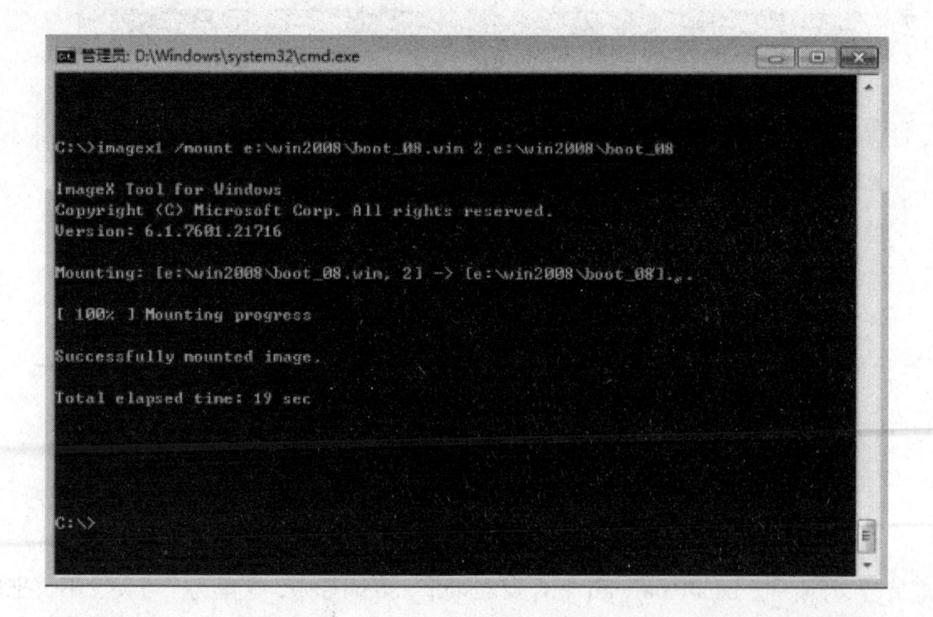

图 4-69

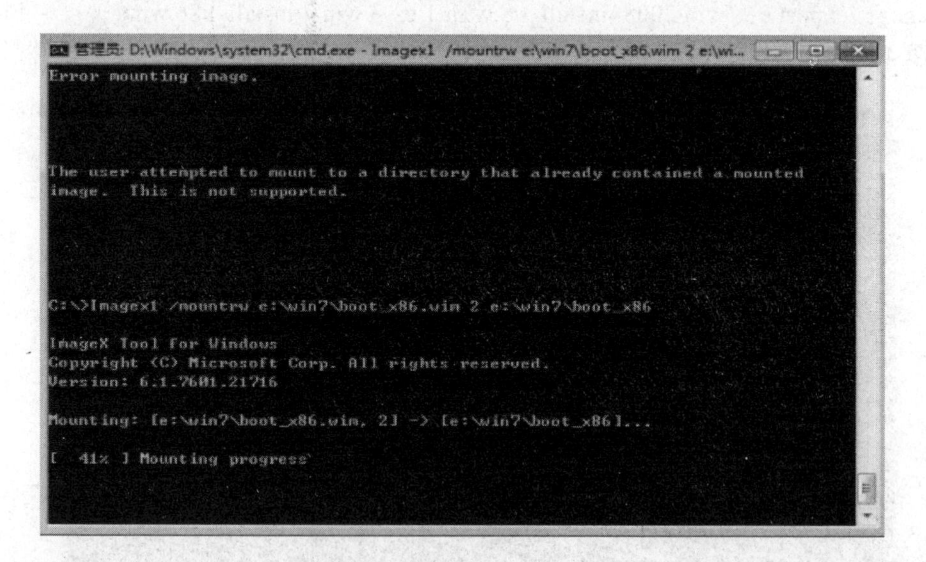

图 4-70

（7）复制 Windows 2008 的 License 文件到 win 7（最终的 boot.wim）中，即复制 e：\ win 2008 \boot_08\sources\License 目录到 e：\ win 7\boot_x86\sources 目录下，提示是否覆盖，请按“确定”。

（8）卸载前面挂载的 boot.wim 文件，在 CMD 中输入以下命令：

Imagex1 /unmount e：\ win 2008\boot_08 直接卸载 win 2008 的 boot.wif 文件；

Imagex1 /commit e：\ win 7\boot_x86　卸载 e：\ win 7\boot_x86，并保存更改。

如图 4-71 和 4-72 所示：

```
管理员: D:\Windows\system32\cmd.exe - Imagex1 /unmount e:\win2008\boot_08
Mounting: [e:\win7\boot_x86.wim, 2] -> [e:\win7\boot_x86]...

[ 100% ] Mounting progress

Successfully mounted image.

Total elapsed time: 15 sec

C:\>Imagex1 /unmount e:\win2008\boot_08

ImageX Tool for Windows
Copyright (C) Microsoft Corp. All rights reserved.
Version: 6.1.7601.21716

Unmounting: [e:\win2008\boot_08]...

[   9% ] Mount cleanup progress: 15 secs remaining
```

图 4-71

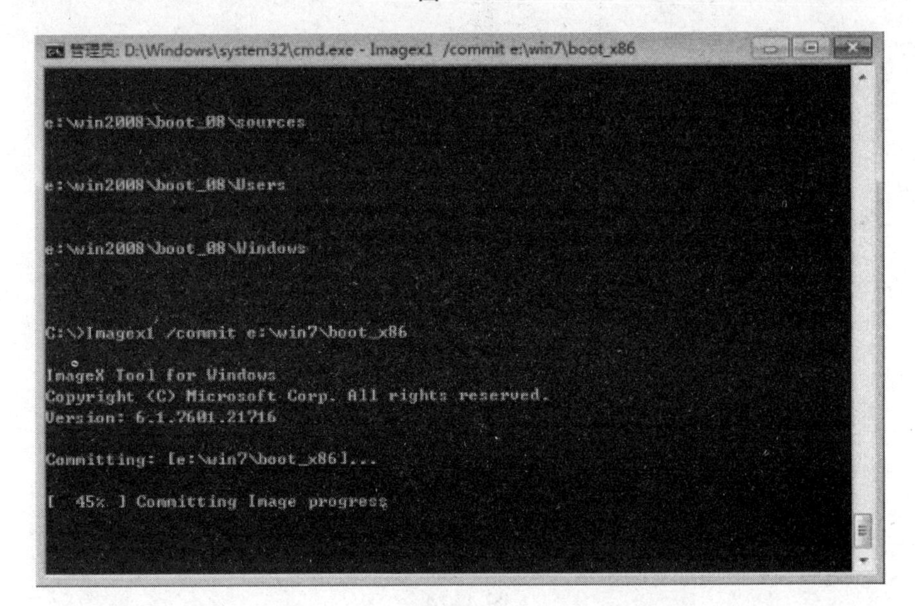

图 4-72

（9）使用 UltraISO 软件整合 ISO 文件，把 e：\ win 7\install_x86.wim 和 boot_x86.wim 两个文件复制到 Windows 7 x86 的 iso 文件的 sources 目录中覆盖原有文件，因为本任务一直都是以 Windows 7 x86 为基本盘；然后把 Windows 2008 iso 的 sources\license 目录添加到 Windows 7 x86 的 iso 文件 sources 目录中；删除 sources\ei.cfg。

（10）使用 UltraISO 软件把编辑好的文件制作成 ISO 文件，如图 4-73 所示：

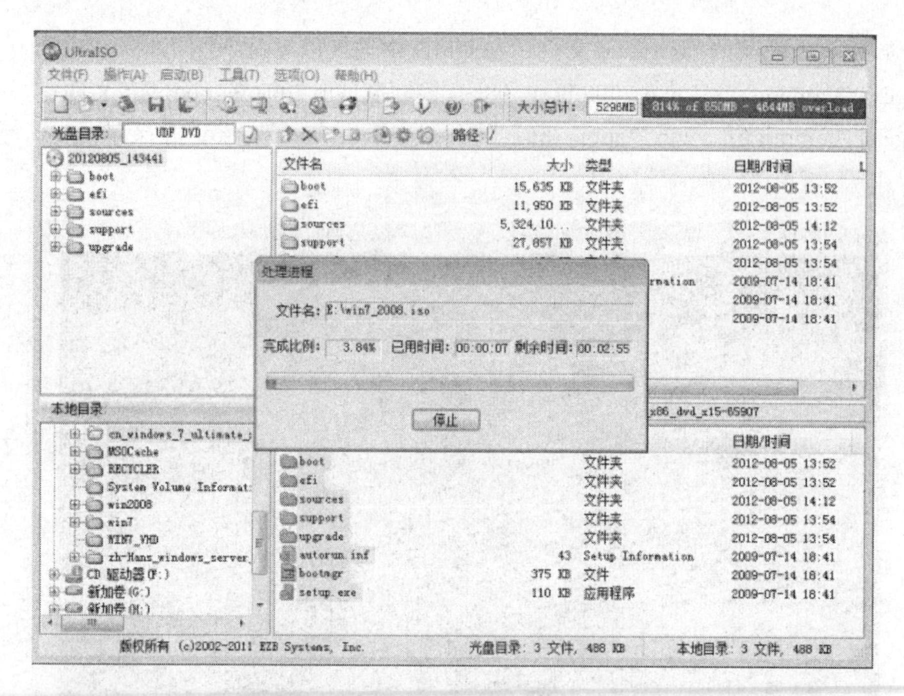

图 4-73

（11）使用虚拟机测试结果如图 4-74 所示：

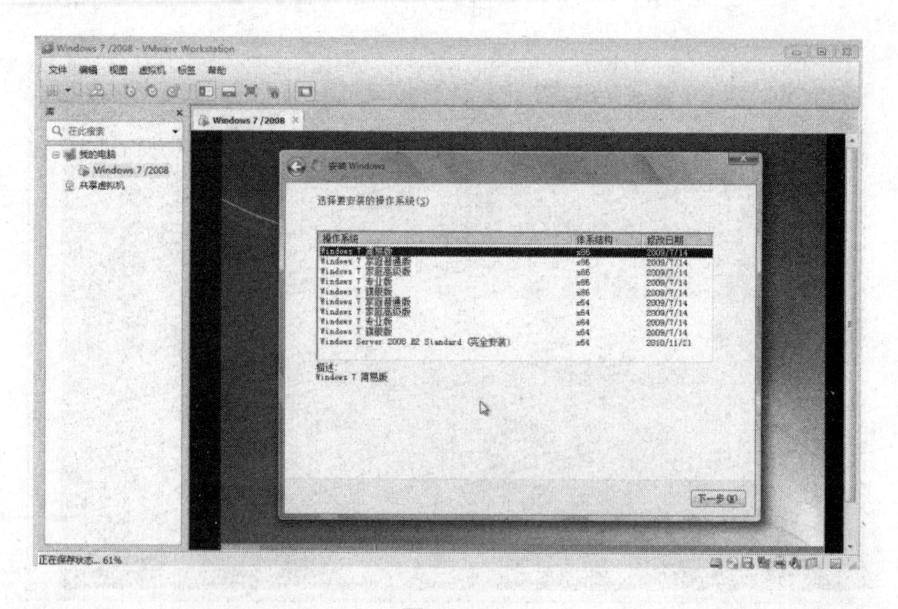

图 4-74

5. 拓展知识

1）Imagex 介绍

ImageX 是一个命令行工具，原始设备制造商（OEM）和公司可以使用它来捕获、修改和应用基于文件的磁盘映像以进行快速部署。ImageX 可以使用 Windows 映像（.wim）文件复制到网络，或者还可以使用其他利用.wim 映像的技术，如 Windows 安装程序、Windows 部署服务（Windows DS）以及系统管理服务器（SMS）操作系统功能部署包。

基于扇区的映像有很多局限性，这促使 Microsoft 开发出 ImageX 及其附带的 Windows 映像（.wim）文件格式。使用 ImageX 可以创建映像，也可以在不提取和重新创建映像的情况下修改映像，并最终从同一个工具中将映像部署到环境。

2）ImageX 命令行选项

ImageX 命令行选项使用以下约定：

imagex [*flags*] {/append | /apply | /capture | /delete | /dir | /export | /info | /split | /mount | /mountrw | /unmount} [*parameters*]

以下列表显示了每种 imagex 操作类型所使用的有效语法：

imagex /append *image_path image_file* {"*description*"} {/boot|/check|/config*configuration_file.ini*|/scroll|/verify}

imagex /apply [*image_file image_number |image_name image_path*] {/check|/ref|/scroll|/verify}

imagex /capture *image_path image_file* "*name*" {"*description*"} {/boot | /check | /compress [*type*] | /config | /flags | /scroll | /verify}

imagex /delete [*image_file image_number|image_name*] {/check}

imagex /dir [*image_file image_number|image_name*]

imagex /export [*src_file src_number* | *src_name dest_file dest_name*] {/boot|/check|/compress [*type*]|/ref[*splitwim.swm*]}

imagex /info *img_file* [*img_number* | *img_name*] [*new_name*] [*new_desc*] {/boot|/check}

imagex /mount [*image_file image_number|image_name image_path*] {/check}

imagex /mountrw [*image_file image_number |image_name image_path*] {/check}

imagex /split *image_file dest_file size* {/check}

imagex /unmount *image_path* {/commit}

3）部分参数的解释

/append 将卷映像附加到现有 WIM 文件

/apply 将卷映像应用于特定驱动器

/capture 将卷映像捕获到新的 WIM 文件中

/commit 提交对已安装 WIM 进行的更改

/compress 将压缩类型设置为 none、fast 或 maximum

/config 使用指定文件设置高级选项

/delete 从具有多个映像的 WIM 文件中删除映像

/dir 显示卷映像内的文件和文件夹的列表

/export 将映像从一个 WIM 文件传输到另一个 WIM 文件

/info 返回存储的指定 WIM 的 XML 说明

/ref 设置应用操作的 WIM 引用

/scroll 滚动输出以重定向

/split 将一个现有 WIM 文件拆分成多个只读的 WIM 部分

/verify 验证重复的和提取的文件

/mount 将具有只读访问权限的映像安装到指定目录

/mountrw 将具有读写访问权限的映像安装到指定目录

/unmount 卸载安装到指定目录的映像

/? 返回 XImage 的有效命令行参数

4.6 Windows 系列操作系统的整合

任务 21 WindowsXP/Windows7x86/Windows7x64/Windows2008 安装盘整合

1. 理论介绍

前面已经介绍了 Windows 7x86/Windows 7x64/Windows 2008 安装盘的整合，因此本任务在上一个任务的基础之上将 Windows XP 安装盘加入进去整合就可以了。Windows XP 光盘的整合和 Windows 7x86/Windows 7x64/Windows 2008 安装盘整合的技术原理不一样，它们所基于的架构也是不一样的。因此对于像这样的光盘整合可以分解为三个步骤：第一部分是对 Windows7/Windows2008/Windows8/vista 等系列的光盘进行整合；另一部分是对 WindowsXP/Window2003/Windows2000 等系列的光盘进行整合；最后将两部分合并。对于第一部分在之前的 WindowsXP/Window2003 安装盘整合部分已经讲过；另一部分在 Windows7/Windows2008 安装盘整合部分也已介绍过，因此本部分的重点是对两部分的合并。

2. 任务目标

（1）熟悉 EasyBoot、UltraISO 的使用。

（2）掌握使用 EasyBoot 整合安装盘。

3. 环境和工具

（1）使用的软件：EasyBoot、UltraISO。

（2）系统环境：Windows XP。

4. 操作流程和步骤

（1）下载 EasyBoot、UltraISO 以及所需要的操作系统的 ISO 文件。

（2）Windows7x86/Windows7x64/Windows2008 安装盘整合，参看上一任务。

（3）使用 UltraISO 软件提取整合过的 Windows7x86/Windows7x64/Windows2008 安装盘引导文件。

① 运行 UltraISO 软件，主界面如图 4-75 所示：

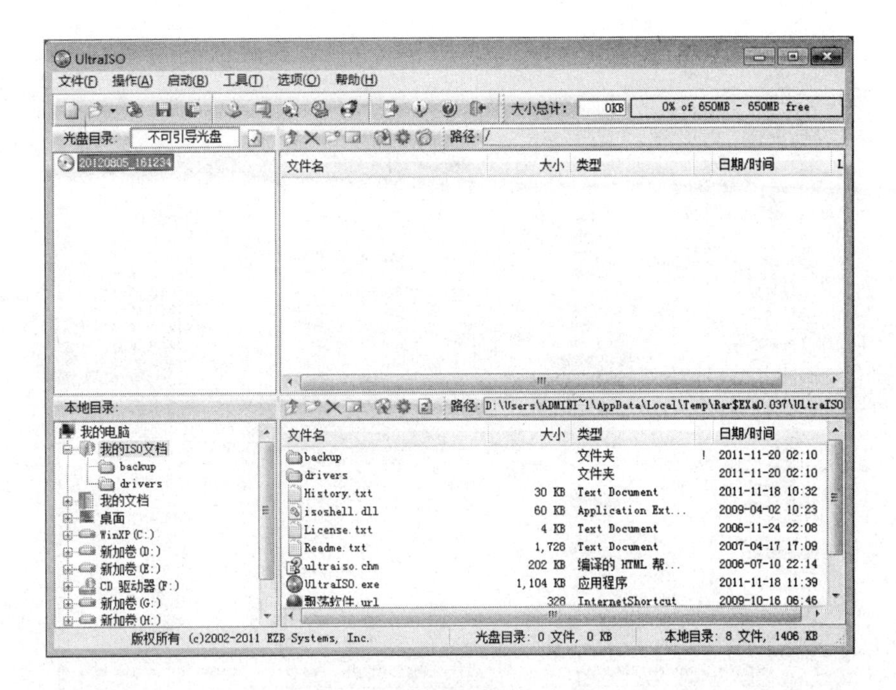

图 4–75

② “文件→打开”打开整合过的文件，如图 4-76 所示：

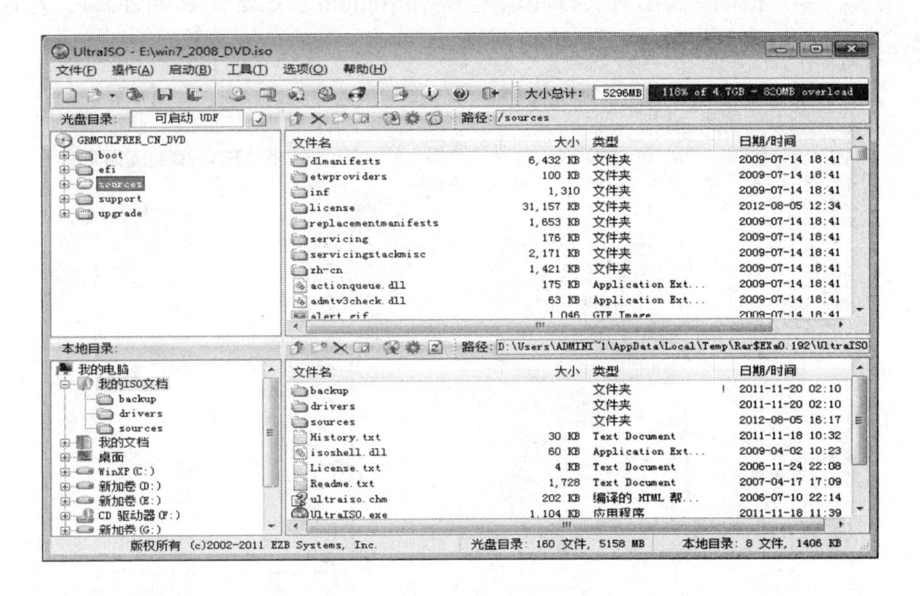

图 4–76

③ “启动”→“保存引导文件”提取引导文件，命名为 win 7-2008.bif，保存在 E 根目录盘下。

（4）运行 EasyBoot 软件，然后关闭软件。此时在 EasyBoot 的安装目录下生成 disk1 文件夹。

（5）提取所有的 Windows XP 的 ISO 文件，本任务以已有的 WindowsXP ISO 文件为基本文件，然后加入 Windows 7/2008 整合盘即可。

① 运行 UltraISO 软件，打开 WindowsXP 的 ISO 文件，如图 4-77 所示：

图 4-77

② “操作” → “提取” 将所有文件提取至 D：\Program Files\EasyBoot\disk1，若有同名文件直接覆盖，提取结束关闭软件，如图 4-78 所示：

图 4-78

③ 以同样的方法将 Windows7x86/Windows7x64/Windows2008 整合光盘提取至 D：\Program Files\EasyBoot\disk1 目录，同时将提取的引导文件 win 7-2008.bif 存至 D：\Program Files\EasyBoot\disk1\EZBOOT 文件夹中，如图 4-79 所示：

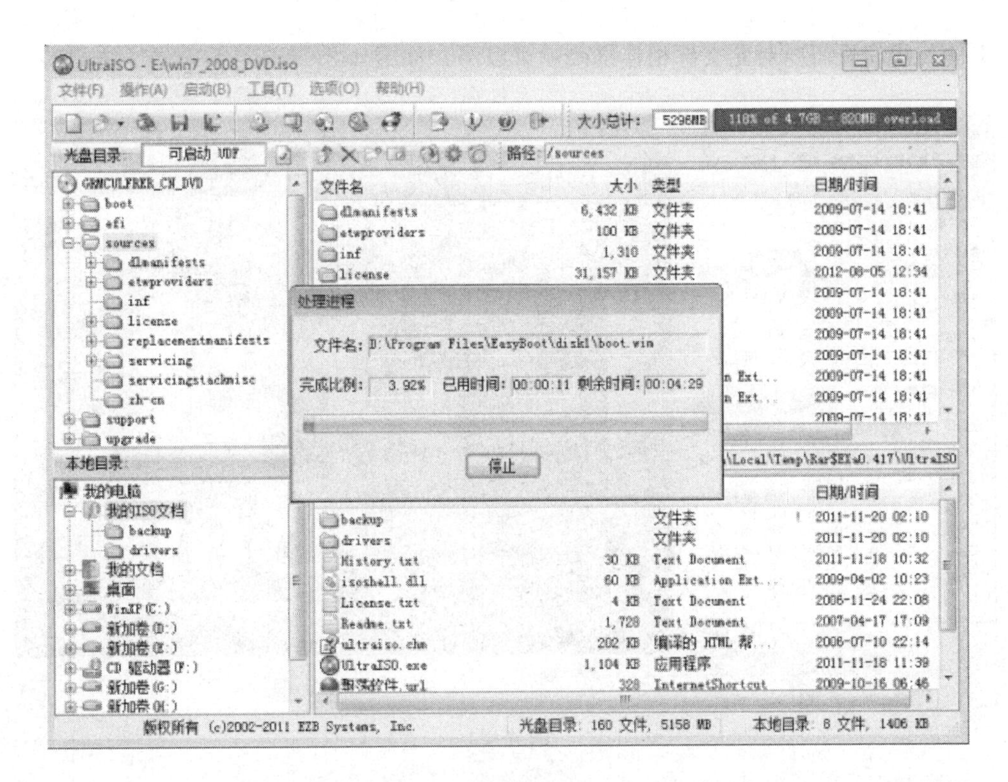

图 4–79

（6）运行 easyboot 软件整合文件。

① 运行 easyboot 软件，如图 4-80 所示：

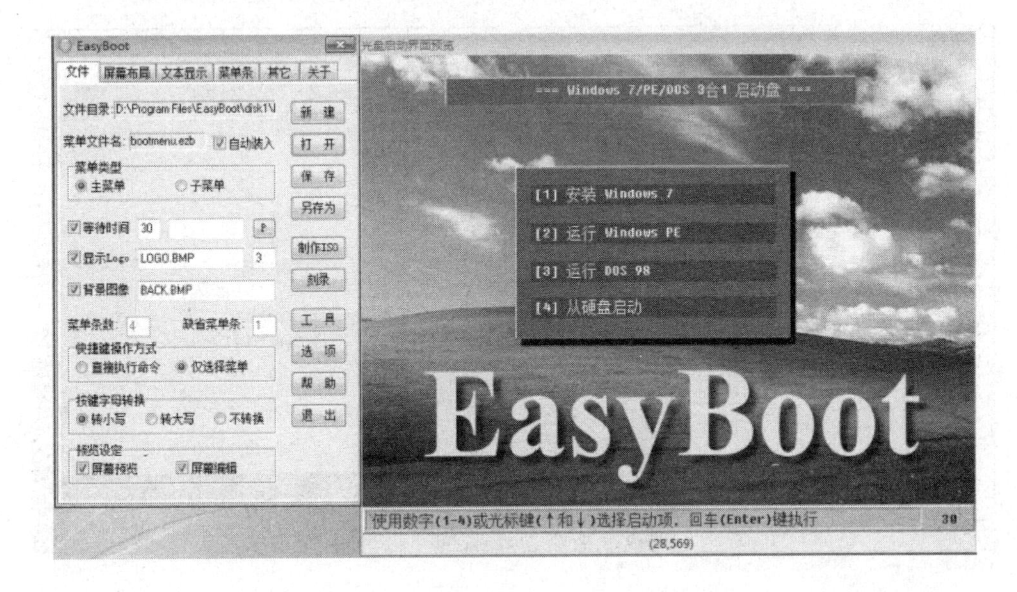

图 4–80

② 打开 EZBOOT 文件夹中的 CDMENU.EZB 文件。注意：EZBOOT 文件夹可能有 2 个 EZB 文件。其中一个是 EasyBoot 软件自动生成的，而另外一个则是 Window XP 光盘的启动

界面文件，我们只需要对此文件稍作修改就可以了，如图 4-81 所示：

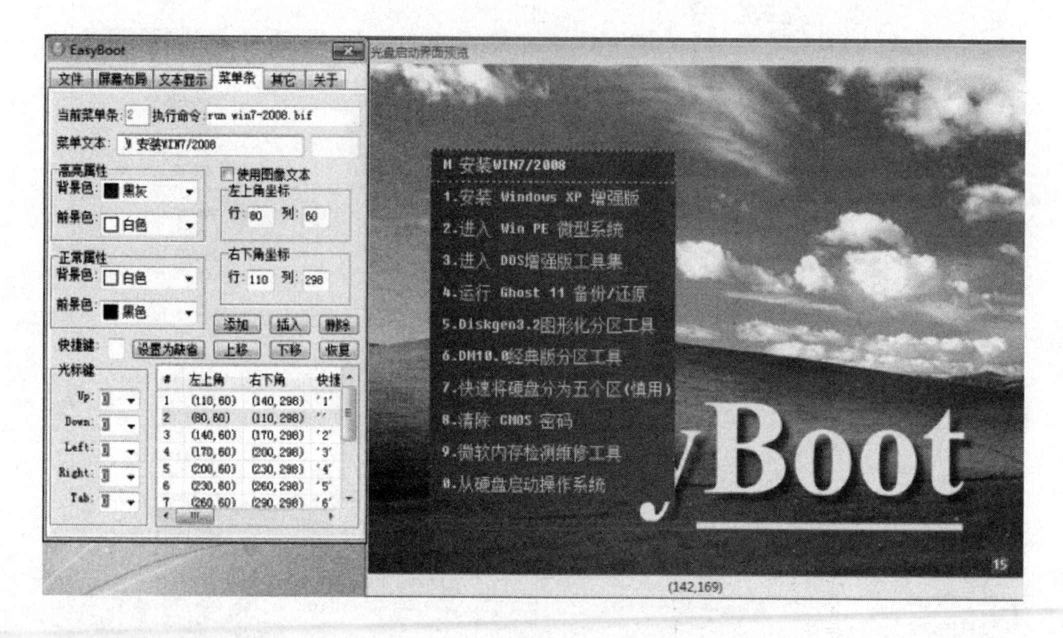

图 4-81

③ 修改好，选择“主菜单”单选按钮，并保存。

（7）制作 ISO 文件，同样使用 EasyBoot 软件制作，点击主界面中的“制作 ISO”按钮制作 ISO 文件并保存，如图 4-82 所示：

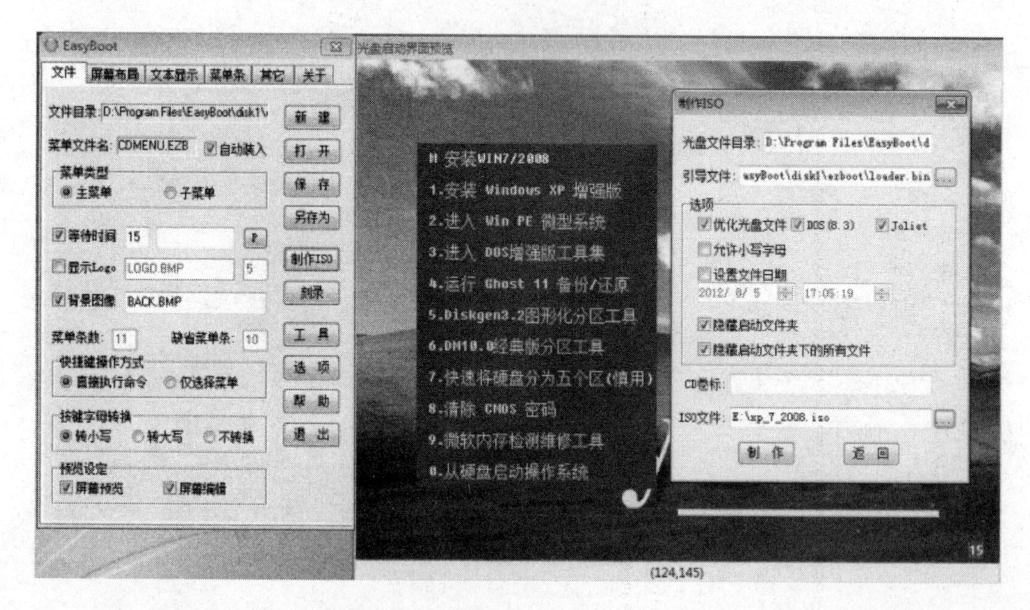

图 4-82

（8）在虚拟机上测试，在启动菜单上就可以直接安装 Windows XP、Windows 7 和 Windows 2008 了，如图 4-83 所示：

图 4-83

4.7 Windows 和 Linux 安装盘的整合

任务 22 WindowsXP/ Windows7 x86/Linux 的整合

1. 理论介绍

对于微软操作系统的合盘制作基本在上一节介绍完，本任务是将微软操作系统与 Linux 操作系统的光盘进行合并。通过前面的学习可以了解到：任何光盘的合并只要不改变原有光盘的目录结构其实都可以通过类似 4.6 的任务完成，一旦光盘的目录结构发生改变，合盘的方法就要改变，合盘的操作也会变得复杂，如前面所说的 WindowXP/2003 合盘制作就是如此。本任务也无须改变目录结构，因此制作方法和 4.6 任务一样。

2. 任务目标

（1）熟悉 EasyBoot、UltraISO 的使用。

（2）掌握使用 EasyBoot 整合安装盘。

3. 环境和工具

（1）使用的软件：EasyBoot、UltraISO。

（2）系统环境：Windows XP。

4. 操作流程和步骤

（1）下载 EasyBoot、UltraISO 以及所需要的操作系统的 ISO 文件。

（2）使用 UltraISO 软件提取整合过的 Windows 7x86 安装盘引导文件，并保存，文件名为 win 7.bif。

（3）使用 UltraISO 软件提取整合过的 Linux 安装盘引导文件，本任务使用 Fedora-14-i686b 版本操作系统，并保存，文件名为 fedara14.bif。

（4）运行 EasyBoot 软件，然后关闭软件。此时在 EasyBoot 的安装目录下生成 disk1 文件夹。

（5）提取所有的 Windows XP 的 ISO 文件，本任务以已有的 Windows XP ISO 文件为基本文件，然后加入 Windows 7 x86/Fedora14 安装文件即可。

① 运行 UltraISO 软件，打开 WindowsXP 的 ISO 文件，如图 4-84 所示：

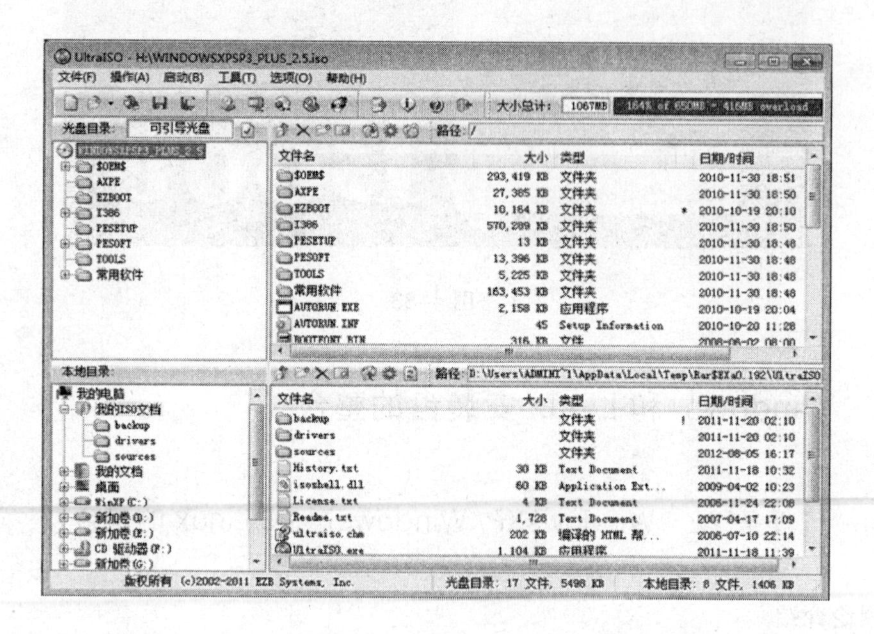

图 4-84

② “操作”→“提取”将所有文件提取至 C：\Program Files\EasyBoot\disk1，若有同名文件直接覆盖，提取结束关闭软件，如图 4-85 所示：

图 4-85

③ 以同样的方法将 Windows 7 x86/Fedora14ISO 文件提取至 C：\Program Files\EasyBoot\disk1 目录，同时将提取的引导文件 win 7.bif 和 fedara14.bif 存至 C：\Program Files\EasyBoot\disk1\EZBOOT 文件夹中

（6）运行 Easyboot 软件整合文件，本任务直接对 EasyBoot 软件生成的引导文件进行修改，其实只需要等价几个菜单就可以，如图 4-86 所示。菜单的命令和上个任务一样，但是 fedora14 的命令为：run bootinfotable；fedara14.bif。

图 4-86

（7）修改好，选择“主菜单”单选按钮，并保存。

（8）制作 ISO 文件，同样使用 EasyBoot 软件制作，点击主界面中的“制作 ISO”按钮制作 ISO 文件并保存。

4.8 Windows 8 和 Windows 10 系统启动和安装盘制作

任务 23 Windows 8 和 Windows 10 系统安装盘制作

1. 理论介绍

目前，Windows 8 和 Windows 10 都具有 32 位和 64 位两种版本，32 位系统和以前各版本的 Windows 系统启动和安装 U 盘的制作过程基本一致，但 64 位的 Windows 8 和 Windows 10 和以前的版本有了较大的区别。64 位的 Windows 8 和 Windows 10 除了支持传统的 BIOS 方式启动和安装外，还支持以 UEFI 的方式启动和安装。本任务以 Windows 10 为例，介绍以 UEFI 的方式制作 Windows 10 的系统启动和安装 U 盘，重点阐述与之前制作过程中不同的地方。

2. 任务目标

利用 UltraISO 软件制作出可以启动 64 位 Windows 8 和 Windows 10 安装程序的 U 盘。

3. 环境和工具

（1）系统环境：Windows 7。

（2）工具软件：空白 U 盘一个、UltraISO 工具软件、64 位 Windows 10 安装程序的光盘或镜像文件。

4. 操作流程和步骤

（1）首先准备好 Windows 10 系统安装光盘或者镜像文件和空白 U 盘。前面几步和之前的 Windows 系统启动盘制作基本一致。

（2）打开 UltraISO 软件，在 UltraISO 中打开 Windows 10 光盘或者镜像文件，如图 4-87 所示：

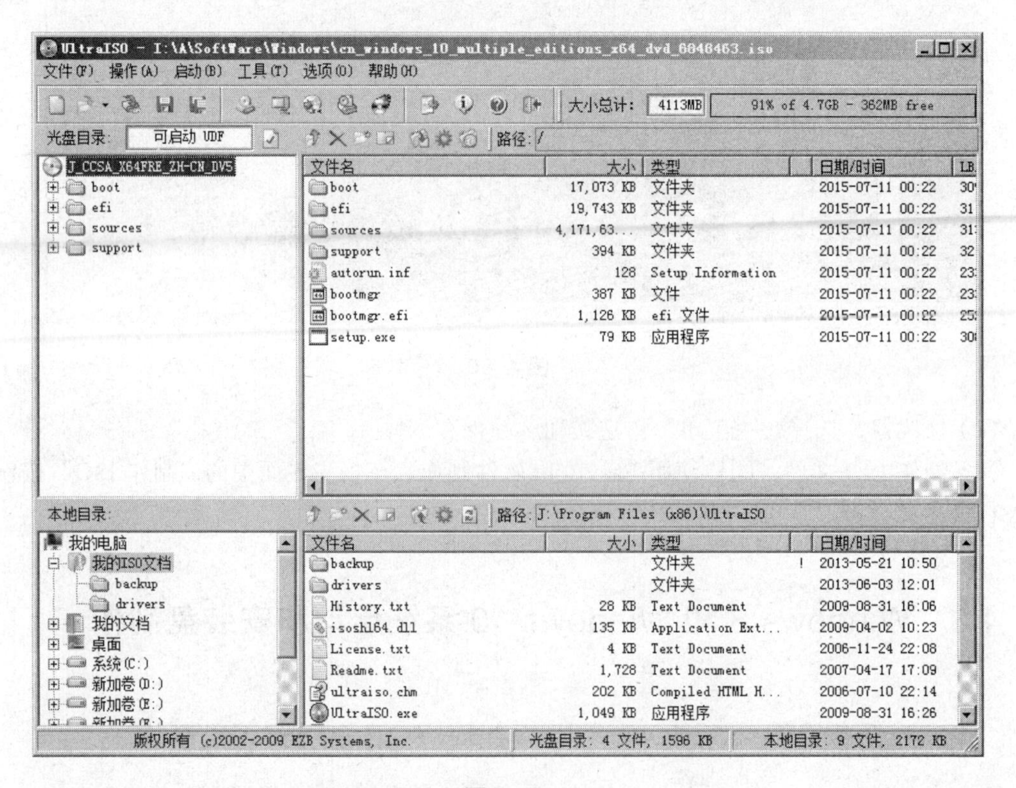

图 4-87

（3）插上 U 盘，选择“启动/写入硬盘映像”菜单，打开写入硬盘映像对话框，如图 4-88 所示。

（4）然后单击“写入”按钮，开始向 U 盘写入 Windows 10 系统文件。写入完毕后，即可用该 U 盘引导计算机并开始安装 Windows 10 操作系统了。

（5）由于目前 64 位 Windows 10 既支持传统的 BIOS 方式启动和安装，又支持 UEFI 方式的启动和安装，所以，上面制作的 U 盘，如果插在不同的机器上，启动后的界面有所不同，这也是和 Windows 之前的版本不同的地方。

（6）对于支持 UEFI 的机器，利用上面制作出的 U 盘引导机器后，会弹出如图 4-89 所示的启动菜单：

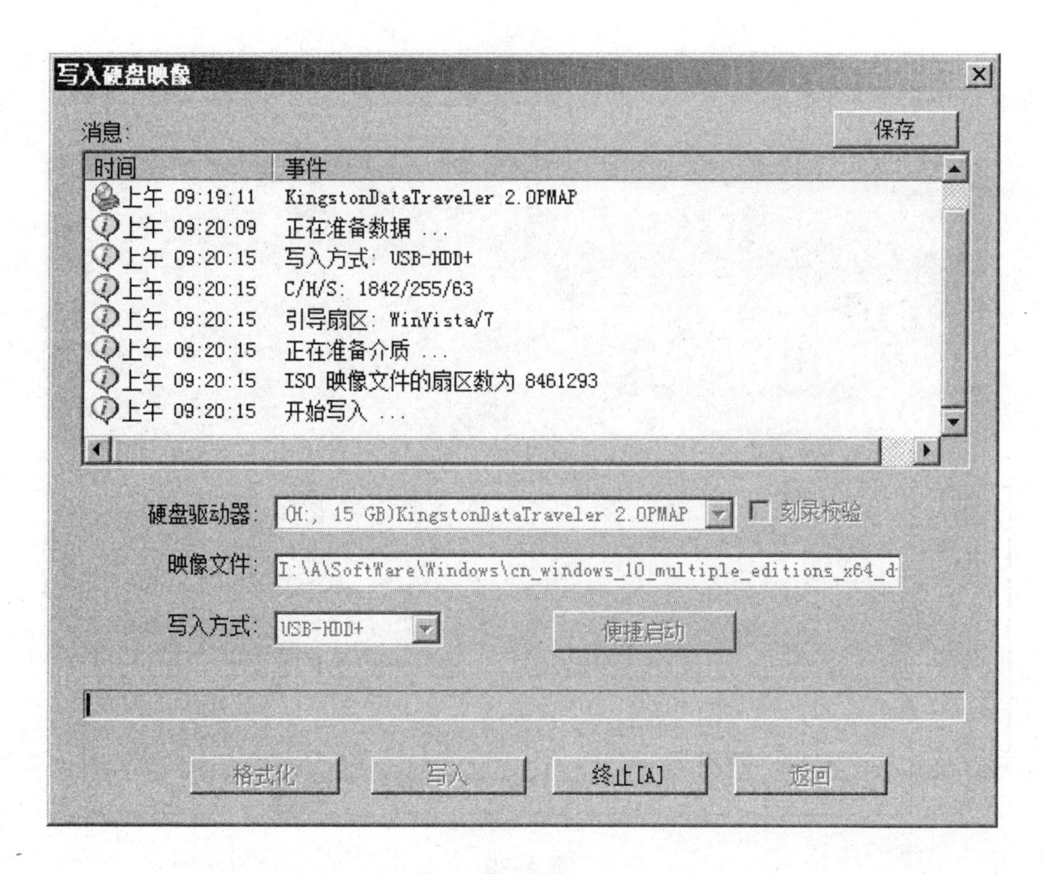

图 4-88

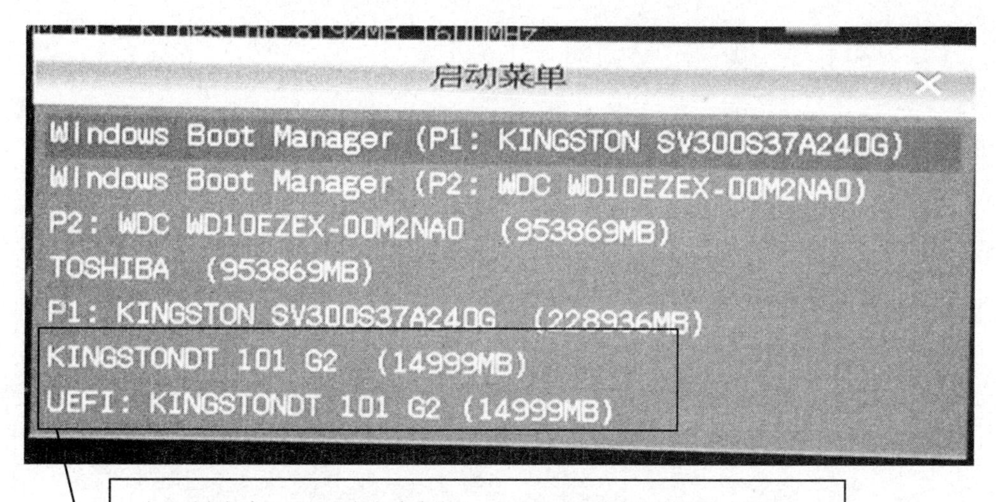

上面黑色框中显示了两条启动菜单项，都是从U盘启动的菜单项，只不过下面一个菜单项前面有个“UEFI”标志，这个菜单项表明以UEFI的方式引导机器并启动相应的安装程序，之后的系统需要安装到GPT模式的磁盘中。而上面没有“UEFI”标志的菜单项，则表示以传统的BIOS方式引导机器并启动安装程序，之后的系统需要安装到MBR模式的磁盘中

图 4-89

（7）而对于不支持 UEFI 启动的传统机器，利用上面制作出的 U 盘引导机器后，会弹出如图 4-90 所示的启动菜单：

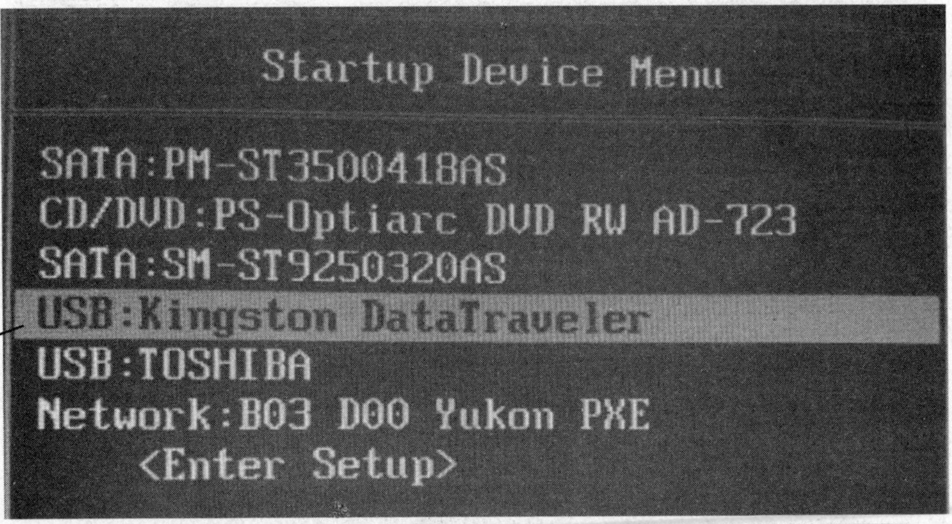

在传统的机器上利用上面制作的Windows 10启动U盘引导机器后，就可以看到如上图所示的启动菜单界面，其中“USB:KingStonDataTraveler”就是刚才的U盘，选择该菜单项，也可以启动Windows 10的安装程序，并进行系统安装。但是，这种情况下的Windows 10只能安装在MBR模式的磁盘中，并且以后只能以传统的BIOS模式启动操作系统

图 4-90

第5章 计算机操作系统独立安装

5.1 计算机操作系统安装方式简介

计算机操作系统安装可以采用多种安装介质来完成，如U盘、光盘、硬盘、网络等都可以实现同样的目的。以前是光盘安装比较常见，由于U盘的普及以及其小巧方便易携带等多种优势，逐渐成为系统安装的首选设备。本节将逐一介绍利用各种介质安装系统的实现方法。

5.1.1 安装介质

1. U盘

1）U盘简介

U盘全称USB闪存驱动器，英文名“USB Flash Disk”。它是一种使用USB接口的无须物理驱动器的微型高容量移动存储产品，通过USB接口与计算机连接，实现即插即用。U盘的称呼最早来源于朗科科技生产的一种新型存储设备，名曰“优盘”，使用USB接口进行连接。U盘连接到计算机的USB接口后，U盘的资料可与计算机交换。而之后生产的类似技术的设备由于朗科已进行专利注册，而不能再称之为“优盘”，而改称谐音的“U盘”。后来，U盘这个称呼因其简单易记而广为人知，是移动存储设备之一。

U盘的优点：最大的优点就是小巧便于携带、存储容量大、价格便宜、性能可靠。U盘体积很小，仅大拇指般大小，质量极轻，一般在15 g左右，特别适合随身携带，我们可以把它挂在胸前、吊在钥匙串上甚至放进钱包里。一般的U盘容量有1 G、2 G、4 G、8 G、16 G、32 G、64 G等，价格便宜。闪存盘中无任何机械式装置，抗震性能极强。另外，闪存盘还具有防潮防磁、耐高低温等特性，安全可靠性很好。

闪存盘几乎不会让水或灰尘渗入，也不会被刮伤，而这些对于旧式的携带式存储设备（例如光盘、软盘片）等是严重的问题。而闪存盘所使用的固态存储设计让它们能够抵抗无意间的外力撞击。这些优点使得闪存盘非常适合用来从某地把个人数据或是工作文件携带到另一地。

闪存盘虽然小，但相对来说却有很大的存储容量。早期闪存盘容量较小，仅可存储16~32 MB文件，即便是这样，也相当于当时通用的可擦写移动存储介质软盘容量的10~20倍。随着科技的发展，U盘容量也依摩尔定律飞速猛增。到2012年为止，4 GB容量U盘已基本处于淘汰的边缘，主流U盘容量发展为8~16 GB，相当于2~4张DVD光盘的容量。最大容量则已达到256 GB，相当于60余张DVD光盘的容量。

闪存盘使用USB大量存储设备的类别，这表示大多数现代的操作系统都可以在不需要另外安装驱动程序的情况下读取及写入闪存盘。闪存盘在操作系统里面显示成区块式的逻辑单元，隐藏内部闪存所需的复杂细节。操作系统可以使用任何文件系统或是区块寻址的方式。

也可以制作启动 U 盘来引导计算机。

与其他的闪存设备相同，闪存盘在总读取与写入次数上也有限制。中阶的闪存盘在正常使用状况下可以读取与写入数十万次，但当闪存盘变旧时，写入的动作会更耗费时间。当我们用闪存盘来运行应用程序或操作系统时，便不能不考虑这点。有些程序开发者特别针对这个特性以及容量的限制，为闪存盘撰写了特别版本的操作系统（例如 Linux）或是应用程序（例如 Mozilla Firefox）。它们通常对使用空间做优化，并且将暂存盘存储在计算机的主存中，而不是闪存盘里。

许多闪存盘支持写入保护的机制。这种在外壳上的开关可以防止计算机写入或修改磁盘上的数据。写入保护可以防止计算机病毒文件写入闪存盘，以防止该病毒的传播。没有写保护功能的闪存盘，则成了多种病毒随自动运行等功能传播的途径。

闪存盘比起机械式的磁盘来说更能容忍外力的撞击，但仍然可能因为严重的物理损坏而故障或遗失数据。在组装计算机中，错误的 USB 连接端口接线也可能损坏闪存盘的电路。

2）启动模式

U 盘想要使用，就要模拟成以下的相关设备，所以就有了现在的多种启动模式。

（1）USB-ZIP：驱动器模式，启动后 U 盘的盘符是 A。

（2）USB-FDD：软驱模式，启动后 U 盘的盘符是 A。

（3）USB-HDD：硬盘模式，启动后 U 盘的盘符是 C（注意：这个模式在安装系统时容易搞砸，因为怕你头脑一发昏，就会混淆 U 盘和硬盘的 C 分区）。

（4）USB-CD-ROM：光驱模式，启动后 U 盘的盘符是光驱盘符。

目前比较流行的是 ZIP 和 HDD 模式，简单易用，至于 FDD 早就已经退出历史舞台了。

2. 光盘

1）光盘简介

光盘即高密度光盘（Compact Disc），是近代发展起来不同于完全磁性载体的光学存储介质（例如磁光盘也是光盘），用聚焦的氢离子激光束处理记录介质的方法存储和再生信息，又称激光光盘。 由于软盘的容量太小，光盘凭借大容量得以广泛使用。我们听的 CD 是一种光盘，看的 VCD、DVD 也是一种光盘。

现在一般的硬盘容量在 320 GB 到 3TB 之间，软盘已经被淘汰，CD 光盘的最大容量大约是 700 MB，DVD 盘片单面 4.7 GB，最多能刻录约 4.59 GB 的数据（因为 DVD 的 1 GB=1000 MB，而硬盘的 1 GB=1024 MB）（双面 8.5 GB，最多约能刻 8.3 GB 的数据）。蓝光（BD）的则比较大，其中 HD DVD 单面单层 15 GB、双层 30 GB；BD 单面单层 25 GB、双面 50 GB、三层 75 GB、四层 100 GB。

光盘的存储原理比较特殊，里面存储的信息不能被轻易地改变。也就是说，我们常见的光盘生产出来的时候是什么样，就一直是那样了。修改光盘中数据有一定的条件，需要 CD 刻录机和空的 CD-R 光盘，然后使用刻录软件就可以更改里面的数据了。

2）光盘分类

光盘只是一个统称，它分成两类：一类是只读型光盘，其中包括 CD-Audio、CD-Video、CD-ROM、DVD-Audio、DVD-Video、DVD-ROM 等；另一类是可记录型光盘，它包括 CD-R、CD-RW、DVD-R、DVD+R、DVD+RW、DVD-RAM、Double layer DVD+R 等各种类型。

根据光盘结构，光盘主要分为CD、DVD、蓝光光盘等几种类型，这几种类型的光盘，在结构上有所区别，但主要结构原理是一致的。而只读的CD光盘和可记录的CD光盘在结构上没有区别，它们主要区别在材料的应用和某些制造工序的不同。DVD方面也是同样的道理。

3. 移动硬盘

1）移动硬盘简介

移动硬盘（Mobile Hard Disk），顾名思义是以硬盘为存储介质，用于计算机之间交换大容量数据，强调便携性的存储产品。市场上绝大多数的移动硬盘都是以标准硬盘为基础的，而只有很少部分以微型硬盘（1.8英寸硬盘等）为基础，但价格因素决定着主流移动硬盘还是以标准笔记本硬盘为基础。因为采用硬盘为存储介制，所以移动硬盘在数据的读写模式上与标准IDE硬盘是相同的。移动硬盘多采用USB、IEEE1394等传输速度较快的接口，可以较高的速度与系统进行数据传输。

2）移动硬盘特点

（1）容量大：移动硬盘可以提供相当大的存储容量，是一种较具性价比的移动存储产品。在大容量“闪盘”价格还无法被用户所接受的情况下，移动硬盘能在用户可以接受的价格范围内，提供给用户较大的存储容量和不错的方便性。

（2）体积小：移动硬盘（盒）的尺寸分为1.8寸、2.5寸和3.5寸三种。2.5寸移动硬盘盒可以使用笔记本电脑硬盘，2.5寸移动硬盘盒体积小、重量轻、便于携带，一般没有外置电源。

（3）传输速度高：移动硬盘大多采用USB、IEEE1394、eSATA接口，能提供较高的数据传输速度。不过，移动硬盘的数据传输速度还一定程度上受到接口速度的限制，尤其在USB1.1接口规范的产品上，在传输较大数据量时，将考验用户的耐心。而USB2.0、IEEE1394、eSATA接口就相对好很多。USB2.0接口传输速率是60 MB/s，IEEE1394接口传输速率是50~100 MB/s，而eSATA在1.5 Gb/s到3 Gb/s之间。

（4）使用方便：移动硬盘同样具有即插即用的特性，使用起来灵活方便。但大容量硬盘由于转速高达7200 r/min，所以需要外接电源（USB供电不足），在一定程度上限制了硬盘的便携性。

（5）可靠性提升：与笔记本电脑硬盘的结构类似，移动硬盘多采用硅氧盘片。这是一种比铝、磁更为坚固耐用的盘片材质，并且具有更大的存储量和更好的可靠性，提高了数据的完整性。

4. 网络

1）概念

计算机网络，是指将地理位置不同的具有独立功能的多台计算机及其外部设备，通过通信线路连接起来，在网络操作系统、网络管理软件及网络通信协议的管理和协调下，实现资源共享和信息传递的计算机系统。

2）网络组成

计算机网络通俗地讲就是由多台计算机（或其他计算机网络设备）通过传输介质和软件物理（或逻辑）连接在一起组成的。总的来说，计算机网络的组成基本上包括：计算机、网络操作系统、传输介质（可以是有形的，也可以是无形的，如无线网络的传输介质就是空气）以及相应的应用软件四部分。

3）网络安装操作系统的特点

在存储介质的种类还没有当今如此丰富的时候，通过网络的方式安装操作系统是一种很好的方式。随着存储介质的发展和计算机技术的发展，通过网络的方式安装操作系统已经淘汰。通过网络的方式相对于其他方式有很多缺陷：

（1）需要很多网络互联设备将机器连接在一起组成网络，同时如何使用这些设备对于使用者来说比较麻烦，不容易掌握。

（2）过度依赖网络。由于通过互联设备组成网络，如果互联设备损坏，就会导致网络瘫痪。

（3）需要文件服务器，且配置烦琐。通过网络安装操作系统，需要一台服务器将文件通过网络下发到客户端进行安装，这样的服务器配置比较复杂。

（4）速度上的限制。通过网络传输数据，速度当然比通过存储介质传输慢很多。

（5）需要客户端支持网络启动。

5.1.2 安装方式

在不同的介质中，又可以采用多种不同的系统安装方式，常见的有 GHOST 安装、全新安装、Windows PE 安装以及网络启动安装等方式。从安装的介质上可以分为光盘安装、U 盘安装、硬盘安装、网络安装几种。通过何种方式、何种介质安装操作系统没有好坏之分，只有操作是否简便之分。大家在实际操作过程中，根据自己的实际情况，选择合适的安装介质和安装方式进行系统安装，其实现的目的都是相同的。

1. Ghost 安装

Ghost 安装按照介质同样可以分为：光盘、U 盘、硬盘。接下来介绍光盘、U 盘、硬盘几种介质 Ghost 安装的方法。

1）光盘安装

（1）下载 Ghost 版 ISO 格式的操作系统安装文件和刻录软件。

（2）使用刻录软件将 ISO 安装文件写入光盘（步骤在前面已经介绍）。

（3）放入光盘，重启计算机，设置 BIOS 引导光盘（步骤、方法在前面已经介绍）。

（4）按照光盘的菜单选择安装。这一部分在后面讲详细介绍。

2）U 盘安装

（1）下载 Ghost 版操作系统的安装文件以及启动 U 盘制作工具。

（2）使用制作工具制作启动 U 盘（步骤在前面已经介绍）。

（3）解压操作系统的安装文件，将扩展名为.GHO 的安装文件复制进 U 盘（前面已经介绍，不是所有的 GHO 文件都是安装文件）。

（4）插入 U 盘，重启计算机，设置 BIOS 引导 U 盘（步骤、方法在前面已经介绍）。

（5）按照 U 盘的菜单选择安装。这一部分在后面讲详细介绍。

3）Windows PE 安装

（1）制作启动盘，但是需要带 Windows PE 系统。

（2）从启动盘启动，进入 Windows PE。

（3）在 Windows PE 系统下安装操作系统。

2. 全新安装

1）光盘安装

光盘安装步骤和 Ghost 基本一样，但操作系统的安装文件不一样，这个需要安装版的操作系统 ISO 文件，不是 GHO 版的 ISO 文件。

2）U 盘安装

U 盘安装步骤和 Ghost 基本一样，但操作系统的安装文件不一样，这个需要安装版的操作系统 ISO 文件，不是 GHO 版的 ISO 文件。

3）Windows PE 安装

（1）制作启动盘，但是需要带 Windows PE 系统。

（2）从启动盘启动，进入 Windows PE。

（3）在 Windows PE 系统安装虚拟光驱，加载 ISO 安装文件。

（4）执行虚拟光驱中的安装文件进行安装。

以上就是几种方式、不同介质的安装操作系统的大体步骤，有的在前面的章节中已经介绍，有的内容在后面的章节中会详细介绍。安装操作系统的方法很多，这里没有完全罗列出来，比如在 DOS 下安装操作系统，根据现有条件选择自己习惯的方式安装操作系统。

5.2 Windows XP 的简介与安装

任务 24 WindowsXP 纯净安装

1. 理论介绍

Windows XP 中文全称为视窗操作系统体验版，是微软公司发布的一款视窗操作系统。它发行于 2001 年 10 月 25 日，原来的名称是 Whistler。微软最初发行了两个版本：家庭版（Home）和专业版（Professional）。家庭版的消费对象是家庭用户，专业版则在家庭版的基础上添加了新的为面向商业的设计的网络认证、双处理器等特性，且家庭版只支持 1 个处理器，专业版则支持 2 个。字母 XP 表示英文单词的“体验”（experience）。2011 年 7 月初，微软表示将于 2014 年春季彻底取消对 Windows XP 的技术支持。

2. 任务目标

掌握安装 Windows XP 操作系统的三种方式。

3. 环境和工具

（1）实验环境：Windows XP、VMware 8。

（2）工具及软件：Windows XP 系统 ISO、GHOST 镜像文件以及启动 U 盘。

4. 操作流程和步骤

（1）准备工作：准备好 Windows XP Professional 简体中文版 ISO 文件。

（2）设置 BIOS 参数，引导成功的界面如下图 5-1 所示：

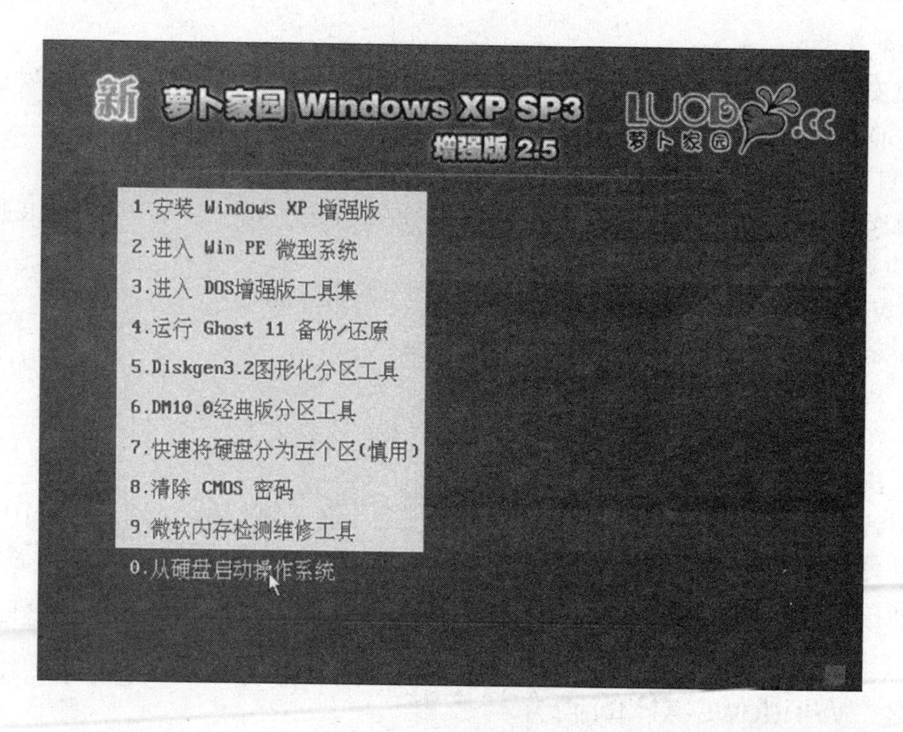

图 5-1

（3）选择“1.安装 Windows XP 增强版”按钮进行安装。

（4）选择“要现在安装 WindowsXP，请按 ENTER”，按回车键，如图 5-2 所示：

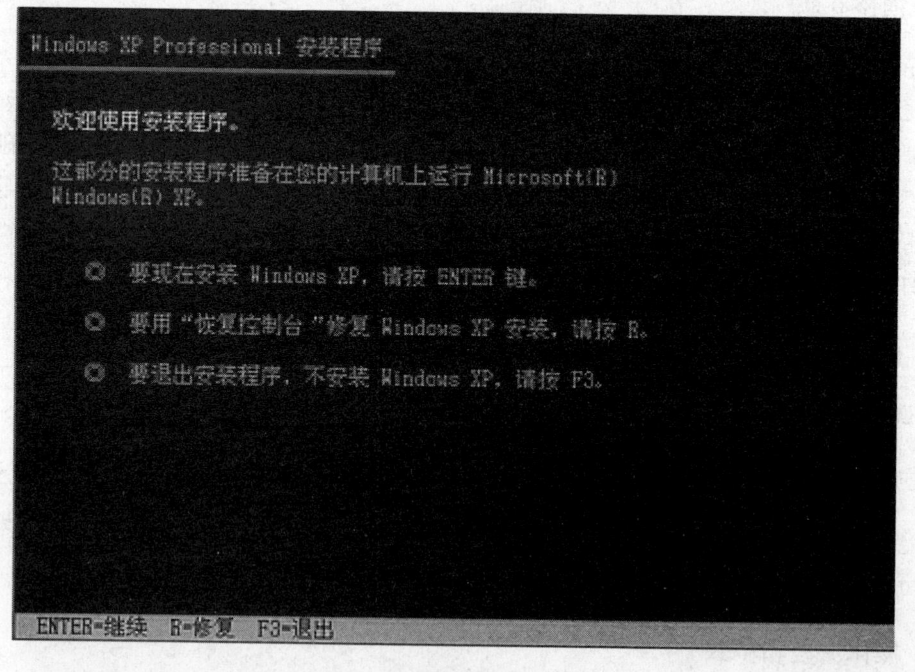

图 5-2

（5）按照提示，按 F8 键同意，如图 5-3 所示：

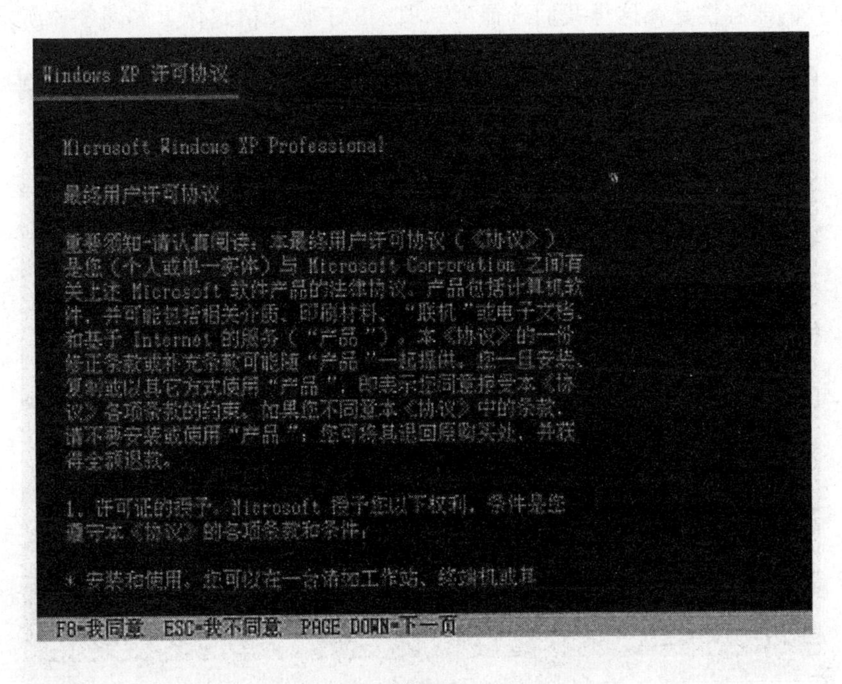

图 5-3

（6）这里用“向下或向上”方向键选择安装系统所用的分区，如果你已格式化 C 盘请选择 C 分区，选择好分区后按“Enter”键回车。图 5-4 具有分区功能，可以按照提示先选中分区，然后按 D 键，删除所选分区；还可以选择空闲分区按 C 键创建分区。

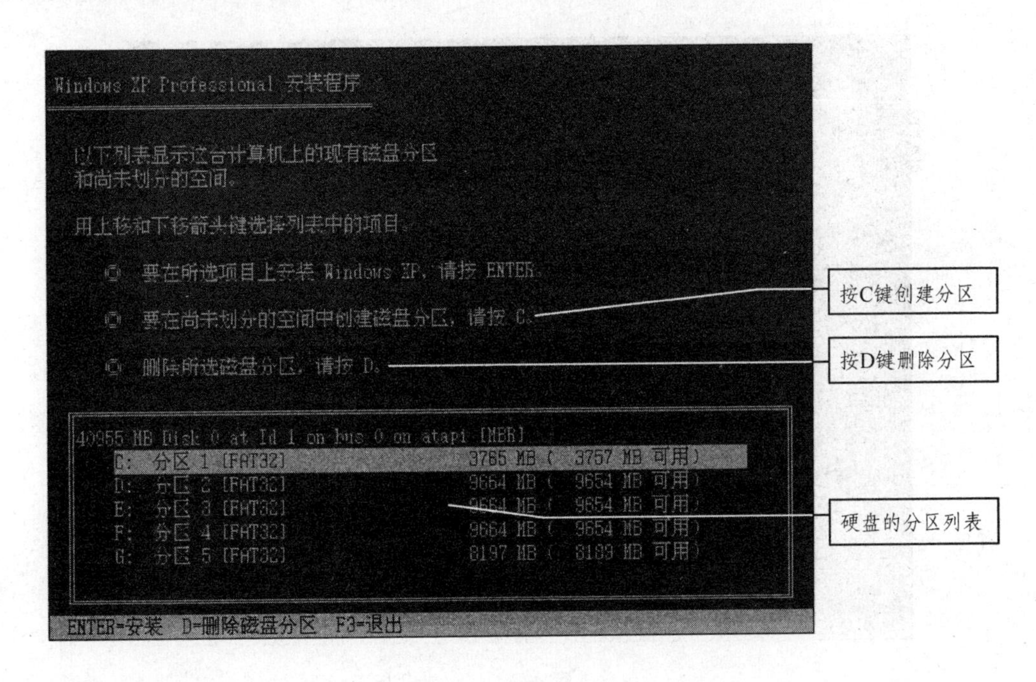

图 5-4

（7）选择系统安装的分区后，需要对分区进行操作：格式化或者保持现有文件系统不变。为了具有更好的兼容性，在这里我们选择第二项：FAT 快速格式化。如图 5-5 所示：

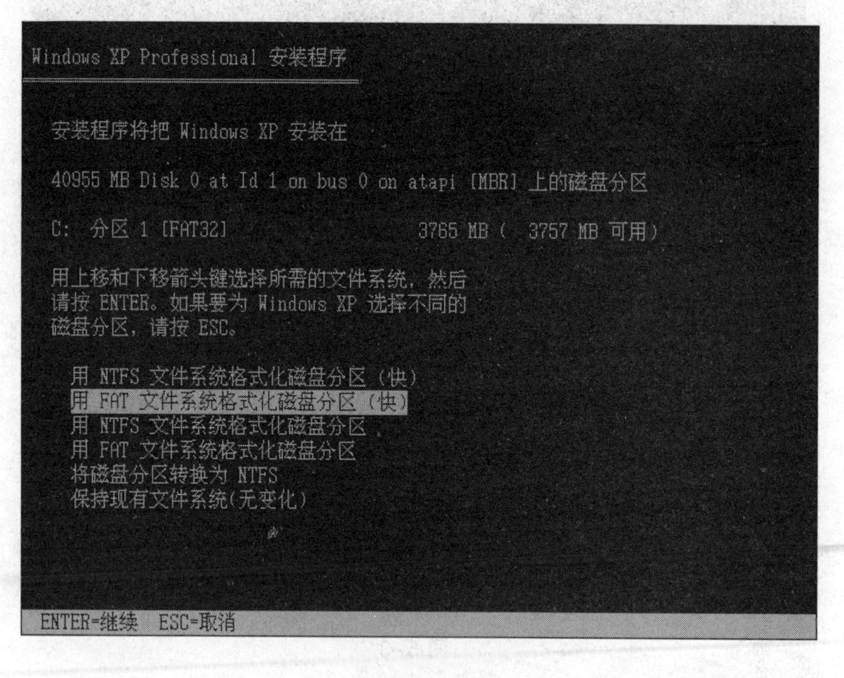

图 5-5

（8）格式化 C 盘的警告，按 F 键将准备格式化 c 盘。格式化后 C 盘的资料将被全部删除，若 C 盘有资料请慎重，或者在上一步操作中选择：保持现有文件系统不变。如图 5-6 所示：

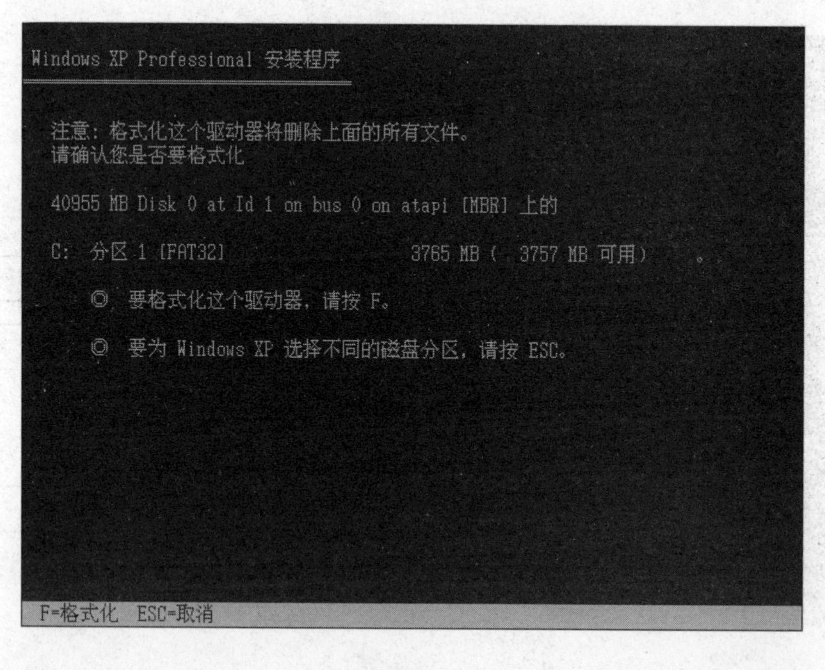

图 5-6

（9）再一次格式化警告，敲回车确认格式化，如图 5-7 所示：

Windows XP Professional 安装程序
由于这个磁盘分区大于 2048 MB，安装程序会用 FAT32
文件系统将其格式化。
使用其他如 MS-DOS，或某些版本的 Microsoft Windows 操作系统时，
驱动器上的文件将无法使用。
◎ 要继续格式化磁盘分区，请按 ENTER。
◎ 要返回前一个屏幕，不格式化磁盘分区，请按 ESC。
◎ 要退出安装程序，请按 F3。
ENTER=继续 ESC=取消 F3=退出

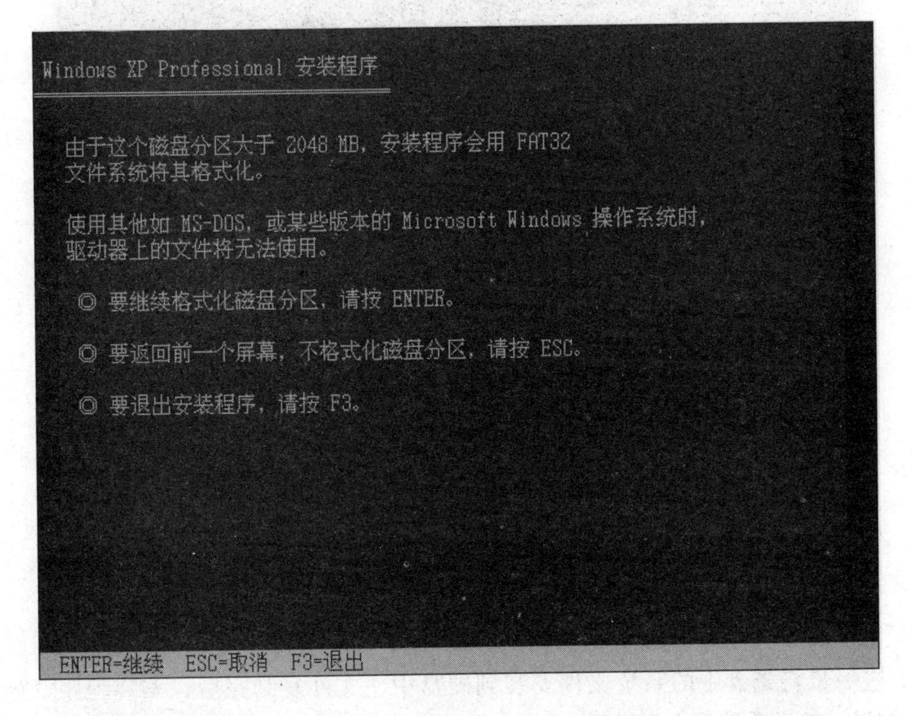

图 5-7

（10）等待直到格式化结束，会进行文件复制步骤，如图 5-8 和图 5-9 所示：

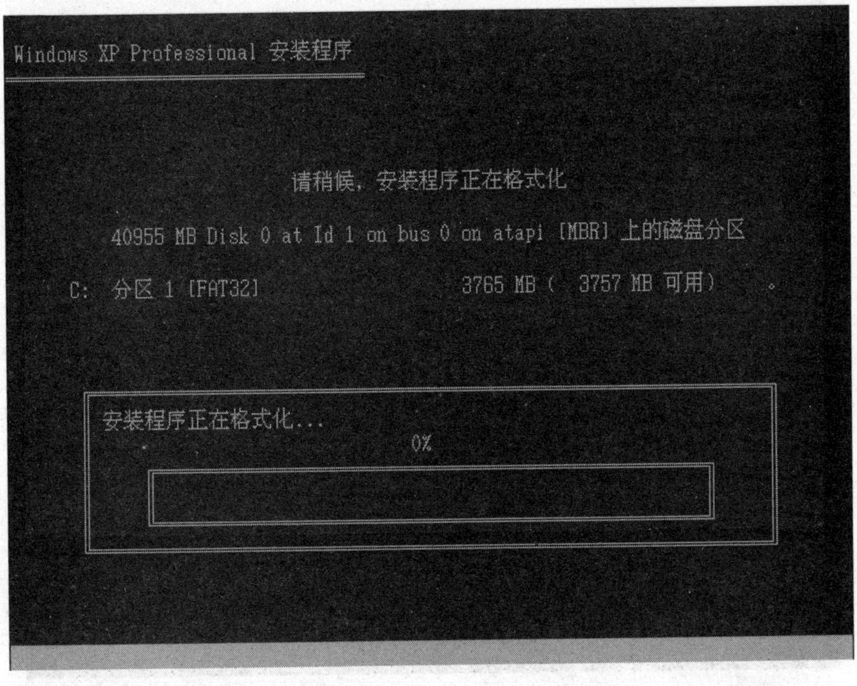

Windows XP Professional 安装程序
请稍候，安装程序正在格式化
40955 MB Disk 0 at Id 1 on bus 0 on atapi [MBR] 上的磁盘分区
C: 分区 1 [FAT32] 3765 MB（ 3757 MB 可用）
安装程序正在格式化...
0%

图 5-8

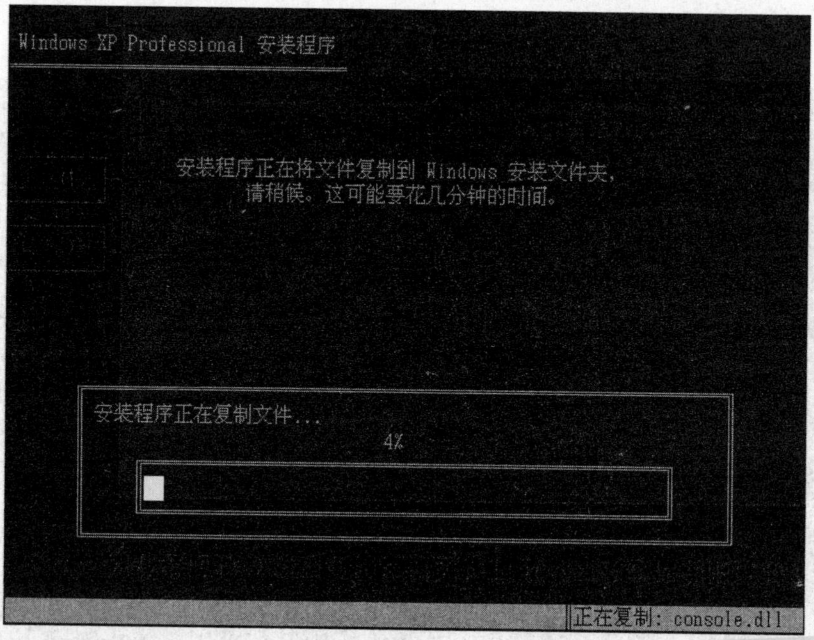

Windows XP Professional 安装程序
安装程序正在将文件复制到 Windows 安装文件夹,
请稍候。这可能要花几分钟的时间。
安装程序正在复制文件...
4%
正在复制: console.dll

图 5-9

（11）这一步将光盘中的系统文件安装到硬盘中，文件复制完后，安装程序开始初始化 Windows 配置。然后系统将会自动在 15 s 后重新启动，如图 5-10 所示。重新启动的这一步需要注意，和上一个任务中一样，重新启动需要设置计算机为从硬盘启动，若选择从光驱启动则又进入 Windows XP 安装。

Microsoft®
Windows xp
Copyright © Microsoft Corporation
Microsoft

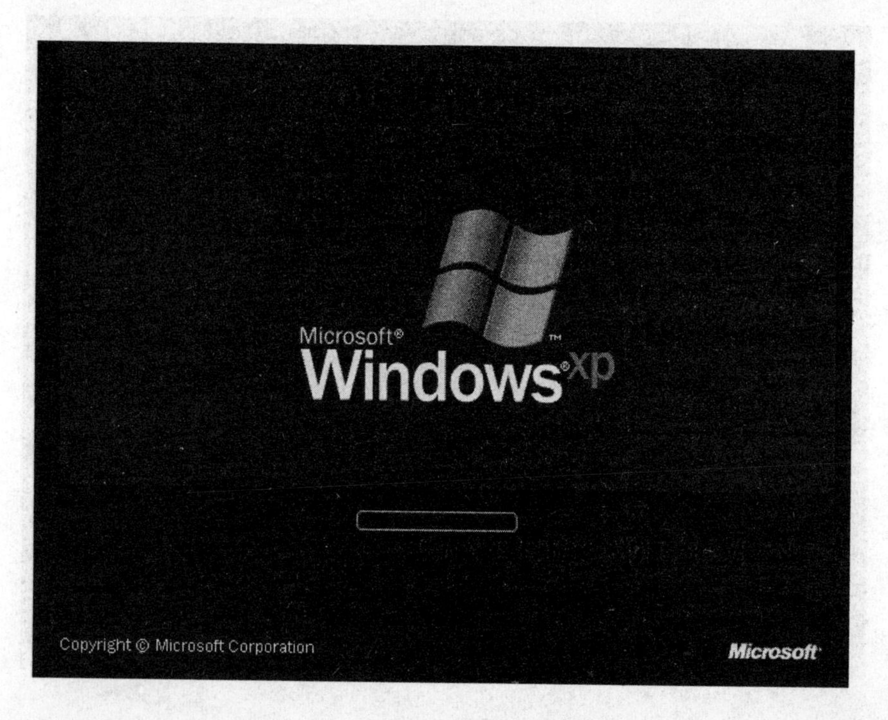

图 5-10

（12）等一会，当提示还需 39 分钟时将出现图 5-11 所示画面。

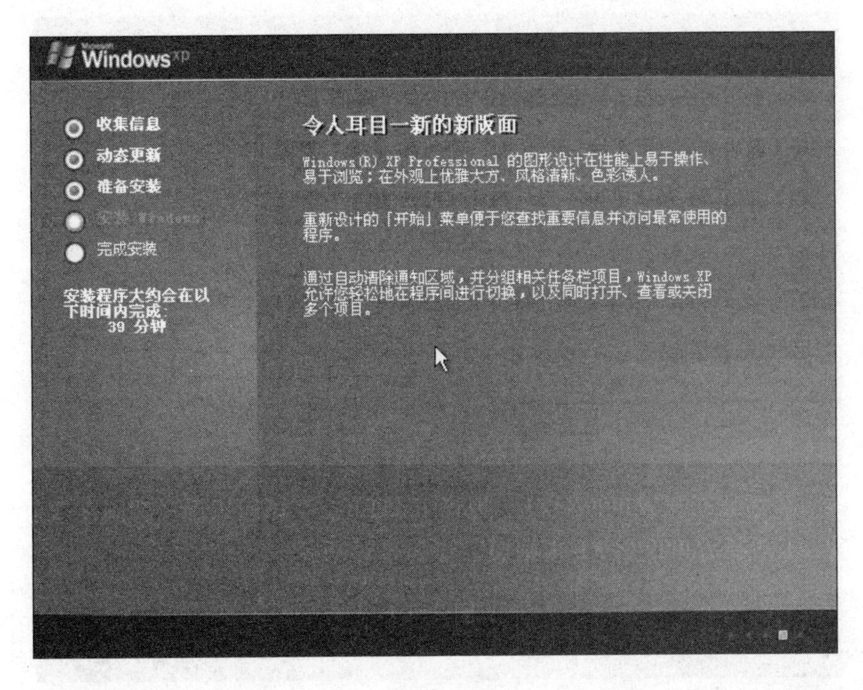

图 5-11

（13）区域和语言设置选用默认值就可以了，直接点“下一步”按钮。

（14）这里是输入计算机名和管理员的密码，完成后点击“下一步”，如图 5-12 所示：

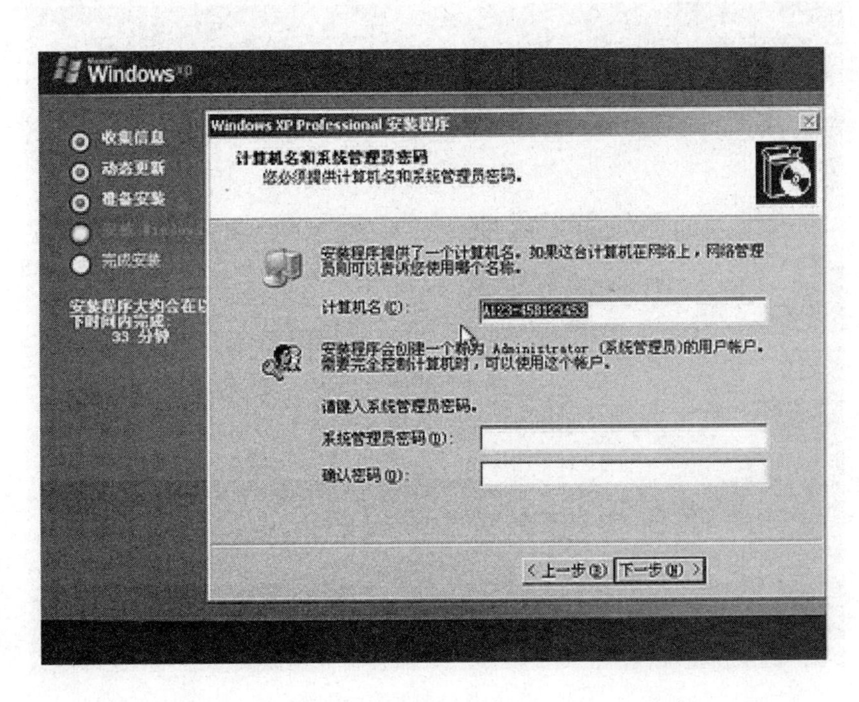

图 5-12

（15）日期和时间设置不用讲，选北京时间，点“下一步”，如图 5-13 所示：

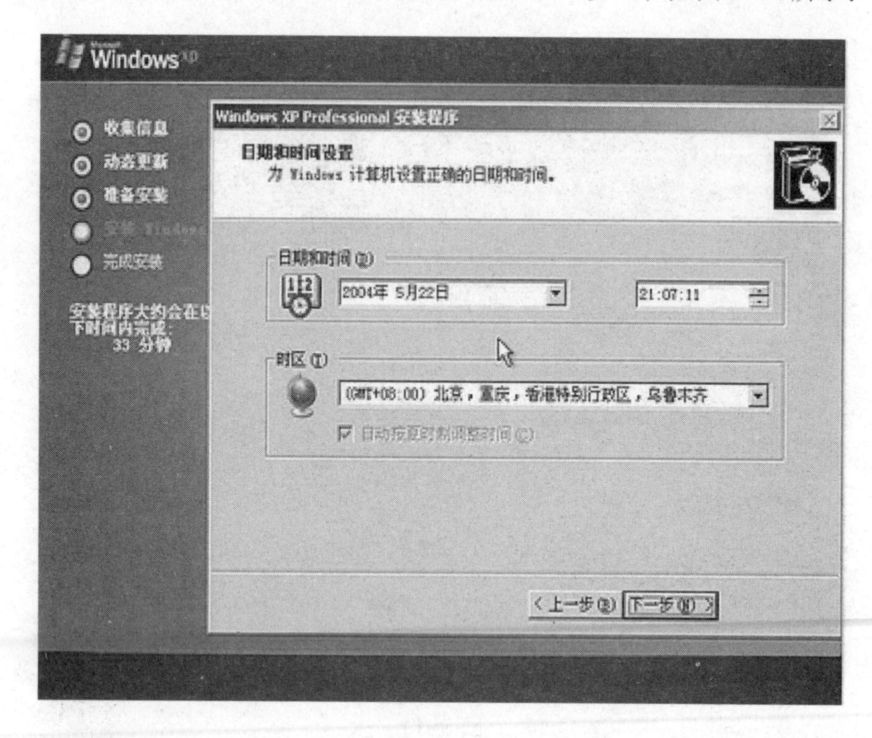

图 5-13

（16）开始安装，复制系统文件、安装网络系统，如图 5-14 所示：

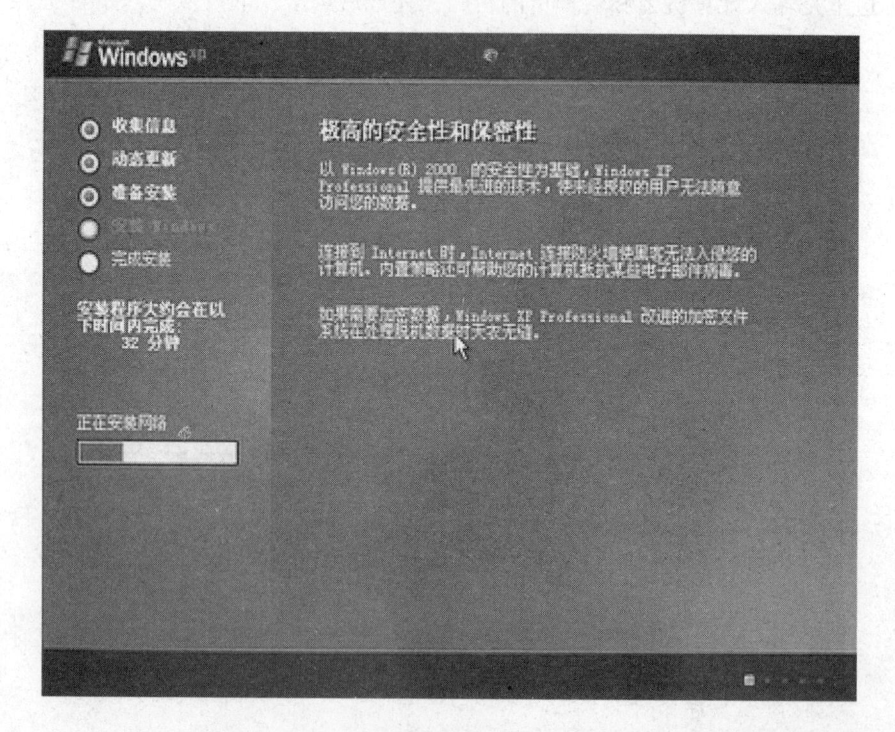

图 5-14

（17）让你选择网络安装所用的方式，选典型设置点“下一步”，如图 5-15 和图 5-16 所示：

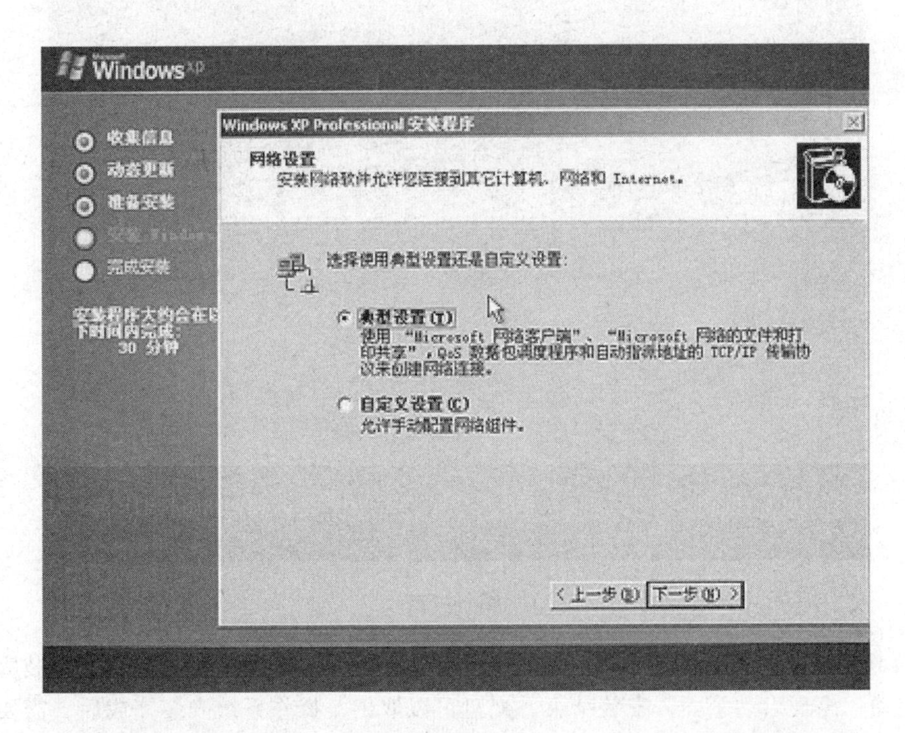

图 5-15

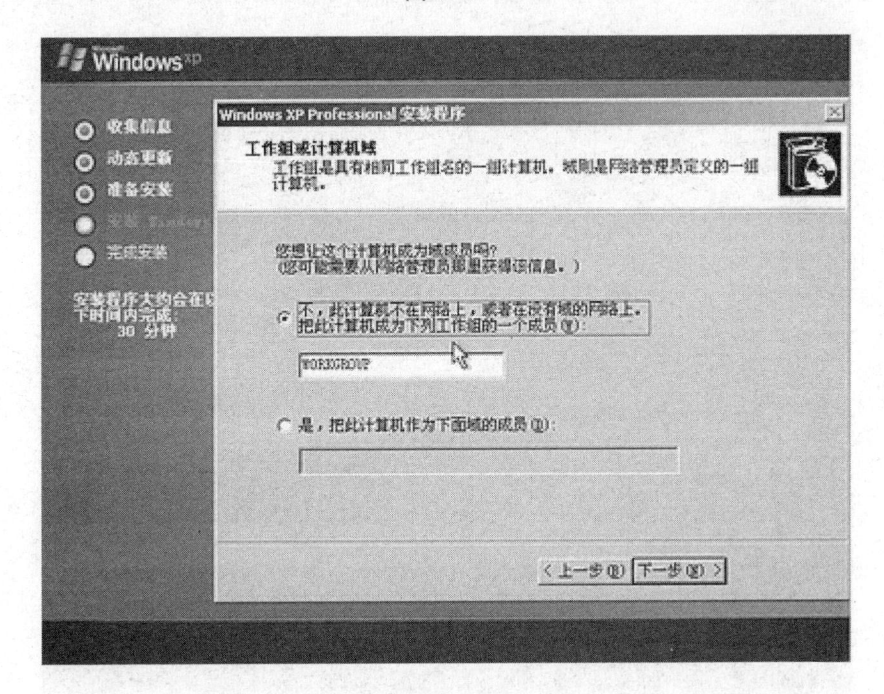

图 5-16

（18）点“下一步”出现如图 5-17 所示画面。

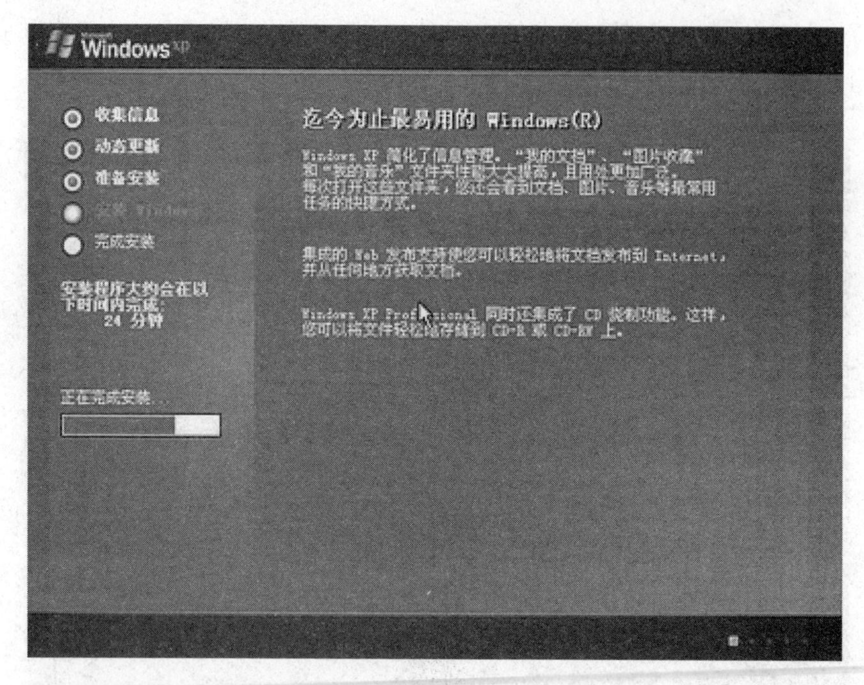

图 5–17

（19）继续安装，到这里后就不用你参与了，安装程序会自动完成全过程。安装完成后自动重新启动，出现启动画面。安装结束，光盘可以取出。操作系统安装完成后，需要安装驱动程序，这一步在这里不作介绍。启动完毕的画面如图 5-18 所示：

图 5–18

任务 25 Windows XP 的 Ghost 安装

1. Ghost 介绍

Ghost（幽灵）软件是美国赛门铁克公司推出的一款出色的硬盘备份还原工具，可以实现FAT16、FAT32、NTFS、OS2 等多种硬盘分区格式的分区及硬盘的备份还原，俗称克隆软件。Ghost 的备份还原是以硬盘的扇区为单位进行的，也就是说可以将一个硬盘上的物理信息完整复制，而不仅仅是数据的简单复制；克隆人只能克隆躯体，但这个 Ghost 却能克隆系统中所有的东西，包括声音、动画、图像，连磁盘碎片都可以帮你复制，比克隆人还厉害。Ghost 支持将分区或硬盘直接备份到一个扩展名为.gho 的文件里（赛门铁克把这种文件称为镜像文件），也支持直接备份到另一个分区或硬盘里。这在后面有详细的使用介绍。

2. 系统安装

（1）准备工作：准备好 Ghost 版 Windows XP 安装文件，使用我们第四章中制作的启动 U 盘进行安装，也可以使用 Ghost 版 Windows XP 的安装光盘进行安装，方法、步骤一样。本任务使用 U 盘进行安装。

（2）将 U 盘插入 USB 接口，设置从 U 盘引导，引导成功的界面如图 5-19 所示：

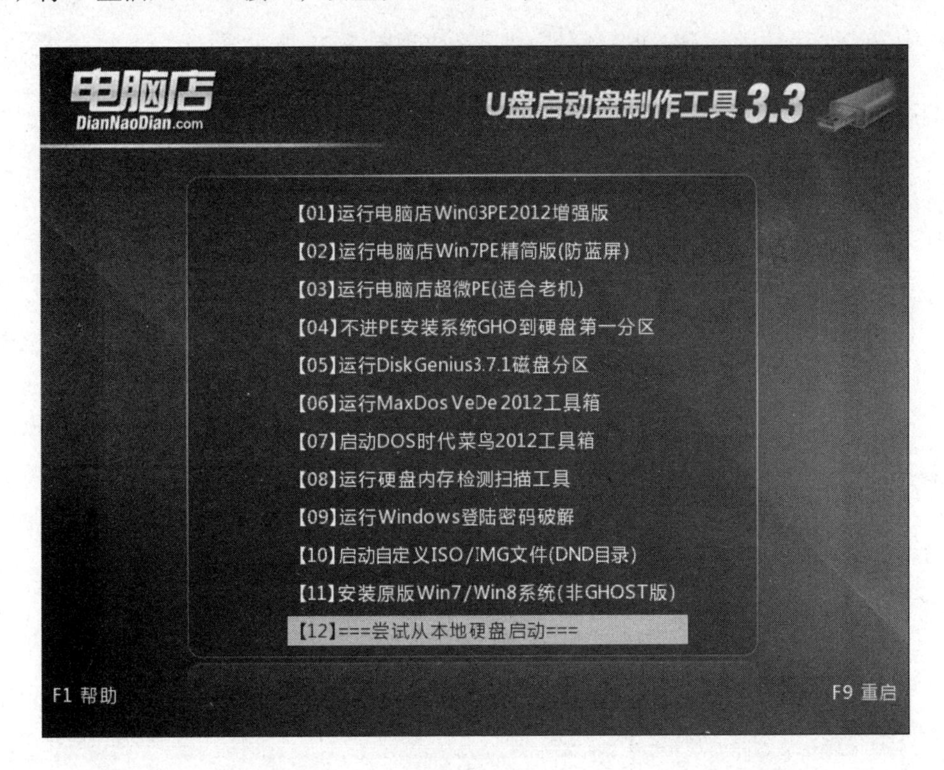

图 5-19

（3）选择“[04]不进 PE 安装系统 GHO 到硬盘第一分区”，或者直接在键盘上按 4 也可选择，之后出现如图 5-20 所示界面：

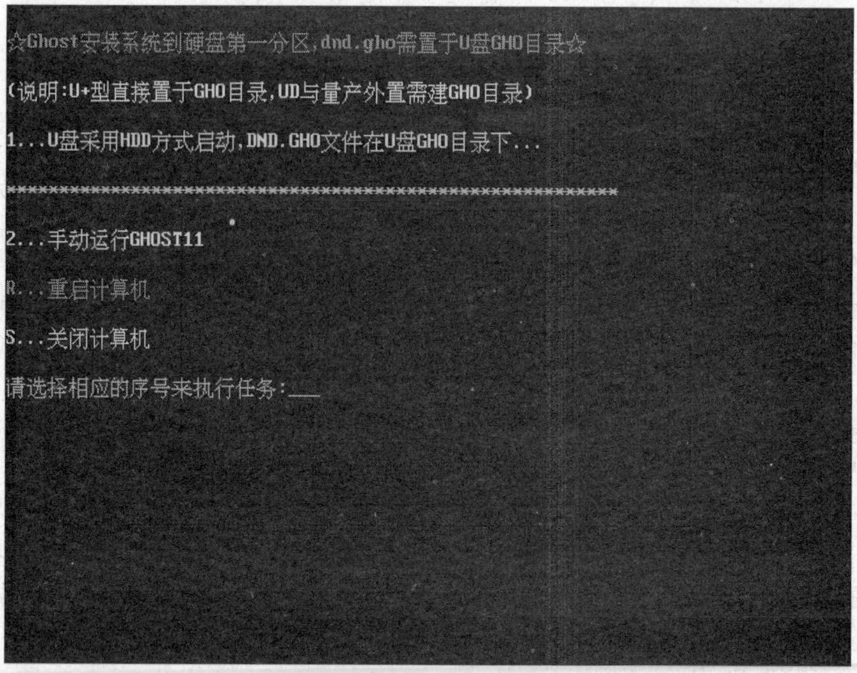

☆Ghost安装系统到硬盘第一分区,dnd.gho需置于U盘GHO目录☆

(说明:U+型直接置于GHO目录,UD与量产外置需建GHO目录)

1...U盘采用HDD方式启动,DND.GHO文件在U盘GHO目录下...

****

2...手动运行GHOST11

R...重启计算机

S...关闭计算机

请选择相应的序号来执行任务:___

图 5-20

（4）输入 2（手动运行 GHOST11），回车，出现图 5-21 所示界面：

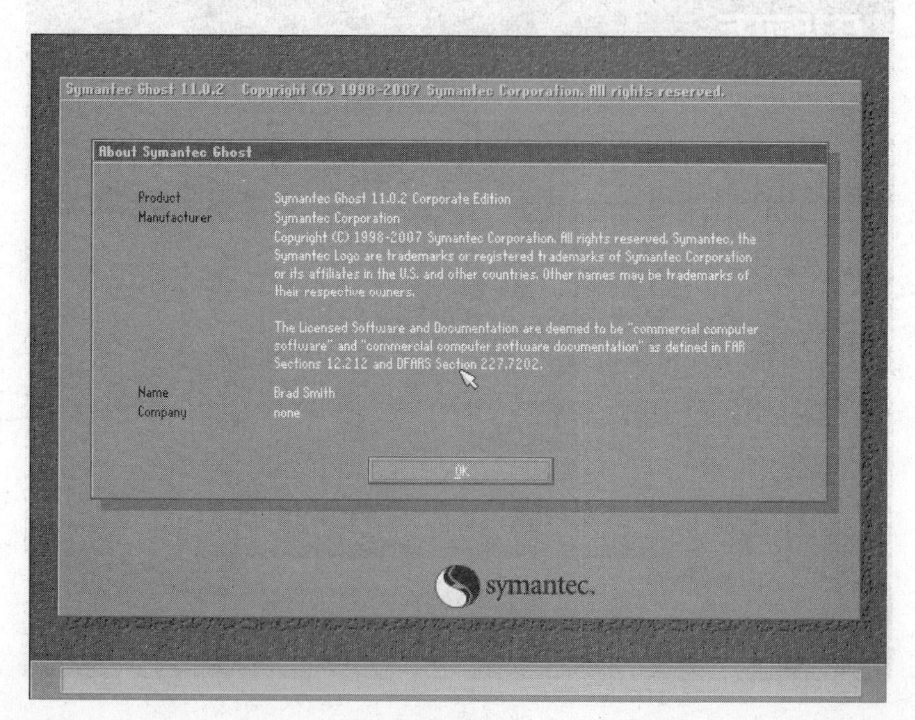

图 5-21

（5）图 5-21 是 GHOST 软件的界面，敲回车，进入主界面，如图 5-22 所示：

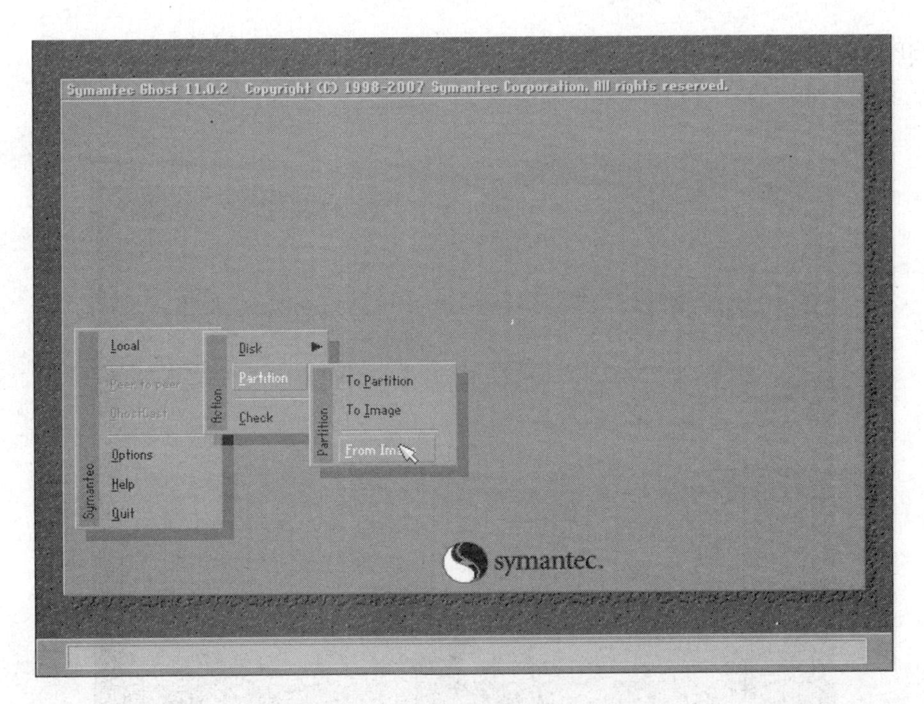

图 5-22

（6）移动上下左右键，按照图 5-22 选择 Local→Partition→From Image，回车后出现如图 5-23 所示界面：

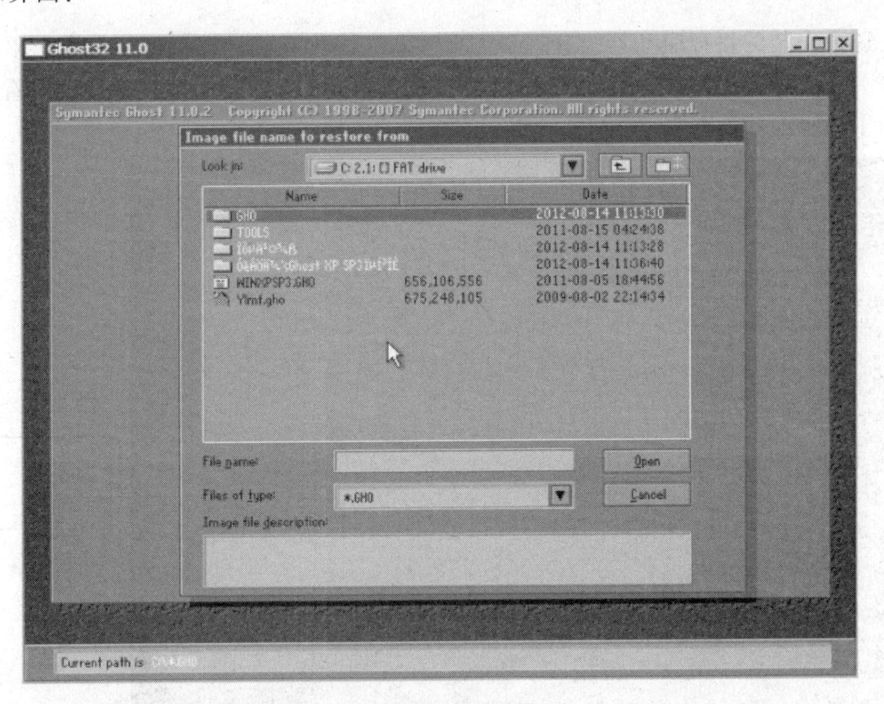

图 5-23

（7）在 Look in 地址栏中找到 U 盘，因为 Windows XP 的 GHO 安装文件在 U 盘中，打开后如图 5-23 所示，U 盘中有两个版本的 Windows XP 的 GHO 安装文件：YLMF.GHO 和

WINXPSP3.GHO。选择 YLMF.GHO 回车。

（8）直接点击“OK”按钮继续，如图 5-24 所示：

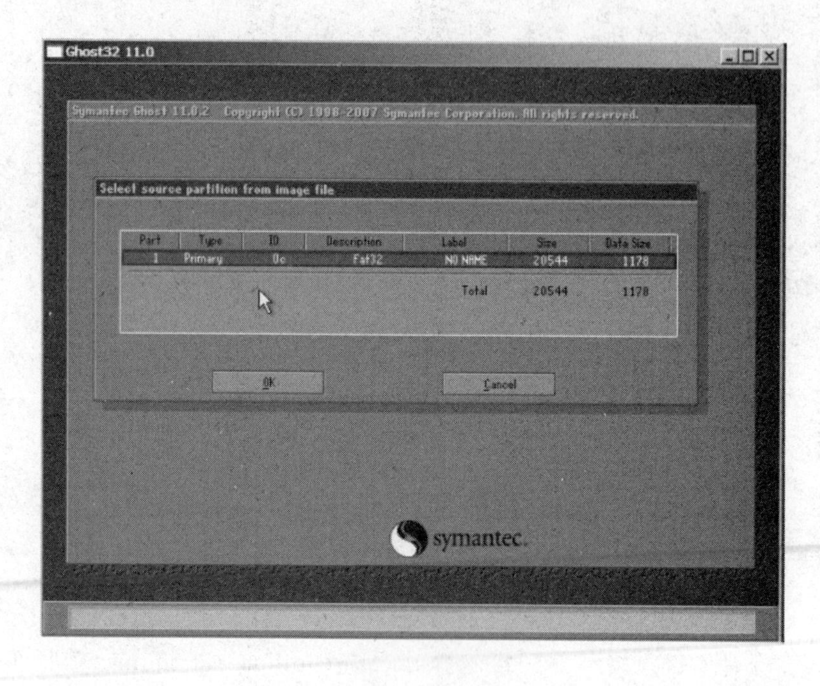

图 5-24

（9）选择安装的目标驱动器。这一步需要注意，因为有的计算机可能有多个驱动器（多个硬盘等），在列表中有两个选项，1 为计算机的硬盘，2 为 U 盘，通过容量可以看出来。选择标号为 1 的驱动器，点击“OK”，如图 5-25 所示：

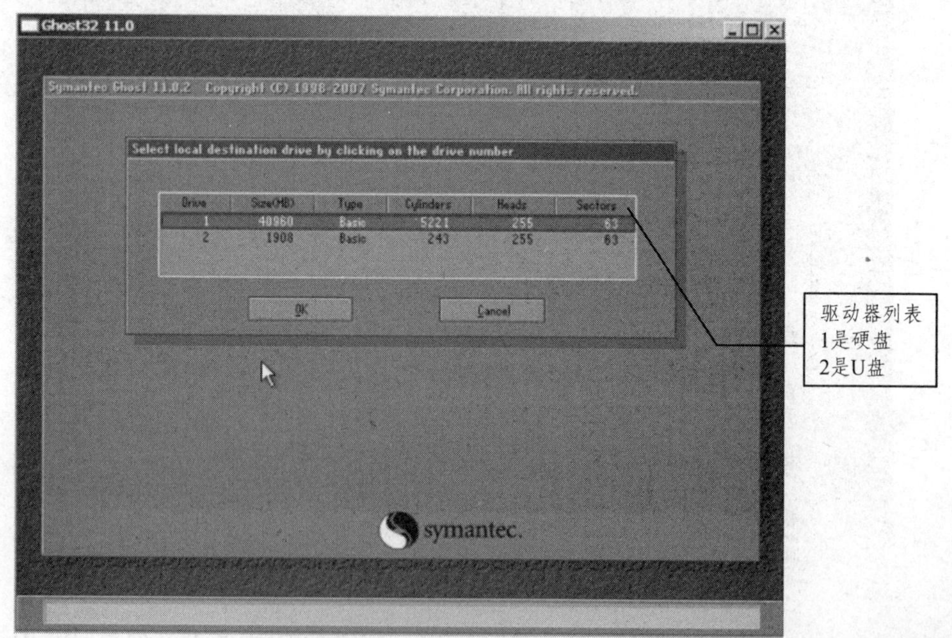

图 5-25

（10）图 5-26 中显示的是硬盘的分区信息，选择一个分区作为系统安装目录，一般选择 C，然后点击“OK”按钮，如图 5-27 所示。

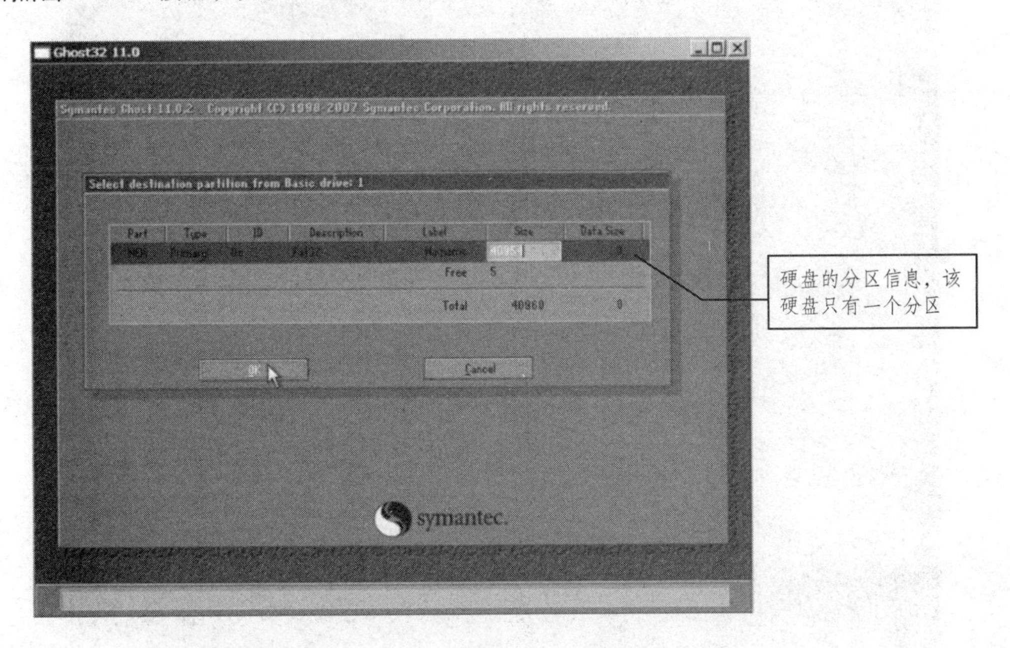

图 5-26

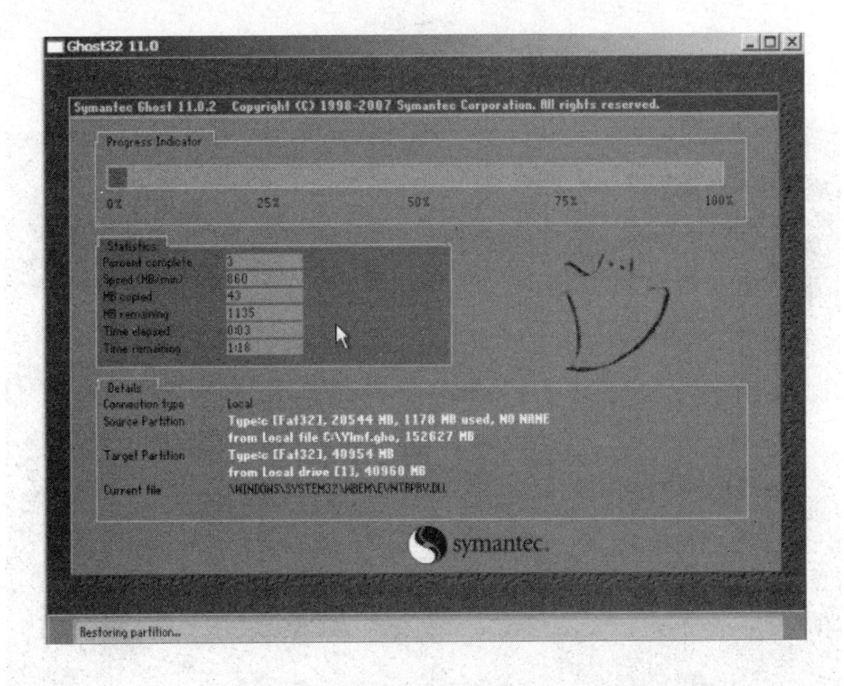

图 5-27

（11）弹出窗口提示是否继续，选择“YES”按钮继续安装，几分钟后安装完成，弹出完成对话框，提示重新启动计算机完成安装。选择“Reset Computer”按钮重启计算机（图 5-28）。注意：重启计算机需从本地硬盘启动。

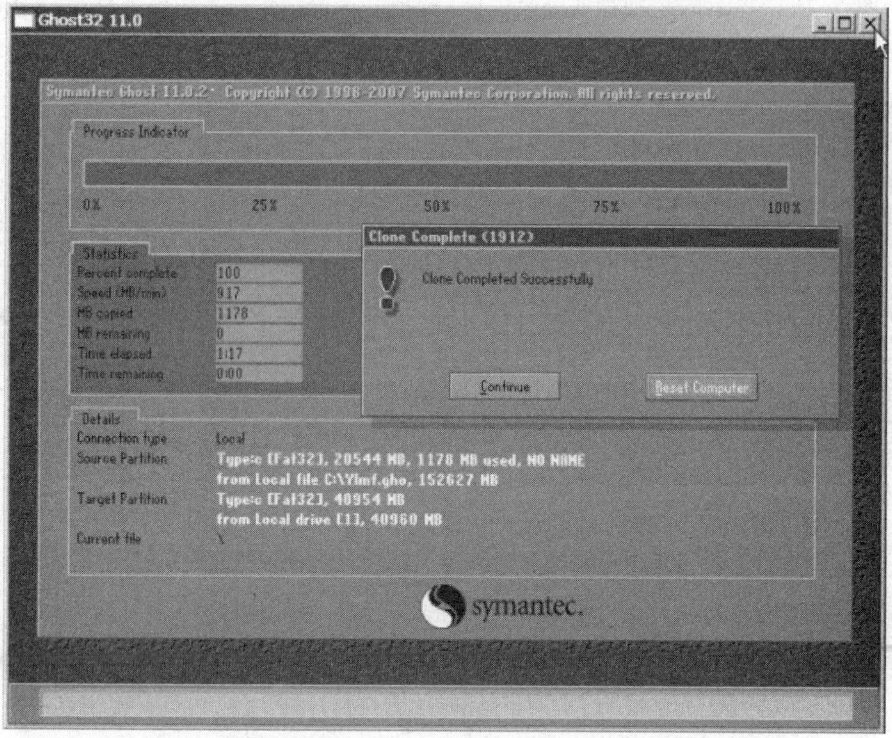

图 5–28

（12）重启后的界面如图 5-29 所示，继续完成安装。从这开始后面的操作是，全自动式的。

图 5–29

（13）等待，直到再次重新启动，操作系统安装完成。

任务 26　Windows XP 的 PE 安装

1. PE 系统介绍

PE 英文为 Windows Preinstallation Environment 的缩写，意为 Windows 预安装环境，用 MS 帮助上的说明来说，是带有有限服务的最小 Win 32 子系统，它基于以受保护模式运行的 Windows XP Professional 内核。它包括运行 Windows 安装程序、从网络共享安装操作系统、自动化基本过程，以及执行硬件验证所需的最基本功能。PE 是一个操作系统，类似于 DOS，只不过内核是 NT 的内核，支持 NTFS 文件系统，可在光盘上运行的一个操作系统。

2. 系统安装

（1）准备工作：准备好 Ghost 版 Windows XP 安装文件，使用我们第四章中制作的启动 U 盘进行安装，也可以使用 Ghost 版 Windows XP 的安装光盘进行安装，方法、步骤一样。本任务使用 U 盘进行安装。

（2）将 U 盘插入 USB 接口，设置从 U 盘引导，引导成功的界面如图 5-30 所示：

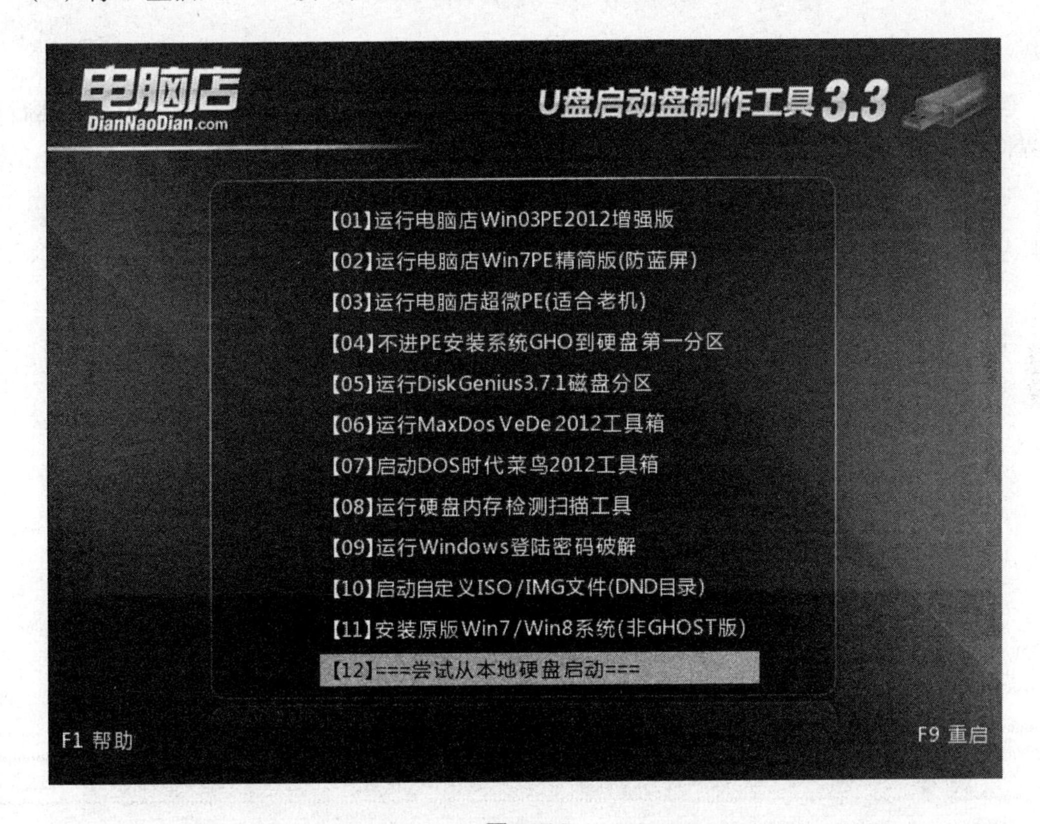

图 5-30

（3）前面 2 步和 GHOST 安装一样，只是在选择上不一样，本任务选择“[01]运行计算机店 Windows 03PE2012 增强版”，进入 PE 操作系统，如图 5-31 所示：

图 5-31

（4）PE 操作系统操作和 Windows XP 操作一样，运行桌面的“手动 Ghost”软件，运行后的界面和 GHOST 安装时候一样，如图 5-32 所示：

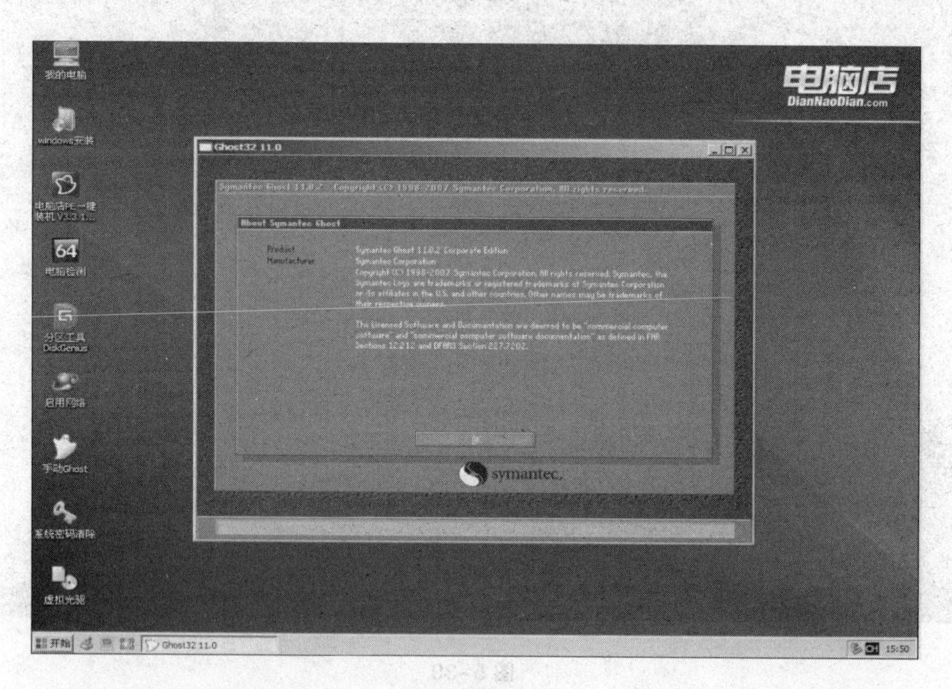

图 5-32

（5）后面步骤一样，不再赘述。

5.3 Windows 2003 的简介与安装

任务 27 Windows 2003 的纯净安装

1. 理论介绍

Windows Server 2003 是微软的服务器操作系统。最初叫作“Windows .NET Server”，后改成“Windows .NET Server 2003”，最终被改成“Windows Server 2003”，于 2003 年 3 月 28 日发布，并在同年 4 月底上市。它相对于 Windows 2000 做了很多改进，例如：改进的 Active Directory（活动目录）（如可以从 schema 中删除类）；改进的 Group Policy（组策略）操作和管理；改进的磁盘管理，如可以从 Shadow Copy（卷影复制）中备份文件。特别是在改进的脚本和命令行工具方面，对微软来说是一次革新：把一个完整的命令外壳带进下一版本 Windows 作为其的一部分。

2. 任务目标

掌握 Windows 2003 操作系统的安装。

3. 环境和工具

（1）实验环境：Windows 2003、VMware 8。

（2）工具及软件：Windows 2003 系统 ISO、GHOST 镜像文件以及启动 U 盘。

4. 操作流程和步骤

（1）准备好 Windows Server 2003 简体中文标准版安装光盘。本部分采用光盘作为介质安装 Windows2003 操作系统。

（2）设置 BIOS 从光盘引导，出现如图 5-33 所示界面：

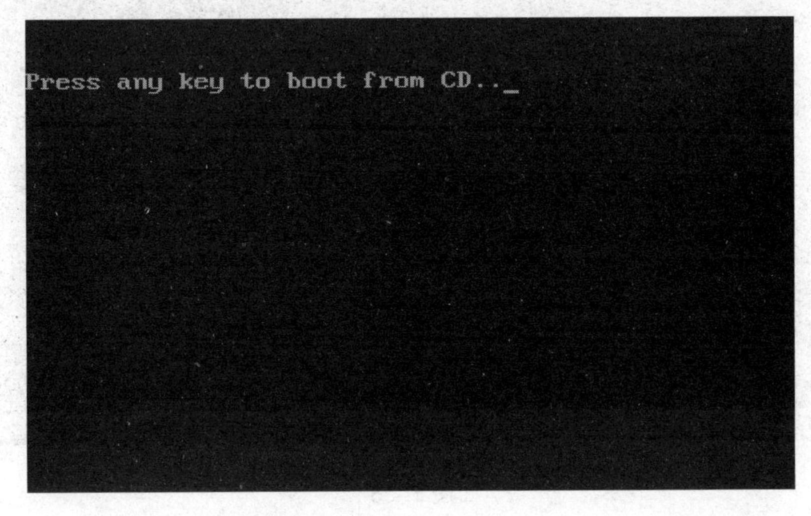

图 5-33

（3）按任意键继续，如无意外即可见到安装界面，如图 5-34 所示：

图 5-34

（4）从光盘读取启动信息，很快出现图 5-35 所示界面：

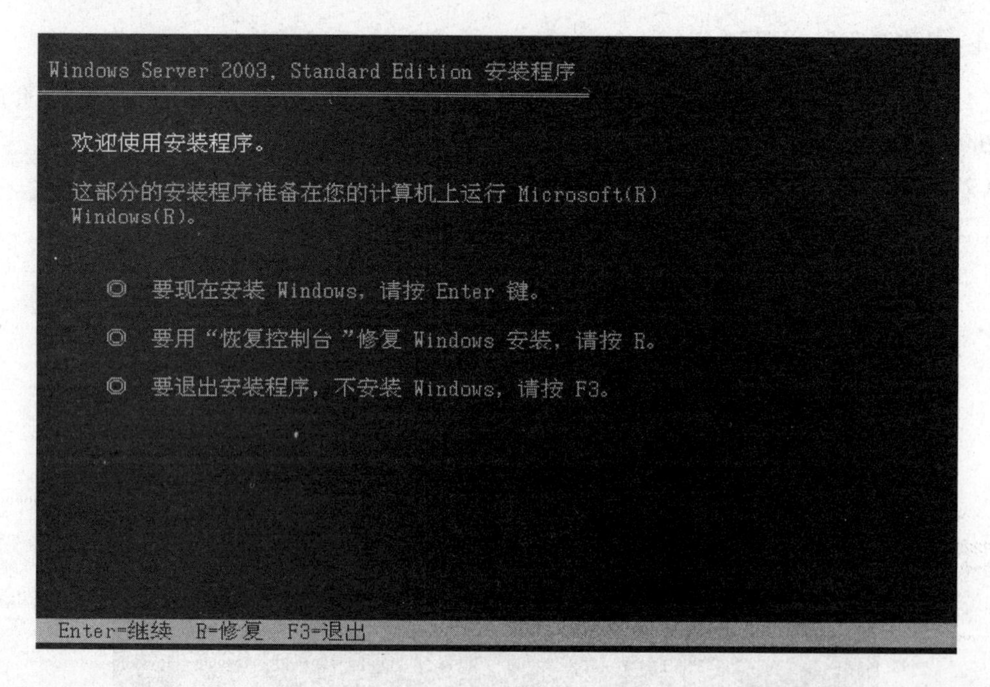

图 5-35

（5）全中文提示，“要现在安装 Windows，请按 ENTER”，按回车键后如图 5-36 所示：

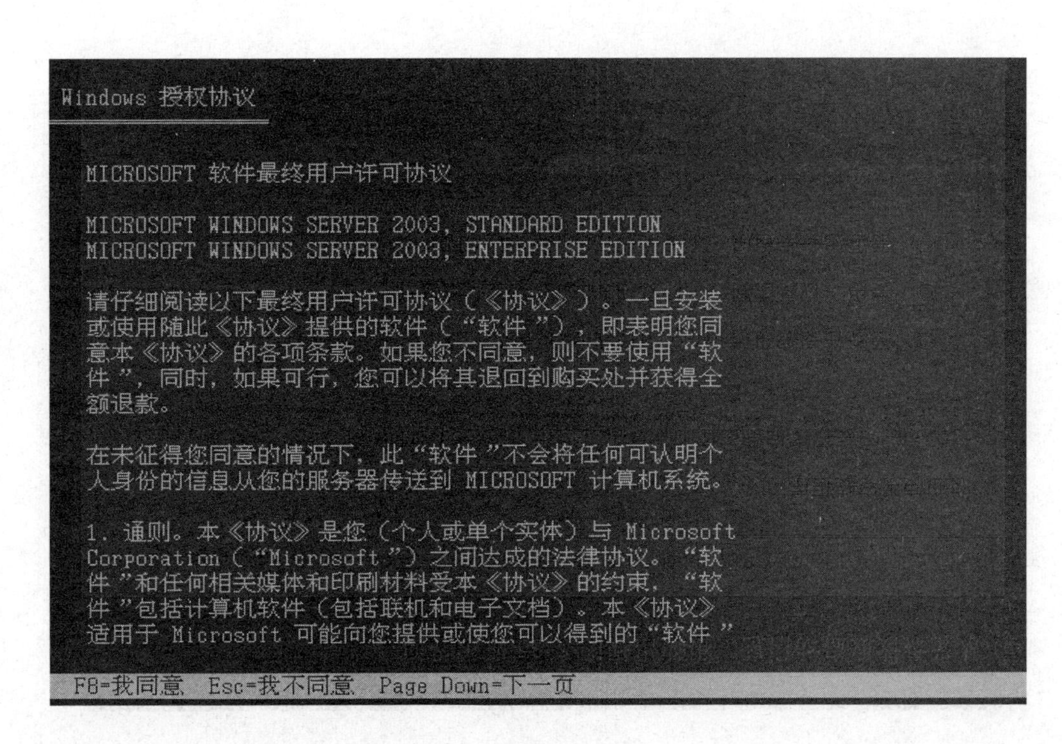

图 5-36

（6）许可协议，这里没有选择的余地，按“F8”后如图 5-37 所示：

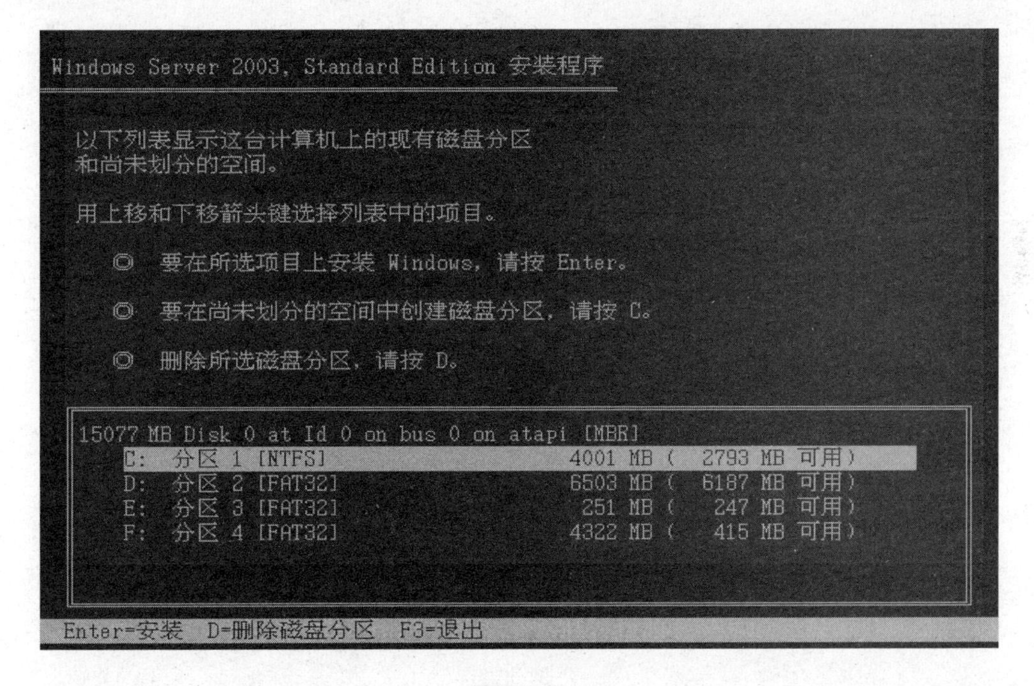

图 5-37

（7）图 5-37 的含义和安装 Windows XP 是一样的，不做解释。选择 C 分区，回车继续安装如图 5-38 所示：

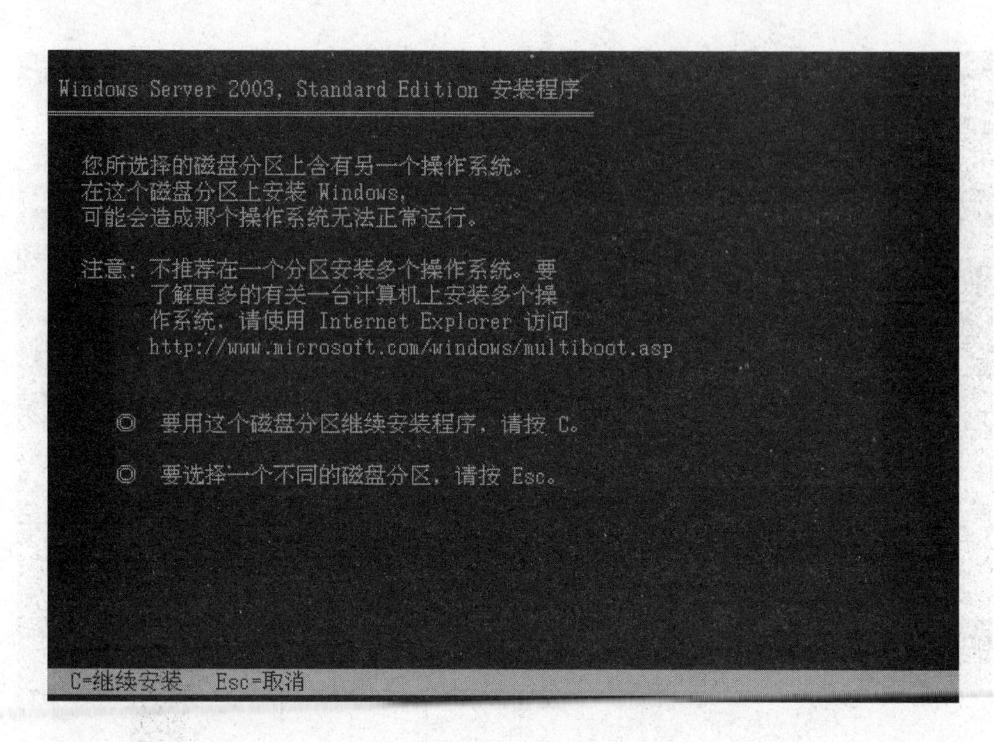

图 5-38

（8）按 C 键继续安装，如图 5-39 所示：

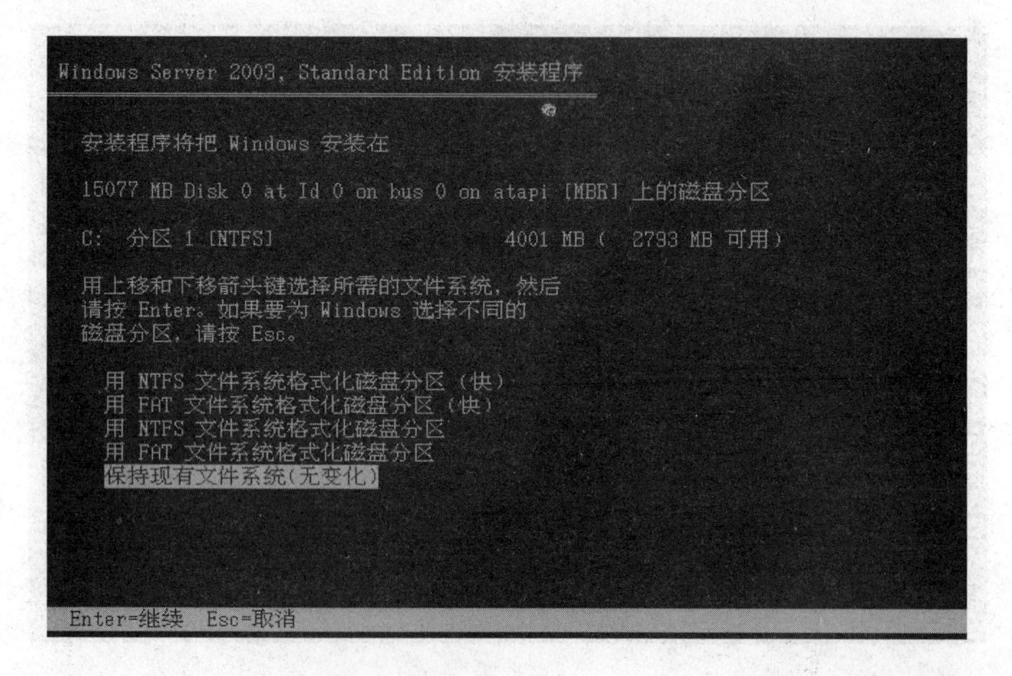

图 5-39

（9）图 5-39 所示界面的含义和安装 Windows XP 是一样的，但是安装 Windows 2003 需要选择“NTFS 文件系统格式化磁盘”，选择第一项快速格式化，出现如图 5-40 所示界面：

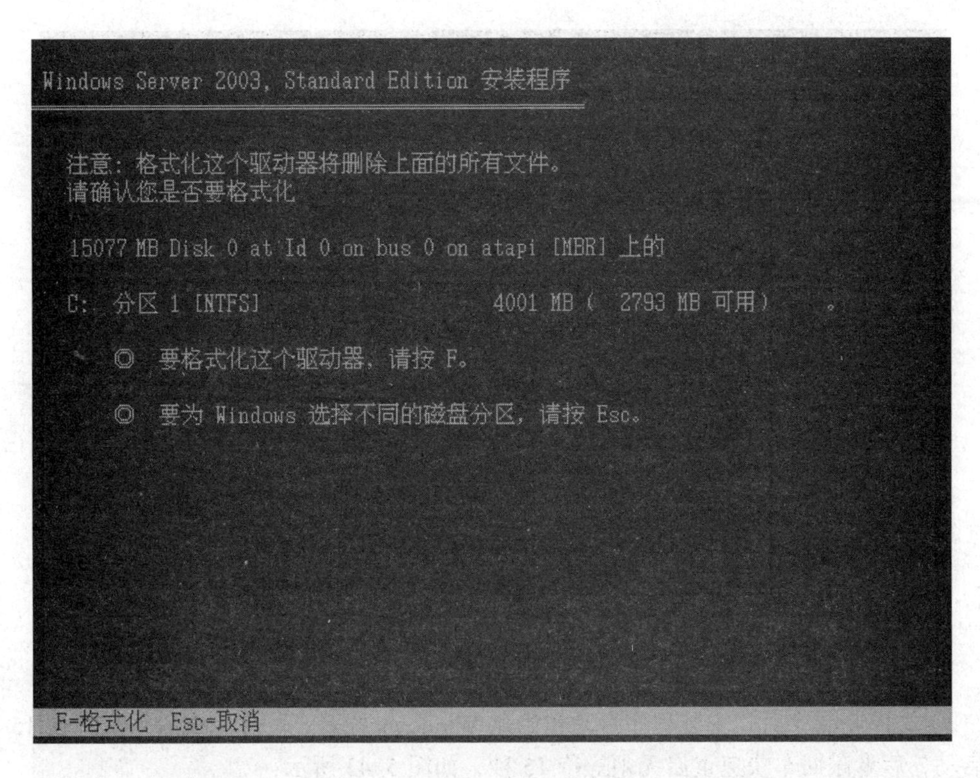

图 5-40

（10）按“F”键确定格式化，安装程序将开始格式化 C 盘，格式化过程如图 5-41 所示：

Windows Server 2003, Standard Edition 安装程序

请稍候，安装程序正在格式化

15077 MB Disk 0 at Id 0 on bus 0 on atapi [MBR] 上的磁盘分区

C: 分区 1 [NTFS] 4001 MB (2793 MB 可用) 。

安装程序正在格式化...

20%

图 5-41

（11）格式化 C 分区完成后，创建要复制的文件列表，跟接着开始复制系统文件，出现图 5-42 所示界面：

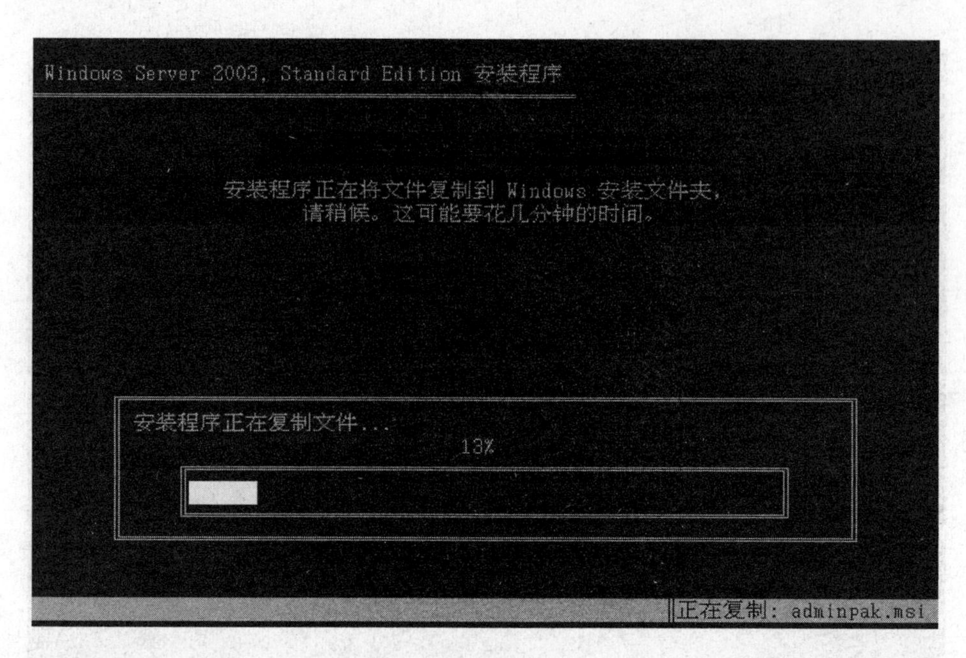

图 5-42

（12）文件复制完后，安装程序自动初始化 Windows 配置，配置完成后系统将在 15 秒后重新启动，后者敲回车快速重启无须等待 15 秒，如图 5-43 所示：

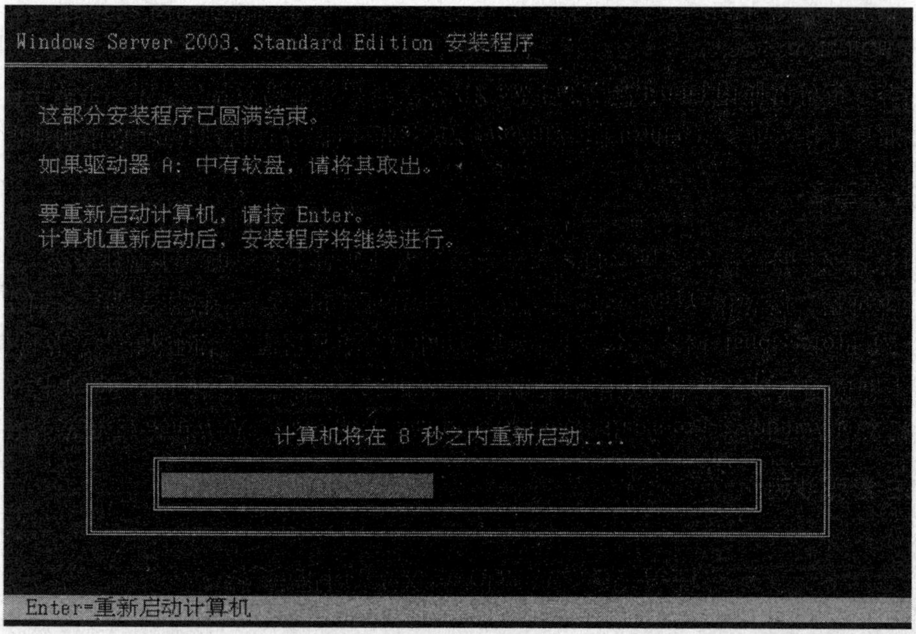

Windows Server 2003, Standard Edition 安装程序
这部分安装程序已圆满结束。
如果驱动器 A：中有软盘，请将其取出。
要重新启动计算机，请按 Enter。
计算机重新启动后，安装程序将继续进行。
计算机将在 8 秒之内重新启动....
Enter=重新启动计算机

图 5-43

（13）重新启动的这一步需要注意，和上一个任务中一样，重新启动需要设置计算机为从硬盘启动，若选择从光驱启动则又进入 Windows2003 安装，出现循环。重启画面如图 5-44 所示：

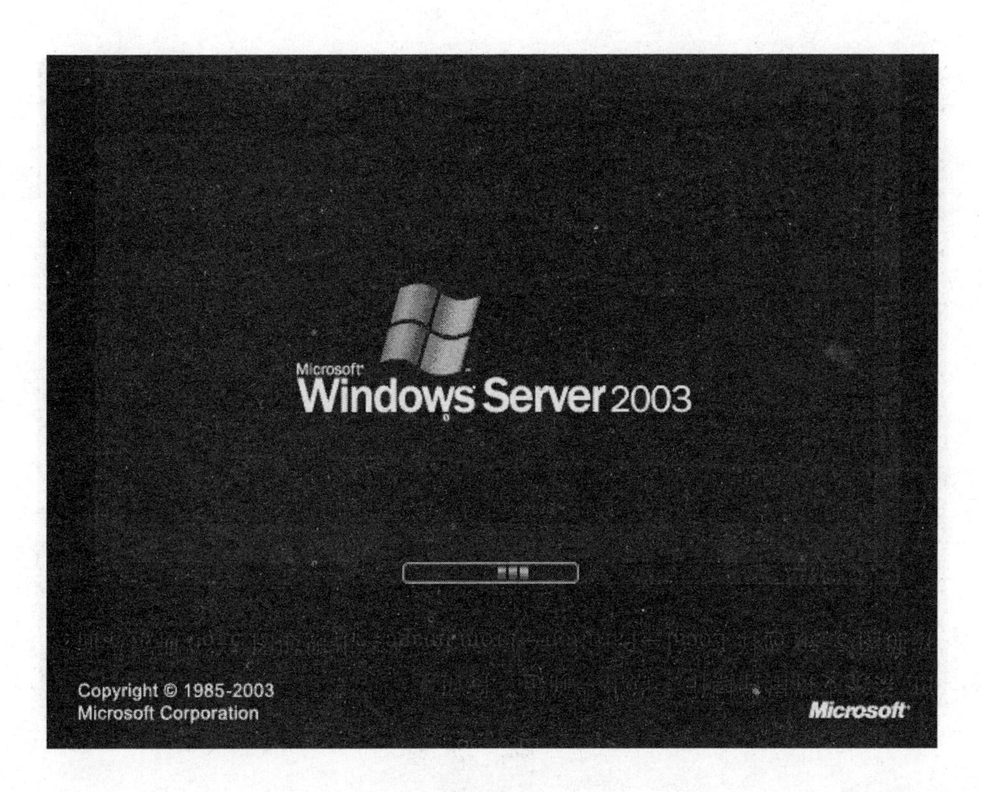

图 5-44

（14）启动后出现继续安装的界面，如图 5-45 所示：

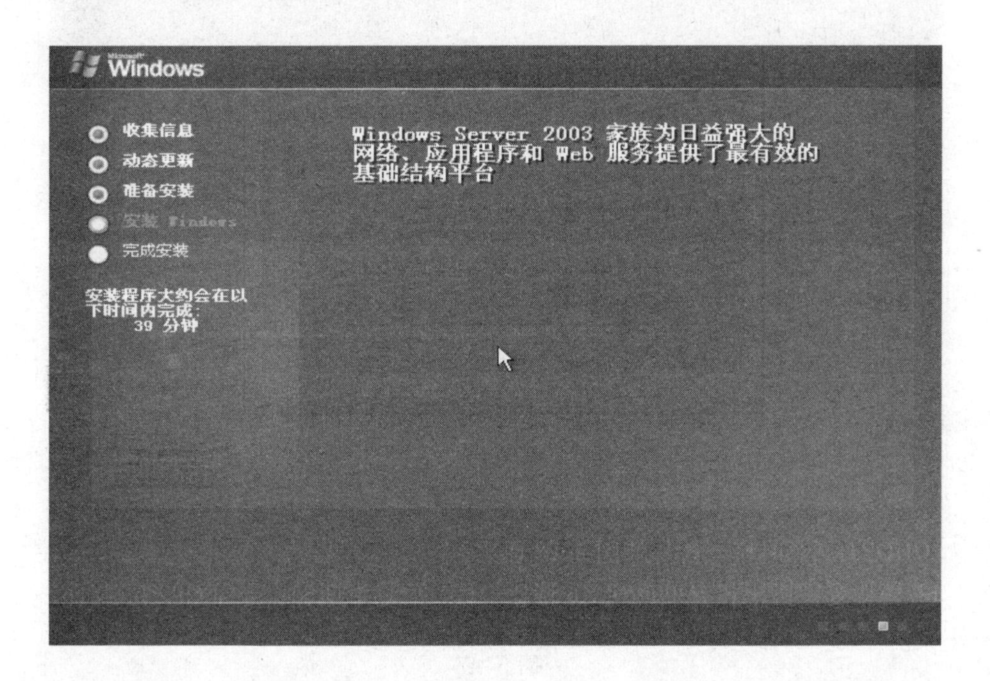

图 5-45

（15）过 5 分钟后，当提示还需 33 分钟时将出现如图 5-46 所示界面：

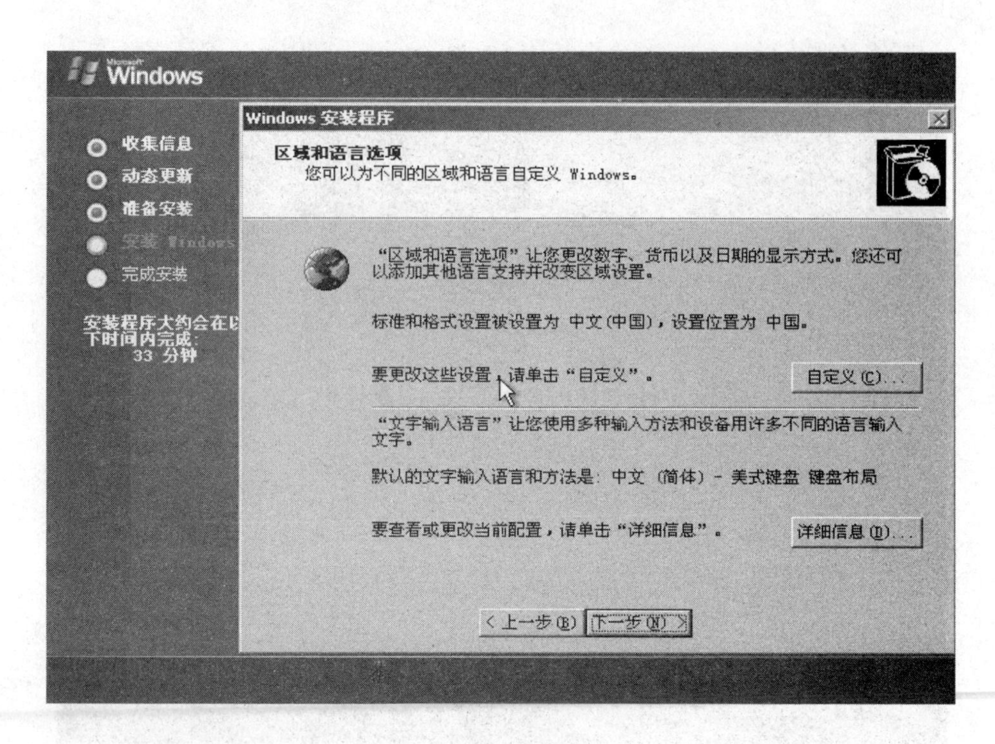

图 5-46

（16）区域和语言设置选用默认值就可以了，直接点“下一步”按钮，如图 5-47 所示：

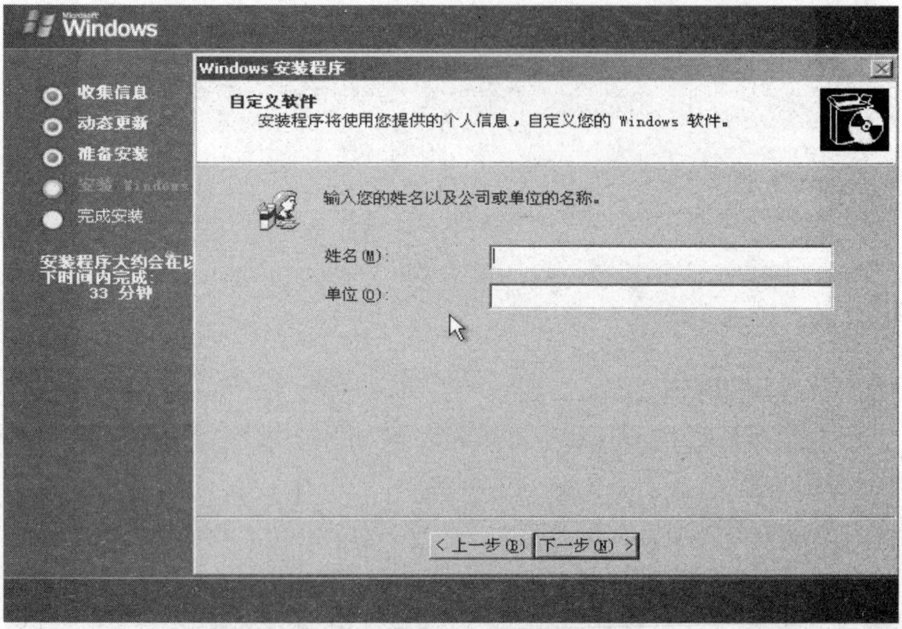

图 5-47

（17）这里输入你想好的姓名（用户名）和单位，点“下一步”按钮，出现输入 CD-KDY 的界面（图 5-48），有的版本不需要输入，已经集成好了。

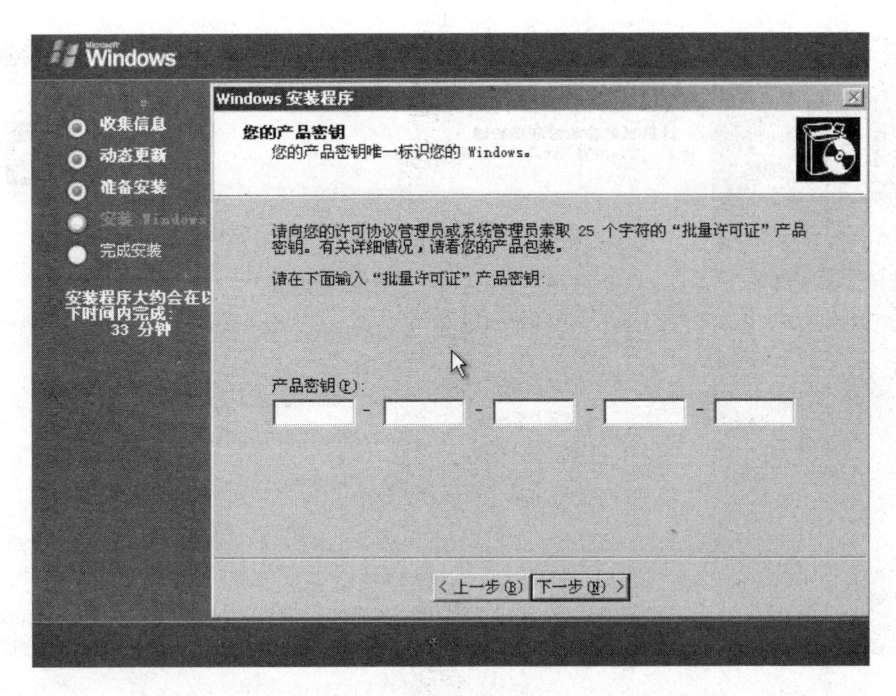

图 5-48

（18）这里输入安装序列号，点“下一步”按钮，出现如图 5-49 所示界面：

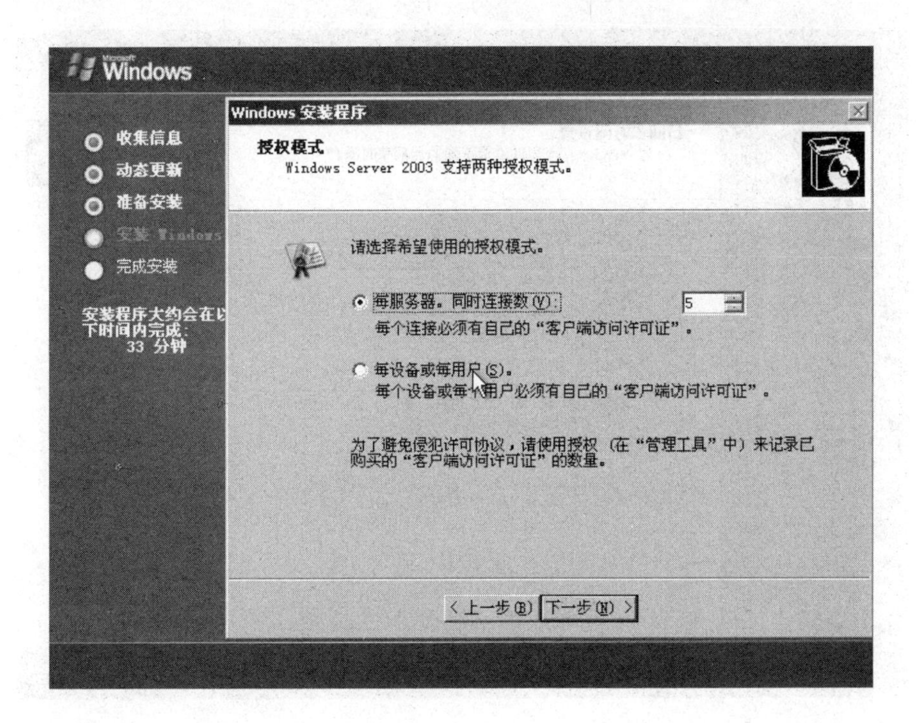

图 5-49

（19）如果你想将系统做成服务器就选“每服务器。同时连接数”并更改数值。否则随便选，点“下一步”按钮，出现如图 5-50 所示界面：

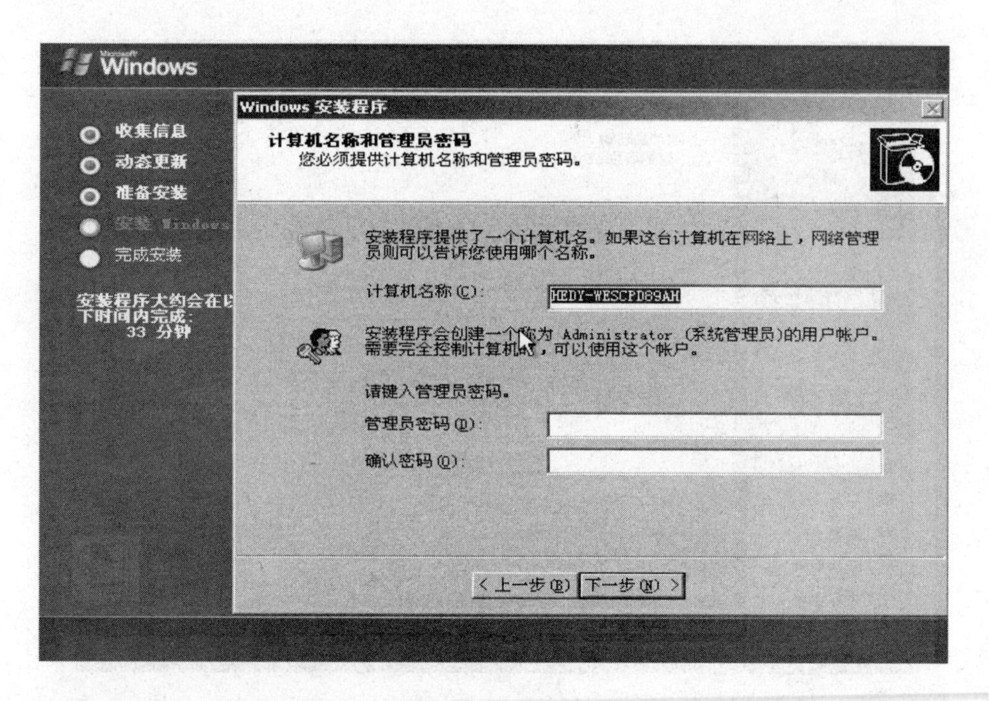

图 5-50

（20）输入计算机名和管理员密码后点击“下一步”按钮，出现如图 5-51 所示界面：

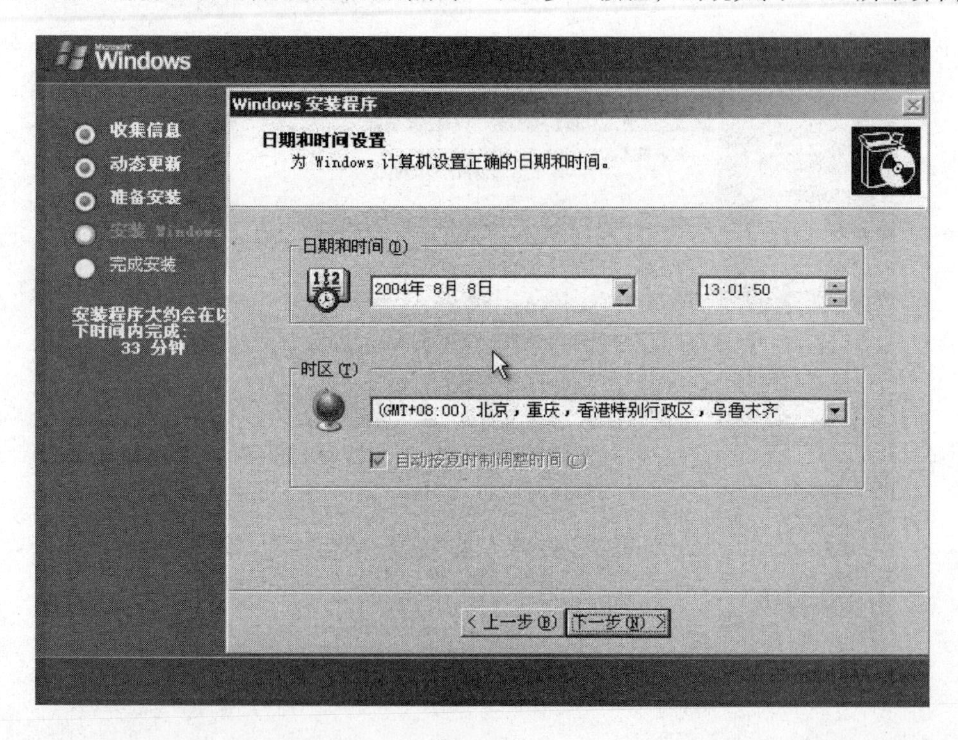

图 5-51

（21）日期和时间设置不用讲，选北京时间，点“下一步”继续安装，复制文件、安装网络系统，出现如图 5-52 所示界面：

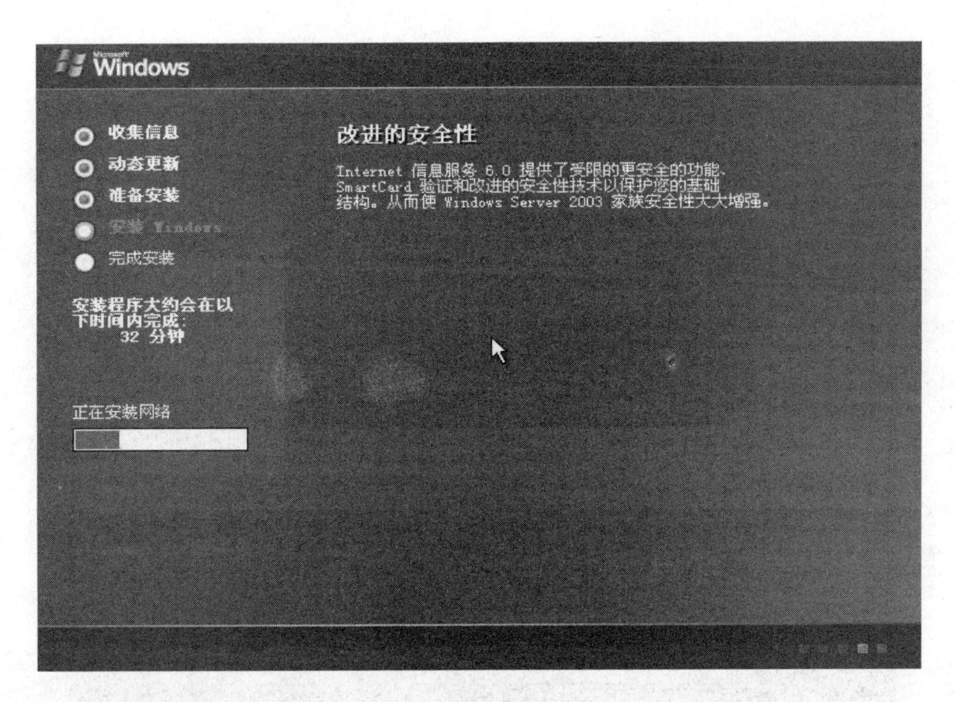

图 5-52

（22）图 5-52 中安装网络系统后，很快出现如图 5-53 所示界面：

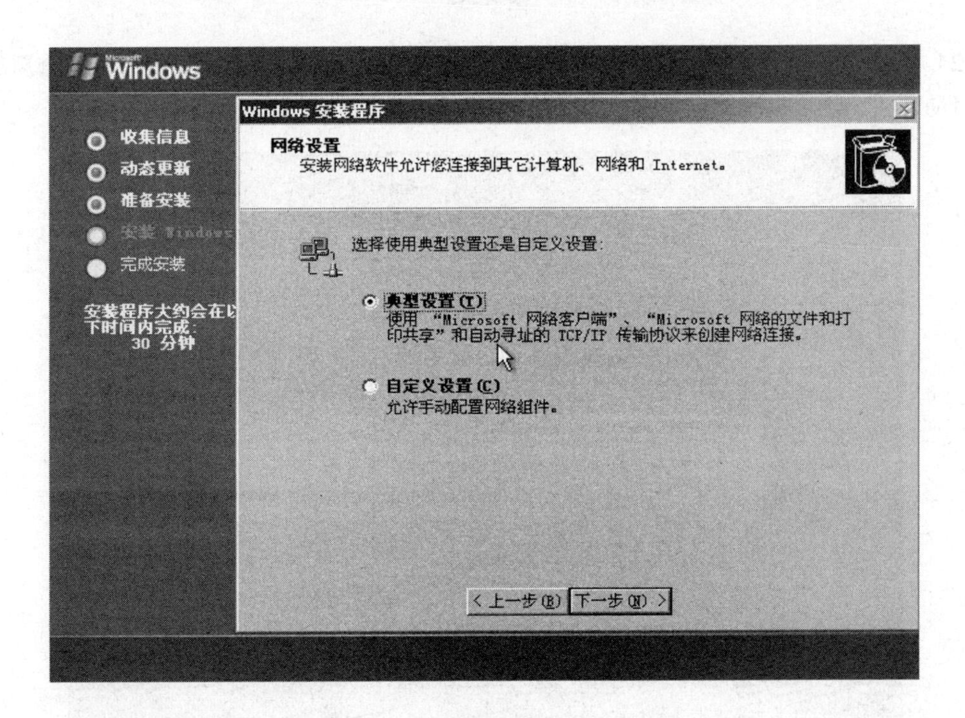

图 5-53

（23）选择网络安装所用的方式，选“典型设置”就行，然后点“下一步”，出现如图 5-54 所示界面：

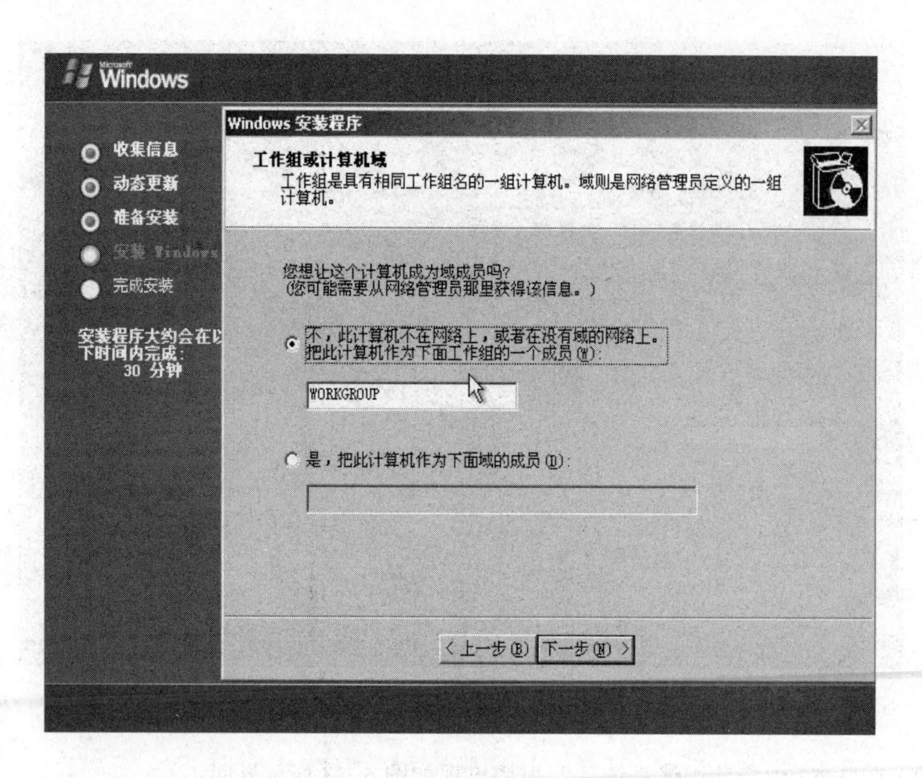

图 5-54

（24）点“下一步”继续安装，到这里系统会自动完成全过程。安装完成后自动重新启动，出现启动画面，然后出现欢迎画面，如图 5-55 所示：

图 5-55

（25）到此操作系统安装结束，后面继续安装驱动程序和应用软件。

任务 28　Windows 2003 的 Ghost 安装

（1）准备工作：准备好 Ghost 版 Windows 2003 安装文件，使用我们第四章中制作的启动U 盘进行安装，也可以使用 Ghost 版 Windows2003 的安装光盘进行安装，方法、步骤一样。本任务使用 U 盘进行安装。

（2）将 U 盘插入 USB 接口，设置从 U 盘引导，引导成功的界面如图 5-56 所示：

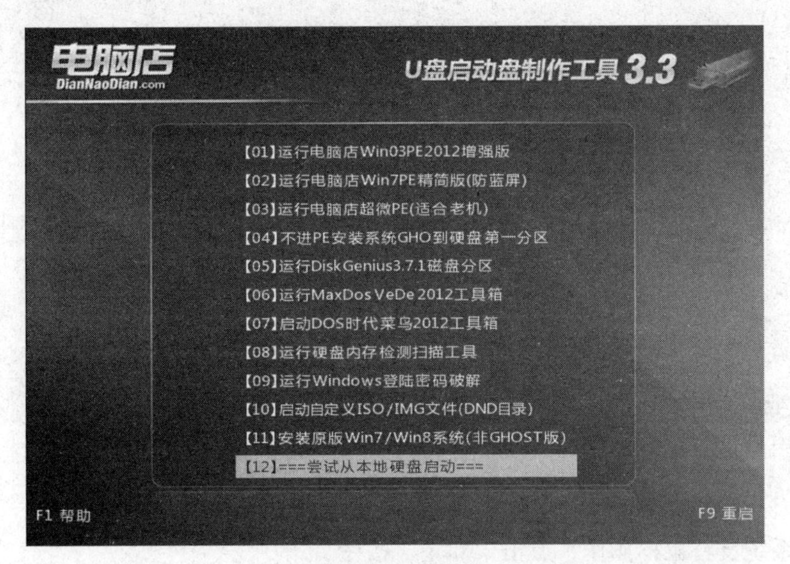

图 5-56

（3）前面 2 步和 GHOST 安装一样，只是选择上不一样，选择“[01]运行计算机店Win03PE2012 增强版”，进入 PE 操作系统，如图 5-57 所示：

图 5-57

（4）PE 操作系统操作和 Windows XP 操作一样，运行桌面的“手动 Ghost”软件，运行后的界面和 GHOST 安装时候一样，如图 5-58 所示：

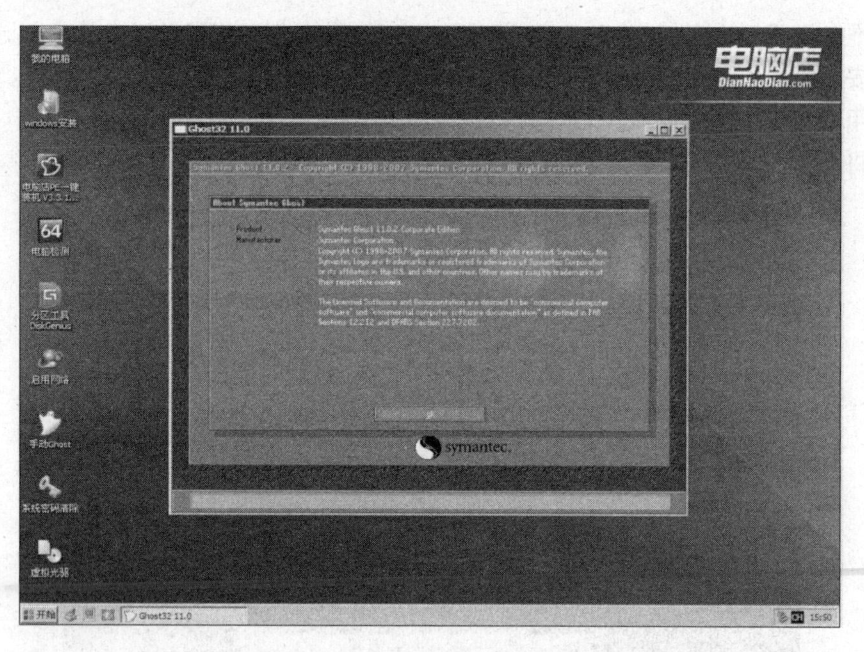

图 5-58

（5）PE 系统支持鼠标操作，点击“确定”按钮。

（6）按照图 5-59 选择 Local→Partition→From image，出现如图 5-60 所示界面：

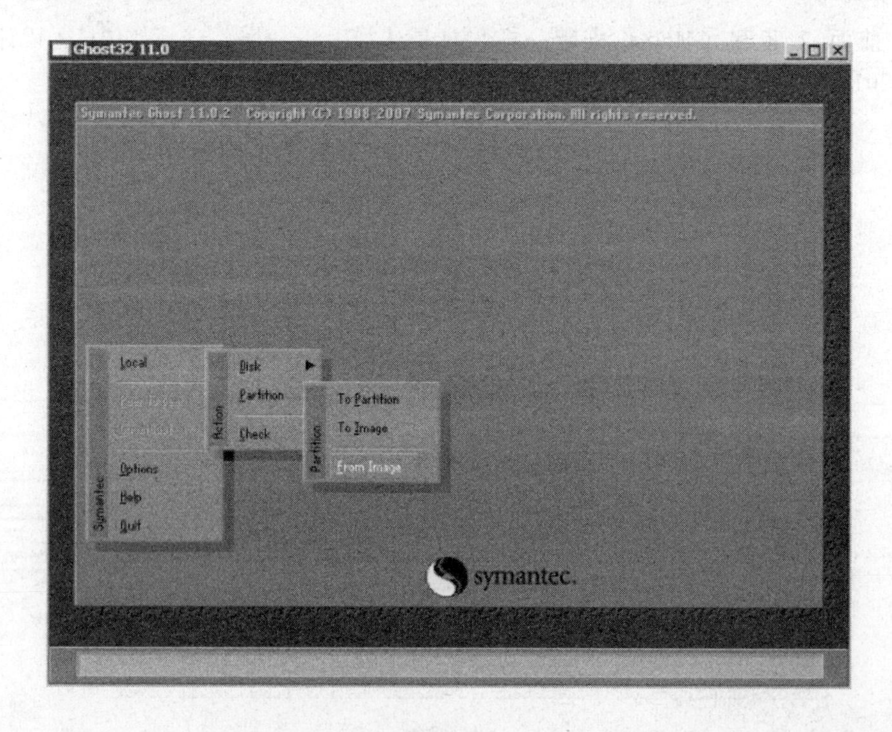

图 5-59

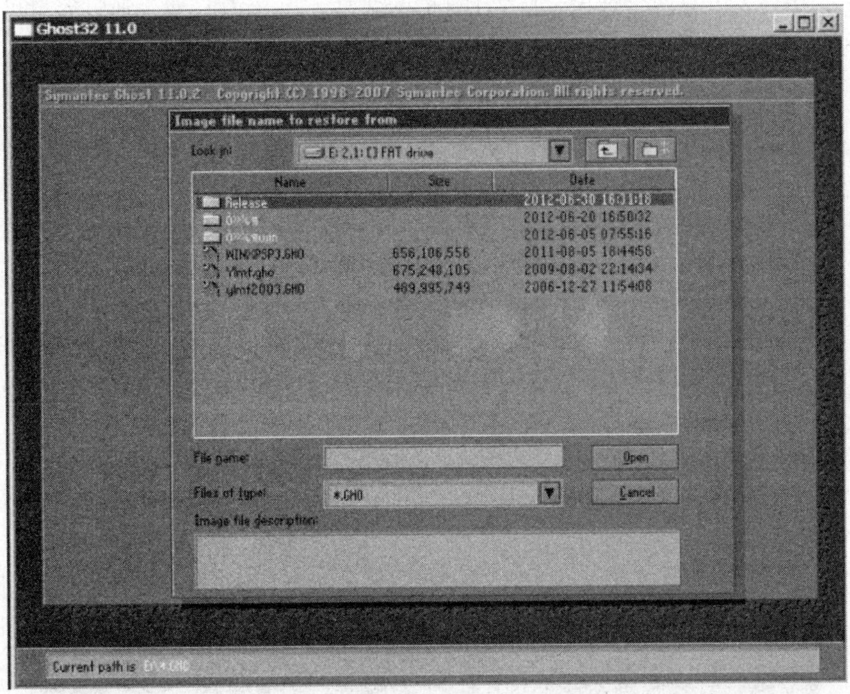

图 5-60

（7）选择 YLMF2003.GHO 安装文件，这个文件是 Windows 2003 的镜像文件。

（8）在图 5-61 所示界面中，直接点击“OK”按钮，出现如图 5-62 所示界面。

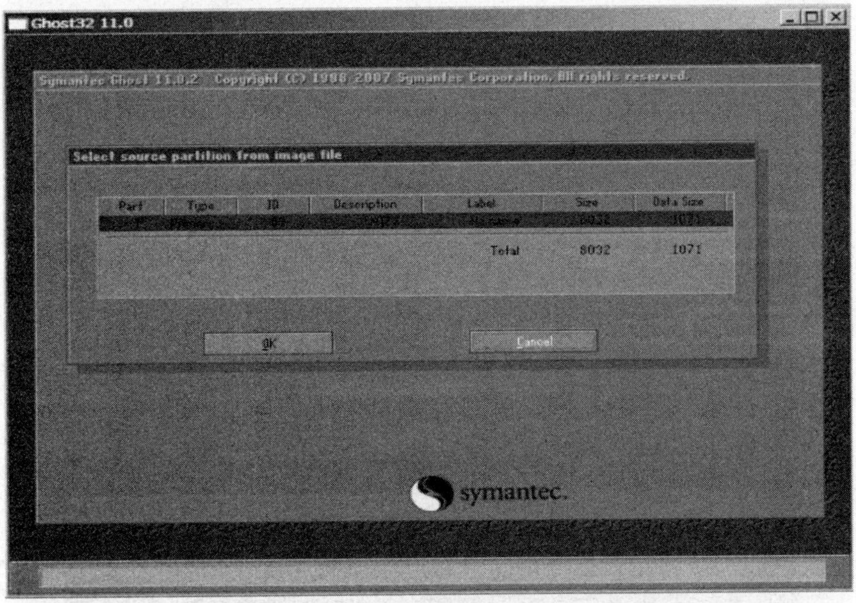

图 5-61

（9）选择安装的目标驱动器，这一步需要注意，因为有的计算机可能有多个驱动器（多个硬盘等），在列表中有两个选项，1 为计算机的硬盘，2、3 为 U 盘，通过容量可以看出来。选择标号为 1 的驱动器，点击“OK”，如图 5-62 所示：

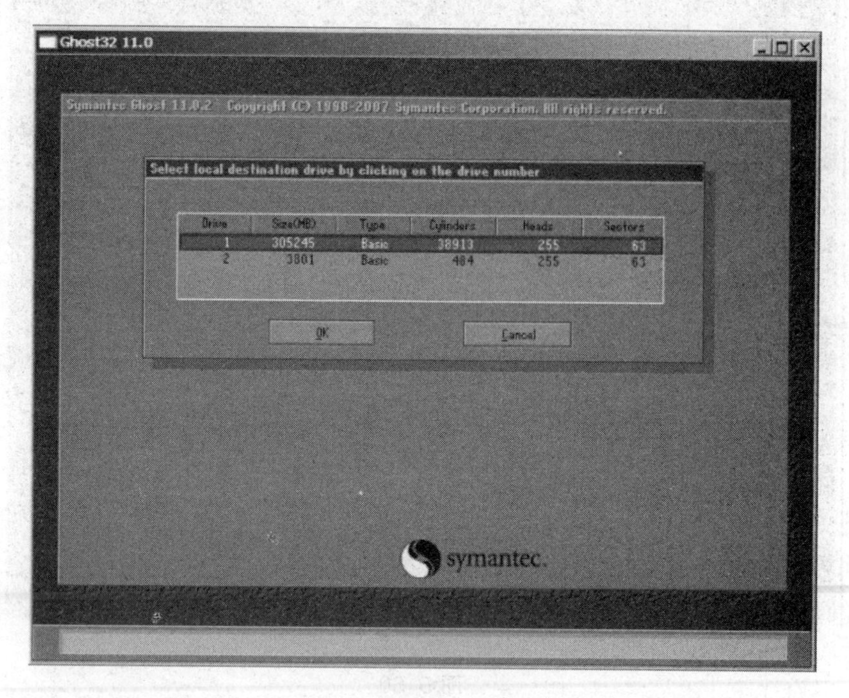

图 5-62

（10）图 5-63 中显示的是硬盘的分区信息，选择一个分区作为系统安装目录，一般选择 C，然后点击“OK”按钮。

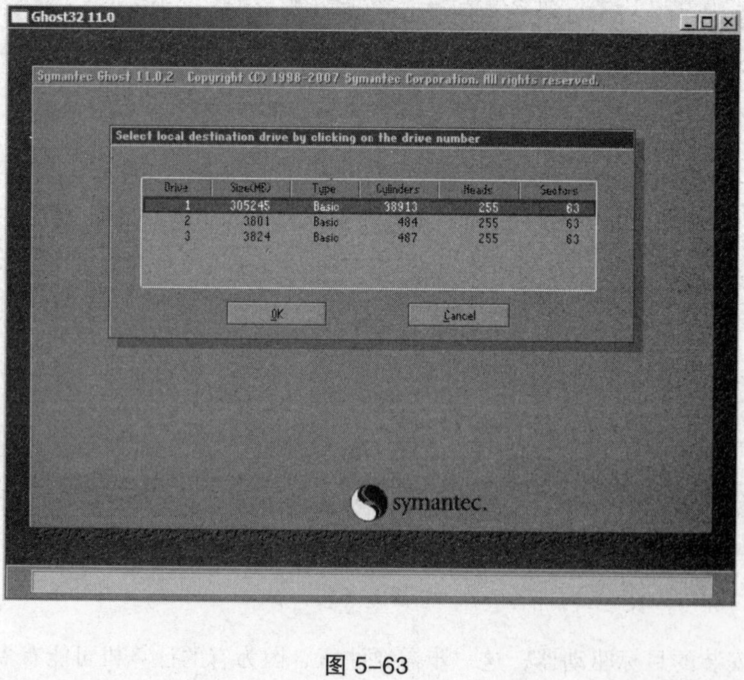

图 5-63

（11）弹出窗口提示是否继续，选择”YES”按钮继续安装（图 5-64），几分钟后安装完成，弹出完成对话框，提示重新启动计算机完成安装。选择“Reset Computer”按钮重启计算机（图 5-65）。注意：重启计算机需从本地硬盘启动。

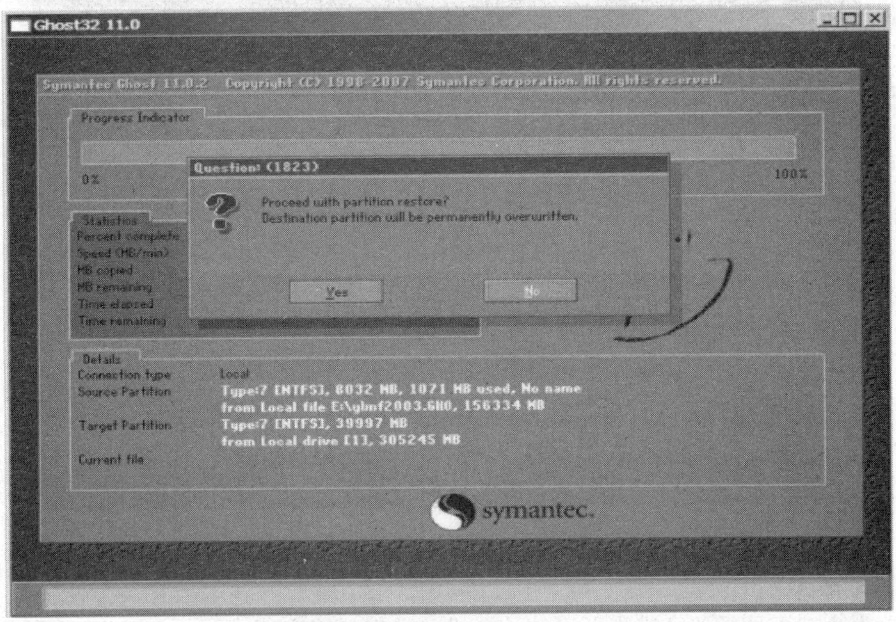

图 5-64

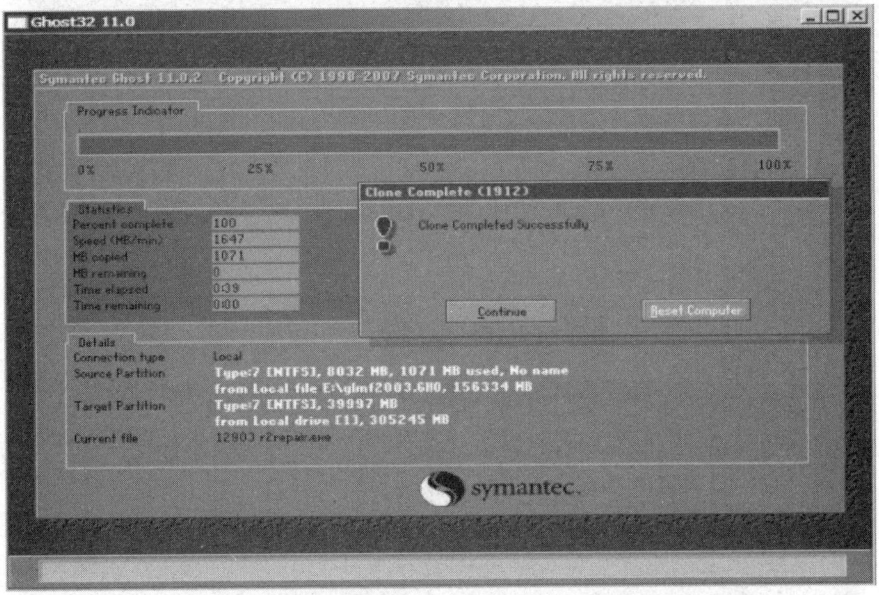

图 5-65

（12）重启后，继续 Windows 2003 的安装，后面的过程是全自动、无人值守的，如图 5-66 所示。

图 5–66

（13）等待，直到任务完成重新启动计算机，操作系统安装成功，如图 5-67 所示：

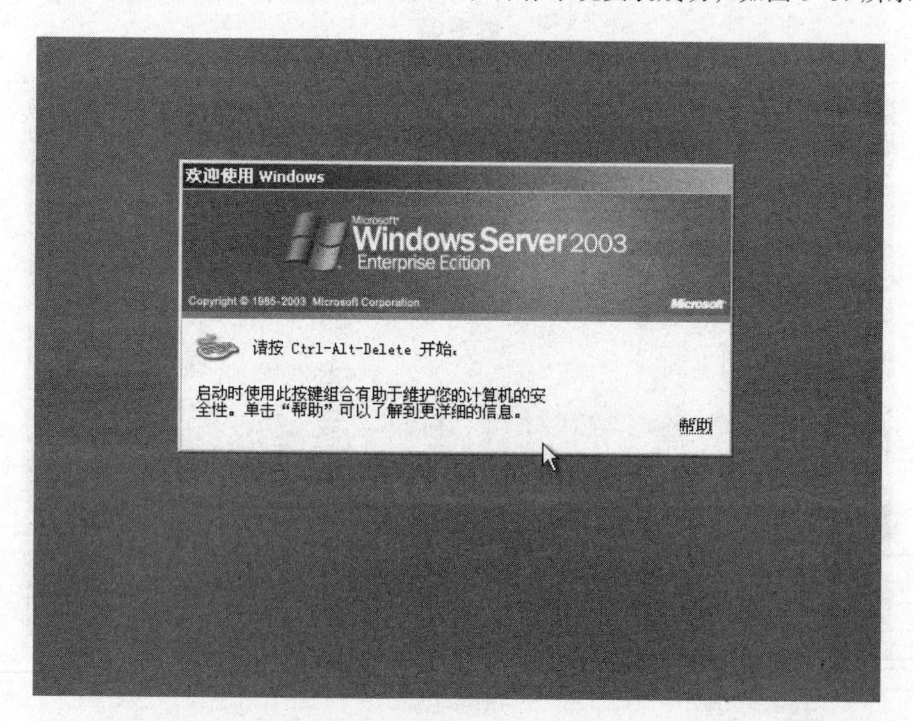

图 5–67

（14）安装完操作系统后，需要安装驱动程序和应用软件等。

5.4　Windows 7 的简介与安装

任务 29　Windows 7 的纯净安装（纯净、Ghost 安装、NT6 安装器）

1. 理论介绍

Windows 7 是由微软公司（Microsoft）开发的操作系统，核心版本号为 Windows NT 6.1。Windows 7 可供家庭及商业工作环境、笔记本电脑、平板电脑、多媒体中心等使用。2009 年 7 月 14 日 Windows 7 RTM（Build 7600.16385）正式上线，2009 年 10 月 22 日微软于美国正式发布 Windows 7。Windows 7 同时也发布了服务器版本——Windows Server 2008 R2。2011 年 2 月 23 日凌晨，微软面向大众用户正式发布了 Windows7 升级补丁——Windows 7 SP1（Build7601.17514.101119-1850），另外还包括 Windows Server 2008 R2 SP1 升级补丁。

2. 任务目标

（1）掌握 Windows 7 操作系统的安装。

（2）掌握 NT6 安装器的使用。

3. 环境和工具

（1）实验环境：Windows XP、VMware 8。

（2）工具及软件：Windows 7 系统 ISO、GHOST 镜像文件、启动 U 盘、NT6。

4. 操作流程和步骤

（1）安装方法：本任务使用 U 盘启动 Windows PE 方式在 Windows PE 下安装纯净安装版的 Windows 7 操作系统。在之前的任务中我们也使用过 U 盘启动，也同样进入过 Windows PE 系统，但是是安装 GHOST 版的操作系统，本任务是安装纯净安装版的操作系统。

（2）准备工作：按照前面的方法制作带 Windows PE 系统的 U 盘启动盘，同时准备好 Windows 7 的 ISO 安装文件（不是 GHOST 版）。

（3）将 U 盘插入 USB 接口，设置从 U 盘引导，引导成功的界面如图 5-68 所示：

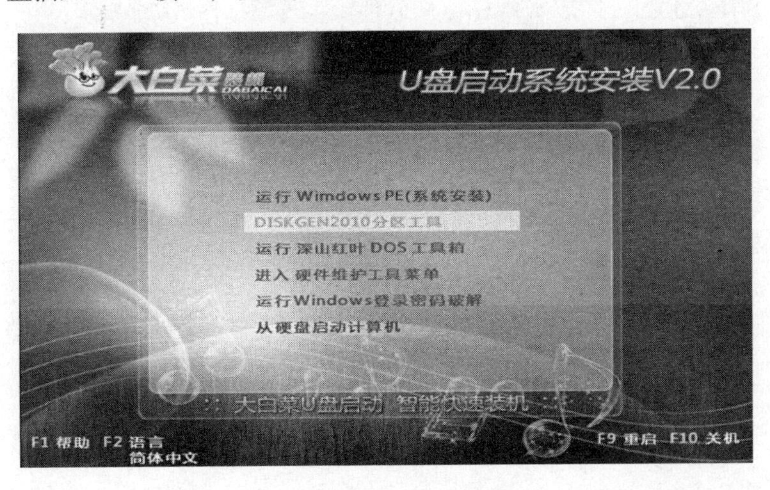

图 5-68

（4）选择第一项“运行 Windows PE（系统安装）”进入 PE 操作系统，如图 5-69 所示：

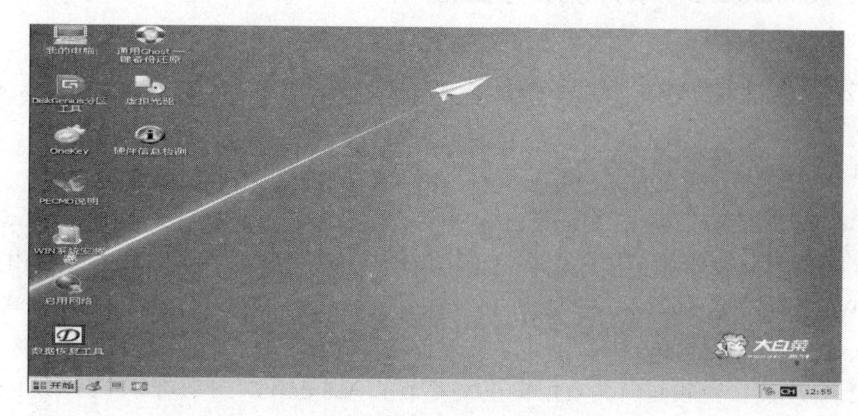

图 5–69

（5）选择“开始”→“程序”→“系统安装”里面有几个 Windows 安装工具，桌面也有一个安装工具“WIN 系统安装器”，本任务使用 WIN$MAN 软件安装操作系统，如图 5-70 所示：

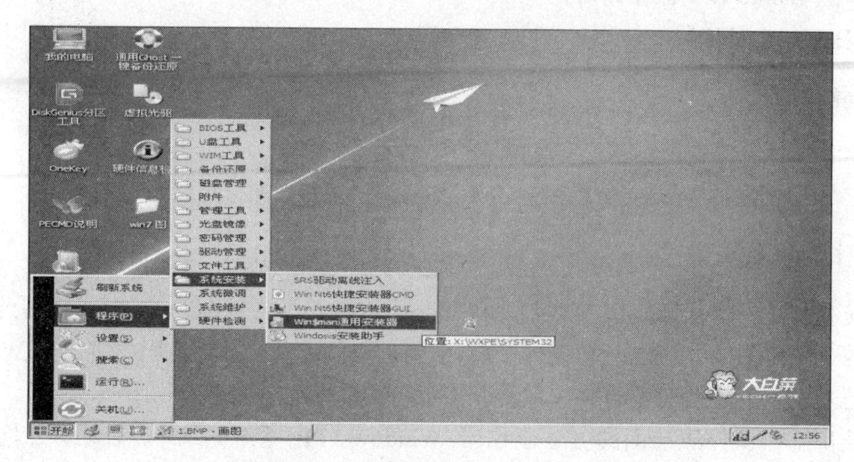

图 5–70

（6）选择 WIN$MAN，打开 WIN$MAN 软件，主界面如图 5-71 所示：

Win$Man v2.0 正式版

Win$Man是32/64位Win2000/XP/2003/Vista/2008/2008 R2/7的安装辅助工具，能帮助您轻松安装系统拥有MS安装程序所没有的功能。让您无须为系统的安装准备花太多时间。
NT6.x系列(Windows Vista/2008/2008 R2/7)的安装思路是参照fujianabc的《NT6.x快速安装工具》，在他的基础上添加整合磁盘控制器驱动，用于特殊环境使用。

无忧启动论坛 zhhsh
http://hi.baidu.com/zhhsh2063

请选择您要安装的系统类型：
Windows 2000/XP/2003
请指定安装源： 浏览
安装源的系统版本：
Windows Vista/2008/2008 R2/7
请指定安装源： 浏览
请选择映像名
下一步

图 5–71

（7）按照界面提示，本次任务是安装 Windows 7 操作系统，故选择下面一个单选按钮，并选择“浏览”按钮制定 Windows 7 的安装源文件，如图 5-72 所示：

请选择指定Windows安装文件的Wim映像
查找范围(I):
sources
oem
dlmanifests
etwproviders
inf
license
replacementmanifests
servicing
servicingstackmisc
zh-cn
boot.wim
install.wim
文件名(N):
install.wim
打开(O)
文件类型(T):
Windows映像文件(*.wim)
取消
Windows 2000/XP/2003
请指定安装源:
浏览
安装源的系统版本:
Windows Vista/2008/2008 R2/7
请指定安装源:
安装版\sources\install.wim
浏览
请选择映像名
下一步

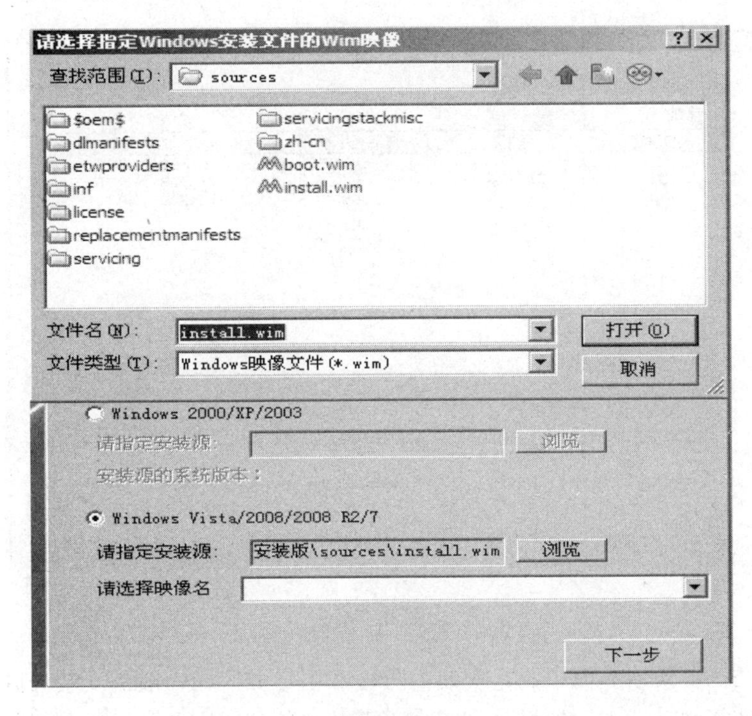

图 5-72

（8）选择 install.wim 文件并打开，该文件一般位于安装文件中的 sources 文件夹下，然后选择映像名，如图 5-73 所示：

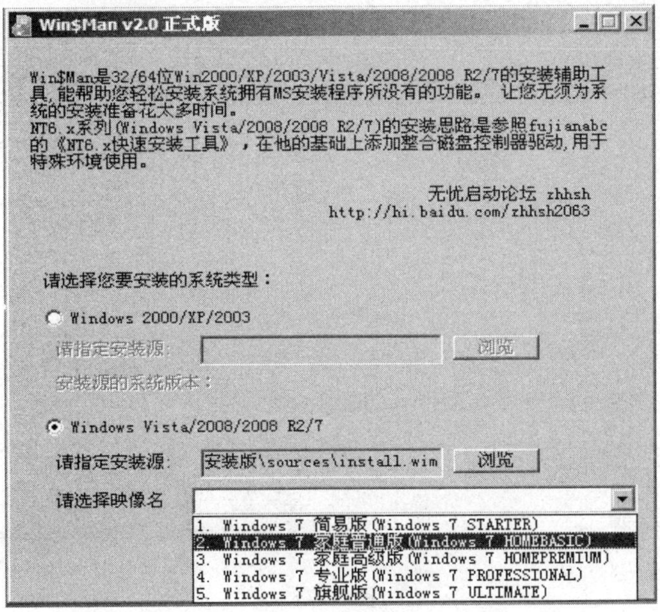

Win$Man v2.0 正式版
Win$Man是32/64位Win2000/XP/2003/Vista/2008/2008 R2/7的安装辅助工具,能帮助您轻松安装系统拥有MS安装程序所没有的功能。让您无须为系统的安装准备花太多时间。
NT6.x系列(Windows Vista/2008/2008 R2/7)的安装思路是参照fujianabc的《NT6.x快速安装工具》，在他的基础上添加整合磁盘控制器驱动,用于特殊环境使用。
无忧启动论坛 zhhsh
http://hi.baidu.com/zhhsh2063
请选择您要安装的系统类型：
Windows 2000/XP/2003
请指定安装源:
浏览
安装源的系统版本:
Windows Vista/2008/2008 R2/7
请指定安装源:
安装版\sources\install.wim
浏览
请选择映像名
1. Windows 7 简易版(Windows 7 STARTER)
2. Windows 7 家庭普通版(Windows 7 HOMEBASIC)
3. Windows 7 家庭高级版(Windows 7 HOMEPREMIUM)
4. Windows 7 专业版(Windows 7 PROFESSIONAL)
5. Windows 7 旗舰版(Windows 7 ULTIMATE)

图 5-73

（9）选择第二项，因为操作系统的版本是家庭普通版，点击“下一步”，出现如图 5-74 所示画面：

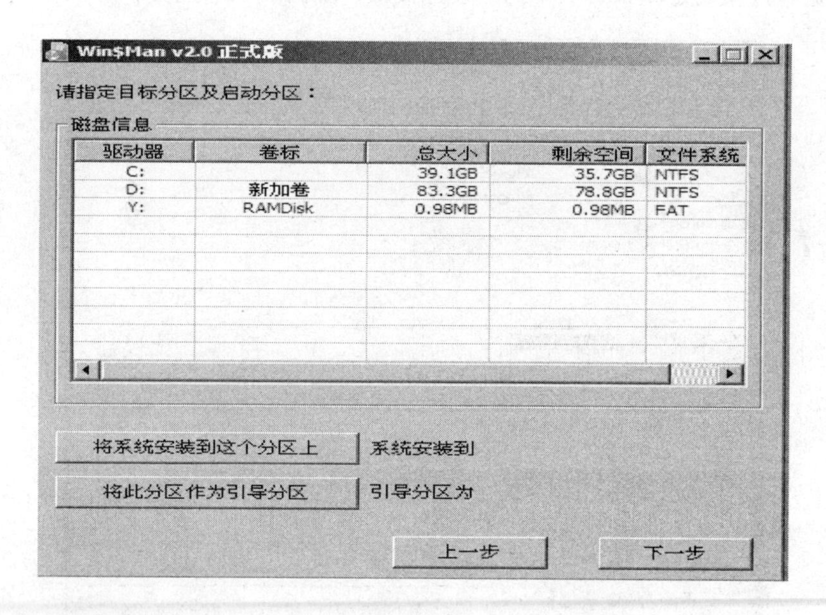

图 5-74

（10）在图 5-74 所示界面中制定安装的分区和引导分区，一般讲安装分区和引导分区设置为 C 分区。选择驱动器 C，然后分别点击下面“安装分区”和”引导分区”按钮，然后点击“下一步”按钮继续，出现如图 5-75 所示画面。注意：系统安装的分区要求已经被格式化，若没有格式化则弹出格式化对话框提醒格式化。

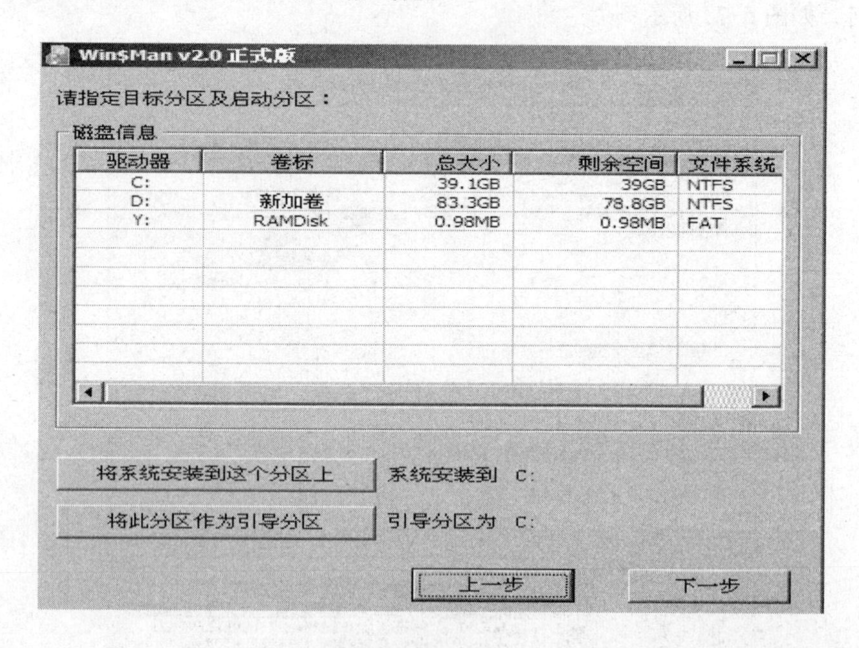

图 5-75

（11）点击“下一步”按钮，弹出如图 5-76 所示的有关驱动处理和安装的界面。

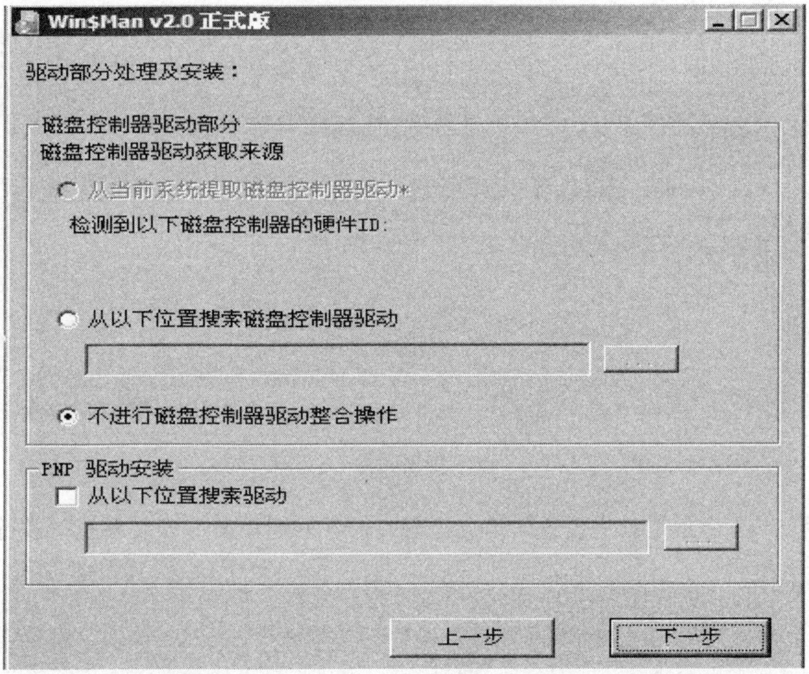

Win$Man v2.0 正式版
驱动部分处理及安装：
磁盘控制器驱动部分
磁盘控制器驱动获取来源
从当前系统提取磁盘控制器驱动*
检测到以下磁盘控制器的硬件ID:
从以下位置搜索磁盘控制器驱动
不进行磁盘控制器驱动整合操作
PNP 驱动安装
从以下位置搜索驱动
上一步
下一步

图 5-76

（12）由于没有下载相关驱动，这里可以不做设置，直接点击“下一步”，出现如图 5-77 所示画面。关于驱动部分可以安装完操作系统后单独进行安装。

Win$Man v2.0 正式版
高级选项
将目标系统的盘符排列顺序与当前系统一致
系统盘盘符指定为
C:
Windows所在分区将占用C:盘，如不想占用C:可使用此选项(不支持Vista/2008)
将windows目录改为
使用安装应答文件
此系统是安装在USB移动硬盘上
上一步
下一步

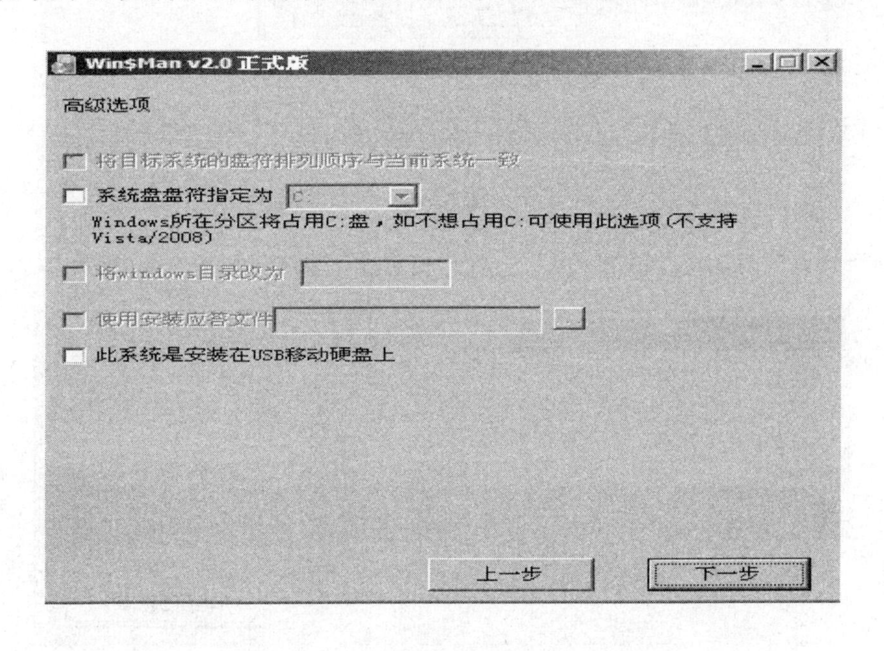

图 5-77

（13）这里为对安装的盘符以及安装的目录等进行设置，若没有改动可以不做设置，如图 5-78 所示：

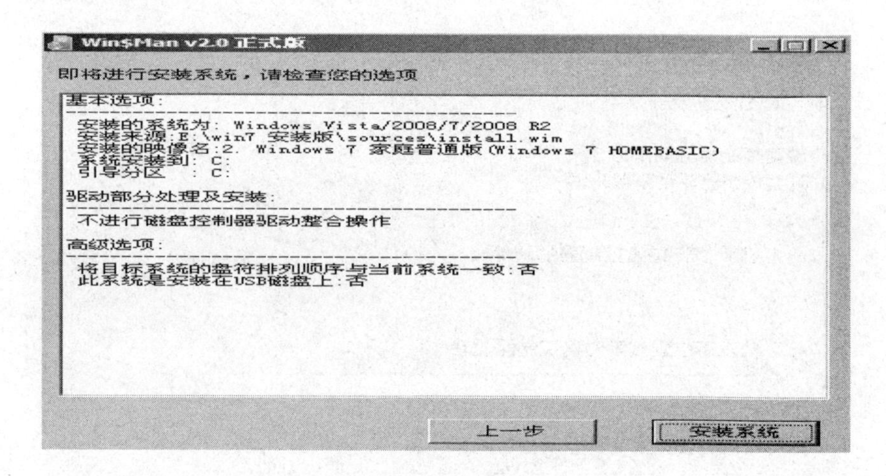

图 5-78

（14）图 5-78 所示是以上设置的信息汇总，若无问题单击“安装系统”进行安装，如图 5-79 所示：

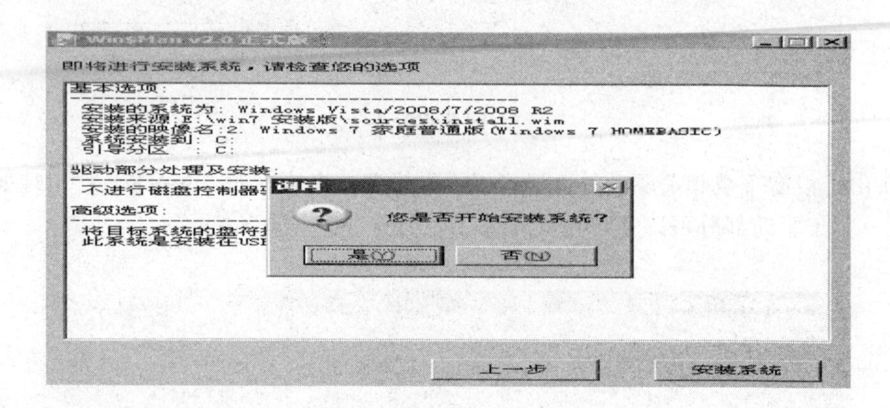

图 5-79

（15）弹出询问对话框，单击“是”，确定安装操作系统，如图 5-80 所示：

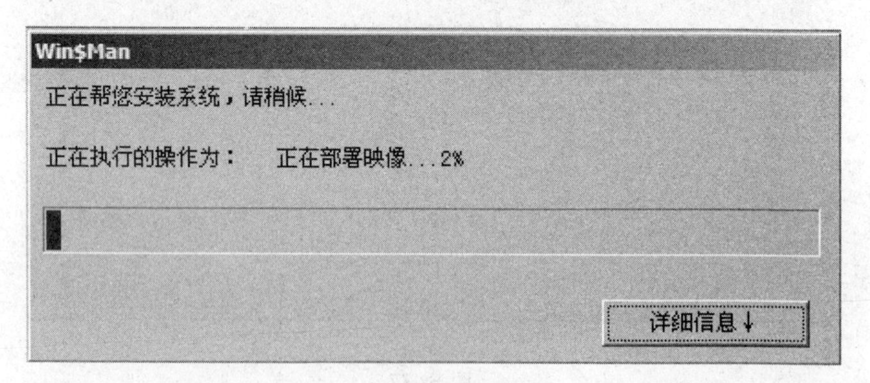

图 5-80

（16）开始将一些文件部署进 C 分区，等待几分钟，部署完成后，要求重新启动计算机，如图 5-81 所示：

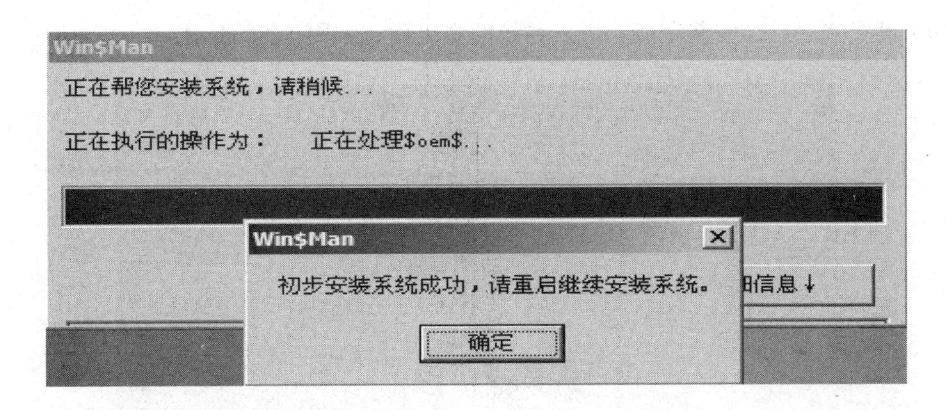

图 5-81

（17）重新启动计算机，如图 5-82 所示。注意：从硬盘启动，不能再从 U 盘启动进入 PE 系统，否则如前所述进入死循环。

图 5-82

（18）启动后，会出现输入计算机名、计算机密码以及设置时间等界面（图 5-83），后面的操作比较简单。

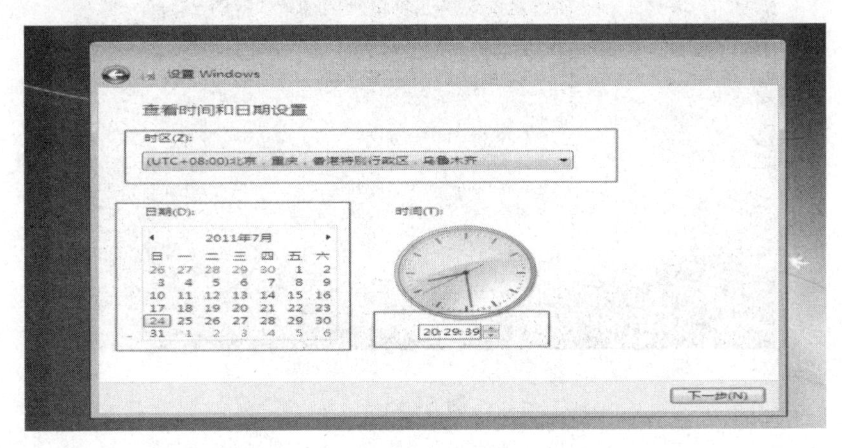

图 5-83

（19）设置完之后，安装完成，进入系统的主界面，如图 5-84 所示：

图 5-84

任务 30 Windows 7 的 GHOST 安装

（1）安装方法：本任务依然使用 U 盘启动 Windows PE 的方式，在 Windows PE 下使用 GHOST 软件进行 Windows 7 操作系统的安装，因为 U 盘的使用比光盘方便，故采用 U 盘为介质。本任务是安装 GHOST 版的操作系统。

（2）准备工作：按照前面的方法制作带 Windows PE 系统的 U 盘启动盘，同时准备好 Windows 7 的 GHOST 安装文件（扩展名为 GHO）。

（3）将 U 盘插入 USB 接口，设置从 U 盘引导，引导成功的界面如图 5-85 所示：

图 5-85

（4）选择第一项“运行 Windows PE（系统安装）”进入 PE 操作系统，如图 5-86 所示：

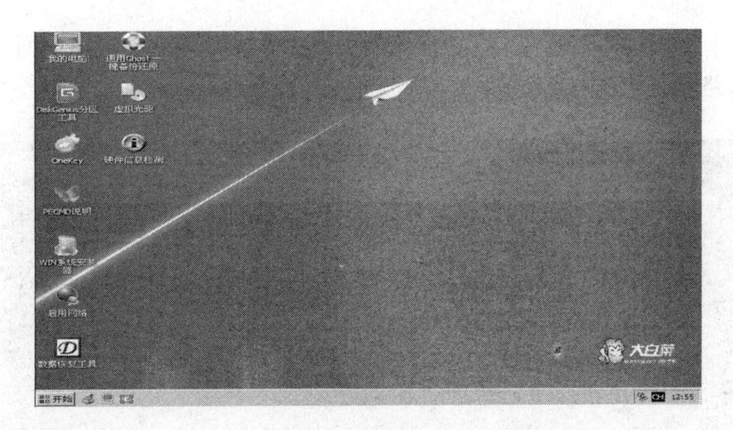

图 5-86

（5）单击桌面上的通用 Ghost 一键备份还原软件，其实就是 Ghost 软件，在前面已经使用过，界面如下图 5-87 所示：

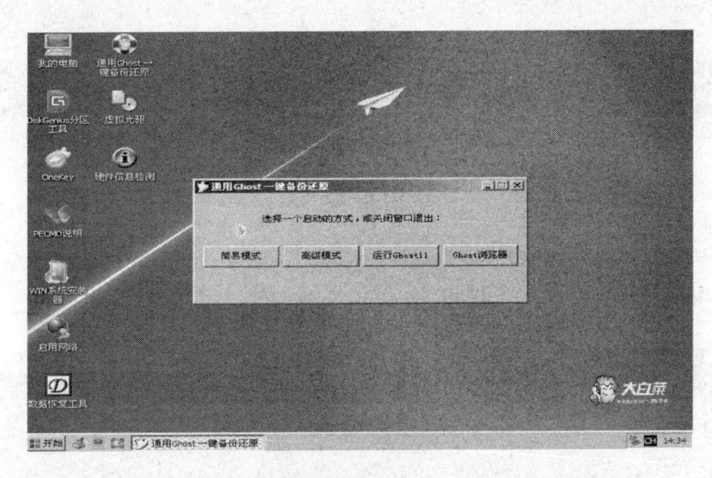

图 5-87

（6）点击“运行 Ghost11”按钮，运行软件，如图 5-88 所示：

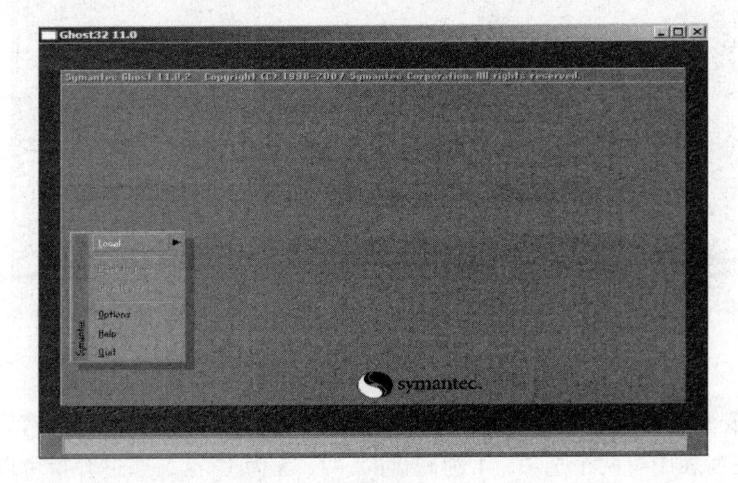

图 5-88

（7）按照图 5-88 选择“local”→“partition”→“from image”，在上面的地址栏中找到安装文件所在的路径，如图 5-89 所示：

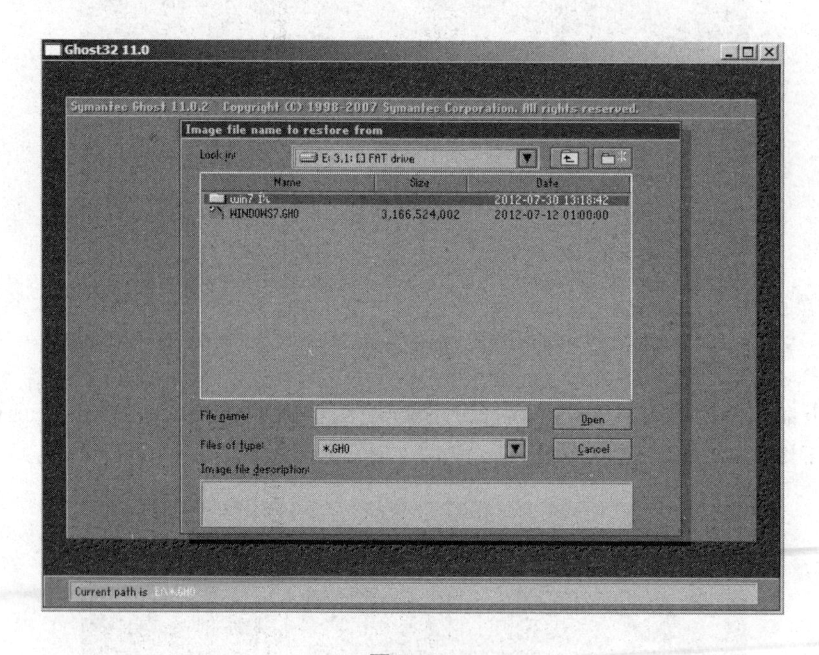

图 5-89

（8）选择“WINDOWS7.GHO”安装文件，这个文件是 Windows 7 的镜像文件。

（9）在图 5-90 所示界面中，直接点击“OK”按钮。

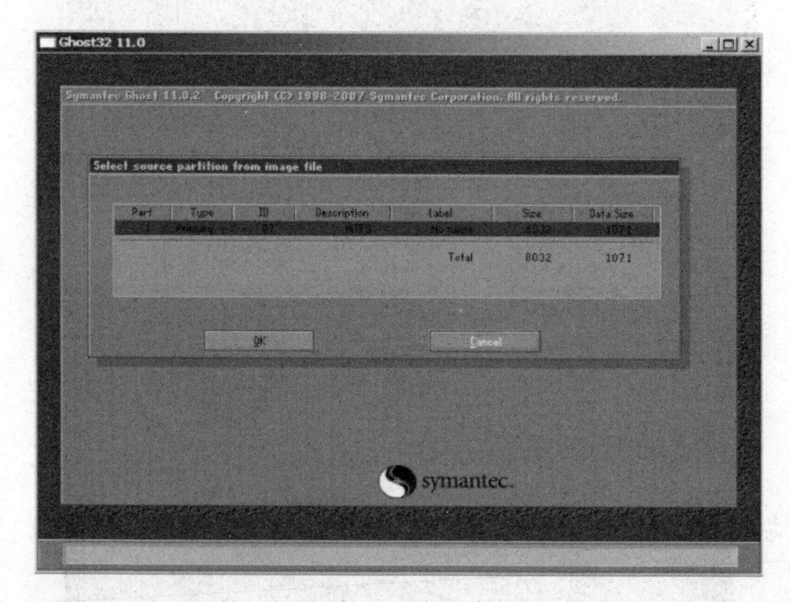

图 5-90

（10）选择安装的目标驱动器，这一步需要注意，因为有的计算机可能有多个驱动器（多个硬盘等），在列表中有两个选项，1 为硬盘的，2、3 为 U 盘，通过容量可以看出来。选择标号为 1 的驱动器，点击“OK”，如图 5-91 所示。

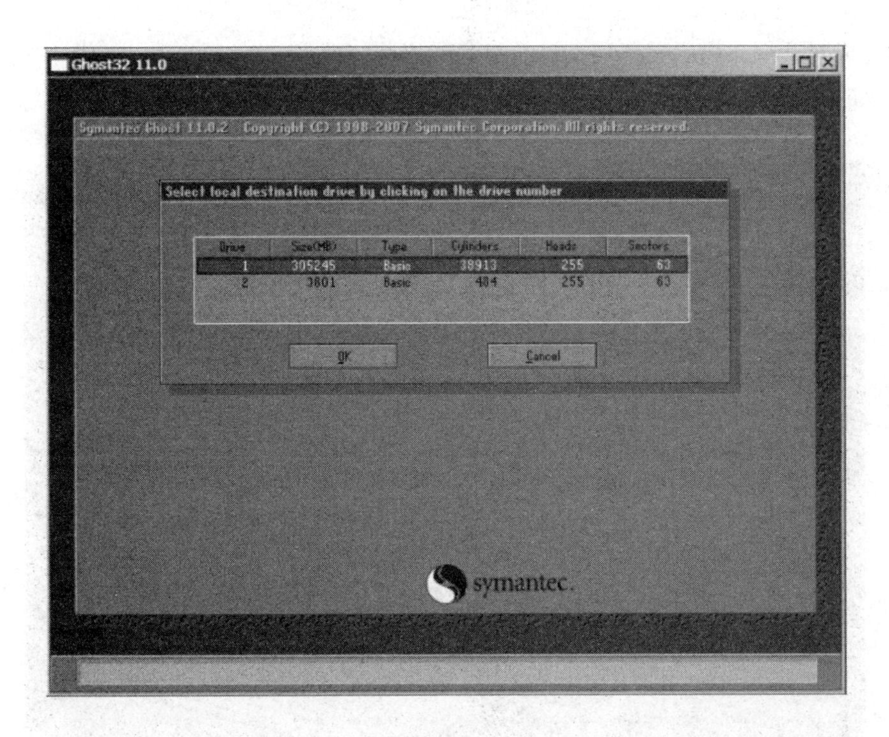

图 5-91

（11）图 5-92 显示的是硬盘的分区信息，选择一个分区作为系统安装目录，一般选择 C，然后点击“OK”按钮。

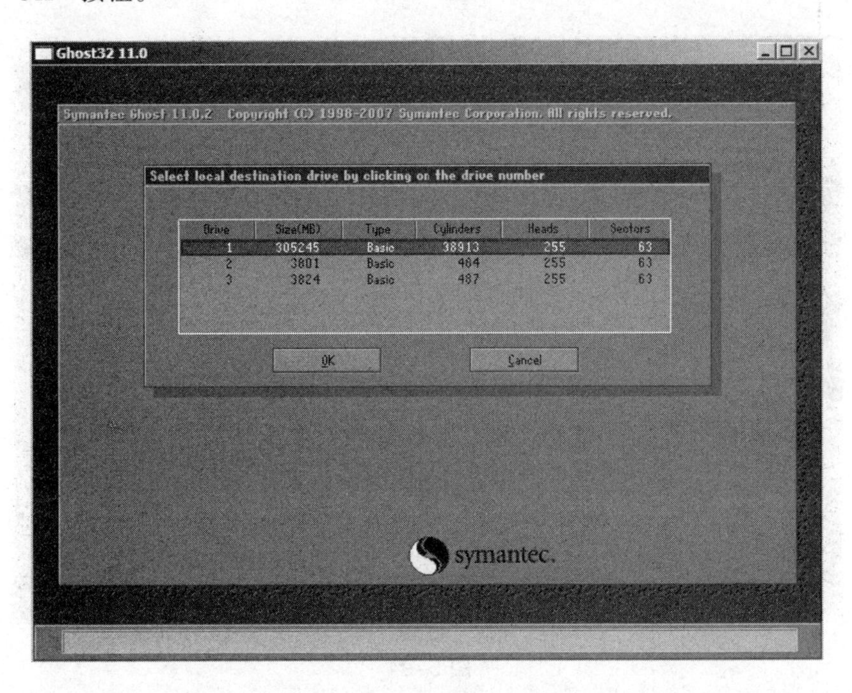

图 5-92

（12）弹出窗口提示是否继续，选择”YES”按钮继续安装（图 5-93），几分钟后安装完成，弹出完成对话框，提示重新启动计算机完成安装。选择“Reset Computer”按钮重启计算机（图 5-94）。注意：重启计算机需从本地硬盘启动。

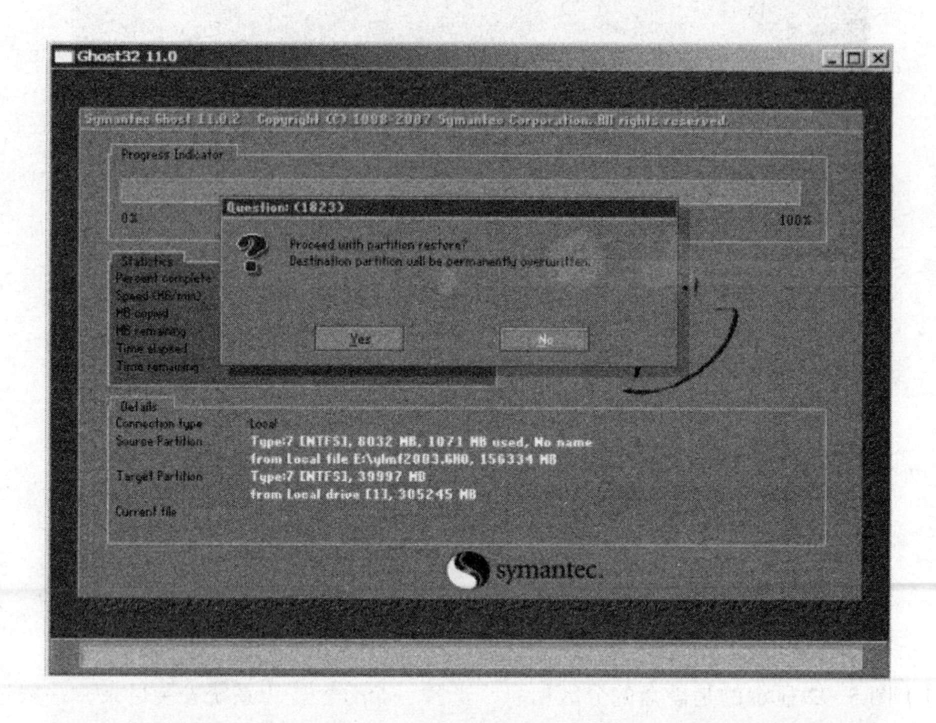

图 5-93

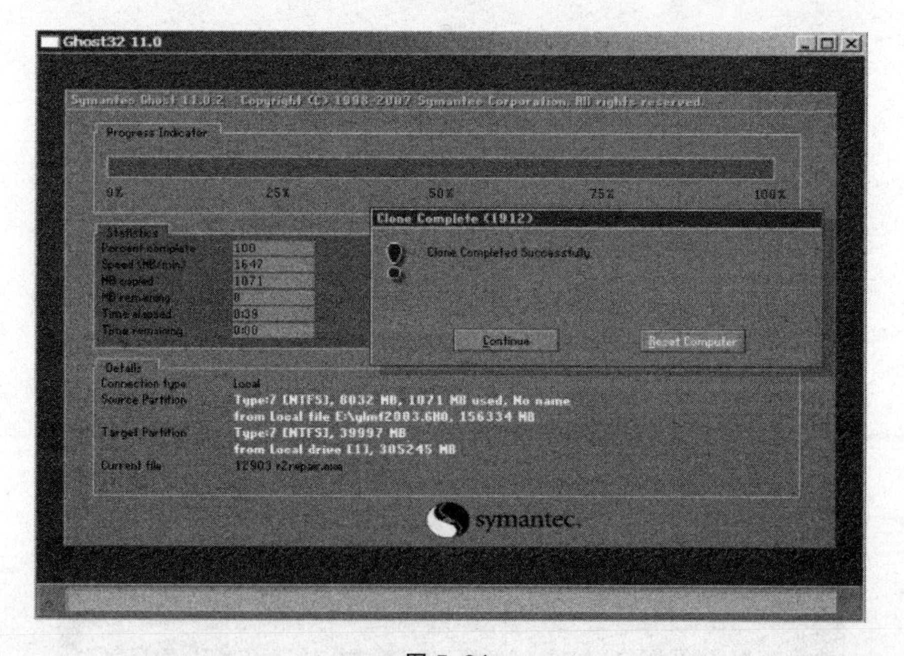

图 5-94

（13）重新启动后继续 Windows 7 的安装，后面的步骤比较简单且不需要人为干预，自动完成。系统安装成功界面如图 5-95 所示：

图 5–95

任务 31　通过 NT6 安装器安装 Windows 7

1. NT6 安装器

安装器是计算机操作系统安装软件，它使得安装操作系统变得很容易，只需在操作系统下运行安装器，按照安装器的向导进行安装即可，所有的安装过程都交给了安装器，而使用者只需要知道安装器怎么使用就可以了，为使用者屏蔽了很多底层操作。NT6 快捷安装器是一款支持在 Windows PE 或者 Windows 环境中快速安装 Windows 7/vista/Windows Server 2008 R2（支持 32 位和 64 位系统）的免费便携软件。而其与众不同之处在于，NT6 快捷安装器可以把 Windows 7 安装到移动硬盘上，而且安装速度较快。除了 NT6 安装器外，我们在安装纯净安装版 Windows 7 的任务中使用的 WIN$MAN 也是一款使用比较多的安装器，当然还有很多其他的安装器，使用方法和原理基本一致。本部分介绍 NT6 安装器的使用。

2. 使用 NT6 安装 Windows 7

1）安装方法

NT6 支持 WinPE 和 Windows 环境。因此有两种方法安装操作系统：一种是通过其他介质（U 盘、光盘）引导进入 Windows PE 系统，然后运行 NT6；另外一种是在现有的操作系统（如 Windows XP）上运行 NT6，这种方法也称之为硬盘安装操作系统的方法。相比较而言，后一种方法更容易，和使用 QQ 软件一样，但是有一个前提，就是操作系统必须没有崩溃，或者在崩溃之前已经安装 NT6。本任务中对两种方法都做介绍。

2）准备工作

按照前面的方法制作带 Windows PE 系统的 U 盘启动盘，同时准备好 Windows 7 的安装文件（不是 GHOST 版），以及 NT6 安装器。一般 Windows PE 系统下自带 NT6 安装器。

3）Windows PE 系统下通过 NT6 安装操作系统

（1）将 U 盘插入 USB 接口，设置从 U 盘引导，引导成功的界面如图 5–96 所示：

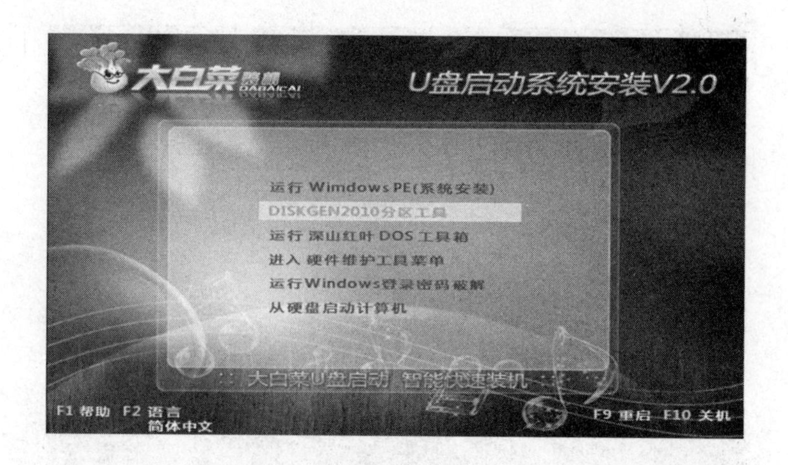

图 5-96

（2）选择第一项“运行 Windows PE（系统安装）”进入 PE 操作系统，如图 5-97 所示：

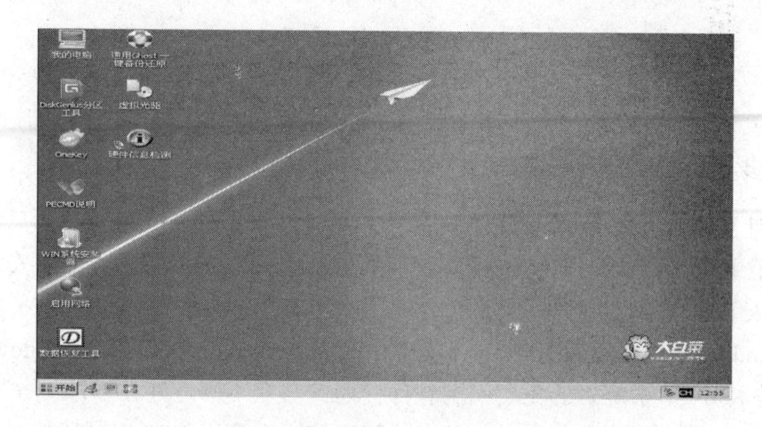

图 5-97

（3）选择“开始”→“程序”→“系统安装”，里面有几个 Windows 安装工具（图 5-98），桌面也有一个安装工具“WIN 系统安装器”。本任务使用 Windows　NT6 快捷安装器 GUI 软件安装操作系统。

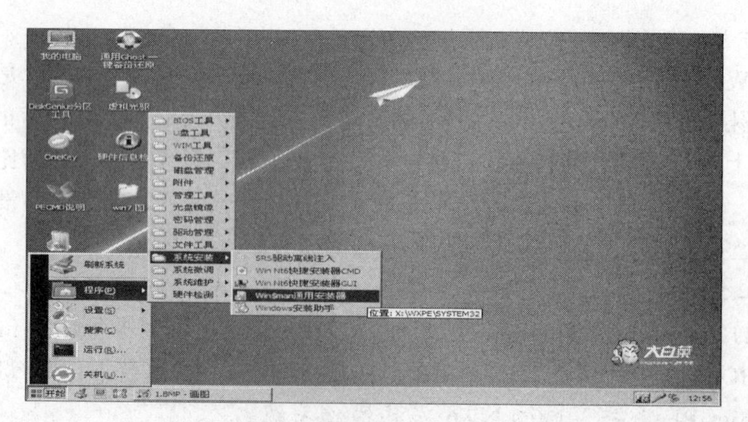

图 5-98

（4）选择 Windows NT6 快捷安装器 GUI 软件，打开 Windows NT6 快捷安装器 GUI 软件，主界面如图 5-99 所示：

图 5-99

（5）按照界面提示，选择“打开”按钮，定位 Windows 7 的安装源文件，如图 5-100 所示：

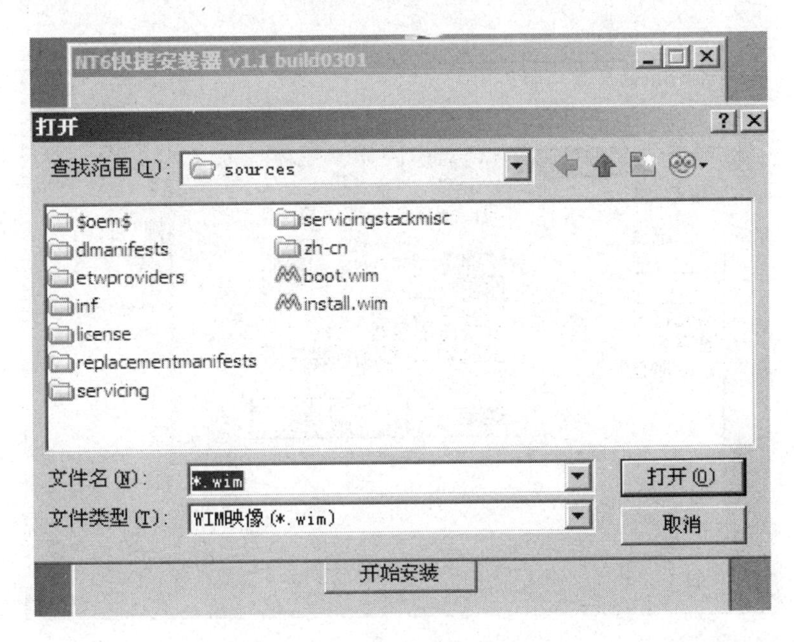

图 5-100

（6）选择 install.wim 文件并打开，该文件一般位于安装文件中的 sources 文件夹下。

（7）下面对安装分区，以及引导分区等进行设置，并勾选格式化复选框，如图 5-101 所示：

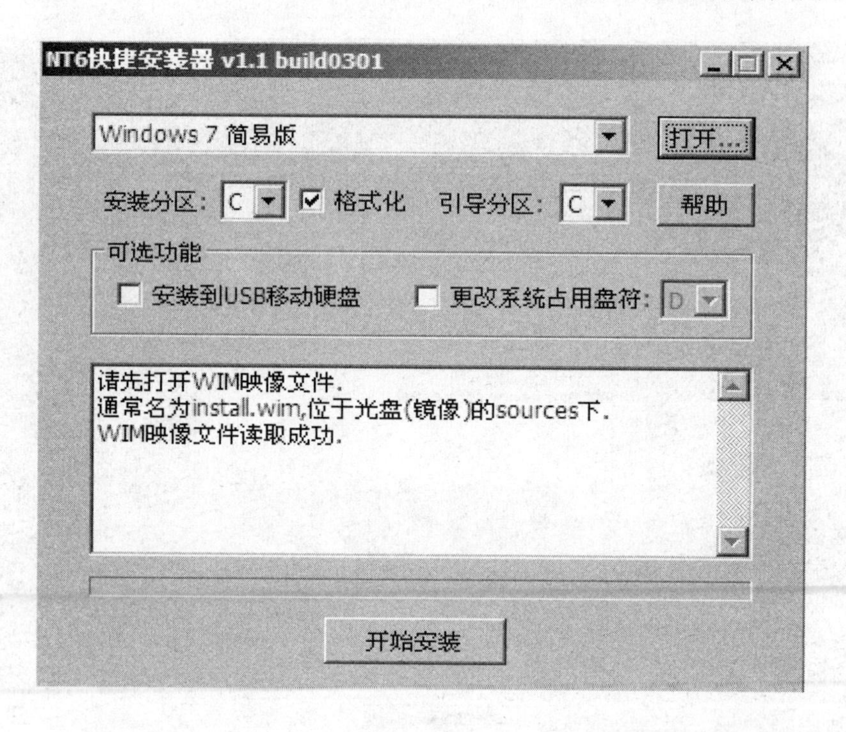

图 5-101

（8）核对信息（图 5-102），点击“确定”后弹出格式化对话框，如图 5-103 所示：

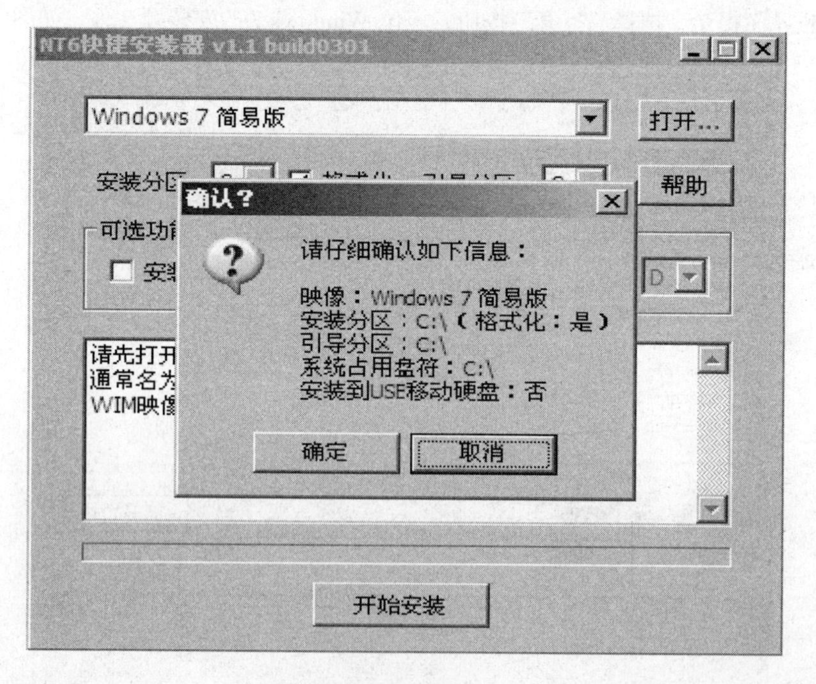

图 5-102

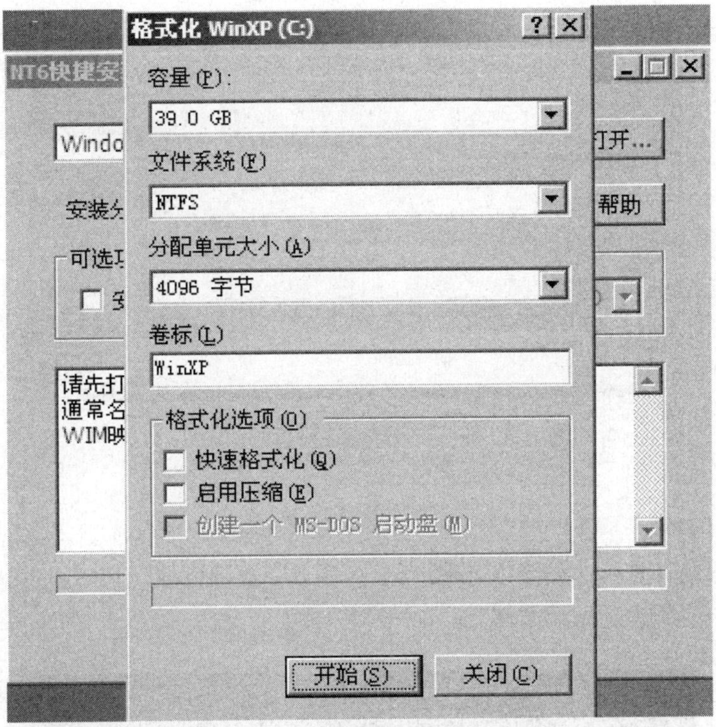

格式化 WinXP (C:)

NT6快捷安

容量(P):

39.0 GB

文件系统(F)

NTFS

分配单元大小(A)

4096 字节

卷标(L)

WinXP

格式化选项(O)

快速格式化(Q)

启用压缩(E)

创建一个 MS-DOS 启动盘(M)

打开...

帮助

开始(S)　关闭(C)

图 5-103

（9）对 C 盘格式化之后，开始安装，如图 5-104 所示：

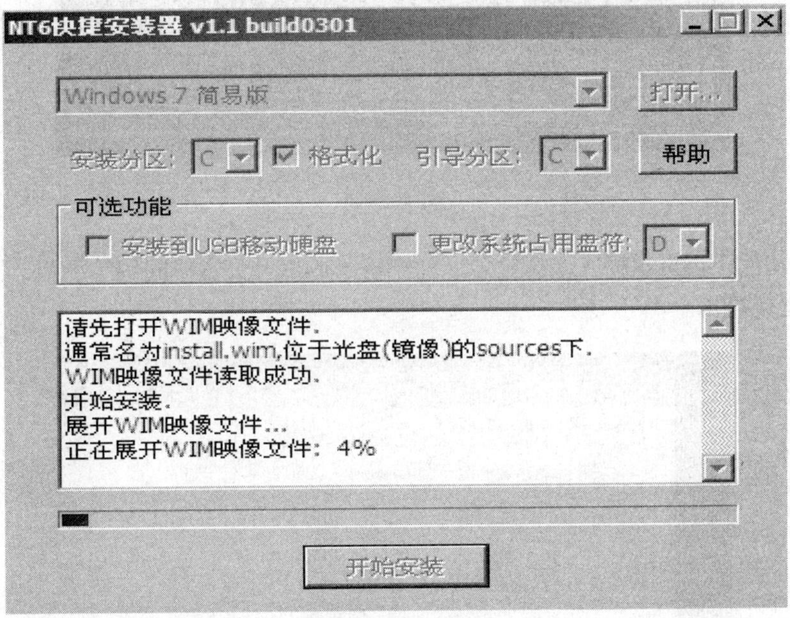

NT6快捷安装器 v1.1 build0301

Windows 7 简易版　打开...

安装分区: C　格式化　引导分区: C　帮助

可选功能

安装到USB移动硬盘　更改系统占用盘符: D

请先打开WIM映像文件.
通常名为install.wim,位于光盘(镜像)的sources下.
WIM映像文件读取成功.
开始安装.
展开WIM映像文件...
正在展开WIM映像文件：4%

开始安装

图 5-104

（10）等待几分钟，部署完成后，重新启动计算机，如图 5-105 所示：

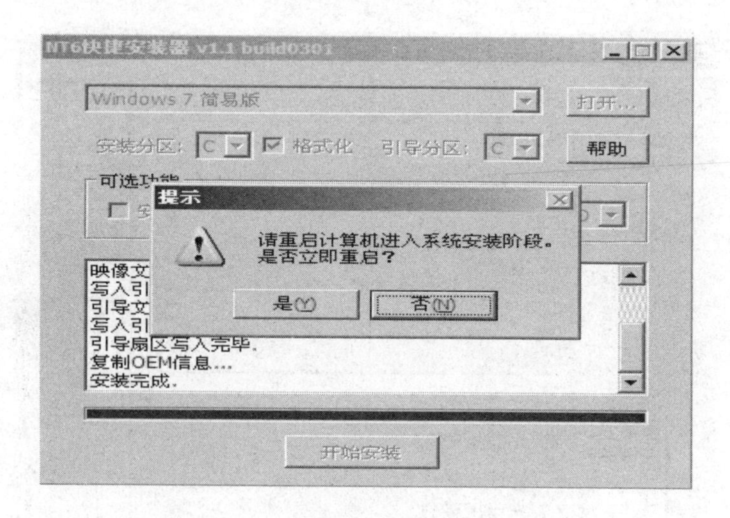

图 5-105

（11）重新启动计算机，如图 5-106 所示。注意：从硬盘启动，不能再从 U 盘启动进入 PE 系统，否则如前所述进入死循环。

图 5-106

（12）启动后，会出现输入计算机名、计算机密码以及设置时间等等界面（图 5-107），后面的操作比较简单。

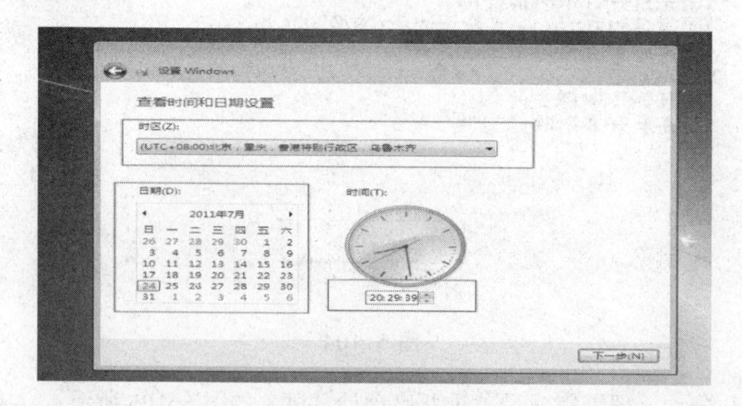

图 5-107

（13）设置完之后，安装完成，进入系统的主界面，如图 5-108 所示：

图 5-108

任务 32　在 Windows XP 下通过 NT6 硬盘安装器安装 Windows 7

（1）计算机正常启动进入 Windows XP 操作系统，将 Windows 7 的安装文件解压到盘符的根目录下（非安装分区），如图 5-109 所示：

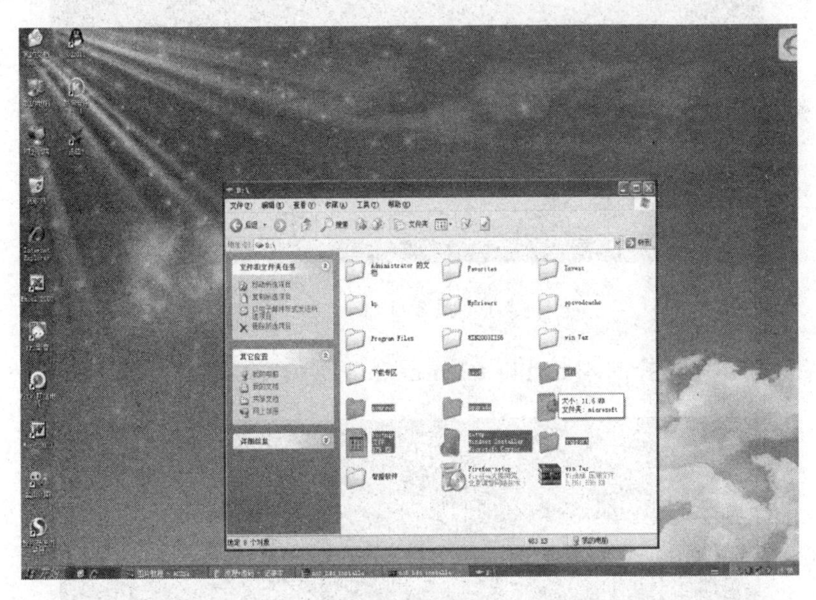

图 5-109

（2）在 XP 下运行 NT6 软件，软件界面如图 5-110 所示：

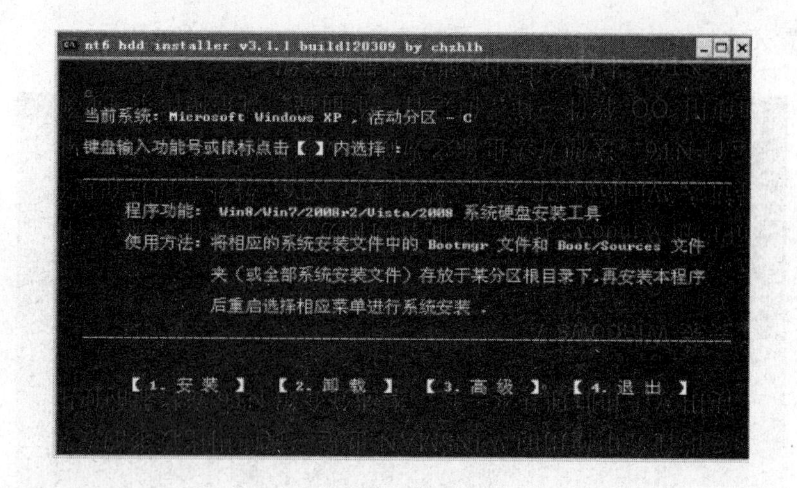

图 5-110

（3）按照提示，选择 1 进行安装。

（4）NT6 自动扫描盘符根目录，发现 D 盘下安装文件，并提示安装成功，要求重启继续安装操作系统，如图 5-111 所示：

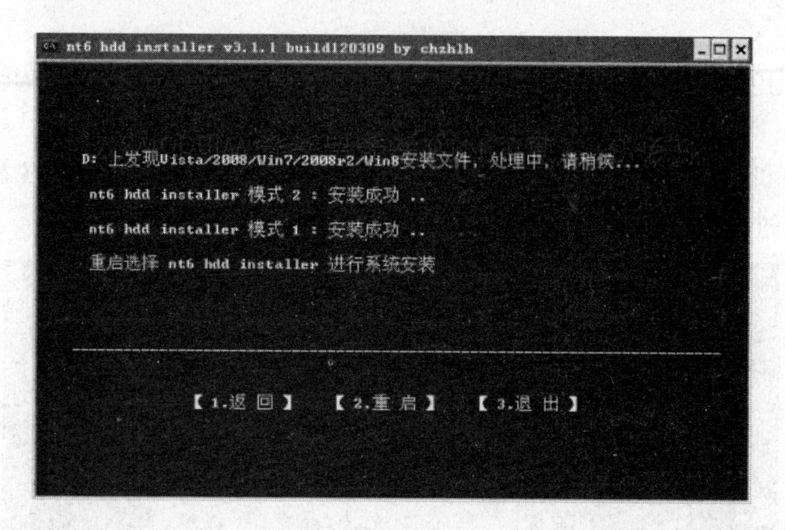

图 5-111

（5）在启动菜单中选择 NT6 hdd Installer mode 1 继续安装操作系统，如图 5-112 所示：

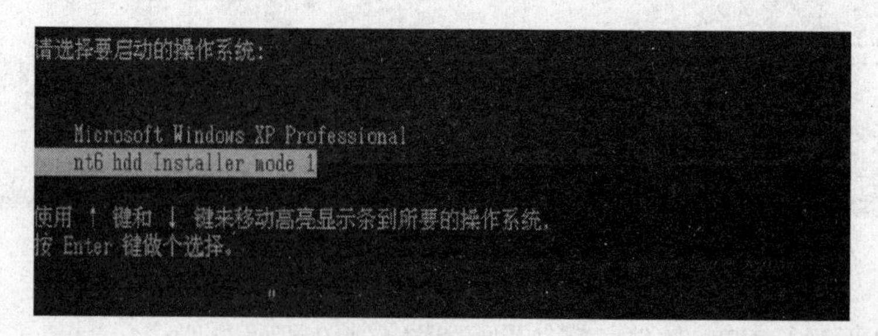

图 5-112

（6）点击“下一步”继续安装，如图 5-113 所示：

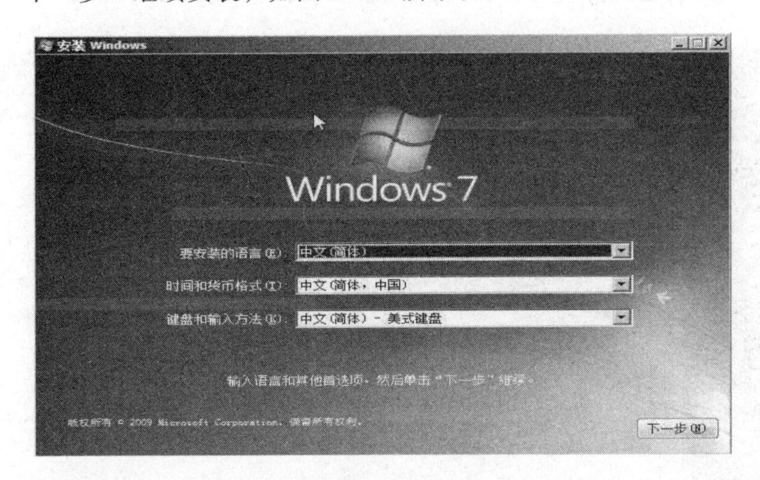

图 5-113

（7）单击“现在安装”继续安装操作系统，如图 5-114 所示：

图 5-114

（8）接受许可条款，单击“下一步”继续，如图 5-115 所示：

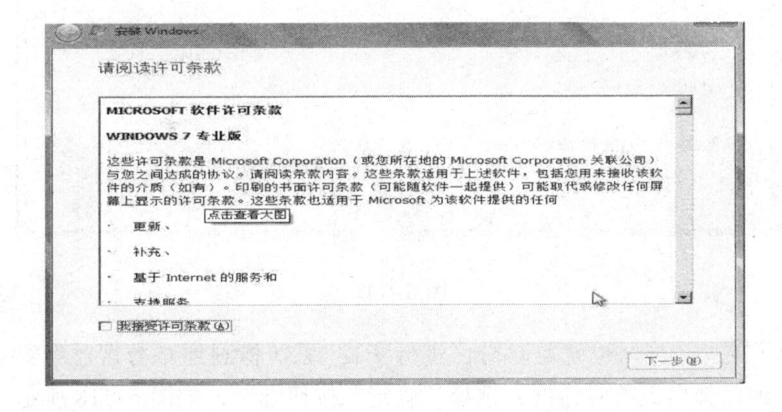

图 5-115

（9）选择升级安装还是自定义安装，选择自定义安装，如图 5-116 所示：

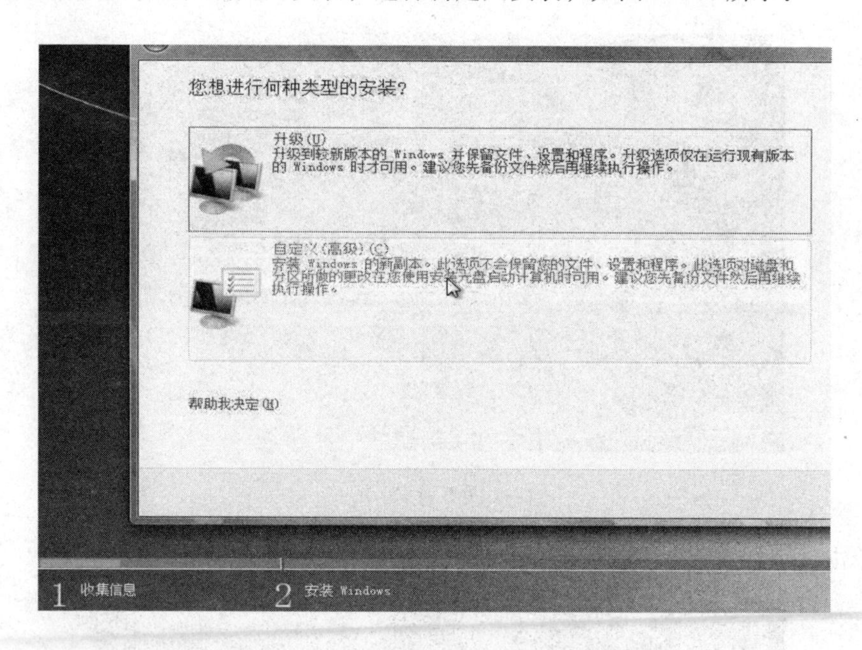

图 5-116

（10）如果想安装双系统，可以选择不是 Windows XP 的分区进行安装，如果只想用 Windows 7，那么格式化之前的系统盘，如图 5-117 所示：

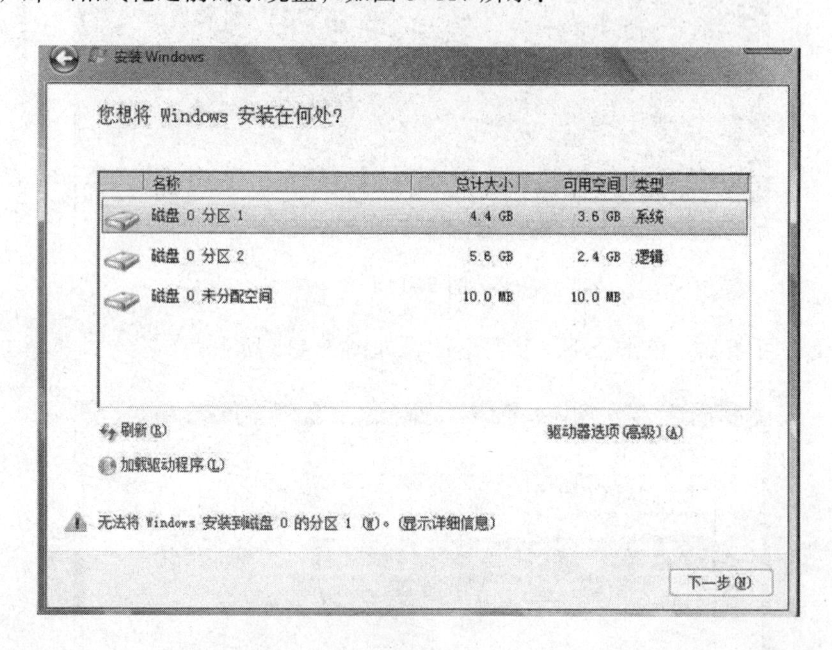

图 5-117

（11）选择了第一个分区也就是 C 分区进行安装，系统检测到 C 分区已经安装了操作系统 Windows XP，继而弹出提醒对话框，选择“确定”按钮继续，如图 5-118 所示。后面比较简单，直到安装完成，不做赘述。

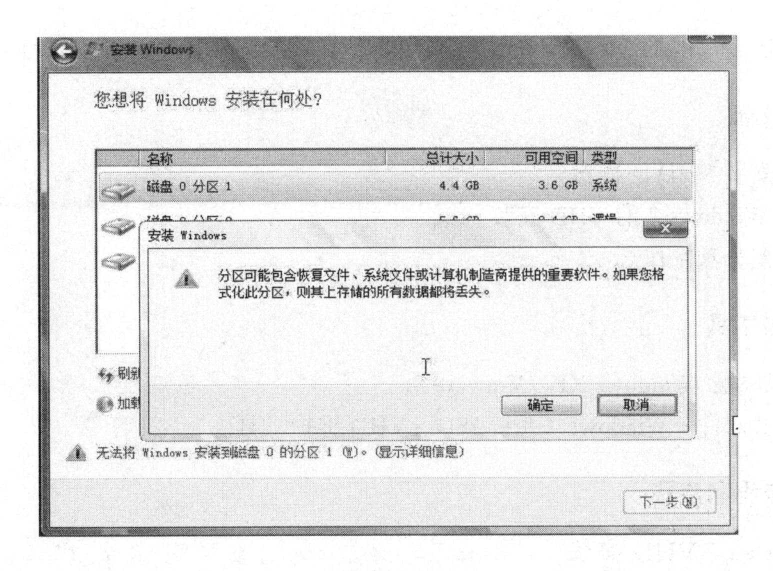

图 5-118

任务 33　Windows 7 VHD 安装及 VHD 差分盘制作

1. 理论介绍

1）VHD 介绍

VHD 是一种虚拟硬盘（Virtual Hard Disk）文件，它原来是 Virtual PC 和 Virtual Server 采用的虚拟硬盘格式。从软件层面解释，它就是一个后缀为 vhd 的文件。但是在 Windows 7 中，它可以直接被操作系统识别，可以作为一个容器存储文件，具备硬盘的很多功能。从硬件层面看，它就是一块“硬盘”，我们可以跟物理硬盘一样，对它进行分区、格式化、读写等操作。因此也可以把 VHD 看作一种硬盘，就像 SCSI、SATA、IDE 等不同规格的真实硬盘一样。从 Windows7 开始，系统可以支持直接从 VHD 文件启动，即系统可以抛开所有的虚拟软件和硬件限制，在 VHD 文件中以接近真实系统的性能来运行。目前只有 Windows 7 旗舰版/企业版和 2008R2 能支持 VHD 启动。

2）VHD 差分盘

VHD 是以某个 VHD 为基础建立的（这个 VHD 就是母盘）。对差分 VHD 的修改，不会影响到母盘。当母盘系统达到一个理想状态时，我们可以创建一个差分 VHD（子盘），以后就使用这个差分 VHD。当差分 VHD 系统用久了出现不稳定时，我们只要删除这个差分 VHD，以原来的母盘重建一个新的差分 VHD，系统就又回到了理想的状态。母盘可以建立恢个差分 VHD（子盘），相当于多个备份，当某个子盘损坏时，可以使用其他子盘复制覆盖即可达到快速回复的目的。因此，Windows 7 的 VHD 具备了还原卡、时光机等的特点。我们可以根据需要，以不同的 VHD 为母盘创建差分 VHD。差分磁盘还可以多级创建，即以某个差分磁盘为母盘，再创建差分磁盘。我们可以在创建差分 VHD 时，就复制一个备份，可以实现随时用备份的差分磁盘来替换差分磁盘，实现快速还原，也称还原，因为这个还原过程在 1~2 s 内就可完成。这个特点是 GHOST 之类的备份软件所无法比拟的。总之，Windows 7 的 VHD，既是虚拟机，又不是一般的虚拟机，因为它利用的是真实的硬件环境，除了硬盘。

2. 任务目标

（1）掌握安装 VHD 的概念。

（2）掌握 Windows 7 的 VHD 安装。

（3）熟悉差分盘制作。

3. 环境和工具

（1）实验环境：Windows XP、Vmware 8。

（2）工具及软件：Windows 7 系统 ISO、VHD 维护工具。

4. 操作流程和步骤

1）Windows 7 VHD 安装

早期 VHD 的安装应用基本是靠深奥枯燥的命令来实现的，我们这里抛开那些漆黑的界面，全部使用图形化的操作来完成 VHD 的部署。

（1）准备工作：下载 Windows 7 旗舰版的 ISO 文件、GImageX 和 JUJUMAO WINDOWS VHD 虚拟硬盘文件准备工具。Windows 7VHD 的安装可以在两种环境下进行：一是通过 U 盘或光盘引导进入 Windows PE3.0，二是在已经安装好的 Windows 7 下进行安装。后一种方法时间浪费比较严重但是比较容易实现。本任务采取后一种方法，利用我们上面的任务中已经安装好的 Windows 7 HOME 操作系统来进行 VHD 的安装。

（2）进入操作系统，点击“开始”→“控制面板”→“磁盘管理”进入磁盘管理对话框，或者在运行中输入 diskmgmt.msi 命令，如图 5-119 所示：

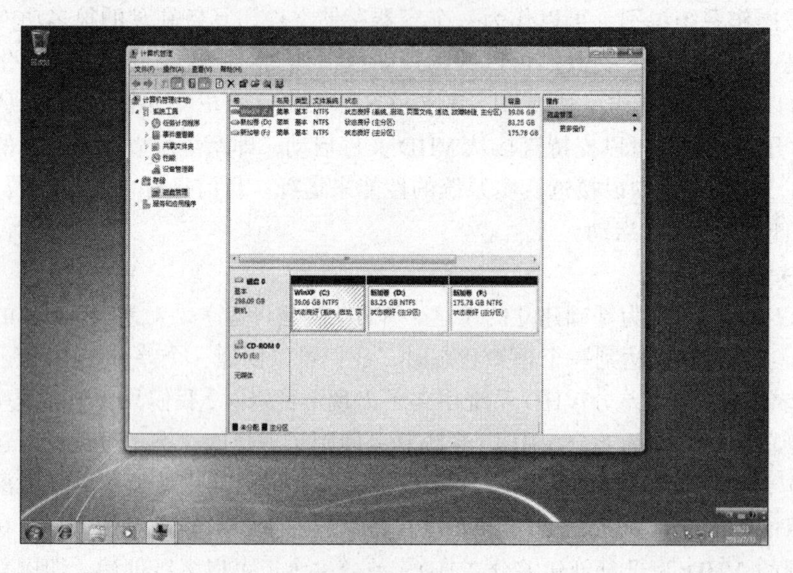

图 5-119

（3）选择菜单中“操作”→“创建 VHD”或者选择左边的“磁盘管理”右键也可以，创建 VHD 文件，如图 5-120 和图 5-121 所示：

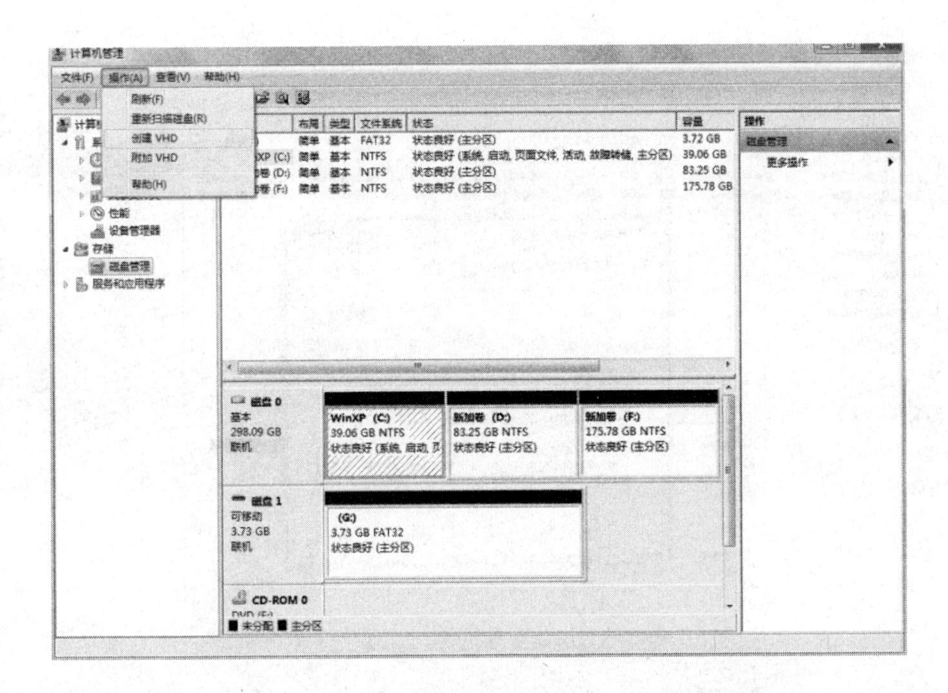

图 5-120

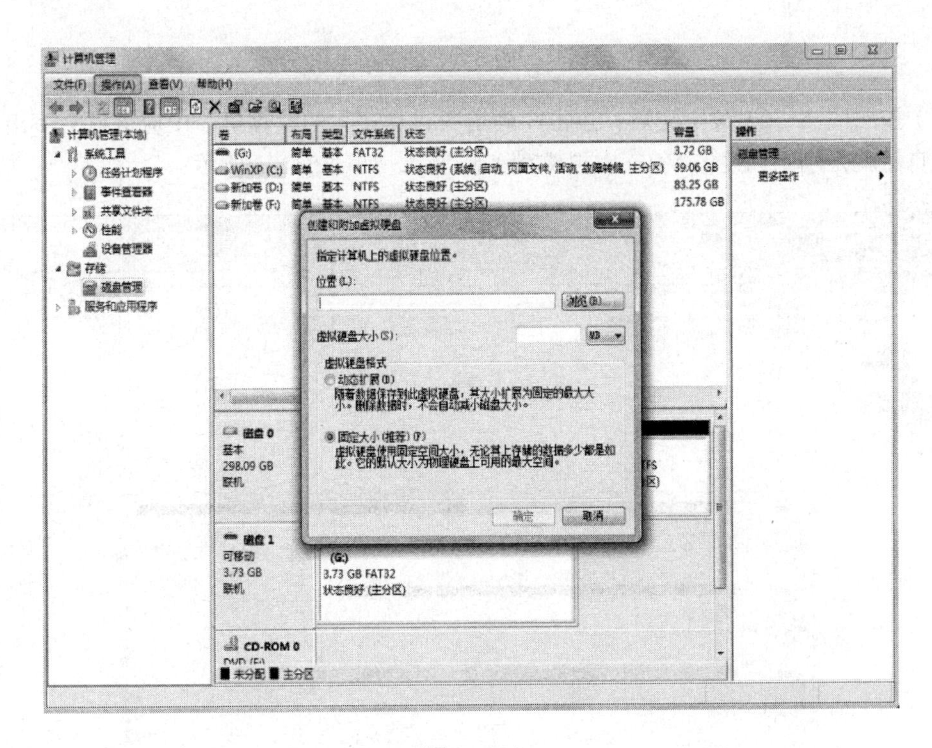

图 5-121

（4）在创建 VHD 的对话框中，创建的动态磁盘为 Win 7.vhd（注意名字中不要有空格，而且所有 VHD 文件要在不含有空格的英文名字的文件夹内）。接着设定虚拟磁盘的大小，下面有两种格式，一般情况下选择“图定大小”，如图 5-122 所示：

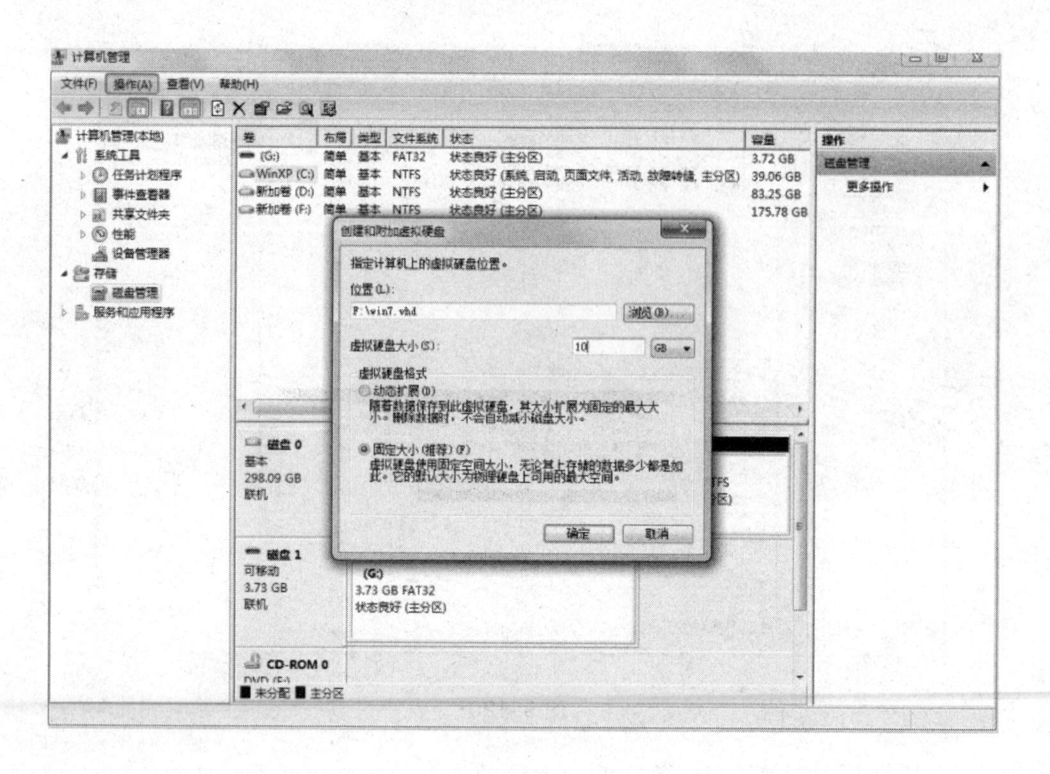

图 5-122

（5）按照图 5-122 设定完后，点击“确定”，在“我的计算机”中应该就会多出一个分区了，自然就是刚刚创建的 VHD 虚拟磁盘了磁盘 2，如图 5-123 所示：

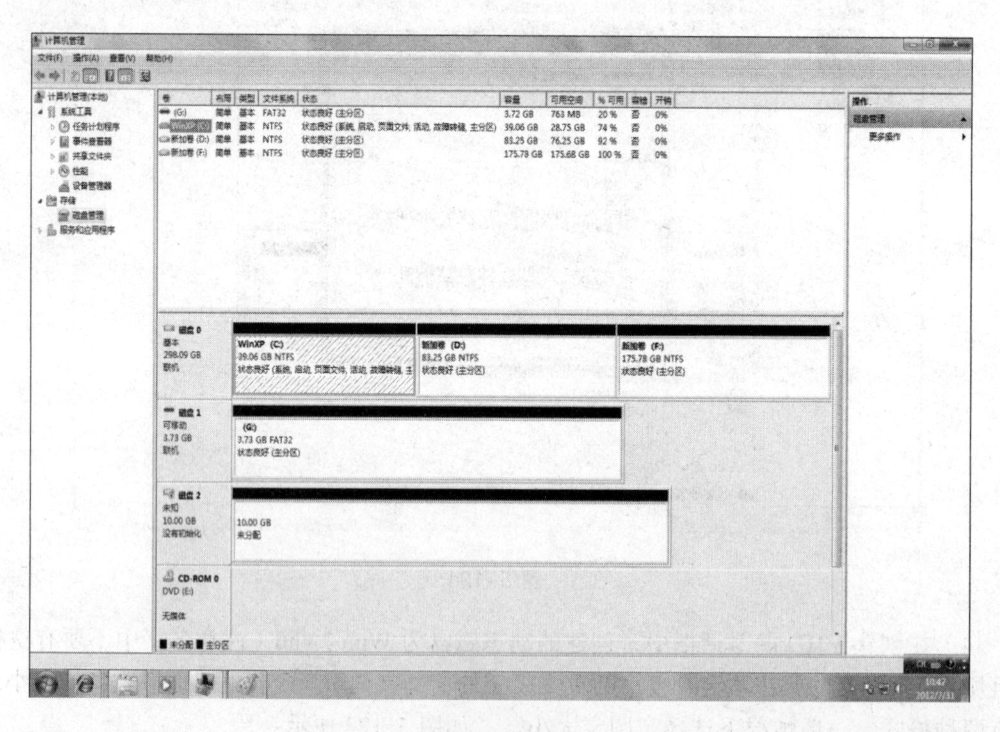

图 5-123

（6）接下来对创建的磁盘进行初始化和格式化，鼠标定位到“磁盘 2”字样的位置点击右键，在弹出的菜单中先选择“初始化”，如图 5-124 所示：

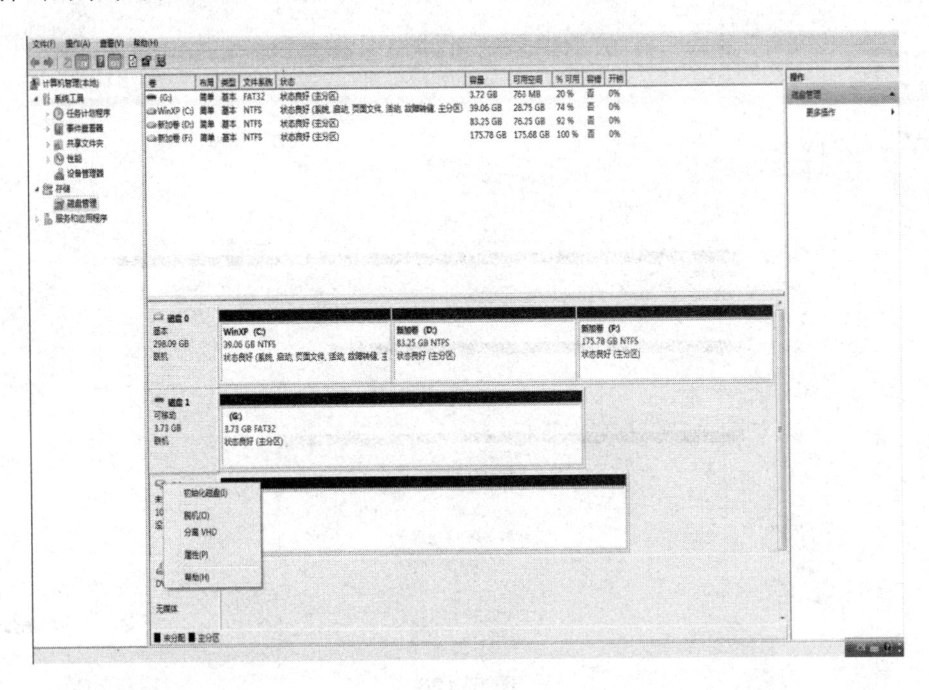

图 5-124

（7）在弹出的对话框中直接点击“确定”按钮（图 5-125），然后在磁盘 2 的矩形标题栏位置单击右键，在弹出的菜单中选择“新建简单卷”，设置卷标，如图 5-126 和图 5-127 所示：

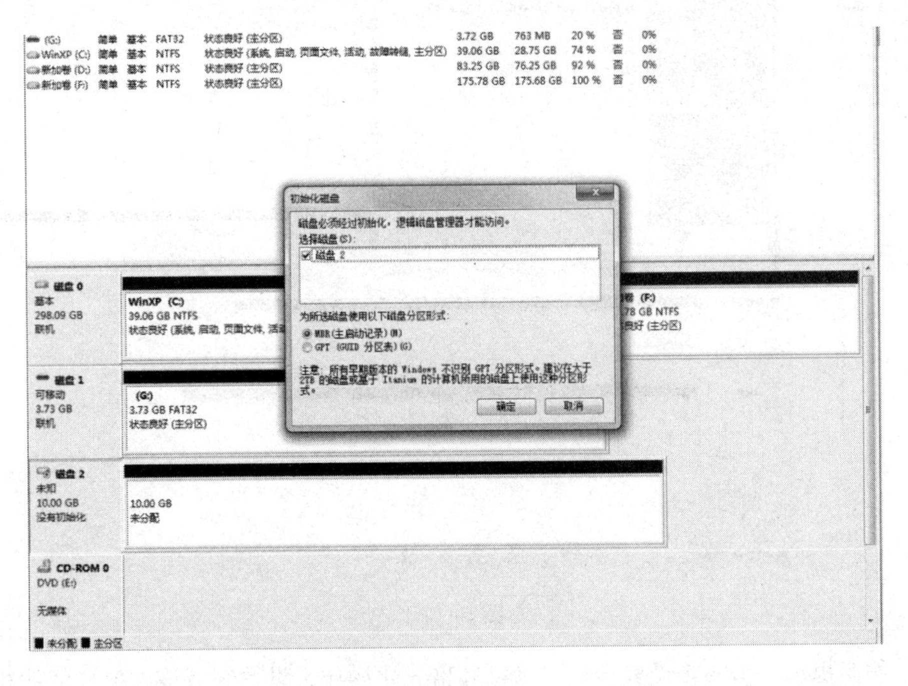

图 5-125

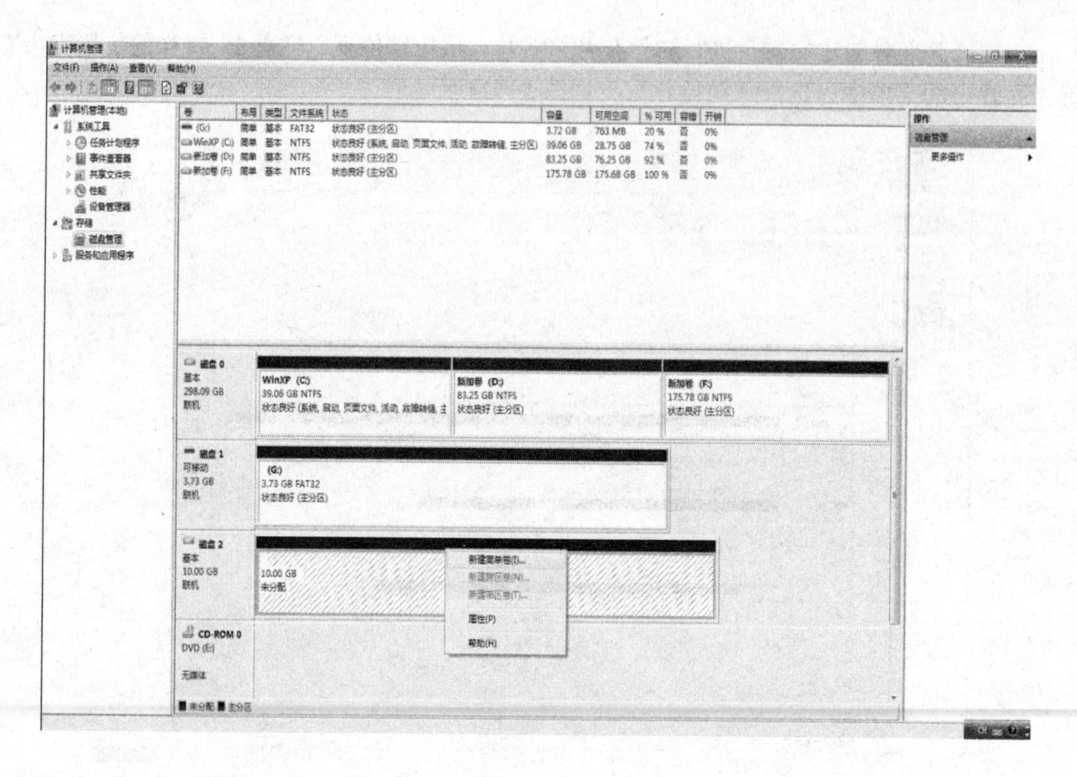

图 5-126

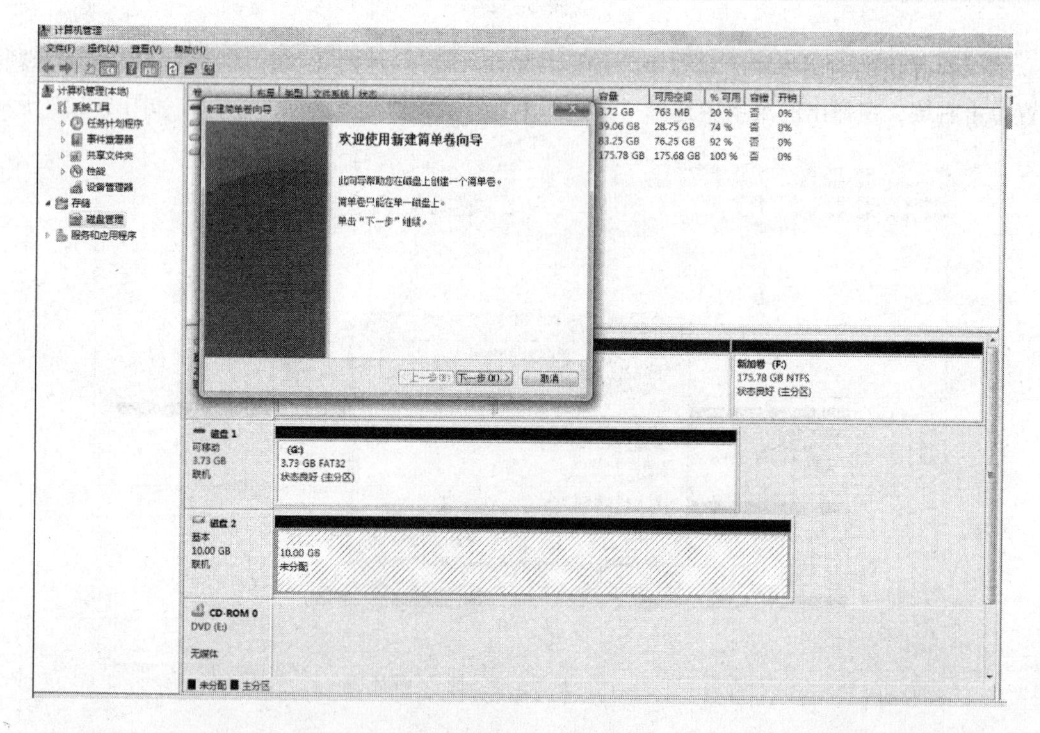

图 5-127

（8）按照提示一步一步设置卷标、盘符和格式化操作，设置完后该虚拟分区就和其他的磁盘一样可以进行操作了。到这里 VHD 虚拟磁盘就建好了，如图 5-128 所示：

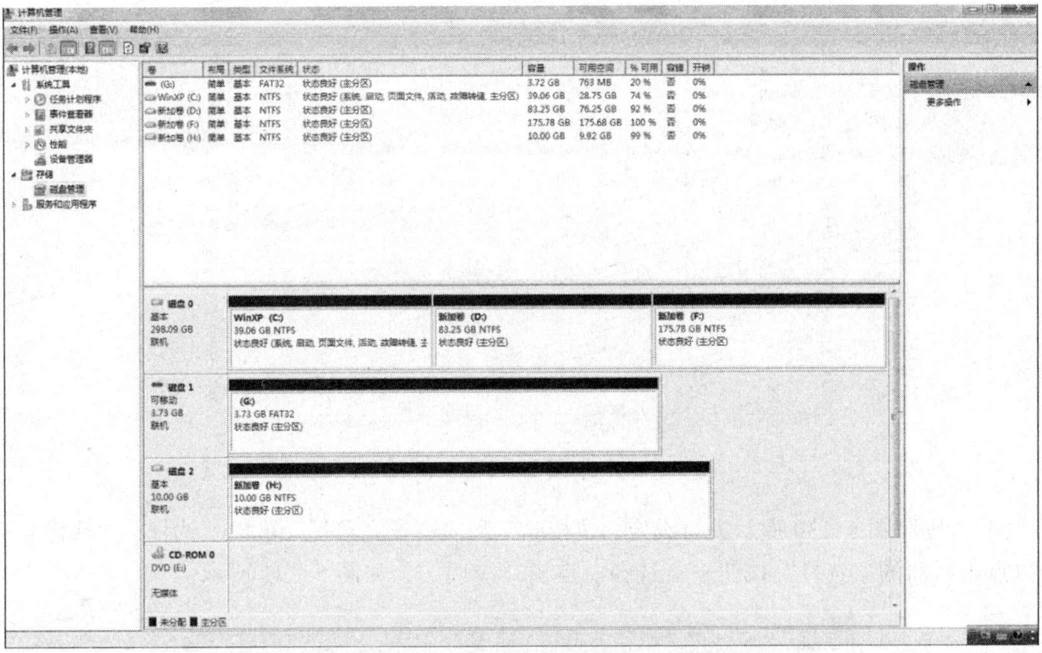

图 5-128

（9）解压 Windows 7 的 ISO 文件放到某个分区的根目录下面，或者使用虚拟光驱也可以。本任务是将文件使用 Windows RAR 软件解压到 F 分区的根目录。然后运行 Gimage 软件将 Windows 7 文件灌入 VHD 文件，如图 5-129 所示：

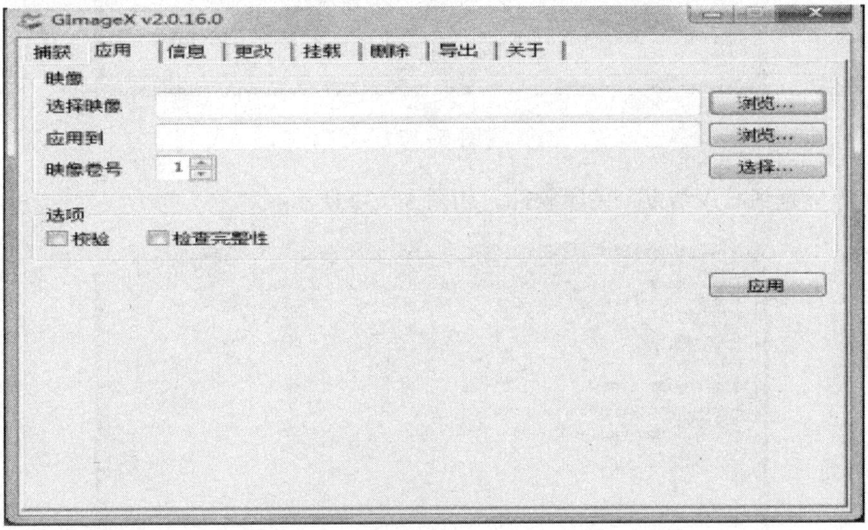

图 5-129

（10）在选项卡中选择“应用”，打开“应用”的界面，在“选择映像”中找到 F：\sources 文件夹下的 install.wim；在“应用到”中选择刚刚创建的 VHD 虚拟磁盘 H，如图 5-130 所示：

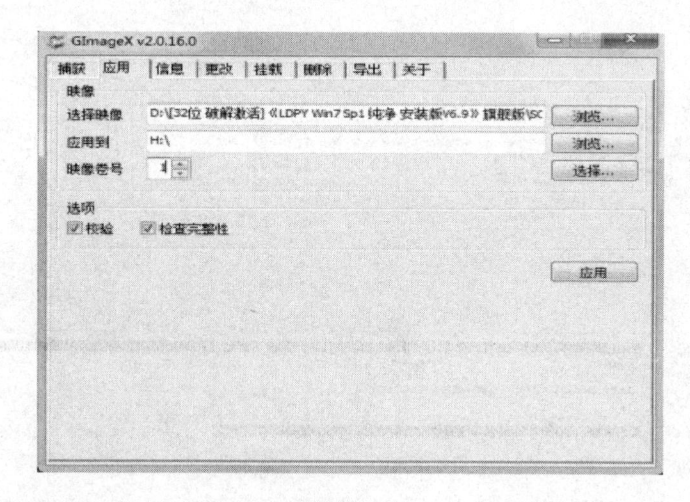

图 5-130

（11）按照图 5-130 提示进行设定，“校验”和“检查完整性”可以不选择，“映像卷号”可以点击后面的“选择”按钮进行选择。点击“应用”，如图 5-131 所示：

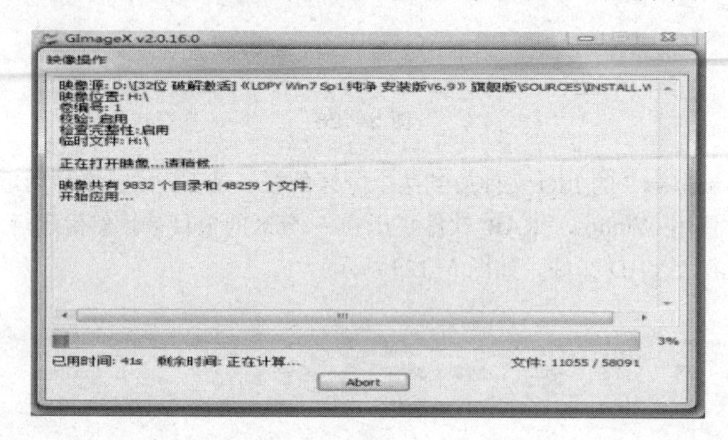

图 5-131

（12）等待直到灌入结束，关闭软件，如图 5-132 所示：

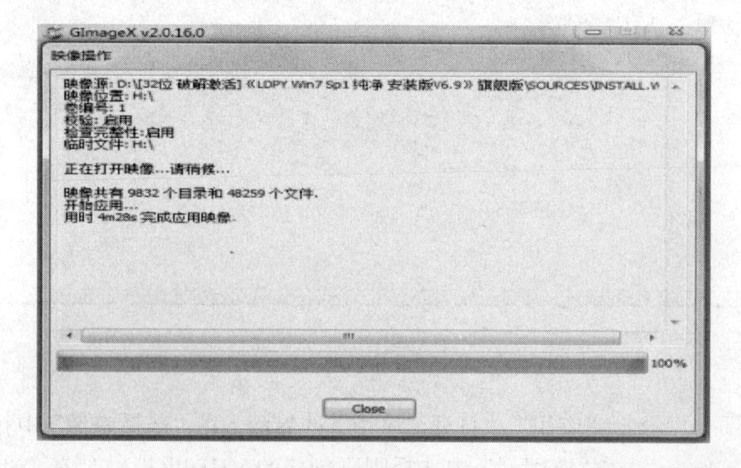

图 5-132

（13）再次打开“磁盘管理器”，鼠标定位到磁盘 2 位置，单击右键在弹出的菜单中依次执行“脱机”和“分离 VHD”，如图 5-133 和图 5-134 所示。分离后在“计算机”中就看不到虚拟磁盘的盘符了，但是虚拟磁盘的文件同样还在，可以通过附加的方式挂载 VHD 文件。

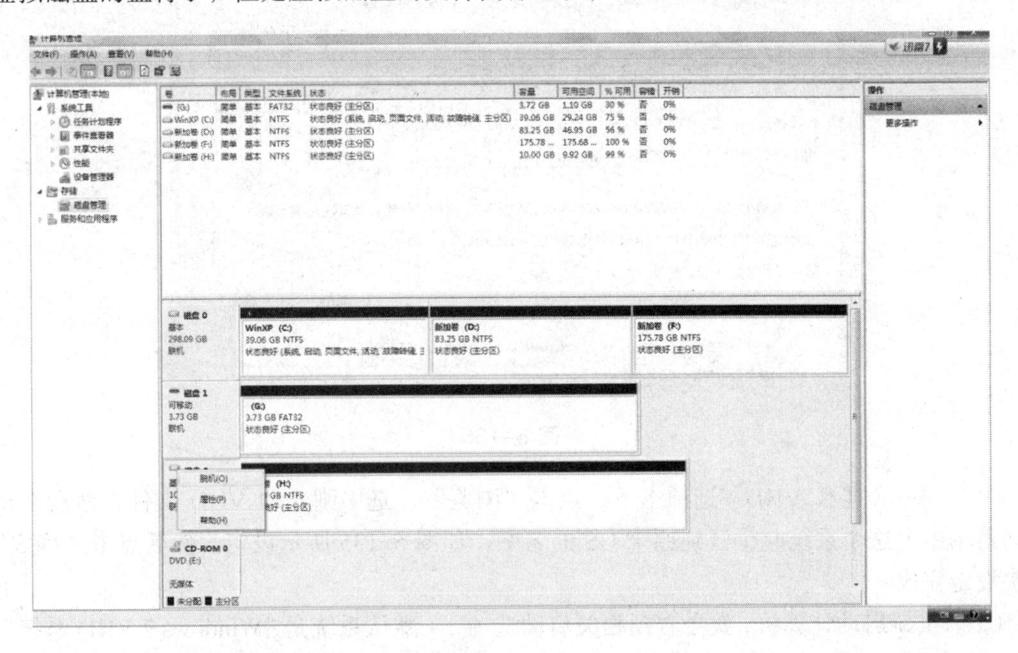

图 5-133

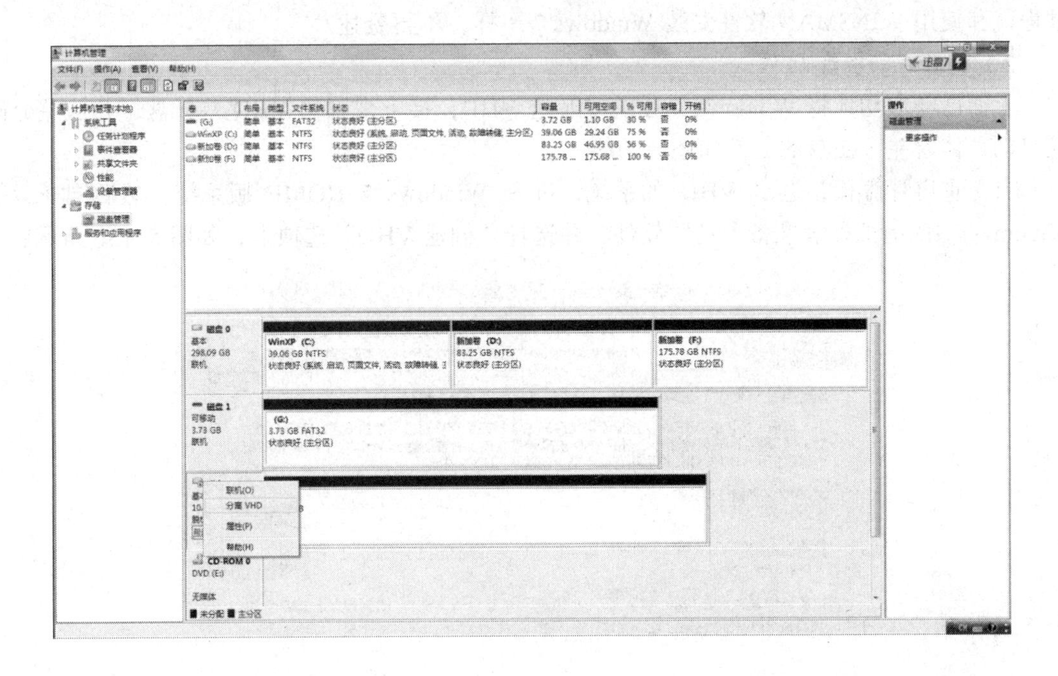

图 5-134

（14）分离 VHD 后，运行“WindowsVHD 虚拟硬盘准备工具”软件，进行启动项设置，以完成后续的安装，如图 5-135 所示：

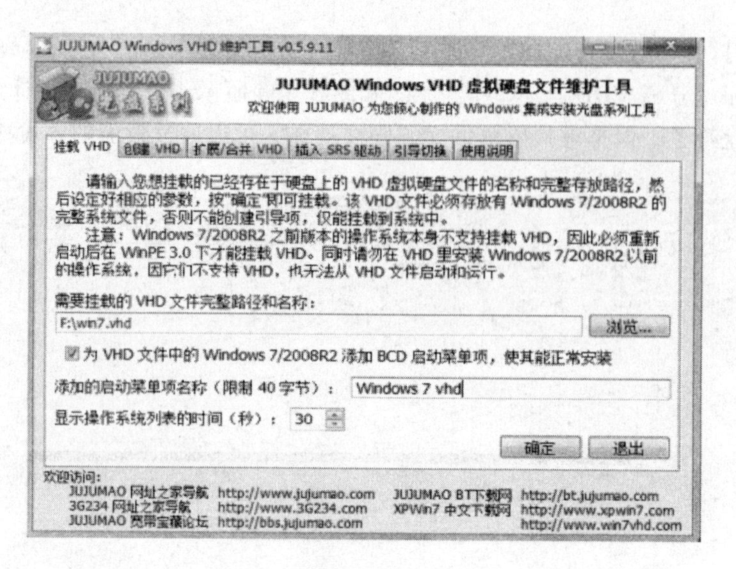

图 5-135

（15）在 “挂载 VHD”选项卡下，点击“浏览”，选中刚才的 VHD 文件，然后在添加启动菜单中为这个系统起个区别原来 OS 的名字，如图 5-135 所示设定。然后点击“确定”，很快设定完成。

（16）重新启动计算机，就会看到相关启动选项了（默认系统是“Windows 7 VHD 系统”），其中有一项是原有的 Windows 7 HOME 版系统，启动之后接着安装系统，直到完成。后面的过程就和使用 WIN$MAN 软件安装 Windows 7 一样，不再赘述。

2）VHD 差分盘制作

上面已经成功地将 Windows 7 系统安装进 VHD，接下来制作 VHD 差分盘，并从差分磁盘启动，体验差分磁盘的备份和还原功能。

（1）重启计算机，退出 VHD 的系统，进入 Windows 7 HOME 版系统，然后同样运行 WindowsVHD 虚拟硬盘准备工具”软件，并选择“创建 VHD”选项卡，如图 5-136 所示：

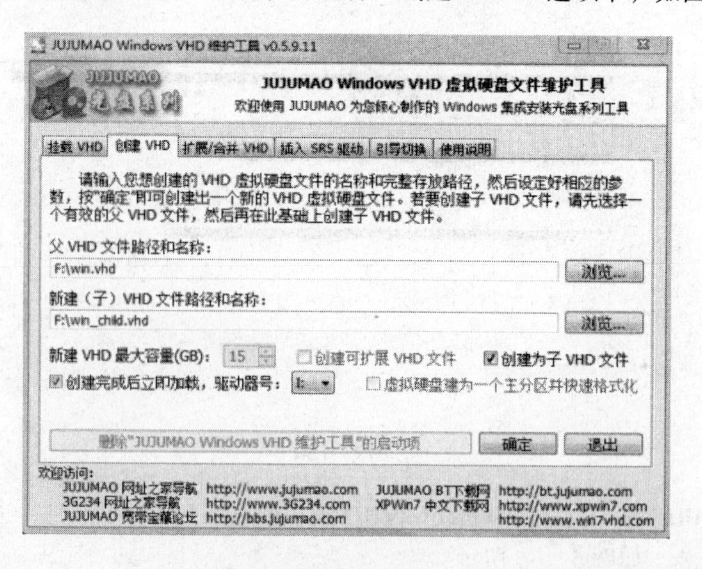

图 5-136

（2）按照图 5-136 选择之前建立的 VHD 文件（win.vhd），选择后软件自动生成子 VHD 文件的名字。点击“确定”按钮。

（3）设置启动文件。现在 Windows 7 启动以后，会显示 3 个系统：一个是原有的 HOME 版的操作系统，一个是父 VHD 系统，一个是子 VHD 系统。中间那个父 VHD 系统是不再使用的（可千万别把文件夹下的父 VHD 文件给删除了），因为从此以后我们要用差分磁盘启动，父 VHD 系统已经相当于我们设置完美的一个系统备份了。所以，为了防止误操作而导致从系统启动菜单中进入这个系统，此时可以删除父 VHD 启动菜单。

（4）差分盘制作成功，从子 VHD 文件启动计算机，感觉和父 VHD 文件启动计算机完全一样，接下来可以随意使用子 VHD 文件里的系统了，之后所作的更改全部保存在子 VHD 文件里面了。

过一段时间后，如果感觉系统有所变慢，或者安装了太多的垃圾软件，想恢复到你设置好的父 VHD 系统的样子（也就是子 VHD 刚刚使用时的样子），那你就可以重启，进入原来的 Windows 7HOME 版系统或者任何一个计算机上的系统，或者是用 PE 系统，删除那个子 VHD 文件，把之前备份的那个子 VHD 文件拷贝到同一目录下，改成相同的名字，重新启动，一个全新的系统立刻诞生，和父 VHD 系统一模一样。

因为从此以后一直用差分磁盘启动，父磁盘从没有修改过，所以一段时间后，你可能感觉需要对父磁盘进行一些补丁升级或者安装一些软件，那可以切换至父磁盘，一次性把你要做的工作完成，然后删除之前创建或者正在使用的子 VHD 文件，用上述的方法重新创建一个子 VHD 就可以了。如果名字和路径与以前的一样，则启动菜单不需要作任何改动，重启就可以进入新的子 VHD 系统了。

5.5 Windows 2008 的简介与安装

任务 34 安装 Windows 2008（NT6 安装器）

1. 理论介绍

2009 年 7 月 14 日 Windows 7 RTM（Build 7600.16385）正式上线，2009 年 10 月 22 日微软于美国正式发布 Windows 7 。Windows 7 同时也发布了服务器版本—— Windows Server 2008 R2，Windows 7 和 Windows 2008 在很多方面都有共性，比如在文件的封装以及安装方式上。

2. 目标

掌握安装 Windows 2008 操作系统的安装。

3. 环境和工具

（1）实验环境：Windows XP、VMware 8。

（2）工具及软件：Windows 2008 系统 ISO 文件、启动 U 盘、NT6。

4. 操作流程和步骤

1）安装方法

在之前的任务中已经介绍了使用 NT6 安装器安装 Windows 7，Windows 2008 和 Windows 7 的安装方法一样。本任务同样使用 NT6 安装 Windows 2008 操作系统。由于 NT6 支持 WinPE 和 Windows 环境，因此有两种方法安装操作系统：一种是通过其他介质（U 盘、光盘）引导进入 Windows PE 系统，然后运行 NT6；另外一种是在现有的操作系统（如 Windows XP）上运行 NT6，这种方法也称之为硬盘安装操作系统的方法。本任务采用 U 盘引导进入 Windows PE 操作系统运行 NT6 安装器进行操作系统安装。

2）准备工作

按照前面的方法制作带 Windows PE 系统的 U 盘启动盘，同时准备好 Windows 2008 的安装文件（不是 GHOST 版），以及 NT6 安装器。一般 Windows PE 系统下自带 NT6 安装器。

3）Windows PE 系统下通过 NT6 安装操作系统

（1）将 U 盘插入 USB 接口，设置从 U 盘引导，引导成功的界面如图 5-137 所示：

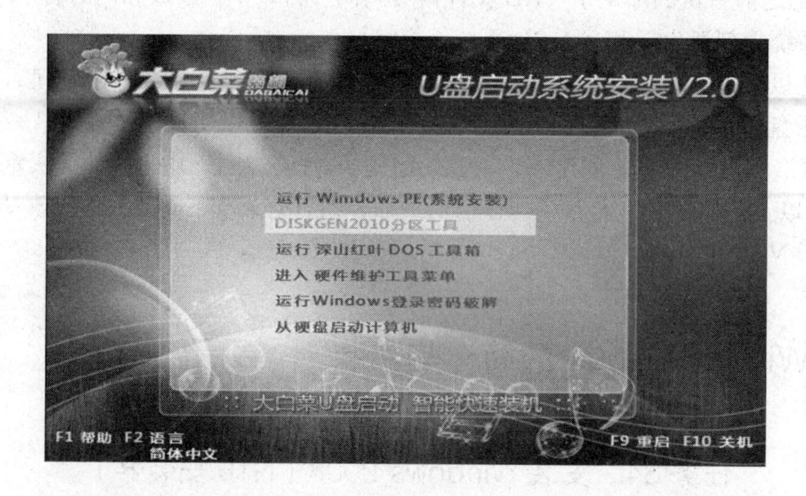

图 5-137

（2）选择第一项“运行 Windows PE（系统安装）”进入 PE 操作系统，如图 5-138 所示：

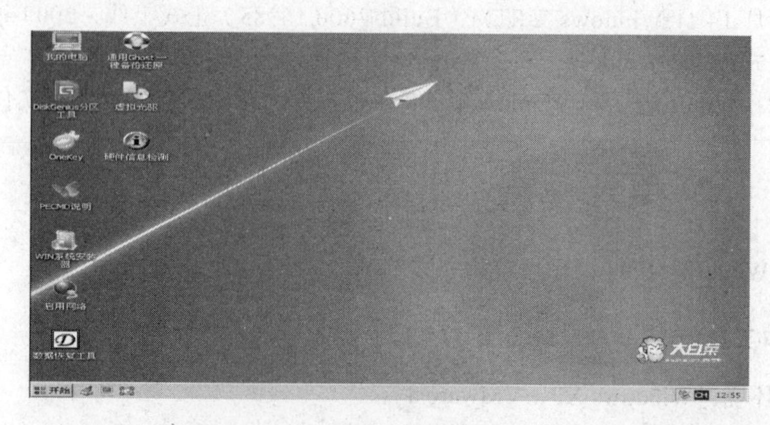

图 5-138

（3）将 Windows 2008ISO 文件解压，本例使用 Windows RAR 软件将 ISO 文件解压至 E 盘，如图 5-139 所示：

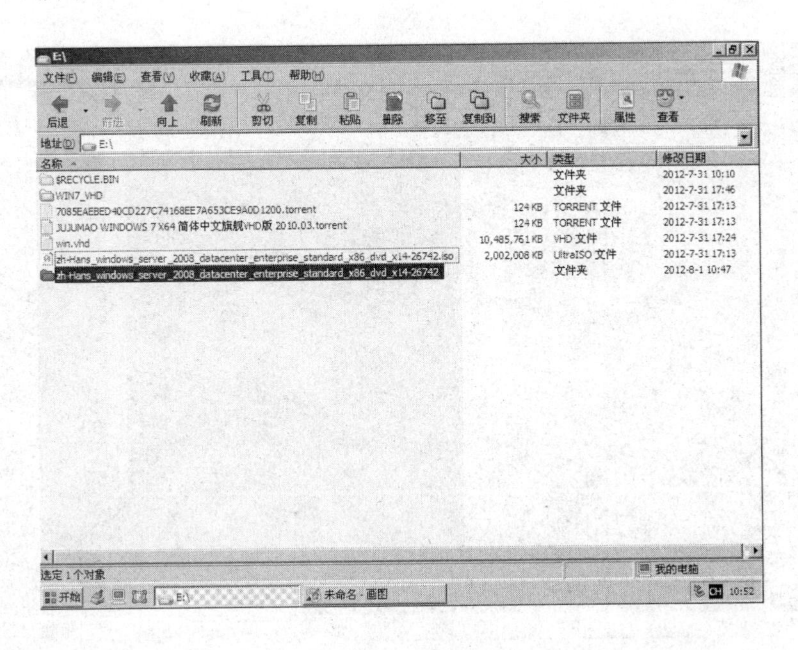

图 5-139

（4）选择“开始”→“程序”→“系统安装”，里面有几个 Windows 安装工具（图 5-140），桌面也有一个安装工具“Win 系统安装器”，本任务使用 Windows NT6 快捷安装器 CMD 软件安装操作系统。Windows NT6 快捷安装器 CMD 软件和 Windows NT6 快捷安装器 GUI 软件本质一样，只是界面不一样，Windows NT6 快捷安装器 GUI 软件在前面已经介绍过了。

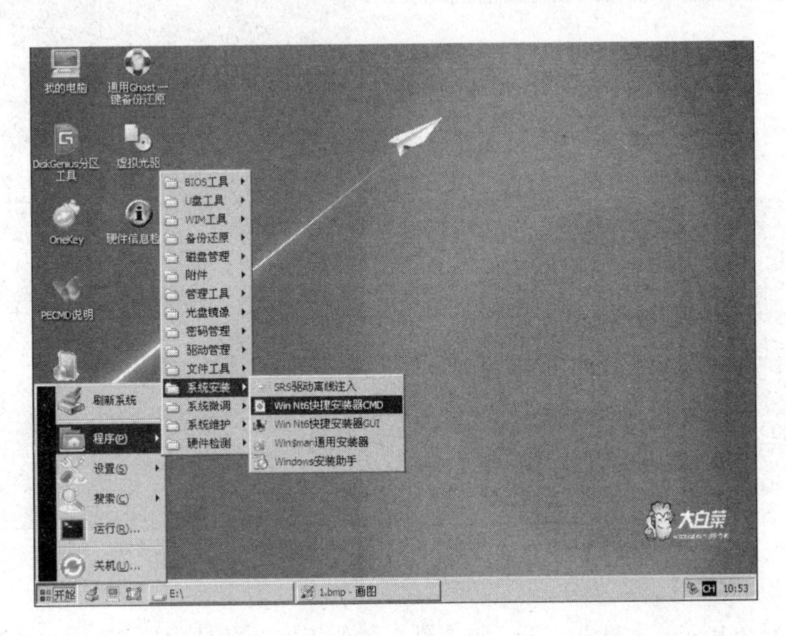

图 5-140

（5）选择 Windows　NT6 快捷安装器 CMD 软件，打开 Windows　NT6 快捷安装器 CMD 软件，主界面如图 5-141 所示：

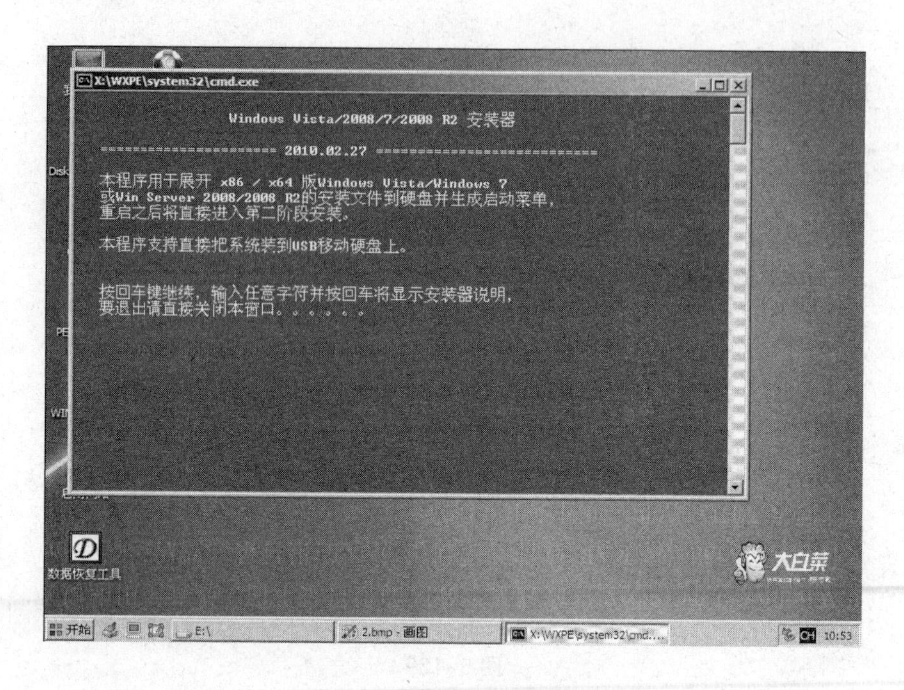

图 5-141

（6）按照界面提示，按回车键定位安装文件，界面如图 5-142 所示：

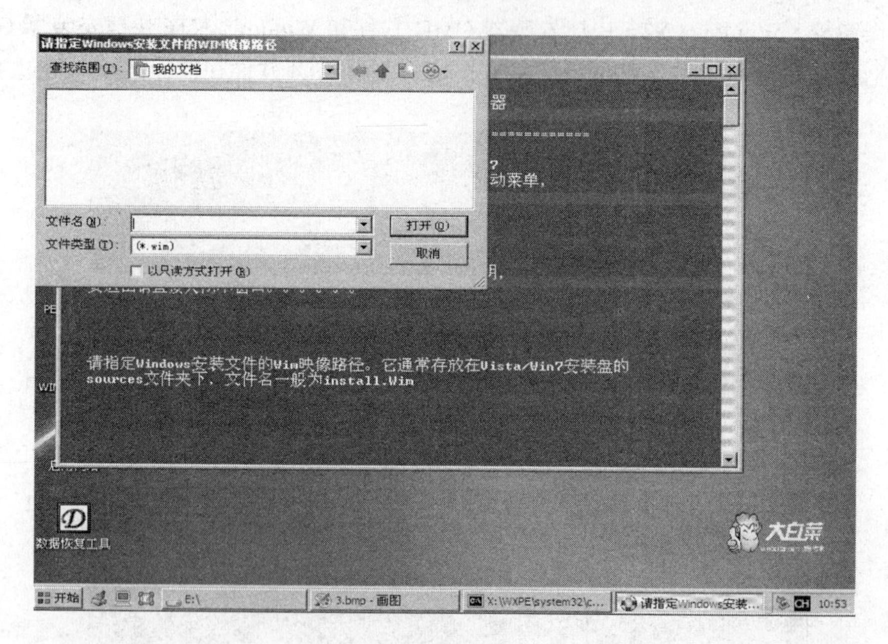

图 5-142

（7）选择 install.wim 文件并打开，该文件一般位于安装文件中的 sources 文件夹下，如图 5-143 所示：

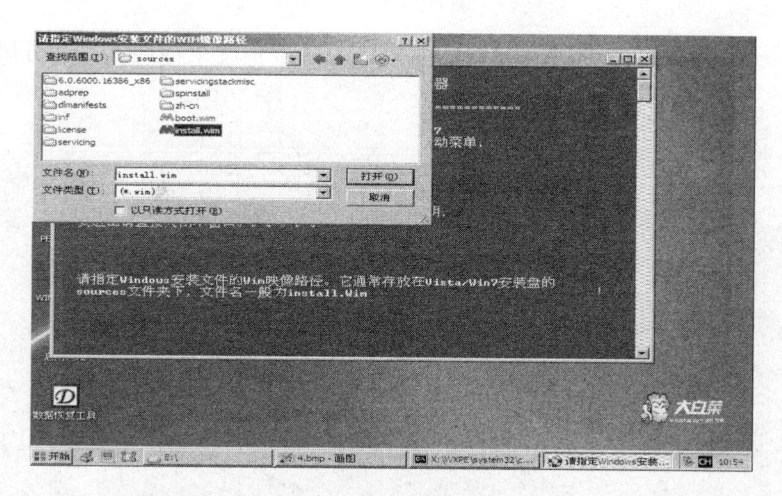

图 5–143

（8）定位文件后，出现如图 5-144 所示提示，由于该 Windows 2008 ISO 文件是多个版本合集，选择 2 安装企业版。

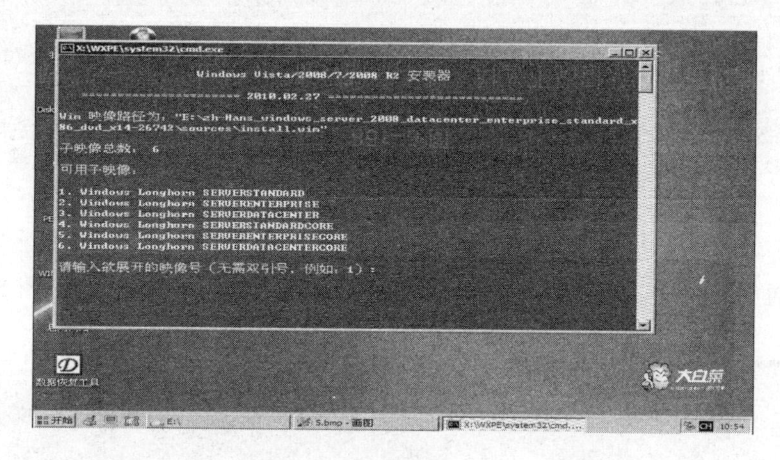

图 5–144

（9）输入需要安装的分区，正常情况是 C 分区，如图 5-145 所示：

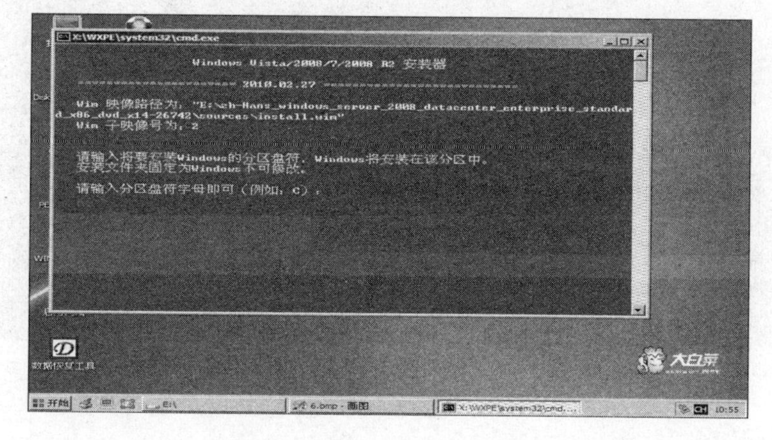

图 5–145

（10）设置安装的分区之后，需要设置活动分区，一般情况下都设置为 C 分区，如图 5-146 所示：

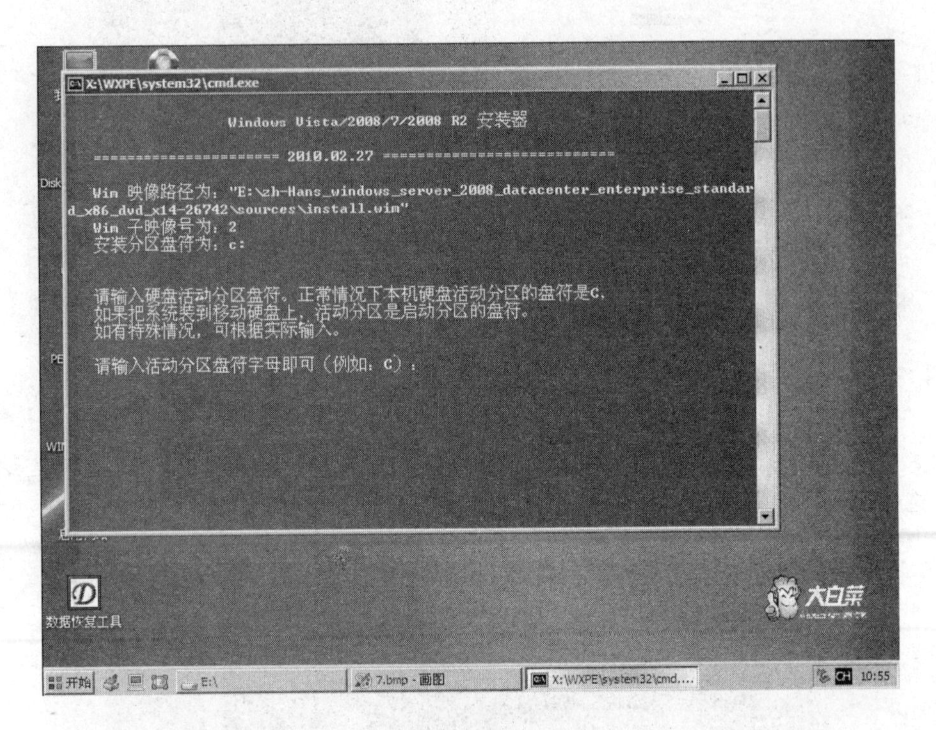

图 5-146

（11）设置完之后，提示 C 分区是否在 USB 或移动硬盘上，输入 N，如图 5-147 所示：

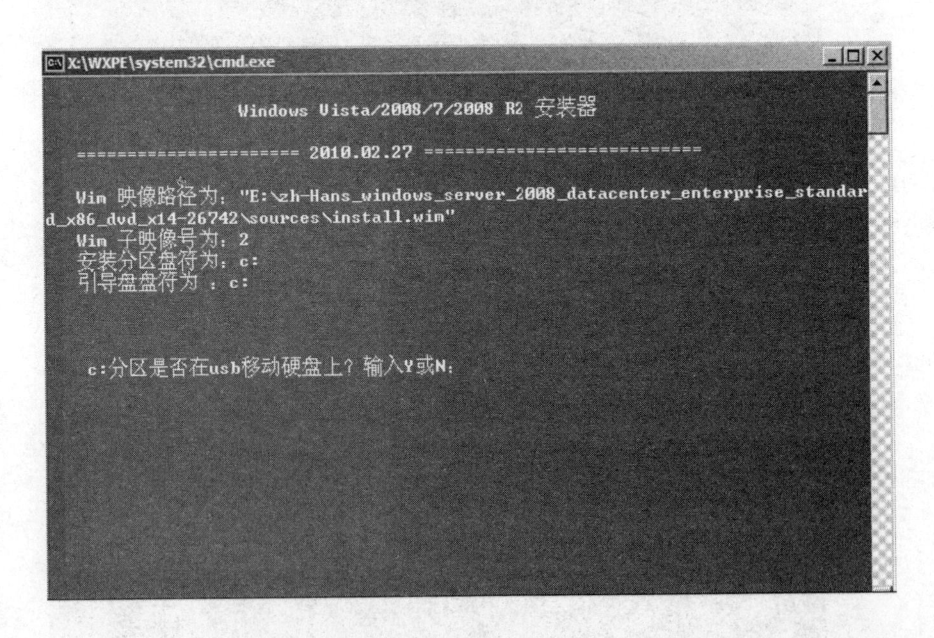

图 5-147

（12）以上的信息全部设置完毕，核对信息，若无问题按回车键继续安装，如图 5-148 所示：

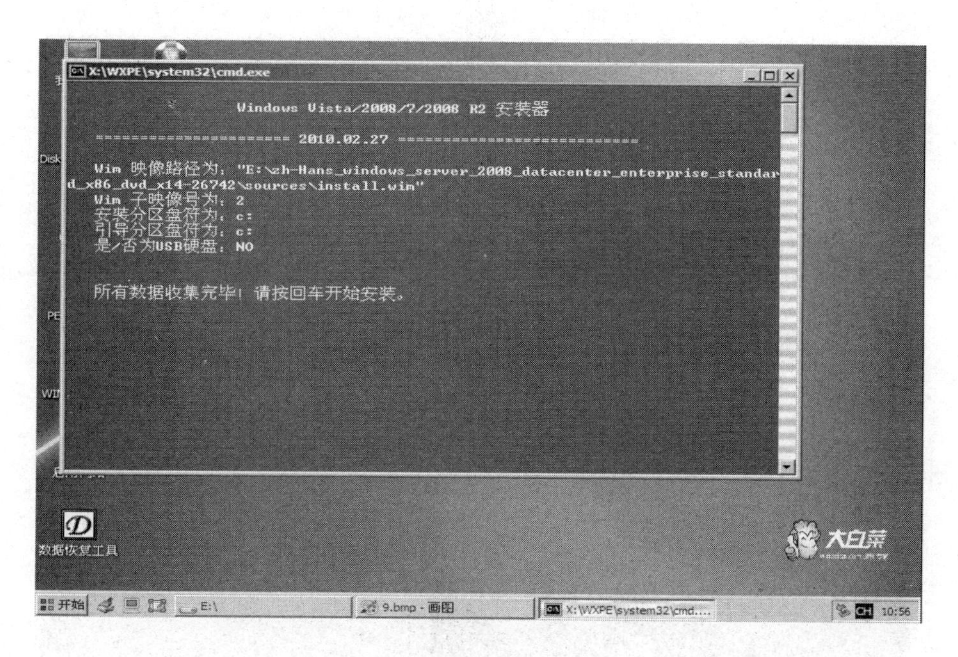

图 5-148

（13）开始将安装文件灌入 C 分区，等待几分钟结束后，手动重启计算机继续安装，如图 5-149 所示：

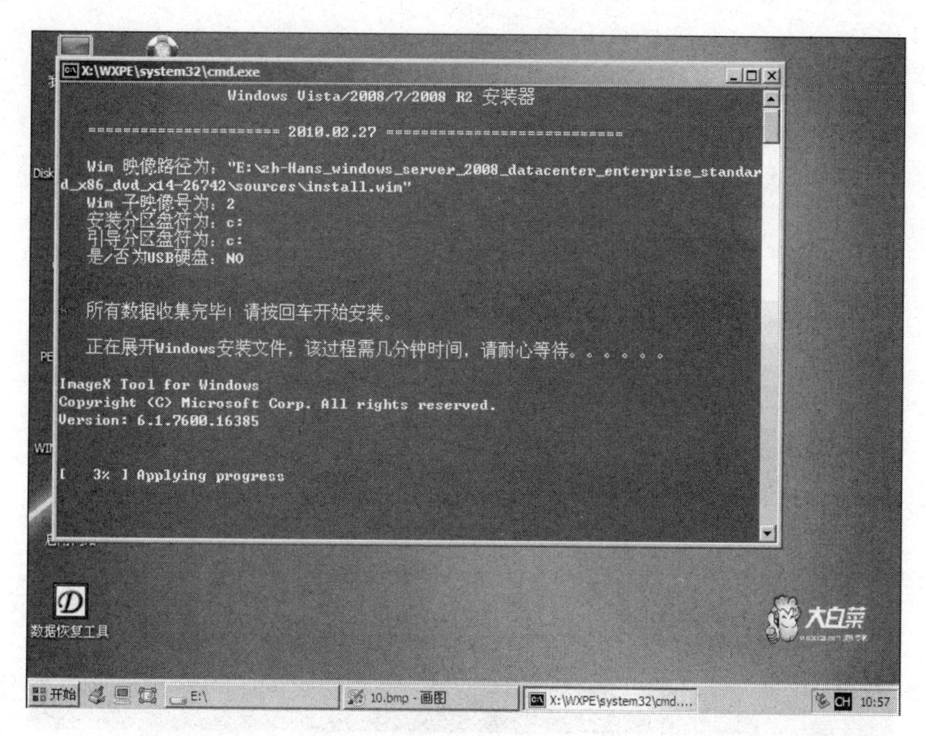

图 5-149

（14）重启后，进入 Windows 2008 的安装界面，如图 5-150 所示。注意：计算机重启需要不能再从 U 盘启动，需要从硬盘启动。

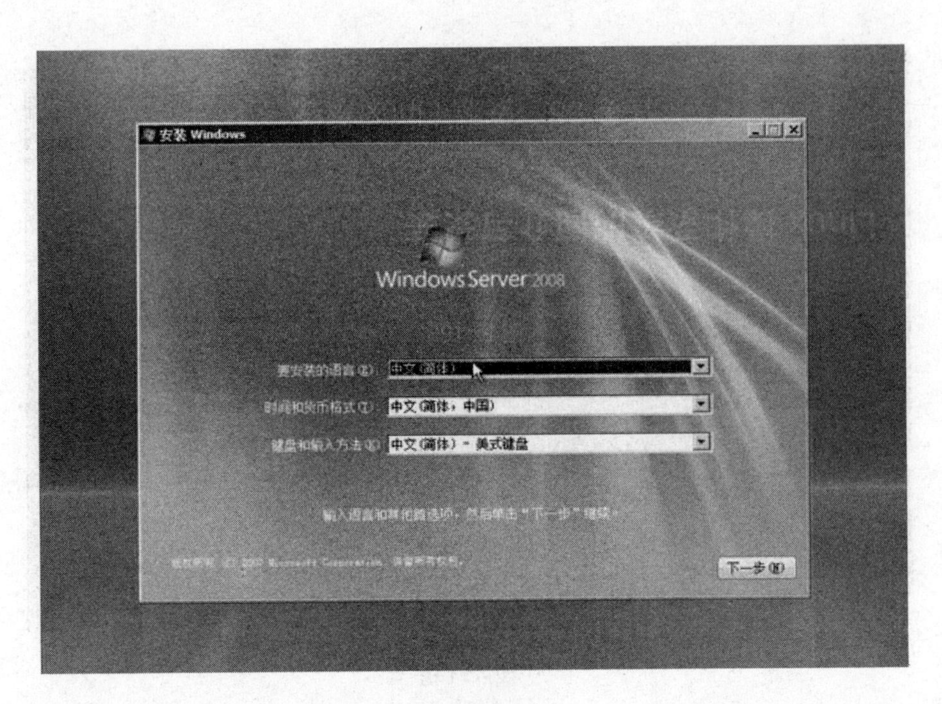

图 5-150

（15）选择安装语言、时间、货币、键盘、输入方法，稍后计算机重新启动继续安装，如图 5-151 所示：

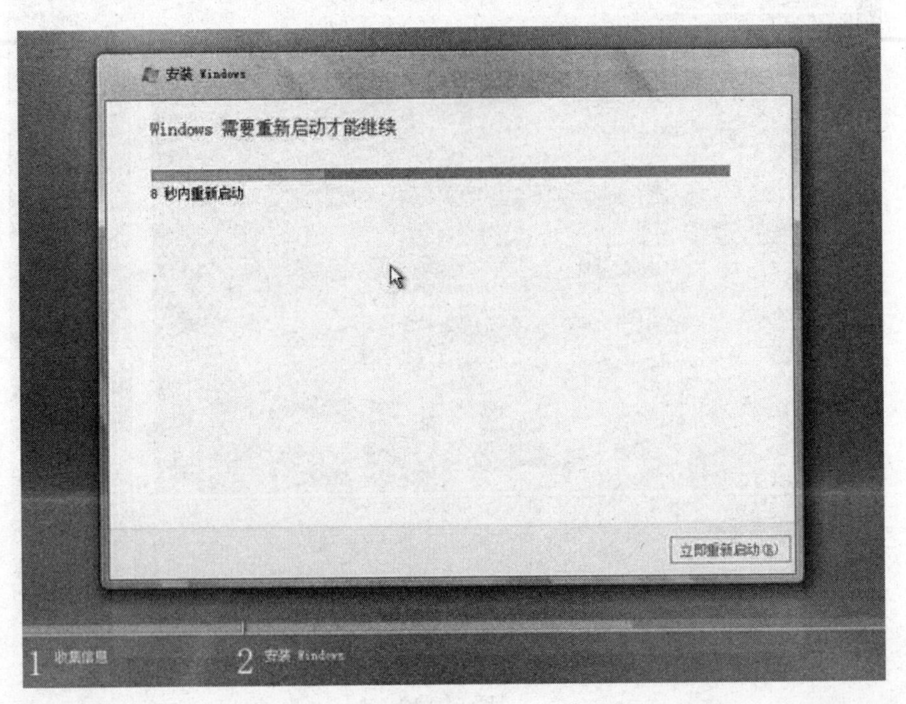

图 5-151

（16）登录 Windows 2008，首次登录必须更改密码。Windows 2008 对设定密码的要求：需要八位以上，还得有大小写混合+数字，比如 Windows 2008（W 要大写），如图 5-152 所示：

图 5-152

（17）稍后就会出现 Windows 2008 桌面，安装完成，如图 5-153 所示：

图 5-153

5.6 Linux 操作系统的简介与安装

任务 35 安装 Linux 系统

1. 理论介绍

Linux 操作系统的安装方法和微软的操作系统安装方法基本类似，但是在安装过程中有一些不一样的地方，特别在分区上面和微软操作系统差距比较大，这可能是习惯所导致的。本部分将详细介绍 Fedora14 操作系统的安装，其他 Linux 操作系统的安装基本一样。

2. 任务目标

掌握 Fedora 14 的安装。

3. 环境和工具

（1）实验环境：Windows XP、VMware 8。
（2）工具及软件：Fedora 14 系统 ISO、启动 U 盘。

4. 操作流程和步骤

（1）将安装 U 盘插入计算机，或者将光盘放入光驱。
（2）设置 BIOS 参数。
（3）出现 Fedora14 的安装界面，如图 5-154 所示：

图 5-154

（4）更改安装语言，Linux 默认的语言是英语。
① 打开“开始”菜单，在 search 中输入 language，如图 5-155 所示：

图 5-155

② 打开语言对话框，定位到“中文（简体）”选项，单击“OK”按钮，如图 5-156 所示：

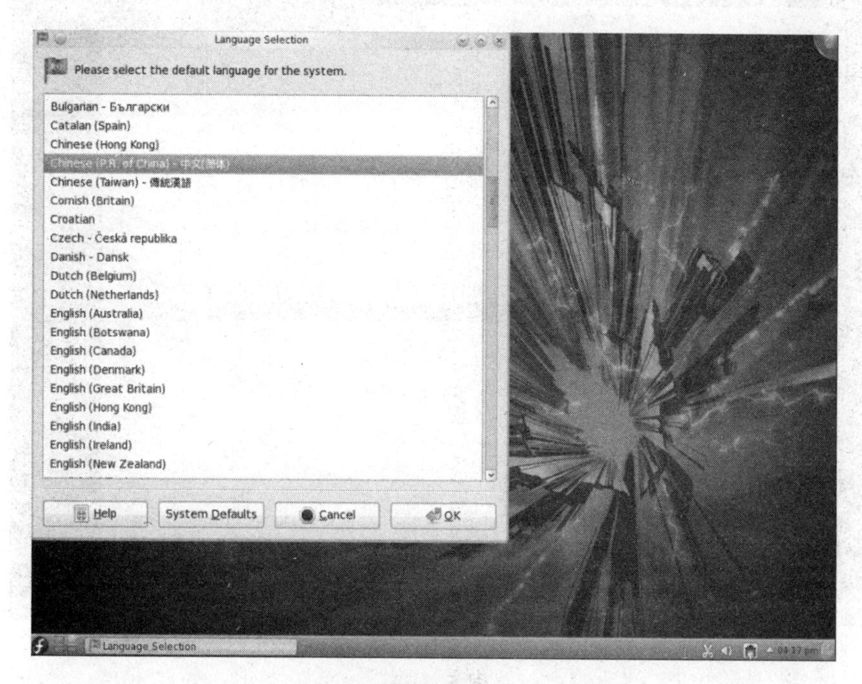

图 5-156

（5）在“桌面文件夹”中双击“安装到硬盘”，运行安装向导，点击“下一步”，如图 5-157 所示：

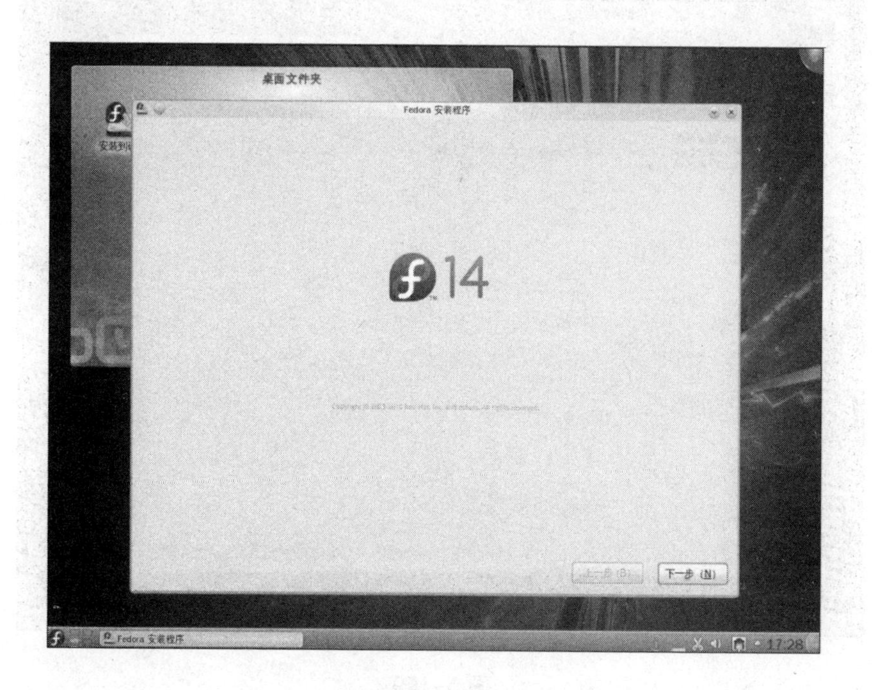

图 5-157

（6）选择键盘为默认，即美国英语式，点击“下一步”，如图 5-158 所示：

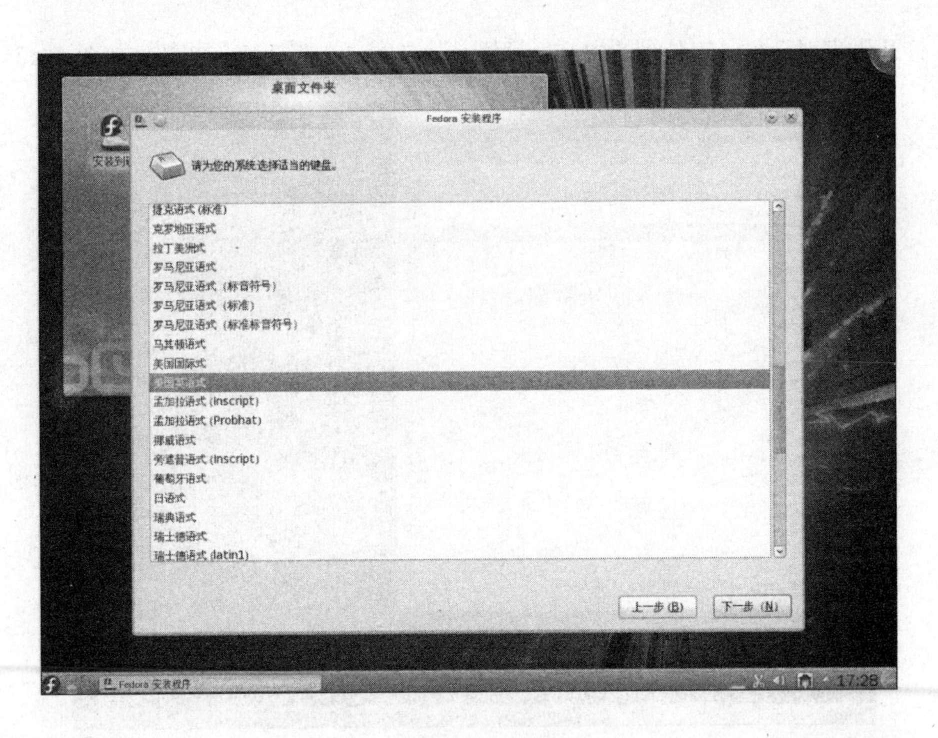

图 5-158

（7）选择存储设备，默认情况下选择“基本存储设备”，点击“下一步”如图 5-159 所示：

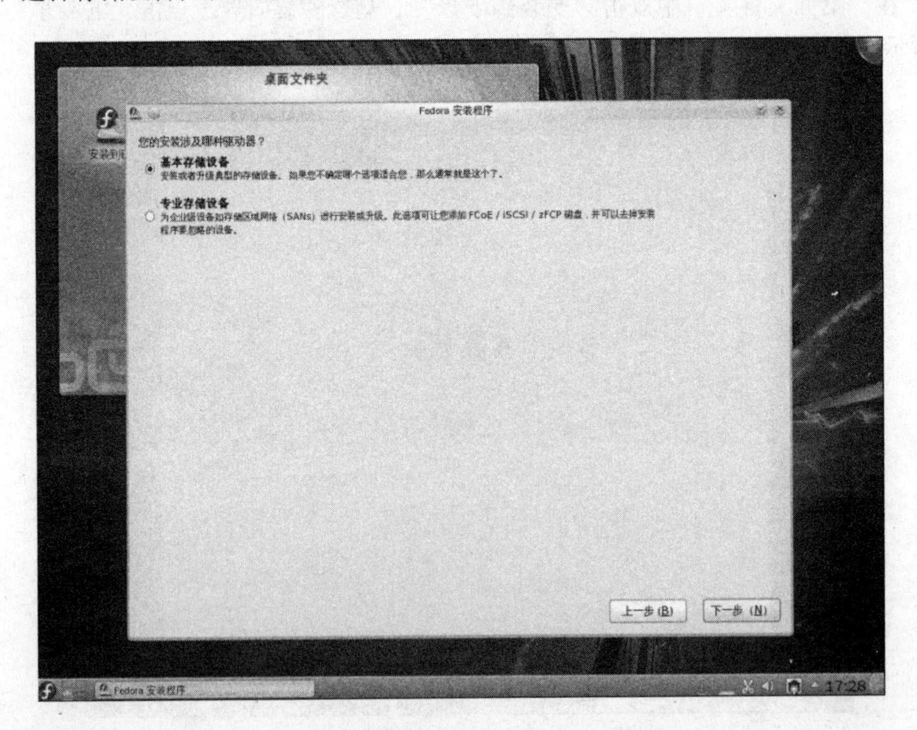

图 5-159

（8）重新初始化设备，初始化相当于格式化操作，如图 5-160 所示：

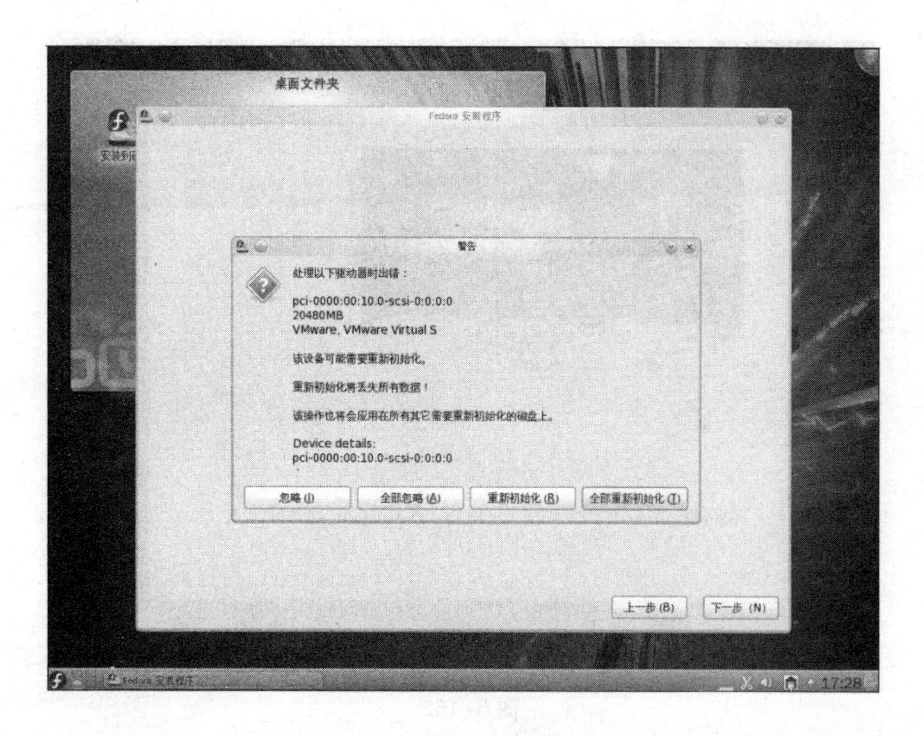

图 5-160

（9）输入主机名，点击“下一步”，如图 5-161 所示：

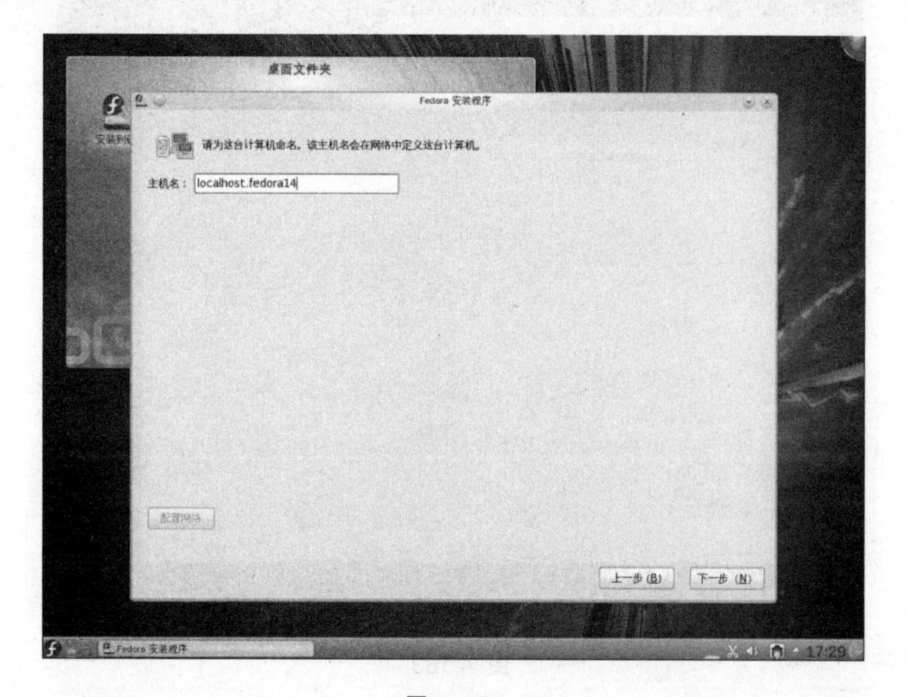

图 5-161

（10）根据提示选择对应的时区（可在地图中点击对应的黄点快速设置），如图 5-162 所示：

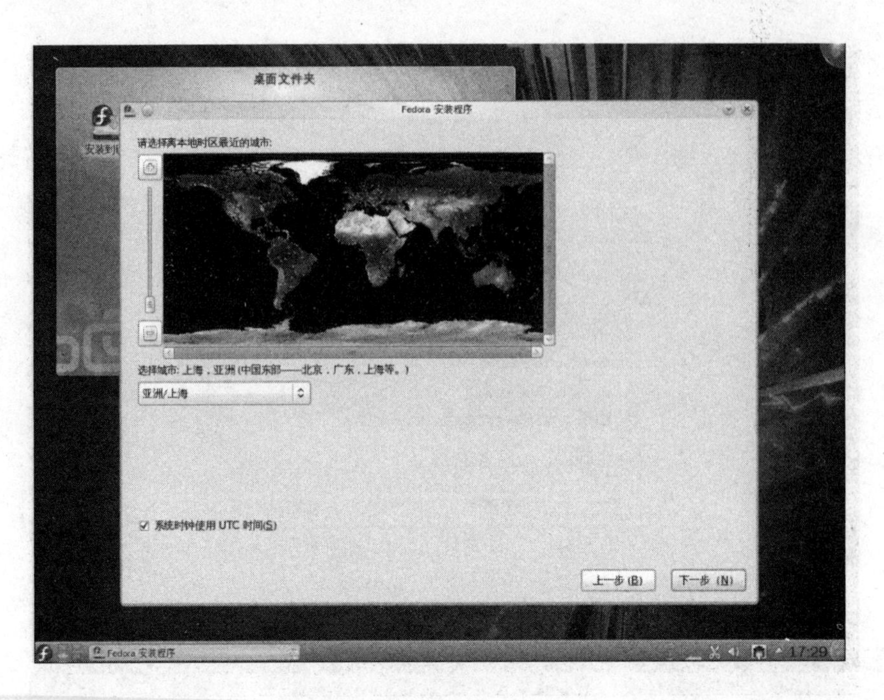

图 5-162

（11）输入 root 用户的密码，密码长度最少 6 位，如图 5-163 所示：

图 5-163

（12）分区设置。

① 可以选择“使用全部空间”自动建立分区结构，为了掌握 Linux 分区的相关知识，我们选择“建立自定义分区结构”，如图 5-164 所示：

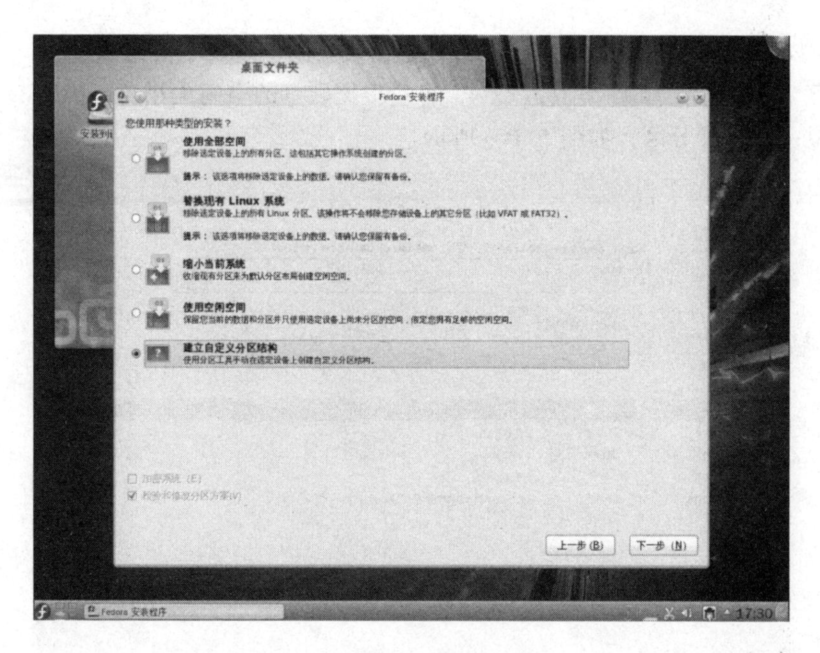

图 5-164

② 选中“标准分区”，然后点击下一步进行分区具体操作。挂载点是必不可少的步骤，一般建立“/”根目录、“/boot”、“/swap”挂载点，如图 5-165 所示。关于挂载点的知识在拓展知识中详细介绍。

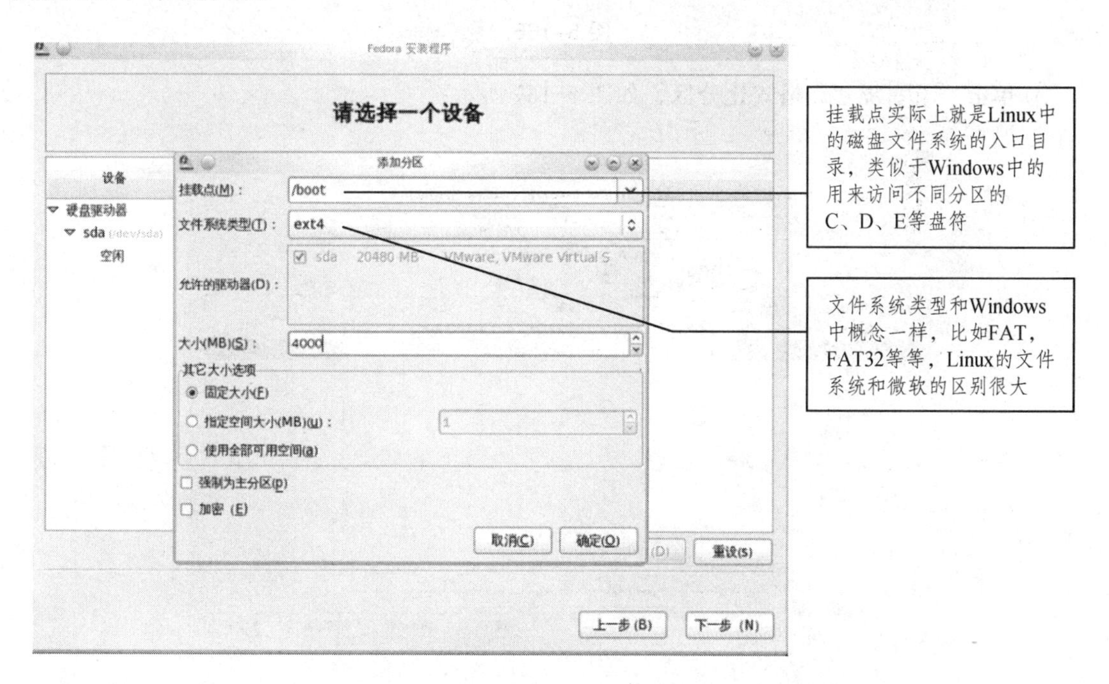

图 5-165

③ 依次建立：

挂载点“/ “，文件类型为 ext4，容量根据硬盘的空间大小自己确定；

挂载点“/boot“，文件类型为 ext4，容量根据硬盘的空间大小自己确定；
交换分区“/swap“，文件类型为 ext4，容量根据硬盘的空间大小自己确定。
最后建立一个扩展分区，如图 5-166 所示。

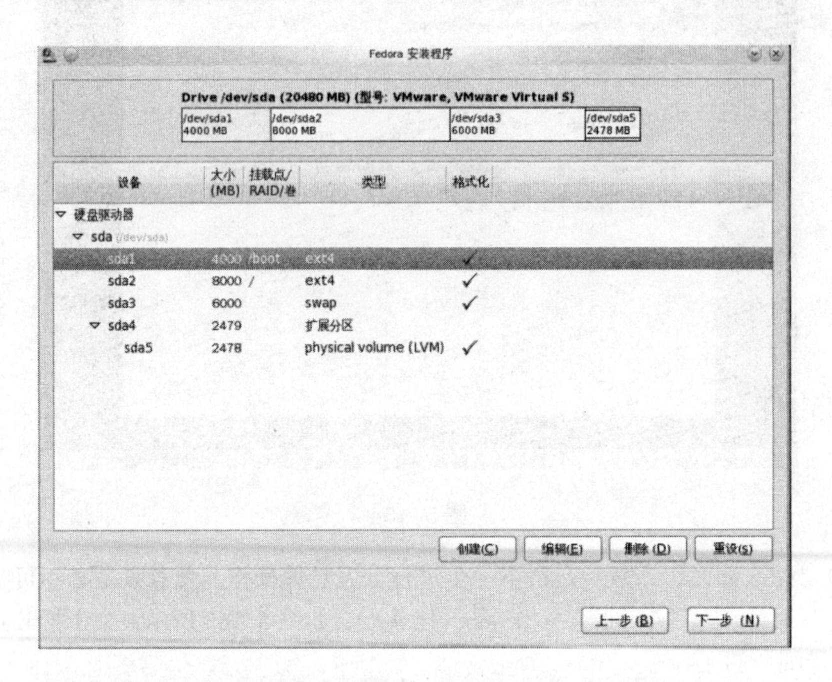

图 5-166

④ 单击“下一步“，格式化分区，如图 5-167 所示：

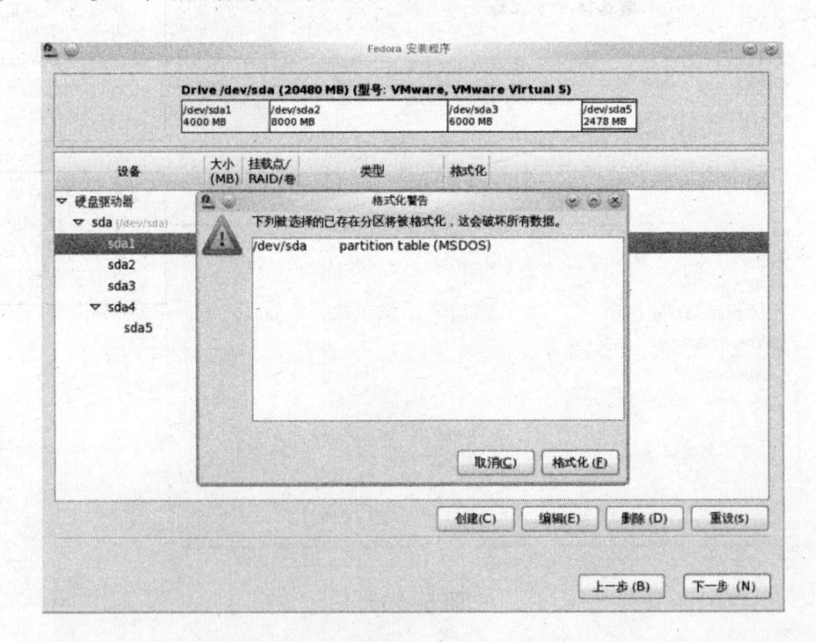

图 5-167

⑤ 单击“格式化”按钮，选择 “将修改写入磁盘（W）”完成格式化，如图 5-168 所示：

图 5-168

（13）单击“下一步”，进行安装，如图 5-169 所示：

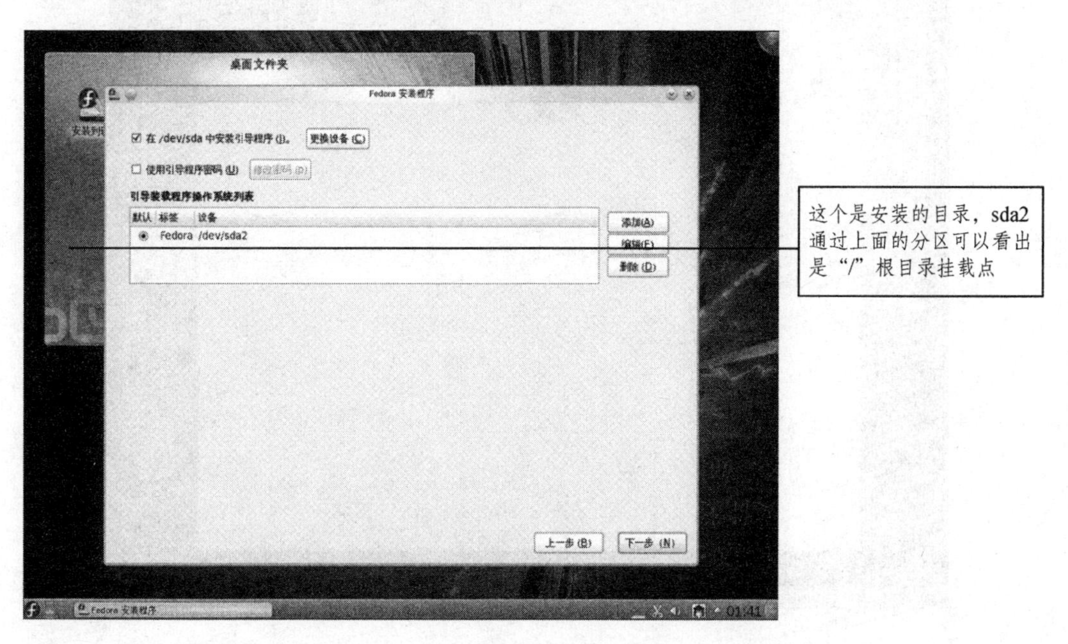

图 5-169

（14）选择默认设置，继续安装，如图 5-170 所示：

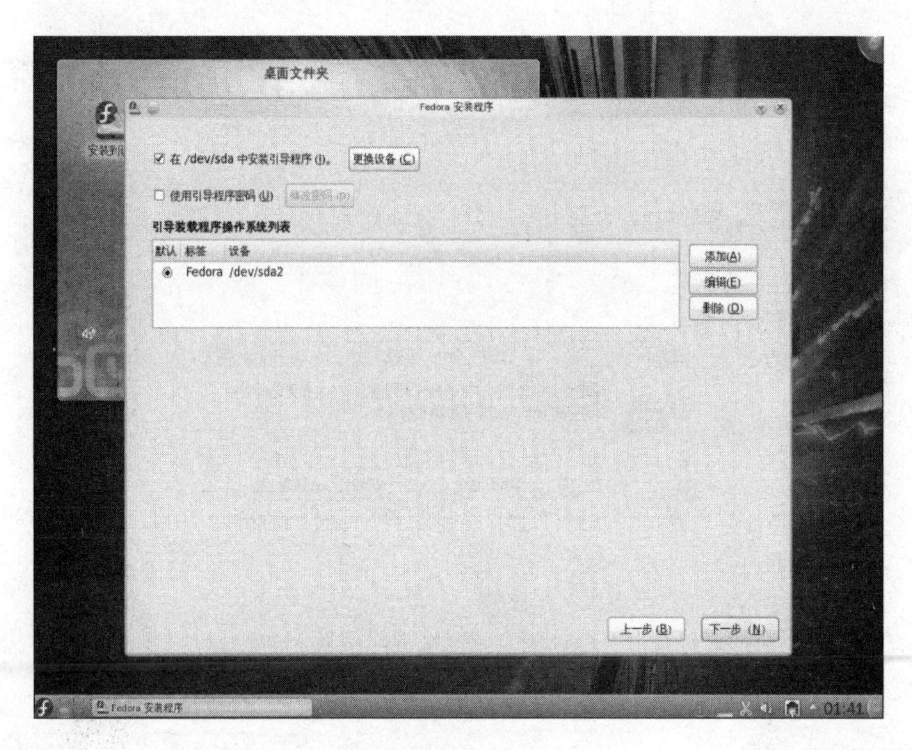

图 5-170

（15）开始安装，等待直到结束，如图 5-171 所示：

图 5-171

（16）上个过程结束后，提示重新启动，安装完毕，如图 5-172 所示：

图 5-172

（17）Fedora 安装完毕，需要重启进入进行首次配置，按照向导进行配置。

① 许可证信息提示，如图 5-173 所示：

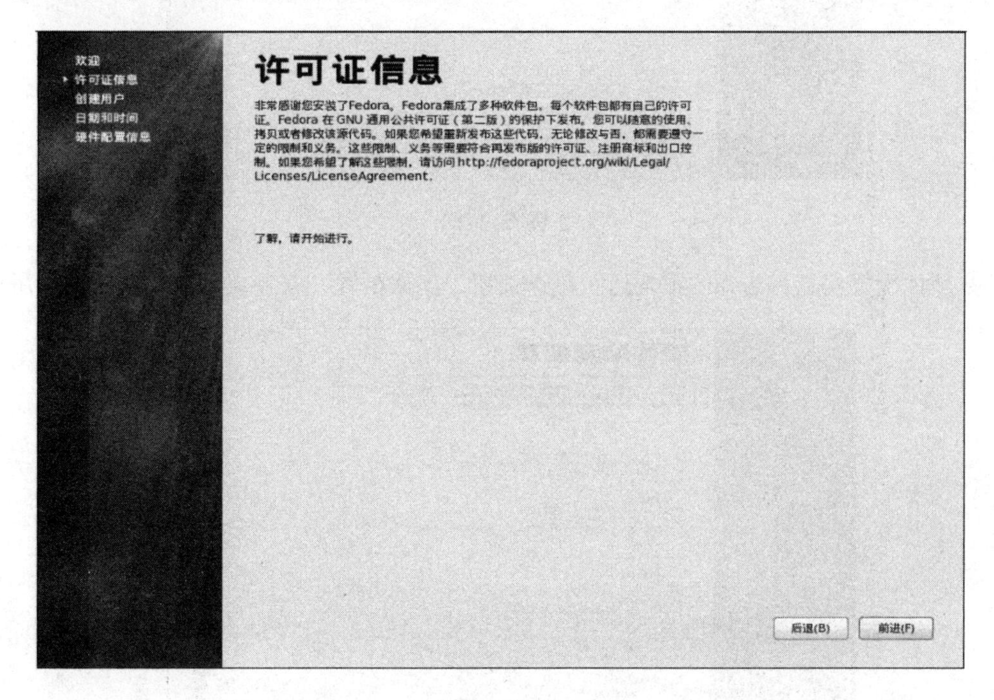

图 5-173

② 创建用户，如图 5-174 所示：

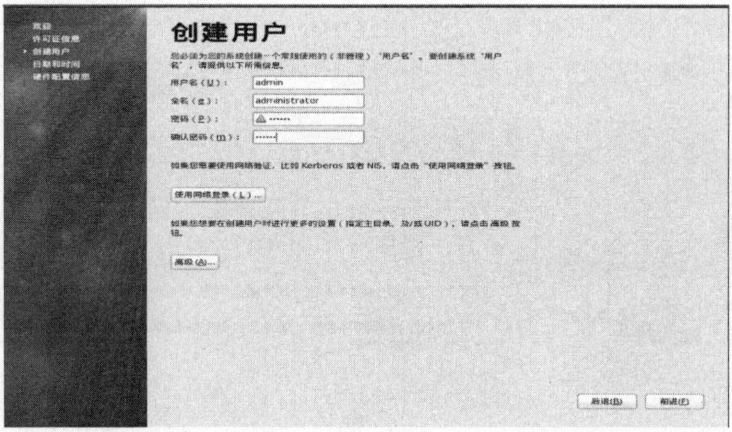

图 5-174

③ 日期和时间，如图 5-175 所示：

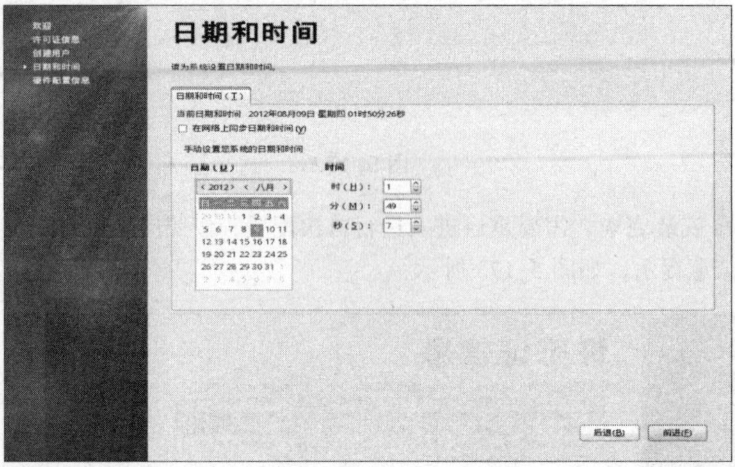

图 5-175

④ 硬件配置信息，选择“不发送”单选按钮，完成配置，安装成功，如图 5-176 所示：

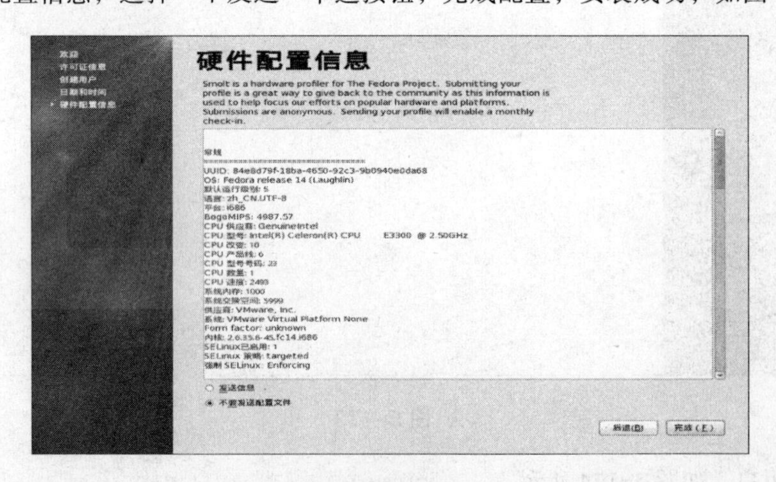

图 5-176

5. 拓展知识

1）挂载点

Linux、Unix 这类操作系统将系统中的一切都作为文件来管理。在 Windows 中我们常见的硬件设备、磁盘分区等，在 Linux、UNIX 中都被视作文件，对设备、分区的访问就是读写对应的文件。 挂载点实际上就是 Linux 中的磁盘文件系统的入口目录，类似于 Windows 中的用来访问不同分区的 C、D、E 等盘符。其实 Windows XP 也支持将一个磁盘分区挂在一个文件夹下面，只是我们对 C、D 这样的盘符操作用惯了，一般没有将分区挂到文件夹下。

2）挂载点种类

/ 根目录

唯一必须挂载的目录。不要有任何的犹豫，选一个分区，挂载它！（在绝大多数情况下，有 10G 的容量应该是够用了。当然了，很多东西都是多多益善的）

/boot

它包含了操作系统的内核和在启动系统过程中所要用到的文件，建这个分区是有必要的，因为目前大多数的 PC 机要受到 BIOS 的限制，况且如果有了一个单独的/boot 启动分区，即使主要的根分区出现问题，计算机依然能够启动。这个分区的大小为 60~120 MB。

/home

这是用户的 home 目录所在地，这个分区的大小取决于有多少用户。如果是多用户共同使用一台计算机的话，这个分区是完全有必要的，况且根用户也可以很好地控制普通用户使用计算机，如对用户或者用户组实行硬盘限量使用、限制普通用户访问哪些文件等。

/tmp

用来存放临时文件。这对于多用户系统或者网络服务器来说是有必要的。这样即使程序运行时生成大量的临时文件，或者用户对系统进行了错误的操作，文件系统的其他部分仍然是安全的。因为文件系统的这一部分仍然还承受着读写操作，所以它通常会比其他的部分更快地发生问题。

/usr

应用程序目录。大部分的软件都安装在这里，就像是 Windows 里面的 Program Files。

/var

日志文件，经常会变动，硬盘读写率高的文件放在此挂载点。

/srv

一些服务启动之后，这些服务所需要取用的资料目录。在文件系统这一环节中，建议您选择 ReiserFS 和 Ext3。

/opt

存放可选的安装文件，一般把自己下载的软件存在里面，比如永中 Office、LumaQQ 等等。

/swap

交换分区，可能不是必需的，不过按照传统，并且照顾到您的安全感，还是挂载它吧。它的容量只要大于您的物理内存就可以了，如果超过了您物理内存两倍的容量，那绝对是一种浪费。

任务 36　安装 Android 系统

1. 理论介绍

Android 操作系统的安装方法和微软的操作系统安装方法基本类似，但是在安装过程中有一些不一样的地方。不一样的地方同样在分区上，Android 操作系统的分区比较简单，比 Linux 分区容易理解。本部分将详细介绍 Android_X86_4.0_RC2 操作系统的安装。本任务使用之前制作的 U 盘安装盘进行制作，由于 Android 操作系统比较小，安装速度比较快。

2. 任务目标

掌握 Android_X86_4.0_RC2 的安装。

3. 环境和工具

（1）实验环境：Windows XP、VMware 8。

（2）工具及软件：Android_X86_4.0_RC2 安装 U 盘。

4. 操作流程和步骤

（1）将安装 U 盘插入计算机，设置 BIOS 参数。

（2）出现 U 盘安装界面，如图 5-177 所示：

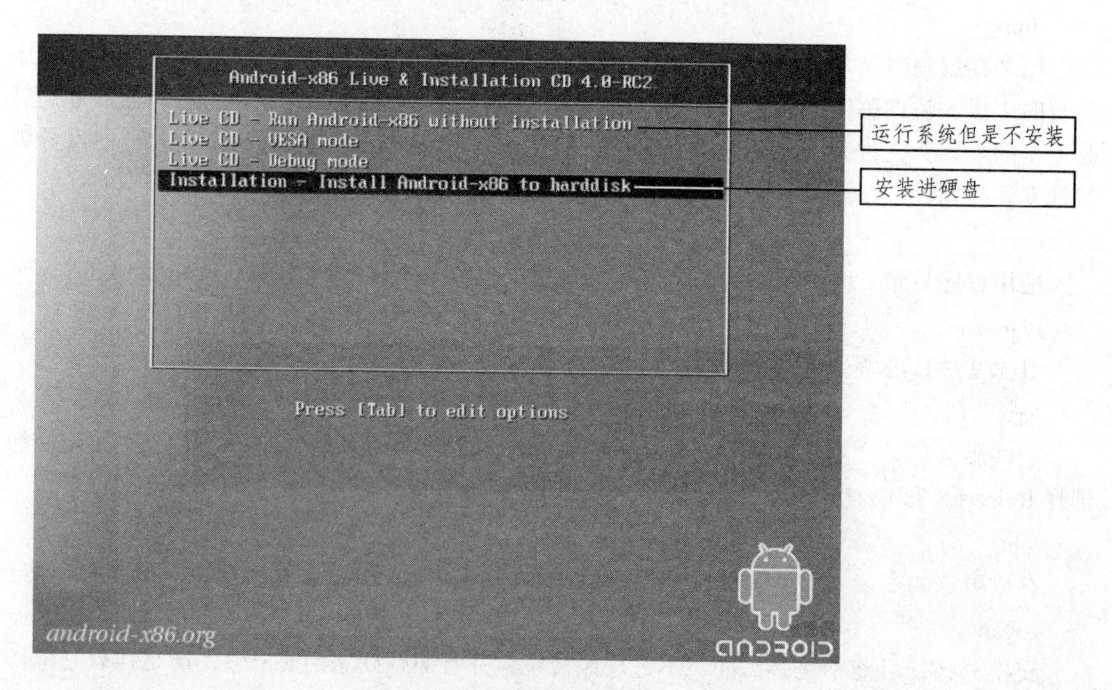

图 5-177

（3）选择“Installation-Install Android-x86 to harddisk”，然后出现如图 5-178 所示界面：

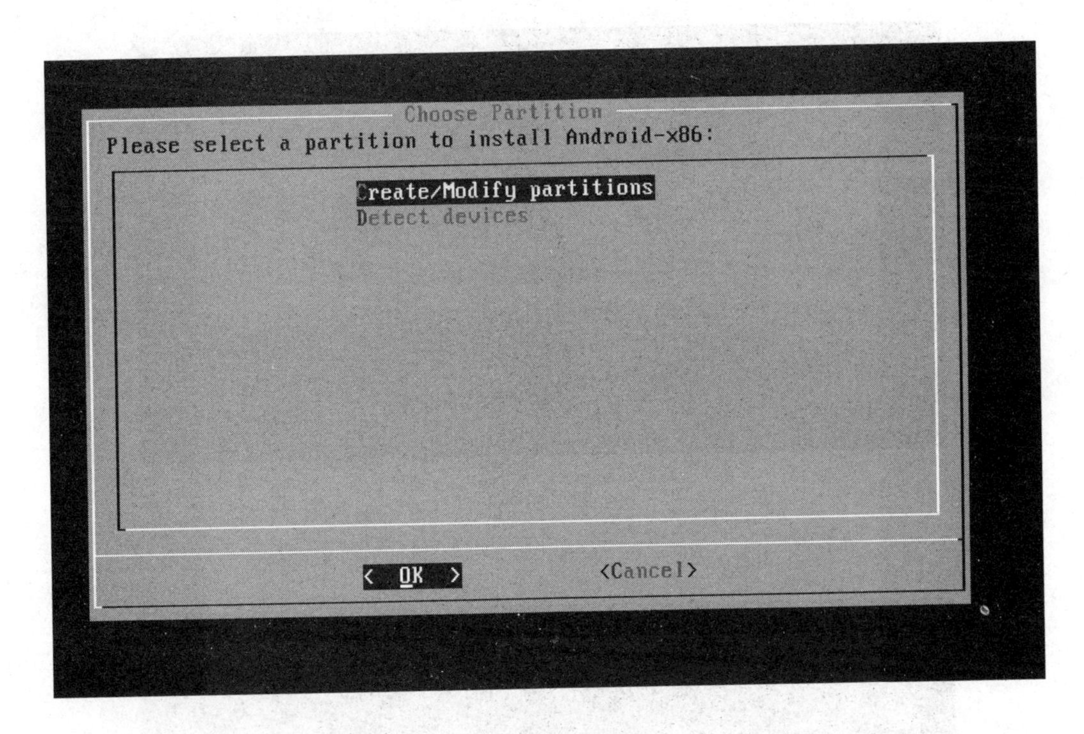

图 5-178

（4）创建分区。

① 选择“Create/Modify partitions”选项，创建分区，出现如图 5-179 所示画面：

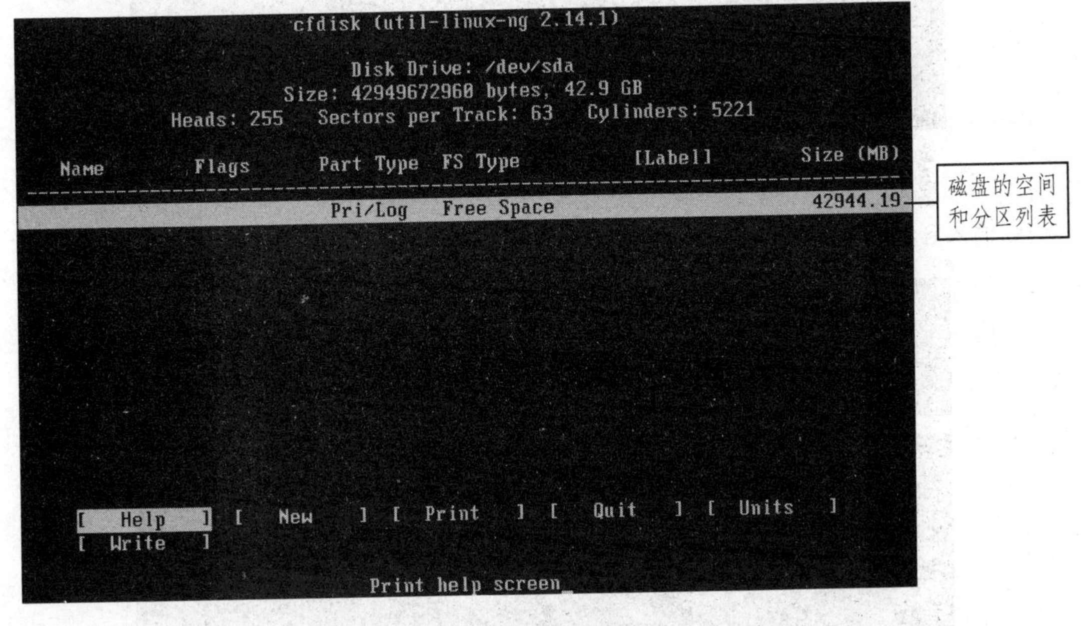

图 5-179

② 选择“NEW”创建分区，选择“primary”创建主分区，系统最多建立四个主分区，如图 5-180 所示：

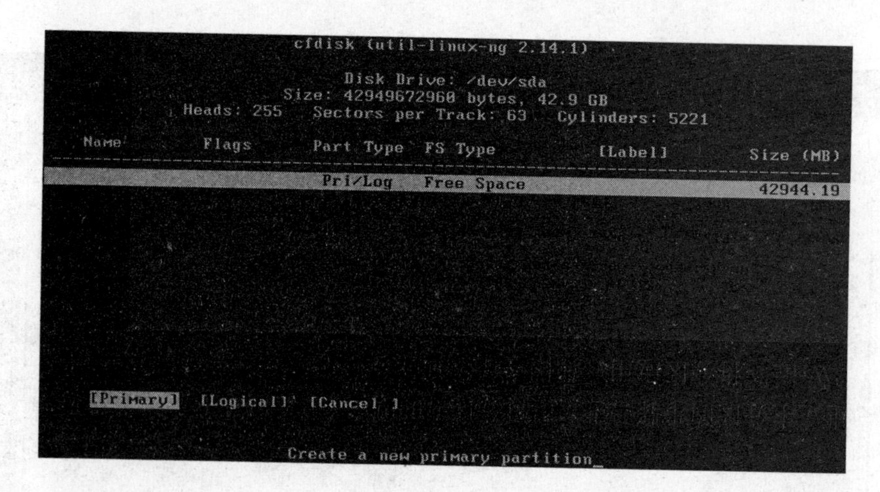

图 5-180

③ 输入主分区的容量大小，如图 5-181 所示：

```
cfdisk (util-linux-ng 2.14.1)

Disk Drive: /dev/sda
Size: 42949672960 bytes, 42.9 GB
Heads: 255   Sectors per Track: 63   Cylinders: 5221

Name      Flags      Part Type  FS Type      [Label]      Size (MB)
------------------------------------------------------------------
                     Pri/Log    Free Space                 42944.19

Size (in MB): 42944.19
```

图 5-181

④ 输入容量后，选择“Beginning”确认分区，如图 5-182 所示：

```
cfdisk (util-linux-ng 2.14.1)

Disk Drive: /dev/sda
Size: 42949672960 bytes, 42.9 GB
Heads: 255   Sectors per Track: 63   Cylinders: 5221

Name      Flags      Part Type  FS Type      [Label]      Size (MB)
------------------------------------------------------------------
                     Pri/Log    Free Space                 42944.19

[Beginning] [  End  ] [ Cancel ]

Add partition at beginning of free space
```

图 5-182

⑤ 建立分区后，选择“Bootable”设置刚才建立的主分区为活动分区，如图 5-183 所示：

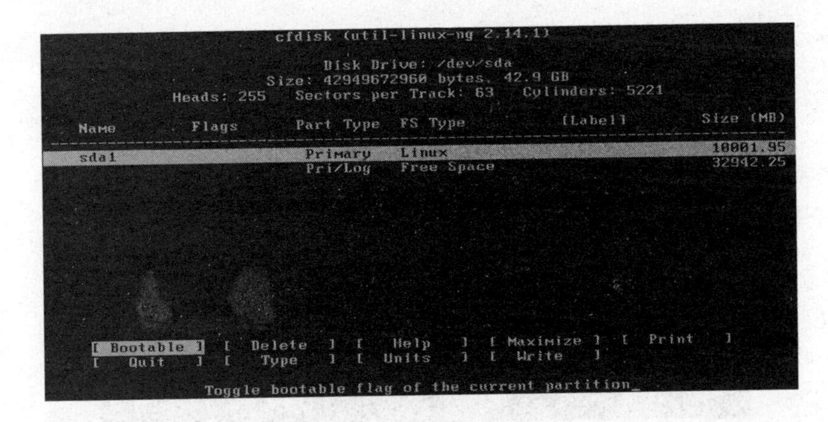

图 5-183

⑥ 将光标定位到 Free Space，继续在剩余空间中建立逻辑分区，如图 5-184 所示：

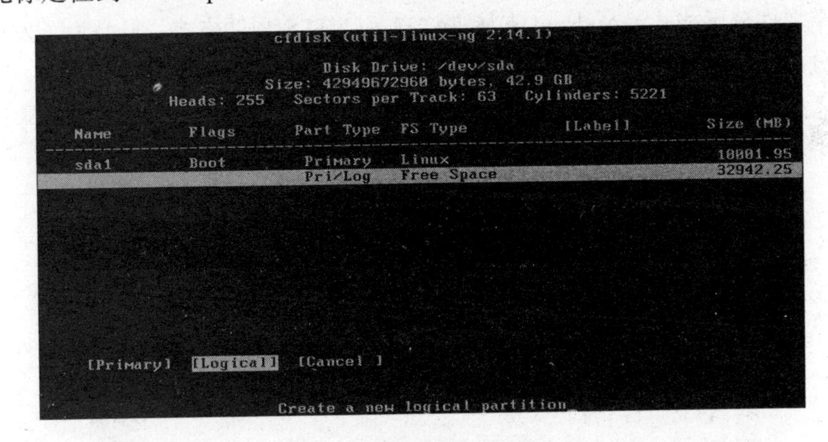

图 5-184

⑦ 依照建立主分区的步骤，建立逻辑分区（可以多个），但是不需要设置为“Bootable”，设置完成后“Write”将分区应用，如图 5-185 所示：

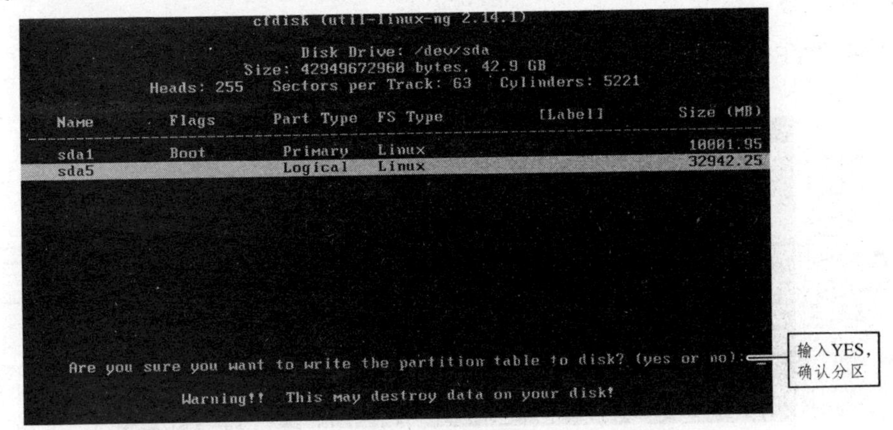

图 5-185

（5）返回主界面，选择刚刚建立的主分区作为安装目录，如图 5-186 所示：

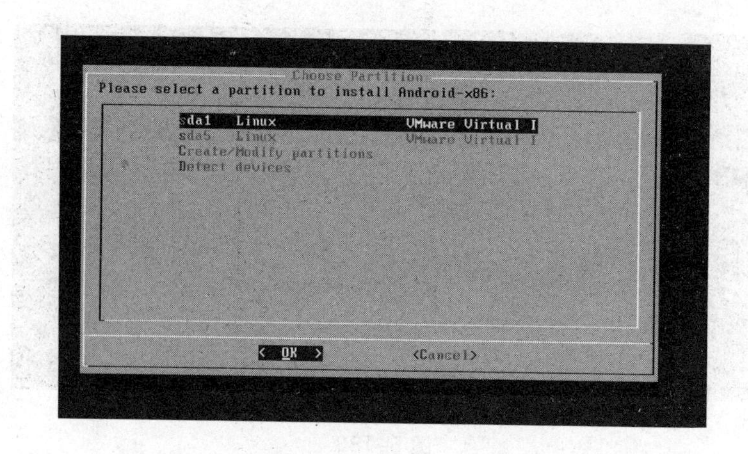

图 5-186

（6）选择文件分区格式，Android 支持 FAT32 和 NTFS 文件格式，但是为了发挥性能，尽量选择其他分区格式，如图 5-187 所示：

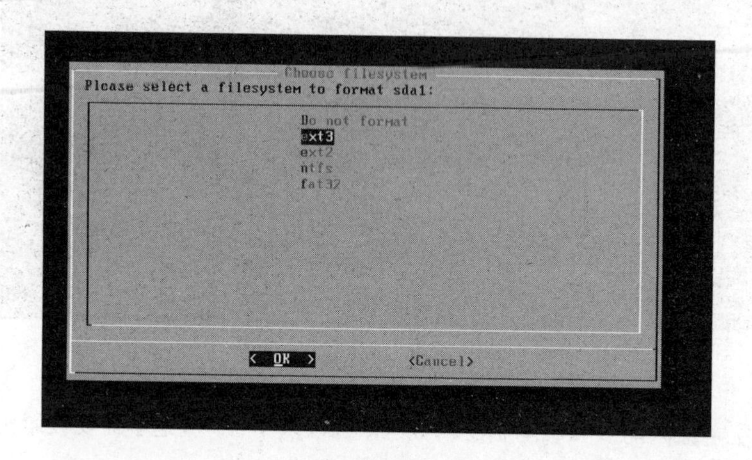

图 5-187

（7）选择“YES”，确认以上操作，如图 5-188 所示：

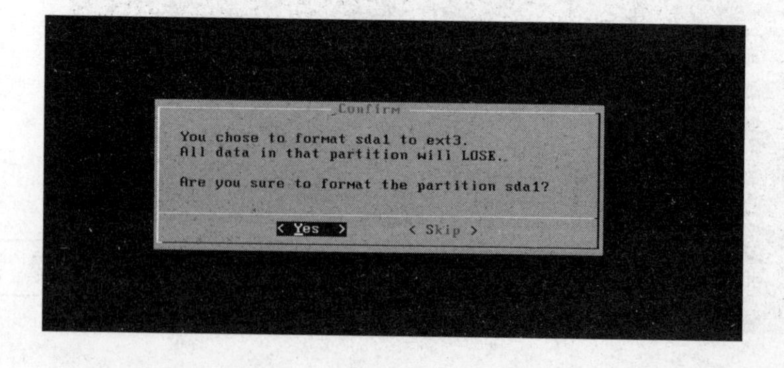

图 5-188

（8）对分区进行格式化，如图 5-189 所示：

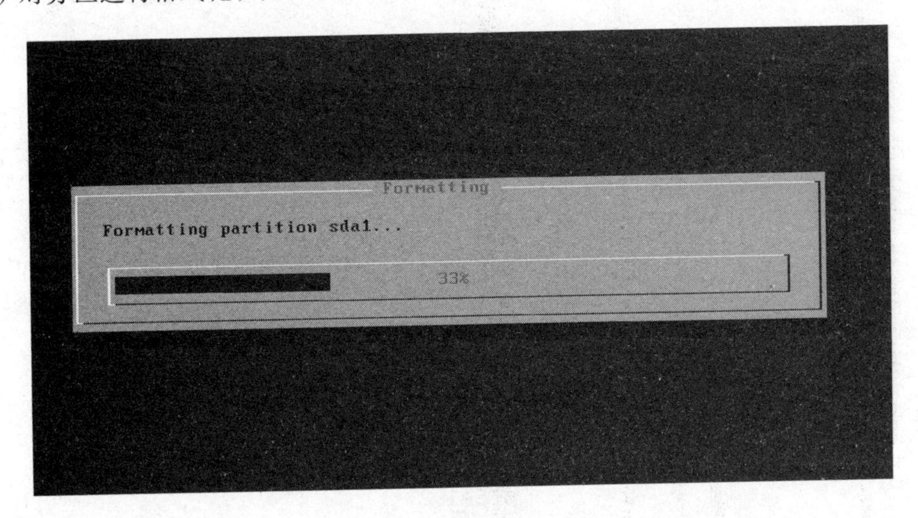

图 5-189

（9）选择“YES”，安装 GRUB 引导，如图 5-190 所示。

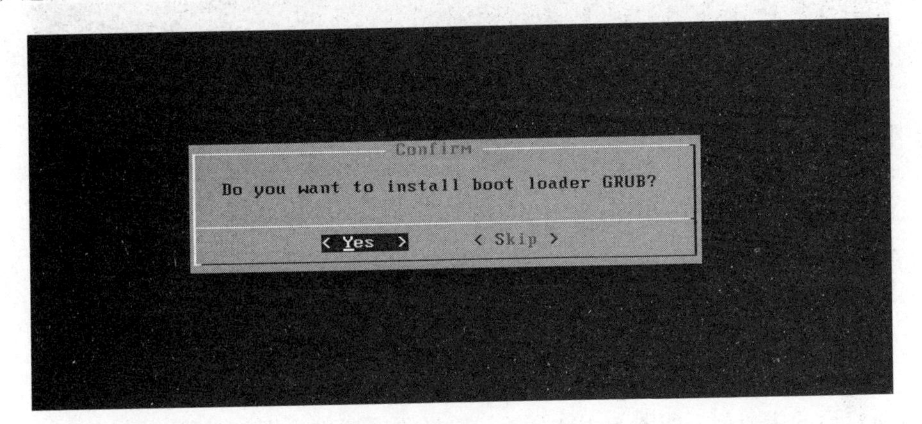

图 5-190

（10）安装目录是否可读写，这个选择“YES”和“NO”都可以，如图 5-191 所示：

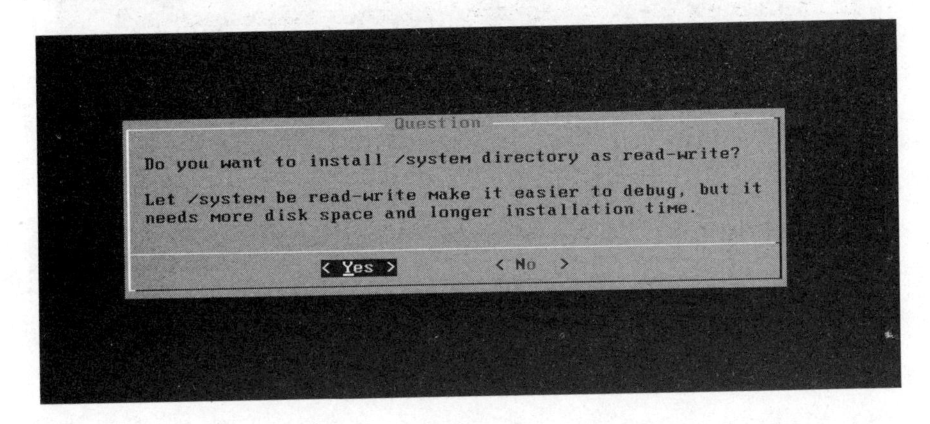

图 5-191

（11）开始安装操作系统，如图 5-192 所示，由于 Android 操作系统很小，故很快就可以结束。

图 5-192

（12）安装完成，重启计算机，如图 5-193 所示：

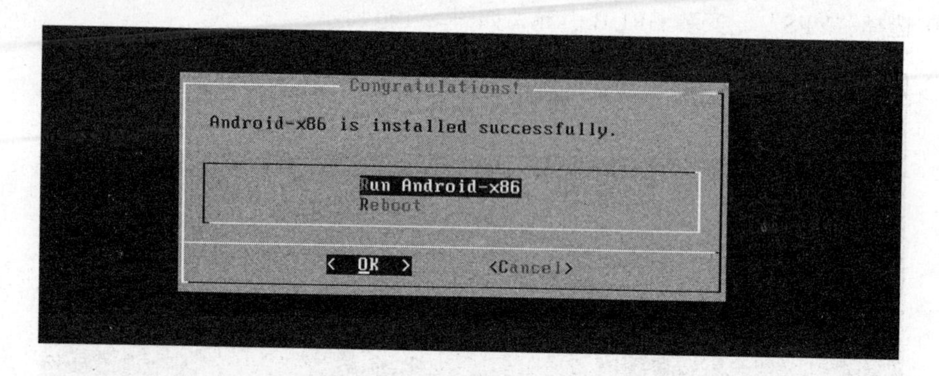

图 5-193

（13）重启后的主界面，如图 5-194 所示，选择第一项进入操作系统，第二项是调试模式。

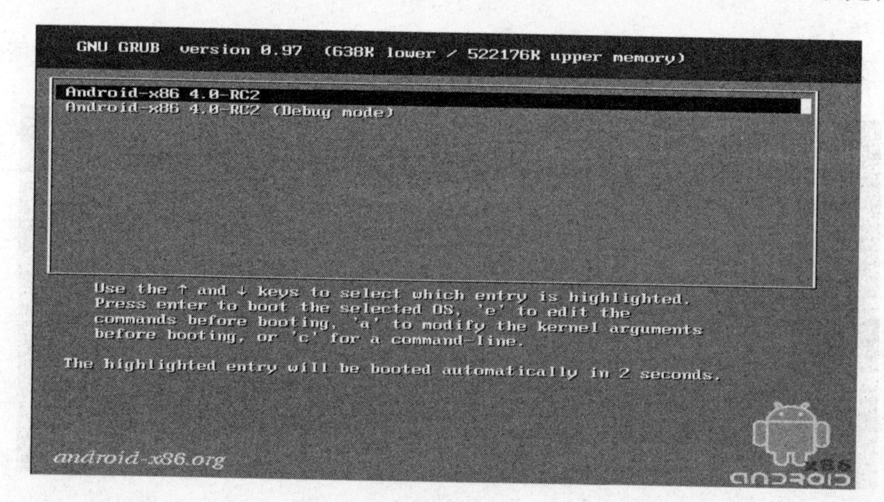

图 5-194

（14）启动后显示如图 5-195 所示的 Android 操作系统的主界面，安装成功。

图 5-195

5.7　Windows 8.1 的简介与安装

任务 37　Windows 8.1 x64 纯净版安装

1. 理论知识点

Windows 8.1 是微软于北京时间 2013 年 10 月 17 日晚上 7 点正式发布的，是由 Windows 8 升级而来，它具有承上启下的作用，也是为 Windows 10 铺路的。Windows 8.1 主要包括 Windows 8.1 核心版、Windows 8.1 Pro 专业版、Windows 8.1 Enterprise 企业版和 Windows RT 8.1 ARM 终端版，各版本都提供 32 位和 64 位两种架构。Windows 8.1 主流支持服务过期时间为 2018 年 1 月 9 日，扩展支持服务过期时间为 2023 年 1 月 10 日。

随着硬盘容量的不断增大，传统的 MBR 模式的磁盘已不能支持 2T 以上的硬盘空间了，GPT 模式磁盘逐渐被广泛使用，同时 UEFI 架构启动技术逐步成熟，在多个方面体现出其优越性。在本任务中，我们将采用 UEFI+GPT 的模式安装 Windows 8.1 操作系统。关于 UEFI 的知识请参见 3.5.3 节，关于 GPT 磁盘的知识请参见 3.3 节。

2. 任务目标

熟练掌握 Windows 8.1 的基本知识及系统安装过程。

3. 环境和工具

（1）实验环境：Windows 7、VMware 12。

（2）工具及软件：Windows 8.1 x64 纯净版系统光盘 ISO 文件。

4. 操作流程和步骤

（1）打开 VMware 12，新建一个 Windows 8 x64 虚拟机，如图 5-196 所示：

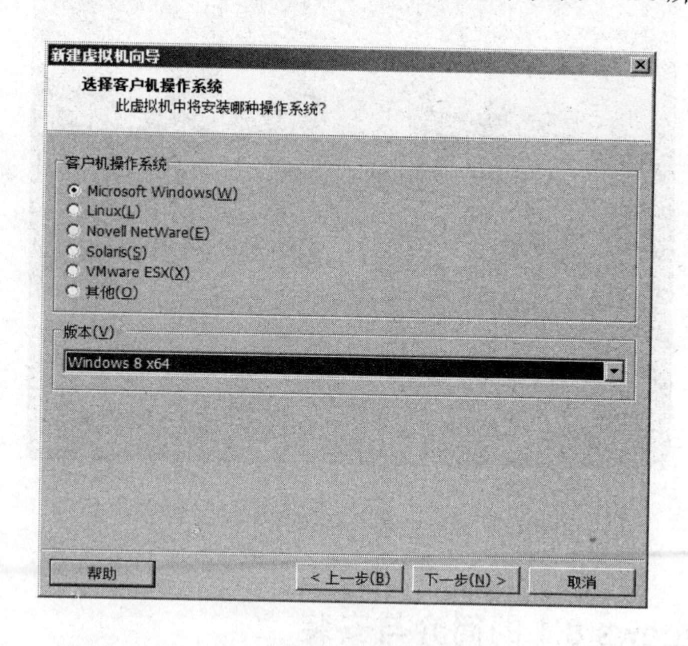

图 5-196

（2）单击“下一步”，选择 Windows 8 虚拟机的存放位置，根据磁盘的实际存储情况，自行决定，如图 5-197 所示：

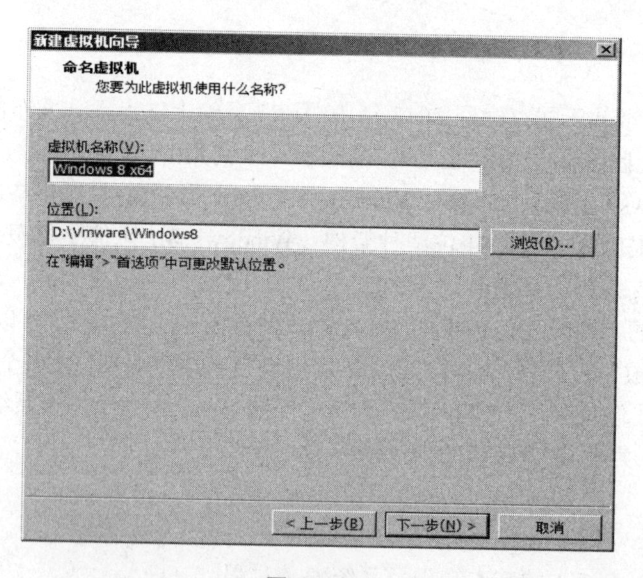

图 5-197

（3）继续单击下一步，选择虚拟机系统固件引导类型，这里选择 EFI，固件类型的选择会决定你用于启动系统安装程序的引导盘的类型，同时也决定了后面环节中的硬盘分区模式，如图 5-198 所示：

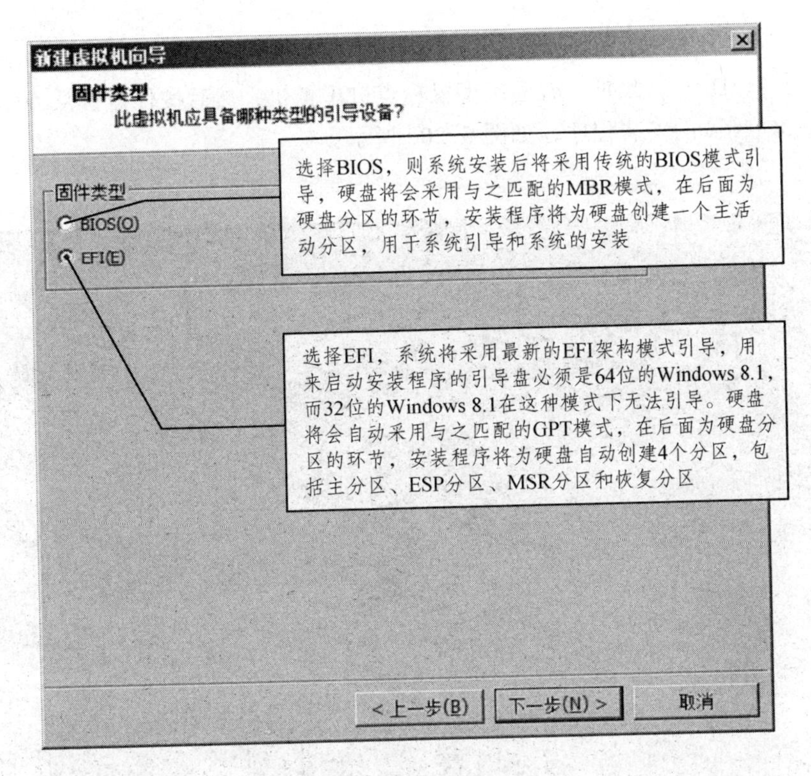

图 5-198

（4）后面的环节和之前建立虚拟机的过程完全一样，依次单击下一步即可，此处不再赘述。

（5）虚拟机建好以后，在 VMware 中打开“虚拟机”→“可移动设备”→“CD/DVD”→“设置”菜单项，为虚拟光驱加载 Windows 8.1 x64 系统光盘 ISO 文件，该文件可事先在网上下载到本地磁盘，如图 5-199 所示：

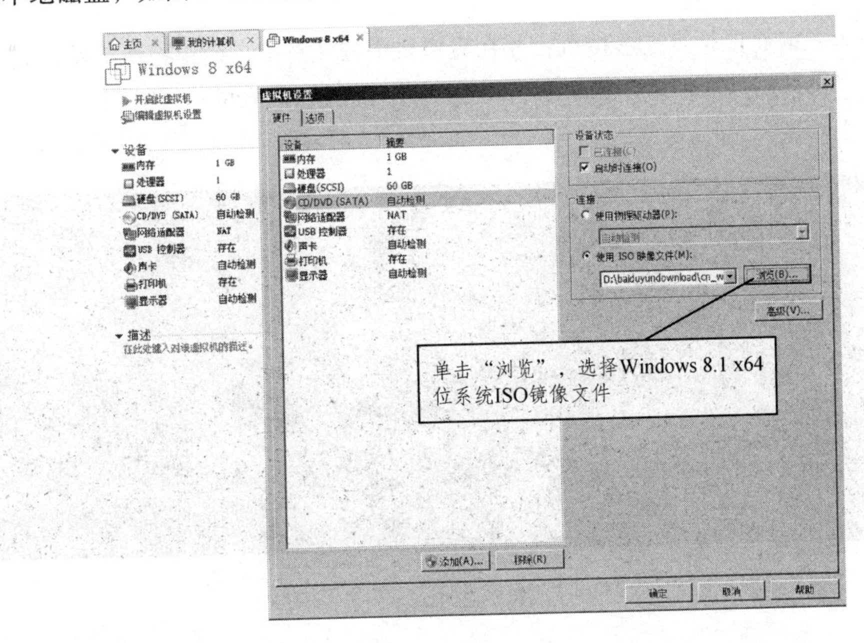

图 5-199

（6）单击“确定”，然后启动虚拟机。虚拟机启动以后，系统会提示：“Press any key to boot from CD or DVD..”，此时，需迅速将鼠标点进虚拟机，然后按任意键从光驱启动，从而启动 Windows 8.1 x64 的安装程序，如图 5-200 所示：

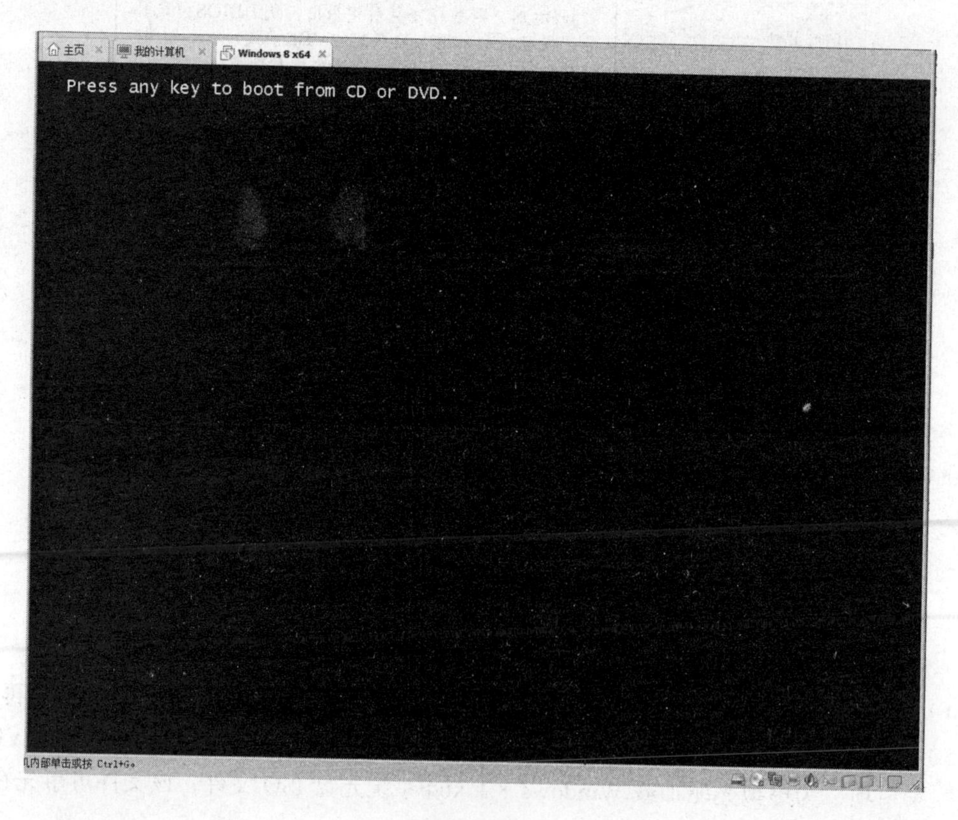

图 5-200

（7）若没有及时将鼠标点进虚拟机，并在虚拟机中按任意键，则虚拟机会给出以下错误提示，此时需要重新启动虚拟机，重复第（6）步操作方可启动 Windows 8.1 x64 的安装程序，如图 5-201 所示：

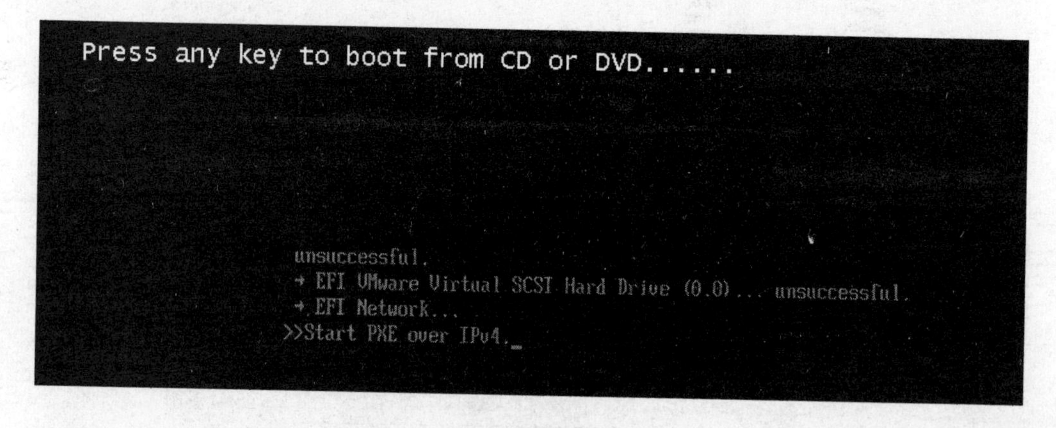

图 5-201

（8）Windows 8.1 x64 的安装程序启动以后，很快就可以看到如图 5-202 所示界面：

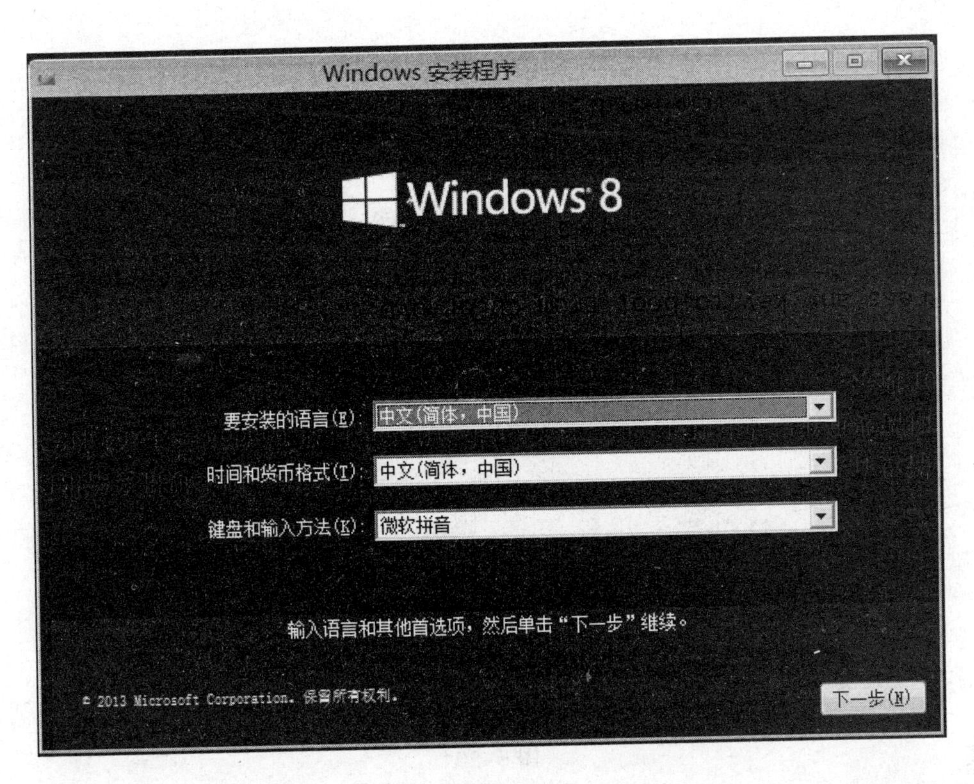

图 5-202

（9）直接单击“下一步”，然后单击“现在安装”，弹出如图 5-203 所示对话框：

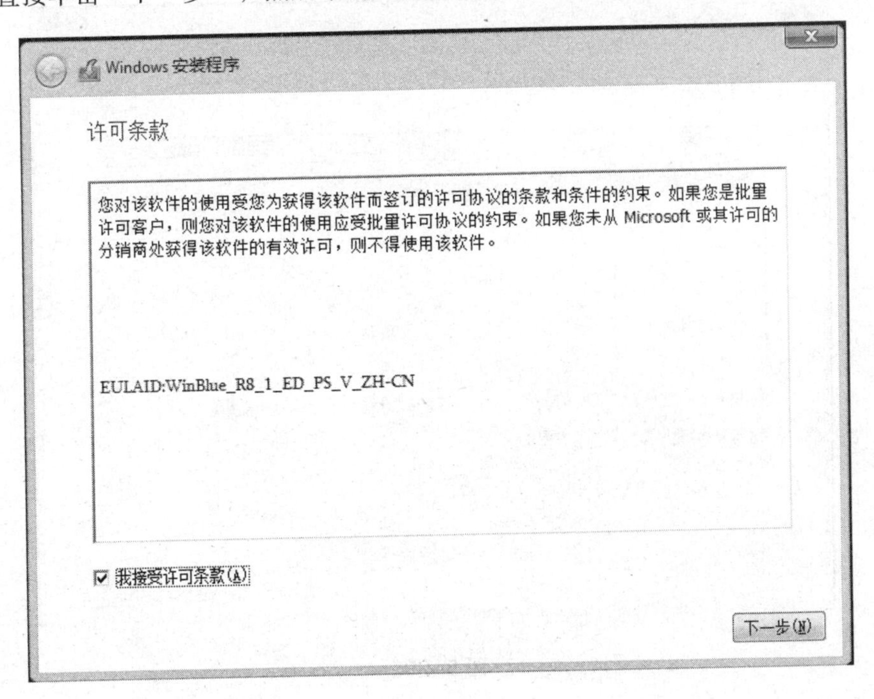

图 5-203

（10）勾选“我接受许可条款”，然后单击“下一步”，弹出如图 5-204 所示对话框：

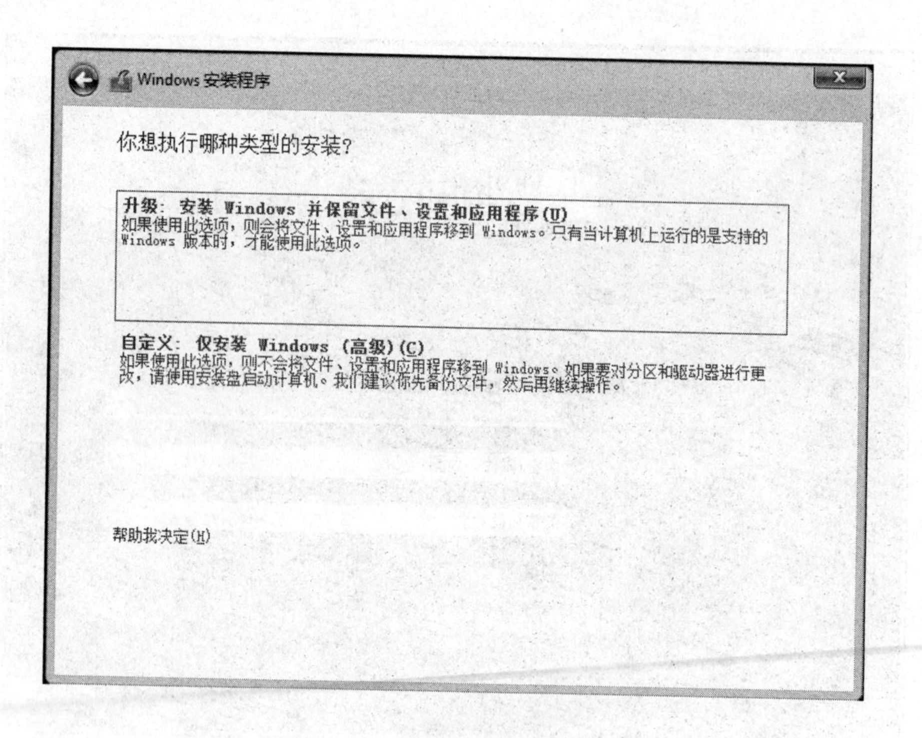

图 5-204

（11）单击“自定义：仅安装 Windows（高级）（C）”选项，弹出如图 5-205 所示对话框：

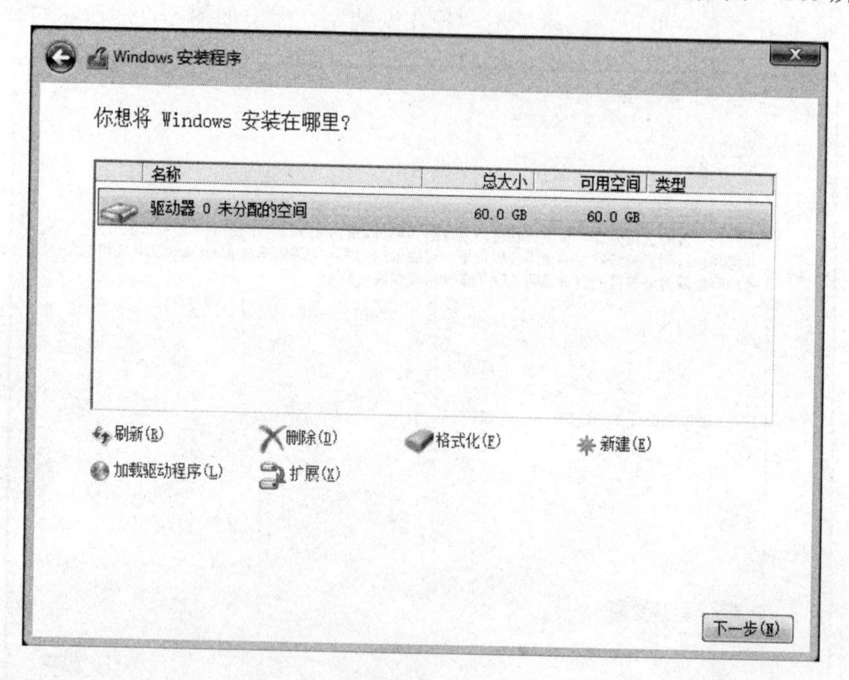

图 5-205

（12）对话框中显示虚拟机的硬盘信息，该硬盘空间为 60G，尚未进行分区。若要安装操作系统，必须进行分区。单击“新建”文字，弹出如图 5-206 所示对话框：

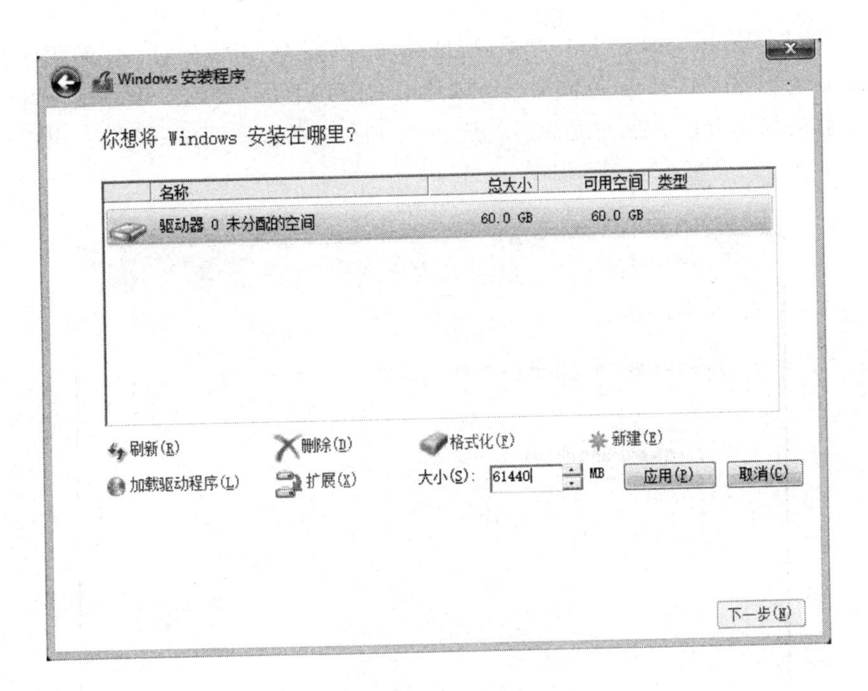

图 5-206

（13）输入新建分区大小，可以不输入数字，默认为整个磁盘空间，然后单击“应用”按钮开始创建。创建成功后如图 5-207 所示：

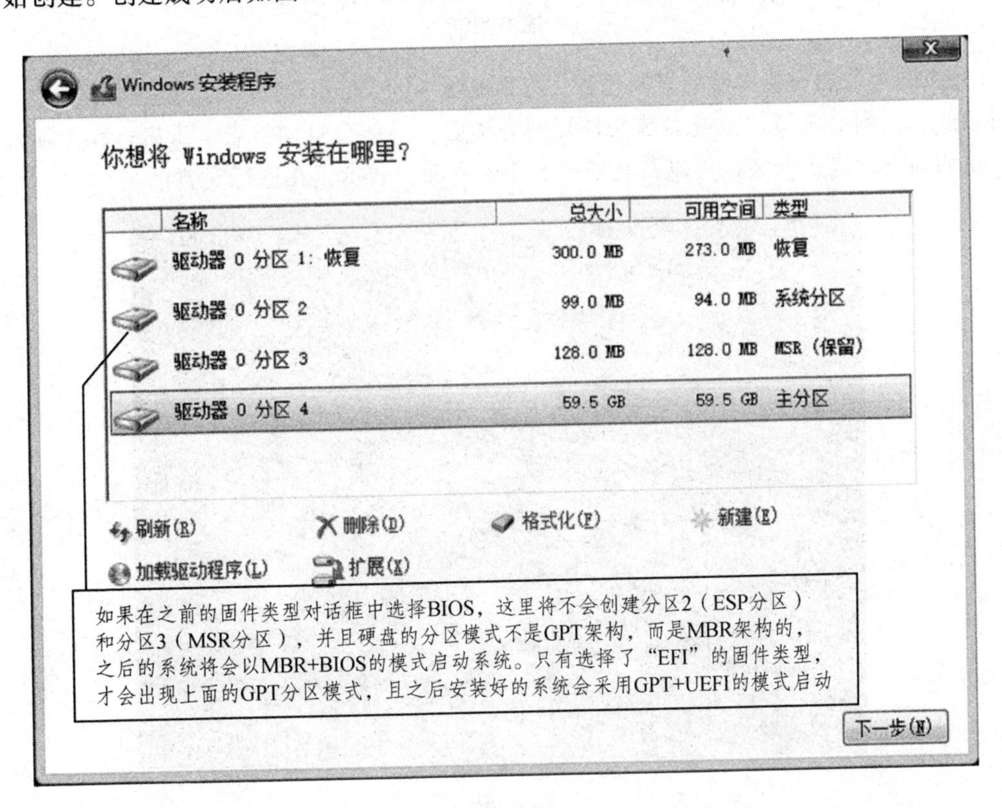

图 5-207

（14）由于系统采用 UEFI 启动，所以硬盘自动被创建成 GPT 磁盘，安装程序在创建用来安装 Windows 8.1 x64 的主分区的同时，还创建了 UEFI 启动必需的 ESP 系统分区以及系统恢复分区和微软的保留分区。创建完成后，选择主分区，并单击“下一步”，出现如图 5-208 所示界面：

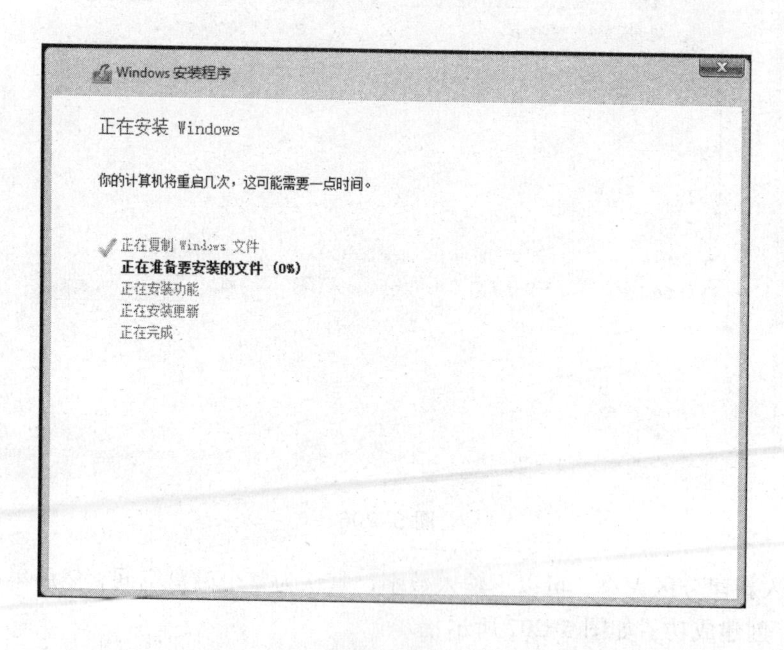

图 5-208

（15）进入系统安装文件的复制过程，与其他版本的 Windows 安装过程基本类似，此过程耗时较长，需耐心等待。系统安装文件复制完毕后，系统会自动重启，重启过程无须人工干预。重启后继续进行安装，可以看到如图 5-209 界面，表示正在进行安装：

图 5-209

（16）安装到一定程度后，系统会进入如图 5-210 所示界面，提示输入计算机名，可根据个人偏好任意取个名称，然后单击“下一步”。

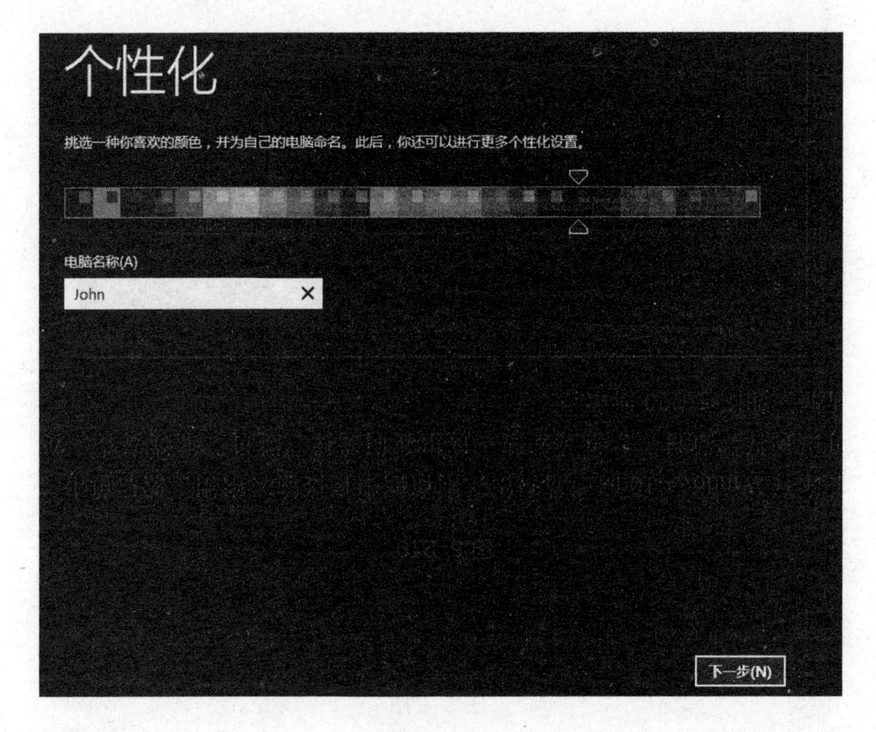

图 5-210

（17）进入如图 5-211 所示界面，为了加快系统安装的速度，此处单击“使用快速设置”。

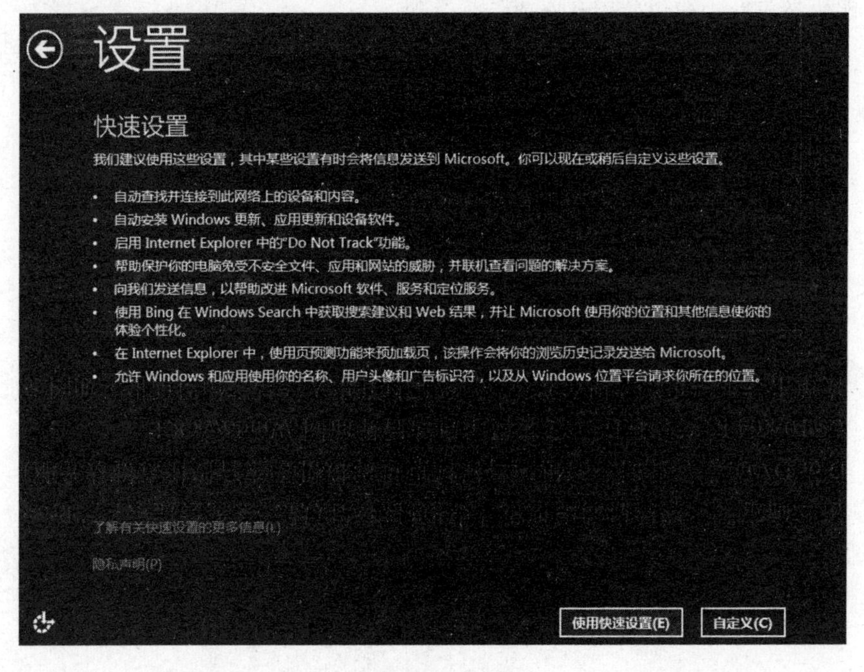

图 5-211

（18）进入图 5-212 所示界面，如果你有 Microsoft 账户和密码，可直接输入此账户密码，然后单击“下一步”；否则单击“创建一个新账户”。

登录你的 Microsoft 帐户
登录以轻松获取你所有设备上的在线电子邮件、照片、文件和设置(例如，浏览历史记录和收藏夹)。
你也可以随时管理已同步的设置。
电子邮件或电话号码
密码
还没有帐户？
创建一个新帐户
隐私声明
下一步(N)

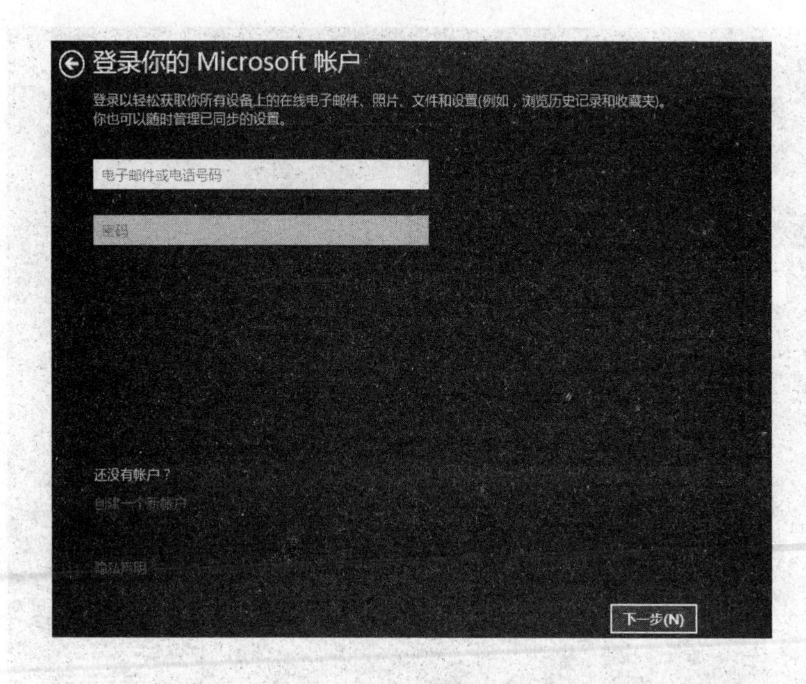

图 5-212

（19）进入账户创建界面，如图 5-213 所示。若要创建 Microsoft 账户则需要联网，输入完整的 Microsoft 账户后单击“下一步”；若不想创建 Microsoft 账户则单击下面的“不使用 Microsoft 账户登录”，建议使用此选项。

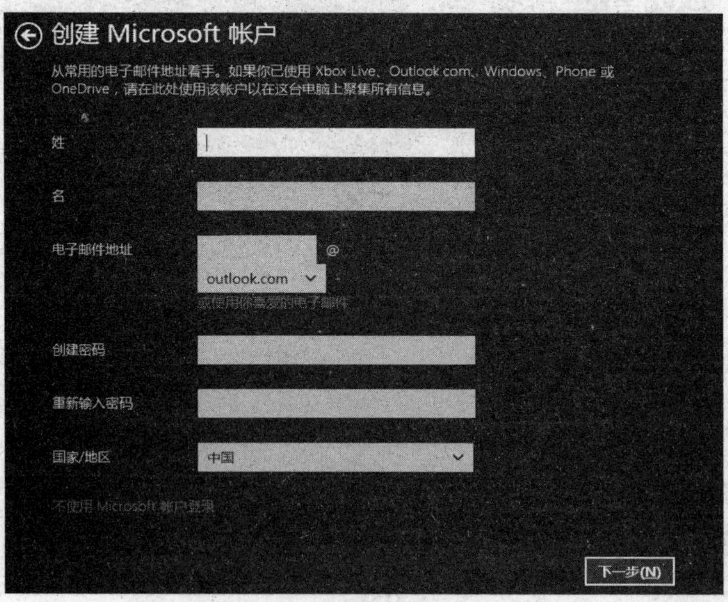

创建 Microsoft 帐户
从常用的电子邮件地址着手。如果你已使用 Xbox Live、Outlook.com、Windows、Phone 或
OneDrive，请在此处使用该帐户以在这台电脑上聚集所有信息。
姓
名
电子邮件地址
@
outlook.com
或使用你喜爱的电子邮件
创建密码
重新输入密码
国家/地区
中国
不使用 Microsoft 帐户登录
下一步(N)

图 5-213

（20）单击“不使用 Microsoft 账户登录”进入如图 5-214 所示界面，创建本地用户。输入本地用户名、密码和密码提示后，单击“完成”按钮。

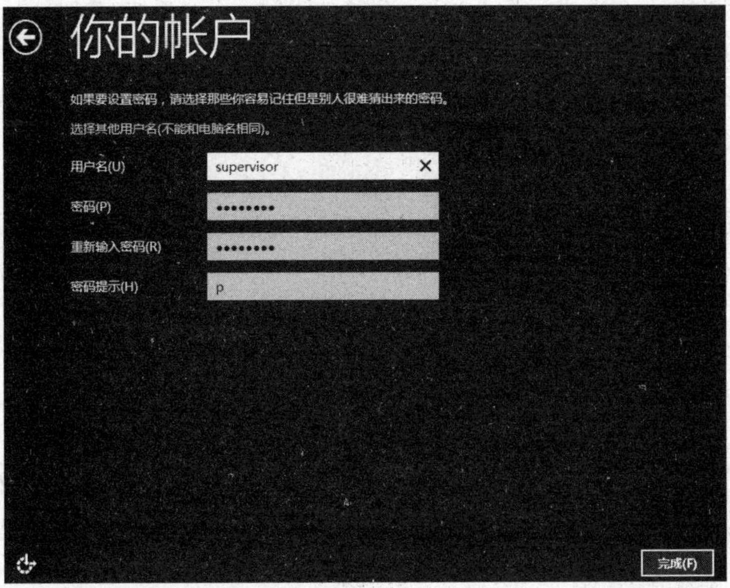

图 5-214

（21）单击“完成”后，系统会进行最后一阶段的系统设置和应用安装，此过程也比较耗时，但不需人工干预，请耐心等待。设置安装完毕后，系统将进入如图 5-215 所示界面：

图 5-215

（22）单击左下角的“桌面”图标，就可以进入到传统的 Windows 桌面。至此 Windows 8.1 x64 已全部安装完毕。

5. 拓展知识

自从微软停止对 Windows XP 系统的技术支持之后，对于那些想要升级和更新系统的 XP 用户来说，选择一款怎么样的系统就成了最头痛的问题，升级系统究竟是选择 Windows 7 还是 Windows 8，或是最新 Windows 8.1 系统呢？在这里，我们不会为大家决定到底是选择 Windows 7 还是 Windows 8，而是给出对两个系统的总结，以便大家挑选最适合自己的系统进行升级，这样也不会被微软无数催促更新的弹窗骚扰了。

1）Windows 7 系统基本情况

使用 Windows 7 最大的好处是用户会更熟悉该系统，“开始”菜单仍然存在，基本功能和 XP 其实差不多。所以想要熟练操作该系统，用户不需要重新学习，而且到网上可以找到很多教程，只需要简单调整一些设置就可以让 Windows 7 的界面风格和 XP 相似，喜欢 XP 的朋友依旧不会感到陌生。

相比之下，Windows 8 系统以及最近的 Windows 8.1 更新会让初学者无所适从。因为微软去除了“开始”菜单，反之使用了占据整个屏幕的“应用启动器”。可以说，“开始”菜单变成了“开始”屏幕，里面放满了各种各样的应用，这也是为了后期比较火的“触屏”体验而优化的功能。

虽然桌面仍然存在，但是用户会发现自己在这两个界面“来来回回，蹦来蹦去”，和简洁的 XP 系统相差甚远。不仅如此，一些至关重要的系统命令还被隐藏在了看不见的“Charms”和“Hot Corners”栏里，而这两个界面偏偏要鼠标移到屏幕边缘特定位置才会“害羞地蹦出来”，实在是“Windows 8 的心思你别猜”，一旦开始使用 Windows 8，各种召唤隐藏菜单成为了大家的习惯。

和 Windows 7 一样，通过一些小小的设置和第三方软件，用户也能够将 Windows 8 调整得像 XP，找回一些当初熟悉的感觉，不过过程比较烦琐。总结来说，如果想把系统调整到像操作 XP 一般，Windows 7 会是更安全的选择。

另外，Windows 7 还有一个优点是它是高度精练的完整系统。一开始，它就是踩在 Windows Vista 的肩膀之上，不像 Vista，完全以全新面貌出现，所以也带来了非常多的问题。从 2009 年 Windows 7 被推出以来，它得到了一项重大的 Service Pack 升级还有无数次的错误修复。虽然不能说 Windows 7 是完美的操作系统，不过也不像 Windows 8，看起来像正在进展的项目，还待长期的历练。

2）Windows 8 系统基本情况

说到这个让人欢喜让人忧的 Windows 8 系统，还真不好评价，因为确实有很多用户真心不喜欢 Windows 8 系统。界面变化巨大，可以说非常不顾使用鼠标键盘操作的非触屏用户的感受，所以也遭到了许多极端的批判。

全新面貌的 Windows 8 保留了传统的 Windows 桌面，不过到现在为止它依旧没有 Windows 标志性的“开始”菜单，所以用户需要浏览遍铺满应用的“开始”屏幕才可以找到自己需要的应用，不过相信这些担忧有一天会被解决，因为微软现在已经开始通过软件升级去处理用户对 Windows 8 的抱怨。这不，不久前的 BUILD 大会就让我们看到了 Windows 8.1 带来的许多升级与变化。

所以说，如果你足够开明，思想足够前卫跟进时代，选择 Windows 8 也相当不错，它确实也有许多优质的功能可供使用，就算工具不是触屏计算机或者平板。

这些优势可能不太惹人注意，可以说很低调。例如，Windows 8 的开机关机速度更快，整体性能也有提升，同时，杀毒软件直接被内置在了操作系统里，所以用户不必再费时去下载 Microsoft

Security Essentials 或者付费购买其他的杀毒软件套装，且系统默认支持新的安全启动选项。

另外，Windows 8 还为台式机用户增加了更多的工具，例如可以将所有操作集中在一个窗口的新文件传输对话框，还增加了暂停按钮。新的任务管理器也有了“彻底翻新”，界面更加清爽，磁盘数据、存储消耗、应用历史视图一目了然，有了更好的方式来在程序初始化运行时对其进行管理。如果用户使用了多个显示器，使用 Windows 8 的好处就更明显了。Windows 8 有内置的多显示器功能，所以用户不必花钱购买第三方软件。还有，Windows 8 的文件备份工具也提升了，非常之多，让用户能够方便地保存所有文档、音乐、相片和视频文件夹。

当然，在许多用户害怕 Windows 8 新界面的同时，还有一些用户甚至非常喜欢这种“Modern”类型的应用。像一个全屏的文件编辑器是减少分心的好办法，且并排执行多任务功能在很多情况下也超赞，比如在 Excel 电子表格旁边“钉”一个日历应用会很方便处理工作。

3）硬件可否支持问题

打住一下，别光想着挑哪个好，忘了考虑硬件问题了。现在要在网上要找一台 Windows 7 计算机不是什么大问题，如果用户正在构建自己的 PC 机，也可以从零售商那里买到 Windows 7 的副本。不过总的来说，Windows 8 硬件的选择范围要广泛得多，从超便宜的笔记本到超轻薄的超极本应有尽有。

且如果想更划算一些，到 6 月 15 日之前都可以选择将老款 XP 机器升级至 Windows 8，因为微软会提供 100 美元的价格减免。不仅价格有优惠，还可以享用到更新的硬件配置，例如英特尔超节能的第四代酷睿（Haswell）中央处理器。当然，想将预装 Windows 8 的新 PC 降级到 Windows 7 操作系统也是可行的，但不是从标准的 Windows 8 系统，需要运行 Windows 8 Pro 系统，这无形之中增加了新计算机的总成本。

可以说，市面上使用 Windows 7 的用户还是挺多的，如果你现在才不得不脱离 XP 系统，那肯定是不爱升级的那类人。那记住这几个时间点吧，Windows 7 的扩展支持时间会到 2020 年截止，Windows 8 的扩展支持会到 2023 年，所以如果那时还没换计算机的话，使用 Windows 8 会让那些“老顽固”或者“超技术绝缘”们多 3 年不用烦心折腾更新系统。

最后要说的是，一些特别老款的 Windows XP 机器可能无法运行现在的操作系统，如果你的 PC 机无法达到 Windows 7 或者 Windows 8 系统的需求标准（网上可以找到具体的升级配置标准），那就去找隔壁的技术宅男帮你换成 Linux 操作系统吧，Zorin、LXLE、Ubuntu 系统接受几乎所有的“XP 难民们”，配置需求都不太高。

5.8 Windows 10 的简介与安装

任务 38 Windows 10 x64 纯净版安装

1. 理论知识点

Windows 10 是美国微软公司所研发的新一代跨平台及设备应用的操作系统，是微软于 2015 年 7 月 29 日正式发布的。Windows 10 是微软发布的最后一个独立 Windows 版本，下一代 Windows 将作为更新的形式出现。Windows10 共有 7 个发行版本，每个版本都有 32 位和

64 为两种架构，分别面向不同用户和设备。已发行的 7 个版本如下：

- 家庭版 Windows 10 Home；
- 专业版 Windows 10 Professional；
- 企业版 Windows 10 Enterprise；
- 教育版 Windows 10 Education；
- 移动版 Windows 10 Mobile；
- 企业移动版 Windows 10 Mobile Enterprise；
- 物联网版 Windows 10 IoT Core。

2. 任务目标

熟练掌握 Windows 10 的基本知识及系统安装过程。

3. 环境和工具

（1）实验环境：Windows 7、VMware 12。

（2）工具及软件：Windows 10 x64 纯净版系统光盘 ISO 文件。

4. 操作流程和步骤

（1）Windows 10 和 Windows 8 的安装过程有很多类似之处，这里仅对 Windows 10 与 Windows 8 安装过程中的不同之处展开详细阐述，相同之处只作简要说明，下面正式开始 Windows 10 安装之旅。

（2）打开 VMware 12，新建一个 Windows 10 x64 虚拟机，如图 5-216 所示：

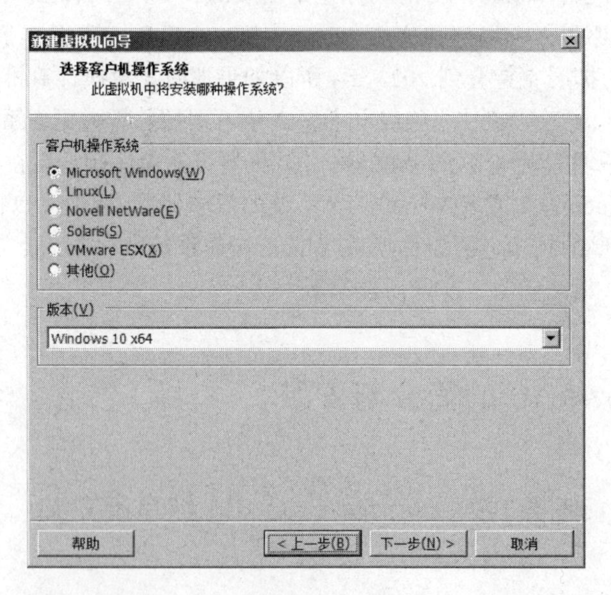

图 5-216

（3）选择“Windows 10 x64”，然后单击“下一步”，打开虚拟机名称和存放位置设置对话框，根据个人偏好，设置好虚拟机名称和存放位置。若无特殊要求，继续单击“下一步”，打开固件类型选择对话框，如图 5-217 所示：

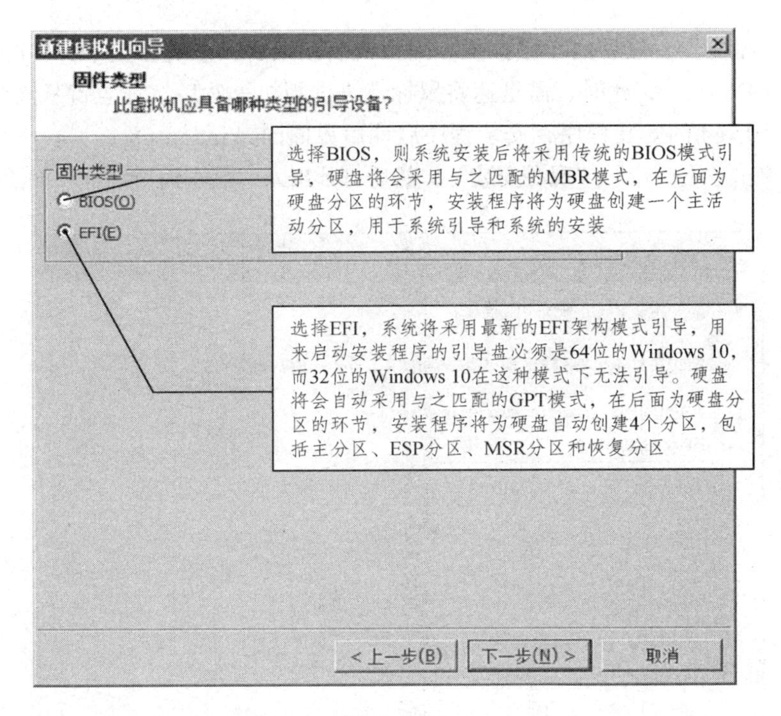

图 5–217

（4）选择“EFI”固件类型，然后单击“下一步”，后面的多个环节和之前建立虚拟机的过程完全一样，依次单击“下一步”即可，此处不再赘述。

（5）虚拟机建好以后，在 VMware 中打开“虚拟机”→“可移动设备”→“CD/DVD”“设置”菜单项，为虚拟光驱加载 Windows 10 x64 系统光盘 ISO 文件，该文件可事先在网上下载到本地磁盘，如图 5–218 所示：

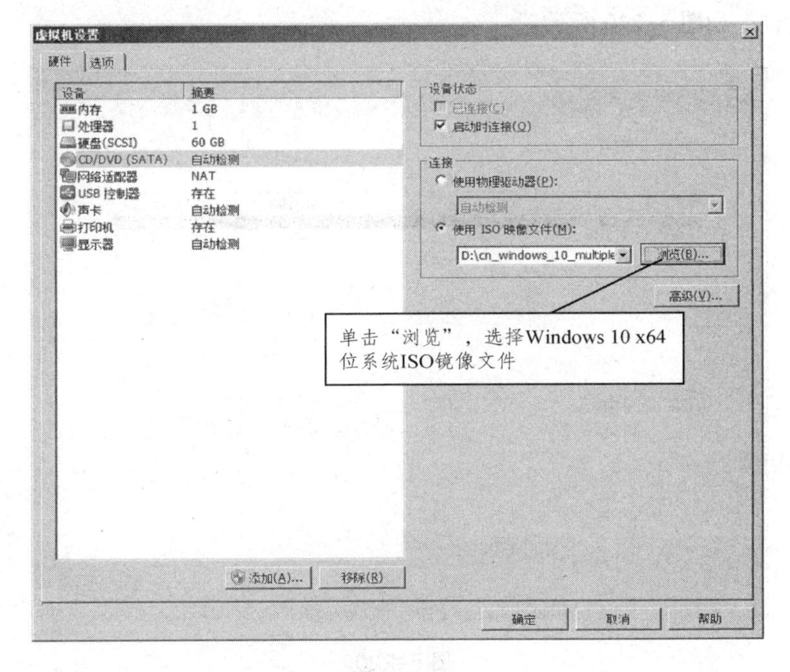

图 5–218

（6）单击“确定”，然后启动虚拟机。虚拟机启动以后，系统会提示：“Press any key to boot from CD or DVD..”，此时，需迅速将鼠标点进虚拟机，然后按任意键从光驱启动，从而启动 Windows 10 x64 的安装程序，安装程序启动后界面同 Windows 8.1。

（7）依次单击“下一步”“现在安装”，然后打开出入产品密钥对话框，如图 5-219 所示：

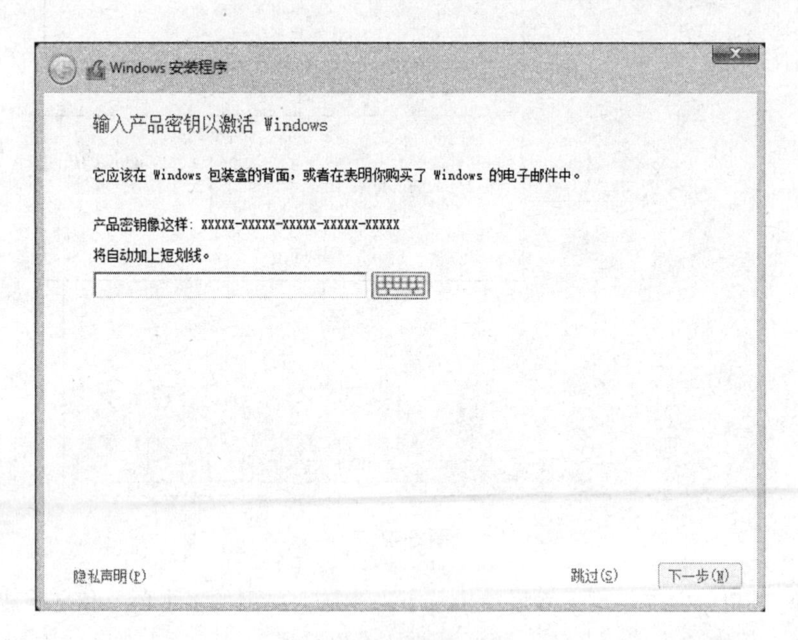

图 5-219

（8）如果你有 Windows 10 的产品密钥，则在框中直接输入密钥，然后单击“下一步”，若没有，则可以选择“跳过”，继续安装。这里我们选择“跳过”继续安装，安装程序打开版本选择对话框，如图 5-220 所示：

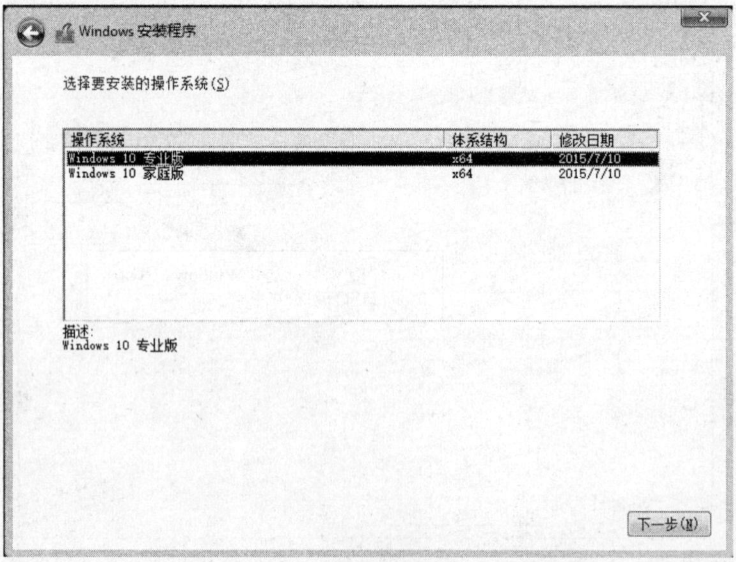

Windows 安装程序

选择要安装的操作系统(S)

操作系统	体系结构	修改日期
Windows 10 专业版	x64	2015/7/10
Windows 10 家庭版	x64	2015/7/10

描述:
Windows 10 专业版

下一步(N)

图 5-220

（9）这里选择“Windows 10 专业版”，然后单击“下一步”，打开许可条款对话框，同 Windows 8 完全相同，在许可条款对话框中勾选“我接受许可条款”，然后单击“下一步”，弹出如图 5-221 对话框：

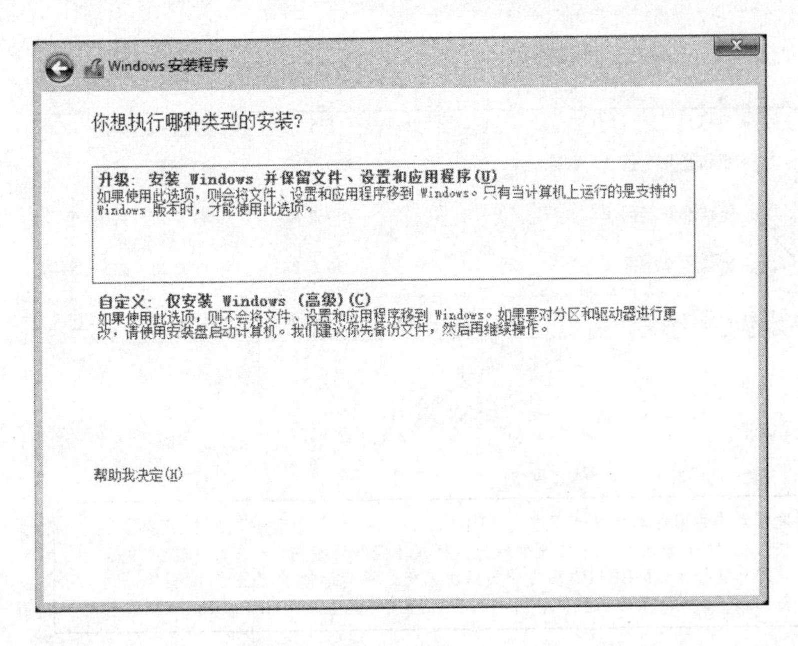

图 5-221

（10）这里选择“自定义：仅安装 Windows（高级）（C）”项，然后打开磁盘分区对话框，如图 5-222 所示：

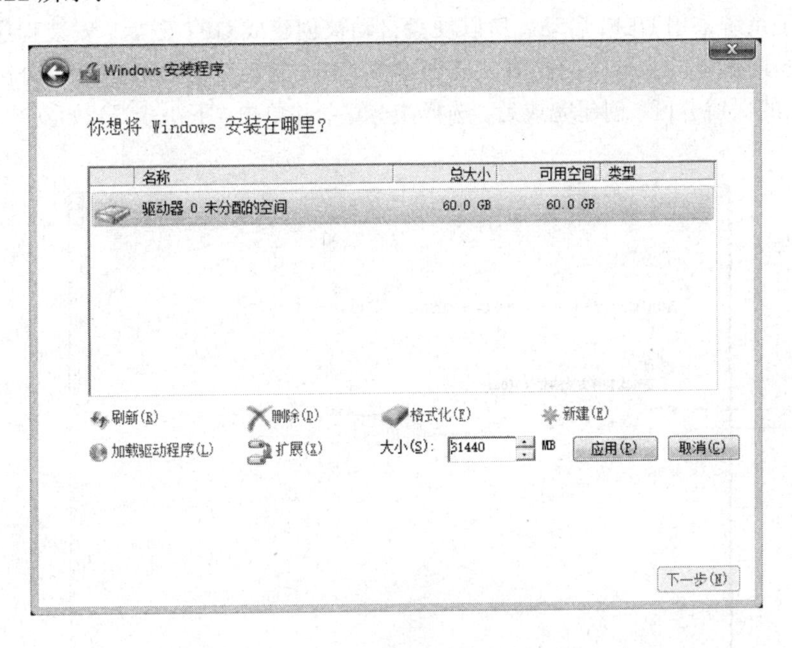

图 5-222

（11）单击“新建”文字，然后输入新建分区大小，也可以不输入数字，默认为整个磁盘空间，然后单击“应用”按钮开始创建。创建成功后如图 5-223 所示：

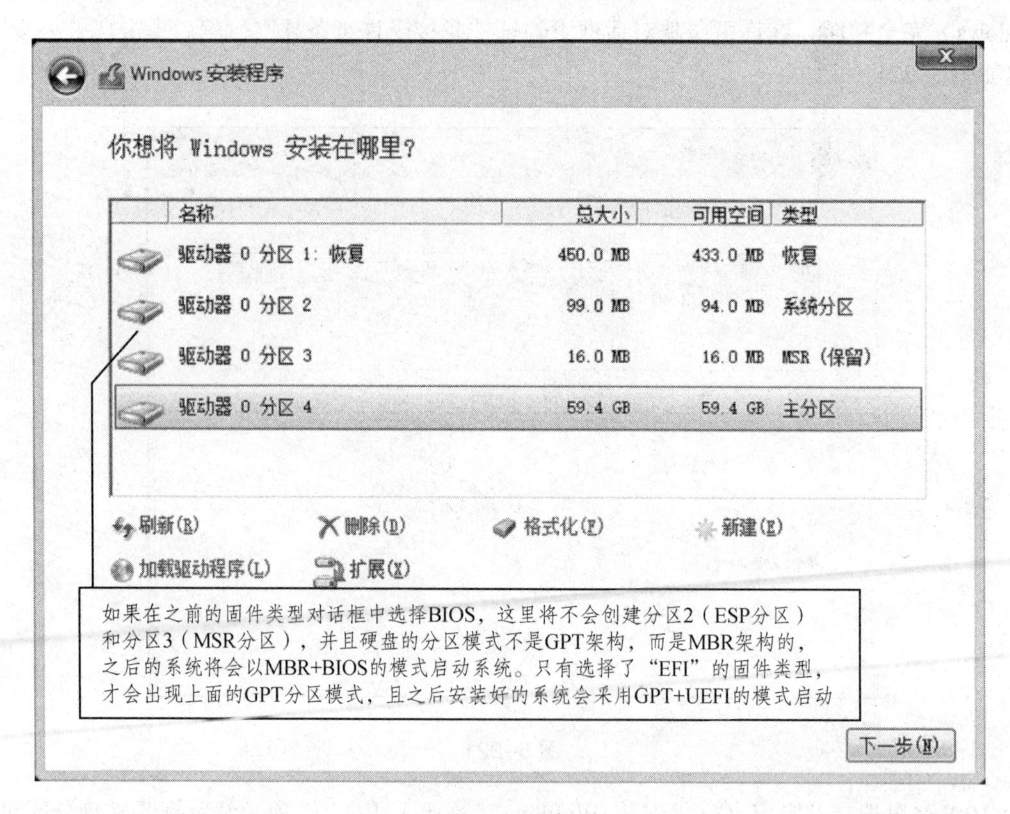

图 5-223

（12）由于系统采用 UEFI 启动，所以硬盘自动被创建成 GPT 磁盘，安装程序在创建用来安装 Windows 10 x64 的主分区的同时，还创建了 UEFI 启动必需的 ESP 系统分区以及系统恢复分区和微软的保留分区。创建完成后，选择主分区，并单击“下一步”开始安装，如图 5-224 所示：

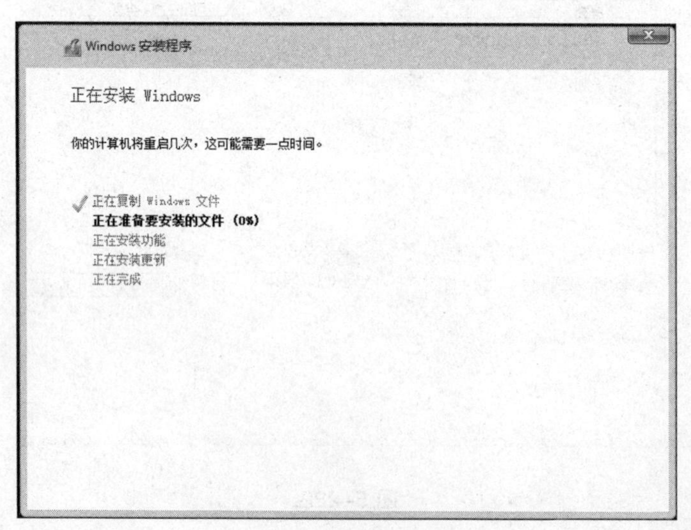

图 5-224

（13）进入系统安装文件的复制过程。与其他版本的 Windows 安装过程基本类似，此过程耗时较长，需耐心等待。系统安装文件复制完毕后，系统会自动重启，重启过程无须人工干预。重启后系统会继续进行安装，安装过程中，会自动重启 2 次。自动安装过程结束后，进入如图 5-225 所示界面：

图 5-225

（14）由于前面阶段没有输入产品密钥，这里系统会再次提示输入产品密钥，若有，则输入产品密钥，然后单击下一步；如果依然没有产品密钥，则单击“以后再说”，进入后续安装。这里选择“以后再说”，进入如图 5-226 界面：

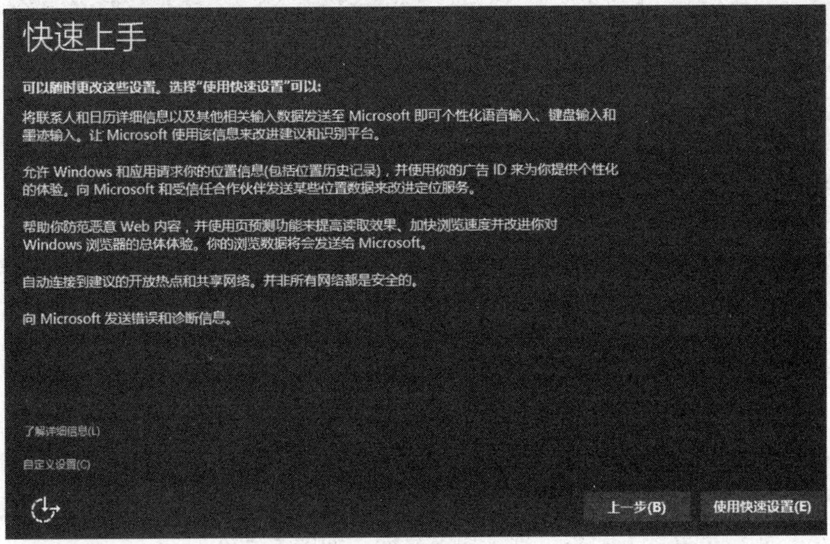

图 5-226

（15）此处单击“使用快速设置”对 Windows 10 进行初始设置，系统自动进行一些配置以后，就进入下面的界面，如图 5-227 所示：

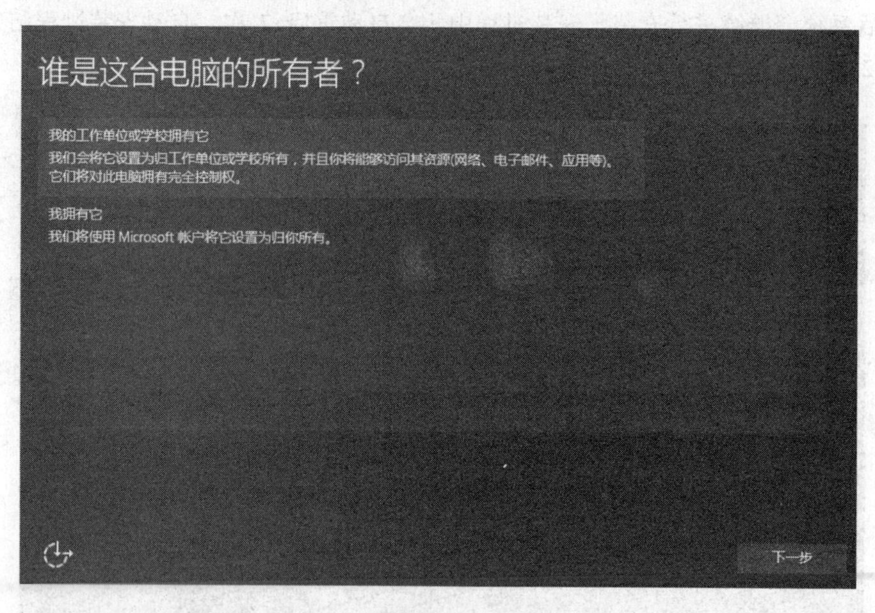

图 5-227

（16）这里选择“谁是这台计算机的所有者”，这两项选择都不影响我们普通用户的正常使用，这里我们选择了第一项，然后单击“下一步”，进入如下界面，如图 5-228 所示：

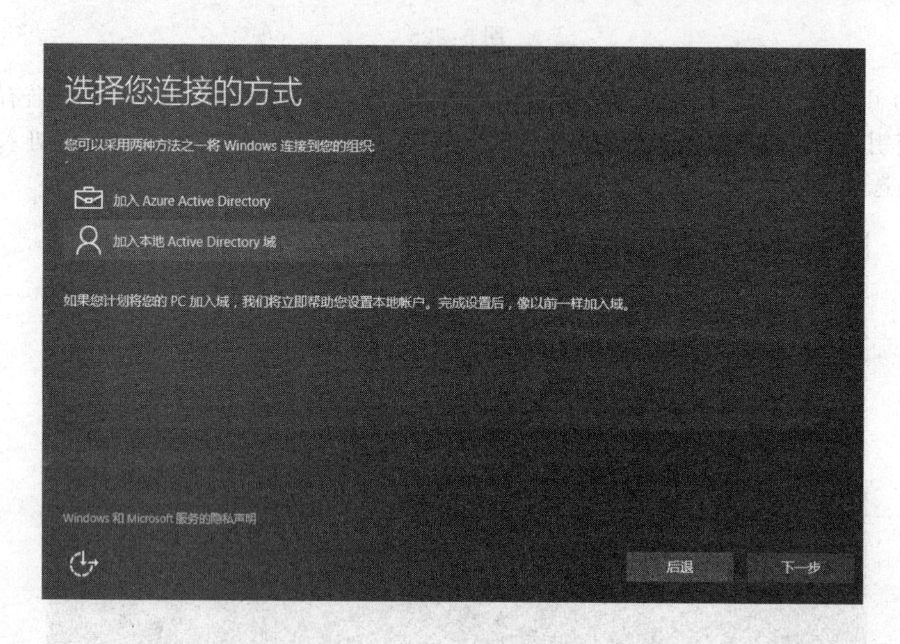

图 5-228

（17）选择您的连接方式，这里我们选择“加入本地 Active Directory 域”，创建一个本地用户登录系统，然后单击“下一步”进入如下界面，如图 5-229 所示：

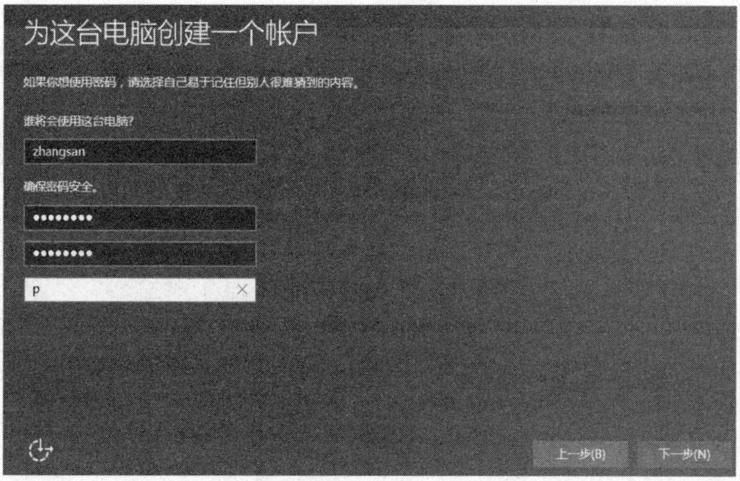

图 5-229

（18）在图 5-229 所示的界面中输入你希望创建的账户名、密码及密码提示信息，然后单击“下一步”，系统会创建指定账户。账户创建完毕后，安装程序会自动进行最后一阶段的系统设置和应用安装，此过程也比较耗时，但不需人工干预，请耐心等待。设置安装完毕后，系统再次自动重启一次，然后进入如图 5-230 所示的界面：

图 5-230

（19）看到图 5-230 所的画面，表示 Windows 10 已完成安装，可以正常使用了！

5. 拓展知识

自 Windows10 系统开始，微软首次启用了免费升级策略，对于很多已经激活的 Windows 7 /Windows 8.1 用户来说，很轻松地就可以直接升级至 Windows 10。但升级后在使用过程中，如果遇到意外情况造成系统不可修复的损伤时就需要重新安装系统。怎样才能完成再次激活呢？

1）首先在重新安装 Windows 10 之前，必须要确定自己的系统是已激活状态

理论上来讲，本次 Windows 7/Windows 8.1 正版用户在升级至 Windows 10 正式版之后系统就会被自动激活，但安全起见，我们还是再次确认一下。查看方法如下：

鼠标右键单击“此计算机”，然后在弹出的菜单中点击“属性”，即可在弹出的属性窗口查看计算机的激活状态，如图 5-231 所示：

图 5-231

或者在开始菜单中点击“设置”→“更新和安全”→“激活”，就可以查看激活状态了，如图 5-232 所示：

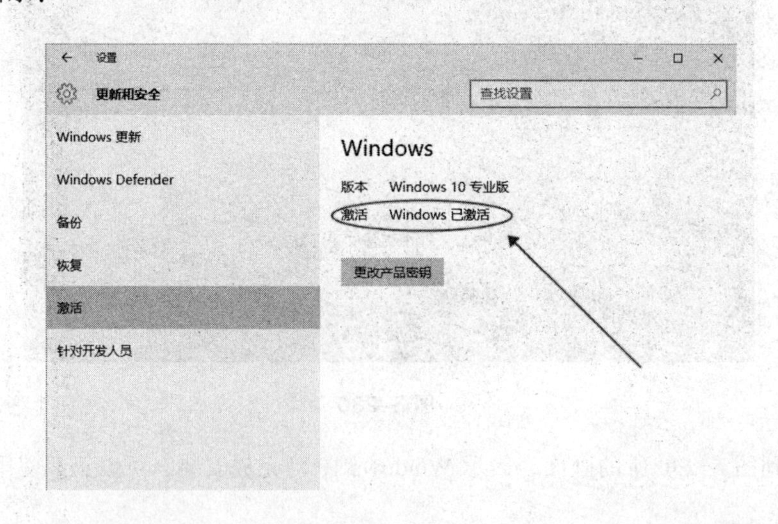

图 5-232

2）使用官方的 ISO 镜像安装

如今各大网站分享的 Windows 10 ISO 安装镜像都会内置一些软件，影响用户体验，更有甚者会捆绑恶意软件，直接威胁着系统的安全性。Windows 10 之家作为微软官方的合作伙伴，

只为用户提供纯净的官方原版系统，大家可以放心使用。因此在这里小编推荐大家到微软官网或者 Windows 10 之家下载 Windows 10 正式版 ISO 镜像。

需要提醒大家的是，如果是 UEFI 启动的话，必须 32 位对应安装 32 位，64 位对应安装 64 位，切记！

3）做好备份

重装系统之前，备份是个永恒的话题。而这里我们所提到的备份也是指系统盘的备份，一般我们就直接备份库文件、桌面上的文件和文件夹，以及收藏夹中的内容。

除此之外还有一个非常重要的部分一定不要忘记，那就是驱动程序，将驱动程序做好备份以便重装后的恢复。虽然在安装完 Windows 10 之后，系统会自动为我们安装好相应的驱动，然而现在毕竟是 Windows 10 的发布初期，难免会有一些驱动缺失，这个时候通过恢复即可轻松解决。

4）重装后会自动激活

现在你应该明白为什么我们会在第一步强调激活状态了吧。当正版用户免费升级至 Windows 10 正式版之后，系统会自动激活，而这一激活信息会被保存在服务器中，当我们重新安装后，只需要保持计算机处于联网状态即可自动激活。

不过在安装的过程中还是会提示你输入密钥，直接跳过就 OK 了，如图 5－233、5－234 所示：

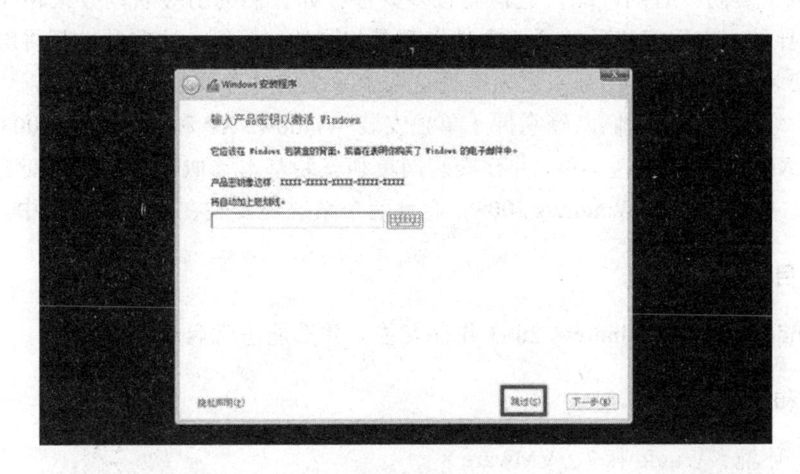

图 5-233

图 5-234

第6章　计算机操作系统的并存安装

6.1　Windows XP 和 Windows 2003 的并存安装

任务39　Windows XP 和 Windows 2003 的双系统并存安装

1. 理论知识点

Windows XP 和 Windows 2003 是微软同一个时期面向不同用户群的两个操作系统，Windows XP 主要是面对一般用户的，而 Windows 2003 是面向服务器端用户。虽然面向用户群不同，但由于是同一时期产品，它们有很多共性：如它们的引导启动方式相同，都是基于 NTLDR 来引导的；它们安装后的系统文件夹都是相同的，等等。这些共性都将影响我们进行双系统并存安装和启动。本任务主要来实现这两个系统的并存安装。

通过前一章的实践，我们已经掌握了单独安装 Windows XP 和 Windows 2003 的方法了。而 Windows XP 和 Windows 2003 并存安装同单独安装基本类似，只是并存安装时要先安装 Windows XP，然后再安装 Windows 2003，而且两个系统要安装在不同的分区中。

2. 任务目标

实现 Windows XP 和 Windows 2003 并存安装，并都能正常启动。

3. 环境和工具

（1）实验环境：Windows 7、VMware 8。

（2）工具及软件：BOOTICE、Windows XP 和 Windows 2003 ISO 镜像文件。

4. 操作流程和步骤

（1）通过前一章的实践，我们已经掌握了多种安装 Windows XP 和 Windows 2003 的方法了。这里我们都采用纯净安装方法。我们开始吧！

（2）首先打开虚拟机，创建一个 Windows XP 虚拟机，硬盘至少得 20G，安装双系统至少要分 2 个区。

（3）给虚拟机光驱加载“雨林木风 Windows XP SP3 纯净版 .ISO”文件，如图 6-1 所示。

（4）启动虚拟机后，选择从光驱启动，直接启动了 Windows XP 的安装程序。

（5）由于是新创建的虚拟机，硬盘没有分区，这里我们必须要将硬盘分为两个区，一个安装 Windows XP，一个安装 Windows 2003，如图 6-2 所示。

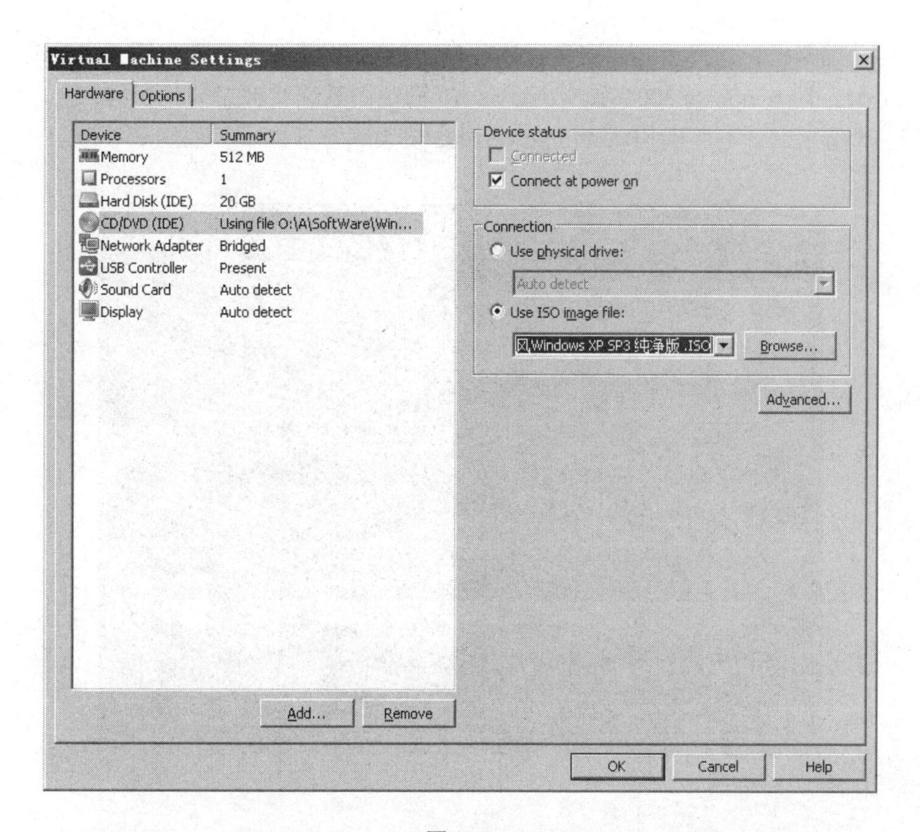

图 6–1

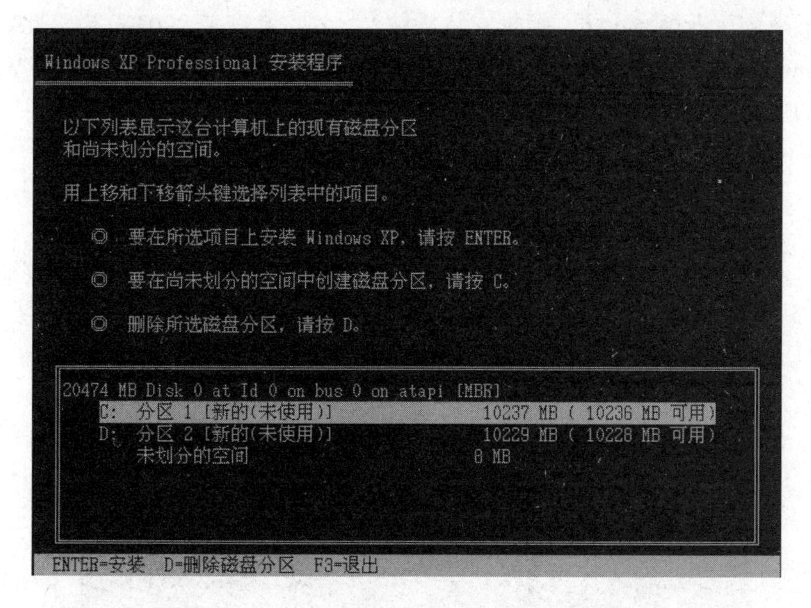

图 6–2

（6）分区后，依次进行分区格式化、拷贝安装文件等，和正常安装 Windows XP 一样，此处不再赘述。

（7）Windows XP 安装好后，默认安装在 C 盘，接下来关闭虚拟机，为虚拟机光驱挂载 Windows 2003 纯净安装的 ISO 镜像文件。

（8）启动虚拟机，选择从光驱安装，启动 Windows 2003 安装程序，由于 Windows XP 安装在分区 1 中，且 Windows 2003 和 Windows XP 的很多系统文件夹名称相同，所以它们不能安装到同一个分区，此处，我们将 Windows 2003 安装到分区 2 中，如图 6-3 所示：

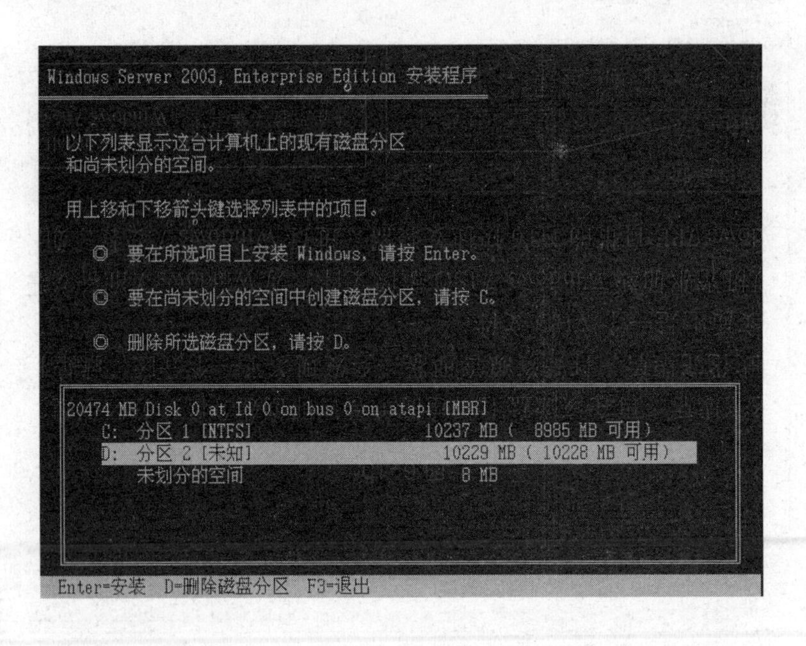

图 6-3

（9）接下来依次进行格式化、拷贝安装文件等，和正常安装 2003 一样，此处不再赘述。

（10）Windows 2003 安装完成后，重启虚拟机，将出现列有 Windows XP 和 Windows 2003 两个菜单项的启动菜单，如图 6-4 所示：

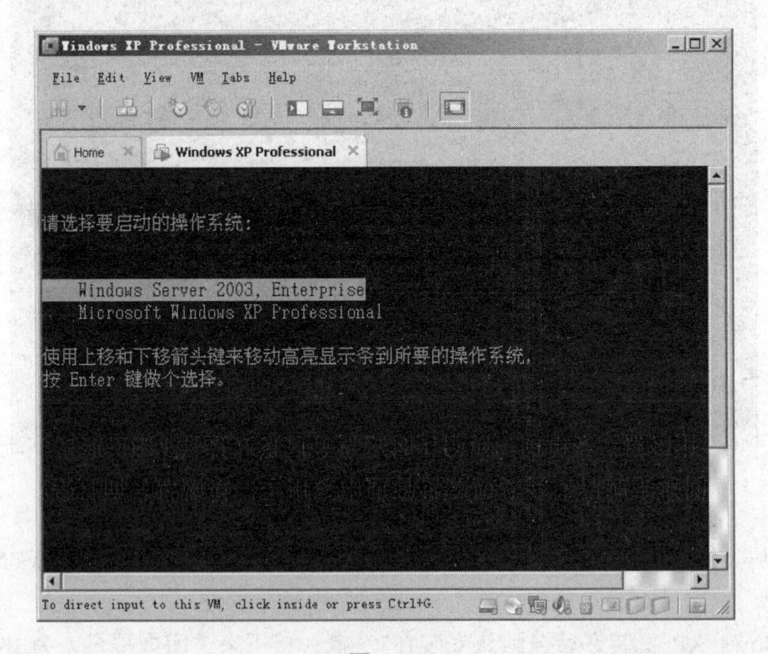

图 6-4

（11）至此，Windows XP 和 Windows 2003 双系统并存安装完毕。二者同时存在，并且都能正常启动运行。

5. 拓展知识

Windows XP 和 Windows 2003 的前世今生

2001 年 10 月 25 日 Windows XP 诞生，Windows XP 或视窗 XP 是微软公司最新发布的一款视窗操作系统。它发行于 2001 年 10 月 25 日，原来的名称是 Whistler。微软最初发行了两个版本，家庭版（Home）和专业版（Professional）。家庭版的消费对象是家庭用户，专业版则在家庭版的基础上添加了新的面向商业设计的网络认证、双处理器等特性，且家庭版只支持 1 个处理器，专业版则支持 2 个。字母 XP 表示英文单词的“体验”（experience）。

Windows Server 2003 于 2003 年 1 月 9 问世，相比 Windows XP 的左右摇摆，Windows 2003（全称 Windows Server 2003）才是微软朝.NET 战略进发而迈出的真正的第一步。Windows 2003 起初的名称是 Windows.NET Server 2003，2003 年 1 月 9 日正式改名为 Windows Server 2003，并于当年 5 月步入大陆市场，包括 Standard Edition（标准版）、Enterprise Edition（企业版）、Datacenter Edition（数据中心版）、Web Edition（网络版）四个版本，每个版本均有 32 位和 64 位两种编码。

它大量继承了 Windows XP 的友好操作性和 Windows 2000 Sever 的网络特性，是一个同时适合个人用户和服务器使用的操作系统。Windows 2003 完全延续了 Windows XP 安装时方便、快捷、高效的特点，几乎不需要多少人工参与就可以自动完成硬件的检测、安装、配置等工作。虽然在名称上，Windows 2003 又延续了 Windows 家族的习惯命名法则，但从其提供的各种内置服务以及重新设计的内核程序来说，Windows 2003 与 Windows 2000/XP 有着本质的区别。Windows 2003 对硬件的最低要求不高，和 Windows 2000 Server 相仿，Enterprise Edition 版本对 CPU 频率要求在 133MHz 以上，内存最小需求为 128MB。

6.2 Windows XP/Windows 7 和 Windows 2008 三系统并存安装

任务 40 Windows XP/Windows 7 和 Windows 2008 三系统并存安装

1. 理论知识点

本任务中 Windows XP 和 Windows 2008 安装在物理分区中，而 Windows 7 安装在 VHD 虚拟磁盘中。VHD（Microsoft Virtual Hard Disk format），是微软虚拟磁盘文件，在 Virtual PC 中通常作为虚拟机硬盘，并可以被压缩成单个文件存放在宿主机器的文件系统上，其中主要包括虚拟机启动所需系统文件。简单地说，要把 VHD 文件当作硬盘一样读写，必须有相应的驱动程序。在 Virtual PC 和 Virtual Server 中，微软就是通过在虚拟机种加入 VHD 的驱动程序，使得虚拟机可以从 VHD 启动并进行后续的操作。在 Windows 7 中，微软把 VHD 的驱动内置进了操作系统，也包括在了 Windows 7 的引导程序中。这也就是说，我们可在使用 Windows 7 的时候，可以直接访问 VHD 文件中的内容，也可以通过 Windows 7 的引导程序，启动位于

VHD 磁盘上的另一个操作系统，即将操作系统安装到一个 VHD 文件中，此时，就把这个 VHD 文件当成一块硬盘，可以用它来安装系统、启动系统。

本节利用 BCD 启动和 VHD 技术，实现 Windows XP 和 Windows 7/2008 的并存安装，将 Windows XP 和 Windows 2008 安装到物理分区中（非活动分区），而将 Windows 7 安装到 VHD 文件中，并且将两个系统的引导信息单独放在一个主活动分区中，这样的话系统引导信息与各个系统之间相对独立，互不影响，这是一种多系统并存安装的新思路，可以让更多的系统并存在一个计算机中。具体的物理硬盘规划结构如图 6-5 所示：

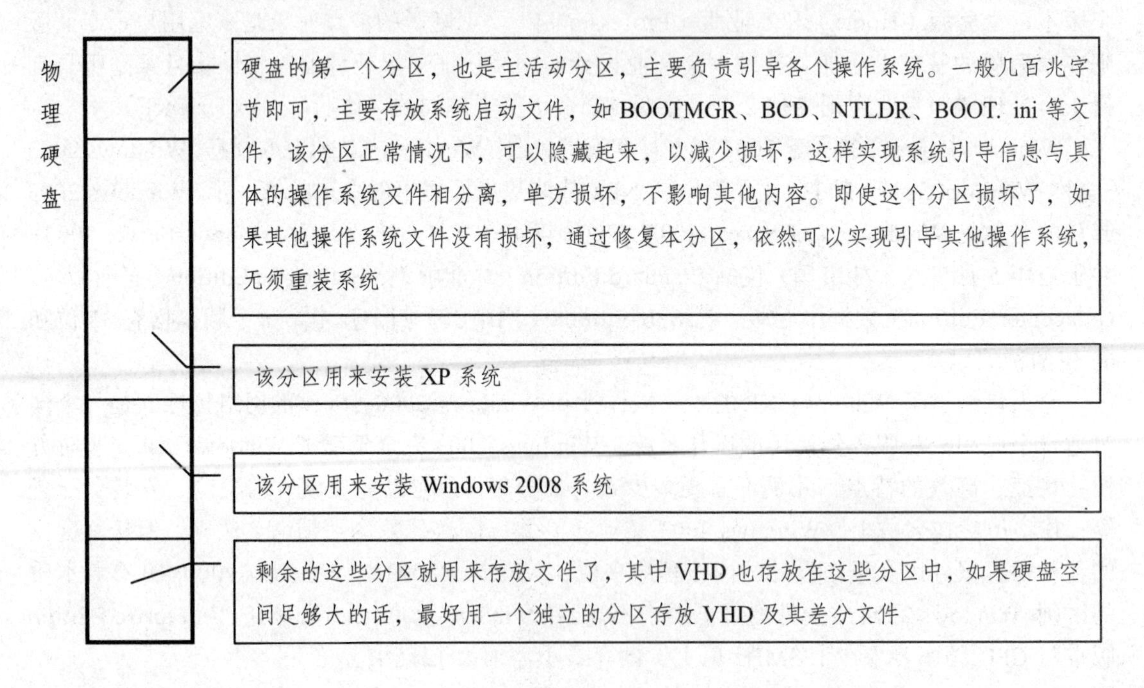

图 6-5

2. 任务目标

以 BCD 方式引导系统，以 VHD 方式安装 Windows 7 实现 Windows XP 和 Windows 7/2008 的并存安装

3. 环境和工具

（1）实验环境：Windows 7、VMware 8。

（2）工具及软件：BOOTICE、Windows XP 和 Windows 7/2008 ISO 镜像文件。

4. 操作流程和步骤

（1）打开虚拟机，创建一个 Windows 2008 x64 虚拟机，硬盘至少须 40G，类型选择为 IDE，并将硬盘分成 4 个区，第一个为主分区，容量 300M，设置为活动状态，用来存放系统引导文件；第二个也为主分区，容量 5G，用来安装 Windows XP；其他两个分区为扩展分区逻辑磁盘，容量分别为 17G，分别用来安装 Windows 2008 和存放安装了 Windows7 的 VHD 文件，分区结果如图 6-6 所示：

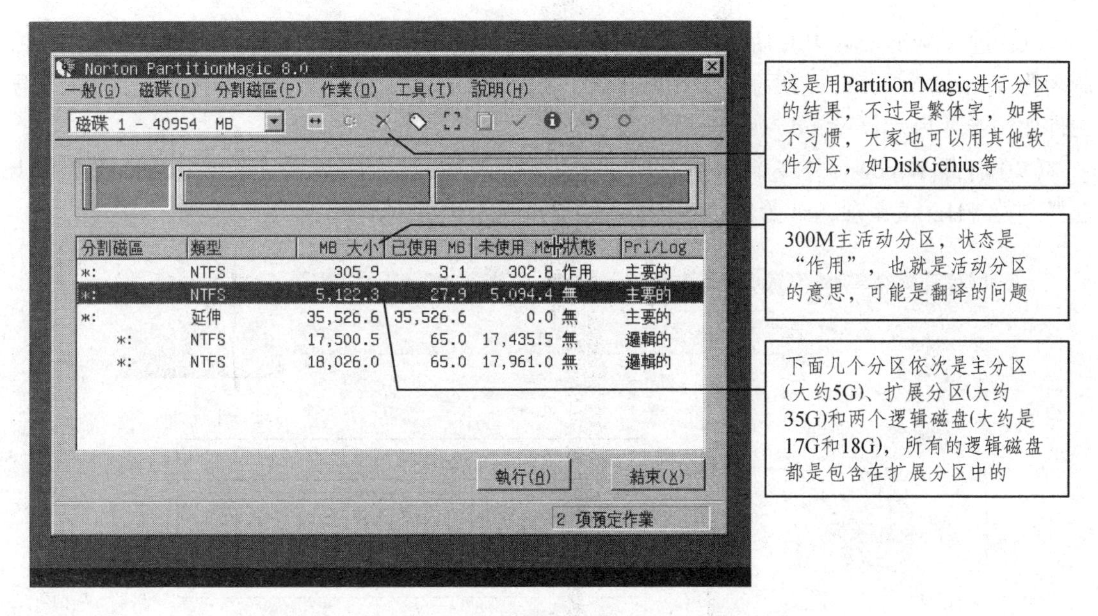

图 6-6

（2）首先安装 Windows XP，给虚拟机光驱加载“雨林木风 Windows XP SP3 纯净版.ISO”文件，并从光盘启动安装程序开始安装。

（3）安装过程与前一节中的 Windows XP 安装基本类似，但在选择安装分区时，本节选择的分区是第二个分区，而不是第一个主活动分区，如图 6-7 所示：

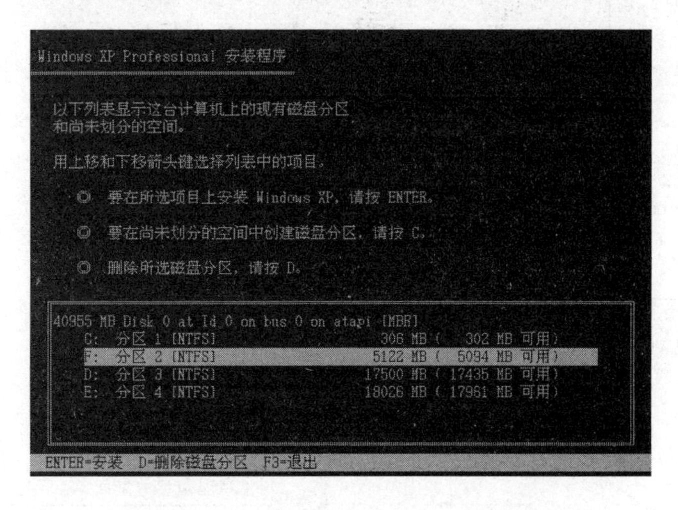

图 6-7

（4）Windows XP 安装完成后，打开虚拟机硬盘可以看到 XP 系统的引导文件（如 NTLDR、BOOT.INI）在 300M 的主活动分区中，而 Windows XP 的系统文件在第二分区中。这就实现了操作系统的引导文件和系统文件的分离。（注意：系统引导文件都隐藏起来了，需要在文件夹选项中显示隐藏文件和系统文件才能看到这些引导文件）

（5）接下来给虚拟机光驱加载 Windows 7PE ISO 镜像文件，利用 Windows 7PE 来进行 Windows 7 的 VHD 安装。

（6）进入 Windows 7PE 后，利用 Windows 7PE 自带的磁盘管理，创建一个虚拟磁盘文件，命名为 Windows 7.vhd，稍后我们将 Windows 7 操作系统就安装到这个文件中，并在系统引导文件中引导并启动该 Windows 7 操作系统。

（7）打开 Windows 7PE 计算机管理，选择磁盘管理，右键单击磁盘管理，在右键菜单上选择创建 VHD 菜单项，开始创建 VHD 文件，如图 6-8 所示：

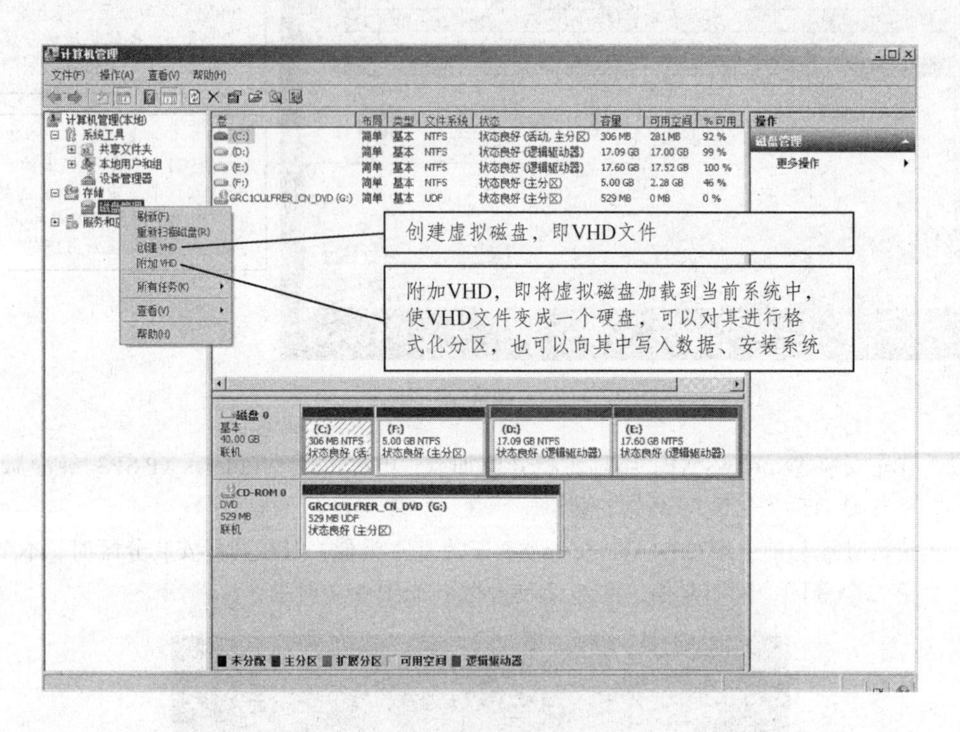

图 6-8

（8）创建时 VHD 文件命名为 Windows7.vhd，存储位置选择 E 盘即第三个分区，大小应不大于所在分区的空闲空间，此处选择 15000M，如图 6-9 所示：

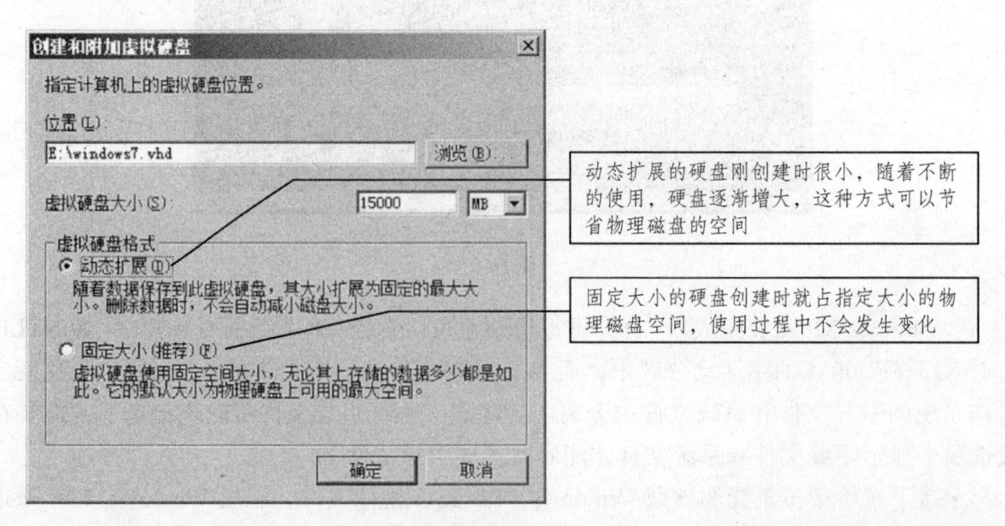

图 6-9

（9）VHD 文件创建完成后，会发现磁盘管理中多出了一块磁盘，而且是没有初始化状态，右键单击选择“初始化磁盘”菜单项，初始化时磁盘分区形式选择 MBR 形式。如图 6-10 所示：

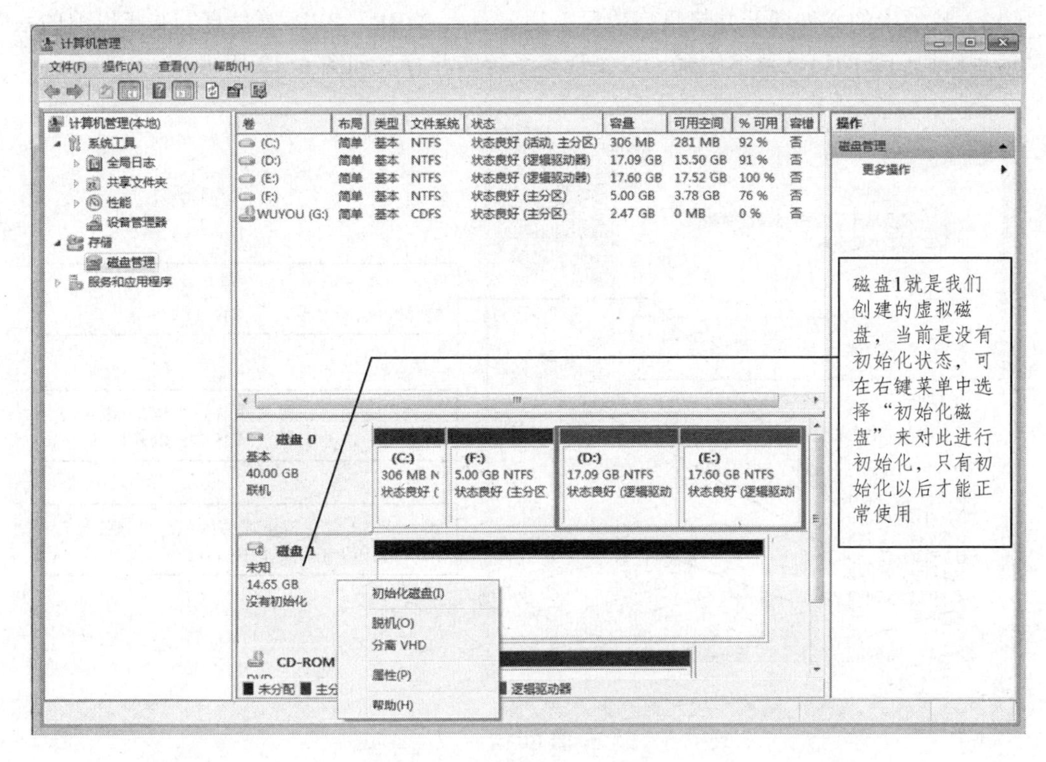

图 6-10

（10）初始化完成后，再在该磁盘上新建简单卷，即创建分区。分区创建完成后，会自动进行格式化。格式化完毕后，打开资源管理器，会发现多了一个分区，就是我们刚才创建的分区。这个分区实质上是一个 VHD 文件。

（11）将虚拟机光驱加载 Windows 7 ISO 镜像文件，为 Windows 7 准备安装源文件。加载完成后启动 Windows 7PE 自带的 NT6 快捷安装器，进行 Windows 7 安装，如图 6-11 所示：

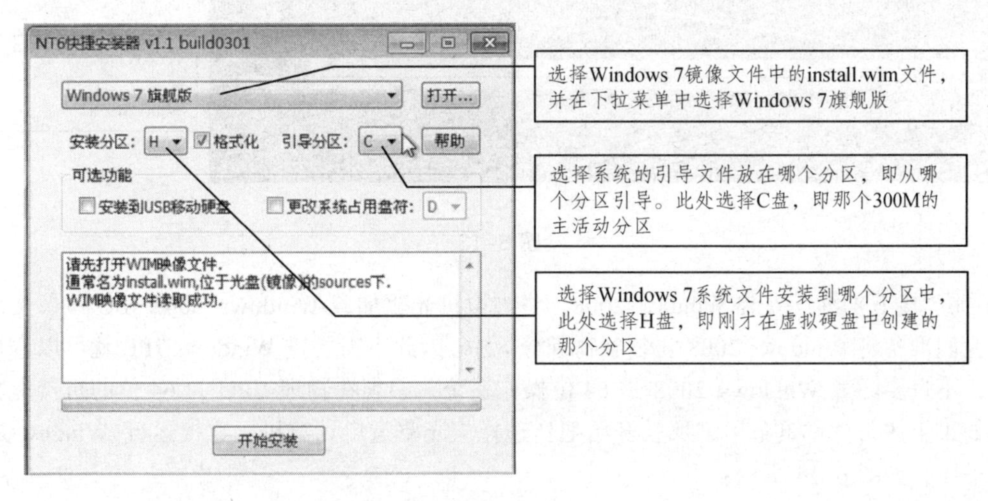

图 6-11

（12）设置完成后，单击开始安装，安装前先对分区进行格式化，格式化完成后开始展开 wim 映像文件，将 install.wim 映像中的文件拷贝到该分区中。

（13）映像中的文件展开并拷贝完成后，还要写入 MBR、PBR 等信息，并将以前的系统启动信息添加到新的启动菜单中来，以实现多系统的并存，如图 6-12 所示：

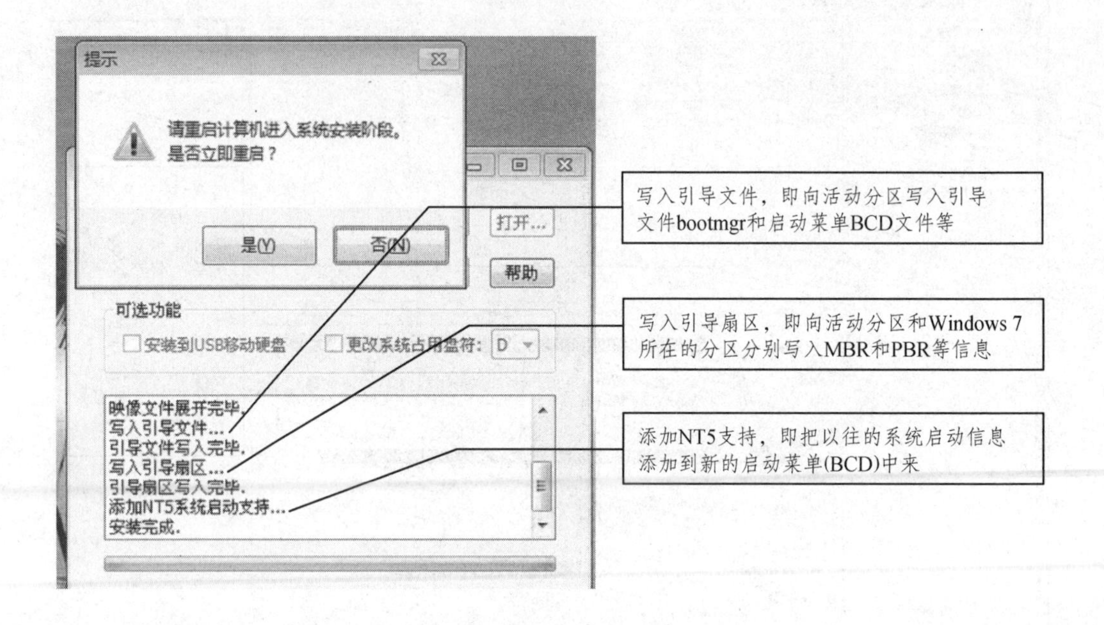

图 6-12

（14）安装完成后，单击“是”重启计算机继续进行后续安装。

（15）全部安装完成后，再重启计算机，系统的启动菜单如图 6-13 所示：

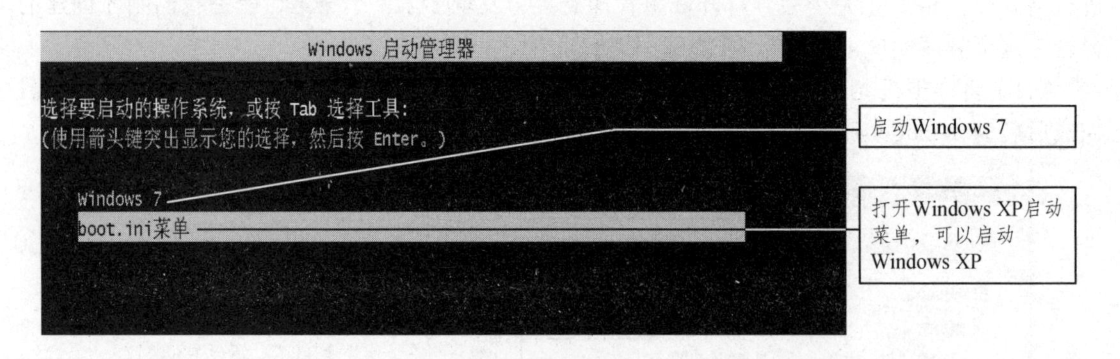

图 6-13

（16）接下来继续安装 Windows2008，将虚拟机光驱加载 Windows 2008 ISO 镜像文件。由于我们准备将 Windows 2008 安装到物理分区中。因此不需要进 Windows 7PE 就可以直接安装了，不过要注意 Windows 2008 是 64 位操作系统，必须在物理 CPU 为 64 位的机器上才能做。如果上述条件都具备了，那就开始吧！选择从光驱重启计算机，直接运行 Windows2008 安装程序，如图 6-14 所示：

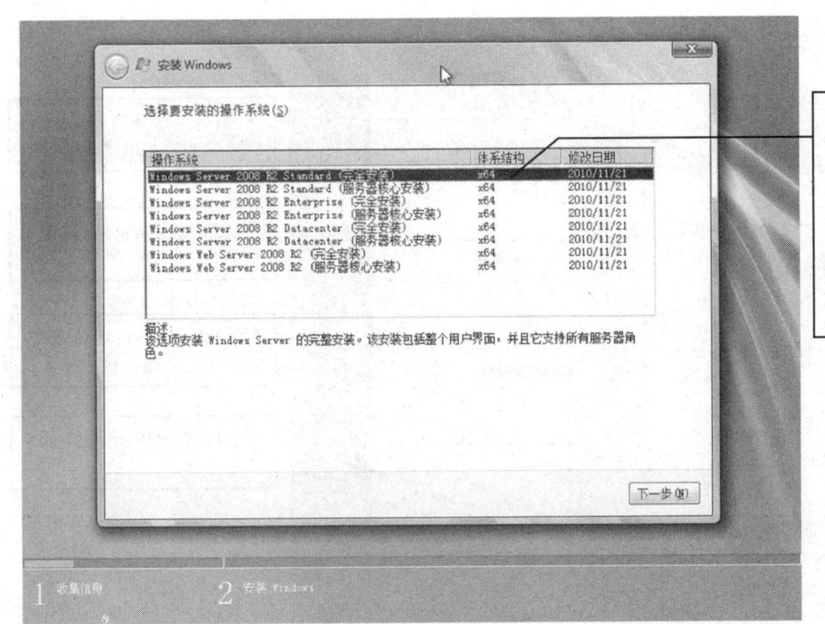

Windows 2008安装程序启动后，选择“现在安装”后，将会列出当前光盘中所含的Windows 2008的各个版本，根据需要从中选择一个，这里我们选择第一个标准版完全安装

图 6–14

（17）选择好版本后，单击“下一步”，打开如图 6-15 所示画面：

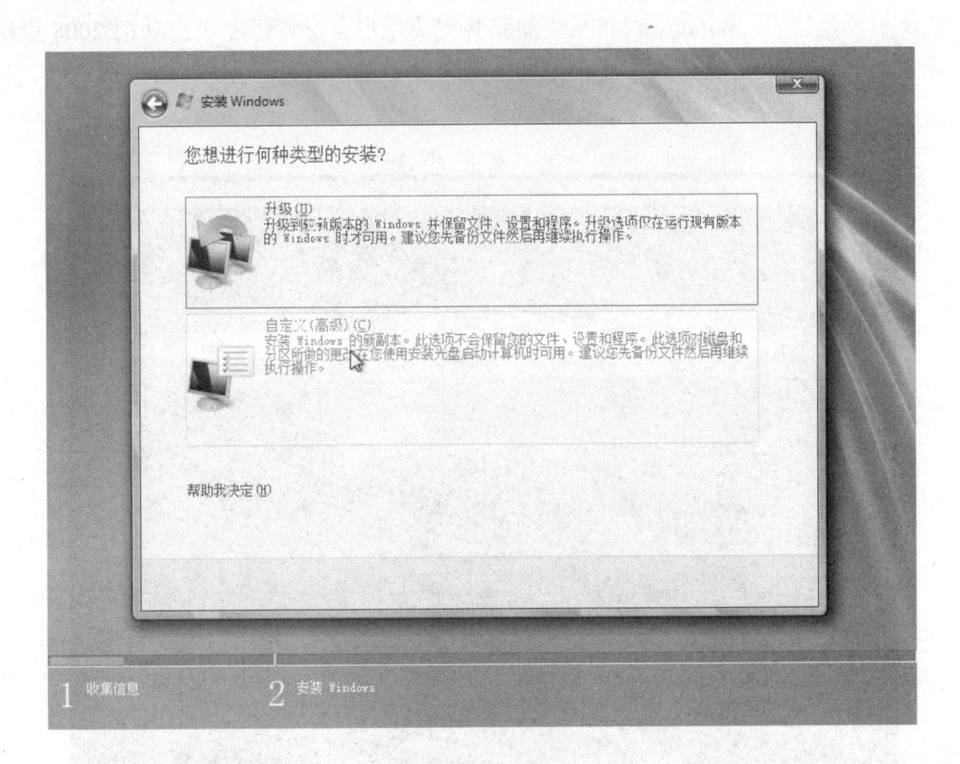

图 6–15

（18）这里选择“自定义（高级）”，打开如图 6-16 所示画面：

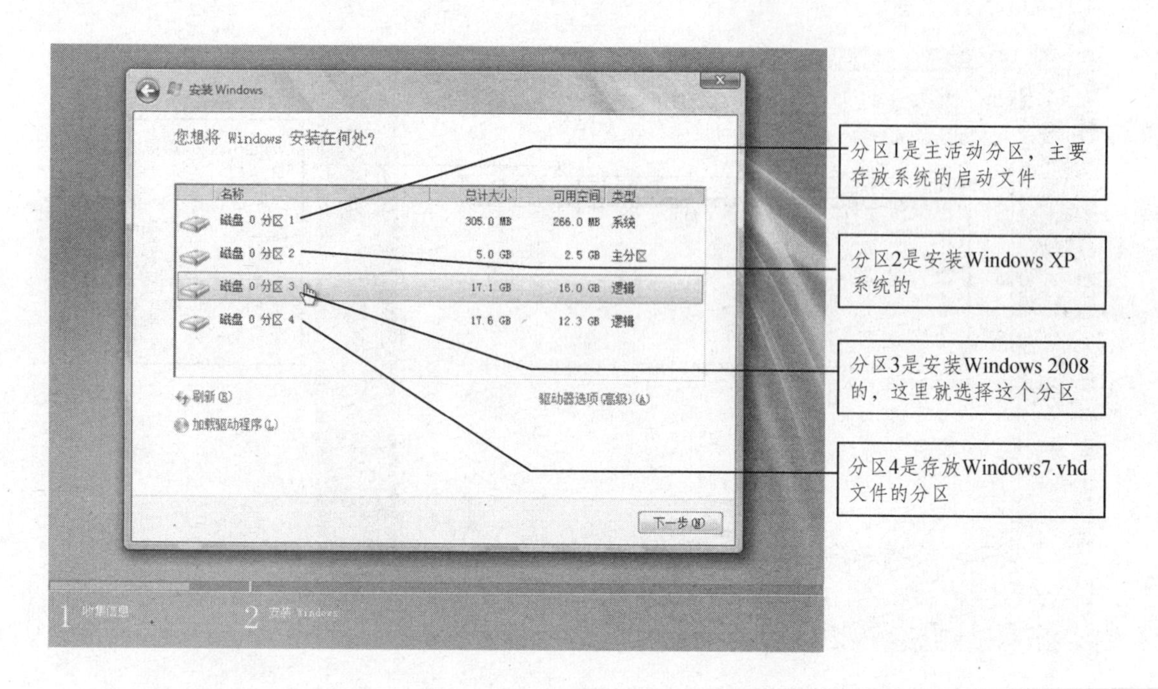

图 6–16

（19）选择分区 3 后，单击“下一步”，安装程序就开始安装了，和前面的安装过程完全一样，在此不再赘述了。Windows 2008 全部安装完成以后，安装程序会自动把 2008 启动项加到启动菜单中，如此即可实现三系统并存了。系统自动重新启动，重启后启动菜单如图 6 -17 所示：

Windows 启动管理器

选择要启动的操作系统，或按 Tab 选择工具:
(使用箭头键突出显示您的选择，然后按 Enter。)

早期版本的 Windows
Windows Server 2008 R2 >
Windows 7

若要为此选择指定高级选项，请按 F8。

工具:

Windows 内存诊断

Enter=选择 Tab=菜单 Esc=取消

图 6–17

（20）至此，三系统并存安装全部完成了，为了保证系统引导信息的安全，可以将存放系统引导信息的主活动分区隐藏起来，如此一来，该分区就不会被普通用户误格式化或者误删除其中的引导文件了。我们打开虚拟机的 C 盘，即硬盘中的主活动分区，可以看到 Windows 7/2008 和 Windows XP 的启动文件及启动菜单都在这个分区里，其中 ntldr、NTDTECT、boot.ini 是 Windows XP 的启动文件和启动菜单，而 bootmgr、Boot/BCD 是 Windows 7/2008 的启动文件和启动菜单，如图 6-18 所示。将这个分区隐藏后，系统依然都能正常启动，但普通用户就不会损坏该分区及其中的文件了。

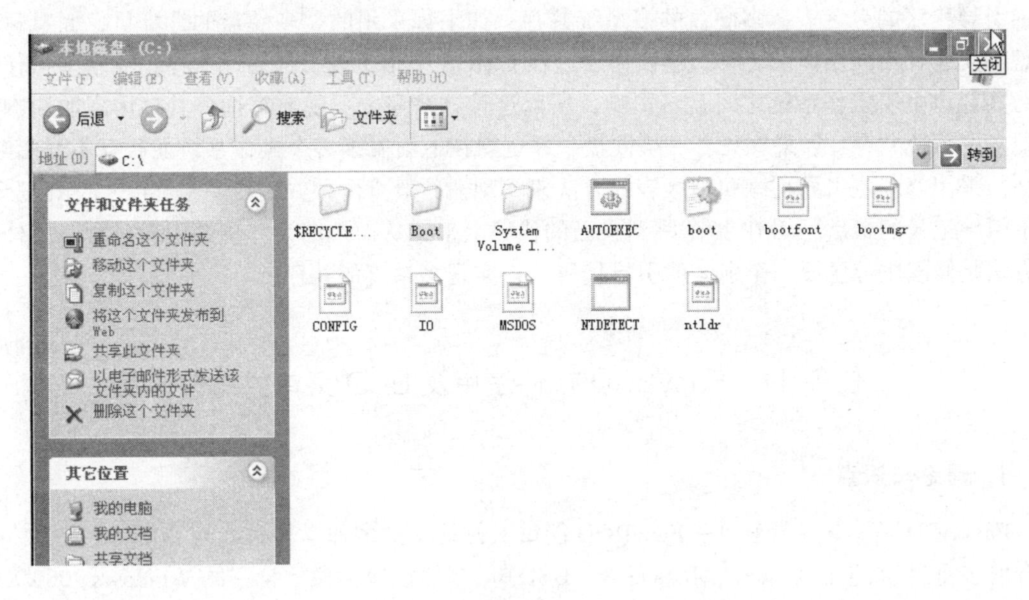

图 6–18

5. 拓展知识

多系统引导原理

操作系统的更新是相当快速的，从 DOS 到 Windows 32、95、98、ME、XP、Windows7、Windows 2008。虽然说系统一直在不断进步发展，但其实每个操作系统都有各自的发展空间，也各有其优势和劣势。比如 Windows XP、Windows 7，它们的普遍特点是多媒体性能佳，支持软硬件多，但缺点是系统不够稳定；而诸如 Win2003、Win2008 等系统，则有比较好的稳定性和操作性，但对系统要求比较高，不适合一般的初级使用。这时候，很多朋友都会有"鱼和熊掌不可兼得"的感叹。那么，能否将各种操作系统都安装在一台计算机上，并根据自己的需要任意选择呢？当然可以呀，这就是我们接下去要讲的多系统共存。

要让多系统共存，首先要了解一些基本的原理，这里再做一番比较深入的剖析：操作系统是如何引导的呢？当系统加电自检通过以后，硬盘被复位，BIOS 将根据用户指定的启动顺序从软盘、硬盘或光驱进行启动。以从硬盘启动为例，系统 BIOS 将主引导记录读入内存。然后，将控制权交给主引导程序，然后检查分区表的状态，寻找活动的分区。最后，由主引导程序将控制权交给活动分区的引导记录，由引导记录加载操作系统。

对于 Windows XP/2000 来说，则由是 NTLDR 这个程序负责将其装入内存，或者让用户选择非 Windows XP/2000 操作系统。引导装入程序和多重引导都由一个具有隐含属性的初始化文件 boot.ini 控制。在 boot.ini 中包含有控制计算机可用的操作系统的设置，引导的缺省操作系统以及应当等待多长时间等信息。而对于 Windows 7/Windows 2008，弃用原先的 NTLDR+BOOT.INI 的引导体系，改用 BCD 引导，系统通过 bootmgr 程序导入 BCD 文件而完成启动菜单的加载，然后从启动菜单中选择相应的系统进行启动，从而实现多系统的启动。BCD 启动方式可支持 VHD、ISO、WIM 等格式文件的直接启动，功能相比 NTLDR 大大加强。

那么，我们的机会在哪里呢？俗话说得好，见缝插针。从计算机引导过程的描述中大家可以发现，我们可以人为地加以干预的地方只有两处：一是设置物理盘的引导次序，二是修改主引导程序的分区表。多硬盘的多系统共存：如果你采用的是多硬盘的计算机，而且每块硬盘都安装有不同操作系统时，建议你通过在 CMOS 中指定硬盘的启动次序，实现多操作系统的共存。由于操作系统之间互不影响，所以这种方法完全不受兼容性等其他因素的影响。单硬盘的系统共存：如果你只有一块硬盘，并也想在上面安装多个操作系统而相互不受影响，则必须采用修改主引导程序和分区表的方法来实现。一般有两种方法：一是修改主引导记录，在主引导记录的最后用 JMP 指令跳到自己的代码上来，从而控制计算机的引导过程；另外一种方法是修改主分区第一个扇区的引导代码，以实现多系统的共存。

任务 41　EasyBCD 软件使用及 BCD 菜单的编辑

1. 理论知识点

EasyBCD 是一款免费软件，EasyBCD 能够极好地支持多种操作系统与 Windows 7、Vista 结合的多重启动，包括 Linux、Mac OS X、BSD 等，当然也包括微软自家的 Windows 2000/XP。任何在安装 Windows 7 前其能够正常启动的系统，通过 EasyBCD，均可保证其在安装 Windows7 后同样能够启动。同时，在设置方面极为简单，完全摆脱 BCDEdit 的烦琐冗长命令，用户只需选择相应的平台与启动方式（如 Linux 下的 Grub 或 LILO），即可完成。相比之下，它比之前使用的 BOOTICE 在编辑 BCD 菜单方面功能更强大，操作更加方便。

2. 任务目标

（1）熟悉 EasyBCD 软件的基本用法。

（2）熟练使用 EasyBCD 软件编辑 BCD 菜单。

3. 环境和工具

（1）实验环境：Windows 7、VMware 8。

（2）工具及软件：EasyBCD 2.1 软件。

4. 操作流程和步骤

（1）打开虚拟机，安装 EasyBCD 2.1 软件，该软件可从网络上下载。EasyBCD 在 Windows 7 中可以直接安装，而在 Windows XP 中则需要先安装.NET Framework 才能正确安装。这里我们在 Windows 7 中安装进行实验。

（2）安装完毕后，在桌面会自动生成图标，直接双击启动，启动后画面如图 6-19 所示：

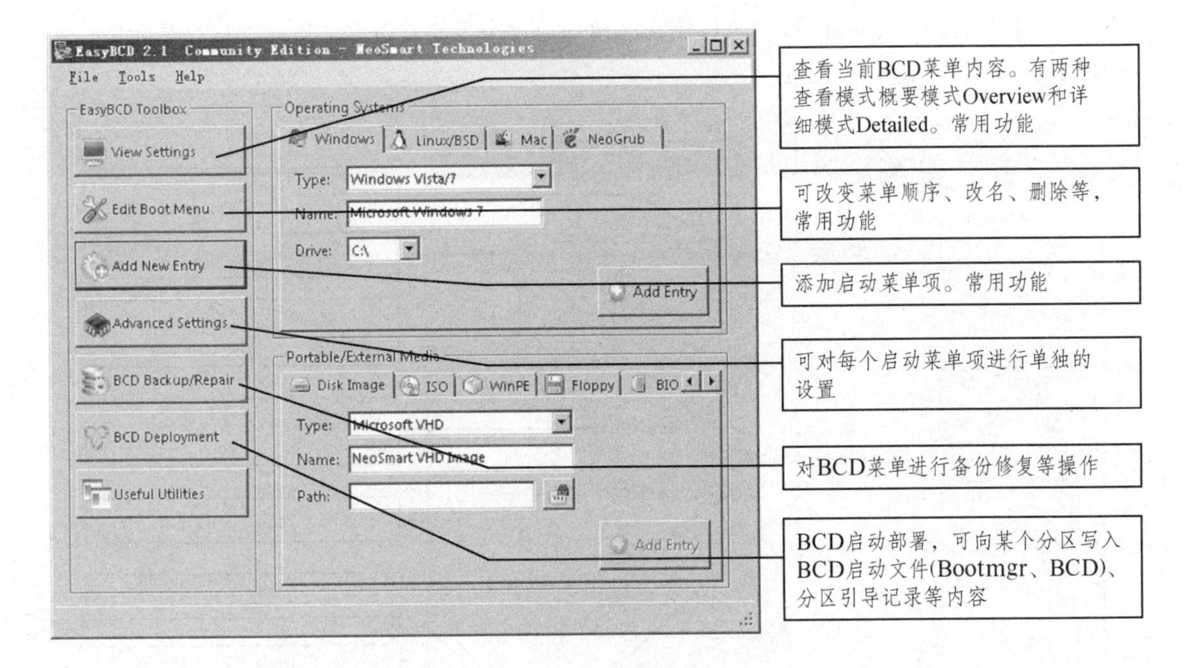

图 6–19

（3）单击“File”→“Load System BCD”菜单可以打开当前系统的 BCD 菜单，而单击“File”→“Select BCD Store”菜单项可以打开其他的 BCD 菜单。默认情况下打开 EasyBCD 软件时自动打开当前系统的 BCD 菜单。

（4）单击 Views Settings 按钮，可以查看当前打开的 BCD 菜单中的内容，这里仅能查看，没有编辑的功能，所以这里基本没什么操作。

（5）单击 Edit Boot Men 按钮，可以编辑 BCD 菜单，如图 6-20 所示：

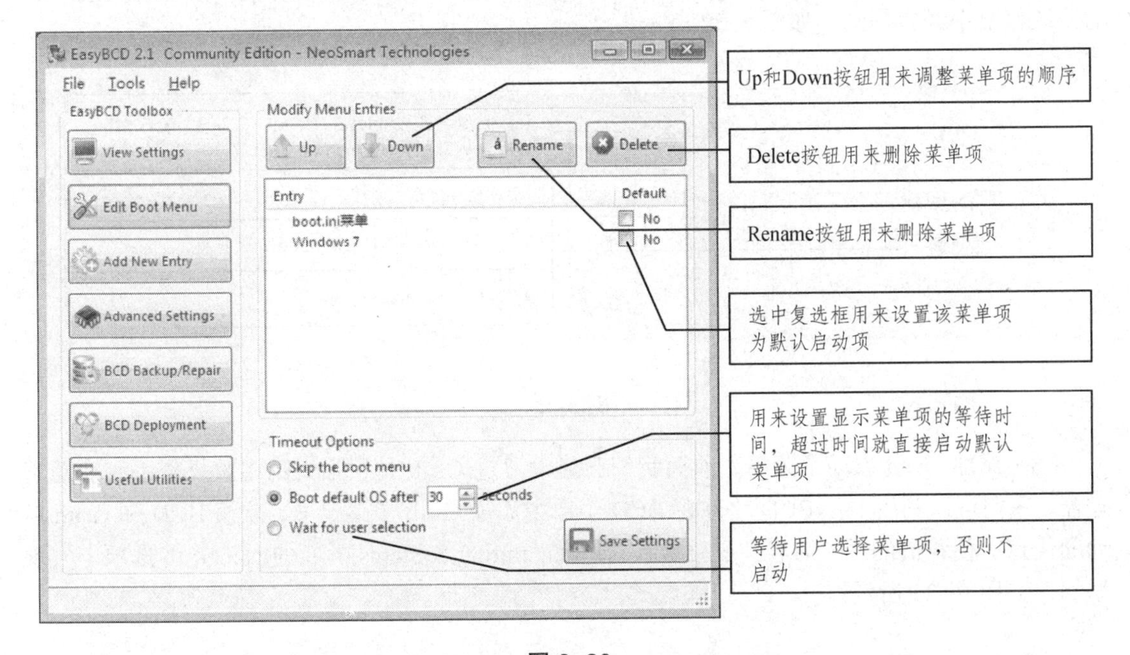

图 6–20

（6）单击 Add New Enty 按钮可以添加菜单项。这个界面有很多常用的功能，是我们经常操作的地方，如图 6-21 所示：

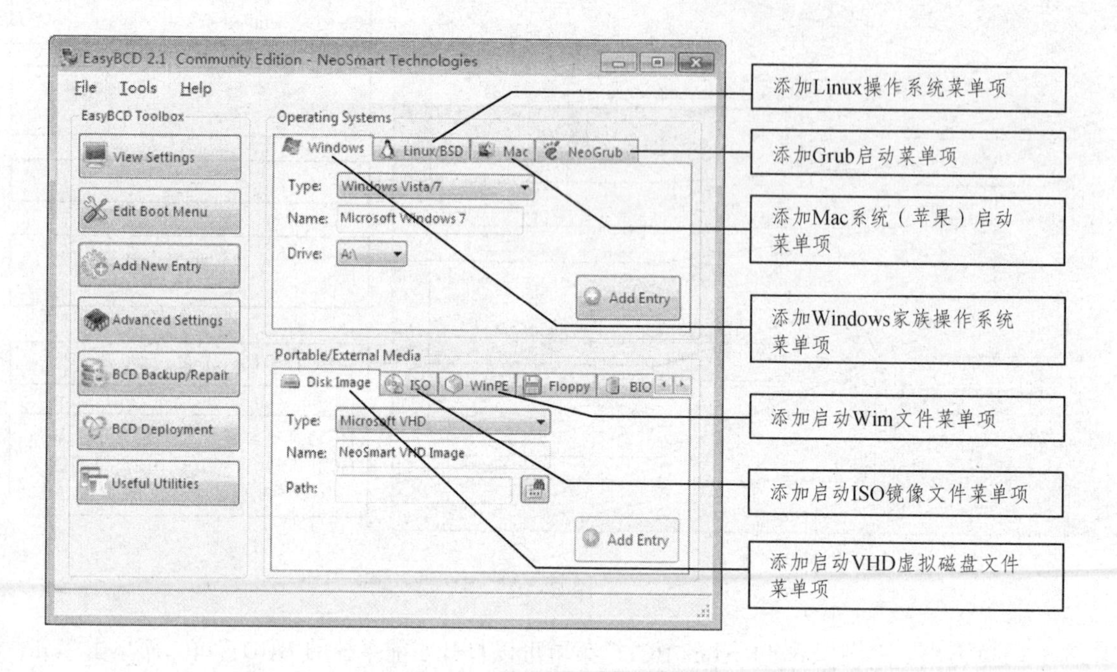

图 6-21

（7）利用虚拟机中现有的操作系统，我们再通过手动的方式添加现有操作系统的菜单项，这里我们选择 Operating Systems 下面的 Windows 选项卡，手动添加 Windows 7 和 Windows XP 两个菜单项。这在操作系统文件没有损坏，而因启动文件或引导记录损坏导致不能正常启动的系统修复中经常用到，如图 6-22 所示：

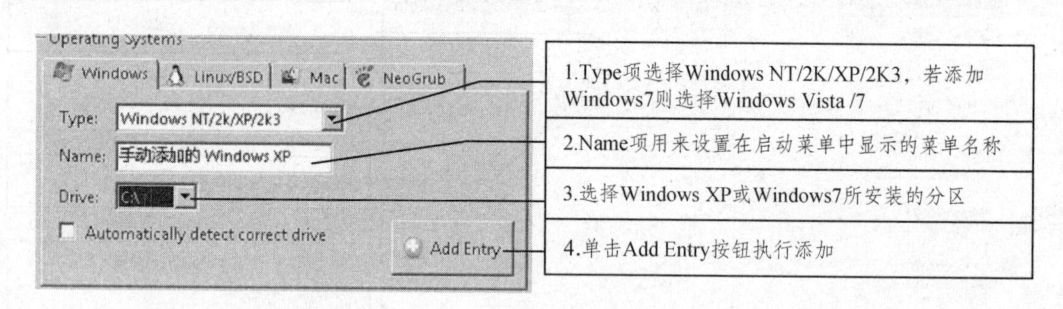

图 6-22

（8）添加 Grub 启动子菜单。前面我们已经学习过 Grub 是很强大的多重操作系统启动管理器，我们可以利用 EasyBCD 软件在 BCD 菜单中添加 Grub 子菜单项，兼顾 BCD 和 Grub 启动的优点，使我们的系统兼容性更强大。选择 Operating Systems 下面的 NeoGrub 选项卡实现添加，如图 6-23 所示：

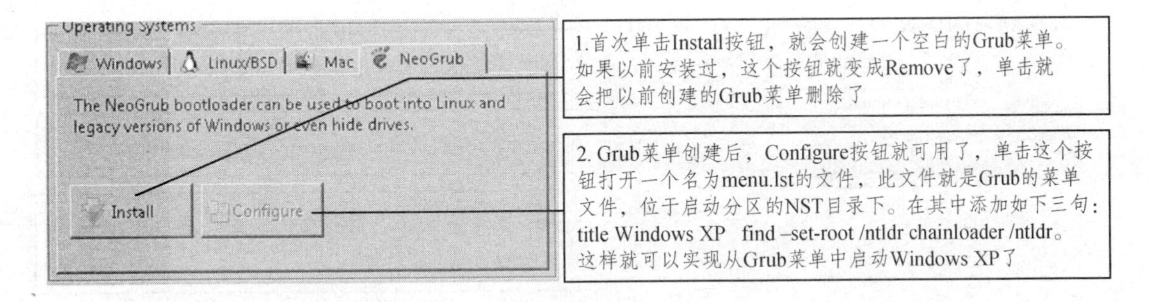

图 6–23

（9）添加启动安装在 VHD 中的 Windows 7 菜单项，选择 Portable/External Media 中的 Disk Image 选项卡即可，如图 6 -24 所示：

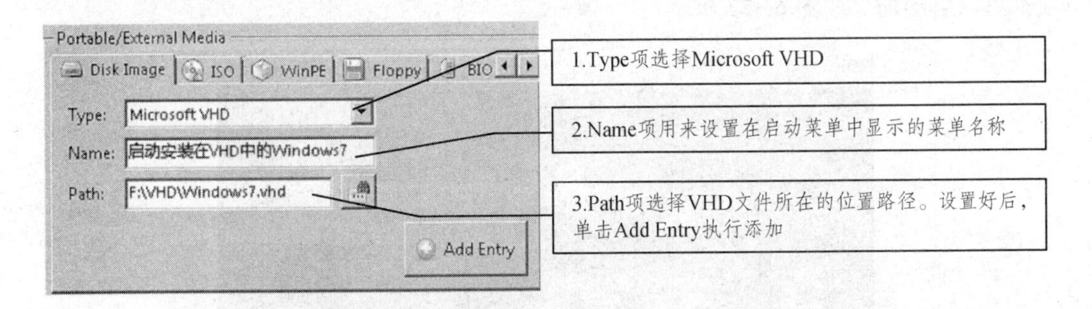

图 6–24

（10）添加启动 ISO 镜像文件菜单项，选择 Portable/External Media 中的 ISO 选项卡。并不是所有的 ISO 镜像文件都可以启动，只有可启动 ISO 文件才可以添加到这里以实现开机后从 ISO 文件中启动。常见的打包成 ISO 文件的 PE 系统以及操作系统安装盘都是可以启动的，如图 6-25 所示：

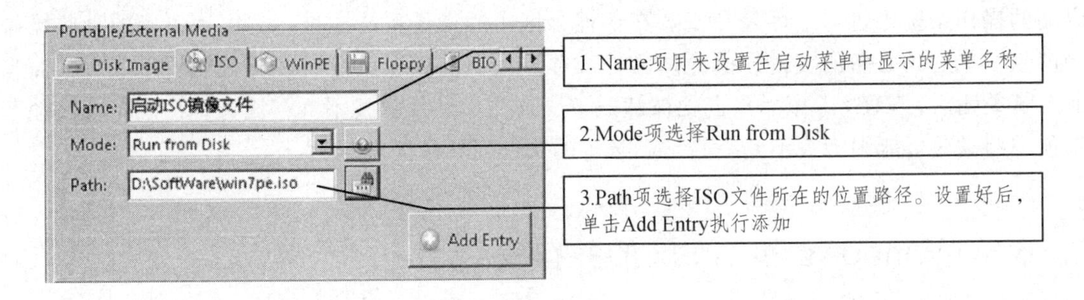

图 6–25

（11）添加启动 Wim 镜像文件菜单项，选择 Portable/External Media 中的 Windows PE 选项卡。目前也有很多 PE 被封装成可启动的 Wim 镜像文件，Windows7 之后的系统安装盘里也有 Wim 镜像文件，它们都是启动和安装的核心文件，通过这种方式可以启动 Wim 镜像文件。如图 6-26 所示：

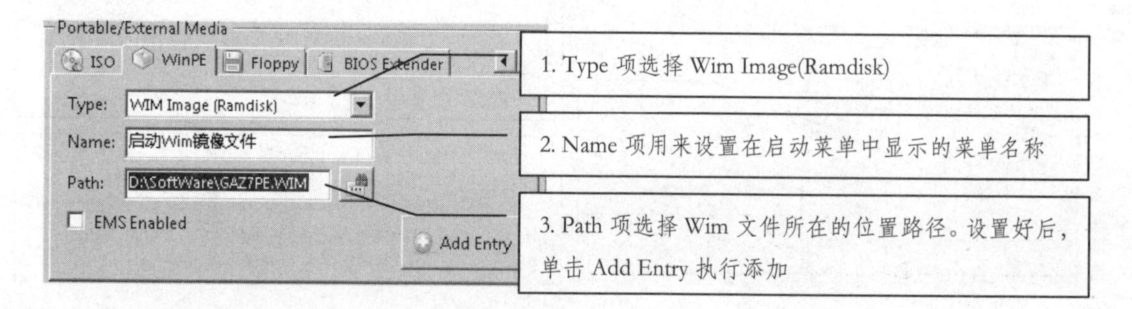

图 6-26

（12）通过以上的一组常用操作，我们给 BCD 菜单中添加了多个启动菜单项，这也是 EasyBCD 软件常用的一组功能。如果相应的系统或文件都存在，并且位置路径正确，这些菜单项都可以启动的。如图 6 -27 所示：

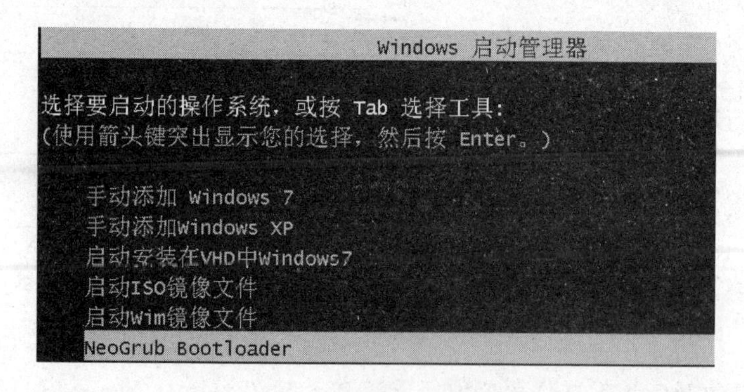

图 6-27

5. 拓展知识

注意：以上的操作最好在实模式下启动的操作系统中进行，也就是不要在通过 VHD 文件启动的操作系统中进行，而是在安装在物理分区中的操作系统中进行。因为以上的某些操作会产生一些启动必备的文件，而这些文件都存放在当前操作系统所在分区的根目录下，而当前系统关闭后，VHD 虚拟磁盘也就被卸载了，这些文件都将找不到，因此下次准备从其他菜单项中启动时可能因为找不到一些启动必备的文件而导致无法启动。

6.3 Windows 和 Linux 的并存安装

任务 42 Windows/Linux/Android 的并存安装及引导菜单编辑

Windows 和 Linux 是目前两种主流的操作系统，各自有各自的应用场合，有时我们可能需要同时安装这两种系统，而 Android 系统是目前移动设备中普遍应用的一种操作系统，它其实也是一种 Linux 系统，也可以安装在我们的 PC 机上。如此我们就能把几种常用的操作系统都集成于一台机器上了。

理论上三种操作系统的安装顺序无所谓，只要三个系统不在同一个分区，先装那个都可以，只不过安装好后，可能要手动改写一些引导程序或引导菜单而已。这里为了简便，我们按照 Windows 7、Android、Linux 的顺序装，并且分配一个独立的活动分区用来存放一些启动文件，把启动文件和各个系统的文件分开。

1. 任务目标

在同一台 PC 机上同时安装上 Windows、Linux 和 Android 系统，并都能正常启动进入。

2. 环境和工具

（1）实验环境：Windows 7、VMware 8。

（2）工具及软件：Windows 7、Linux 和 Android 系统 ISO 镜像文件，其中 Linux 选择的是 Red HatLinux 9 安装程序（包含三个 ISO 文件安装包），Android 选择的是 Android-x86-4.0-RC1。

3. 操作流程和步骤

（1）利用自定义方式创建一个 Red Hat Enterprise Linux 6 虚拟机，虚拟机内存 1G 以上，硬盘 40G 以上，硬盘类型 Virtual disk type 必须选择 IDE，否则安装 Android 时会出问题，如图 6-28 所示：

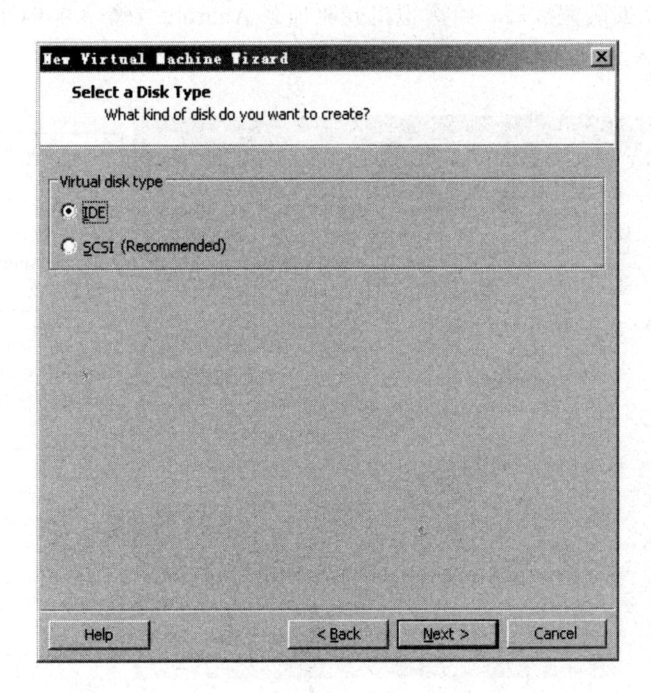

图 6-28

（2）虚拟机创建好后，立即对硬盘进行分区，先分两个分区，一个 300M 作为主活动分区，存放系统引导文件；另一个分区 15G 用来安装 Windows 7，这里 Windows 7 直接装到物理分区中。剩余的空间不需要分区，由 Android 和 Linux 安装程序来分，兼容性会好些。分区后如图 6-29 所示：

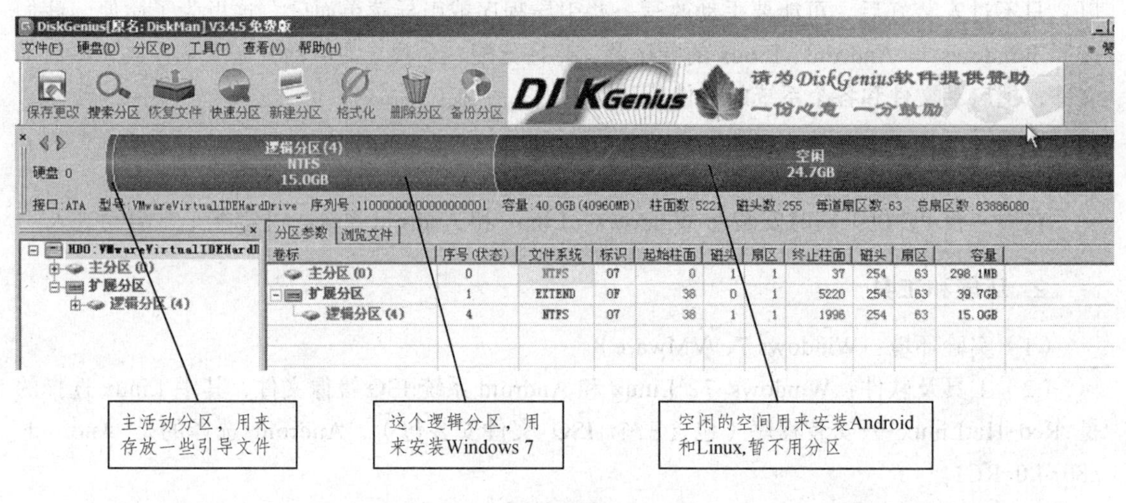

图 6-29

（3）分区完成后，给虚拟机光驱加载 Windows 7 ISO 镜像文件，从光驱启动虚拟机，进行 Windows 7 安装。安装时选择正确的分区，即上面分配 15G 的分区，其他步骤都和前面的过程一样，此处不再赘述。

（4）Windows 7 安装完成后，给虚拟机光驱加载 Android-x86-4.0-RC1 ISO 镜像文件，然后从光驱启动，进入 Android 安装程序，如图 6-30 所示：

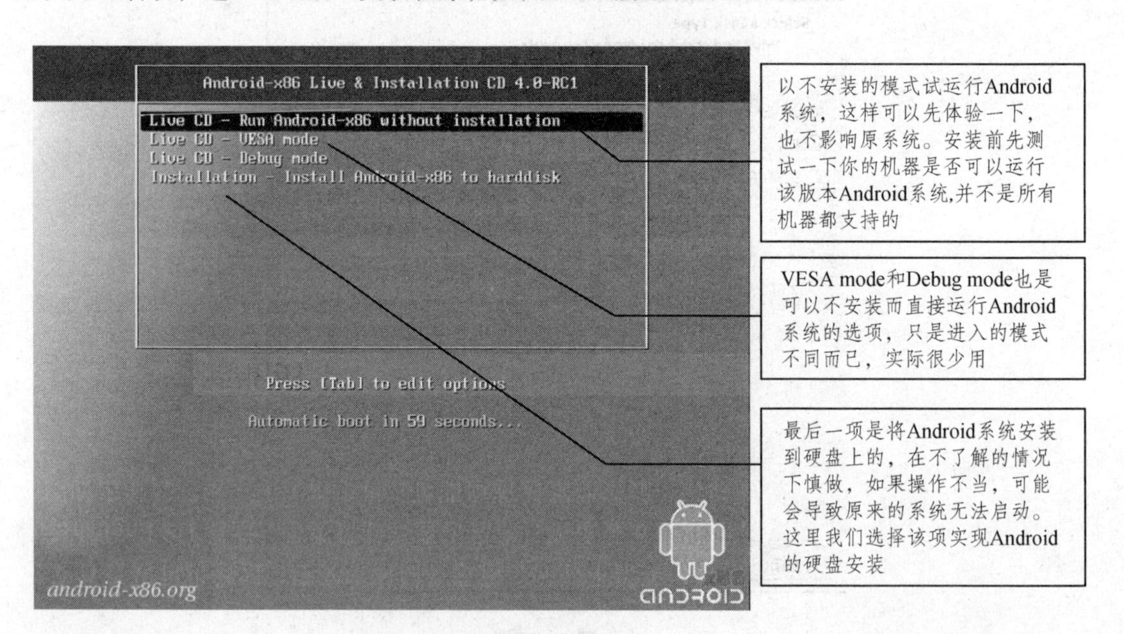

图 6-30

（5）选择硬盘安装后，会出现一连串英文，显示正在运行的程序，不用紧张，执行完后，停留在下面的画面，如图 6-31 所示：

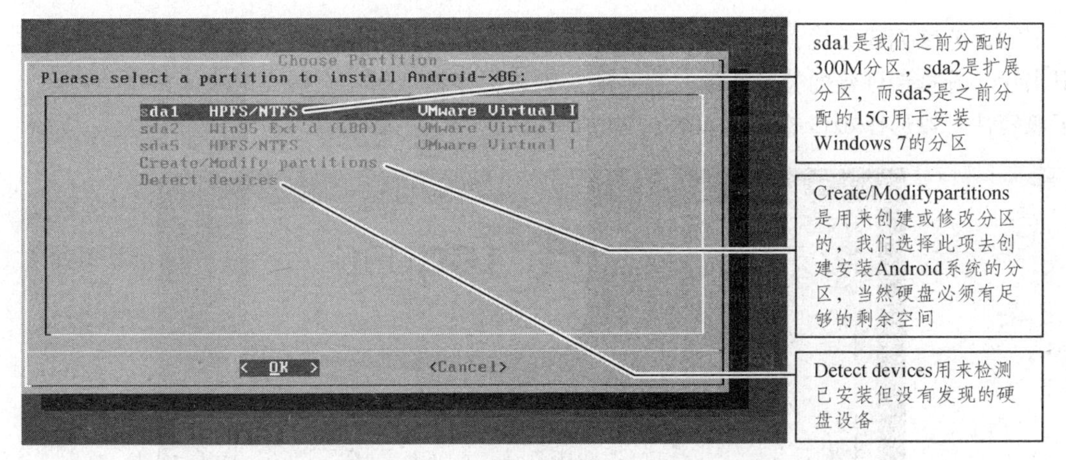

图 6-31

（6）选择“Create/Modify partitions”后，则打开 Android 的内置分区软件 cfdisk，即可开始创建安装 Android 系统的安装分区，打开如图 6-32 所示：

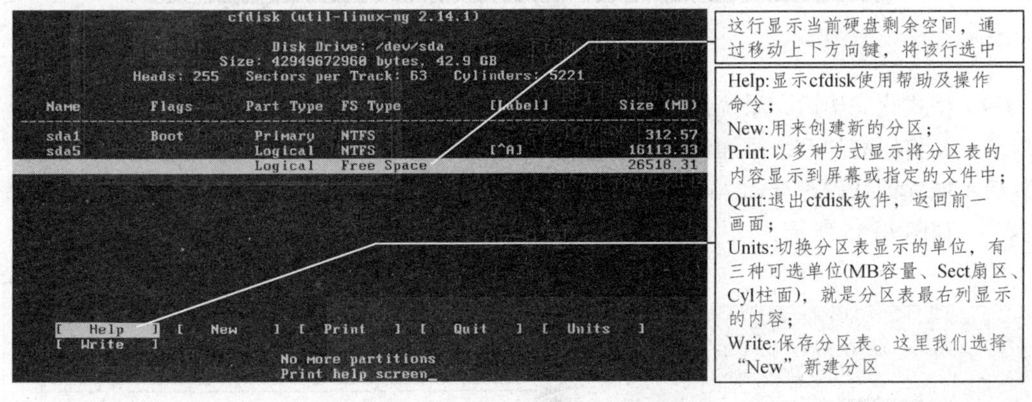

图 6-32

（7）选择“New”，软件提示输入分区大小，这里我们输入 4096MB，紧接着软件提示分区从什么位置创建，“Beginning”表示从剩余空间的开始位置创建，“End”则表示从剩余空间的结束位置创建，这里我们选择“Beginning”。选择后按回车就创建了一个新分区，发现分区表上多了一行，大小正是 4096MB，如图 6-33 所示：

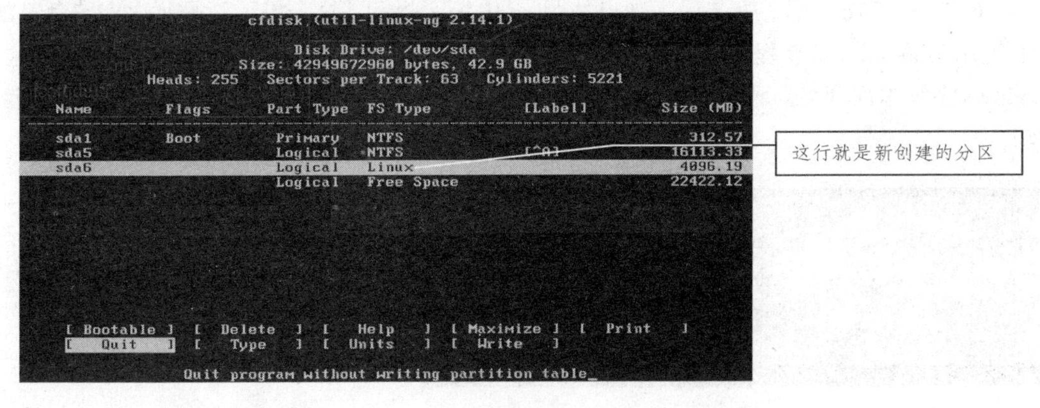

图 6-33

（8）分区创建好后，先选择“Write”保存分区表，然后再选择“Quit”退出分区程序，退出后，选择新创建的分区开始安装系统。安装程序提示用什么格式格式化新建的分区，为了兼容性一般选择 ext3 格式，如图 6-34 所示：

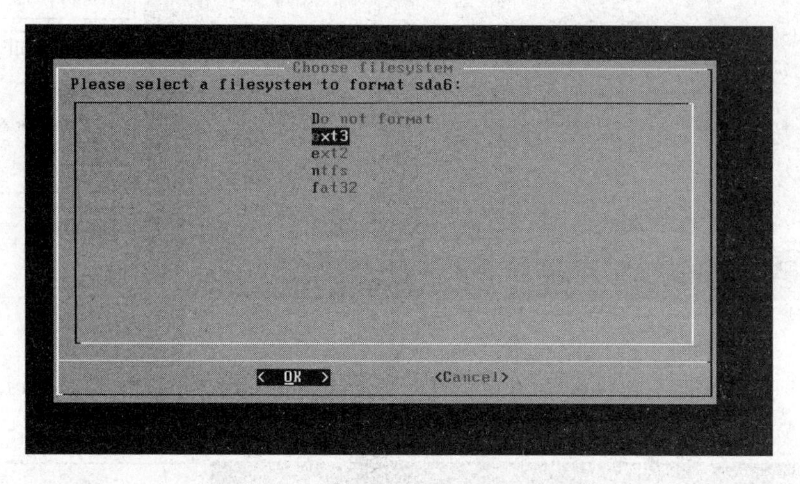

图 6-34

（9）格式化完毕后，系统提示是否安装 GRUB 启动项：选择 Yes，则系统采用 GRUB 方式启动，并将原有的系统添加到 GRUB 启动菜单上；若选择 Skip，则不安装 GRUB 启动项，安装后不能立即从硬盘启动 Android，还要手动添加启动菜单，非常复杂。所以这里我们选择“Yes”，如图 6-35 所示：

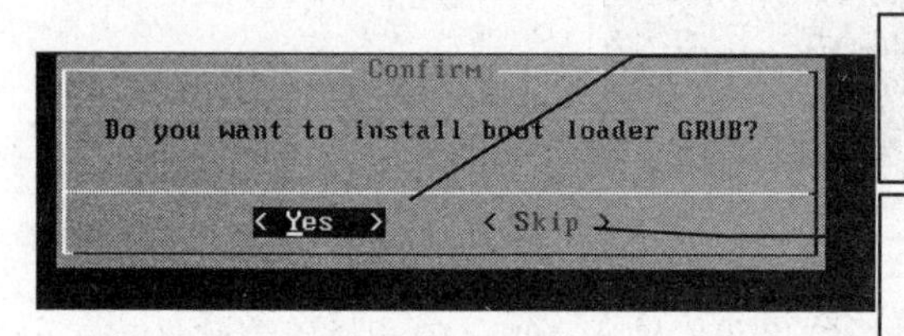

Yes 表示系统安装 GRUB 引导装载程序，并将原有的系统添加到 GRUB 启动菜单上

Skip 表示不安装 GRUB 启动项，安装后不能立即从硬盘启动 Android，需要手动添加启动菜单方

图 6-35

（10）选择“Yes”后，安装程序弹出如图 6-36 所示提示，这个提示不是每次安装都有的。这个提示告诉你，安装程序在/dev/sda1 分区中发现 Windows partition，询问是否将这个 Windows 系统添加到引导菜单项中，这里选择“Yes”，否则先前安装的 Windows 7 将不能被启动。

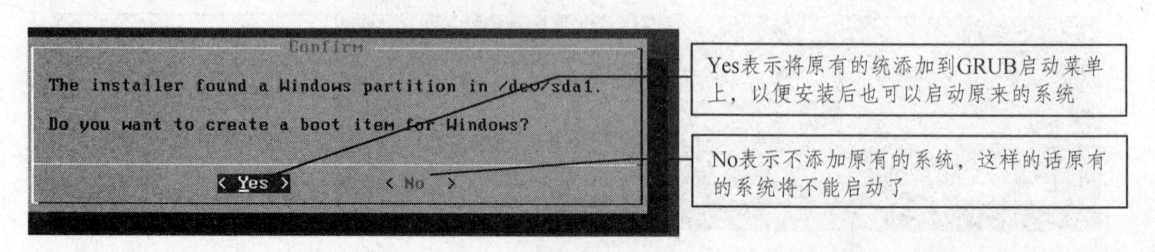

图 6-36

（11）选择“Yes”，弹出如图 6-37 所示对话框，询问是否将系统文件夹设置可读写权限，选择“YES”，如此可以让开发者更加容易进行 Debug 工作，但是会占用一部分空间，由于我们空间充足，所以这里也选择“YES”。

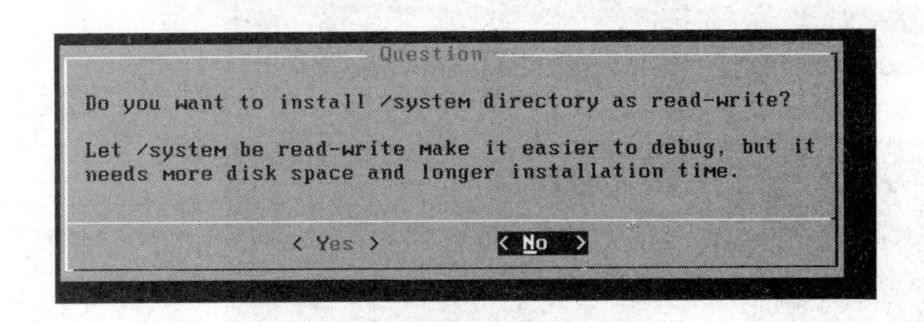

图 6-37

（12）选择后，安装程序开始安装，Android 系统本身很小，安装很快，不到一分钟就安装完毕。尔后弹出如下对话框，如图 6-38 所示：

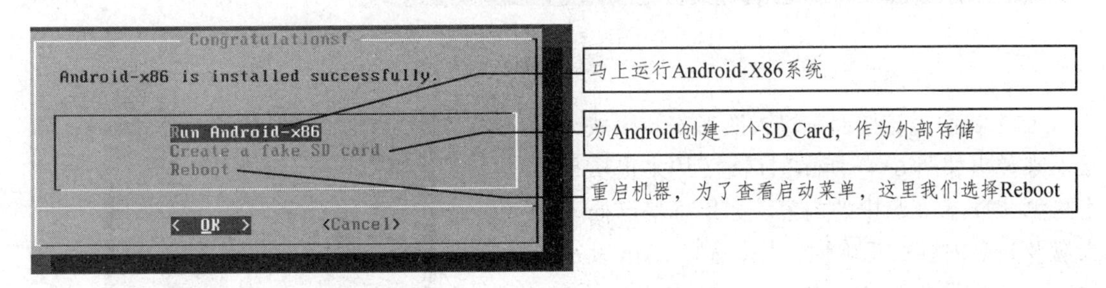

图 6-38

（13）重启后，就可以看到如图 6-39 所示的启动菜单，这样就实现了 Windows 和 Android 系统的并存安装了。

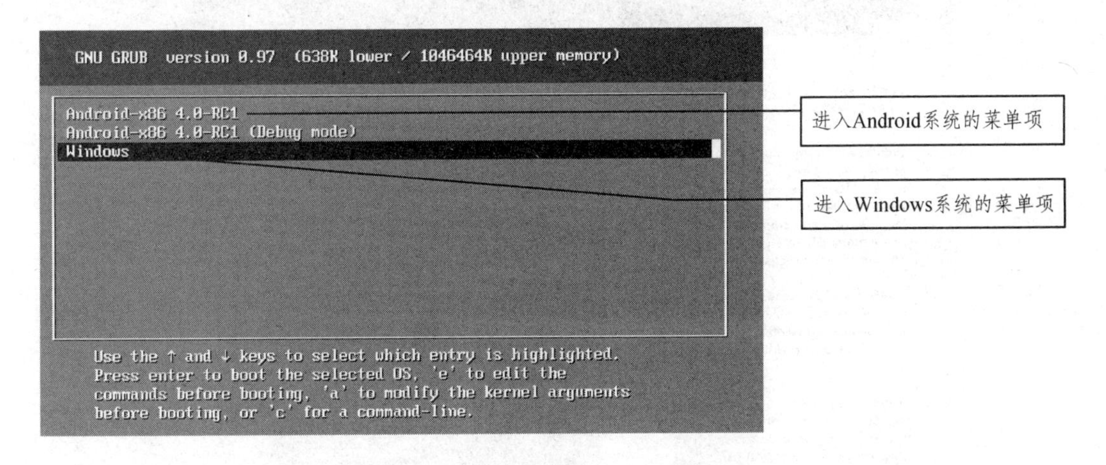

图 6-39

（14）接下来我们继续安装 Red Hat Linux 9.0。为虚拟机光驱添加第一张安装光盘，重启机器从光驱启动，进入 Red Hat Linux 安装画面，如图 6-40 所示：

图 6-40

（15）我们直接按回车进入图形安装模式，接下来弹出如图 6-41 所示对话框，用来提示是否检测 CD 盘及盘中的内容。如果确信已插入光盘及光盘内容的正确性，大多选择 Skip 跳过检查，这里我们也选择 Skip 跳过检查。

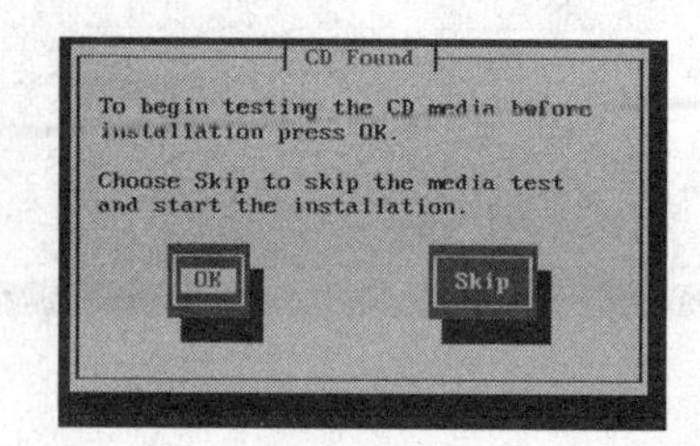

图 6-41

（16）选择 Skip，进入下一画面，这里直接单击“Next”按钮，如图 6-42 所示：

图 6-41

（17）接下来依次选择安装语言，英语不好的，就选择简体中文吧，这样也可以查看安装画面左边的安装提示和帮助，方便我们安装系统；然后再选择键盘类型，选择 US English；再选鼠标，根据自己鼠标的类型选择，一般按照默认选项即可；再单击“下一步”，弹出如图 6-43 所示对话框。

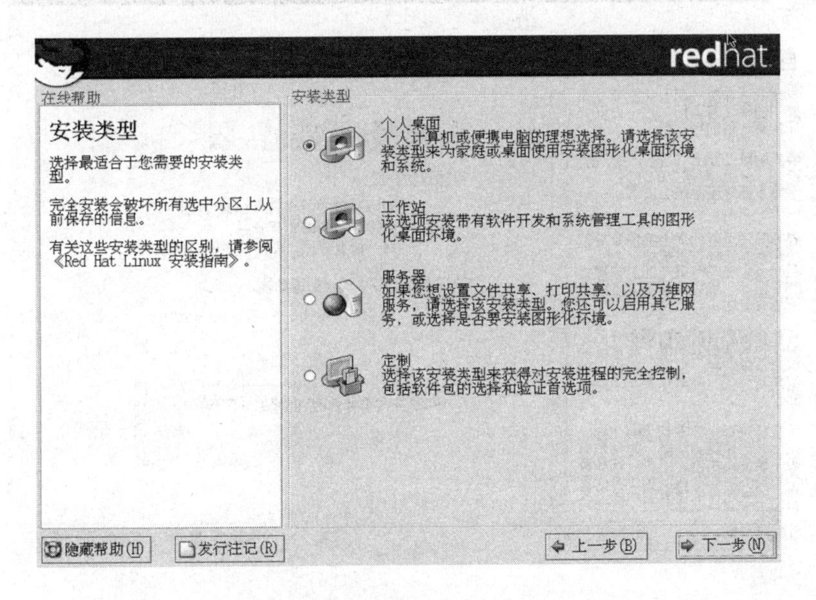

图 6-42

（18）安装类型对话框主要选择 Linux 的哪种安装类型。不同的安装类型，只是安装内容有所差别，但安装步骤基本类似。这里仅为了做试验，我们按照默认设置，选择“个人桌面”，再单击“下一步”，进入磁盘分区，如图 6-44 所示：

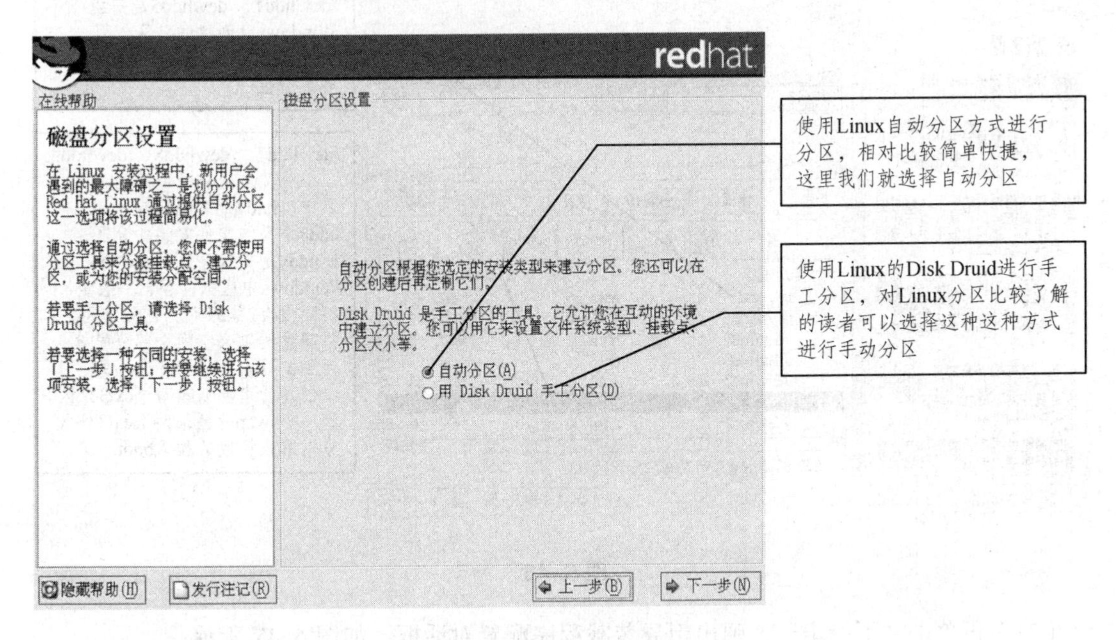

图 6-43

（19）选择自动分区，单击“下一步”，选择“保留所有分区，使用现有的空闲空间”，这样就可以保留先前安装的分区了，再单击“下一步”，如图 6-45 所示：

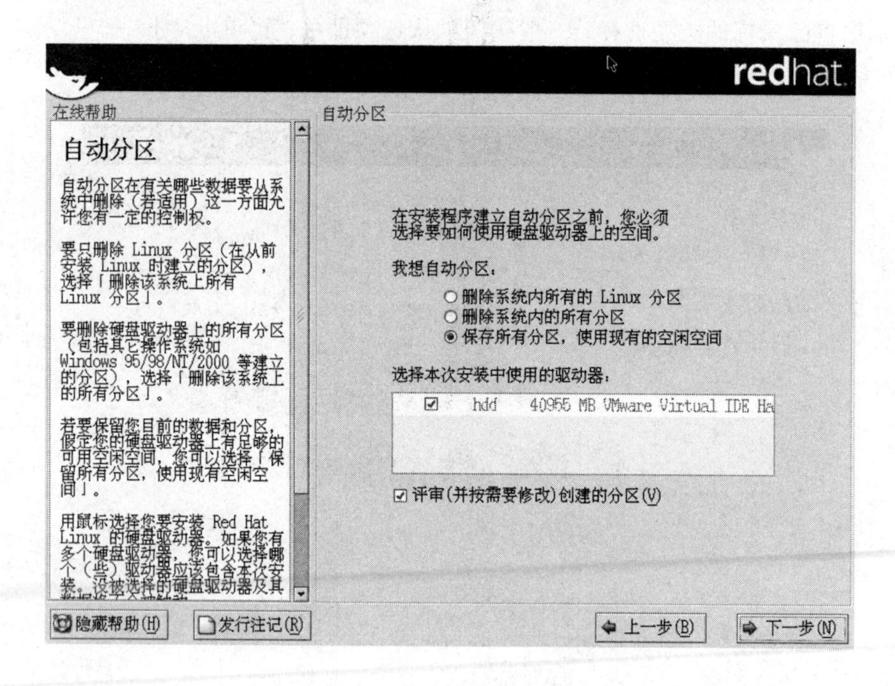

图 6-44

（20）提示创建引导软盘，直接“确定”，进入下面如图 6-46 所示画面：

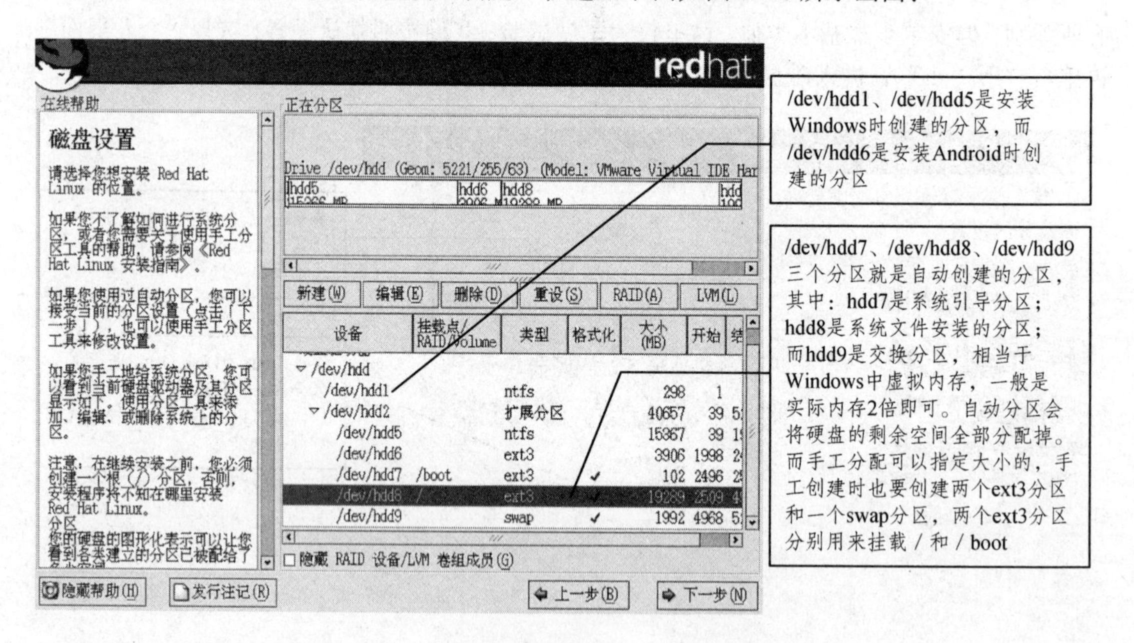

图 6-45

（21）再单击“下一步”，弹出引导装载程序配置对话框，如图 6-47 所示：

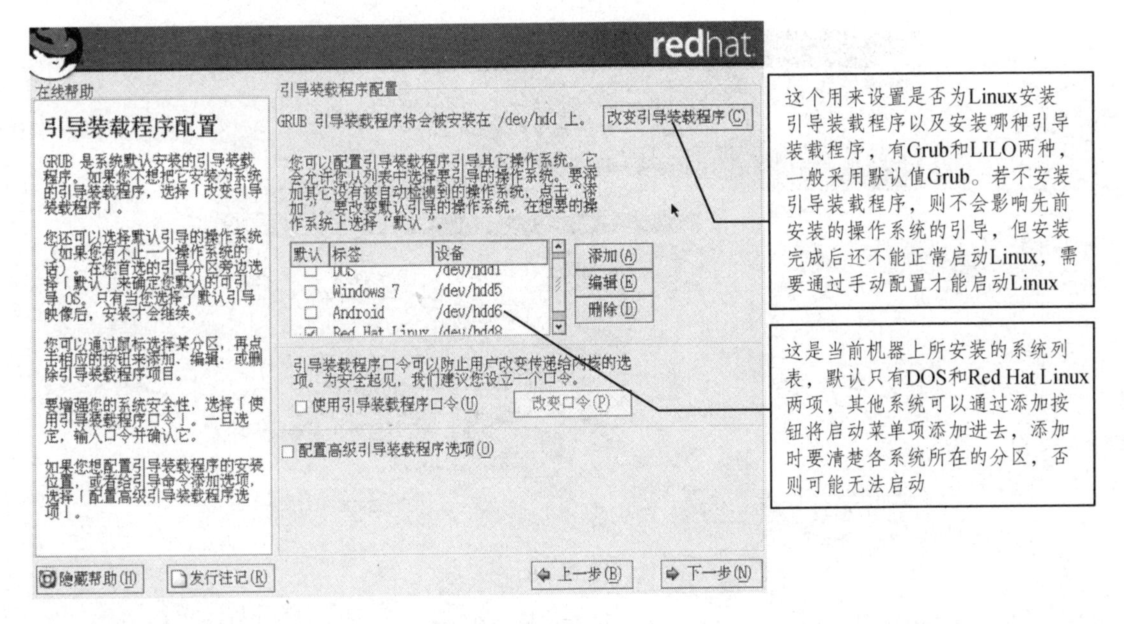

图 6-46

（22）设置好后，单击“下一步”，后面的一些配置我们暂时不作修改，都采用默认值。依次单击“下一步”，直到“设置根口令”，我们设置一个满足要求的口令，继续单击“下一步”，直至弹出个人桌面的默认设置对话框，如图 6-48 所示：

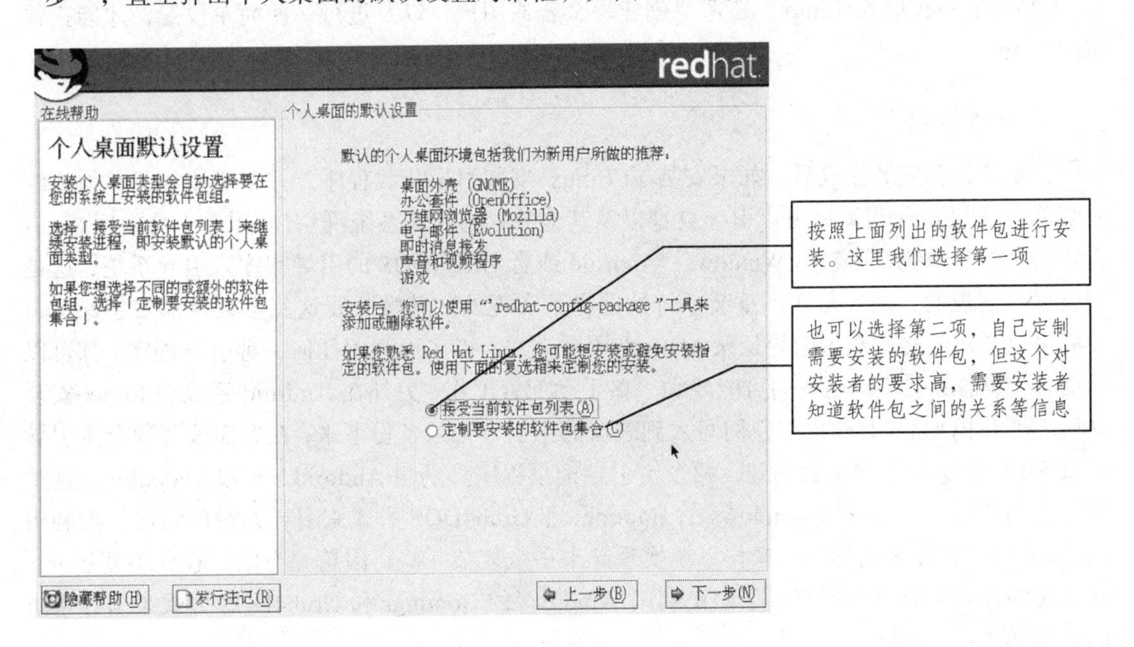

图 6-47

（23）继续 2 次单击“下一步”，Linux 正式开始安装系统，安装时间随机器性能、安装软件包的数量不同而不同，一般都需要几十分钟，可以借此休息一下，不过也要定期密切关注安装进程。因为安装过程中，安装程序会提示换碟，这个系统安装盘包括三个碟要完成安装，在安装过程中根据提示及时换碟才能完成安装，如图 6-49 所示提示换第 2 张光盘：

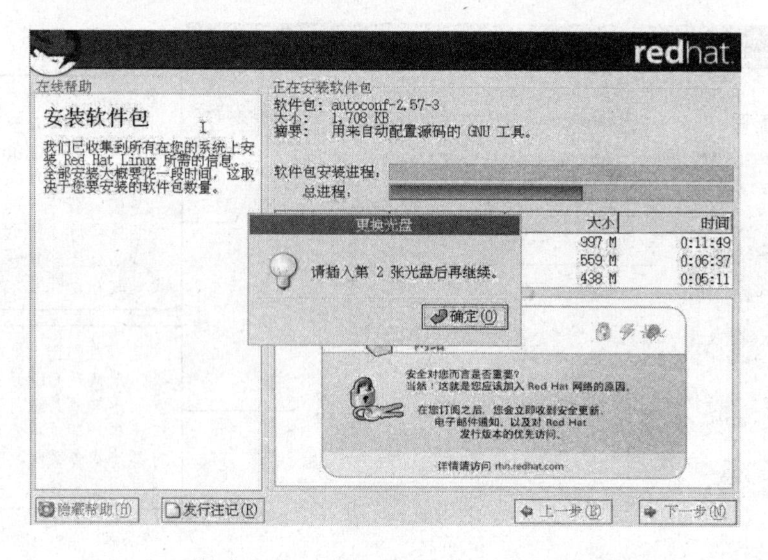

图 6-48

（24）安装完成后，安装程序提示是否创建引导盘，只有在没有安装引导装载程序时，才需要创建引导盘，这里我们选择“否”。接下来再进行一些有关显示特性的设置，一般采取默认值，直接单击几次“下一步”就完成安装了。

（25）重启计算机，系统利用 Linux 引导程序引导机器，并打开 Linux 引导菜单。

（26）第一次进入 Linux，还需要创建一个普通用户，以及进行一些简单设置，才能正常使用 Linux。

4. 拓展知识

三系统并存安装完成后，如果安装了 Linux 安装引导装载程序，并正确添加了其他系统的菜单项，则 Linux 启动后可以引导自身以及其他并存的操作系统。但有时用户不希望用 Linux 引导程序引导系统，还想用 Windows、Android 或者 Grub4DOS 的引导程序来引导系统，这是完全可以实现的，而且是在不重装系统的前提下实现的。其实只要这三个系统都安装好了，我们可以通过改写硬盘主引导记录 MBR 和引导菜单，以实现利用任何一种引导程序，都可以启动各个操作系统。只是我们可能要做一些手动配置工作，另外在 Android 系统和 Linux 安装好后，利用 BOOTICE 软件将它们写入到硬盘的主引导记录备份下来，在后面改写硬盘主引导记录 MBR 和引导菜单中会用到，两个主引导记录程序分别叫 Android.bin 和 Linux.bin，这里我们主要来讨论一下利用 Windows 的 Bootmgr 和 Grub4DOS 方式来引导系统的做法，而利用 Android 引导程序来引导三个操作系统实现起来稍微复杂一些，因篇幅有限，在此不便展开，有兴趣的读者可以自行研究。下面是利用 Windows 的 Bootmgr 和 Grub4DOS 方式来引导系统的具体做法：

（1）利用 Windows 的 Bootmgr 来进行引导。打开 BOOTICE 软件，将硬盘的主引导记录设为“Windows NT 6.X 默认引导程序”，然后将 Android.bin 和 Linux.bin 拷贝到 C 盘（即那个 300M 的主活动分区）中，并改名为 Android.mbr 和 Linux.mbr，然后再编辑 C 盘的 boot 目录下的 BCD 菜单文件，添加两个实模式启动项，启动文件分别指向 Android.mbr 和 Linux.mbr 这两个文件，如图 6-50 所示：

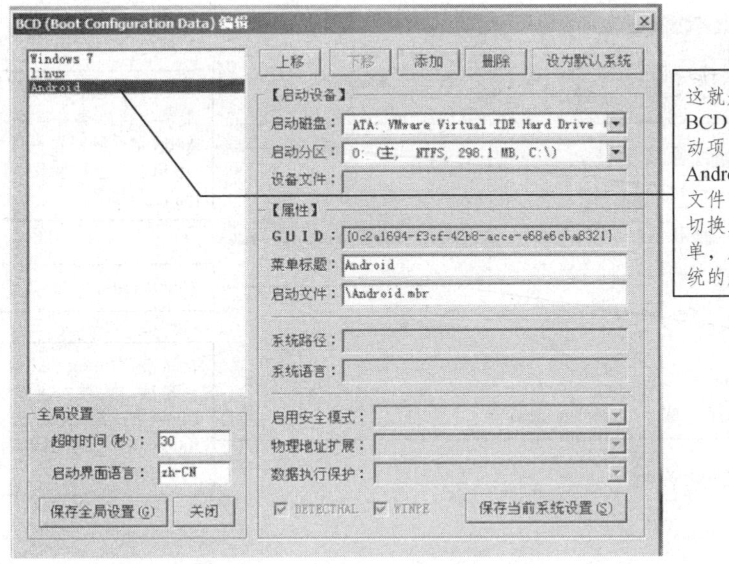

图 6-49

配置好后，重启计算机，即利用 Windows 的 Bootmgr 来引导计算机，并打开 BCD 菜单，在 BCD 菜单可以选择进入 Windows、Android 还是 Linux，如图 6-51 所示：

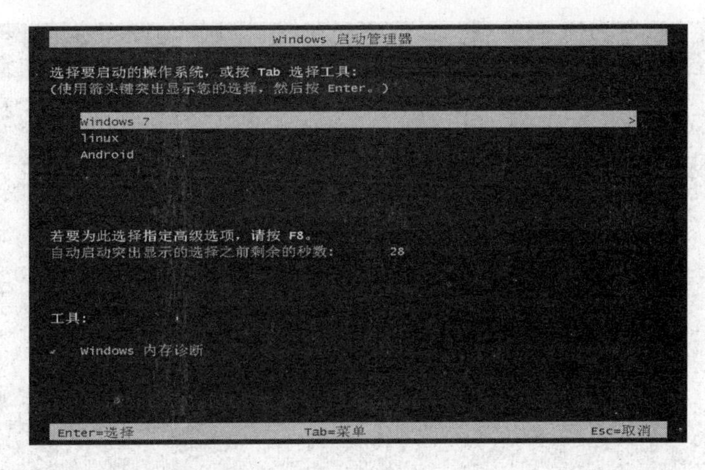

图 6-50

（2）利用 Grub4DOS 启动三个操作系统。首先利用 BOOTICE 软件将硬盘的主引导记录设置为 Grub4DOS，然后将 grldr 和 menu.lst 文件拷贝到那个 300M 的主活动分区中，并编辑 grldr 和 menu.lst 中的内容，其中的内容如图 6-52 和图 6-53 所示：

图 6-51

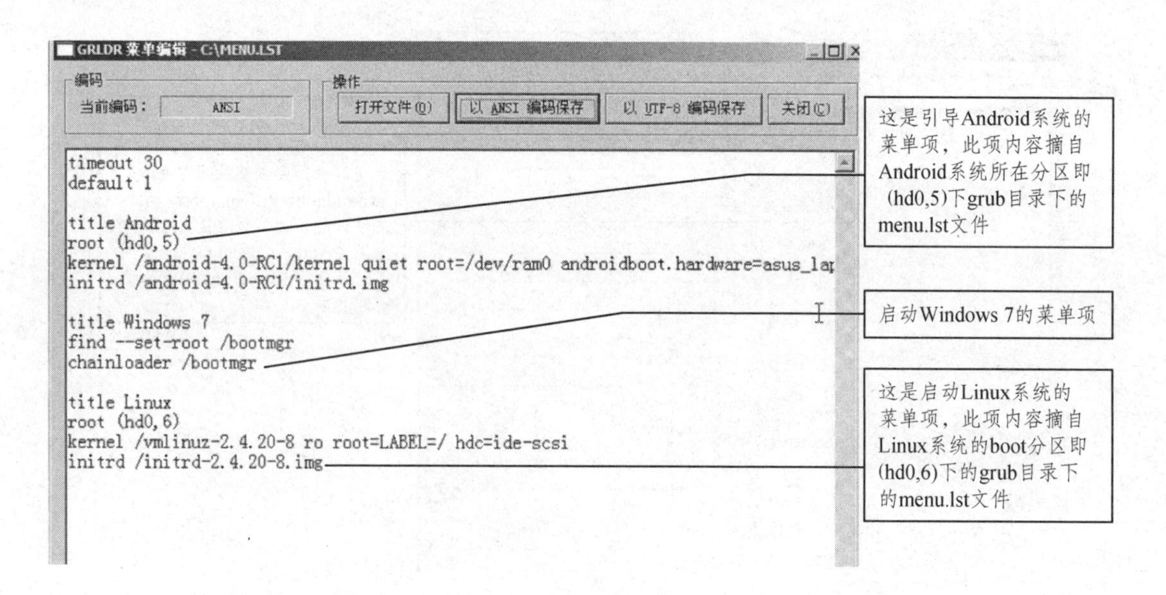

图 6-52

菜单编辑好后，重启机器，系统打开 Grub 启动菜单界面，经试验三个菜单项都能成功启动各个系统，如图 6-54 所示：

```
GRUB4DOS 0.4.5b 2011-05-24, Mem: 638K/1021M/0M, End: 3545B2

 Android
 Windows 7
 Linux

Use the ↑ and ↓ keys to highlight an entry. Press ENTER or 'b' to boot.
Press 'e' to edit the commands before booting, or 'c' for a command-line.

The highlighted entry will be booted automatically in 24 seconds.
```

图 6-53

6.4 Windows 7 x64 和 Windows 8.1 双系统安装

任务 43 Windows 8.1 系统中安装纯净版 Windows 7 x64 实现双系统并存

1. 理论知识点

Windows 8.1 和 Windows 7 都有 64 位和 32 位两种架构。一般情况下，要安装 64 位架构系统的话，计算机硬件必须支持 64 位，即 CPU 必须是 64 位。而对于 32 位架构的系统，现在的计算机基本都能安装。在目前大多数硬件都能支持 64 位的情况下，双系统并存安装还要受到操作系统引导方式、硬盘分区模式等因素影响。

本任务是在 5.8 节已经安装好的 Windows 8.1 x64 系统的基础上，再进一步安装 Windows 7 实现双系统并存。由于在 Windows 8.1 本身是 64 位系统，而且也选择了 UEFI 引导和 GPT 磁盘分区模式，因此本任务中安装的另外一个系统选用了 64 位 Windows 7，这样与现有的系统引导方式、磁盘分区模式较为匹配。所以，大家在做所有工作之前，必须先检查一下你计算机系统的引导方式是 UEFI 还是传统的 BIOS 模式，如果采用的 UEFI 引导模式，则只能选择 64 位系统安装，无法安装 32 位 Windows 系统。大家在安装前一定要仔细查看好。

由于在 5.8 节中安装 Windows 8.1 x64 系统时对硬盘只分了一个用于系统安装的主分区，现在要进行双系统安装，必须要对原来的硬盘进行重新分区，划分出一个不少于 20G 的空白分区用于安装 Windows 7 x64。这里可以利用 Windows 系统自带的磁盘管理工具来实现。如果你的虚拟机本身就有 2 个以上的主分区，则可以跳过重新划分主分区的步骤。

2. 任务目标

在 5.8 节安装好的 Windows 8.1 系统中安装纯净版 Windows 7 x64，实现双系统并存。

3. 环境和工具

（1）实验环境：Windows 7、VMware 12。

（2）工具及软件：Windows 7 x64 纯净版系统安装文件、NT6 快捷安装器。

4. 操作流程和步骤

（1）启动虚拟机，进入 5.8 节安装的 Windows 8.1 x64 系统，在资源管理器中，右键单击“这台计算机”，打开右键菜单，选择“管理”菜单项。打开“计算机管理”窗口，然后再单击“磁盘管理”，列出系统当前磁盘状态信息，如图 6-55 所示：

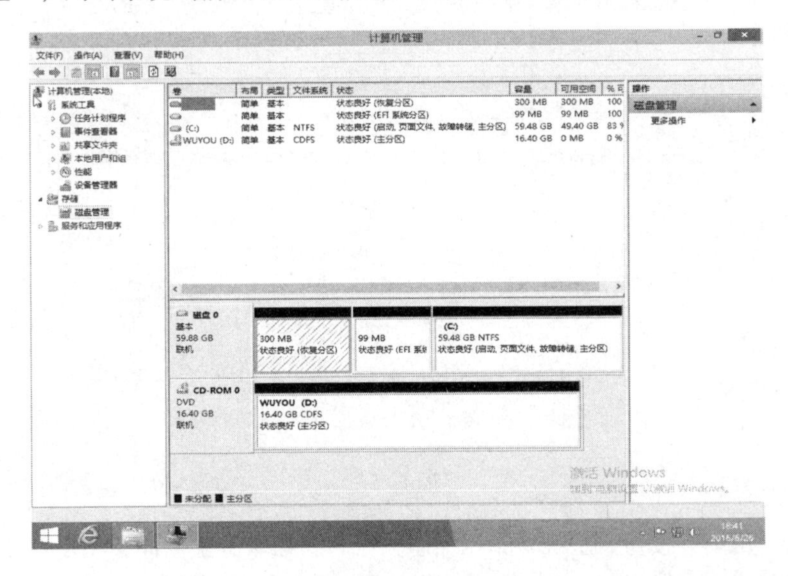

图 6-54

（2）在磁盘 0 的主分区（即 C 盘）上右键单击，打开右键菜单，如图 6-56 所示：

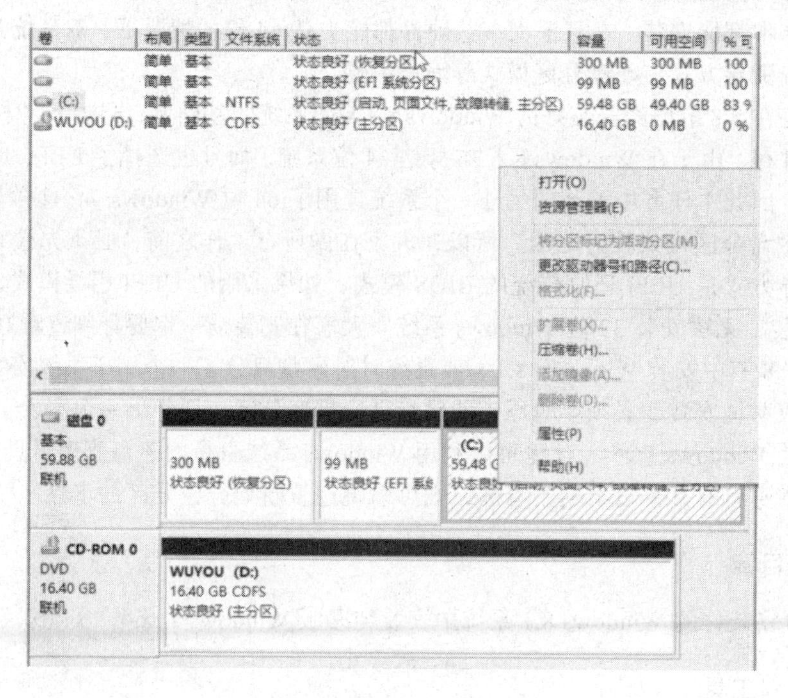

图 6–55

（3）选择“压缩卷”，打开“压缩 C：”对话框，在“输入压缩空间量”后面的文本框中输入空间大小，然后单击“压缩”按钮，如图 6-57 所示：

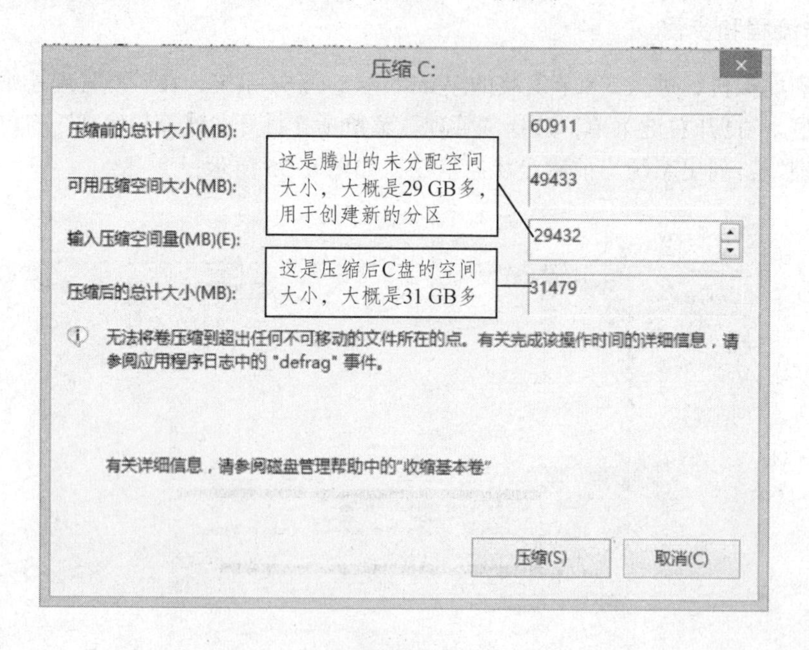

图 6–56

（4）单击“压缩”按钮，系统开始压缩原分区，腾出未分配空间，用于划分新的主分区，如图 6-58 所示：

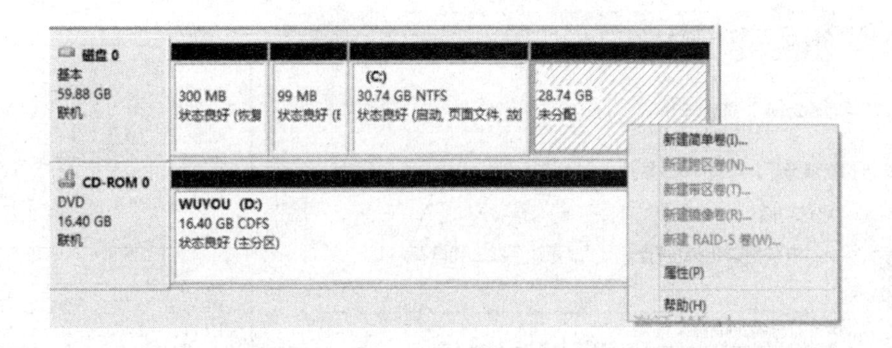

图 6-57

（5）在未分配空间上右键单击，弹出右键菜单，选择“新建简单卷”，和平时磁盘分区过程完全一样，不再赘述。这里将未分配的空间全部创建成一个新的分区，用于将来安装 Windows 7 x64。

（6）新的分区创建好，然后再为虚拟光驱加载无忧启动盘，利用其中的 NT6 快捷安装工具来安装纯净版 Windows 7 x64；如果没有无忧启动盘，也可以直接从网络上下载独立的 NT6 快捷安装器来进行安装。在 VMware 中打开“虚拟机”→“可移动设备”→“CD/DVD”→“设置”菜单项，如图 6-59 所示：

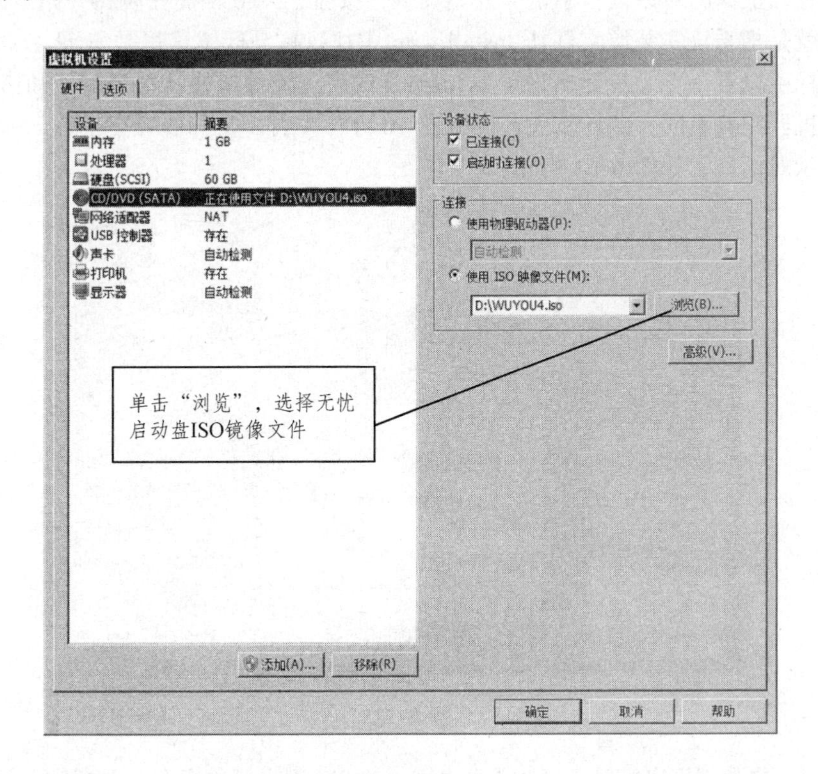

图 6-58

（7）在资源管理器中打开无忧启动盘，运行“PETOOLS\安装系统”文件夹下的“NT6 快捷安装器”。打开 NT6 快捷安装器的主界面，如图 6-60 所示：

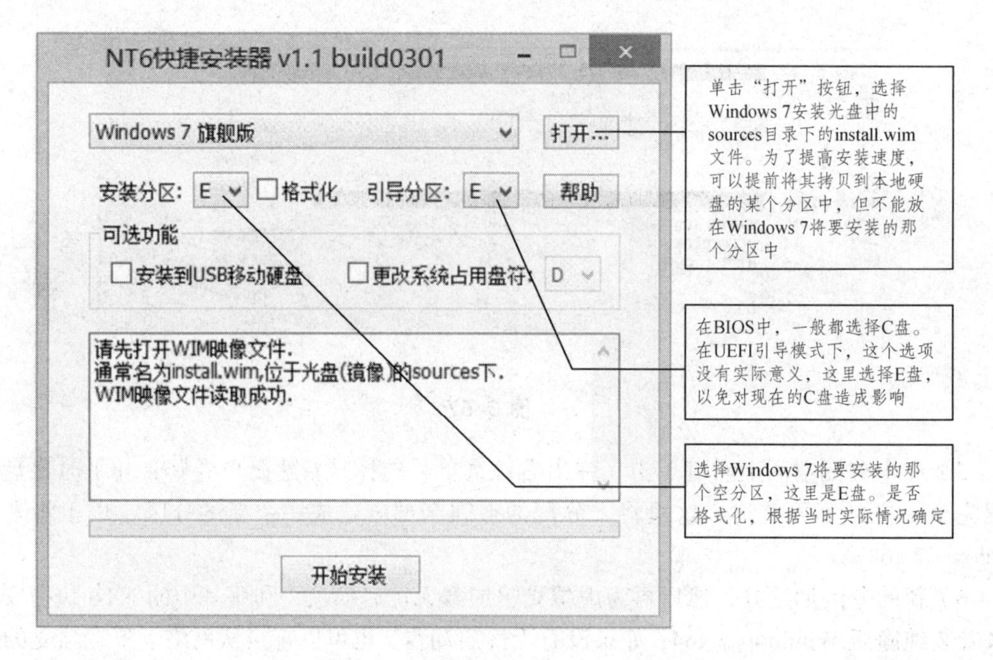

图 6–59

（8）设置好上面的对话框，单击“开始安装”按钮，NT6 快捷安装器开始展开 Wim 映像文件，其实就是把系统安装源文件从 install.wim 中往目标分区（这里是 E 盘）中拷贝，大家可以打开目标磁盘看一下，里面出现了 Windows 的系统文件结构。整个展开和拷贝过程比较耗时，根据机器配置不同，差异较大，一般在 10 分钟左右。文件展开完毕后，弹出“是否立即重启”提示对话框，如图 6-61 所示：

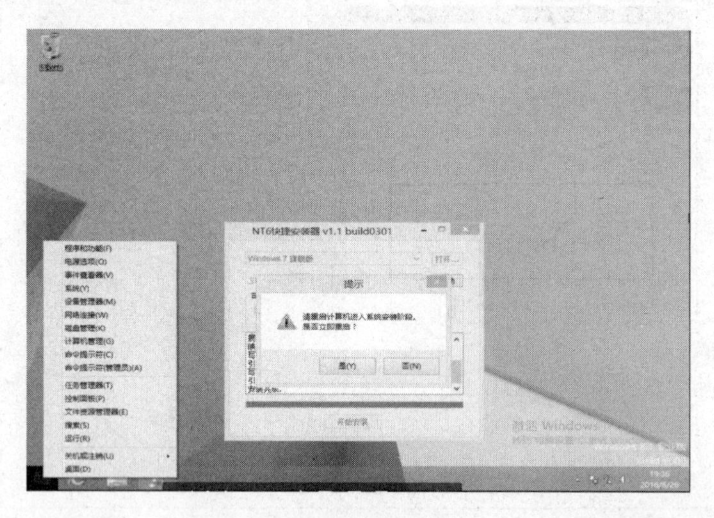

图 6–60

（9）暂时不要急于重启机器，这里需要执行一条 EFI 引导修复命令，才能继续完成 Windows 7 的安装。这是关键的一步，如果没有做，Windows 7 系统无法继续安装。接下来，右键单击左下角的开始菜单，在开始菜单中选择“命令提示符（管理员）”菜单项，以管理员的身份打开命令提示符窗口，如图 6-62 所示：

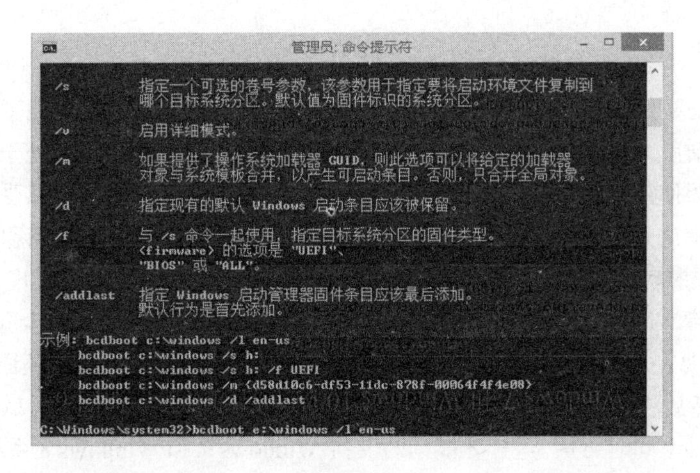

图 6-61

（10）在命令提示符窗口，敲入“bcdboot e：/windows /l en-us”命令，这条命令主要是用来修复 EFI 启动菜单项的，将刚才安装的 Windows 7 启动项添加到系统启动菜单中，从而可以在系统启动过程中选择刚才安装的 Windows 7 系统，继续完成安装或者以后进入 Windows 7 系统。命令中的盘符 e：是根据你的 Windows 7 实际安装盘符来决定的。命令敲入完毕后，直接按回车，系统会提示“已成功创建启动文件”，表示 Windows 7 启动菜单已被成功修复，可以重启系统继续进行安装了。

（11）接下来关闭命令提示符窗口，单击上面 “是否立即重启”提示对话框中的“重启”按钮，重启系统，继续进行 Windows 7 的安装过程。系统重启后，会看到系统启动菜单项中已经出现了 Windows 7 和 Windows 8.1 两个启动项了，如图 6-63 所示：

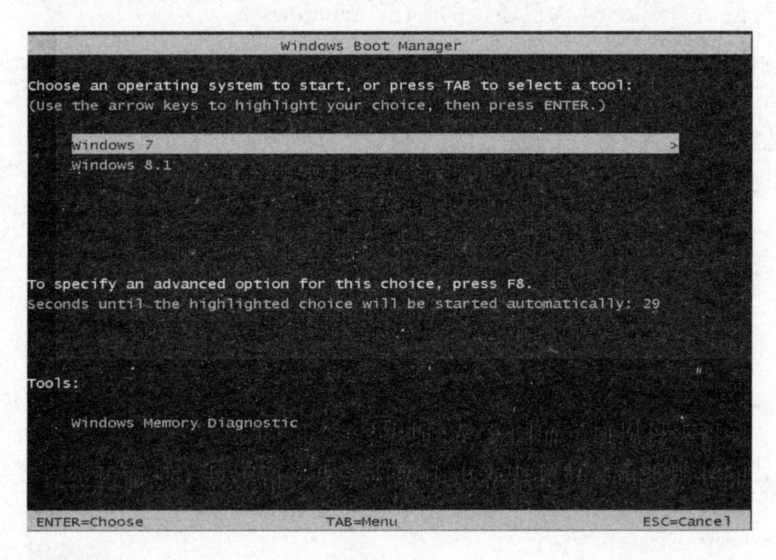

图 6-62

（12）选择“Windows 7”菜单项继续进行 Windows 7 的安装过程，后面的安装过程和之前单独安装纯净版 Windows 7 的过程完全一样，在此不再赘述。至此，完成了在 Windows 8.1 系统中安装 Windows 7 x64，并实现了双系统并存，在这个双系统中采用了 UEFI 启动引导模式，磁盘采用的 GPT 分区模式。UEFI+GPT 是未来操作系统主流的引导技术和磁盘分区模式。

5. 拓展知识

现在很多用户买回来的计算机上都预装了 Windows 8 系统，但是习惯了使用 Windows 7 的用户似乎对于新版本的 Windows 8 操作系统并不是很乐于接受，经常处于这样一种纠结的心理状态：既希望使用之前已经习惯了的 Windows 7 系统，又希望能够感受一下新系统带来的优越性。如何解决这个矛盾的问题呢？双系统并存安装可以解决你的问题。那么在预装的 Windows 8 中再安装 Windows 7 需要注意什么问题呢？这里给大家总结一下：

（1）因为预装 Win8 的基本都采用 UEFI 启动，Windows 7 不能通过安全验证，所以要在下面装 Win7，首先要在启动时按 F1 进入 BIOS 界面关闭 security boot，然后还原为 Windows 7 支持的启动模式，然后将 CSM（Compatibility support Module）设置为 Both（Legacy 优先），也就是 UEFI 和 Legacy 同时可用。这样才能同时支持 Windows 7 和 Windows 8 系统的启动和引导。

（2）修改完 BIOS，就可以直接开机进入 Windows 8 系统。打开准备好的 Windows 7 镜像，Windows 8 本身支持镜像文件，所以安装的时候不需要什么辅助和软件，和安装一个普通软件一样，安装的时候选择自定义，选择安装到你计划安装的磁盘，然后和普通的 Windows7 系统安装过程基本一致，大概 20 分钟可以完成。

（3）这里需要提醒大家注意，因为关闭了 security boot，所以 Windows 8 右下角会有个 security boot 未正确配置的水印，但系统是激活的，也可以正常使用，千万不要再次进入 BIOS 把 security boot 设置为打开状态，否则将无法从 Windows 7 再进入。

（4）关于系统的激活，千万不要乱用激活软件去激活，现有的激活软件几乎都不支持 GTP 格式，很多激活软件（如小马、KMS、万能等）激活之后都会出现激活程序崩溃，不仅没有激活系统，之后连密钥都无法再使用。如果确实需要激活的话，大家可以尝试到淘宝中购买系统密钥码进行激活，图 6-64 为已激活的 64 位 Windows 7。

图 6–63

（5）原装镜像系统的驱动程序一般是不完善的，很多系统没有网卡驱动，所以刚刚装完系统后，你会发现无法上网，所以大家最好提前上官网下载你主机网卡的驱动程序，系统装好后，再安装网卡驱动。有了网络，就可以下个驱动精灵，然后就可以很方便地安装其他设备的驱动程序了。

（6）双系统下的应用软件，除了极少数部分完全绿化的软件 Windows 8、Windows 7 可以共享以外，大部分应用软件都是需要安装的，而且都只能在其安装的系统中打开，Windows 8 下安装的软件不能在 Windows 7 下打开，否则可能会提示“内存不能为 read”报错。如果确实需要在两个系统中都要用到同一个软件，那就在两个系统中分别安装一下，互不干扰。

6.5 Windows 7 x64 和 Windows 10 双系统安装

任务 44 Windows 10 系统中安装 Ghost 版 Windows 7 x64 实现双系统并存

1. 理论知识点

Windows10 和 Windows 7 都有 64 位和 32 位两种架构，一般情况下，要安装 64 位架构系统的话，计算机硬件必须支持 64 位，即 CPU 必须是 64 位。而对于 32 位架构的系统，现在的计算机基本都能安装。在目前大多数硬件都能支持 64 位的情况下，双系统并存安装还要受到操作系统引导方式、硬盘分区模式等因素影响。

本任务是在 5.9 节已经安装好的 Windows 10 x64 系统的基础上，再进一步安装 Windows 7 实现双系统并存。由于 Windows 10 本身是 64 位系统，而且也选择了 UEFI 引导和 GPT 磁盘分区模式，因此本任务中安装的另外一个系统选用了 64 位 Windows 7，这样与现有的系统引导方式、磁盘分区模式较为匹配。所以，大家在做所有工作之前，必须先检查一下你计算机系统的引导方式是 UEFI 还是传统的 BIOS 模式，如果采用的 UEFI 引导模式，则只能选择 64 位系统安装，无法安装 32 位 Windows 系统。大家在安装前一定要仔细查看好。

由于在 5.9 节中安装 Windows 10 x64 系统时对硬盘只分了一个用于系统安装的主分区，现在要进行双系统安装，必须要对原来的硬盘进行重新分区，划分出一个不少于 20 GB 的空白分区用于安装 Windows 7 x64，这里可以利用 Windows 系统自带的磁盘管理工具来实现。

2. 任务目标

在 5.9 节安装好的 Windows 10 系统中安装 Ghost 版 Windows 7 x64，实现双系统并存。

3. 环境和工具

（1）实验环境：Windows 7、VMware 12。

（2）工具及软件：Windows 7 x64 Ghost 版系统安装文件、Ghost 软件。

4. 操作流程和步骤

（1）首先打开 5.9 节安装好的 Windows 10，然后利用 Windows 系统自带的磁盘管理工具来对虚拟机中的磁盘重新划分出一个空白分区，大小约为 29 GB，用来安装 Ghost 版 Windows 7，分区过程同 6.4 节，此处不再赘述。如果你的虚拟机本身就有 2 个以上的主分区，则可以跳过此步骤。

（2）准备好 Ghost 软件工具和 Ghost 版 Windows 7 x64 安装文件，Ghost 软件工具可以自己从网络上下载，也可以使用无忧启动盘中的 Ghost 软件。本任务中采用了无忧启动盘中的 Ghost 软件。Ghost 版 Windows 7 x64 安装文件可以直接从网络上下载，而且有多种不同的版本，为了提高安装速度，最好事先将其拷贝到虚拟机中用来安装 Windows 7 x64 的目标分区之外的某个分区中。

（3）再为虚拟光驱加载无忧启动盘，利用其中的 Ghost 软件工具来安装 Ghost 版 Windows 7 x64。在 VMware 中打开“虚拟机”→“可移动设备”→“CD/DVD”→“设置”菜单项，然后选择无忧启动盘。在 Windows 10 的资源管理中打开无忧启动盘中，打开“PETOOLS/ DiskTools/ 备份还原”文件夹，找到 Ghost32 文件并打开运行。Ghost32 的主界面如图 6-65 所示：

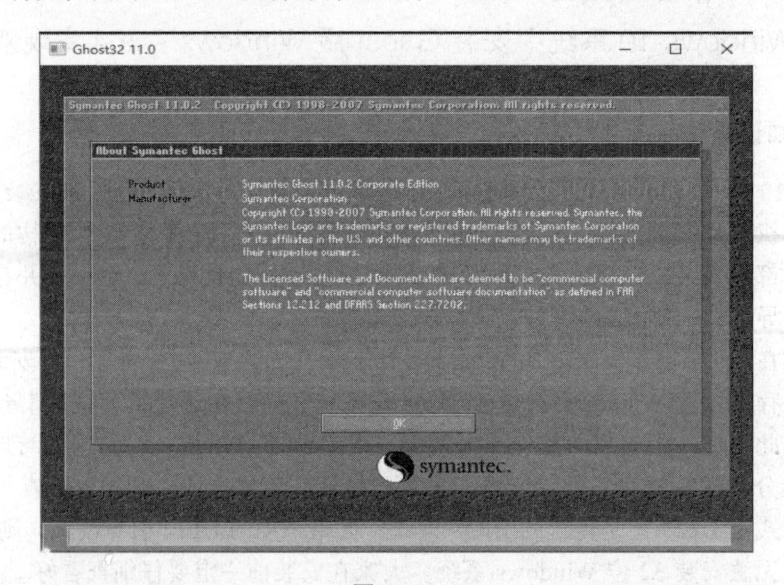

图 6-64

（4）单击“OK”按钮，进入 Ghost32 软件的主界面，如图 6-66 所示：

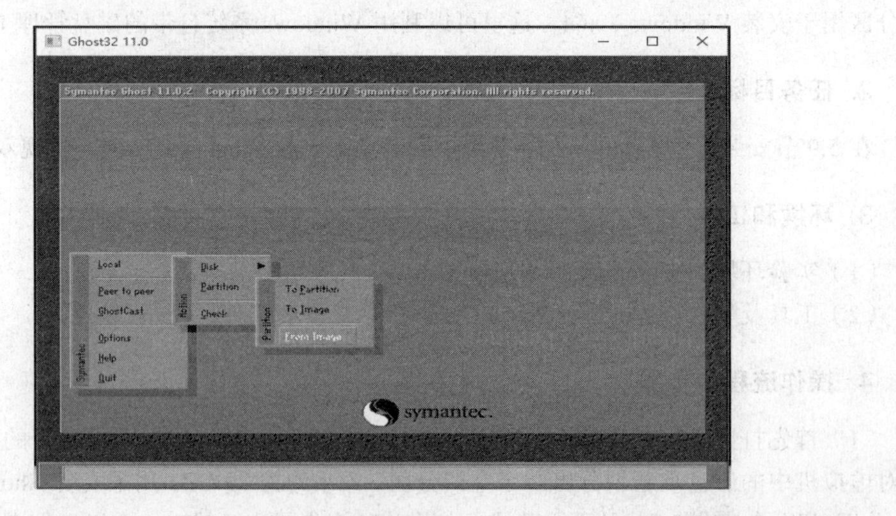

图 6-65

（5）然后选择“Local”→“Partition”→“From Image”菜单项，打开“Image file name to restore from”对话框，如图 6-67 所示：

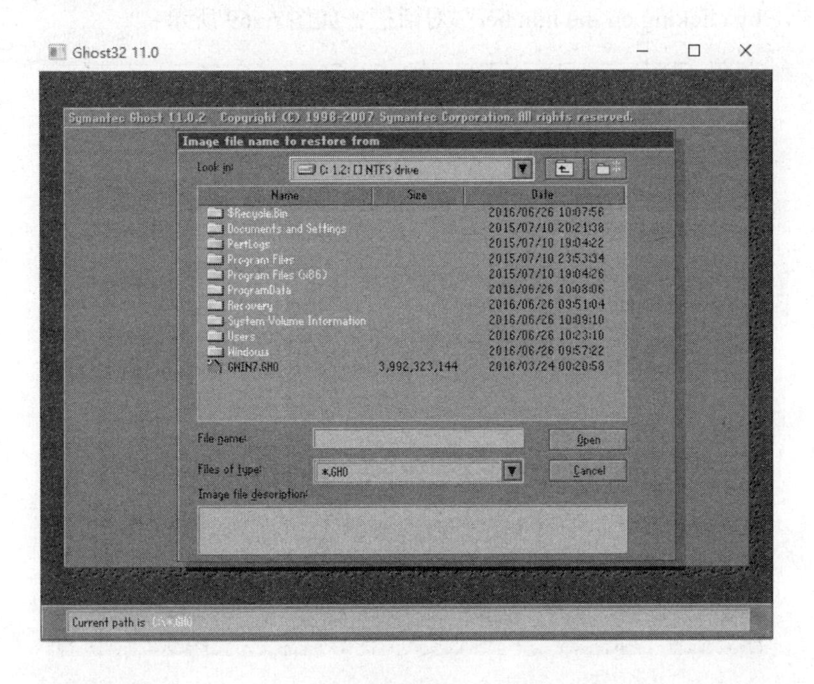

图 6-66

（6）选择已经准备好的 Windows 7 Ghost 版安装文件 GWIN7.GHO，不同版本的 Windows 7 Ghost 文件，主文件名可能各不相同，但扩展名一定是 gho。这里已事先拷贝到 C 盘的根目录下，直接选中该文件即可。选中 Ghost 文件后，打开“Select source partition from image file”对话框，如图 6-68 所示：

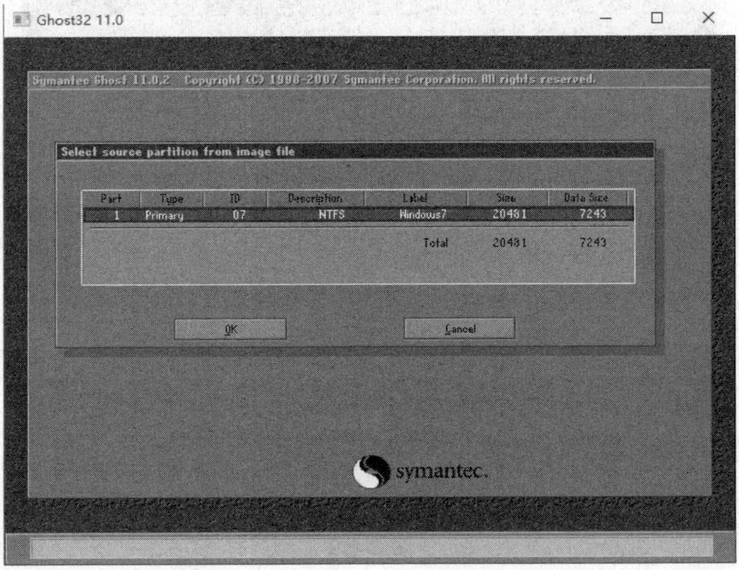

图 6-67

（7）上面的对话框是在镜像文件中选择用来恢复系统的源分区，由于这个 Ghost 文件中只有一个可以用来恢复的源分区，直接选中即可，之后单击“OK”按钮。然后打开“Select local destination drive by clicking on the number”对话框，如图 6-69 所示：

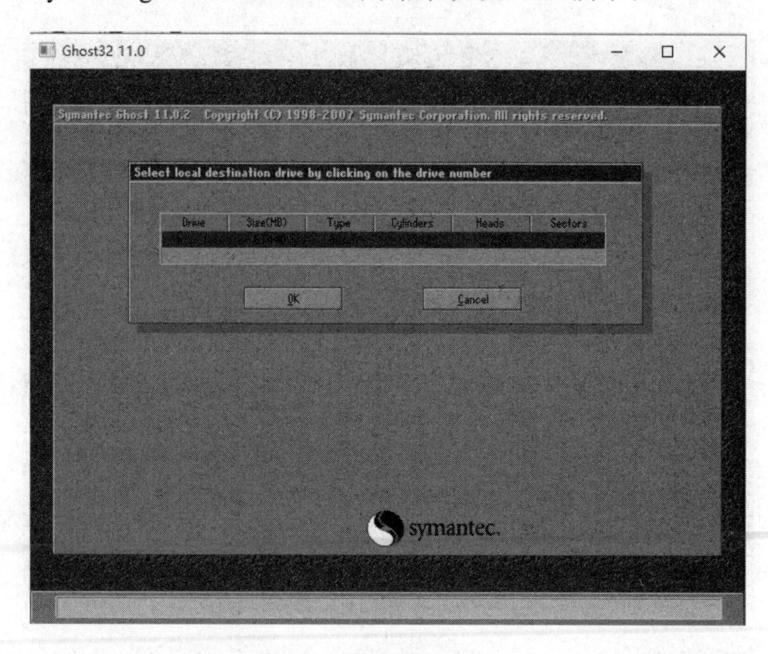

图 6-68

（8）上面的对话框是选择用来安装操作系统的目标磁盘，由于本虚拟机只有一块磁盘，所以，仅有一块磁盘可选，直接选中即可，之后单击“OK”按钮。然后打开“Select destination partition from Basic drive：*”对话框，如图 6-70 所示：

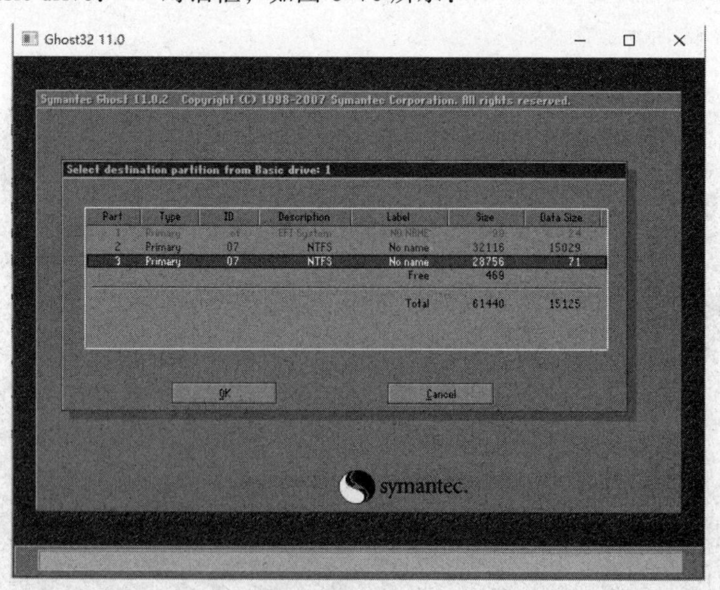

图 6-69

（9）上面的对话框是用来在上一步选中的磁盘中选择操作系统将要安装的目标分区，目标磁盘中有 2 个主分区可以用来安装 Windows 7 操作系统，其中第一个分区是已经安装了 Windows 10 的分区，第二个分区是刚划分的空白分区，可以用来安装 Windows 7 操作系统。在实际环境中，这一步大家需要格外注意，一旦选错，可能导致你所选的目标分区中的系统或者数据完全丢失。这里选择第二个分区，然后单击“OK”按钮，打开镜像恢复确认对话框，如图 6 -71 所示：

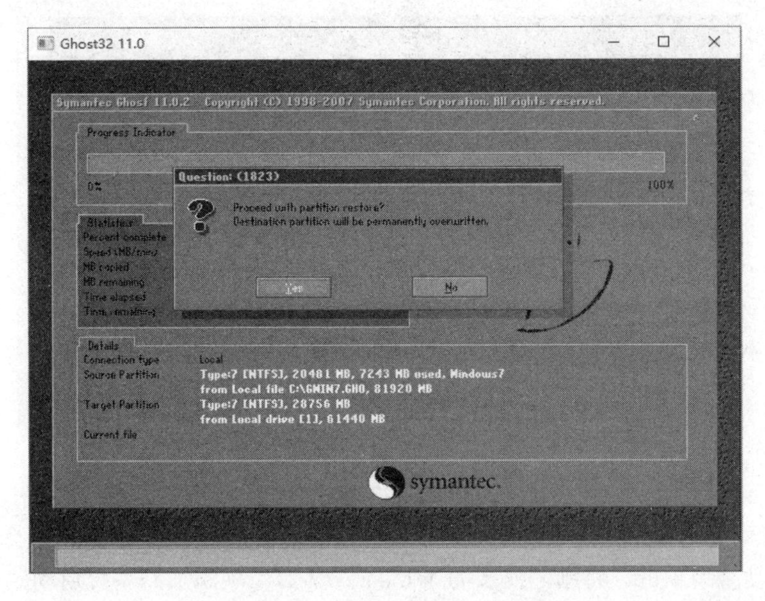

图 6–70

（10）单击“Yes”按钮开始镜像文件恢复，此过程比较耗时，一般需要 10 多分钟。镜像文件恢复完毕后，弹出“Clone Complete”对话框，并询问是否重启系统，如图 6–72 所示：

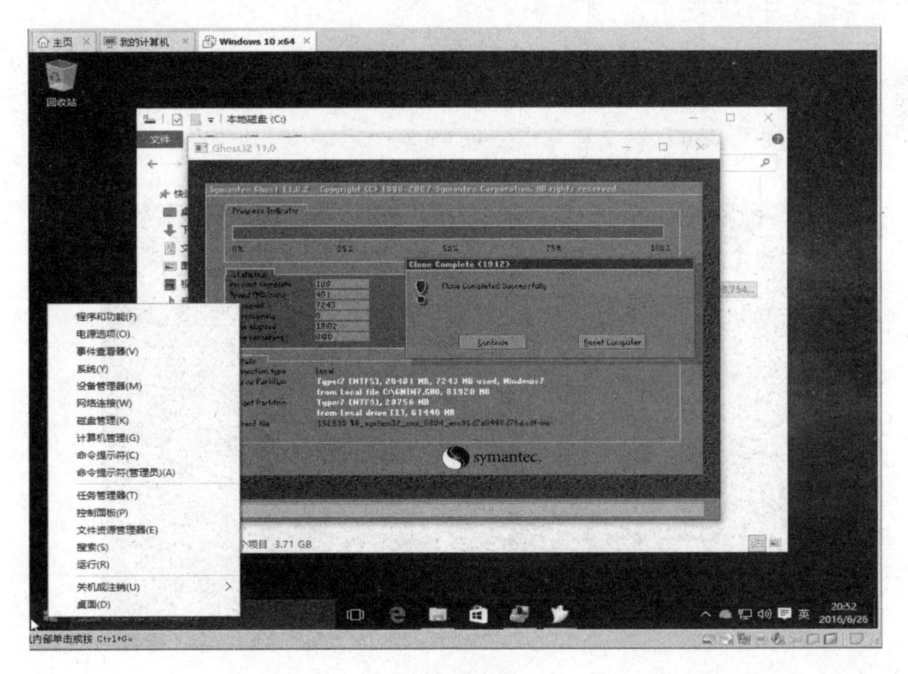

图 6–71

（11）暂时不要急于重启机器，这里需要执行一条 EFI 引导修复命令，才能继续完成 Windows 7 的安装。这是关键的一步，如果没有做，Windows 7 系统无法继续安装。接下来，右键单击左下角的开始菜单，在开始菜单中选择“命令提示符（管理员）”菜单项，以管理员的身份打开命令提示符窗口，如图 6 -73 所示：

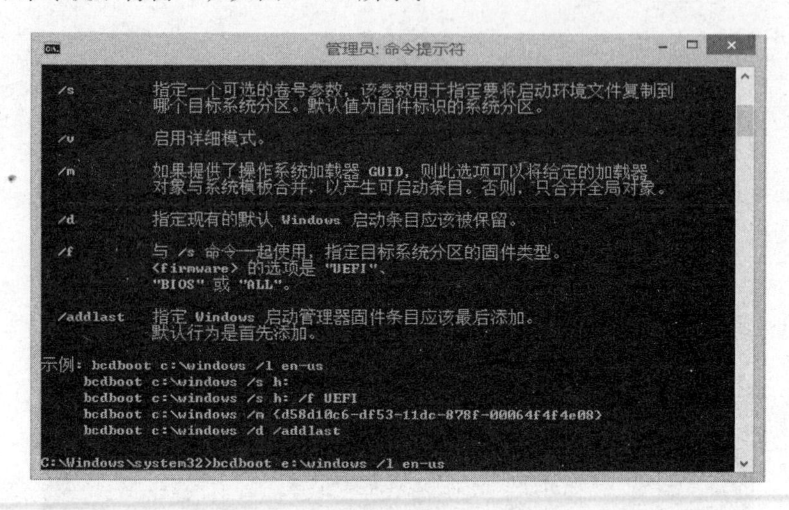

图 6–72

（12）在命令提示符窗口，敲入“bcdboot e：/windows /l en-us”命令，这条命令主要是用来修复 EFI 启动菜单项的，将刚才安装的 Windows 7 启动项添加到系统启动菜单中，从而可以在系统启动过程中选择刚才安装的 Windows 7 系统，继续完成安装或者以后进入 Windows 7 系统。命令中的盘符 e：是根据你的 Windows 7 实际安装盘符来决定的。命令敲入完毕后，直接按回车，系统会提示“已成功创建启动文件”，表示 Windows 7 启动菜单已被成功修复，可以重启系统继续进行安装了。

（13）接下来关闭命令提示符窗口，单击上面 “Clone Complete”提示对话框中的“Reset Computer”按钮，重启系统，继续进行 Windows 7 的安装过程。系统重启后，会看到系统启动菜单项中已经出现了 Windows 7 和 Windows 10 两个启动项了，如图 6-74 所示：

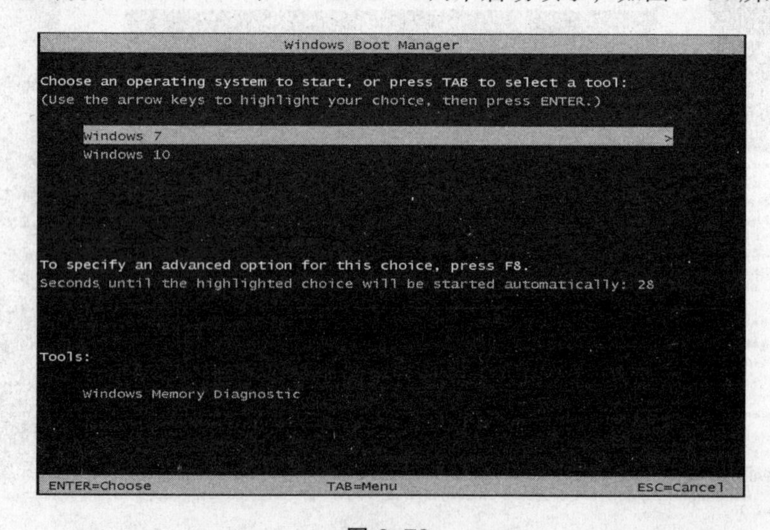

图 6–73

（14）选择“Windows 7”菜单项继续进行 Windows 7 的安装过程，后面的安装过程和之前单独安装 Ghost 版 Windows 7 的过程完全一样，在此再赘述。至此，完成了在 Windows 10 系统中安装 Windows 7 x64，并实现了双系统并存。这个双系统采用了 UEFI 启动引导模式，磁盘采用的 GPT 分区模式。UEFI+GPT 是未来操作系统主流的引导技术和磁盘分区模式。

5. 拓展知识

Windows 7 和 Windows 10 的区别：

（1）安装界面：简单来说，Windows 7 走的还是当年的窗口模式，指示简单扼要，但对于高分屏用户是个不小的煎熬。而 Windows 10 则将它改成了黑底圆圈，虽然功能上没有多少不同，但画面更易读，视觉感也更好。

（2）登录面板：Windows 7 使用的是传统面板，除了登录名以外并不能显示太多信息。而 Windows 10 则参照了现行移动平台，增加了时间锁屏页面。除了可以提供时间、日期等常规信息外，还能向使用者显示日程、闹钟、新邮件通知、电池电量等系统参数，大大提高了锁屏界面的实用性。

（3）高分屏支持：Windows 10 的图标原厂就支持高分，这使得它在高分屏上的显示效果远好于 Windows 7。

（4）开始菜单：Windows 7 的开始菜单比较好用，Windows 10 的开始菜单不光用于键盘鼠标，还能直接变身平板模式。新平板模式类似于 Windows 8，同样是以磁贴作为主打。不过和 Windows 8 不一样的是，Windows 10 的开始屏幕还附带了一个程序列表，可以支持鼠标滚轮以及手指拖拽，相比 Windows 8 或 Windows 8.1 的设计更加便于用户使用。

（5）搜索栏/Cortana：Windows 7 的搜索栏由来已久，尤其经过 Vista 改良后，变得更加实用。Windows 10 将搜索栏升级为 Cortana，一个最明显变化就是开始支持语音搜索。比方说你可以直接对着麦克风说一句“打开记事本”，几秒钟后记事本便出现在眼前了。

（6）窗口：Windows 7 窗口采用的是经典布局，除了外观上有些优势外（主要是 Aero 的功劳），操作便利性并不是很高。而 Windows 10 则选用了 Ribbon 界面，所有功能以图标形式平铺，非常利于使用。

（7）快速访问：Windows 10 加入了“快速访问”和“固定文件夹”两项功能，总体说都是为了用户能够更快更方便地访问文件。其中“固定文件夹”沿袭自 Windows 8.1，主要允许用户定义一些经常使用的文件夹（比方说工作夹、局域网共享夹等）。而“快速访问”更像是 Windows 7 菜单里的“最近使用的项目”，能够自动记录用户之前访问过的文件或文件夹，实现快速打开。

（8）分屏功能：Windows 7 加入了 Aero Snap，最大亮点是可以快速地将窗口以 1/2 比例“固定”到屏幕两侧。而 Windows 10 则对这一功能进行了升级，新功能除了保持之前的 1/2 分屏外，还增加了左上、左下、右上、右下四个边角热区，以实现更为强大的 1/4 分屏。

（9）虚拟桌面、多显示器：为了满足用户对多桌面的需求，Windows 10 增强了多显示器使用体验，同时还增加了一项虚拟桌面（Task View）功能。其中多显示器可以提供与主显示器相一致的样式布局，独立的任务栏、独立的屏幕区域，功能上较 Windows 7 更完善。

（10）多任务切换：Alt+Tab 是 Windows 7 中使用频率很高的一项功能，用以在各个已打开窗口间快速切换。Windows 10 同样保留了这项功能，并且增大了窗口的缩略图尺寸，使得窗口的辨识变得更加容易。同时它还新增了一个 Windows +Tab 的快捷键（Windows 7 中该键用于激活 Flip 3D），除了可以切换当前桌面任务外，还能快速进入其他“桌面”进行工作（即虚拟桌面 Task View）。

（11）托盘时钟：Windows 10 升级了 Windows 7 时代的系统托盘时钟，新时钟采用更加扁平化的设计风格。从目前来看，新时钟的变化更多还是体现在 UI 上，功能上的区别乏善可陈。

（12）任务管理器：相比简陋的 Windows 7 任务管理器，Windows 10 的任务管理器明显要强大很多。一个最主要的变化，是它将之前一部分性能监视器里的功能融入到任务管理器中，比方说磁盘占用率、网络占用率就是两个很好的特征。

此外，Windows 10 还在性能监测栏中加入了预警功能，如果一个进程的使用率超标，就会马上被系统侦测到，并在顶端予以加亮。此外自定义启动项、自定义服务项也是新版任务管理器独有的一项功能，而在之前我们则需要通过其他工具进行管理。

（13）小工具/Modern 应用：微软曾经尝试在 Windows 7 中加入桌面小工具，用以向用户提供天气、资讯等日常信息。但事实上由于各种各样的原因，这项功能在实际使用中并不是很受欢迎。从某种意义上说，Windows 8 时代兴起的 Modern 应用正是之前 Windows 7 小工具的一个升级，功能更强、界面也更靓。而在最新一版 Windows 10 预览版中，两组模块都进行了升级，新模块无论在 UI 还是功能上都变得更为强大。

（14）DLNA：Windows 7 本身是支持 DLNA 的，只不过被限制在 Windows Media Player 内，一定程度上影响了它的使用。在 Windows 10 中，你会发现类似的“远程投送”开始变得容易起来，比方说在资源管理器里右击一首歌曲或是右击一张图片，都可以看到“播放到设备”这一提示，点击后即可将其投放到局域网内的 DLNA 播放器播放。

（15）传统程序/Modern 应用：在 Windows 10 中，越来越多的 Modern 应用开始替代传统程序。一个最明显例子，就是之前被广泛使用的计算器，开始换成了 Modern 版本。

（16）云同步：Windows 10 提供了方便的云同步功能，这体现在你的配置或壁纸可以跟随你的账户自动还原到任何一台计算机上。

（17）浏览器：Windows 7 内置的 IE 浏览器一直口碑不佳，虽然最新版已经不错，但由于很多先天上的缺陷，仍然不是 Chrome 及一众国产浏览器的对手。在 Windows 10 中，微软破釜沉舟地推出了一款全新的 Edge 浏览器，不但性能很好（性能测试中个别项目超过 Chrome），还专门推出了另一个新功能——扩展服务。

第 7 章　计算机操作系统优化与维护

7.1　驱动程序安装

任务 45　Windows 7 下外设的驱动安装

1. 理论知识点

驱动程序是直接工作在各种硬件设备上的软件，其“驱动”这个名称也十分形象地指明了它的功能。正是通过驱动程序，各种硬件设备才能正常运行，达到既定的工作效果。大家都知道每当装完系统后都要安装一些驱动，包括主板、显卡、声卡、网卡、USB、MODE 等驱动。当然，如果你有打印机、摄像头，也是需要安装驱动程序的。特别是老版本的操作系统如 Windows 7 之前的系统或者非主流的机型等对硬件外设的识别不是很好，一般安装系统后，都不能完全识别外设，不能自动正确地安装程序，导致一些设备无法正常工作，此时就需要我们手动去安装设备的驱动程序。

那我们如何知道当前我们的系统中，哪些设备驱动程序已经安装，哪些驱动程序还没装呢？我们可以通过操作系统的设备管理器查看当前系统驱动程序的安装情况。设备管理器基本上都在控制面板里面，不同的系统可能有所差别，打开设备管理器窗口的方法也有很多种，这里不作阐述。图 7-1 所示就是 Windows 7 下的设备管理器的窗口：

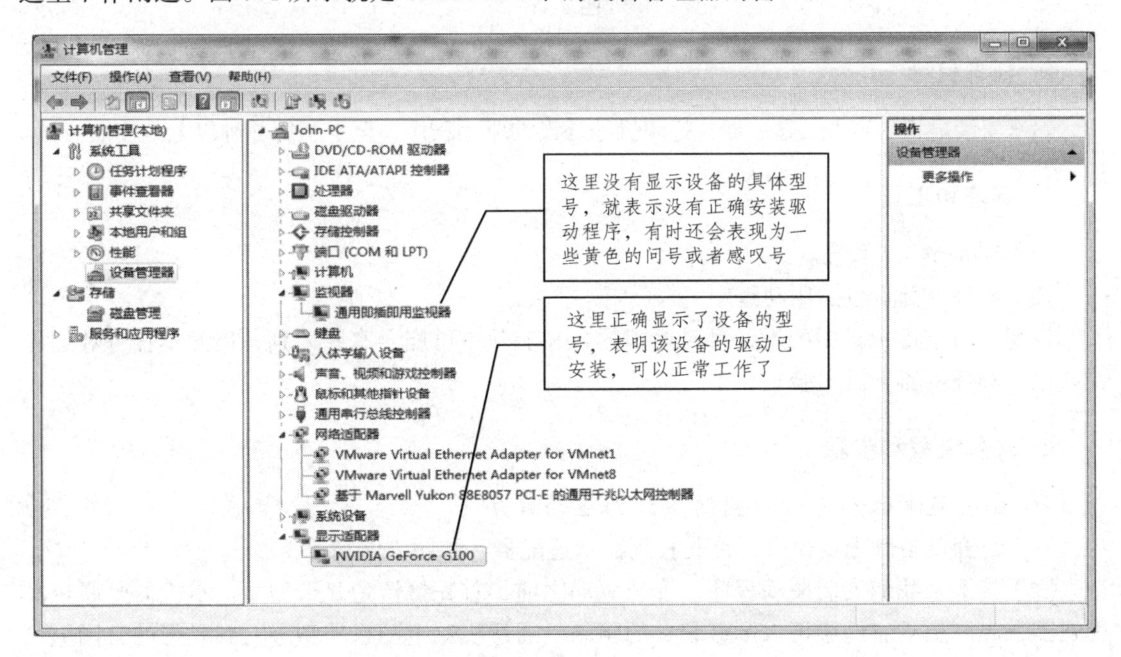

图 7-1

我们了解了系统中哪些设备安装了驱动，哪些还没有安装驱动之后，接下来我们就要去弄清没有安装驱动程序的设备的型号，然后我们才能根据设备的型号去找相应的驱动。那又如何知道设备的型号呢？计算机启动时，各设备与 BIOS 交互时会把相关的型号显示在显示器上，认识各种设备的型号，我们也可以用 EVEREST 软件硬件检测软件查看主板显示等型号。如图 7-2 所示是 EVEREST 软件检测到的各种设备，想了解那个设备的型号、生产厂商等信息，直接点击该设备就可以看到了。

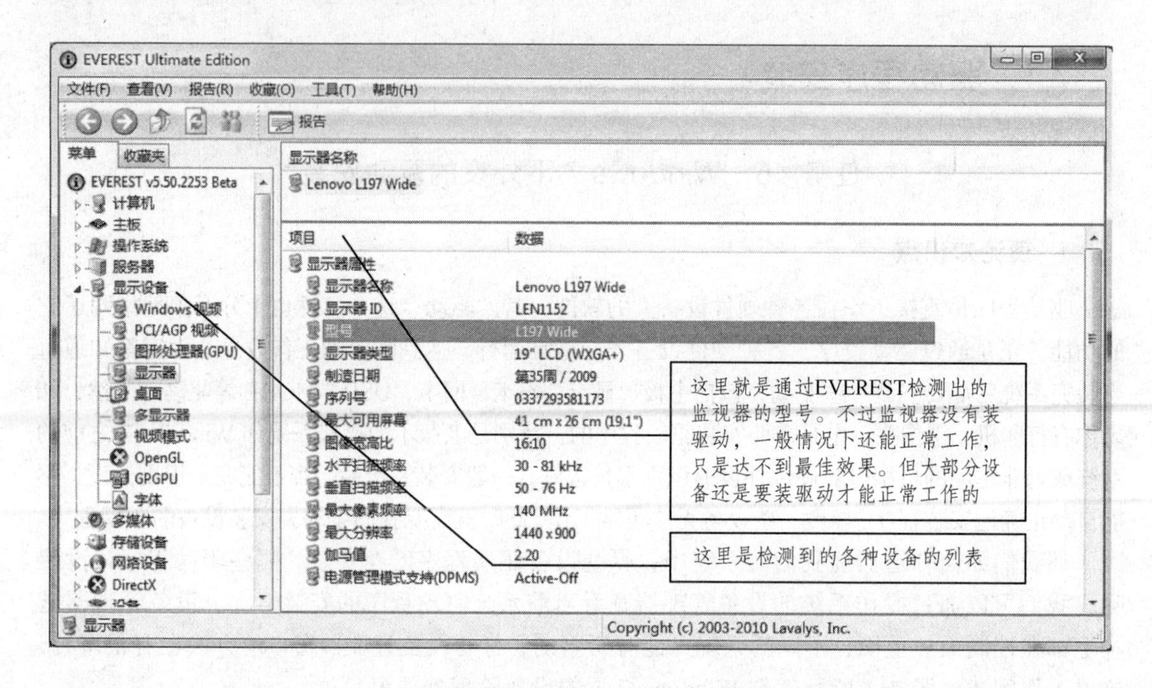

图 7-2

2. 任务目标

熟练安装显卡、声卡、显示器、打印机等外设的驱动程序，至少了解 2 种以上的安装方法。

3. 环境和工具

（1）Windows 7 系统。

（2）各种外部设备的驱动程序。

说明：由于虚拟机中的设备都是虚拟的，和实际中可能会有些差别，因此本任务我们将在自己的物理机器上做实验。

4. 操作流程和步骤

1）安装显卡驱动（利用网络下载的驱动程序）

（1）打开设备管理器窗口，首先找到显示适配器，如图 7-3 所示。

（2）接下来我们安装驱动程序。安装驱动之前，首先搞清楚显卡型号。本机器是联想品牌机器，在联想的官网中可以下载相关的驱动，通过机箱上的机器型号，到联想的官网上可以下载机器的各种驱动，包括显卡的驱动。

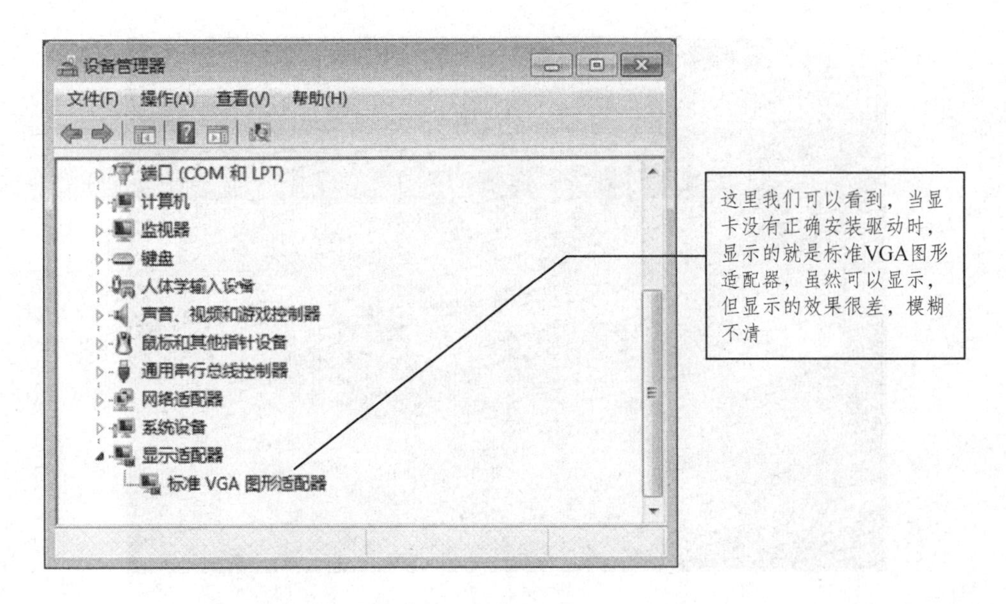

图 7-3

（3）显卡驱动下载下来后，驱动程序提供了多种安装方法：一种是运行驱动程序包中的可执行文件 setup.exe，通过程序安装向导一步一步完成安装，相对来说比较简单；第二种是通过更新驱动程序，并手动指定驱动程序位置来安装驱动。这里我们用第一种方法来安装。

（4）将显卡驱动包解压，然后双击运行包内的 setup.exe 可执行文件，打开驱动程序安装画面，如图 7-4 所示：

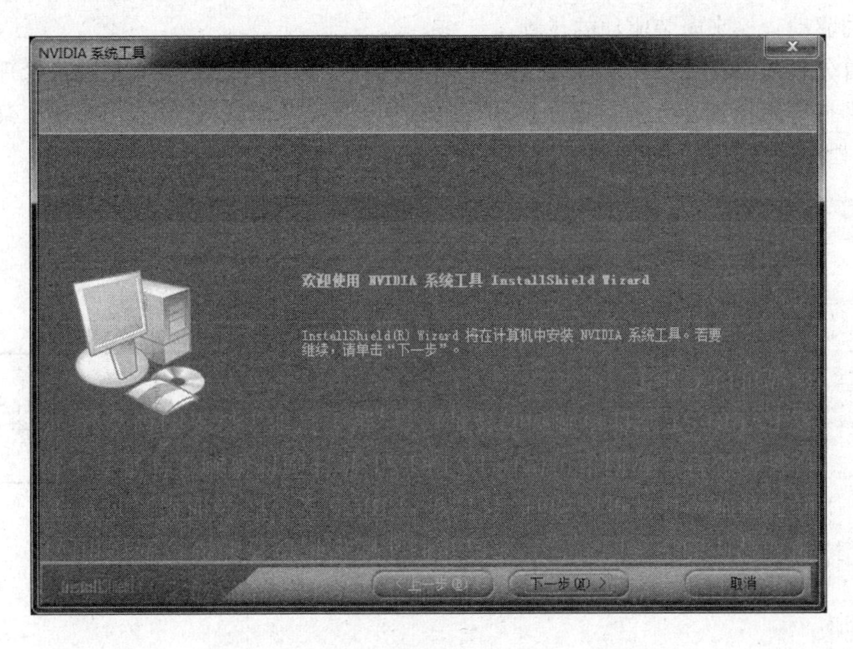

图 7-4

（5）连续单击“下一步”，安装程序开始安装驱动程序。安装过程中，显示器可能会黑屏几十秒钟，不要紧张。安装完成后，需要重启系统才有效果，如图 7-5 所示：

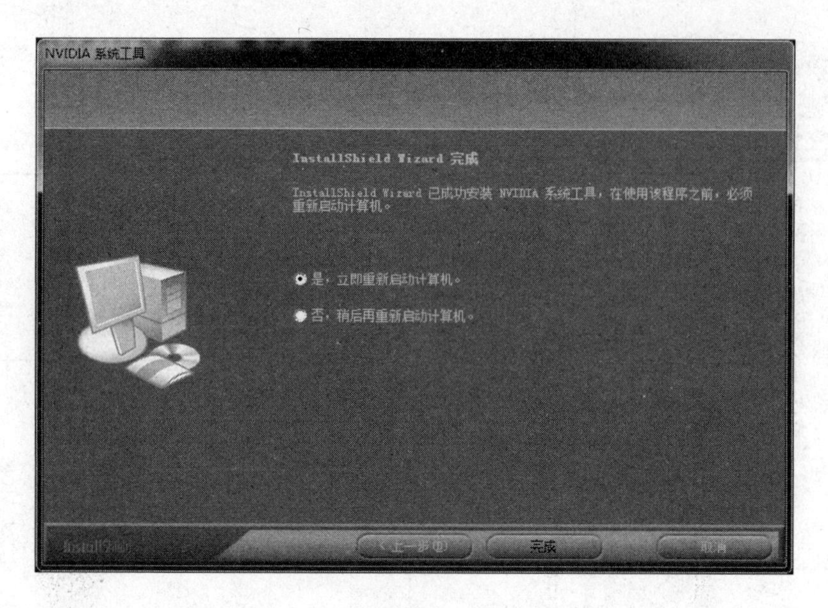

图 7-5

（6）如果你希望立马感受驱动安装后的效果，你就选择“是，立即重新启动计算机”，否则，你就选择“否，稍后再重新启动计算机”，不过选择否，暂时就无法验证驱动安装的效果了。这样显卡的驱动程序就安装好了。

2）安装监视器驱动（利用随设备附带的驱动程序）

（1）刚好本机的监视器（显示器）目前还没有安装驱动，我们再以此设备为例来利用随设备附带的驱动程序来安装驱动的过程。

（2）首先插入随设备附带的驱动光盘，然后打开设备管理器窗口，在设备管理器窗口找到“通用即插即用监视器”项，在“通用即插即用监视器”上右键单击，在弹出菜单上选择“更新驱动程序软件”项，如图 7-6 所示：

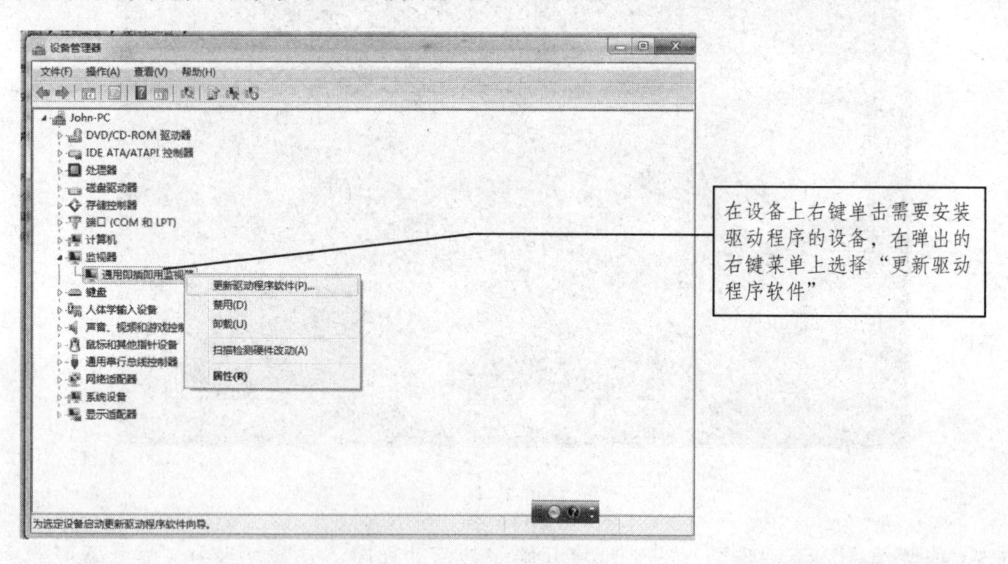

图 7-6

（3）在弹出的“更新驱动程序软件”的对话窗口中选择“浏览计算机以查找驱动程序软件”，又弹出让你选择驱动程序位置的对话框，如图 7-7 所示：

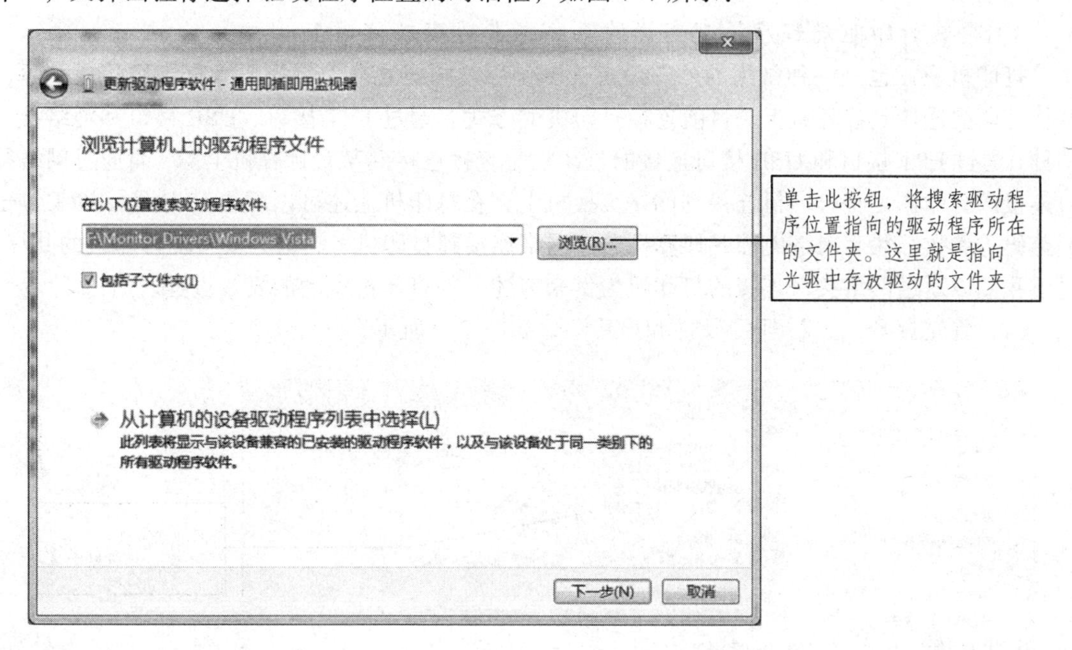

图 7-7

（4）然后，再单击“下一步”，安装程序开始安装驱动程序。安装完成后，再到设备管理器中，你就会发现监视器就变成了“L197 Wide”，如图 7-8 所示：

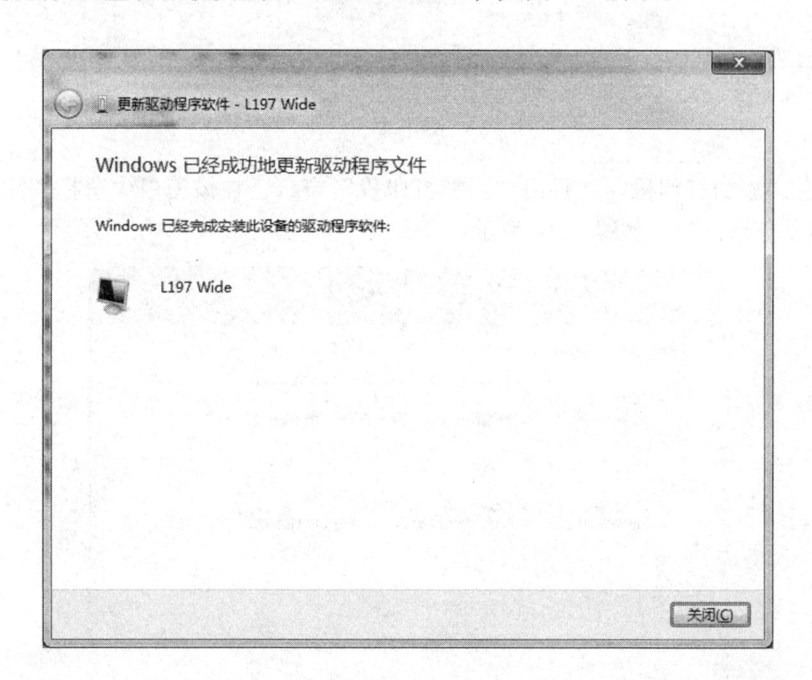

图 7-8

（5）一般情况下，监视器是否安装驱动，对于我们普通用户来说可能感觉不到什么差别，但对于一些专业的用户，一些特殊的应用，没有安装驱动程序的监视器可能就不能实现一些特殊的效果。

3）安装打印驱动程序（利用操作系统自带的驱动程序）

打印机现在也是一种常用的外部设备，在使用打印机之前，首先要为打印机接通电源，并将打印机连接到计算机上。目前连接打印机的方式有通过 LPT 接口、USB 接口和网络接口三种。通过 LPT 接口和 USB 接口连接的打印机是直接连接到某台计算机上的，而通过网络接口连接的打印机是将打印机连接到网络交换机上，在打印机上还可以配置 IP 地址、网关、子网掩码等参数，然后网络内部的计算机通过网络连接到打印机上，很方便实现打印机的共享。这里我们以通过网络接口连接的打印机为例来叙述一下打印机驱动的安装过程。

（1）首先打开“控制面板\硬件和声音”，如图 7-9 所示：

图 7-9

（2）单击“添加打印机”，弹出“添加打印机”窗口，在该窗口中选择“添加网络、无线和 Bluetooth 打印机”，如图 7-10 所示：

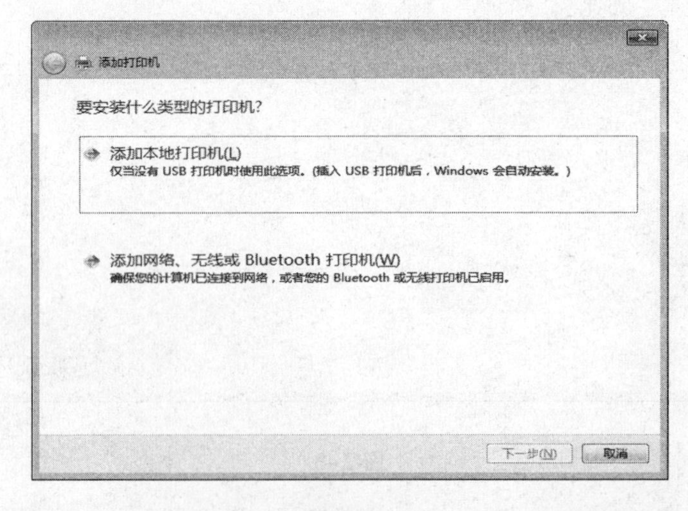

图 7-10

（3）单击“添加网络、无线和 Bluetooth 打印机”后，系统将会不断搜索目前通过网络、无线或者 Bluetooth 方式连接的打印机。此处搜索到一台 IP 地址为“172.16.44.122”的打印机，打印机的 IP 地址、网关、子网掩码等参数可能事先要在打印机上进行手动配置，并且保证网络通畅，否则可能搜不到。如图 7 -11 所示搜索到了一台打印机：

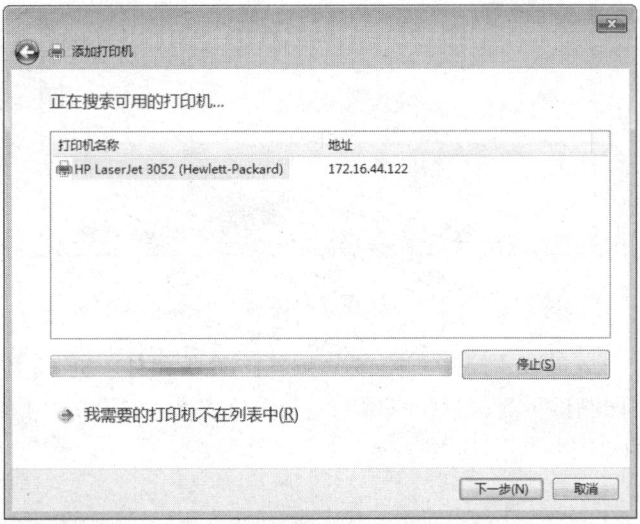

图 7–11

（4）在列表中选择该打印机，然后单击“下一步”，接下来 Windows 7 将为该打印机搜索驱动程序，如图 7-12 所示。这里的驱动程序就是操作系统本身提供的，一般情况下，常见品牌的各种型号的打印机驱动程序 Windows7 都已包含，不需另外提供。

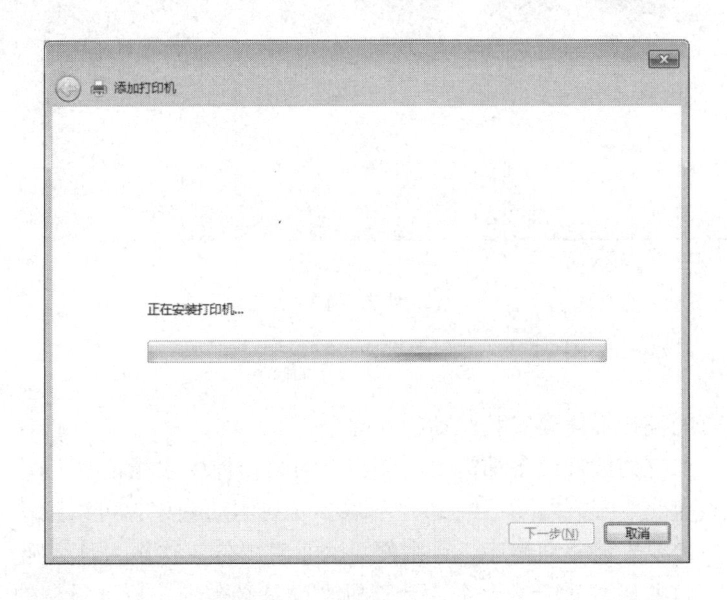

图 7–12

（5）安装过程很快，驱动程序安装完成后如图 7-13 所示：

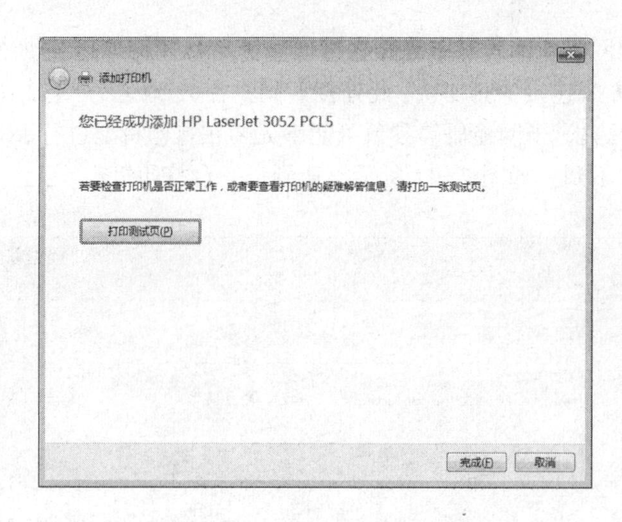

图 7-13

（6）单击“完成”，进入“控制面板\硬件和声音\设备和打印机”，你会发现多了一台打印机，你可以通过打印测试页测试打印机驱动是否正确安装。如图 7-14 所示 HP LaserJet3052 PCL5 就是新添加的打印机：

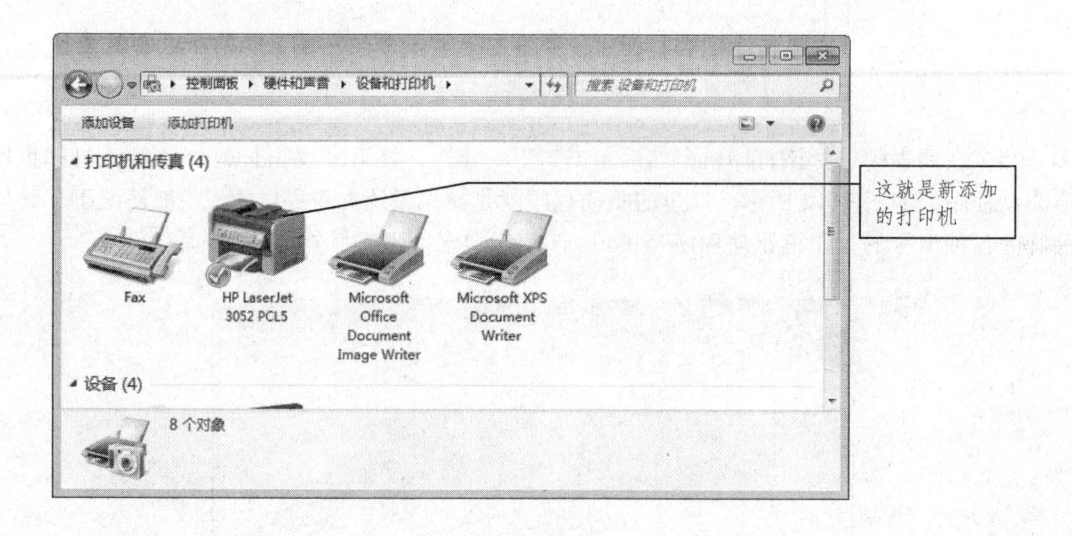

图 7-14

5. 拓展知识

（1）为什么有的设备不需要安装驱动程序呢？

从理论上讲，所有的硬件设备都需要安装相应的驱动程序才能正常工作。但像 CPU、内存、主板、软驱、键盘、显示器等设备却并不需要安装驱动程序也可以正常工作，而显卡、声卡、网卡等却一定要安装驱动程序，否则便无法正常工作。这是为什么呢？

这主要是由于这些硬件对于一台个人计算机来说是必需的，所以早期的设计人员将这些硬件列为 BIOS 能直接支持的硬件。换句话说，上述硬件安装后就可以被 BIOS 和操作系统直接支持，不再需要安装驱动程序。从这个角度来说，BIOS 也是一种驱动程序。但是对于其他的硬件，例如网卡、声卡、显卡等却必须要安装驱动程序，不然这些硬件就无法正常工作。

（2）如何取得相关硬件设备的驱动程序呢？

主要有以下几种途径：

① 使用操作系统提供的驱动程序。

大部分系统中已经附带了大量的通用驱动程序，这样在安装系统后，无须单独安装驱动程序就能使这些硬件设备正常运行。不过操作系统附带的驱动程序总是有限的，所以在很多时候系统附带的驱动程序并不合用，这时就需要手动来安装驱动程序了。

② 使用附带的驱动程序盘中提供的驱动程序。

一般来说，各种硬件设备的生产厂商都会针对自己硬件设备的特点开发专门的驱动程序，并采用软盘或光盘的形式在销售硬件设备的同时一并免费提供给用户。这些由设备厂商直接开发的驱动程序都有较强的针对性，它们的性能无疑比 Windows 附带的驱动程序要高一些。

③ 通过网络下载。

除了购买硬件时附带的驱动程序盘之外，许多硬件厂商还会将相关驱动程序放到网上供用户下载。由于这些驱动程序大多是硬件厂商最新推出的升级版本，它们的性能及稳定性无疑比用户驱动程序盘中的驱动程序更好。有上网条件的用户应经常下载这些最新的硬件驱动程序，以便对系统进行升级。

（3）不同的操作系统、不同的打印机，驱动程序的安装过程和安装方法可能差异很大，大家需要活学活用，融会贯通。如果遇到问题，可以登录打印机的官方网站搜索在不同系统下的打印机驱动程序以及其安装方法。

7.2 操作系统优化

任务 46 Windows XP 的系统优化

1. 理论知识点

大多数人可能都有这种体验，刚安装好的系统开机、关机、运行的速度很快，用起来得心应手，可是等我们把软件都装上了，环境配置好了，我们会发现系统越来越慢，有的时候可能会慢得让你受不了。此时，我们该怎么办呢？很多人就想再重装系统吧，可是重装系统，我们辛辛苦苦安装的软件、配置的环境都没了，重装系统带来很大的麻烦，这里我们给大家介绍一种方法："系统优化"。

系统优化的作用很多，它可以清理 Windows 临时文件夹中的临时文件，释放硬盘空间；可以清理注册表里的垃圾文件，减少系统错误的产生；它还能加快开机速度，阻止一些程序开机自动执行；它还可以加快上网和关机速度，可以用它把系统个性化，等等。不过系统优化需要掌握一些专业知识，才能正确地优化自己的系统，使系统速度加快，否则可能适得其反，甚至会损坏系统。

所谓系统优化，就是提高系统的运行效率，减少不必要的进程，使得有限的系统资源能够得到有效的利用。系统优化是个很宽泛的概念，我们可以手动优化系统中的若干个细节，通过累积效应不断提高系统的速度，也可以使用专门的工具软件来进行优化，如优化大师、超级兔子、360 等工具都可以进行优化。不同优化各有千秋，工具软件优化操作方便、快捷，但优化的细节内容我们可能不知道，有时可能会导致我们的一些软件不能使用等问题。所以在本书中，我们主要给大家讲述一些手工优化的方法，从中我们能够学到一些专业的知识，而且也优化得明明白白。

2. 任务目标

熟悉 WindowsXP 系统的常见优化方法。

3. 环境和工具

实验环境：Windows XP、VMware 8。

4. 操作流程和步骤

1）关闭花瓶视觉效果

右击我的计算机→属性→高级→性能→设置，先去掉所有的钩，只保留“在窗口和按钮上使用视觉样式”和“在文件夹中使用常见任务”，这样既可以加快 XP 的速度，又可以保留 XP 的经典外观，何乐而不为呢?

2）关闭启动和故障恢复

右击我的计算机→属性→高级→启动和故障恢复→设置，如果你只装了一个操作系统，去掉所有的钩，如果你有多个操作系统，保留第一个钩即可。

3）关闭错误报告

右击我的计算机→属性→高级→错误报告，选择“禁用错误报告”并去掉“但在发生严重错误时通知我”。

4）关闭系统还原

右击我的计算机→属性→系统还原，选中“在所有驱动器上关闭系统还原”。系统还原是非常消耗系统资源的，对老机来说一定不能要。

5）关闭自动更新

右击我的计算机→属性→自动更新，去掉“保持我的计算机最新……”这个选项。

6）关闭远程协助

右击我的计算机→属性→远程，去掉“允许从这台计算机发送远程协助邀请”。

7）关掉调试器 dr.watson

单击开始→运行→输入 drwtsn32，把除了“转储全部线程上下文”之外的全都去掉。如果有程序出现错误，硬盘会响很久，而且会占用很多空间。

8）关闭用户登录时的欢迎屏幕

在控制面板中双击用户账户→去掉“使用欢迎屏幕”单击应用选项。因为为这种登录方式占系统资源过多。

9）关闭高级文字服务（可选）

在控制面板中双击区域和语言选项→语言→详细信息→高级，选中“关闭高级文字服务”。然后单击设置→最下面有个“键设置”→双击“在不同的输入语言之间切换”，选择

CTRL+SHIFT，默认为左手 ALT，这样以后就可以用传统的 CTRL+SHIFT 切换输入法了，去掉了占内存的高级文字服务。

10）关闭 Windows XP 对 ZIP 文件的支持

Windows XP 的 ZIP 支持对很多用户而言连鸡肋也不如，因为不管需不需要，开机系统就打开个 ZIP 支持，本来就少的系统资源又少了一分。点击开始→运行，敲入“regsvr32 /u zipfldr.dll”（双引号中间的），然后回车确认即可，成功的标志是出现个提示窗口，内容大致为：zipfldr.dll 中的 Dll UnrgisterServer 成功。

11）关闭 Internet 时间同步

双击任务栏右下角的时间，单击“Internet 时间”去掉“自动与 Internet 时间服务器同步”。

12）关闭 Windows XP 的光盘自动运行功能

在开始菜单运行中输入 gpedit.msc 计算机配置→管理模板→系统，找到“关闭自动播放”双击后选择“已启用”，在下面的关闭自动播放，选择“所有驱动器”。

13）打开 Windows XP 的保留网络带宽

在开始菜单运行中输入 gpedit.msc 计算机配置→管理模板→网络→qos 数据包调度程序，双击“限制可保留带宽”，选中“已启用”，将“带宽限制%”的值改为 0。注：XP 版本必须为 Professional 版的。

14）禁用不使用的 IDE 端口（请仔细设置）

右击我的计算机→硬件→设备管理器→IDE ATA/ATAPI 控制器，双击“主要 IDE 通道”，（如果你对自己的计算机足够了解）选择“高级设置”可以看到设备 0 和设备 1。如果你只有一个设备那么请禁用另一个设备，方法是把“自动检测”改为“无”。“次要 IDE 通道”的设置方法同上。

这样可以大大加快 XP 的启动速度，最少快一倍。如果你不小心把光驱改成无了，没关系再改回自动检测就可以了。

15）打开硬盘的 DMA 模式

右击我的计算机→硬件→设备管理器→IDE ATA/ATAPI 控制器，双击“主要 IDE 通道”，选择“高级设置”，在传送模式中选择“DMA（若可用）”。“次要 IDE 通道”的设置方法同上。重启计算机即可。

16）禁用不使用的设备

右击我的计算机→硬件→设备管理器，禁用不使用的设备，如打印机端口、COM、网卡（当然是在你暂时不使用此设备的前提下进行的），这样也有利于节约系统资源。

17）转移 IE 缓存文件夹

这个文件夹建议转移到其他的盘中，如 D、E 中。可以减少 C 盘的碎片，从而加快系统速度。我的文档也可以转移到其他盘中，有利于备份和安全。

18）关闭不使用的系统服务

以下服务是一些常见可安全关闭的服务，不过有时还是需要根据自己机器的实际情况确定该服务确实不用的情况下再进行关闭或者禁用，否则可能会出现一些问题。打开服务的操作为：控制面板→管理工具→服务。如果你想关掉某个服务就双击它，在“启动类型”中选择“已禁用”。

- automatic updates windows 微软的自动更新服务

- Error reporting service 错误报告
- help and support 帮助和支持中心
- IMAPI CD-burning COM service 刻录的服务，就是有记录机，大家都会用 Nero 的
- Messenger 局域网用户，互相发送信息用的
- Print Spooler 将文件存入内存中，再打印，有打印机的朋友不能关闭，会出错
- Remote Registry 远程注册表操作
- Routing and Remote Access 在局域网以及广域网环境中为企业提供路由服务
- Task Scheduler 就是 98 中的计划任务，没用的
- Wireless Zero Configuration 没有无线网卡时可关闭
- System Event Notification 系统事件跟踪服务
- windows time 就是上面说过的时间和日期同步。98 和 2000 没有这个功能，可以关掉

19）删除系统备份文件

单击开始→运行→ sfc.exe /purgecache。

20）删除 XP 驱动程序备份

删除 driver cache\i386 目录下的 driver.cab 文件。如果有新的硬件加入，必须要用 XP 安装光盘。

21）卸载不常用的系统组件

用记事本修改 C:\windows\inf\sysoc.inf,用记事本的查找/替换功能,在查找框中输入 hide，全部替换为空着。这样，就把所有的 hide 都去掉了，记得一定要保存。然后去控制面板点“添加删除程序” – “添加删除 Windows 组件”多出了一些以前没有的东西，你可以删除游戏等不用的系统组件。

22）删除帮助文件

删除 C：\windows\Help 下的所有文件即可。

23）删除不用的输入法

C：\windows\ime 文件夹，如果你在用微软提供的输入法，就不要删除。

如果你的 WindowsXP 经过以上优化，一定要重启一下计算机，整理一下 C 盘。在这里笔者建议重装 XP 再进行设置，这样更安全，速度更快，效果也更加明显。优化完成之后，你可以去对比一下优化前后的速度。

此外，一个操作系统可优化的地方还有很多，此处我们不再赘述。再说每个用户对机器的使用情况互不相同，各自可优化的地方也不尽相同，我们要不断学习，不断积累，让自己的机器越来越快，而不是越来越慢。

任务 47 Windows7 的系统优化

1. 理论知识点

Windows 7 是由微软公司（Microsoft）开发的操作系统，核心版本号为 Windows NT 6.1。Windows 7 可供家庭及商业工作环境、笔记本电脑、平板电脑、多媒体中心等使用。2009 年 7 月 14 日 Windows 7 RTM（Build 7600.16385）正式上线，2009 年 10 月 22 日微软于美国正

式发布 Windows 7 。目前 Windows 7 在个人计算机中使用最为广泛，渐渐取代了 Windows XP 的市场，所以本书进一步来讨论 Windows 7 的系统优化问题。

正在使用 Windows 7 操作系统的用户也许已经有明显感受，Windows 7 的启动速度的确比 Vista 快了很多，但你想不想让它更快一些呢？来吧！按照我说的做！微软 Windows 7 仅仅默认是使用一个处理器来启动系统的，但现在不少网友早就用上多核处理器的计算机了，那就不要浪费，增加用于启动的内核数量立即可以减少开机所用时间。非常简单，只需修改一点点系统设置。

2. 任务目标

熟悉 Windows 7 系统的常见优化方法

3. 环境和工具

实验环境：Windows 7、VMware 8。

4. 操作流程和步骤

1）加快 Windows 7 系统启动速度

首先，打开 Windows 7 开始菜单，在搜索程序框中输入“msconfig”命令，打开系统配置窗口后找到“引导”选项（英文系统是 Boot），如图 7-15 所示：

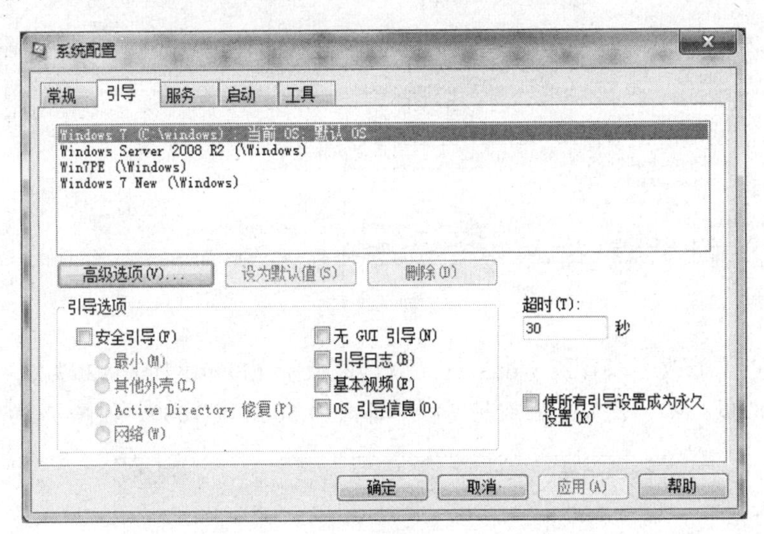

图 7–15

然后单击“高级选项按钮”。弹出“引导高级选项”对话框，如图 7-16 所示。

最后，确定后重启计算机生效，此时再看看系统启动时间是不是加快了。如果你想要确切知道节省的时间，可以先记录下之前开机时所用时间做详细比较。

2）加快 Windows 7 系统关机速度

在 Windows 7 系统的开始菜单处的搜索框中输入“regedit”打开注册表编辑器

接下来就去找到 HKEY_LOCAL_MACHINE/SYSTEM/CurrentControlSet/Control 一项打开，可以发现其中有一项“WaitToKillServiceTimeOut”，如图 7-17 所示。

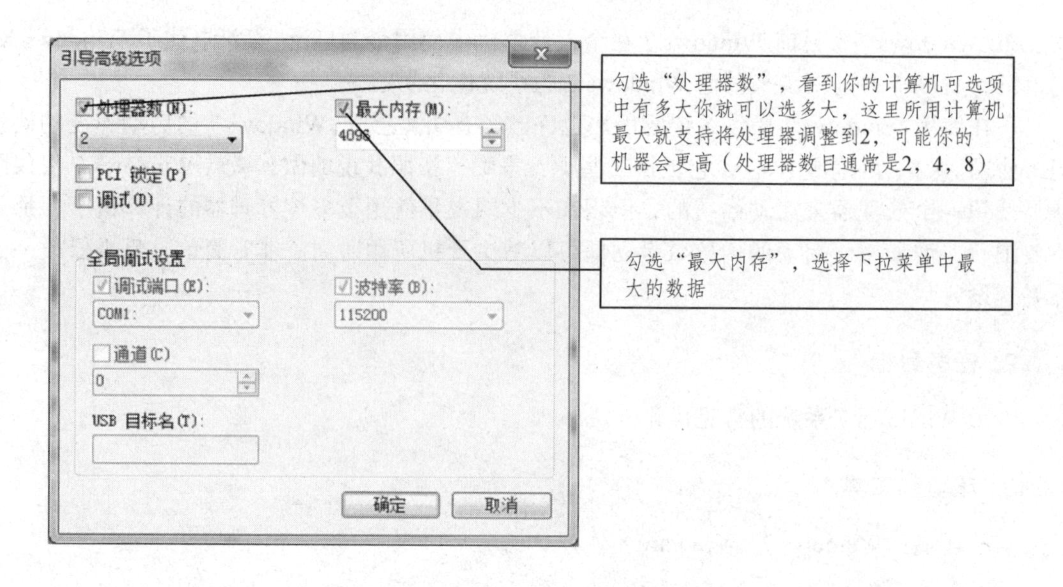

图 7–16

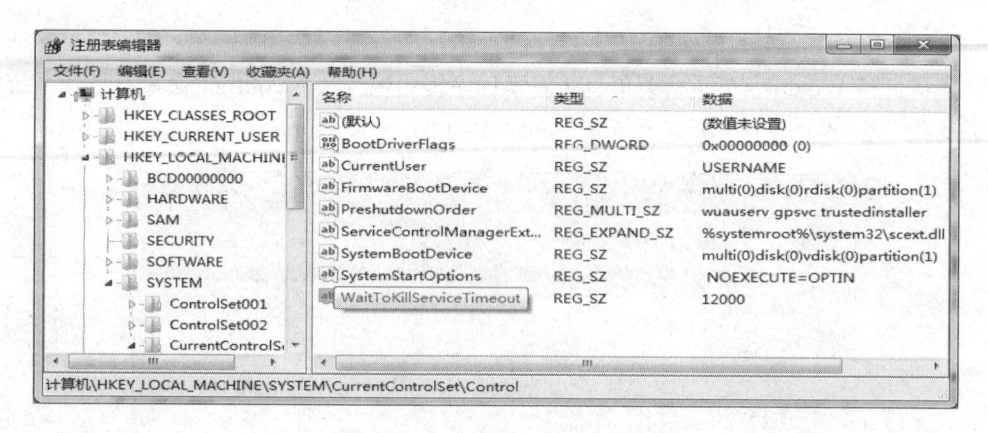

图 7–17

鼠标右键点击修改可以看到 Windows 7 默认数值是 12000（代表 12 秒），这里可以把这个数值适当修改低一些，比如 5 秒或是 7 秒，即改为 5000 或 7000，如图 7-18 所示：

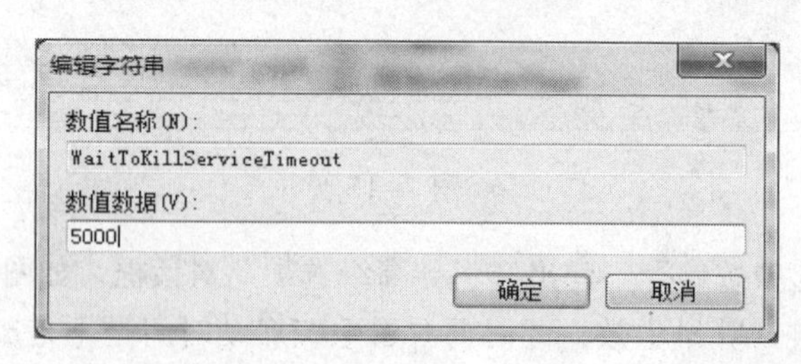

图 7–18

设置完成后点确定重启计算机，再次关机你就能惊喜发现所用时间又缩短了。

3）删除系统中多余的字体

也许你不知道，Windows 系统中多种默认的字体也将占用不少系统资源，对于 Windows 7

性能有要求的用户就不要手软，删除掉多余的字体，只留下自己常用的，这对减少系统负载提高性能也是会有帮助的。

打开 Windows 7 的控制面板，寻找字体文件夹，如果打开后你的控制面板是如图 7-19 所示的窗口，那么点击右上角的查看方式，选择类别“大图标”或“小图标”都可以，这样你就可以顺利找到字体文件夹了，如图 7-19 所示：

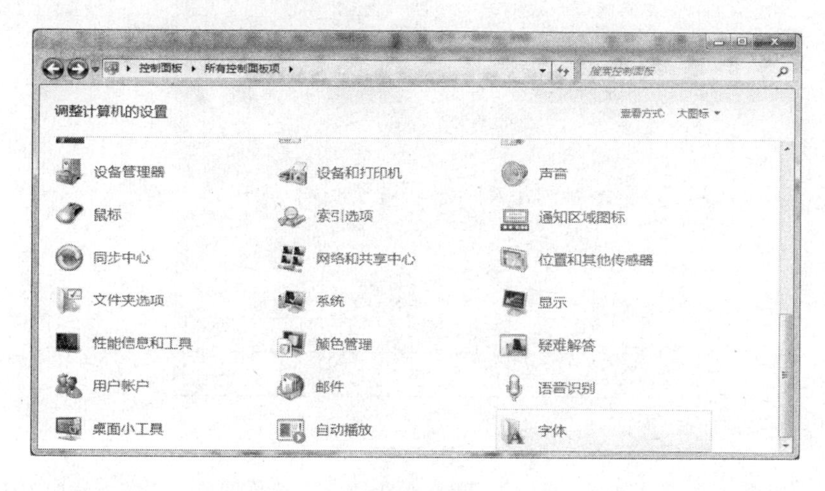

图 7–19

此时你需要做的就是进入该文件夹中把那些自己从来不用也不认识的字体统统删除，删除的字体越多，你能得到越多的空闲系统资源。当然如果你担心以后可能用到这些字体时不太好找，那也可以不采取删除，而是将不用的字体保存在另外的文件夹中放到其他磁盘中即可。

4）窗口切换提速

Windows 7 的美观性让不少用户都大为赞赏，但美观可是要付出性能作为代价的，如果你是一位爱美人士，那么这一招可能不会被你选用，因为我要给你介绍的这一招是要关闭 Windows 7 系统中窗口最大化和最小化时的特效，一旦关闭了此特效，窗口切换是快了，不过你就会失去视觉上的享受，因此修改与否你自己决定。

关闭此特效非常简单，鼠标右键点击开始菜单处的计算机，打开属性窗口，如图 7-20 所示：

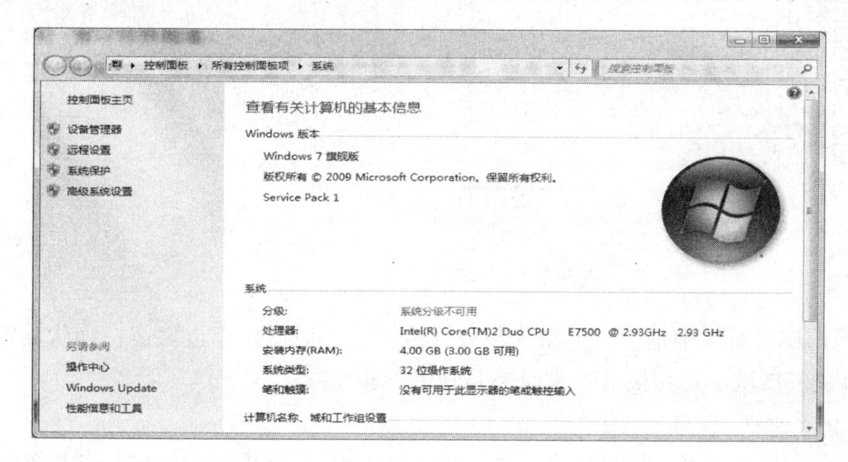

图 7–20

然后单击“高级系统设置”打开“系统属性”对话框，如图 7-21 所示：

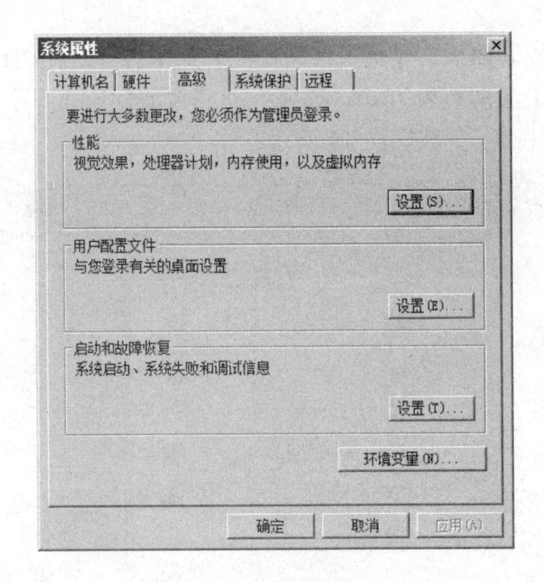

图 7-21

然后再点击高级选项卡中的“设置”，打开“性能选项”对话框，如图 7-22 所示：

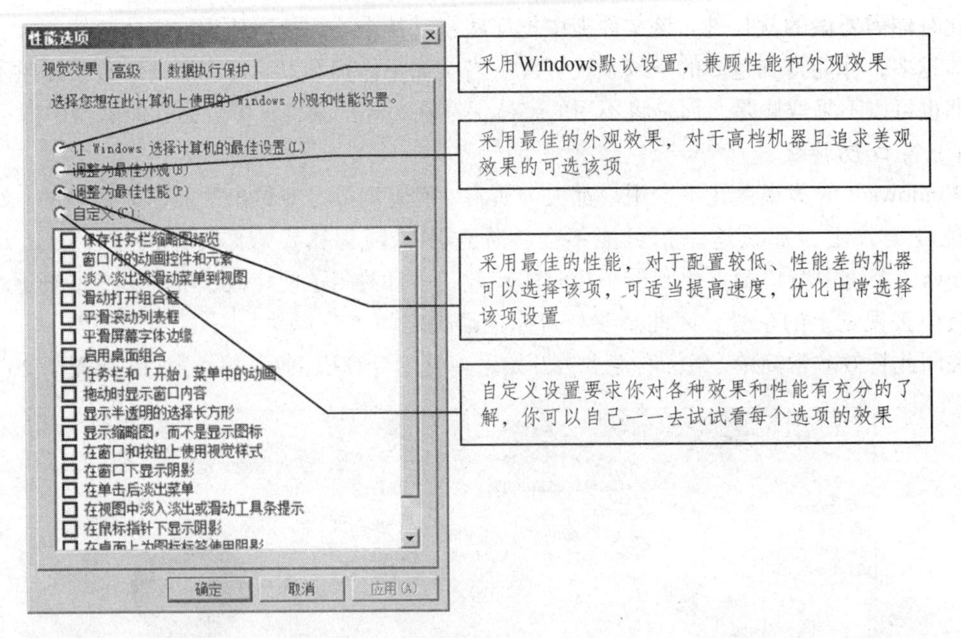

图 7-22

在性能选项对话框中选择“调整为最佳性能”，然后依次单击确定，确认设置，设置好了以后，赶快去试试窗口切换的速度是不是快了很多！

5）优化系统启动项

这一项操作相信很多计算机用户在之前的 Windows 系统中都使用过，利用各种系统优化工具来清理启动项的多余程序来达到优化系统启动速度的目的。这一招在 Windows 7 操作系统中当然也适用。用户在使用中不断安装各种应用程序，而其中的一些程序就会默认加入到系统启动项中，但这对于用户来说也许并非必要，反而造成开机缓慢，如一些播放器程序、聊天工具等都可以在系统启动完成后自己需要使用时随时打开，让这些程序随系统一同启动占用时间不说，你还不一定就会马上使用。

清理系统启动项可以借助一些系统优化工具来实现，但不用其他工具我们也可以做到。在开始菜单的搜索栏中键入“msconfig”打开系统配置窗口可以看到“启动”选项（图 7-23），从这里你可以选择一些无用的启动项目禁用，即把启动项前面的对钩去掉，就可以禁用该选项，从而加快 Windows 7 启动速度。

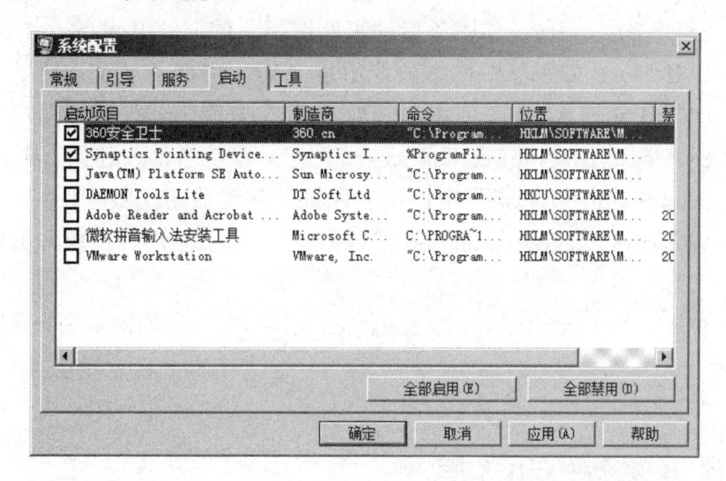

图 7-23

要提醒大家一点，禁用的应用程序最好都是自己所认识的，尤其是对于一些非法软件或者木马病毒安装后会自动将自己加入到启动项，这些启动项要坚决禁用，但像杀毒软件或是系统自身的服务就不要乱动为宜。

这里列出了一些常见可以禁用的启动项：

- 声卡、显卡相关的驱动开机加载程序，一般可以直接禁止；
- QQ、MSN 等 IM 软件和杀毒软件、系统防火墙一般都会允许开机自动加载（当然要看个人习惯了）；
- 涉及输入法类的加载项可以禁止，例如 Microsoft Pinyin 等；
- 播放器类的加载项可以禁止；
- Google Toolbar 等 IE 浏览器插件类的开机启动项目可以直接禁止掉；
- Windows7 系统桌面的小工具，这个要看个人喜好了；
- 未知的程序，请大家自己在搜索引擎里面搜索一下，然后决定，基本搜索的目的就是看看是不是恶意程序，基本一搜就可以清楚的。

6）优化 Windows 7 系统服务

到 Windows 7 时代，系统已经增加到 150 多个服务（Vista 系统有 130 多个），这不可避免地加大了系统资源占用，拖慢了系统速度，占据了系统 CPU 和内存资源。当然，在 Windows 7 的各个版本中，启动默认加载的服务数量是明显不同的，功能最多的是 Ultimate 版本（旗舰版），肯定加载的服务也最多。其实我们在实际使用中，很多服务从来都没有用过，我们可以通过手动或者工具软件禁用一些用不上的服务，可以明显加快启动速度、减少内存占用，提高整个系统的性能。

打开服务管理器有两种方法：

- 在 Windows 7 系统中随时按下 Win 键+R 键快捷键打开运行窗口，输入 Services.msc 回车；
- 点击控制面板→管理工具→服务也可以到达同样的界面。

这里我们列出一些建议禁止或关闭的服务，以供大家参考：

- 服务名称 Remote Registry：本服务允许远程用户修改本机注册表，建议关闭；
- 服务名称 Secondary Logon：本服务替换凭据下的启用进程，建议普通用户关闭；
- 服务名称 SSDP Discovery：本服务启动家庭网络上的 UPNP 设备，建议关闭；
- 服务名称 IP Helper：如果您的网络协议不是 IPV6，建议关闭此服务；
- 服务名称 IPsec Policy Agent：使用和管理 IP 安全策略，建议普通用户关闭；
- 服务名称 System Event Notification Service：记录系统事件，建议普通用户关闭；
- 服务名称 Print Spooler：如果您不使用打印机，建议关闭此服务；
- 服务名称 Windows Image Acquisition（WIA）：如果不使用扫描仪和数码相机，建议关闭此服务；
- 服务名称 Windows Error Reporting Service：当系统发生错误时提交错误报告给微软，建议关闭此服务；

7.3 操作系统备份和还原

操作系统安装虽然很重要，但是操作系统的备份和还原可能更重要，因为我们安装的操作系统大部分是通用的软件环境配置，而我们每个人工作不同，所需要的软件环境可能不同，有的人可能仅仅是做个办公处理、看看电影等需要，而更多的人可能需要安装专业的软件、配置复杂的软件环境，才能满足自己工作、学习或者生活的需求。这样的话，一旦重新安装系统，以前配置好的软件环境就完全丢失，有时专业软件环境的搭建配置的复杂度和工作量可能超过安装操作系统，就会给我们带来很大的不便。为了解决这个问题，我们可以利用一些备份还原工具，将我们已经配置好的具有个性化的软件环境和整个操作系统进行备份，当我们的系统出现问题时，我们再利用恢复工具将我们以前备份过的并且配置好的软件环境恢复到我们机器上，这样我们需要的工作环境可以很快重现在你的眼前。但是这种备份和还原有个很大的缺点就是不具有通用性，这样的备份系统只适合自己的机器。

目前备份恢复的工具软件很多，我们这里主要介绍两种比较常用的恢复工具 Ghost 和 Imagex。Ghost 在 Windows XP 及之前用得比较多，而 ImageX 自从 Windows 7 出现之后用得比较普遍。

任务 48 Ghost 软件使用及利用 Ghost 备份和还原 WindowsXP 系统

1. 理论知识点

Ghost 软件是硬盘复制备份工具，主要实现硬盘的全盘或某个分区数据的克隆，因为它可将一个硬盘或分区中的数据完全相同地复制到另一个硬盘或分区中，因此称 Ghost 这个软件称为硬盘“克隆”工具。Ghost 软件主要具有以下几方面的功能：

（1）磁盘备份（即两个磁盘的克隆）。

（2）创建磁盘的映像文件。

（3）从磁盘映像文件还原磁盘。

（4）分区备份（即两个分区之间的克隆）。

（5）创建分区的映像文件。

（6）从分区映像文件还原分区。

Ghost 软件的出现彻底改变了操作系统的安装方法，大大提高了系统安装的速度，在目前操作系统安装维护工作中，已经被广泛运用。本节以最新版本 Ghost 11 为例来讲解 Ghost 的各种常用操作。如图 7-24 所示是 Ghost 11 软件打开的主界面。

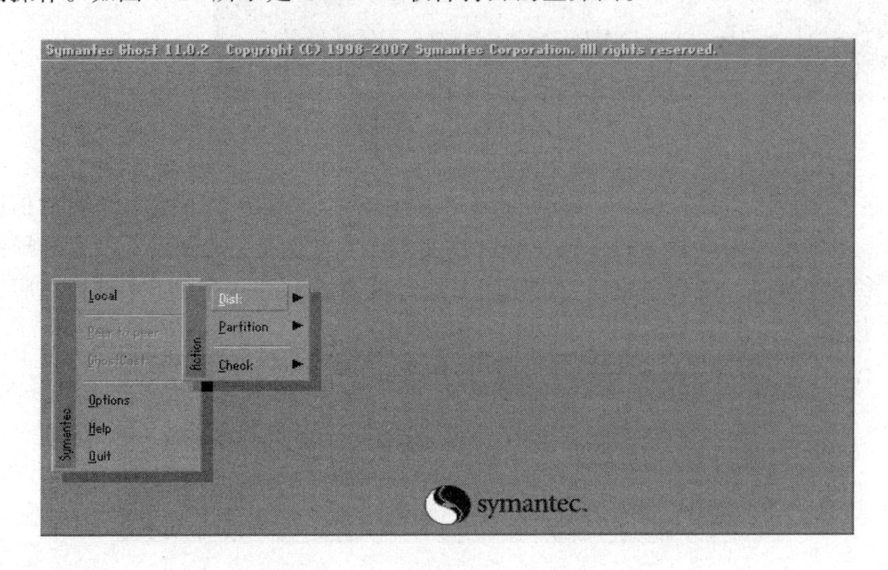

图 7-24

2. 任务目标

理解 Ghost 备份和还原系统的基本原理，熟练使用 Ghost 软件对操作系统进行备份和还原。

3. 环境和工具

（1）实验环境：Windows XP、VMware 8。

（2）工具及软件：Ghost。

4. 操作流程和步骤

（1）打开一台已经安装好的 Windows XP 虚拟机，大家在做备份前可做些适当的软件配置。

（2）所需的环境配置好后，重启进入带有 Ghost 的 Windows PE 系统，打开 Ghost 软件，准备进行备份。

（3）备份可以选择整盘备份或者按分区备份，大多情况下我们选择按分区备份，这里我们也按照分区备份。选择菜单“Local /Partition / To Image”，如图 7-25 所示：

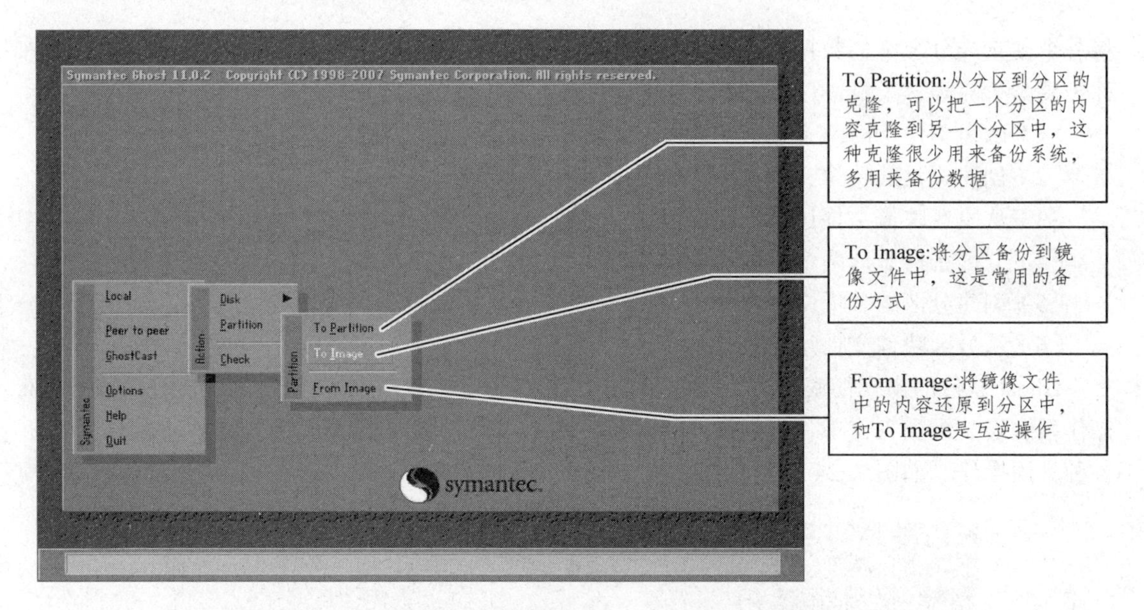

图 7–25

（4）接下来弹出“Select local source drive”对话框，如图 7–26 所示。该对话框用来选择源驱动器，即确定你所要备份的系统在哪块硬盘上，当前只有一块硬盘，没有选择性。当你的机器有多块硬盘时，就会列出所有的硬盘，此时就要求你进行选择了。选择完后，直接点击“OK”按钮。

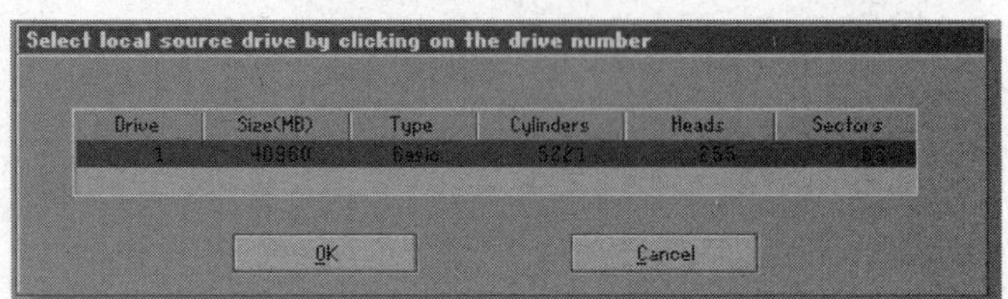

图 7–26

（5）接下来弹出“Select source partition”对话框，如图 7–27 所示，该对话框是用来选择源分区的，即确定你所要备份的系统在哪个分区上。这里我们选择第一个主分区，然后单击“OK”按钮。

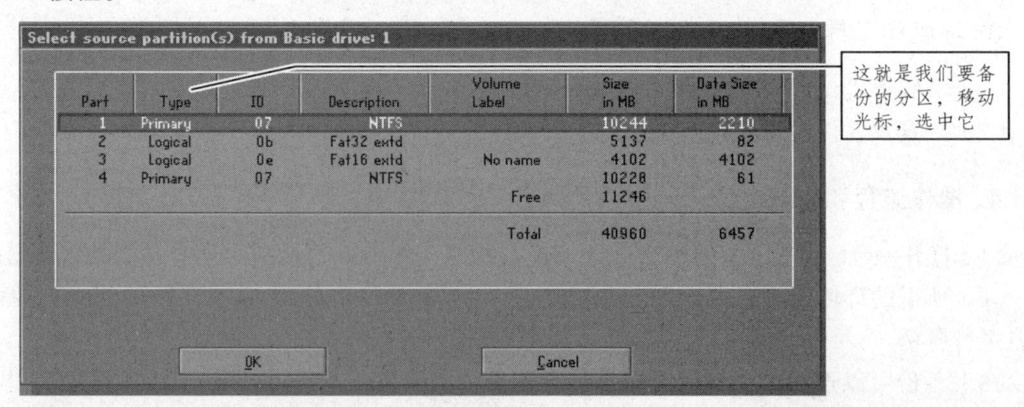

图 7–27

（6）接下来弹出“File name to copy image to”对话框，如图 7-28 所示。该对话框是用来给你设置备份文件的存储位置和文件名的，这里我们选择 D 盘，并命名为 WindowsXP，扩展名为 GHO，设置好后，单击“Save”按钮。

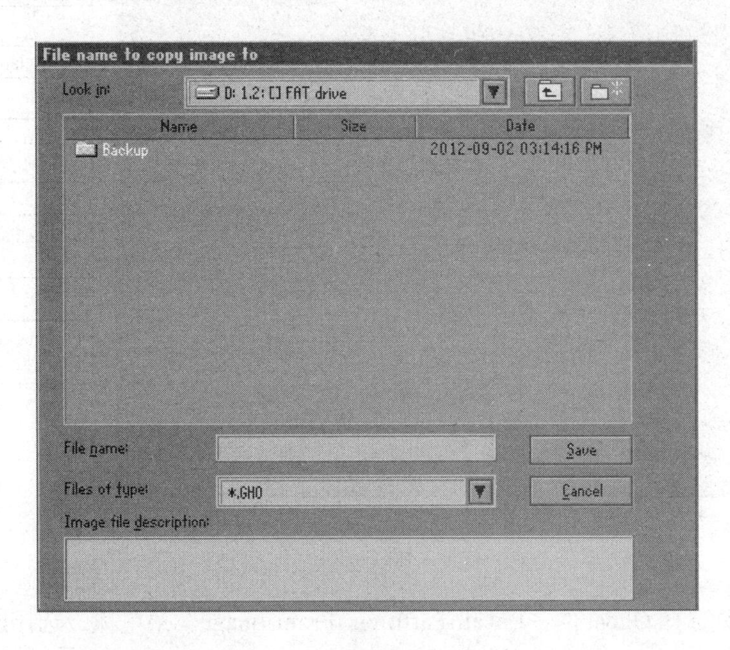

图 7-28

（7）接下来弹出“Compress Image”对话框，如图 7-29 所示。这个对话框询问你是否压缩镜像文件，这里我们为了追求速度，就选择“Fast”按钮。

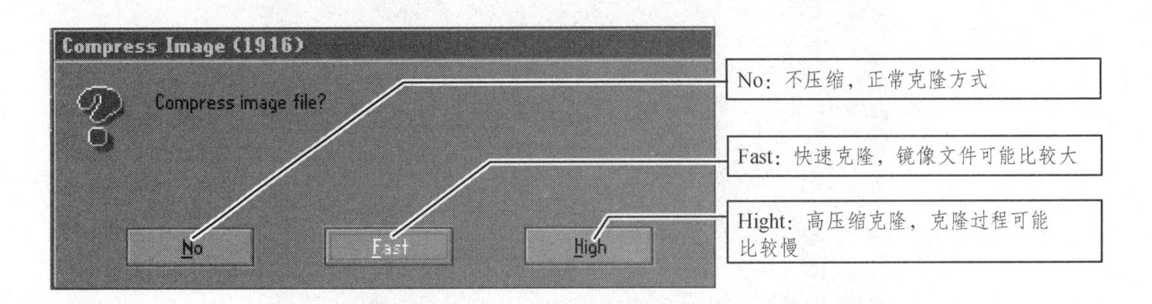

图 7-29

（8）接下来系统开始备份，备份的速度根据机器的性能有所差异，虚拟机内相对慢些。如图 7-30 所示为正在备份过程中的 Ghost。

（9）备份完成后，系统弹出“Image Creation complete ”对话框，单击“continue”，完成备份。然后退出 Ghost，重新启动机器进入 WindowsXP 系统。我们模拟进行一些破坏操作，如删除一些文件或者卸载一些软件，然后我们再来进行还原，以验证是否能恢复到备份前的状态。

（10）我们再次进入 Windows PE，启动 Ghost 软件。这次我们再做一次还原操作，很多步骤都类似，我们主要把不同的地方详细阐述一下。

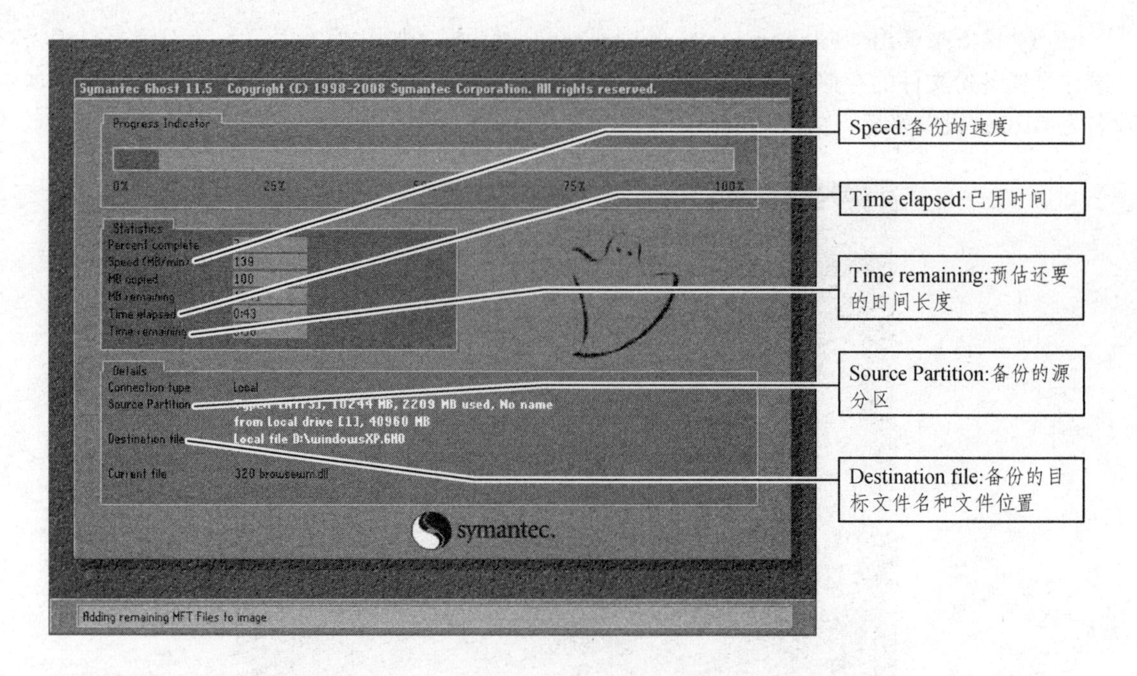

图 7–30

（11）还原要选择 Ghost 的“Local /Partition /From Image”菜单项，选择该菜单后，弹出“Image file name to restore from”对话框，选择需要还原的镜像文件，如图 7–31 所示：

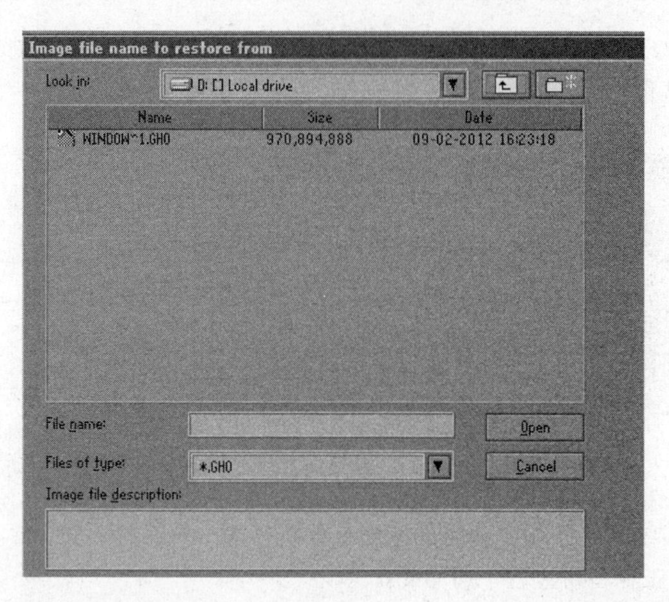

图 7–31

（12）我们选择刚才备份在 D 盘的 WINDOWSXP.GHO 文件，然后单击“Open”按钮，打开“Select source partition from imge file”对话框。该对话框用来选择还原镜像文件中的哪个分区，这里只有一个分区，没有可选择的。如果当初是整盘备份的话，那么镜像文件里就会包含多个分区，此时就需要选择了，如图 7–32 所示：

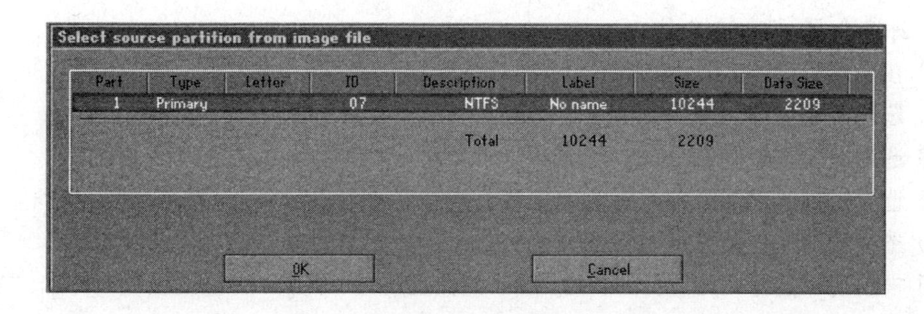

图 7–32

（13）单击“OK”按钮，弹出“Select local destination drive” 对话框，选择还原的目标硬盘，此处只有一块硬盘，不需要选择，继续单击“OK”按钮。

（14）弹出“Select destination partition from basi drive”对话框，用来选择还原的目标分区，这里我们选择第一个主分区，即当时备份的那个分区，如图 7–33 所示：

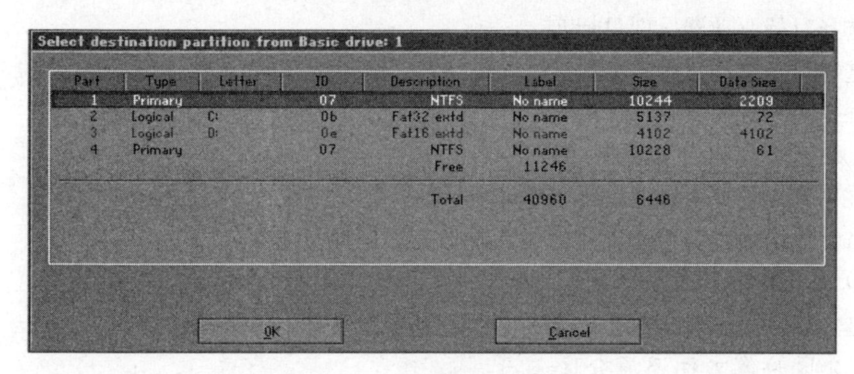

图 7–33

（15）选择好后，单击“OK”按钮，在弹出的对话框中再单击“YES”，就开始还原了。还原过后，重启机器进入 WindowsXP 系统，你就会发现系统又恢复到先前的状态了。

5. 拓展知识

Ghost 软件几种常用的基本操作步骤：

1）磁盘对拷（两块硬盘）

（1）在主菜单选择 Local / Disk /To Disk。

（2）选择源硬盘 Source Drive 的位置。

（3）选择目标硬盘 Destination Drive 的位置。

2）创建磁盘的映像文件

（1）在主菜单选择 Local /Disk /To Image。

（2）选择源盘 Source Drive 的位置。

（3）选择映像文件保存的位置及文件名。

（4）根据提示选择（No 为不压缩，Fast 为低度压缩，Hight 为高度压缩）单击“YES”。

（5）单 Save 开始备份，备份完成后将产生一个扩展名为 gho 的文件，该文件即为原磁盘的备份。若要还原时，再利用 Ghost 软件进行还原。

3）创建分区的映像文件

（1）在主菜单选择 Local /Partition / To Image。

（2）选择源驱动器，即源盘。

（3）选择源驱动器中的分区。

（4）选择目标驱动器，即目标盘，生成的映像文件将存放到该目标盘中。

（5）选择映像文件存放的位置及文件名。

（6）根据提示选择（No 为不压缩，Fast 为低度压缩，Hight 为高度压缩）单击“YES”。

（7）单 Save 开始备份，备份完成后将产生一个扩展名为 gho 的文件，该文件即为原分区的备份。若要还原时，再利用 Ghost 软件可以还原某个分区。

4）分区对拷

（1）在主菜单选择 Local /Partitiaon / To Partitian。

（2）选择源驱动器，即源盘。

（3）选择源驱动器中的分区。

（4）选择目标驱动器，即目标盘。

（5）选择目标驱动器中的分区。

（6）根据提示选择。

5）从磁盘映像文件还原磁盘

（1）在主菜单选择 Local /Disk / From Image。

（2）选择先前通过备份所创建的磁盘映像文件位置及文件名。

（3）单击“Open ”按钮。

（4）选择目标盘磁盘，目标磁盘的空间最好大于或等于原备份磁盘。

6）从分区映像文件还原分区

（1）在主菜单选择 Local /Partition /From Image。

（2）选择先前通过备份所创建的分区映像文件。

（3）选择目标驱动器。

（4）选择目标驱动器中的分区，目标分区的空间最好大于或等于原分区。

（5）单击“Yes”开始恢复。

注意：磁盘或分区还原后，作为目标磁盘或分区中原来的数据将全部丢失，大家在做还原时千万要注意。

任务 49　Image X 软件的使用及利用 Image X 备份和还原 Windows7 系统

1. 理论知识点

在前面的 Windows7 和 Windows2008 整合的章节中，我们已经使用了 Imagex 这个命令工具。这个工具除了具有整合操作系统功能以外，它还具有操作系统备份还原等功能，而且 Image X 还提供了一个图像化的界面，让我们操作更加方便。我们可以从网上下载该软件，这里使用的是“ImageX 一键恢复_090820.exe”，如图 7-34 所示就是 ImageX 图形化工具软件的界面。

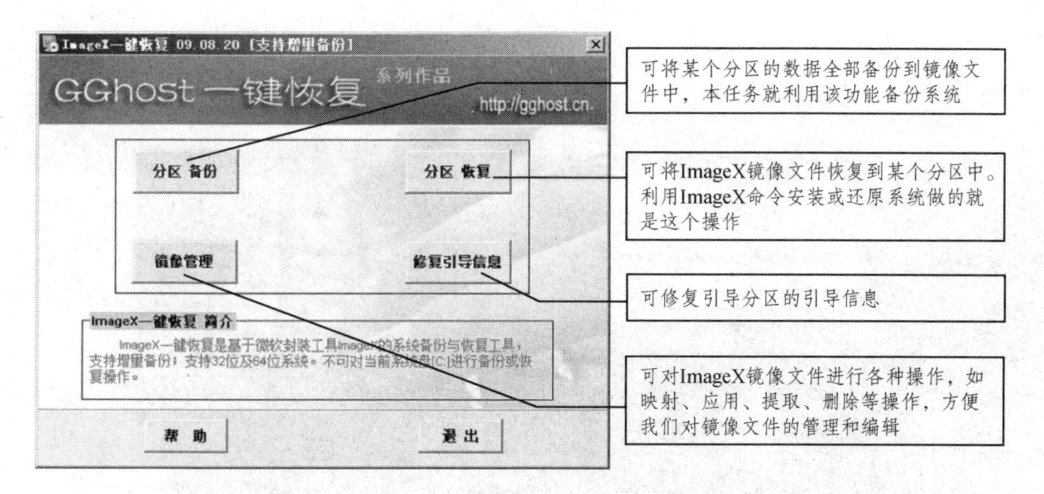

图 7-34

2. 任务目标

利用 Image X 图形化工具软件对操作系统进行备份和还原，并熟悉 Image X 图形化工具软件的使用方法。

3. 环境和工具

（1）实验环境：Windows XP、VMware 8。

（2）工具及软件：Image X 图形化工具软件 Image X 一键恢复_090820.exe。

4. 操作流程和步骤

（1）首先打开一台已经安装好的 Windows XP 虚拟机，准备利用 Image X 进行备份还原的虚拟机硬盘至少分需要分 2 个区，其中一个空闲分区用来存放 Image X 图形化工具软件和备份后的镜像文件。

（2）打开虚拟机后，为该虚拟机的光驱挂载一个 PE 镜像文件。我这里挂载了无忧启动安装盘合辑，启动后进入 Windows 2003 PE，运行 Image X 图形化工具软件，单击“分区备份”按钮，打开如图 7-35 所示对话框：

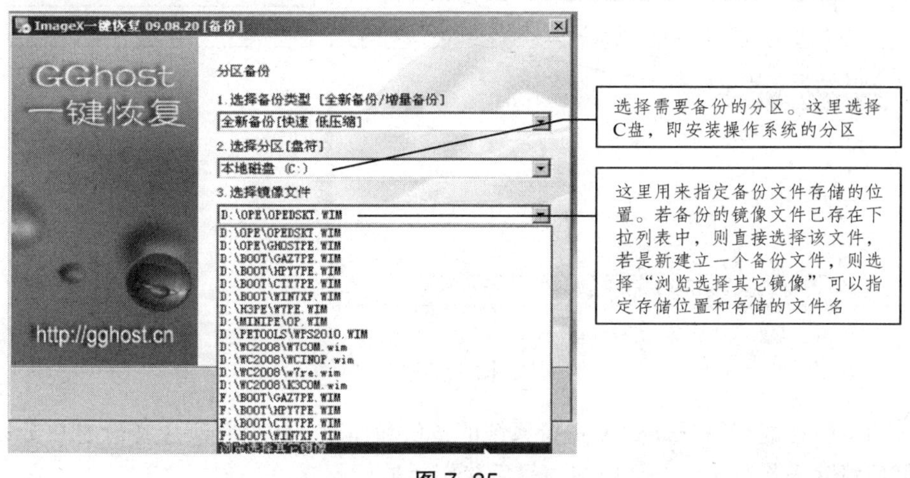

图 7-35

（3）选择好文件存储位置和名称后，再单击“下一步”，软件开始对 C 盘进行备份，如图 7-36 所示：

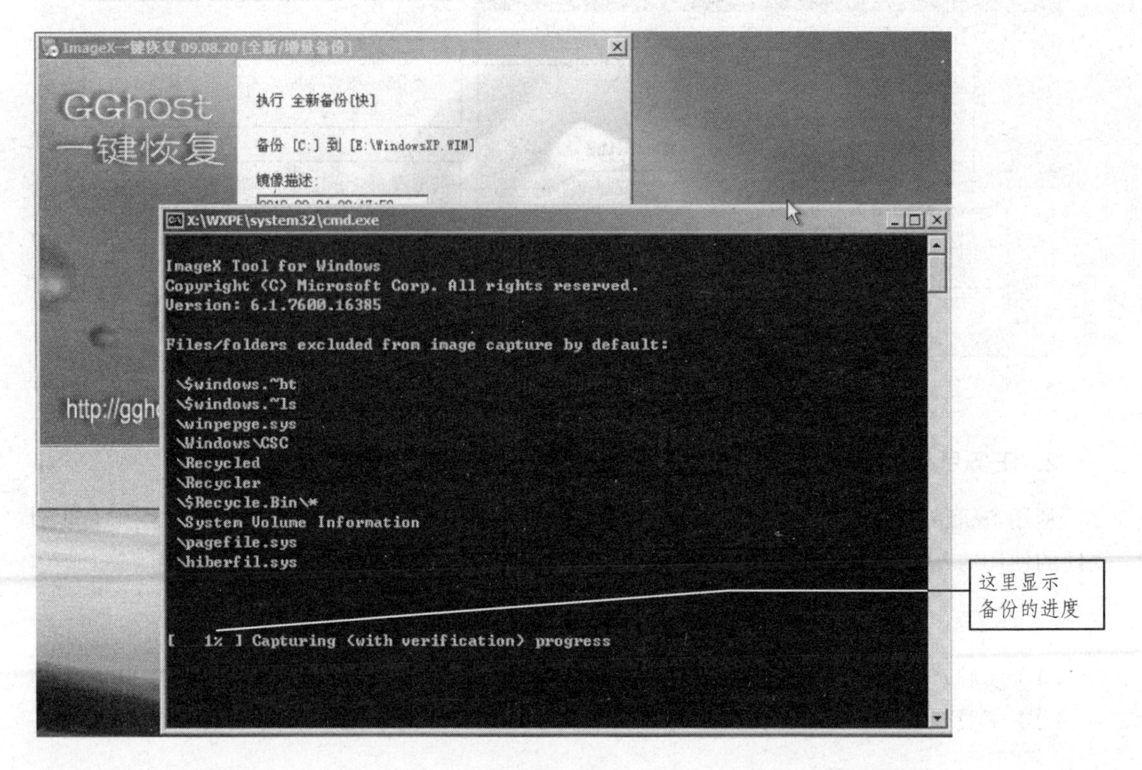

图 7-36

（4）大概十几分钟后，系统备份完成，打开另外一个分区，这里是 E 盘，可以看到产生了一个 WindowsXP.Wim 文件，如图 7-37 所示：

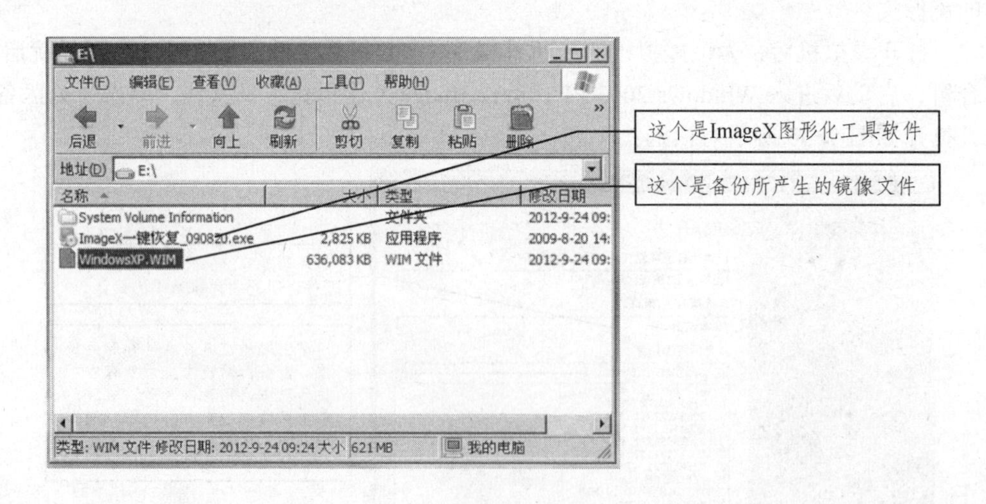

图 7-37

（5）为了验证能利用 Image X 进行系统的备份和还原，我们将刚才备份的 C 分区进行格式化，彻底清除操作系统的全部内容，然后我们再进行还原。

（6）格式化完毕后，再重新启动虚拟机，选择从光驱启动，并在此进入 Windows PE 中，再次打开 Image X 图形化工具软件 Image X 一键恢复_090820.exe。此次进行分区还原，在 Image X 图形化工具软件的主界面单击“分区恢复”按钮。打开如图 7-38 所示对话框：

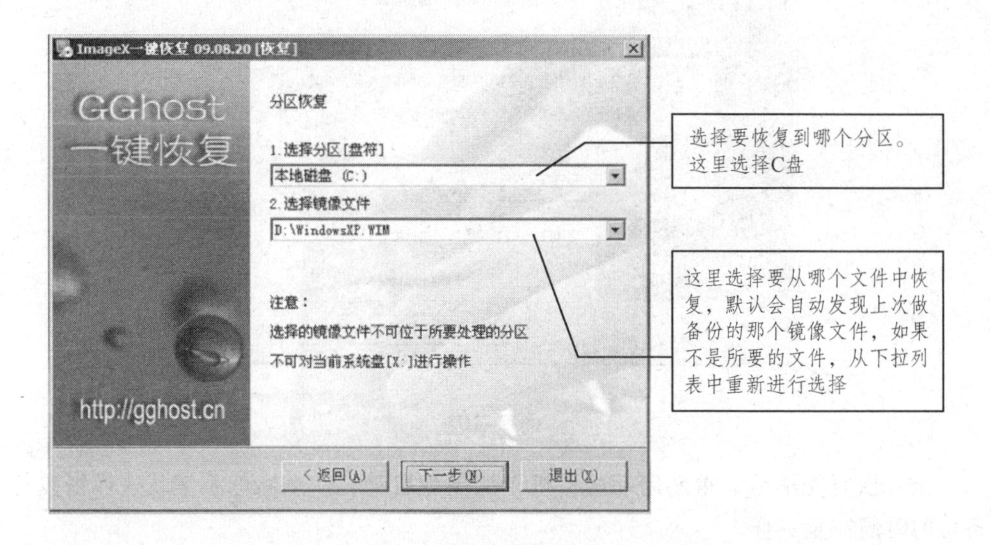

图 7-38

（7）选择好分区和镜像文件后，单击“下一步”，然后再选择需要恢复的镜像号。自己做的镜像文件中默认只有一个镜像号，直接再单击“下一步”，软件开始恢复，如图 7-39 所示：

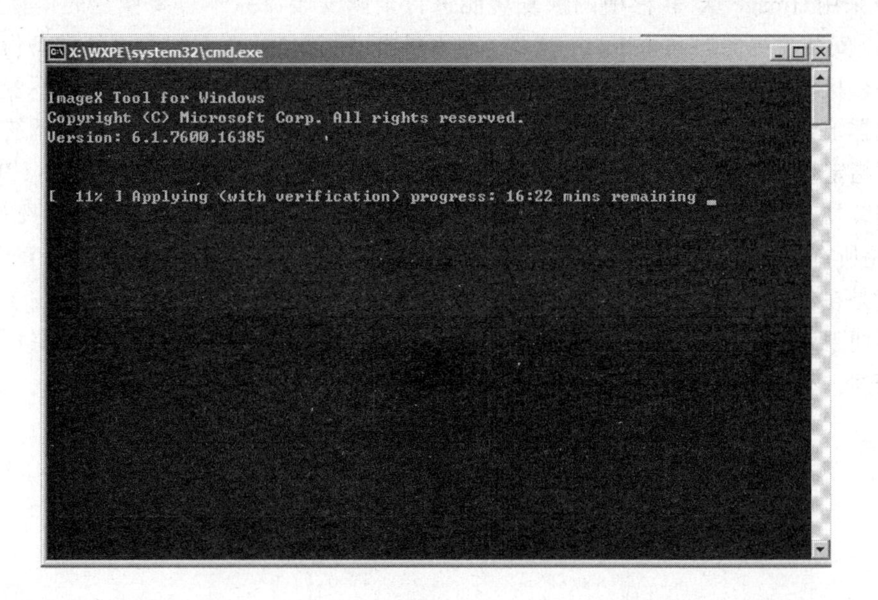

图 7-39

（8）恢复完毕后，会弹出恢复引导信息对话框，不同的系统弹出的对话框内容可能不同，Windows XP/2000/2003 弹出的都是“bootsect /nt52 c：”，而 Windows 7/Vista/2008 等弹出的应该是“bootsect /nt6 c：”，如图 7-40 所示。这个命令也可以手动在命令提示符下执行，这里选择“是”即可。

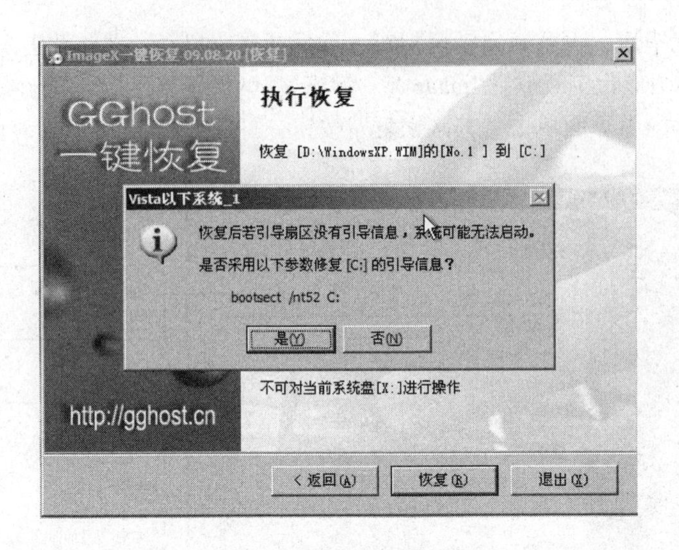

图 7–40

（9）全部恢复完毕后，重新启动虚拟机，从硬盘启动，一个新的系统就这样恢复好了，和你备份的时候完全一样。

5. 拓展知识

通过以上的工具软件和步骤可以实现系统的备份和还原，其实 Windows 7 以后的操作系统都可以采用 Image X 软件中的恢复功能进行全新安装，只不过要恢复的镜像文件是由 Windows 7 安装盘提供的 install.wim 文件，而不是自己制作的，而且这种系统的备份还原只适合在同一台机器上进行备份和还原，在一台机器上备份产生的镜像文件，一般不能还原到另外一台机器上，因为不同的机器的配置不同，驱动不同，通过以上步骤备份的系统镜像文件中包含了指定设备的驱动程序，这些驱动程序不具有通用性。而利用 Image X 进行 Windows 7 的全新安装具有通用性，不过，我们可以利用 Sysprep 工具让自己做的备份系统具有通用性。Sysprep 是所有 Windows 系统中包含的一个“系统准备”工具，可以在 System32 目录下找到，主要功能是在创建磁盘映像之前删除当前操作系统的所有唯一性信息以及已经安装的驱动程序信息，便于 Image X、Ghost 之类的工具制作磁盘映像。至于 Sysprep 工具的具体用法，此处不再赘述，有兴趣的同学可以在网上查阅一些相关资料。

参考文献

[1] 电脑报. 完全自学系统安装与重装. 重庆：计算机报电子音像出版社，2008.

[2] 王春海. VMware 虚拟化与云计算应用案例详解. 北京：中国铁道出版社，2013.

[3] 汤小丹. 计算机操作系统. 3 版. 西安：西安电子科技大学出版社，2007.

[4] 恒盛杰资讯. 系统安装与重装从入门到精通. 北京：机械工业出版社，2013.

[5] 韩超. 硬盘维修完全学习手册. 北京：科学出版社，2010.

[6] 张佑生. 微型计算机系统及其组装维护教程. 北京：清华大学出版社，2011.